电力系统自动化专业技能题库

王顺江　唐宏丹　王恩江　李　健

韩小虎　刘　阳　赵洪丽　韩　玉　等　编著

中国电力出版社
CHINA ELECTRIC POWER PRESS

内 容 提 要

随着电力系统自动化专业的重要性不断提升，从业人员队伍不断壮大，建设一套规范完善的培训体系，将有利于本专业的发展和技能的推广，为此一套可靠、全面的电力系统自动化技能题库必不可少。

本书内容包括四部分，分别为自动化专业基础知识、厂站自动化技能知识、主站自动化技能知识、通道及其他技能知识。自动化专业基础知识部分包括了电力系统基础、专业技能常识、规章制度、计算机基础、数据库常识五个模块；厂站自动化技能知识部分包括了安规、二次回路、分类采集厂站自动化系统、综自厂站自动化系统、智能化厂站自动化系统、PMU六个模块；主站自动化技能知识部分包括了基础平台和高级应用；通道及其他技能知识部分包括了通道及数据网、二次安防、规约、时钟同步、电源、配网自动化、电量。

本书概括了电力系统自动化所有技能知识，适用于电力系统自动化人员日常培训考试、电力系统自动化考试系统建设、电力系统自动化技能竞赛等方面。

图书在版编目（CIP）数据

电力系统自动化专业技能题库 / 王顺江等编著. —北京：中国电力出版社，2016.1（2019.12重印）
ISBN 978-7-5123-8653-2

Ⅰ. ①电… Ⅱ. ①王… Ⅲ. ①电力系统–自动化–习题集 Ⅳ. ①TM76–44

中国版本图书馆 CIP 数据核字（2015）第 302670 号

中国电力出版社出版、发行
（北京市东城区北京站西街 19 号　100005　http://www.cepp.sgcc.com.cn）
三河市航远印刷有限公司印刷
各地新华书店经售

*

2016 年 1 月第一版　　2019 年 12 月北京第二次印刷
787 毫米×1092 毫米　16 开本　28.5 印张　719 千字
印数 2001—3000 册　定价 **69.00** 元

编 委 会

前　言

随着科学技术和电网规模的不断发展，电力自动化系统的安全、稳定、可靠、智能、高效的运行，以及电力自动化信息采集和展示的全面性、准确性、可靠性和及时性，决定了调度运行人员驾驭电网的能力，特别是电网改革的不断推进，电力自动化专业的重要性将更加突出。

自动化专业技能的发展日新月异，只有不断扩展提升专业人员的技能水平，才能确保自动化系统的安全、稳定、高效运行。为顺利开展各项自动化技能培训和考核，有效提升自动化人员技能水平，建设一套全面、完善、准确的电力系统自动化技能题库已势在必行。在张国威、南贵林、刘金波、冯松起、史凤明等领导的要求和支持下，由王顺江、韩玉、赵军负责本题库的编制工作，编制工作分成三个小组，分别是厂站组、通道及辅助组、主站组。由唐宏丹担任厂站组组长，组员有韩小虎、严田银、汪文熙、孙凯业、殷艳虹、王雷、张文立、赵晓娜；由王恩江担任通道及辅助组组长，组员有吕岩、金晓明、赵洪丽、寿增、许睿超、狄跃斌、赵鹏、张建、唐俊刺；由李健担任主站组组长，组员有刘阳、殷鸿雁、王铎、金宜放、句荣斌、于游、李青春、那广宇。经过大家五个多月的努力，完成了本题库。

由于本书编制时间较短，加之编者水平有限，有不足之处请各位读者谅解，我们将会在以后的版本进行修编。

编委会

2015 年 9 月

目 录

前言

第一部分 自动化专业基础知识

第一章 电力系统基础 ……………………………………………………… 2
第二章 专业技能常识 ……………………………………………………… 19
第三章 规章制度 …………………………………………………………… 37
第四章 计算机基础 ………………………………………………………… 61
第五章 数据库常识 ………………………………………………………… 85

第二部分 厂站自动化技能知识

第六章 安规 ………………………………………………………………… 114
第七章 二次回路 …………………………………………………………… 150
第八章 分类采集厂站自动化系统 ………………………………………… 164
第九章 综自厂站自动化系统 ……………………………………………… 167
第十章 智能化厂站自动化系统 …………………………………………… 207
第十一章 PMU ……………………………………………………………… 252

第三部分 主站自动化技能知识

第十二章 基础平台 ………………………………………………………… 258
第十三章 高级应用 ………………………………………………………… 301

第四部分 通道及其他技能知识

第十四章 通道及数据网 …………………………………………………… 328
第十五章 二次安防 ………………………………………………………… 363

第十六章　规约 ··· 369

第十七章　时钟同步 ··· 402

第十八章　电源 ··· 409

第十九章　配网自动化 ··· 426

第二十章　电量 ··· 430

第一部分

自动化专业基础知识

第一章 电力系统基础

一、单项选择题

1.（　　）为一个电力网内的操作，而（　　）则是不同的两个电力网络的连接。　　　（A）

A. 合环、并列　　　　　　　　　　　　　B. 并列、合环

2.（　　）用以确定最经济的发电调度，以满足给定的负荷水平。　　　（A）

A. 经济调度控制　　　　　　　　　　　　B. 实时调度控制

C. 发电调度控制　　　　　　　　　　　　D. 负荷调度控制

3. 10kV 中性点不接地系统 A 相发生完全接地，则 A 相对地电压和 A、B 相间得电压分别为（　　）。　　　（A）

A. 0kV，10kV　　B. 10kV，10/$\sqrt{3}$ kV　C. 0kV，10×$\sqrt{3}$ kV

D. 0kV，0kV　　　E. 10kV，0kV

4. 220～500kV 变电站计算机监控系统有功(P)、无功(Q)交流采样测量量基本误差的绝对值应小于等于（　　）。　　　（C）

A. 0.10%　　　　B. 0.20%　　　　C. 0.50%　　　　D. 1.00%

5. 220kV 及以下电压等级的电压互感器（TV）的典型输出电压和电流互感器（TA）的典型输出电流分别是（　　）。　　　（C）

A. 220V，5A　　B. 220V，1A　　C. 100V，5A　　D. 100V，3A

6. 9 针 RS–232C 收、发、地的管脚是（　　）。　　　（B）

A. 2，3，4　　　B. 2，3，5　　　C. 1，2，3　　　D. 3，4，5

7. A、B 两台计算机在通信中，A 机 RS–232C 插头的 RxD 端引出线对应 B 机 RS–232 插头的（　　）。　　　（A）

A. TxD　　　　　B. GND　　　　　C. RTS　　　　　D. RxD

8. E1 数字中继同轴不平衡电缆接口阻抗和平衡电缆接口阻抗分别为（　　）。　　　（A）

A. 75Ω，120Ω　　B. 80Ω，50Ω　　C. 120Ω，75Ω　　D. 50Ω，80Ω

9. P、Q、S 分别代表有功功率、无功功率、视在功率，三者的关系为（　　）。　　　（C）

A. $P^2=Q^2+S^2$　　B. $Q^2=P^2+S^2$　　C. $S^2=P^2+Q^2$　　D. $S=P+Q$

10. RS–232C 标准允许的最大传输速率为（　　）。　　　（D）

A. 300kb/s　　　B. 512kb/s　　　C. 9600b/s　　　D. 19.2kb/s

11. RS–422 电平信号，如 RS–422 串行口，IRIG–B（RS–422），在选用合适的控制电缆传输信号时，其实际传输距离小于等于（　　）。　　　（D）

A. 10m　　　　　B. 50m　　　　　C. 100m　　　　　D. 500m

12. TA、TV 的二次侧接地，是指（　　）。　　　（A）

A. 保护地　　　　B. 工作地　　　　C. 防雷地　　　　D. 电源地

13. 电力系统自动控制过程中，按扰动进行补偿的控制系统属于（　　）。　　　（B）

A. 闭环控制系统　　　B. 开环控制系统　　　C. 反向控制系统　　　D. 正向控制系统

14. 变压器励磁涌流中含有大量高次谐波，其中以（　　　）。　　　　　　　　　　（A）

A. 二次谐波为主　　　B. 三次谐波为主　　　C. 四次谐波为主　　　D. 五次谐波为主

15. 并列运行的发电机间在小干扰下发生的频率在（　　　）范围内的持续振荡现象称为低频振荡。　　　　　　　　　　　　　　　　　　　　　　　　　　　　　　　　　　　（B）

A. 0.02～0.2Hz　　　B. 0.2～2.5Hz　　　C. 2.5～5Hz　　　D. 5～10Hz

16. 产生频率崩溃的原因为（　　　）。　　　　　　　　　　　　　　　　　　　　　（A）

A. 有功功率严重不足　　　　　　　　　　B. 无功功率严重不足

C. 系统受到小的干扰　　　　　　　　　　D. 系统发生短路

17. 当电力系统无功容量严重不足时，会使系统（　　　）。　　　　　　　　　　　　（B）

A. 稳定　　　　　B. 瓦解　　　　　C. 电压质量下降　　　D. 电压质量上升

18. 当系统发生不对称短路时，会发生（　　　）。　　　　　　　　　　　　　　　　（D）

A. 操作过电压　　　B. 反击过电压　　　C. 谐振过电压　　　D. 工频过电压

19. 当线路输送自然功率时，线路产生的无功（　　　）线路吸收的无功。　　　　　　（B）

A. 大于　　　　　　B. 等于　　　　　　C. 小于

20. 电功率的大小与（　　　）无关。　　　　　　　　　　　　　　　　　　　　　　（A）

A. 时间　　　　　　B. 电压　　　　　　C. 电流

21. 电力变压器和互感器的工作原理是（　　　）。　　　　　　　　　　　　　　　　（C）

A. 电流变化　　　　　　　　　　　　　　B. 电压变化

C. 电磁感应　　　　　　　　　　　　　　D. 电压和电流同时变化

22. 电力系统的遥测量一般经过（　　　）位的 A/D 转换精度最高。　　　　　　　　（D）

A. 9　　　　　　　　B. 10　　　　　　　C. 11　　　　　　　D. 12

23. 电力系统的暂态过程中，波过程、电磁暂态过程、机电暂态过程的时间数量级分别是（　　　）。　　　　　　　　　　　　　　　　　　　　　　　　　　　　　　　　　　（B）

A. 微秒、秒、毫秒　　　　　　　　　　　B. 微秒、毫秒、秒

C. 秒、毫秒、微秒　　　　　　　　　　　D. 毫秒、微秒、秒

24. 电力系统的自动低频减负荷方案，应由（　　　）负责制定并监督其执行。　　　（A）

A. 系统调度部门　　　B. 生产管理部门　　　C. 检修部门　　　D. 运行部门

25. 电力系统发生非全相运行时，系统中（　　　）负序电流。　　　　　　　　　　　（A）

A. 存在　　　　　　　　　　　　　　　　B. 不存在

C. 一相断开时存在　　　　　　　　　　　D. 两相断开时存在

26. 电力系统发生故障时最基本的特征是（　　　）。　　　　　　　　　　　　　　　（A）

A. 电压降低，电流增大　　　　　　　　　B. 电流增大，电压升高

C. 电流减少，电压升高　　　　　　　　　D. 电流减少，电压减小

27. 电力系统发生振荡时，电气量的变化速度是（　　　）。　　　　　　　　　　　　（A）

A. 逐渐的　　　　　B. 突变的　　　　　C. 不变的　　　　　D. 线性变化

28. 电力系统具有发、输、变、配、用电（　　　）完成的特点。　　　　　　　　　　（B）

A. 瞬时　　　　　　B. 同时　　　　　　C. 变化　　　　　　D. 异步

29. 电力系统通信网属于（　　　）通信网。　　　　　　　　　　　　　　　　　　　（C）

A. 公用　　　　　　B. 复用　　　　　　C. 专用

30. 电力系统瓦解是指（　　）。　　　　　　　　　　　　　　　　　　　　　（A）

A. 由于各种原因引起的电力系统非正常解列成几个独立系统

B. 两个以上水电厂垮坝

C. 系统电压崩溃

D. 系统主力电厂全部失去

31. 电力系统在运行中发生短路故障时，通常伴随着电压（　　）。　　　　　　（B）

A. 大幅度上升　　　　B. 急剧下降　　　　C. 越来越稳定　　　　D. 不受影响

32. 电力系统中重要的电压支撑节点称为（　　）。　　　　　　　　　　　　　（A）

A. 电压中枢点　　　B. 系统中枢点　　　C. 电源中枢点　　　D. 频率中枢点

33. 电流互感器的零序接线方式，在运行中（　　）。　　　　　　　　　　　　（D）

A. 只能测零序电压　　　　　　　　　　B. 能测量零序电压和零序方向

C. 能测量零序功率　　　　　　　　　　D. 只能反映零序电流，用于零序保护

34. 电流互感器运行中二次侧严禁（　　）。　　　　　　　　　　　　　　　　（A）

A. 开路　　　　　　　B. 短路　　　　　　C. 接地　　　　　　D. 过负荷

35. 电路中的过渡过程，在电路中只有（　　）时不能实现。　　　　　　　　　（A）

A. 电阻元件　　　　　B. 电感元件　　　　C. 电容元件　　　　D. 储能元件

36. 电压互感器接于线路上，当 A 相断开时（　　）。　　　　　　　　　　　　（A）

A. B 相和 C 相的全电压与断相前差别不大

B. B 相和 C 相的全电压与断相前差别较大

C. B 相和 C 相的全电压是断相前幅值的 $\sqrt{3}$ 倍

37. 电压无功控制系统的控制目标是（　　）。　　　　　　　　　　　　　　　（D）

A. 控制电容器投切

B. 控制主变压器分接头升降

C. 降低网损

D. 控制变电站主变压器供电侧母线电压在合格范围及减少网损

38. 电阻电路中电阻并联时起（　　）作用。　　　　　　　　　　　　　　　　（C）

A. 分流和分压　　　　　　　　　　　　B. 分压

C. 分流　　　　　　　　　　　　　　　D. 增大电阻

39. 额定电压为 220V 的灯泡接在 110V 电源上，灯泡的功率变为原来的（　　）。（B）

A. 1/2　　　　　　　　B. 1/4　　　　　　　C. 1/8

40. 发电机的励磁调节系统可保证发电机的（　　）。　　　　　　　　　　　　（A）

A. 无功功率输出　　　B. 有功功率输出　　C. 电流输出　　　　D. 频率稳定

41. 发生电力系统瓦解事故时应（　　）。　　　　　　　　　　　　　　　　　（A）

A. 维持各独立运行系统的正常运行　　　B. 保证大系统正常运行

C. 退出系统解列装置　　　　　　　　　D. 投入系统解列装置

42. 放大器工作点偏高会发生饱和失真，偏低会发生（　　）失真。　　　　　　（A）

A. 截止　　　　　　　B. 导通　　　　　　C. 饱和　　　　　　D. 波形

43. 非单一控制区的调度机构一般采用（　　）进行 AGC 控制。　　　　　　　（C）

A. 定频率控制模式　　　　　　　　　　B. 定联络线功率控制模式

C. 频率与联络线偏差控制模式　　　　　D. 定功率控制模式

44. 分析和计算复杂电路的基本依据是（　　　）。　　　　　　　　　　（C）

A. 欧姆定律

B. 克希荷夫（基尔霍夫）定律

C. 克希荷夫（基尔霍夫）定律和欧姆定律

D. 节点电压法

45. 各厂、电网企业应加强同期装置的运行管理和维护，保持同期装置处于良好状态。关于同期装置整定原则，叙述错误的是（　　　）。　　　　　　　　　　（B）

A. 允许电压差不大于 15%　　　　　　　B. 允许相角差不大于 30°

C. 允许频率差不大于 0.5Hz

46. 功率因数通常可用（　　　）来表示。　　　　　　　　　　（A）

A. P/S　　　　　B. Q/P　　　　　C. P/Q　　　　　D. Q/S

47. 关于电力系统的电压特性描述，错误的是（　　　）。　　　　　　　　　　（B）

A. 电力系统各节点的电压主要取决于各区的有功和无功供需平衡情况

B. 电力系统各节点的电压与网络结构（网络阻抗）没有多大关系

C. 电力系统各节点的电压通常情况下是不完全相同的

D. 电压不能全网集中统一调整，只能分区调整控制

48. 国际标准化组织的缩写是（　　　）。　　　　　　　　　　（A）

A. ISO　　　　　B. IEC　　　　　C. OSI　　　　　D. ASCⅡ

49. 国际电工委员会的缩写是（　　　）。　　　　　　　　　　（B）

A. ISO　　　　　B. IEC　　　　　C. OSI　　　　　D. ASCⅡ

50. 国家规定的供电质量标准是供电企业供到客户受电端的供电电压质量允许偏差：35kV 及以下三相供电电压正负偏差的绝对值之和不超过额定值的（　　　）。　　　　（B）

A. 5%　　　　　B. 10%　　　　　C. 15%　　　　　D. 20%

51. 计算机中满码值是 2047，某电流遥测量的最大实际值是 600A，现在计算机收到该点计算机码为 500，电流实际值应为（　　　）。　　　　　　　　　　（D）

A. 600/2047（A）　　　　　　　　　B. 500A

C.（500/600）×2047（A）　　　　　　D.（500/2047）×600（A）

52. 交流采样测量装置的周期检验是采用（　　　）检验方法进行。　　　　（A）

A. 虚负荷　　　　B. 实负荷　　　　C. 带电　　　　D. 不带电

53. 交流采样电路中采样保持器的主要作用是（　　　）。　　　　　　　　　　（A）

A. 保证 A/D 转换的同一回路的多路输入信号（如三相电流电压）的同步性

B. 保证 A/D 转换时间内信号不变化

C. 降低对 A/D 转换器的转换速度要求

54. 交流采样检定装置的测量误差由（　　　）来确定。　　　　　　　　　　（C）

A. 各部件误差的最大值　　　　　　　B. 各部件误差综合相加

C. 整体综合试验　　　　　　　　　　D. 主要部件误差

55. 交流采样与直流采样不同点在于输入信号是交流弱信号，要计算有功功率和无功功率，还要求采样的电压和电流信号的离散数据在（　　　）上保持一致。　　　　（C）

A. 频率　　　　B. 速度　　　　C. 时间

56. 交流电完成一次循环所需要的时间称为（　　　）。　　　　　　　　　　（B）

A. 频率   B. 周期   C. 速率   D. 正弦曲线

57. 交流电压表和电流表指示的数值是（ ）。 （D）

A. 平均值   B. 最大值   C. 最小值   D. 有效值

58. 快速切除线路任意一点故障的主保护是（ ）。 （A）

A. 纵联保护   B. 零序电流保护   C. 接地距离保护   D. 相间距离保护

59. 利用特高压输电技术，实现远距离、大规模的电力输送，有利于减少电力损耗、节约土地资源、保护环境、节约投资，促进我国（ ）基地的集约化开发。 （B）

A. 大电网、大机组、大用户   B. 大煤电、大水电、大核电

C. 大电网、大火电、大水电   D. 大能源、大容量、大用户

60. 某变电站的母线 TV 电压比为 110kV/100V，在 TV 二次侧测得电压为 104V，则母线的实际电压是（ ）。 （C）

A. 115kV   B. 117kV   C. 114.4kV   D. 112.4kV

61. 某变电站的一条出线，盘表指示电流为 320A，从 TA 二次侧测得电流为 4A，这条线路的 TA 电流比是（ ）。 （B）

A. 200/5   B. 400/5   C. 100/5   D. 300/5

62. 某块电压表的最大量程为 500V，测量时的最大绝对误差为 0.5V，则该电压表的准确度等级为（ ）级。 （B）

A. 0.05   B. 0.1   C. 0.2   D. 0.5

63. 某联络线的 TV 电压比为 220kV/100V，TA 电流比为 600/5，则当二次功率为 20W 时一次功率为（ ）MW。 （B）

A. 4   B. 528   C. 480   D. 5

64. 某一次间隔对应的 TA 电流比为 1000/5，现测得二次电流为 3.3A，则一次电流值为（ ）。 （B）

A. 66   B. 660   C. 33   D. 330

65. 目前我国投入运行的最高交流电压等级是（ ）。 （B）

A. 500kV   B. 750kV   C. 800kV   D. 1000kV

66. 平衡发电机是电气岛内的电压相角参考点，当采用"多平衡机"模式时，电网的不平衡功率将由多台发电机负责平衡，多台发电机之间的不平衡功率分配方式不包括（ ）方式。 （A）

A. 单平衡机吸收   B. 多机容量分配   C. 多机系数分配   D. 多机平均分配

67. 如果采样频率 f=1200Hz，在 50Hz 系统中每个工频周期采样（ ）。 （B）

A. 20 次   B. 24 次   C. 12 次

68. 3 个相同的电阻串联，总电阻是并联时总电阻的（ ）。 （B）

A. 6 倍   B. 9 倍   C. 3 倍   D. 1/9

69. 三相四线有功电能表，若有两相电流接反，发现时电表示数为−600kW·h，如三相负荷平衡，则实际耗电量为（ ）kW·h。 （C）

A. 600   B. 1200   C. 1800   D. 2400

70. 输送相同的负荷时，提高系统电压会（ ）。 （B）

A. 使系统负荷减少   B. 减少线损

C. 系统的动稳定提高   D. 使系统频率降低

71. 万用表的转换开关是实现（ ）的开关。 （A）

A. 各种测量及量程 B. 电流接通 C. 接通被测物测量 D. 电压接通

72. 电力系统中对不同装机容量的机组其频率偏差的要求不同，为维持系统频率为 50Hz，装机容量在 300MW 及以上，电力系统频率偏差不超过±0.1Hz，装机容量在 300MW 及以下时电力系统频率偏差不超过（ ）Hz。 （C）

A. ±0.1 B. ±0.15 C. ±0.2 D. ±0.25

73. 我国规定电压互感器二次侧绕组相与相之间的额定电压为（ ）V。 （A）

A. 100 B. 120 C. 57.7 D. 5

74. 电力系统中用于无功优化调节的设备不包括（ ）。 （D）

A. 容抗器 B. 变压器分接头 C. 发电机 D. 站变设备

75. 系统发生两相相间短路时，短路电流包含（ ）分量。 （A）

A. 正序和负序 B. 正序和零序 C. 负序和零序 D. 正序、负序和零序

76. 下列（ ）元件负序电抗不等于正序电抗。 （B）

A. 变压器 B. 发电机 C. 电抗器 D. 电容器

77. 现场校验遥测时，当线电压为 100V、相电流为 2.5A、功率因数为 0.9 时，二次有功功率为（ ）。 （D）

A. 433 B. 400 C. 225 D. 390

78. 一回 1000kV 特高压输电线路的输电能力可达到 500kV 常规输电线路输电能力的（ ）倍以上。在输送相同功率情况下，1000kV 线路功率损耗约为 500kV 线路的（ ）。 （B）

A. 2，1/4 B. 4，1/16 C. 2，1/16 D. 4，1/4

79. 以下对线路充电功率的描述错误的是（ ）。 （B）

A. 线路的充电功率是由线路的对地电容电流产生的

B. 线路充电功率是视在功率

C. 线路充电功率是指无功功率

D. 线路的充电功率大小与线路电压等级的平方成正比

80. 以下组合中，不全部属于电力谐波源的是（ ）。 （D）

A. 变压器、逆变器、冶炼电弧炉

B. 电抗器、变压器、双向晶闸管可控开关设备

C. 电抗器、整流器、交流电弧焊机

D. 变频器、整流器、白炽灯

81. 由测量仪表、继电器、控制及信号器等设备连接成的回路称为（ ）。 （B）

A. 保护回路 B. 二次回路 C. 仪表回路 D. 远动回路

82. 有功电量和无功电量的单位符号依次为（ ）。 （A）

A. kW·h、kvar·h B. kvar·h、kW·h

C. kW、kvar D. kvar、kW

83. 运行中的输电线路既能产生无功功率又消耗无功功率。当线路中输送某一数值的有功功率时，线路上的这两种无功功率恰好能相互平衡，这个有功功率的数值称为线路的"（ ）"或"波阻抗功率"。 （C）

A. 暂稳功率 B. 额定功率 C. 自然功率 D. 热稳功率

84. 在我国，特高压电网是指由（ ）千伏级交流和正负（ ）千伏级直流系统构成的高压电网。　　　　　　　　　　　　　　　　　　　　　　　　　　　　　　（C）

A. 500，800　　　B. 800，500　　　C. 1000，800　　　D. 1150，1000

85. 在中性点直接接地的系统中，当发生单相接地时，其非故障的相对地电压（ ）。
　　　　　　　　　　　　　　　　　　　　　　　　　　　　　　　　　　　（A）

A. 不变　　　　　B. 升高　　　　C. 升高 2 倍　　　D. 降低一半

86. 造成系统电压下降的主要原因是（ ）。　　　　　　　　　　　　　（D）

A. 中性点接地不好　　　　　　　　B. 系统中大量谐波的存在

C. 负荷分布不均匀　　　　　　　　D. 系统无功功率不足或无功功率分布不合理

87. 正常运行的发电机在调整有功功率时，对发电机无功负荷（ ）。　　（B）

A. 没有影响　　　B. 有一定影响　　C. 影响很大　　　D. 不确定

88. SF_6 气体具有较高绝缘强度的主要原因之一是（ ）。　　　　　　（D）

A. 无色无味性　　B. 不燃性　　　　C. 无腐蚀性　　　D. 电负性

89. 故障信息综合分析决策使用了（ ）专利技术。　　　　　　　　　（D）

A. 模糊数学　　　B. 神经学　　　　C. Petri 网　　　　D. 保护动作链

二、多项选择题

1. 常用的潮流计算方法有（ ）。　　　　　　　　　　　　　　　　　（BCD）

A. 隐式积分法　　B. 牛顿-拉夫逊法　C. 最优因子法　　D. P–Q 分解法

2. 潮流计算是（ ）的通称。　　　　　　　　　　　　　　　　　　　（BC）

A. 频率计算　　　B. 电压计算　　　C. 功率分布计算　D. 相对功角计算

3. 潮流计算需要输入下列（ ）原始数据。　　　　　　　　　　　　　（ABD）

A. 负荷参数　　　B. 发电机参数　　C. PSS 参数　　　D. 支路元件参数

4. 潮流计算有助于（ ）。　　　　　　　　　　　　　　　　　　　　（ABCD）

A. 指导有功、无功调整方案及负荷调整方案

B. 发现电网中薄弱环节，做事故预想

C. 在电网规划阶段合理规划电源容量及接入点

D. 合理选择无功补偿方案

5. 潮流计算中的节点类型有（ ）。　　　　　　　　　　　　　　　　（ACD）

A. 平衡节点　　　B. QV 节点　　　C. PQ 节点　　　D. PV 节点

6. 电磁环网对电网运行的弊端有（ ）。　　　　　　　　　　　　　　（ABCD）

A. 需要装设安自装置　　　　　　　B. 不利于经济运行

C. 易造成热稳定破坏　　　　　　　D. 易造成动稳定破坏

7. 电力工业生产的主要特点有（ ）、整体性、快速性、随机性。　　　（BCD）

A. 协调性　　　　B. 连续性　　　　C. 同时性　　　　D. 实时性

8. 电力网络变换常用的基本方法有（ ）。　　　　　　　　　　　　　（ABCD）

A. 移置负荷　　　B. 三角形变换　　C. 合并电源　　　D. 星形变换

9. 电力系统安全分析包括（ ）。　　　　　　　　　　　　　　　　　（AC）

A. 动态安全分析　　　　　　　　　B. 静态稳定性分析

C. 静态安全分析　　　　　　　　　　　D. 暂态稳定性分析

10. 电力系统潮流计算时，有源节点可分为（　　　）。　　　　　　　　　（BCD）

A. QV 节点　　　　　B. PQ 节点　　　　　C. PV 节点　　　　　D. Vθ 节点

11. 电力系统的电压稳定性是电力系统维持负荷电压于某一规定的运行极限之内的能力，它与电力系统中的下列（　　　）因素有关。　　　　　　　　　　　　（ABCD）

A. 负荷特性　　　　　B. 运行方式　　　　　C. 电源配置　　　　　D. 网络结构

12. 电力系统的稳定运行分为（　　　）。　　　　　　　　　　　　　　　（BCD）

A. 系统稳定　　　　　B. 静态稳定　　　　　C. 动态稳定　　　　　D. 暂态稳定

13. 电力系统过电压分为（　　　）。　　　　　　　　　　　　　　　　（ABCD）

A. 谐振过电压　　　　B. 大气过电压　　　　C. 操作过电压　　　　D. 工频过电压

14. 电力系统稳定计算分析可用于（　　　）。　　　　　　　　　　　　　（BCD）

A. 研究非同步运行中发电机的机电暂态和电磁暂态过程

B. 研究非同步运行后的再同步问题

C. 确定电力系统的静态稳定、暂态稳定和动态稳定的水平，提出电力系统元件的稳定运行限额

D. 分析和研究提高稳定的措施

15. 电力系统稳定性与（　　　）有关。　　　　　　　　　　　　　　　（ABCD）

A. 干扰的大小、地点和延续时间　　　　　B. 系统结构

C. 调节装置的参数　　　　　　　　　　　D. 运行方式

16. 电力系统序参数包括（　　　）。　　　　　　　　　　　　　　　　（ABD）

A. 零序　　　　　　　B. 负序　　　　　　　C. 中序　　　　　　　D. 正序

17. 电力系统暂态稳定计算应包括（　　　）模型。　　　　　　　　　　　（ABCD）

A. 网络　　　　　　　　　　　　　　　　B. 调速系统

C. 负荷　　　　　　　　　　　　　　　　D. 同步电机和励磁系统

18. 电力系统暂态稳定计算中，应（　　　）。　　　　　　　　　　　　　（ABC）

A. 考虑负荷特性　　　　　　　　　　　　B. 考虑发电机电势变化

C. 考虑在最不利的地点发生金属性故障　　D. 考虑短路电流中的直流分量

19. 电力系统中的谐波对电网的电能质量的影响有（　　　）。　　　　　　（BC）

A. 提高电网电压　　　　　　　　　　　　B. 降低电网电压

C. 电压与电流波形发生畸变　　　　　　　D. 电压波形发生畸变，电流波形不畸变

20. 电网的无功补偿应以（　　　）为原则，并应随负荷（或电压）变化进行调整。

（BCD）

A. 补偿充电功率　　B. 分层　　　　　　C. 就地平衡　　　　　D. 分区

21. 动态负荷模型主要有（　　　）。　　　　　　　　　　　　　　　　（BD）

A. 幂函数模型　　　B. 差分方程模型　　C. 多项式模型　　　　D. 感应电动机模型

22. 动态稳定计算条件有（　　　）。　　　　　　　　　　　　　　　　（ABCD）

A. 负荷的电压和频率动态特性　　　　　　B. 发电机数学模型

C. 自动装置动作特性　　　　　　　　　　D. 调压器和调速器模型

23. 对 PQ 节点的描述，正确的是（　　　）。　　　　　　　　　　　　（AC）

A. 一般选负荷节点及没有调整能力的发电节点

B. 一般选有调压能力的发电节点

C. 注入有功、无功功率给定的节点

D. 注入有功、无功功率可以无限调整的节点

24. 对 PV 节点的描述，正确的是（　　）。　　　　　　　　　　　　　（BD）

A. 一般选负荷节点及没有调整能力的发电节点

B. 一般选有调压能力的发电节点

C. 电压幅值、相位给定的节点

D. 注入有功功率和节点电压幅值给定的节点

25. 负荷模型参数的获取方法有（　　）。　　　　　　　　　　　　　（ABC）

A. 大扰动试验法　　B. 统计综合法　　C. 总体测辨法　　D. 能量函数法

26. 改善系统阻尼特性的预防控制通常采用（　　）等。　　　　　　　（BCD）

A. 停用重要线路　　　　　　　　　　B. PSS

C. HVDC 功率调制　　　　　　　　　D. SVC

27. 关于电力系统机电暂态过程，下列描述正确的是（　　）。　　　　（BCD）

A. 持续时间一般为毫秒级

B. 是由大干扰引起的发电机输出电功率突变所造成的转子摇摆、振荡过程

C. 这类过程既依赖于发电机的电气参数，也依赖于发电机的机械参数

D. 这类过程的持续时间一般为秒级

28. 规划、设计的电力系统，应满足（　　）的基本要求。　　　　　　（BCD）

A. 充足性　　　　B. 经济性　　　　C. 灵活性　　　　D. 可靠性

29. 衡量电能质量的主要指标有（　　）。　　　　　　　　　　　　　（ACD）

A. 谐波分量　　　　B. 功率　　　　C. 频率　　　　D. 电压

30. 衡量电能质量指标的因素有（　　）。　　　　　　　　　　　　　（ABCD）

A. 频率　　　　B. 线路损耗　　　　C. 电压　　　　D. 谐波

31. 互联电网外部系统等值的原则有（　　）。　　　　　　　　　　　（AB）

A. 所研究系统稳定特性和稳定水平基本保持不变

B. 保持等值前后联络线潮流和电压不变

C. 保持等值前后所有线路潮流不变

D. 被等值系统稳定水平基本保持不变

32. 静态负荷模型中的多项式模型可看作（　　）的线性组合。　　　　（ACD）

A. 恒阻抗　　　　B. 恒电压　　　　C. 恒功率　　　　D. 恒电流

33. 静态功角稳定计算方法有（　　）。　　　　　　　　　　　　　　（BD）

A. 最优因子法　　　　　　　　　　B. 静态功角稳定实用算法

C. P–Q 分解法　　　　　　　　　　D. 特征根判别法

34. 频域分析计算结果中要给出系统的（　　）等。　　　　　　　　　（ABCD）

A. 参与因子　　　　B. 主要振荡模式　　C. 阻尼比　　　D. 振荡频率

35. 频域稳定分析是进行（　　）分析时常用的分析方法。　　　　　　（ACD）

A. 阻尼比　　　　B. 功角　　　　C. 振荡频率　　　　D. 振荡模式

36. 时域稳定分析是进行（　　）分析时常用的分析方法。　　　　　　（BCD）

A. 振荡模式　　　　B. 频率稳定　　　　C. 功角　　　　D. 电压

37. 随着高一级电压电网的出现和发展，应该有计划地逐步简化和改造低一级电压网络，如（　　）。　　　　　　　　　　　　　　　　　　　　　　　　　　　　（ABD）

A. 装设必要的备用电源自投　　　　　　　　B. 分层分区、解开电磁环网

C. 加强电磁环网　　　　　　　　　　　　　D. 采取环路布置，开环运行

38. 提高电力系统静态稳定的措施有（　　）。　　　　　　　　　　　　　（ABCD）

A. 采用直流输电　　　　　　　　　　　　　B. 加强网络结构

C. 提高发电机运行电动势　　　　　　　　　D. 提高电压水平

39. 提高电力系统静态稳定的措施有（　　）。　　　　　　　　　　　　　（ABCD）

A. 采用分裂导线　　　　　　　　　　　　　B. 采用直流输电

C. 提高电压水平　　　　　　　　　　　　　D. 采用串联电容器补偿

40. 提高电力系统暂态稳定的措施有（　　）。　　　　　　　　　　　　　（ABCD）

A. 采用静止无功补偿装置　　　　　　　　　B. 采用快速励磁

C. 缩短电气距离　　　　　　　　　　　　　D. 采用自动重合闸

41. 提高暂态稳定水平的一次系统措施包括（　　）。　　　　　　　　　　（ABCD）

A. 增设线路　　　　　　　　　　　　　　　B. 加设中间开关站

C. 串联电容补偿　　　　　　　　　　　　　D. 中间并联补偿

42. 系统间建设联络线进行联网，应具备的必要条件是（　　）。　　　　　　（BCD）

A. 联络线上正常应输送与其输送能力相当的功率，使技术经济效益最大化

B. 当互联系统发生故障时，应有相应措施防止连锁反应扩大事故

C. 应具备相应的通信、远动信息

D. 应具备合理的自动调频和联络线自动负荷控制手段

43. 下列（　　）方法可用于研究复杂电力系统静态稳定性。　　　　　　　　（ABCD）

A. D-域划分法　　B. 罗斯判据　　C. 根轨迹法　　D. 奈奎斯特判据

44. 下列（　　）情况可引起供电电压超过允许偏差。　　　　　　　　　　　（ABCD）

A. 冲击性负荷、不平衡负荷影响　　　　　　B. 启动电流大

C. 用电功率因数低　　　　　　　　　　　　D. 供电线路太长或截面太小

45. 下列是无备用接线方式的（　　）。　　　　　　　　　　　　　　　　　（ABC）

A. 单回的放射式　　B. 单回的干线式　　C. 单回的链式　　D. 两端供电网络

46. 限制电网谐波的主要措施有（　　）。　　　　　　　　　　　　　　　　（ABCD）

A. 加强谐波管理　　　　　　　　　　　　　B. 有源电力滤波器

C. 增加换流装置的脉动数　　　　　　　　　D. 加装交流滤波器

47. 小扰动动态稳定性分析应包括（　　）。　　　　　　　　　　　　　　　（BCD）

A. 动态稳定限额

B. PSS 配置、模型和参数

C. 对于计算中出现负阻尼和弱阻尼的情况，应给出时域仿真校核结果

D. 系统振荡模式和阻尼特性分析

48. 以下选项中，属于调压措施的有（　　）。　　　　　　　　　　　　　　（ABE）

A. 并联电容器补偿调压　　　　　　　　　　B. 串联电容器补偿调压

C. 串联电抗器调压　　　　　　　　　　　　D. 改变变压器运行台数调压

E. 同步调相机调压

49. 以下关于潮流计算的描述，正确的是（　　）。　　　　　　　　　　　（ABCD）

A. 潮流计算所用计算方法是迭代算法

B. 潮流计算所建立的数学模型是一组代数方程

C. 潮流计算用来计算稳态过程

D. 潮流计算不考虑状态量随时间的变化

50. 以下关于稳定计算的描述，正确的是（　　）。　　　　　　　　　　　（AC）

A. 稳定计算所用计算方法是求解微分方程组的数值积分法

B. 稳定计算所用计算方法是迭代算法

C. 稳定计算所建立的数学模型是一组微分方程

D. 稳定计算用来计算稳态过程

51. 以下叙述中，属于电力系统大扰动的是（　　）。　　　　　　　　　（ABCD）

A. 各种短路故障、各种突然断线故障、断路器无故障跳闸

B. 非同期并网（包括发电机非同期并列）

C. 大型发电机失磁

D. 大容量负荷突然启停

52. 影响系统电压的主要因素有（　　）。　　　　　　　　　　　　　　　（BCD）

A. 接地方式变化　　B. 运行方式变化　　C. 负荷变化　　　D. 无功补偿容量变化

53. 影响线损的因素是（　　）。　　　　　　　　　　　　　　　　　　　（ABCD）

A. 网络结构不合理　　　　　　　　　B. 管理制度不健全

C. 无功补偿配置不合理　　　　　　　D. 运行方式不尽合理

54. 有功功率与频率变化基本上无关的电力负荷有（　　）。　　　　　　　　（CD）

A. 水泵　　　　　　B. 压缩机　　　　　C. 电炉　　　　　D. 照明

55. 暂态和动态计算中电压稳定的实用判据包括（　　）。　　　　　　　　　（BC）

A. 电压振荡　　　　　　　　　　　　B. 中枢点电压下降幅度

C. 中枢点电压下降持续时间　　　　　D. 发电机相对功角大小

56. 暂态稳定计算需要原始数据包括（　　）。　　　　　　　　　　　　　（ABCD）

A. 励磁机、励磁调节器参数

B. 原动机参数

C. 调速器参数

D. 支路元件参数，包括线路电阻、电抗、对地导纳、变压器变比、两端节点号

57. 直接法分析电力系统稳定性的优越性有（　　）。　　　　　　　　　　　（CD）

A. 采用简化模型　　　　　　　　　　B. 可直接给出系统振荡模式

C. 能快速判断系统功角稳定性　　　　D. 能直接给出极限故障切除时间

58. 装设备用电源自动投入装置对电网带来的好处为（　　）。　　　　　　　（ACD）

A. 简化电网一次接线　　　　　　　　B. 继电保护配置简单化

C. 提高供电可靠性　　　　　　　　　D. 降低造价，节省投资

59. 对于低压开关柜安装方式，一般不推荐采用电子式互感器替代常规互感器，主要原因有（　　）。　　　　　　　　　　　　　　　　　　　　　　　　　　　　（ABCD）

A. 低压一般不会发生饱和现象，电子式互感器抗饱和特性不能发挥

B. 电子式互感器节省大量电缆的优势在此场合很难体现

C. 制约体积的为开关柜大小，无法实现电子式互感器减小体积的优势

D. 小模拟量信号易受干扰且不易于分享

60. 在电气设备操作中发生（　　）情况则构成事故。　　　　　　　　　　　　（ABC）

A. 带负荷拉、合隔离开关　　　　　　　　B. 带电挂接地线或带电合接地断路器

C. 带接地线合断路器　　　　　　　　　　D. 带负荷拉开断路器

61. 相对于二次侧的负载来说，（　　）。　　　　　　　　　　　　　　　　　　（AC）

A. 电压互感器的一次内阻抗较小　　　　　B. 电压互感器的一次内阻抗较大

C. 电流互感器的一次内阻很大　　　　　　D. 电流互感器的一次内阻很小

62. 地县一体化电力调度自动化系统各个区域之间的数据通信按照不同通信情况，可以将广域分布式地县一体化系统分为（　　）。　　　　　　　　　　　　　　　　　（ABCDE）

A. 正常运行　　　　　B. 单点故障　　　　　C. 双点解环

D. 四点解列　　　　　E. 恢复状态

三、判断题

1. "系统电压是由系统的潮流分布决定的。"这句话表明系统电压主要取决于系统有功和无功负荷的供需平衡情况，还与网络结构网络阻抗有关。　　　　　　　　　　　　（√）

2. 220kV 及 500kV 系统，发电厂或变电站至少应有一台变压器中性点接地运行。（√）

3. DA 的全称及含义为配网自动化 Distribution Automation。　　　　　　　　　（√）

4. 安装并联电容器的目的，一是改善系统的功率因数，二是调整网络电压。（√）

5. 变压器的铁损与变压器的容量和电压的高低有关，与负载的大小无关。（√）

6. 变压器分接头调整不能增减系统的无功功率，只能改变无功功率分布。（√）

7. 变压器空载时，一次绕组中仅流过励磁电流。　　　　　　　　　　　　　　（√）

8. 标幺值是各物理量及参数的相对值，是不带量纲的数值。　　　　　　　　（√）

9. 标幺值是各物理量及参数的相对值，是带标准量纲的数值。　　　　　　　（×）

10. 标幺值是相对某一基值而言的，同一有名值，当基值选取不一样时，其标幺值也不一样。　　　　　　　　　　　　　　　　　　　　　　　　　　　　　　　　　　（√）

11. 标准的 9 针 RS−232C 接口插座一般定义为"2 收 3 发 7 地"。　　　　　（×）

12. 并列运行的变压器若短路电压不等，则各台变压器的复功率分配是按变压器短路电压成反比分配的。　　　　　　　　　　　　　　　　　　　　　　　　　　　　　　（√）

13. 病毒防护是调度系统与网络必须的安全措施。　　　　　　　　　　　　　　（√）

14. 波过程是运行操作或雷击过电压引起的过程。　　　　　　　　　　　　　　（√）

15. 波形的畸变率是指各次谐波有效值的平方和的方根值与基波有效值的百分比。（√）

16. 采用静止无功补偿装置可以提高暂态稳定性。　　　　　　　　　　　　　　（√）

17. 采用可控串补可以提高电网的输电能力和电力系统稳定性，但不能抑制电力系统低频振荡和次同步谐振。　　　　　　　　　　　　　　　　　　　　　　　　　　　　　（×）

18. 超高压线路的充电功率可作为电网正常的无功补偿容量使用。　　　　　　（×）

19. 潮流计算中，PQ 节点一般选负荷节点及没有调整能力的发电节点。（√）

20. 潮流计算中，PV 节点一般选有调压能力的发电节点。　　　　　　　　　（√）

21. 潮流计算中，Vθ 节点一般选调频发电机节点。　　　　　　　　　　　　　（√）

22. 潮流计算中，负荷节点一般作为无源节点处理。（×）

23. 潮流计算中具有功率注入的节点是有源节点，如发电机、调相机、负荷。（√）

24. 串联补偿是指串联电容补偿和可控串联电容补偿（TCSC），简称串补和可控串补。（√）

25. 串联电抗器用来吸收电网中的容性无功。（×）

26. 串联电容器和并联电容器一样，可以提高功率因数。（√）

27. 当变压器三相负载不对称时，将出现负序电流。（√）

28. 当三相变压器的一侧接成三角形或中性点不接地的星形时，从这一侧来看，变压器的零序电抗总是无穷大的。（√）

29. 当线路出现不对称断相时没有零序电流。（×）

30. 当沿线路传送某一固定有功功率，线路产生的无功功率和消耗的无功功率能相互平衡时，这个有功功率，称为线路的"自然功率"。（√）

31. 低一级电网中的任何元件（包括线路、母线、变压器等）发生各种类型的单一故障均不得影响高一级电压电网的稳定运行。（√）

32. 电磁环网是指不同电压等级运行的线路，通过变压器电磁回路的联接而构成的环路，由于可以提高供电可靠性，因此应在电力系统中经常使用。（×）

33. 电磁环网中高压线路故障断开时，系统间的联络阻抗将显著增大。（√）

34. 电力变压器中性点直接接地或经消弧线圈接地的电力系统，称为大接地系统。（×）

35. 电力负荷对季节、温度、天气等因素非常敏感，其变化是连续的过程。（√）

36. 电力调度自动化系统是电力系统的重要组成部分，是确保电力系统安全、优质、经济运行和电力市场运营的基础设施，是提高电力系统运行水平的重要技术手段。（√）

37. 电力调度自动化系统是确保电网安全、优质、经济地发供电，提高调度运行管理水平的重要手段。（√）

38. 电力调度自动化系统是由主站和各子站（远动终端）经由数据传输通道构成的整体。（√）

39. 电力调度自动化系统中的热备用是指主备系统同时处理数据，同时运转。（√）

40. 电力系统不对称运行时仅产生负序电流。（×）

41. 电力系统不接地系统供电可靠性高，但对绝缘水平的要求也高。（√）

42. 电力系统的电压特性与电力系统的频率特性都与网络结构网络阻抗关系不大。（×）

43. 电力系统的动态稳定是指系统在某种运行方式下突然受到大的扰动后，经过一个机电暂态过程达到新的稳定运行状态或回到原来的稳定状态。（×）

44. 电力系统的静态稳定是指电力系统受到大干扰后经过一个机电暂态过程后自动恢复到起始运行状态。（×）

45. 电力系统的频率特性取决于负荷的频率特性。（×）

46. 电力系统的频率稳定是指电力系统维持系统频率在某一规定的运行极限内的能力。（√）

47. 电力系统的暂态稳定是指电力系统受到干扰后不发生振幅不断增大的振荡而失步。（×）

48. 电力系统负荷备用容量为最大发电负荷的 2%～5%，低值适用于大系统，高值适用于小系统。（√）

49. 电力系统负荷预测在电力进入市场化运行后，实质上是对电力市场需求的预测。　　（√）

50. 电力系统内部过电压是由电网内部能量转化或传递过程中产生的，可分为两大类，一类是由于故障或断路器操作所引起，如工频过电压、操作过电压；另一类是由于电网中电感和电容参数在特定条件配合下发生谐振而引起，如谐振过电压。　　（√）

51. 电力系统事故备用容量为最大发电负荷的 10%左右，但不小于系统一台最大机组的容量。　　（√）

52. 电力系统调度自动化是一项系统工程，全网是一个有机整体，必须实行统一领导、集中管理的体制。　　（×）

53. 电力系统网络接线分析主要分为厂站母线分析和系统网络分析两个步骤。　　（√）

54. 电力系统谐波的定义是对周期性非正弦电量进行傅里叶级数分解，除了得到与电网基波频率相同的分量，还得到一系列大于电网基波频率的分量，这部分电量称为谐波。　　（√）

55. 电力系统暂态过程中电磁暂态过程最短暂。　　（×）

56. 电力系统中，对称分量法主要用来分析不对称运行方式。　　（√）

57. 电力系统中的有功功率、无功功率、电压、电流等量测量是模拟量信息。　　（√）

58. 电力系统中有功功率是从电压幅值高的一端流向低的一端，无功功率是从相角超前的一端流向相角滞后的一端。　　（×）

59. 电力系统中重要的电压支撑节点称为电压中枢点，对电压中枢点的选择有它自己的原则，而电压监测点的选择可以随机进行，没有什么原则。　　（×）

60. 电力系统状态估计可以根据遥测量估计电网的实际断路器状态，纠正偶然出现的错误的断路器状态信息。　　（√）

61. 电力线路上的无功功率损耗包括线路电抗中的无功功率损耗和并联电纳中的无功功率损耗。　　（√）

62. 电流的趋肤效应是指交流电通过导体时电流聚集在导体表面的效应。　　（√）

63. 电气化铁道是典型的三相平衡谐波源。　　（×）

64. 电气设备在一定的工作条件下允许长时期运行的电流称为额定电流。　　（×）

65. 电容器的电流不能突变，电感器的电压不能突变。　　（×）

66. 电容器的无功输出功率与电容器的电容成正比，与外施电压的平方成反比。　　（×）

67. 电网的拓扑结构描述电网中各元件的图形连接关系。　　（√）

68. 电网无功补偿的原则是区域电网内平衡。　　（√）

69. 电网无功补偿的原则一般按照分层分区和就地平衡原则考虑。　　（√）

70. 电网运行实行统一调度、分级管理的原则，任何单位和个人不得非法干预电网调度。　　（√）

71. 电压调整方式一般分为逆调压、恒调压、顺调压 3 种方式。　　（√）

72. 电压越高，并联电容器出力越大。　　（√）

73. 对于短路来说，系统最大运行方式的综合阻抗小，系统最小运行方式的综合阻抗大。　　（√）

74. 发电机进相运行时，静态稳定性升高。　　（×）

75. 发生单相接地时，消弧线圈的电感电流超前零序电压 90°。　　（×）

76. 发展更高电压等级可以有效解决短路电流超标问题。　　（√）

77. 防火墙不能阻止被病毒感染的程序或文件的传递。　　（√）

78. 感性无功功率的电流相量超前电压相量 90°，容性无功功率的电流相量滞后电压相量 90°。 （×）

79. 感应电动机模型是动态负荷模型。 （√）

80. 高次谐波产生的根本原因是由于电力系统中某些设备和负荷的非线性特性，即所加的电压与产生的电流不成线性（正比）关系而造成的波形畸变。 （√）

81. 各种不同类型短路时，母线电压正序分量的变化是：三相短路时，正序电压下降的最多；单相短路时，正序电压下降最少。 （√）

82. 减少电网无功负荷可使用容性无功功率来补偿感性无功功率。 （√）

83. 减少电网无功负荷可以使用容性无功功率来补偿感性无功功率。 （√）

84. 降低串联补偿度有利于防止次同步振荡。 （√）

85. 静态安全分析是研究元件有无过负荷及母线电压有无越限。 （√）

86. 静态安全分析主要是研究元件有无过负荷及母线电压有无越限。动态安全分析主要是研究线路功率是否超稳定极限。 （√）

87. 跨步电压与入地电流强度成反比。 （×）

88. 跨步电压与接地体的距离平方成反比。 （√）

89. 理论上，输电线路的输电能力与线路电压的平方成反比，与输电线路的波阻抗成正比。 （×）

90. 理论线损不可能降到零，而统计线损却有可能降到负值。 （√）

91. 灵活交流输电系统简称FACTS，是指交流输电系统利用高功率电子技术为基础的控制器及其他静止型控制器改善可控性并且增加输送功率的容量。 （√）

92. 每100km 的500kV 四分裂导线充电无功为100Mvar 左右，每100km 220kV 一分裂导线充电无功为13Mvar 左右。 （√）

93. 模拟信号是连续信号，而数字信号是离散信号。 （√）

94. 某一点的短路容量等于该点短路时的短路电流乘以该点短路前的电压。 （√）

95. 频率的二次调整指的是由发电机的调频器进行的、针对变化幅度较大而周期较长的如冲击性负荷变动引起的频率偏移的调整。 （√）

96. 频率的一次调整指的是由发电机组的调速器进行的、针对变化幅度很小而周期很短的偶然性负荷变动引起的频率偏移的调整。 （√）

97. 三相短路电流大于单相接地故障电流。 （×）

98. 三相三线有功功率表和三相四线有功功率表可以替换。 （×）

99. 设备对地电压在1000V 及以下者称为低压电气设备。 （×）

100. 输电线路的架空地线会使零序电抗增大。 （×）

101. 输电线路中的无功损耗与电压的平方成反比，而充电功率与电压的平方成正比。 （√）

102. 瞬时功率是任何网络端口的瞬时电压与瞬时电流的乘积。 （√）

103. 所谓运行中的电气设备，是指全部带有电压及一部分带有电压的电气设备。 （√）

104. 提高电力系统静态稳定性的根本措施是缩短电气距离。 （√）

105. 提高系统电压水平可以提高静态稳定性。 （√）

106. 同一电阻在相同时间内通过直流电和交流电产生相同热量，这时直流电流数值称为交流电流的有效值。 （√）

107. 网络损耗负荷也是电力系统负荷的一种类型，它的有功负荷频率特性与频率的平方成正比，它的电压特性与电压的平方成反比。 （√）

108. 网络拓扑分析有实时和研究两种方式。网络拓扑分析可以定时或随时启动。 （√）

109. 为保证能量管理系统主站系统运行稳定可靠，其主要设备通常采用开放技术配置。

（×）

110. 为加强受端系统的电压支持和运行的灵活性，在受端系统应接有足够容量的电厂。

111. 稳定计算时，若系统潮流变化，则要进行潮流计算后再进行稳定计算。 （√）

112. 稳定计算与潮流计算的根本区别在于：稳定计算是用来计算稳态过程的，而潮流计算随时间变化的暂态过程。 （×）

113. 无功功率的分层分区供需平衡是电压稳定的基础。 （√）

114. 系统发生振荡时，不会产生零序或负序分量。 （√）

115. 系统频率调整、电压调整由系统的有功、无功负荷平衡决定，与网络结构关系不大。

（×）

116. 线路并联电纳消耗容性无功功率，相当于发出感性无功功率，其数值与线路电压的平方成正比。 （√）

117. 线路传输的有功功率低于自然功率，线路将向系统吸收无功功率；而高于此值时，则将向系统送出无功功率。 （×）

118. 线路的充电功率与其长度成正比。 （√）

119. 线路的自然功率与线路的长度无关。 （√）

120. 线路电抗始终消耗无功功率，其值与线路通过的电流的平方成正比。 （√）

121. 线路发生两相短路时，短路点处正序电压等于负序电压。 （√）

122. 线损电量指从发电厂主变压器的一次侧（不包括厂用电）至用户电能表上所有的电能损失。 （√）

123. 谐波对线路的主要危害是引起附加损耗。 （√）

124. 谐波可以引起系统谐振，谐波电压升高，谐波电流增大，继而引起继电保护及自动装置误动，引发电力事故。 （√）

125. 信噪比即通信电路中信号功率与噪声功率的比值。 （√）

126. 异步电动机和变压器是系统中无功功率主要消耗者，其无功消耗与电压的平方成反比，随电压降低而增加。 （√）

127. 预告信号是在变电站的电气一次设备或电力系统发生事故时发出的音响信号和灯光信号。 （×）

128. 在超高压长距离输电线路上，较大的谐波电流会使潜供电弧熄灭延缓，导致单相重合闸失败，扩大事故。 （√）

129. 在电力系统中，往往为了减少无功功率的不合理流动，提高局部地区的电压，在负荷侧的变电站母线或负荷端并接静止电容器，用以改善功率因数，减少线损，提高负荷端的电压。

（√）

130. 在计算和分析电力系统不对称短路时，广泛应用对称分量法。 （√）

131. 在系统变压器中，无功功率损耗较有功功率损耗大的多。 （√）

132. 在系统无功功率不足的情况下，可以采用调整变压器分接头的办法来提高电压。

（×）

133. 噪声系数是设备输入端的信噪比与输出端的信噪比的比值。 （√）

134. 增加网络的零序阻抗可以限制三相短路电流。 （×）

135. 照明、电阻、电炉等因为不消耗无功，所以没有无功负荷电压静态特性。 （√）

136. 只要电压或电流的波形不是标准的正弦波，其中必定包含高次谐波。 （√）

137. 中性点不接地系统发生单相接地故障时，非接地相的对地电压升高为相电压的 3 倍。

（×）

138. 中性点不接地系统发生单相接地故障时，接地故障电流比负荷电流大。 （×）

139. 中性点不直接接地的系统中，欠补偿是指补偿后电感电流大于电容电流。 （×）

140. 中性点直接接地系统发生单相接地故障时短路电流小于中性点非直接接地系统。

（×）

141. 自耦变压器的特点之一是：一次和二次之间不仅有电的联系，还有磁的联系。

（√）

142. 最优潮流除了对有功及耗量进行优化外，还对无功及网损进行了优化。此外，最优潮流还考虑了母线电压的约束及线路潮流的安全约束。 （√）

第二章 专业技能常识

一、单项选择题

1. 变压器主要由铁心和（　　）组成。　　　　　　　　　　　　　　　　（A）

A. 绕组　　　　　　　　　B. 铁皮　　　　　　　C. 绝缘漆

2. 参考点也称零电位点，它是由（　　）。　　　　　　　　　　　　　　（A）

A. 人为规定的　　　　　　　　　　　　B. 参考方向决定的

C. 电位的实际方向决定的　　　　　　　D. 大地性质决定的

3. 产生电压崩溃的原因有（　　）。　　　　　　　　　　　　　　　　　（A）

A. 无功功率严重不足　　　　　　　　　B. 有功功率严重不足

C. 系统受到小的干扰　　　　　　　　　D. 系统发生短路

4. 串行通信接口中常用的符号 RXD 表示（　　）。　　　　　　　　　　（A）

A. 接收数据信号　　B. 发送数据信号　　C. 接地信号　　　　D. 同步信号

5. 串联电路中，电压的分配与电阻成（　　）。　　　　　　　　　　　　（A）

A. 正比　　　　　　B. 反比　　　　　　C. 1:1　　　　　　D. 2:1

6. 电路由（　　）和开关四部分组成。　　　　　　　　　　　　　　　　（A）

A. 电源、负载、连接导线　　　　　　　B. 发电机、电动机、母线

C. 发电机、负载、架空线路　　　　　　D. 电动机、灯泡、连接导线

7. 电容器并联电路的特点有（　　）。　　　　　　　　　　　　　　　　（A）

A. 并联电路的等效电容量等于各个电容器的容量之和

B. 每个电容两端的电流相等

C. 并联电路的总电量等于最大电容器的电量

D. 电容器上的电压与电容量成正比

8. 电容器具有（　　）的作用。　　　　　　　　　　　　　　　　　　　（A）

A. 隔直流　　　　　　B. 隔交流　　　　　C. 通交、直流　　　D. 隔交、直流

9. 感抗大小和电源频率成正比，与线圈的电感成（　　）。　　　　　　　（A）

A. 正比　　　　　　B. 反比　　　　　　C. 不变

10. 交流电在单位时间内（1s）完成周期性变化的次数称为（　　）。　　　（A）

A. 频率　　　　　　B. 周期　　　　　　C. 角频率

11. 理想电压源的特点是（　　）。　　　　　　　　　　　　　　　　　　（A）

A. 内阻等于 0　　　　　　　　　　　　B. 内阻等于无穷大

C. 内阻大小可以是随机的　　　　　　　D. 内阻大小随负载而变化

12. 两只额定电压相同的电阻，串联接在电路中，则阻值较大的电阻（　　）。（A）

A. 发热量较大　　　B. 发热量较小　　　C. 没有明显差别

13. 万用表的（　　）量程越高，则该量程的内阻越大。　　　　　　　　（A）

A. 电压   B. 电流   C. 电阻   D. 功率

14. 万用表的转换开关是实现（　　）。   （A）

A. 各种测量种类及量程的开关   B. 万用表电流接通的开关

C. 接通被测物的测量开关

15. 星形联结时三相电源的公共点称为三相电源的（　　）。   （A）

A. 中性点   B. 参考点   C. 零电位点   D. 接地点

16. 在电力系统中发生不对称故障时，短路电流中的各序分量，其中受两侧电动势相角差影响的是（　　）。   （A）

A. 正序分量   B. 负序分量

C. 正序分量和负序分量   D. 零序分量

17. 在直流总输出回路及各直流分路输出回路装设直流熔断器或小空气开关时，上下级配合（　　）。   （A）

A. 有选择性要求   B. 无选择性要求   C. 视具体情况而定

18. 下面正确的句子是（　　）。   （A）

A. 变压器可以改变交流电的电压

B. 变压器可以改变直流电的电压

C. 变压器可以改变交流电压，也可以改变直流电压

19. 中性点不接地系统，发生金属性两相接地故障时，健全相的电压为（　　）。   （A）

A. 正常相电压的 1.5 倍   B. 略微增大

C. 不变   D. 减小

20. 在一台 Yd11 接线的变压器的三角形侧发生两相短路，星形侧（　　）电流为其他相电流的 2 倍。   （B）

A. 对应超前相   B. 对应滞后相   C. 零相

21. （　　）是指测量过程中随机误差大小的程度，它反映了一定条件下进行多次测量时所得结果之间的符合程度。   （B）

A. 正确度   B. 精密度   C. 准确度

22. 16 位单极性模拟量转换范围为（　　）。   （B）

A. 0～32 767   B. 0～65 535   C. −32 767～32 767   D. 32 767～65 535

23. 单位转换中 1A 等于（　　）。   （B）

A. 1000μA   B. 1 000 000μA

C. 1 000 000 000μA   D. 100μA

24. 220kV～500kV 变电站计算机监控系统 U、I 交流采样测量量基本误差的绝对值应小于等于（　　）。   （B）

A. 0.10%   B. 0.20%   C. 0.50%   D. 1.00%

25. 220kV～500kV 变电站计算机监控系统站内 SOE 分辨率为（　　）。   （B）

A. 不大于 1ms   B. 不大于 2ms   C. 不大于 3ms   D. 不大于 4ms

26. 变压器绝缘自投入运行后，在允许条件下运行，其寿命可达（　　）。   （B）

A. 25～30 年   B. 20～25 年   C. 15～20 年   D. 10～15 年

27. 变压器在同等负载及同等冷却条件下，油温比平时高（　　），应判断变压器发生内部故障。   （B）

A. 5℃   B. 10℃   C. 15℃   D. 20℃

28. 并联电路中，电流的分配与电阻成（   ）。   （B）

A. 1:1   B. 反比   C. 正比   D. 2:1

29. 测量电路电流时，必须将电流表（   ）在电路中。   （B）

A. 并联   B. 串联   C. 先并后串   D. 先串后并

30. 厂站远动、监控和计量的调度自动化装置连续故障停止运行时间（   ）者，应定为异常。   （B）

A. 超过 12h   B. 超过 24h   C. 超过 48h

31. 串行通信接口中常用的符号 TXD 表示（   ）。   （B）

A. 接收数据信号   B. 发送数据信号   C. 接地信号   D. 同步信号

32. 当负载短路时，电源内压降（   ）。   （B）

A. 为零   B. 等于电源电动势   C. 等于端电压

33. 电力工业中为了提高功率因数，常采用（   ）。   （B）

A. 给感性负载串联补偿电容，减少电路电抗

B. 给感性负载并联补偿电容

C. 提高发电机输出有功功率，或降低发电机无功功率

34. 电力系统中以 kW·h 作为（   ）的计量单位。   （B）

A. 电压   B. 电能   C. 电功率   D. 电位

35. 电流的大小用电流强度来表示，其数值等于单位时间内穿过导体横截面的（   ）代数和。   （B）

A. 电流   B. 电量（电荷）   C. 电流强度   D. 功率

36. 电流互感器一次安匝数（   ）二次安匝数。   （B）

A. 大于   B. 约等于   C. 小于

37. 电容器在直流稳态电路中相当于（   ）。   （B）

A. 短路   B. 开路   C. 高通滤波器   D. 低通滤波器

38. 电压互感器的一次绕组的匝数（   ）二次绕组的匝数。   （B）

A. 大于   B. 远大于   C. 小于   D. 远小于

39. 检测 0.2 级测量装置所使用标准检验装置的等级指数为（   ）。   （B）

A. 0.02   B. 0.05   C. 0.1   D. 0.2

40. 检测 0.5 级测量装置所使用标准检验装置的等级指数为（   ）。   （B）

A. 0.05   B. 0.1   C. 0.2   D. 0.5

41. 绝缘手套的测验周期是（   ）。   （B）

A. 每年一次   B. 6 个月一次   C. 5 个月一次

42. 空载高压长线路的末端电压（   ）始端电压。   （B）

A. 等于   B. 高于   C. 低于   D. 低于或等于

43. 两只额定电压相同的电阻串联接在电路中，其阻值较大的电阻发热（   ）。   （B）

A. 相同   B. 较大   C. 较小

44. 目前低压供电系统多数采用（   ）供电系统。   （B）

A. 三相三线制   B. 三相四线制   C. 三相五线制   D. 单相制

45. 盘柜安装时，盘间接缝应（   ）。   （B）

A. 小于 5mm　　　　B. 小于 2mm　　　　C. 小于 1mm　　　　D. 小于 10mm

46. 屏蔽电缆的屏蔽层应（　　）。　　　　　　　　　　　　　　　　　　　　（B）

A. 与地绝缘　　　　B. 可靠接地　　　　C. 接 0V　　　　D. 无要求

47. 三相电动势的相序为 U–V–W，称为（　　）。　　　　　　　　　　　　　（B）

A. 负序　　　　B. 正序　　　　C. 零序　　　　D. 反序

48. 三相对称的额定工作电压为 380V，由我国供电系统供电，该三相负载应接成（　　）。

（B）

A. 三角形联结　　　　B. 星形联结　　　　C. 两种接法都不行

49. 三相四线制的相电压和线电压都（　　）。　　　　　　　　　　　　　　　（B）

A. 不对称　　　　B. 对称　　　　C. 不确定

50. 我国交流电的频率为 50Hz，其周期为（　　）。　　　　　　　　　　　　（B）

A. 0.01s　　　　B. 0.02s　　　　C. 0.1s　　　　D. 0.2s

51. 线圈磁场方向的判断方法用（　　）。　　　　　　　　　　　　　　　　　（B）

A. 直导线右手定则　　　　　　　　　　　B. 螺旋管右手定则

C. 左手定则　　　　　　　　　　　　　　D. 右手发电机定则

52. 兆欧表通常采用（　　）测量机构，采用此机构的主要优点是使测量结果不受发电机转速变化的影响。　　　　　　　　　　　　　　　　　　　　　　　　　　　　（B）

A. 感应系比率型　　　　B. 磁电系比率型　　　　C. 磁电系比较型

53. 一般电气仪表所示出的交流电压、电流的指示值是（　　）。　　　　　　　（B）

A. 最大值　　　　B. 有效值　　　　C. 平均值　　　　D. 瞬时值

54. 用常用电压表测得的交流电压是（　　）。　　　　　　　　　　　　　　　（B）

A. 最大值　　　　B. 有效值　　　　C. 平均值

55. 用示波器测得的峰值电压是有效值电压的（　　）倍。　　　　　　　　　　（B）

A. 1　　　　B. 2 的开方　　　　C. 3 的开方　　　　D. 3

56. 油浸变压器在正常情况下为使绝缘油不致过速氧化，上层油温不宜超过（　　）。

（B）

A. 75℃　　　　B. 85℃　　　　C. 95℃　　　　D. 105℃

57. 与并行通信相比，串行通信传送速度比并行通信要（　　）。　　　　　　　（B）

A. 快　　　　B. 慢　　　　C. 差不多

58. 在三相四线制中，当三相负载不平衡时，三相电压相等，中性线电流（　　）。（B）

A. 减小　　　　B. 不等于零　　　　C. 增大　　　　D. 等于零

59. 在微机型保护中，控制电缆屏蔽层（　　）。　　　　　　　　　　　　　　（B）

A. 无须接地　　　　　　　　　　　　　　B. 两端接地

C. 靠控制屏一端接地　　　　　　　　　　D. 靠端子箱一端接地

60. 在一侧有电源另一侧断开的超高压远距离输电线路上，各点电压和电流的状况是（　　）。　　　　　　　　　　　　　　　　　　　　　　　　　　　　　　　（B）

A. 离电源越远，电流越大、电压越低

B. 离电源越远，电流越小、电压越高

C. 离电源越远，电流越大，电压越高

61. 110kV 及以下电压等级的电压互感器（TV）的典型输出电压和电流互感器（TA）的典

型输出电流是（ ）。 (C)

A. 100V，3A B. 220V，5A C. 100V，5A D. 220V，1A

62. 220～500kV 变电站计算机监控系统 P、Q 交流采样测量量基本误差的绝对值应小于或等于（ ）。 (C)

A. 0.10% B. 0.20% C. 0.50% D. 1.00%

63. 半导体的电阻随温度的升高（ ）。 (C)

A. 不变 B. 增大 C. 减小

64. 变压器的铁心采用相互绝缘的薄硅钢片制造，主要目的是为了降低（ ）。 (C)

A. 杂散损耗 B. 铜耗 C. 涡流损耗 D. 磁滞损耗

65. 变压器运行中的电压不应超过额定电压的（ ）。 (C)

A. ±2.0% B. ±2.5% C. ±5% D. ±10%

66. 变压器在额定电压下，二次开路时在铁心中消耗的功率为（ ）。 (C)

A. 铜损 B. 无功损耗 C. 铁损 D. 热损

67. 并列运行的变压器其容量之比一般不超过（ ）。 (C)

A. 1:1 B. 2:1 C. 3:1 D. 4:1

68. 测量不平衡三相四线电路的有功功率宜采用（ ）。 (C)

A. 单表法 B. 两表法 C. 三表法

69. 串联电路的特点有（ ）。 (C)

A. 串联电路中各电阻两端电压相等

B. 各电阻上分配的电压与各自电阻的阻值成正比

C. 各电阻上消耗的功率之和等于电路所消耗的总功率

D. 流过每一个电阻的电流不相等

70. 当电网发生故障时，如有一台变压器损坏，则其他变压器（ ）过载运行。 (C)

A. 不允许 B. 允许 2h C. 允许短时间 D. 允许 1h

71. 电测量变送器的精度应用（ ）。 (C)

A. 绝对误差 B. 相对误差 C. 引用误差

72. 电场力在单位时间内所做的功称为（ ）。 (C)

A. 功耗 B. 功率 C. 电功率 D. 耗电量

73. 电场力做功与所经过的路径无关，参考点确定后，电场中各点的电位值便唯一确定，这就是电位（ ）原理。 (C)

A. 稳定 B. 不变 C. 唯一性 D. 稳压

74. 电流互感器的准确度 D 级是用于接（ ）。 (C)

A. 测量仪表 B. 指示仪表 C. 差动保护 D. 微机保护

75. 将一根导线均匀拉长为原长度的 3 倍，则阻值为原来的（ ）。 (B)

A. 3 倍 B. 9 倍

76. 交流电的三要素是指最大值、频率、（ ）。 (C)

A. 相位 B. 角度 C. 初相角 D. 电压

77. 3 个相同的灯泡做星形联结时，在三相四线制供电线路上，如果供电总中线断开，则（ ）。 (C)

A. 3 个灯泡都变暗 B. 3 个灯泡都变亮 C. 3 个灯泡的亮度不变

78. 无论三相电路是星形联结还是三角形联结，当三相电路负载对称时，其总功率为（　　）。　　　　　　　　　　　　　　　　　　　　　　　　　　（C）

　　A. $P=3UI\cos\varphi$　　　B. $P=PU+PV+PW$　　C. $P=\sqrt{3}\,UI\cos\varphi$　　D. $P=\sqrt{2}\,UI\cos\varphi$

79. 下列说法中正确的是（　　）。　　　　　　　　　　　　　　　　　（C）

　　A. 一段通电导线在磁场某处受到的力大，该处的磁感应强度就大

　　B. 在磁感应强度为 B 的匀强磁场中，放入一面积为 S 的线框，通过线框的磁通一定为 $\varPhi=BS$

　　C. 磁力线密处的磁感应强度大

　　D. 通电导线在磁场中受力为零，磁感应强度一定为零

80. 下面不是光纤通道的特点的是（　　）。　　　　　　　　　　　　　（C）

　　A. 通信容量大　　　　B. 中继距离长　　　　C. 易受干扰　　　　D. 光纤质量小、体积小

81. 相位表停电后，指针在（　　）位置。　　　　　　　　　　　　　（C）

　　A. 零位　　　　　　B. 中间　　　　　　C. 不确定　　　　　D. 以上均不对

82. 在纯电感电路中，没有能量消耗，只有能量（　　）。　　　　　　（C）

　　A. 变化　　　　　　B. 增强　　　　　　C. 交换　　　　　　D. 补充

83. 在发电厂、变电站中三相母线的相序是用颜色表示的，A 相的颜色是（　　）。（C）

　　A. 绿色　　　　　　B. 红色　　　　　　C. 黄色　　　　　　D. 蓝色

84. 在发电机中，三相母线的区别是用不同颜色表示的，我国规定用（　　）表示 A 相，（　　）表示 B 相，（　　）表示 C 相。　　　　　　　　　　　（C）

　　A. 绿色，黄色，红色　　　　　　　　　　B. 红色，黄色，绿色

　　C. 黄色，绿色，红色　　　　　　　　　　D. 绿色，红色，黄色

85. 直流母线电压不能过高或过低，允许范围一般是（　　）。　　　　（C）

　　A. ±3%　　　　　　B. ±5%　　　　　　C. ±10%　　　　　D. ±15%

86. 重要的 220kV 变电站应采用（　　）台充电、浮充电装置，（　　）组蓄电池组的供电方式。　　　　　　　　　　　　　　　　　　　　　　　　　　　　（C）

　　A. 1，2　　　　　　B. 2，2　　　　　　C. 3，2　　　　　　D. 3，3

87. 阻值不随外加电压或电流的大小而改变的电阻称为（　　）。　　　（C）

　　A. 固定电阻　　　　B. 可变电阻　　　　C. 线性电阻　　　　D. 非线性电阻

88. 大接地电流系统中，不论正向发生单相接地，还是发生两相接地短路，都是 $3I_0$ 超前 $3U_0$ 约（　　）。　　　　　　　　　　　　　　　　　　　　　　　　　（D）

　　A. 30°　　　　　　B. 45°　　　　　　C. 70°　　　　　　D. 110°

89. 导体的电阻不但与导体的长度、截面有关，而且还与导体的（　　）有关。（D）

　　A. 距离　　　　　　B. 温度　　　　　　C. 相对湿度　　　　D. 材质

90. 对称三相电动势在任一瞬间的（　　）等于零。　　　　　　　　　（D）

　　A. 角度　　　　　　B. 频率　　　　　　C. 波形　　　　　　D. 代数和

91. 关于磁力线的说法，下列正确的是（　　）。　　　　　　　　　　（D）

　　A. 磁力线是磁场中客观存在的有方向曲线

　　B. 磁力线始于磁铁北极而终于磁铁南极

　　C. 磁力线上的箭头表示磁场方向

　　D. 磁力线上某点处于小磁针静止时北极所指的方向与该点曲线方向一定一致

92. 计算复杂电路的基本定律是欧姆定律和（　　）定律。　　　　　　（D）

A. 节点电流　　　　　B. 回路电压　　　　　C. 楞次　　　　　D. 基尔霍夫

93. 两根平行导线通过同向电流时，导体之间相互（　　）。　　　　　　　　（D）

A. 排斥　　　　　B. 产生磁场　　　　　C. 产生涡流　　　　　D. 吸引

94. 为防止分接开关故障，应测量分接开关接头阻值，其相差不超过（　　）。　　（D）

A. 0.01　　　　　B. 0.015　　　　　C. 0.005　　　　　D. 0.02

95. 运动导体切割磁力线而产生最大电动势时，导体与磁力线间的夹角应为（　　）。（D）

A. 0°　　　　　B. 30°　　　　　C. 45°　　　　　D. 90°

96. 阻值随外加电压或电流的大小而改变的电阻称为（　　）。　　　　　　　　（D）

A. 固定电阻　　　　　B. 可变电阻　　　　　C. 线性电阻　　　　　D. 非线性电阻

97. 《EMS 应用软件基本功能实用要求及验收细则》规定负荷预测月运行率（　　）。（D）

A. 基本要求≥85%，争取≥90%　　　　　B. 基本要求≥90%，争取≥95%

C. 基本要求≥95%，争取≥99%　　　　　D. 基本要求≥96%，争取 100%

98. 《EMS 应用软件基本功能实用要求及验收细则》规定调度员潮流计算结果误差（　　）。

（C）

A. 基本要求≤3.0%，争取≤2.5%　　　　　B. 基本要求≤2.5%，争取≤2.0%

C. 基本要求≤2.5%，争取≤1.5%　　　　　D. 基本要求≤1.5%，争取≤0.5%

99. 《EMS 应用软件基本功能实用要求及验收细则》规定状态估计月可用率（　　）。（B）

A. 基本要求≥85%，争取≥90%　　　　　B. 基本要求≥90%，争取≥95%

C. 基本要求≥95%，争取≥99%　　　　　D. 基本要求≥95%，争取 100%

100. 《EMS 应用软件基本功能实用要求及验收细则》中，负荷预测指标统计中的用电负荷是指（　　）。　　　　　　　　　　　　　　　　　　　　　　　　　　（C）

A. 上年度月均统调最大负　　　　　B. 本年度日均统调最大负荷

C. 上年度日均统调最大负荷　　　　　D. 统调最大负荷

101. 《EMS 应用软件基本功能实用要求及验收细则》中规定的应用软件基本功能是指（　　）。　　　　　　　　　　　　　　　　　　　　　　　　　　　　　　　　（B）

A. 网络拓扑、状态估计、调度员潮流、短路电流计算

B. 状态估计、调度员潮流、静态安全分析、负荷预测

C. 状态估计、调度员潮流、最优潮流、无功优化

D. 网络拓扑、调度员潮流、静态安全分析、负荷预测

102. 《地区电网电力调度自动化系统应用软件基本功能实用要求及验收细则（试行）》中规定的应用软件基本功能是指（　　）。　　　　　　　　　　　　　　　　　　（C）

A. 网络拓扑、状态估计、调度员潮流、短路电流计算

B. 网络拓扑、状态估计、调度员潮流、负荷预报

C. 状态估计、调度员潮流、最优潮流、无功优化

D. 网络拓扑、调度员潮流、静态安全分析、负荷预报

103. EMS 的全称是（　　）。　　　　　　　　　　　　　　　　　　　　　　（A）

A. 能量管理系统　　　　　B. 事故分析系统

C. 配网管理系统　　　　　D. 数据采集和监控系统

104. SVG 的图元格式是（　　）。　　　　　　　　　　　　　　　　　　　　（A）

A. 矢量格式　　　　　B. 动态格式　　　　　C. 静态格式　　　　　D. bmp 格式

105. SVG 支持的图形是（　　）。　　　　　　　　　　　　　　　　　　（B）

A. 三维的　　　　　　B. 二维的　　　　　　C. 四维的　　　　　　D. 单维的

106. 标幺制的基值体系中只有两个独立的基值量（　　），其他基值量可以由以上两个量
计算出。　　　　　　　　　　　　　　　　　　　　　　　　　　　　　　（B）

A. 基值电流和基值电压　　　　　　　　B. 基值功率和基值电压

C. 基值频率和基值电压　　　　　　　　D. 基值有功和基值无功

107. 地县级备调建设应遵循（　　）的原则。　　　　　　　　　　　　　（C）

A. 统一组织、标准化、经济实用、因地制宜

B. 统一组织、统一实施、经济实用、因地制宜

C. 统一规划、统一组织、经济实用、因地制宜

D. 统一组织、标准化、简易化、经济实用

108. 电力调度自动化必须保证（　　），才能确保调度中心及时了解电力系统的运行状态，
并做出正确的控制决策。　　　　　　　　　　　　　　　　　　　　　　（A）

A. 可靠性、实时性、准确性　　　　　　B. 安全性、实时性、稳定性

C. 可靠性、实用性、准确性　　　　　　D. 安全性、稳定性、准确性

109. 电力调度自动化技术从 20 世纪 60 年代以来就与（　　）和计算机技术的发展紧密
相关。　　　　　　　　　　　　　　　　　　　　　　　　　　　　　　（D）

A. 微机保护技术　　B. 电网管理水平　　C. 调度人员水平　　D. 通信技术

110. 电力调度自动化系统由（　　）构成。　　　　　　　　　　　　　　（A）

A. 子站设备、数据传输通道、主站系统

B. 信息采集系统、信息传输系统、信息接收系统

C. 综自系统、远动系统、主站系统

D. 远动系统、综自系统、通信系统

111. 电力调度自动化系统运行管理部门对有调度关系的发电企业、变电站自动化系统运
行维护部门实行（　　）归口管理。　　　　　　　　　　　　　　　　　（B）

A. 行业　　　　　　B. 专业技术　　　　　　C. 行政

112. 电力调度自动化系统运行管理规程中规定自动化系统数据传输通道，主要指（　　）。
　　　　　　　　　　　　　　　　　　　　　　　　　　　　　　　　　（B）

A. 电力企业网络、专线、电话拨号等通道

B. 电力调度数据网络、专线、电话拨号等通道

C. 电力调度数据网络、专线、电话拨号、互联网等通道

113. 电力调度自动化主站机房的交流供电电源要求采用（　　）的电源供电。　（B）

A. 一路　　　　　B. 两路来自不同电源点　　　　　C. 两路来自同一电源点

114. 电力调度自动化主站系统软件分为（　　）。　　　　　　　　　　　（B）

A. 系统软件、数据库软件、应用软件　　B. 系统软件、支持软件、应用软件

C. 数据库软件、管理软件、操作软件　　D. 操作软件、支持软件、管理软件

115. 电力调度自动化主站系统所使用的 UPS 要求采用（　　）的电源供电。　（B）

A. 一路　　　　　B. 两路来自不同电源点　　　　　C. 两路来自同一电源点

116. 负责全国电力安全生产信息的统计、分析、发布的机构或部门是（　　）。　（B）

A. 国家电网公司

B. 国家电力监管委员会

C. 国家安全生产监督管理局

117. 根据《发电厂并网运行管理规定》（电监市场〔2006〕42 号），（　　）负责组织开展并网发电厂涉网安全性评价工作，并网发电厂应积极配合，使涉网一、二次设备满足电力系统安全稳定运行的要求。　　　　　　　　　　　　　　　　　　　　　　　　　　　（B）

A. 国家电网公司　　　　　　　　　　B. 电力监管机构

C. 电力调度中心　　　　　　　　　　D. 所属电网公司安监部

118. 机房应配备的消防器材是（　　）。　　　　　　　　　　　　　　（C）

A. 泡沫灭火器　　B. 干粉灭火器　　C. 二氧化碳灭火器　D. 水

119. 建立基础数据"源端维护、全网共享"的一体化维护使用机制和考核机制，利用（　　）等功能，督导考核基础数据维护工作，不断提高基础数据的完整性、准确性、一致性和维护的及时性。　　　　　　　　　　　　　　　　　　　　　　　　　　　（B）

A. 网络拓扑　　B. 状态估计　　　　C. 潮流计算　　　　D. 动态安全分析

120. 如果电力调度自动化主站系统某主设备故障，应采用（　　）设备替换主设备工作。　　　　　　　　　　　　　　　　　　　　　　　　　　　　　（D）

A. 正常　　　　B. 投运　　　　　　C. 其他　　　　　　D. 备用

121. 实时量采集系统主要完成（　　）。　　　　　　　　　　　　　　（A）

A. 监视控制、数据采集　　　　　　B. 能量管理

C. 调度员培训仿真　　　　　　　　D. 安全管理

122. 为保证能量管理系统主站系统运行稳定可靠，其主要设备通常采用（　　）配置。　　　　　　　　　　　　　　　　　　　　　　　　　　　　　　（A）

A. 冗余技术　　B. 同步技术　　　　C. 互操作技术　　　D. 开放技术

123. 卫星对时系统中，ppm 的含义是（　　）。　　　　　　　　　　（B）

A. 秒脉冲　　　B. 分脉冲　　　　　C. 时脉冲

124. 卫星对时系统中，pps 的含义是（　　）。　　　　　　　　　　（A）

A. 秒脉冲　　　B. 分脉冲　　　　　C. 时脉冲

125. 下列属于管理信息大区的系统为（　　）。　　　　　　　　　　（C）

A. 电力调度自动化系统　　　　　　B. 电能量计量系统

C. 雷电监测系统　　　　　　　　　D. 继保及故障录波信息管理系统

126. 以下属于控制类的应用软件有（　　）。　　　　　　　　　　　（D）

A. 状态估计　　　B. 调度员潮流　　C. 静态安全分析　　D. AVC

127. 有主备两个通道变电站 RTU 信号中断，主站值班人员首先应（　　）。　（C）

A. 通知远动检修人员检查 RTU

B. 通知通信人员检查

C. 切换到备用通道检查，进行分析后通知有关人员

128. 在 EMS 软件功能中，下列（　　）模块被列入地区电网实用考核的基本项目。　（D）

A. 外网等值　　　B. 无功优化　　　C. 静态安全分析　　D. 网络拓扑

129. 在 EMS 中分析电力系统电压失稳属于（　　）。　　　　　　　　（C）

A. 状态估计　　　B. 静态安全分析　　C. 动态安全分析　　D. 最优潮流

130. 在发电厂、变电站中三相母线的相序是用颜色表示的，A 相的颜色是（　　）。　（C）

A. 绿色　　　　　B. 红色　　　　　C. 黄色　　　　　D. 蓝色

131. 自动化系统的电流、电压、功率 3 类遥测数据中，其数值大小与相角有关的是（　　）。

（C）

A. 电流　　　　　B. 电压　　　　　C. 功率

二、多项选择题

1. 测得某线路二次功率值为实际二次值的一半，其原因是（　　）。　　　（AB）

A. 电压断相　　　B. 某相电流被短接　　C. 变送器辅助电源　　D. RTU 装置死机

2. 电力系统发生短路时，下列突变的量是（　　）。　　　　　　　　（AB）

A. 电流值　　　　B. 电压值　　　　C. 相位角　　　　D. 频率

3. 对于远距离超高压输电线路，一般在输电线路的两端或一端变电站内装设三相对地的并联电抗器，其作用是（　　）。　　　　　　　　　　　　　　　　（AB）

A. 为吸收线路容性无功功率、限制系统的操作过电压

B. 对于使用单相重合闸的线路，限制潜供电容电流、提高重合闸的成功率

C. 限制线路故障时的短路电流

D. 消除长线路低频振荡，提高系统稳定性

4. 用万用表测量完毕后，可将量程开关转到（　　），以防表笔短接，电池跑电。（AB）

A. 空挡　　　　　B. 高压挡　　　　C. 电阻挡　　　　D. 电流挡

5. 按信息的传递方向与时间关系，信道可分为（　　）。　　　　　　（ABC）

A. 单工信道　　　B. 半双工信道　　C. 全双工信道　　D. 有线信道

6. 常用的串行通信接口标准有（　　）。　　　　　　　　　　　　（ABC）

A. RS–232C　　　B. RS–422　　　　C. RS–485　　　　D. RS–487

7. 电磁干扰的三要素是（　　）。　　　　　　　　　　　　　　　（ABC）

A. 电磁干扰源　　B. 干扰传播路径　C. 电磁敏感设备　D. 抗干扰设备

8. 二次系统接地的种类一般分为（　　）。　　　　　　　　　　　（ABC）

A. 安全保护接地　B. 交流接地　　　C. 信号接地　　　D. 外壳接地

9. 衡量电能质量的指标有（　　）。　　　　　　　　　　　　　　（ABC）

A. 电压　　　　　B. 频率　　　　　C. 谐波分量　　　D. 幅值

10. 光纤通道产生误码的原因有（　　）。　　　　　　　　　　　（ABCD）

A. 发光功率过大　　　　　　　　　B. 光纤损耗过大

C. 接收灵敏度不够　　　　　　　　D. 时钟设置不正确

11. 与交流采样相比，直流采样的缺点有（　　）。　　　　　　　（ABCD）

A. 变送器对被测量突变反应较慢

B. 变送器测量谐波有较大误差

C. 监控系统的测量准确度直接受变送器的准确度和稳定性影响

D. 维修较为复杂

12. 在三相电力系统中，可能发生的短路有（　　）。　　　　　　（ABCD）

A. 三相短路　　　B. 两相短路　　　C. 两相接地短路　　D. 单向接地短路

13. 测量误差的表示方法有（　　）。　　　　　　　　　　　　　（ABD）

A. 绝对误差　　　　　　B. 相对误差　　　　　　C. 综合误差　　　　　　D. 引用误差

14. 电力系统发生不对称短路故障，故障录波器由（　　）启动。　　　　　　（ABD）

A. 负序电压　　　　　　　　　　　　　　B. 低电压和过电流

C. 复合电压和复合电流　　　　　　　　　D. 零序电流

15. 电缆中加屏蔽层是为了（　　）。　　　　　　　　　　　　　　　　　　（AC）

A. 减少电磁干扰辐射　　　　　　　　　　B. 增加对外界干扰的灵敏度

C. 减少对外界干扰的灵敏度　　　　　　　D. 增加电磁干扰辐射

16. 电测量变送器输出直流电气量通常有（　　）。　　　　　　　　　　　　（ACD）

A. −5～5V　　　　　B. 0～1A　　　　　C. 0～5V　　　　　D. 4～20mA

17. 发电机功角能表示（　　）。　　　　　　　　　　　　　　　　　　　　（AC）

A. 同步发电机内电势与发电机机端正序电压相量之间的夹角

B. 同步发电机内电势与发电机机端负序电压相量之间的夹角

C. 各发电机转子之间的相对空间位置

D. 同步发电机内电势与发电机机端零序电压相量之间的夹角

18. 轻瓦斯动作于（　　），重瓦斯动作于（　　）。　　　　　　　　　　　（AC）

A. 信号　　　　　　B. 信号＋跳闸　　　　C. 跳闸　　　　　　D. 重合

19. 电压互感器的基本误差有（　　）。　　　　　　　　　　　　　　　　　（AC）

A. 电压误差　　　　B. 电流误差　　　　　C. 角度误差　　　　D. 频率误差

20. 地调主站端设备状态异常的现象主要包括（　　）。　　　　　　　　　　　（AB）

A. 通过设备管理工具发现设备状态反复变换

B. 设备运行状态异常、功能失效

C. 设备指示灯频繁闪烁

21. 地调主站某主变压器油温长时间为死数据，可能的原因有（　　）。　　　　（ABC）

A. 温度变送器损坏　　　　　　　　　　　B. 测温探头有问题

C. 测温回路开路　　　　　　　　　　　　D. 温度仪损坏

22. 电力调度自动化系统的性能指标和衡量的标准有（　　）。　　　　　　　　（BC）

A. 同步性　　　　　　B. 可靠性　　　　　C. 准确性

23. 电力调度自动化工程等电网配套工程，应当与发电工程项目（　　）。　　　（ABC）

A. 同时设计　　　　　B. 同时建设　　　　C. 同时验收、同时投入使用

24. 电力调度自动化实用化验收应具备的资料包括（　　）。　　　　　　　　　（ACDE）

A. 电力调度自动化系统技术报告　　　　　B. 电力调度自动化系统工程化工作总结

C. 电力调度自动化系统运行报告　　　　　D. 事故时遥信动作打印记录

E. 电力调度自动化系统实用化自查报告

25. 电力调度自动化系统的机柜常用 1U、2U 表示设备的（　　）。　　　　　　（BD）

A. 个数　　　　　　B. 厚度　　　　　　C. 型号　　　　　　D. 高度

E. 重量

26. 电力调度自动化系统的人机系统包括（　　）。　　　　　　　　　　　　（ABCD）

A. 彩色屏幕显示设备　　　　　　　　　　B. 打印和记录设备

C. 电力系统调度模拟屏及控制器　　　　　D. 大屏幕显示系统及控制器

E. 不间断电源

27. 电力调度自动化系统的设备运行指标统计通常应包括（　　　）。　　　（ABCD）

A. 各类电力调度自动化系统（设备）的硬、软件故障或异常、修试等停用（中断）时间

B. 主要系统和设备的可用率、投运率

C. SCADA/EMS 的遥测合格率

D. 事故时遥信动作正确率、自动化数据累计中断时间（分钟）

28. 电力调度自动化系统的子系统有（　　　）。　　　（ABCD）

A. 信息采集和命令执行子系统　　　　　　B. 人机联系子系统

C. 信息传输子系统　　　　　　　　　　　D. 信息的采集处理和控制子系统

29. 电力调度自动化系统应适应调度环节智能化的需要，为电网调度控制的（　　）提供可靠支撑。　　　（ABD）

A. 信息化　　　　B. 自动化　　　　C. 现代化　　　　D. 互动化

30. 电力调度自动化系统由（　　　）构成。　　　（ABD）

A. 主站系统　　　　B. 子站设备　　　　C. 远动系统

D. 数据传输通道　　　E. 通信系统

31. 电力调度自动化系统中实时数据库需要重点解决的几个技术难点包括（　　　）。　（AC）

A. 实时数据库模型的设计与实现　　　B. 历史数据的处理及其并发控制

C. 跨平台的解决方案　　　　　　　　D. 数据存储与保密

32. 电力调度自动化主站体系结构的开放性主要体现在（　　　）。　　　（ABD）

A. 分布性　　　　B. 分散性　　　　C. 可移植性　　　　D. 互操作性

33. 电力调度自动化主站系统的安全区域之间可以采用（　　）结构。　　　（ABC）

A. 链式　　　　B. 三角形　　　　C. 星形　　　　D. 菱形

34. 电力调度自动化主站系统硬件主要包括设备类型：前置系统、服务器、工作站、网络和安全设备、输入输出设备以及（　　　）。　　　（BCD）

A. 交流采样装置　　　B. 外存储器　　　C. 时钟系统　　　D. 专用不间断电源

35. 对电力系统运行的基本要求是（　　　）。　　　（ABC）

A. 保证可靠地持续供电　　　　　　B. 保证良好的电能质量

C. 保证系统运行的经济性　　　　　D. 保证供电功率恒定

36. 根据设计水平年电力调度自动化系统的功能并考虑投运后 10 年发展的需要，应按以下（　　）条件，确定计算机系统的规模。　　　（ABCDE）

A. 上下级电力调度自动化系统数据交换的类型和数量

B. 远动终端类型及数量

C. 数据采集与监控对象的容量

D. 通道数量及传送速率

E. 外部设备的类型及数量

37. 故障检修结束后，检修单位应将（　　）等做好记录，形成"自动化系统故障异常分析报告"，2 个工作日内报调度控制中心自动化处备案。　　　（ABCD）

A. 故障原因　　　B. 处理过程　　　C. 处理结果　　　D. 恢复时间

38. 能量管理系统（EMS）主要包括（　　）等方面。　　　（AB）

A. 数据采集与监控　　　　　　B. 自动发电与经济调度

C. 送电自动化与管理　　　　　D. 电力系统状态估计与负荷预测

39. 能量管理系统，即 EMS，是电力系统监视与控制的硬件及软件总称，主要包括采集与监控（　　）等。 （ABCD）

A. 自动发电与经济调度　　　　　　　　B. 系统状态估计与安全分析

C. 配电自动化与管理　　　　　　　　　D. 调度模拟培训

40. 设备故障的判定经常采用的方法有（　　）。 （ABCD）

A. 测量法　　　　　B. 排除法　　　　　C. 替换法　　　　　D. 综合法

41. 调度系统的（　　）服务器要求进行安全增强。 （AC）

A. 安全区Ⅰ中的 SCADA 系统应用服务器

B. 安全区Ⅰ中的安全自动控制系统应用服务器

C. 安全区Ⅱ中的电力市场交易系统应用服务器

D. 安全区Ⅱ中的电量系统应用服务器

42. 调度信息系统服务器上的软件分别为（　　）。 （ABCD）

A. 数据库服务软件　　B. 应用服务软件　　C. 门户网站软件　　D. 操作系统软件

43. 统一系统支撑平台的总体计算架构应为多层分布式计算结构，总体上应至少划分为（　　）。 （ABD）

A. 应用服务层　　　　B. 数据层　　　　C. 网络层　　　　D. 客户端表现层

44. 下列（　　）工作属于自动化系统和设备的临时检修工作。 （CD）

A. 系统软件升级　　B. 故障处理　　　C. 缺陷处理　　　D. 异常处理

45. 遥测数据的极性统一定义正确的是（　　）。 （ABC）

A. 支路型（线路和变压器）流出母线为正，流入母线为负

B. 发电机发电为正，即流入电网为正，流出电网为负

C. 负载用电为负，即流出电网为正，流入电网为负

D. 负载用电为正，即流出电网为正，流入电网为负

46. 遥控试验结束后应填写试验记录表，由（　　）分别签字确认，试验记录应及时归档。 （ABC）

A. 检修工作负责人　　　　　　　　　　B. 运维人员

C. 调控人员　　　　　　　　　　　　　D. 基建人员

47. 已投运电力调度自动化系统中软件版本升级前，由制造厂家向调度控制中心提出升级申请，升级申请应包含（　　），并提交软件升级技术规范书。 （ABCD）

A. 升级原因　　　　　　　　　　　　　B. 升级后的软件版本号

C. 版本升级验证报告　　　　　　　　　D. 升级影响范围及安全措施

48. 以下（　　）事件会在地调主站系统产生事件记录。 （BCDE）

A. 调度员发令　　　　B. 通道中断　　　C. 遥控操作

D. 主站设备停/复役　　　　　　　　　　E. 遥测越限与复归

49. 以下属于调度管理系统的设备检修管理系统中检修申请的相关操作的是（　　）。 （ABCDE）

A. 报送检修申请　　B. 审核检修申请　　C. 执行检修工作

D. 受理检修申请　　E. 查询检修申请

50. 在 EMS 中常见的软件功能有（　　）。 （BC）

A. 事故反演　　　　B. 调度员潮流　　　C. 状态估计

51. 在电力调度自动化专业管理中，日常的安全管理包括（　　）。　　　　（ABCD）

A. 人员管理　　　　B. 权限管理　　　　C. 门禁管理　　　　D. 访问控制管理

52. 在国调颁发的《能量管理系统（EMS）应用软件功能及其实施基础条件》中，将 EMS 分成（　　）网络分析类和调度员培训模拟（DTS）等 4 部分。　　　　（AB）

A. 发电控制类　　　　B. 发电计划类　　　　C. 供电控制类　　　　D. 供电计划类

53. 在需求分析阶段，若没有适当的软件规范和准则可遵循，则应自行制定。其内容包括（　　）。　　　　（ABCD）

A. 制定软件的支持和维护要求

B. 制定软件开发必须遵循的技术准则

C. 确保软件可靠性和可维护性所必须的软件工程规范

D. 必要时制定外购、转承开发和重用原有软件的可靠性和可维护控制规范

54. 在需求分析阶段，应选定适当的软件规范和准则。若没有适当的软件规范和准则可遵循，则应自行制定。其内容包括（　　）。　　　　（ABCD）

A. 制定软件的支持和维护要求

B. 制定软件开发必须遵循的技术准则

C. 确保软件可靠性和可维护性所必须的软件工程规范

D. 必要时制定外购、转承开发和重用原有软件的可靠性和可维护控制规范

55. 自动化"异常处理卡"应填写（　　）内容。　　　　（ABCDE）

A. 异常发现时间　　　　B. 发现人　　　　C. 异常现象

D. 通知班组　　　　E. 通知人

56. 关于自动化系统中常用的通信方式，描述正确的是（　　）。　　　　（CD）

A. IEC 60870-5-102 是为继电保护和间隔层（IED）设备与站控层设备间的数据通信传输的规约

B. IEC 60870-5-103 是用作电能量传送的通信规约

C. IEC 60870-5-104 是用网络方式传输的远动规约

D. IEC 60870-5-101 是符合调度端要求的基本远动通信规约

三、判断题

1. RS-485 总线是有源的，由电能表或电能量远方终端提供电源。　　　　（×）

2. 半双工工作方式是通信双方可以同时发送和接收数据。　　　　（×）

3. 比特率和波特率是同义语。　　　　（×）

4. 测量值与被测量实际值之差称为相对误差。　　　　（×）

5. 差错控制中，采用奇偶校验可以发现多个码元出错。　　　　（×）

6. 串行通信中，RS-422A 接口收发共用一根信号地线易受噪声干扰。　　　　（×）

7. 磁场可用磁力线来描述，磁铁中的磁力线方向始终是从 N 极到 S 极。　　　　（×）

8. 电动势的实际方向规定为从正极指向负极。　　　　（×）

9. 电器设备功率大，功率因数当然就大。　　　　（×）

10. 电容 C 是由电容器的电压大小决定的。　　　　（×）

11. 电位高低的含义是指该点对参考点间的电流大小。　　　　（×）

12. 短路电流大，产生的电动力就大。 （×）

13. 对称三相 Y 联结电路，线电压最大值是相电压有效值的 3 倍。 （×）

14. 加在电阻上的电压增大到原来的 2 倍时，它所消耗的电功率也增大到原来的 2 倍。

（×）

15. 降低功率因数，对保证电力系统的经济运行和供电质量十分重要。 （×）

16. 绝对误差与被测量的实际值之比，称为测量的引用误差。 （×）

17. 两个同频率正弦量相等的条件是最大值相等。 （×）

18. 没有电压就没有电流，没有电流就没有电压。 （×）

19. 每秒钟通过通道传输的信息量称为波特率。 （×）

20. 美国电子工业协会推行使用的 RS−232C 标准的驱动器标准是 0～12V。 （×）

21. 全双工通信是通信双方都有发送和接收设备，由于接收和发送同时进行，必须采用四线制供数据传输，也称为四线全双工。 （×）

22. 若干电阻串联时，其中阻值越小的电阻，通过的电流也越小。 （×）

23. 视在功率就是有功功率加上无功功率。 （×）

24. 通过电阻上的电流增大到原来的 2 倍时，它所消耗的电功率也增大到原来的 2 倍。

（×）

25. 万用表的电流量程越大，该量程的内阻越大。 （×）

26. 线圈本身的电流变化而在线圈内部产生电磁感应的现象，称为互感现象。 （×）

27. 相对误差是指绝对误差与测量值的最大值之比。 （×）

28. 相位表指针将随负载电流和电压的大小变化而变化。 （×）

29. 一段电路的电压 $U_{ab}=-10V$，该电压实际上是 a 点电位高于 b 点电位。 （×）

30. 一个线圈电流变化而在另一个线圈产生电磁感应的现象，称为自感现象。 （×）

31. 异步通信时每帧的数据位最多是 7 位。 （×）

32. 有两个频率和初相位不同的正弦交流电压 u_1 和 u_2，若它们的有效值相同，则最大值也相同。 （×）

33. 在 RS−232C 接口电气特性中，逻辑"1"对应的直流电压范围是 3～15V。 （×）

34. 在电磁感应中，感应电流和感应电动势是同时存在的；没有感应电流，也就没有感应电动势。 （×）

35. 正弦电路中，若各元件串联，则当用相量图分析时，一般以电压为参考。 （×）

36. 正弦交流电的周期与角频率的关系是互为倒数。 （×）

37. 正弦交流电中的角频率就是交流电的频率。 （×）

38. 正弦量可以用相量表示，所以正弦量也等于相量。 （×）

39. 直导线在磁场中运动一定会产生感应电动势。 （×）

40. 装接地线应先接导线端，后接接地端，拆接地线顺序与此相反。 （×）

41. 自感电动势的方向总是与产生它的电流方向相反。 （×）

42. RS−232C 接口的传输通信方式为非平衡传输通信方式。 （√）

43. RS−422 采用四线方式，可支持全双工通信，因此可以通过远端环回的方式来检查通道是否正常。 （√）

44. RS−485 通信接口可支持的最大传输距离的标准值约为 1200m。 （√）

45. RS−485 通信比 RS−232C 传输距离更远。 （√）

46. 按照信息传送的时间和方向，数据通信系统有单工、半双工和全双工 3 种传输方式。

（√）

47. 变压器输出电压的大小取决于输入电压的大小和一、二次绕组的匝数比。（√）

48. 不引出中性线的三相供电方式称为三相三线制，一般用于高压输电系统。（√）

49. 测量的绝对误差是测量值与被测量的真值之差。（√）

50. 测量的相对误差是绝对误差与被测量的真值之比。（√）

51. 测量的引用误差是绝对误差与测量仪表量程的最大读数之比。（√）

52. 测量电路电压时，应将电压表并联在被测电路的两端。（√）

53. 常用的串行通信接口标准有：RS-232C、RS-422、RS-485。（√）

54. 串行通信：代码的若干位顺序按位串行排列成数据流，在一条信道上传输，即为串行传输。串行传输一般用于远程数据传输，数据一位一位顺序传送，传输速率较低。（√）

55. 串行通信是指两台设备之间（或对称点对点之间）的所有通信均通过单一通信通道串行传输的一种方式。（√）

56. 串行通信中，有两种基本的通信方式：异步通信和同步通信。（√）

57. 纯电感线圈对于直流电来说，相当于短路。（√）

58. 纯电阻单相正弦交流电路中的电压与电流，其瞬时值遵循欧姆定律。（√）

59. 从各相首端引出的导线称为相线，俗称火线。（√）

60. 从中性点引出的导线称为中性线，当中性线直接接地时称为零线，又称地线。（√）

61. 大接地电流系统中发生接地短路时，零序电流的分布只与系统的零序网络有关，与电源的数目无关。（√）

62. 当 RS-485 总线采用两根传输线时，不能工作于全双工方式。（√）

63. 当电压一定时，并联谐振电路的总电流最小。（√）

64. 当电源的内阻为零时，电源电动势的大小就等于电源端电压。（√）

65. 当接收电平与最近一次通道传输衰耗试验中所测量到的接收电平相比较，其差若大于 3dB 时，则须进行进一步检查通道传输衰耗值变化的原因。（√）

66. 当三相负载越接近对称时，中性线电流就越小。（√）

67. 电感是储能元件，它不消耗电能，其有功功率为零。（√）

68. 电路中两点的电位分别是 $V_1 = 10V$，$V_2 = -5V$，这 1 点对 2 点的电压是 15V。（√）

69. 电平可分为相对电平和绝对电平。（√）

70. 电压互感器的误差就是变比误差和角误差。（√）

71. 电阻并联时的等效电阻值比其中最小的电阻值还要小。（√）

72. 电阻两端的交流电压与流过电阻的电流相位相同，在电阻一定时，电流与电压成正比。

（√）

73. 对于光纤及微波通道，可以采用带通道自环的方式检查光纤通道是否完好。（√）

74. 负反馈控制系统的调节趋势是尽量减少所产生的误差。（√）

75. 负载电功率为正值表示负载吸收电能，此时电流与电压降的实际方向一致。（√）

76. 积极推广使用光纤通道作为纵联保护的通道方式，传输保护信息的通道设备应满足传输时间、安全性和可依赖性的要求。（√）

77. 加强直流系统的防火工作直流系统的电缆应采用阻燃电缆，两组蓄电池的电缆应分别铺设在各自独立的通道内，尽量避免与交流电缆并排铺设，在穿越电缆竖井时，两组蓄电池电

缆应加穿金属套管。 （ √ ）

78. 将一根条形磁铁截去一段仍为条形磁铁，它仍然具有两个磁极。 （ √ ）

79. 交流电的超前和滞后，只能对同频率的交流电而言；不同频率的交流电，不能说超前和滞后。 （ √ ）

80. 交流电的有效值不随时间而改变。 （ √ ）

81. 快速切除故障，是为了提高电力系统的暂态稳定性。 （ √ ）

82. 每相负载的端电压称为负载的相电压。 （ √ ）

83. 全双工通信是指通信双方可以同时双方向传送和接收信息的工作方式。 （ √ ）

84. 人们常用"负载大小"来指负载电功率大小，在电压一定的情况，负载大小是指通过负载的电流的大小。 （ √ ）

85. 如果把一个24V的电源正极接地，则负极的电位是-24V。 （ √ ）

86. 如果两测量点的阻抗相同，则该两点间的电压相对电平和功率相对电平相等。 （ √ ）

87. 三相电动势达到最大值的先后次序称为相序。 （ √ ）

88. 三相电流不对称时，无法由一相电流推知其他两相电流。 （ √ ）

89. 三相对称电源接成三相四线制，目的是向负载提供两种电压，在低压配电系统中，标准电压规定线电压为380V，相电压为220V。 （ √ ）

90. 三相负载作三角形联结时，线电压等于相电压。 （ √ ）

91. 三相负载作星形联结时，线电流等于相电流。 （ √ ）

92. 所谓"调制"，即为了使信号便于传输、减少干扰和易于放大，使一种波形（载波）参数按另一种信号波形（调制波）变化的过程。 （ √ ）

93. 铁心内部环流称为涡流，涡流所消耗的电功率称为涡流损耗。 （ √ ）

94. 万用表的电压量程越高，该量程的内阻越大。 （ √ ）

95. 万用表的红表笔应接"＋"端，黑表笔应接"－"端；测量时红表笔接电路的正极，黑表笔接电路的负极。 （ √ ）

96. 线圈右手螺旋定则是：四指表示电流方向，大拇指表示磁力线方向。 （ √ ）

97. 相位表指针不随负载电流和电压的大小而变化。 （ √ ）

98. 相线间的电压就是线电压。 （ √ ）

99. 相线与中性线间的电压就是相电压。 （ √ ）

100. 向变电站的母线空充电操作时，有时出现误发接地信号，其原因是变电站内三相带电体对地电容量不等，造成中性点位移，产生较大的零序电压。 （ √ ）

101. 信噪比即通信电路中信号功率与噪声功率的比值。 （ √ ）

102. 仪表的准确等级的百分数，由测量时可能出现的最大相对误差及仪表本身量程的最大读数确定。 （ √ ）

103. 异步传输方式：采用起始位和终止位实现位同步功能，每次传输一个字节，传输效率较低，常用于低速数据传输中。串行通信中一般需要3根信号线，不需要时钟信号线。 （ √ ）

104. 引用误差是指绝对误差与测量值的最大值之比。 （ √ ）

105. 有中性线的三相供电方式称为三相四线制，它常用于低压配电系统。 （ √ ）

106. 右手定则是楞次定律的特殊形式。 （ √ ）

107. 与并行通信相比，串行通信传送速度比并行通信要慢。 （ √ ）

108. 运行中的高压设备，其中性点接地系统的中性点应视作带电体。 （ √ ）

109. 在 220kV 线路发生接地故障时，故障点的零序电压最高，而 220kV 变压器中性点的零序电压最低。　　　　　　　　　　　　　　　　　　　　　　　　　　（ √ ）

110. 在 *RLC* 串联电路中，*X* 称为电抗，是感抗和容抗共同作用的结果。　　（ √ ）

111. 在纯电感电路中没有能量的消耗，只有能量的交换。　　　　　　　　（ √ ）

112. 在纯电阻电路中，电流与电压的有效值满足欧姆定律。　　　　　　　（ √ ）

113. 在电力系统正常运行情况下，零序保护装置动作跳闸，保护装置动作应评价为误动一次。　　　　　　　　　　　　　　　　　　　　　　　　　　　　　　（ √ ）

114. 在电路中某测试点的电压 U_x 和标准比较电压 U_0=0.775V 之比取常用对数的 20 倍，该比值称为该点的电压绝对电平。　　　　　　　　　　　　　　　　　　（ √ ）

115. 在负载对称的三相电路中，无论是星形联结，还是三角形联结，当线电压 *U* 和线电流 *I* 及功率因数已知时，电路的平均功率为 $P=UI\cos\varphi$。　　　　　　　（ √ ）

116. 在均匀磁场中，磁感应强度 *B* 与垂直于它的截面积 *S* 的乘积，称为该截面的磁通密度。　　　　　　　　　　　　　　　　　　　　　　　　　　　　　　（ √ ）

117. 在三相四线制低压供电网中，三相负载越接近对称，其中性线电流就越小。　（ √ ）

118. 在实施抗干扰措施时应符合相关技术标准和规程的规定，既要保证抗干扰措施的效果，同时也要防止损坏设备。　　　　　　　　　　　　　　　　　　　　　　（ √ ）

119. 只要改变旋转磁场的旋转方向，就可以控制三相异步电动机的转向。　　（ √ ）

120. 只有正弦量才能用相量表示。　　　　　　　　　　　　　　　　　　（ √ ）

121. 直流回路是绝缘系统而交流回路是接地系统，因此两者不能共用一条电缆。（ √ ）

122. 直流接地用仪表检查时，所用仪表的内阻不应低于 2000Ω/V。　　　　（ √ ）

123. 直流熔断器配置的基本要求是消除寄生回路和增强保护功能的冗余度。　（ √ ）

124. 周期性变化的电流除含有正弦基波分量外，还包括直流分量和高次谐波分量的电流称为非正弦周期电流。　　　　　　　　　　　　　　　　　　　　　　　　（ √ ）

125. 主保护的双重化主要是指两套主保护的交流电流、电压和直流电源彼此独立；有独立的选相功能；有两套独立的保护专（复）用通道；断路器有两个跳闸线圈，每套主保护分别启动一组。　　　　　　　　　　　　　　　　　　　　　　　　　　　　　　（ √ ）

126. 最大值是正弦交流电在变化过程中出现的最大瞬时值。　　　　　　　（ √ ）

127. 电力调度模拟屏属于电力调度自动化系统的输出设备（　　　）。　　（ √ ）

128. 电力调度自动化系统是实时控制系统，侧重于电网的实时监视和控制，不能用来研究分析电网的历史运行状况。　　　　　　　　　　　　　　　　　　　　　　　（ × ）

129. 调度模拟屏控制器与计算机接口宜采用并口方式。　　　　　　　　　（ × ）

第三章　规　章　制　度

一、单项选择题

1.《交流采样测量装置运行检验管理规程》（Q/GDW 140—2006）规定，交流采样测量装置周期检验测量点检验率应为（　　），对不合格测量点的装置应进行调整，调整后检验仍不合格的装置应及时更换。　　　　　　　　　　　　　　　　　　　　　　　　　　（A）

A. 100%　　　　　　B. 99%　　　　　　C. 95%　　　　　　D. 90%

2. 220kV～500kV 变电站计算机监控系统的站控层系统可用率不小于（　　）。　　　（A）

A. 0.999　　　　　B. 0.995　　　　　C. 0.996　　　　　D. 0.998

3.《交流采样测量装置运行检验管理规程》（Q/GDW 140—2006）规定，检验环境温度宜不超过（　　）。　　　　　　　　　　　　　　　　　　　　　　　　　　　　　　　　　（A）

A. ＋15～＋35℃　　B. 0～＋35℃　　C. −10～＋35℃　　D. ＋15～＋25℃

4.《交流采样测量装置运行检验管理规程》（Q/GDW 140—2006）规定，交流工频电量每一电流输入回路的功率消耗应不大于（　　）V·A，每一电压输入回路的功率消耗应不大于（　　）V·A。　　　　　　　　　　　　　　　　　　　　　　　　　　　　　　　　（A）

A. 0.75，0.5　　　B. 1，0.50　　　C. 0.5，0.75　　　D. 0.5，1

5.《交流采样测量装置运行检验管理规程》（Q/GDW 140—2006）与《电工测量变送器运行管理规程》（DL/T 410—1991）相比减少了（　　）内容。　　　　　　　　　　　　（A）

A. 变送器输出的所有要求　　　　　　B. 运行检验技术指标

C. 运行检验　　　　　　　　　　　　D. 运行管理

6.《交流采样测量装置运行检验管理规程》（Q/GDW 140—2006）与《电工测量变送器运行管理规程》（DL/T 410—1991）相比增加了（　　）内容。　　　　　　　　　　　　（A）

A. 智能化后的要求

B. 运行检验技术指标

C. 变送器输出的所有要求

7. 厂站监控系统应取得（　　）质量检测合格证后方可使用。　　　　　　　　　　（A）

A. 国家有资质的电力设备检测部门颁发的

B. 相关的电力设备检测部门颁发的

C. 质检部门

D. 安检部门

8. 地县级电力调度自动化系统数据通信系统月可用率应大于或等于（　　）。　　　（A）

A. 96%　　　　　　B. 97%　　　　　　C. 98%　　　　　　D. 99%

9. 地县级电力调度自动化系统状态估计月可用率应大于或等于（　　）。　　　　　（A）

A. 95%　　　　　　B. 97%　　　　　　C. 98%　　　　　　D. 99%

10. 对于电力监控系统，应该（　　）安全评估。　　　　　　　　　　　　　　　　（A）

A. 每年进行一次　　　B. 每半年进行一次　　C. 定时　　　　　　D. 经常

11. 电力自动化紧急缺陷应在（　　　）。　　　　　　　　　　　　　　　　（A）

A. 4h 内处理　　　B. 24h 内处理　　　　　C. 8h 内处理　　　　D. 16h 内处理

12. 某调度自动化系统包括 10 个厂站，9 月 12 日发生 3 站远动通道故障各 3h，9 月 20 日发生 1 站 RTU 故障 4h，该系统本月远动系统月运行率为（　　　）。　　　　（A）

A. 0.9982　　　　　B. 0.9994　　　　　　C. 0.9984　　　　　D. 0.9992

13. 省级及以上电力调度自动化系统 PMU 数据通信月可用率应大于或等于（　　　）。（A）

A. 95%　　　　　　B. 97%　　　　　　　C. 98%　　　　　　D. 99%

14. 省级及以上电力调度自动化系统 PMU 装置月可用率应大于或等于（　　　）。　（A）

A. 95%　　　　　　B. 97%　　　　　　　C. 98%　　　　　　D. 99%

15. 省级及以上电力调度自动化系统月遥控拒动率应小于或等于（　　　）。　　　（A）

A. 1%　　　　　　　B. 2%　　　　　　　　C. 3%　　　　　　　D. 4%

16. 省级及以上电力调度自动化系统状态估计月可用率应大于或等于（　　　）。　（A）

A. 95%　　　　　　B. 97%　　　　　　　C. 98%　　　　　　D. 99%

17. 调度自动化系统子站设备退役，应事先由设备维护单位向（　　　）提出书面申请，经批准后方可实施。　　　　　　　　　　　　　　　　　　　　　　　　　　　　　　　（A）

A. 对其有调度管辖权的调度机构自动化管理部门

B. 对其有调度管辖权的调度机构调度管理部门

C. 相关调度机构调度管理部门

D. 相关调度机构自动化管理部门

18. 新建 220kV 及以下变电站自动化系统并网调试时间宜不少于（　　　）。　　（A）

A. 10 个工作日　　　B. 15 个工作日　　　C. 20 个工作日　　　D. 25 个工作日

19. 新建地市、县级调度自动化主站系统并网调试时间宜不少于（　　　）。　　（A）

A. 15 个工作日　　　B. 30 个工作日　　　C. 45 个工作日　　　D. 60 个工作日

20. 新建省级及以上调度自动化主站系统并网调试时间宜不少于（　　　）。　　（A）

A. 20 个工作日　　　B. 30 个工作日　　　C. 45 个工作日　　　D. 60 个工作日

21. 新研制的产品（设备），必须经过技术鉴定后方可投入试运行，试运行期限为（　　　）。　　　　　　　　　　　　　　　　　　　　　　　　　　　　　　　　　　　（A）

A. 半年至 1 年　　　B. 3 个月　　　　　C. 6 个月　　　　　D. 1 个月

22. 遥测的总准确度应不低于 1.0 级，即从交流采样测控单元的入口至调度显示终端的总误差以引用误差表示的值不大于＋1.0%，不小于（　　　）。　　　　　　　　　　　（A）

A. −0.01　　　　　B. −0.001　　　　　C. −0.005　　　　　D. −0.008

23. 遥测估计合格率指标中遥测估计合格点中有功容许误差应小于或等于（　　　）。（A）

A. 0.02　　　　　　B. 0.03　　　　　　　C. 0.04　　　　　　D. 0.05

24. 依据《500kV 变电站计算机监控系统技术要求和验收标准》，110kV 及以上间隔层各 I/O 测控单元时钟同步误差应小于或等于（　　　）。　　　　　　　　　　　　　　　　（A）

A. 1ms　　　　　　B. 2ms　　　　　　　C. 1μs　　　　　　　D. 100μs

25.（　　　）是电力调度值班员判断电网故障及分析处理的依据。　　　　　　（B）

A. 电网运行数据　　B. 电网故障信号　　C. 设备监控数据　　D. 厂站基本参数

26.（　　　）应保证自动化数据传输通道的质量和可靠性，满足自动化系统运行要求。（B）

A. 自动化运维部门　　B. 各级通信运行管理部门　　　　　　C. 自动化管理部门

27.《220kV～500kV 变电站计算机监控系统设计技术规程》（DL/T 5149—2001）中规定，远动装置光电耦合器输入输出之间的绝缘耐压可达（　　）以上。　　　　　　　　　　（B）

A. 200V　　　　　　B. 2000V　　　　　C. 20 000V　　　　D. 20V

28.《电力调度自动化系统运行管理规程》（DL/T 516—2006）规定，遥测的总准确度应不低于（　　）。　　　　　　　　　　　　　　　　　　　　　　　　　　　　　　　（B）

A. 0.5 级　　　　　　B. 1.0 级　　　　　C. 1.5 级　　　　D. 2.0 级

29.《电力调度自动化系统运行管理规程》（DL/T 516—2006）规定，远动专线通道发送电平应符合通信设备的规定，在信噪比不小于 17dB 的条件下，其专线通道入口接收工作电平应为（　　）。　　　　　　　　　　　　　　　　　　　　　　　　　　　　　　（B）

A. −20～0dBm　　　B. −15～−5dBm　　C. −20～−5dBm　　D. −40～−10dBm

30. 变电站计算机监控系统的电源应安全可靠，站控层设备宜采用交流不间断电源（UPS）供电，不间断电源的后备时间应不小于（　　）。　　　　　　　　　　　　　　（B）

A. 0.5h　　　　　　B. 1h　　　　　　C. 2h　　　　　　D. 0.33h

31. 厂站新安装的子站设备或软件功能投入正式运行前，要经过（　　）的试运行期。（B）

A. 至少 1 个月　　　B. 3～6 个月　　　C. 半年以上　　　D. 至少 1 年

32. 地县级电力调度自动化系统数据专线通道月可用率应大于或等于（　　）。　　（B）

A. 96%　　　　　　B. 97%　　　　　　C. 98%　　　　　　D. 99%

33. 地县级电力调度自动化系统月遥控拒动率应小于或等于（　　）。　　　　　　（B）

A. 1%　　　　　　　B. 2%　　　　　　C. 3%　　　　　　D. 4%

34. 电网 AGC/AVC 的控制方式下控制参数应由（　　）统一规定，各有关部门执行。（B）

A. 生产技术部门　　B. 有关调度机构　　C. 主站维护部门　　D. 设备监控部门

35. 电网远动通信中一般要求误码率应小于（　　）。　　　　　　　　　　　　　（B）

A. 10^{-4}　　　　　　B. 10^{-5}　　　　　C. 10^{-6}　　　　D. 10^{-7}

36. 根据《电力系统调度自动化设计技术规程》（DL/T 5003—2005）规定，事件顺序记录站间分辨率应小于（　　）。　　　　　　　　　　　　　　　　　　　　　　　（B）

A. 2ms　　　　　　B. 10ms　　　　　C. 20ms　　　　　D. 30ms

37. 根据《电力系统调度自动化设计技术规程》（DL/T 5003—2005）规定，遥信变化传送时间不大于（　　）。　　　　　　　　　　　　　　　　　　　　　　　　　　（B）

A. 2s　　　　　　　B. 3s　　　　　　C. 4s　　　　　　D. 5s

38. 技术改进后的设备和软件应经过（　　）的试运行，验收合格后方可正式投入运行。（B）

A. 1～3 个月　　　B. 3～6 个月　　　C. 半年　　　　　D. 1 年

39. 申请验收的基本应用软件功能必须是已通过现场验收并正式投入使用、至少有（　　）个月连续和完整记录，且自查合格的功能。　　　　　　　　　　　　　　　　　（B）

A. 3　　　　　　　B. 6　　　　　　　C. 9　　　　　　　D. 12

40. 省级及以上电力调度自动化系统主站月实时数据中断时间累计小于或等于（　　）。（B）

A. 1h　　　　　　　B. 2h　　　　　　C. 3h　　　　　　D. 4h

41. 省级及以上电力调度自动化系统子站设备月可用率大于或等于（　　）。　　　（B）

A. 98%　　　　　　B. 99%　　　　　　C. 99.50%　　　　D. 99.90%

42. 施工过程中如需改动施工图纸，应按照相关标准规定执行（　　）。　　　　　（B）

A. 审核流程　　　　B. 设计变更流程　　C. 验收管理流程

43. 新建 330 kV 及以上变电站自动化系统并网调试时间宜不少于（　　）。　　　　（B）

A. 10 个工作日　　B. 15 个工作日　　　C. 20 个工作日　　　D. 25 个工作日

44. 新投产机组的 AGC/AVC 功能应在（　　）同时投入使用。　　　　　　　　（B）

A. 竣工时　　　　　　　　　　　　B. 机组移交商业运行时

C. 试运行时　　　　　　　　　　　D. 调度验收时

45. 依据《220kV～500kV 变电站计算机监控系统设计技术规程》（DL/T 5149—2001）要求，计算机监控系统的网络正常负荷率宜低于（　　）。　　　　　　　　（B）

A. 0.1　　　　　　B. 0.2　　　　　　　C. 0.3　　　　　　　D. 0.4

46. 电力自动化重要缺陷应在（　　）。　　　　　　　　　　　　　　　　　（B）

A. 4h 内处理　　　B. 24h 内处理　　　C. 8h 内处理　　　　D. 16h 内处理

47. 自动化系统由主站系统、（　　）和数据传输通道构成。　　　　　　　　　（B）

A. 主站设备　　　　B. 子站设备　　　　C. RTU 设备　　　　D. 数据网设备

48.《电力系统调度自动化设计技术规程》（DL/T 5003—2005）要求远动系统遥测综合误差的绝对值不大于（　　）。　　　　　　　　　　　　　　　　　　　　　　　（C）

A. 0.2%　　　　　　B. 0.50%　　　　　C. 1%　　　　　　　D. 2%

49. 220kV～500kV 变电站计算机监控系统的间隔层平均故障间隔时间（MTBF）不小于（　　）。　　　　　　　　　　　　　　　　　　　　　　　　　　　　　　　（C）

A. 10 000h　　　　B. 20 000h　　　　C. 30 000h　　　　D. 40 000h

50. 220kV～500kV 变电站中，在二次设备的屏柜上应有接地端子，并用截面不小于（　　）的多股铜线与接地网相连。　　　　　　　　　　　　　　　　　　　　　　　　（C）

A. 2.5mm^2　　　　B. 5mm^2　　　　　C. 4mm^2　　　　　D. 6mm^2

51. 地县级电力调度自动化系统单次状态估计用时小于或等于（　　）。　　　　（C）

A. 5s　　　　　　　B. 10s　　　　　　　C. 15s　　　　　　　D. 20s

52. 地县级电力调度自动化系统事故遥信年正确动作率大于或等于（　　）。　　（C）

A. 96%　　　　　　B. 97%　　　　　　C. 98%　　　　　　D. 99%

53. 地县级电力调度自动化系统数据网络通道月可用率大于或等于（　　）。　　（C）

A. 96%　　　　　　B. 97%　　　　　　C. 98%　　　　　　D. 99%

54. 地县级电力调度自动化系统子站设备月可用率大于或等于（　　）。　　　　（C）

A. 96%　　　　　　B. 97%　　　　　　C. 98%　　　　　　D. 99%

55. 临时检验是指在系统运行中，交流采样测量装置数值出现（　　），使用标准检验装置依照检验规程规定进行的检验。　　　　　　　　　　　　　　　　　　　　　　　（C）

A. 满码　　　　　　B. 错误码　　　　　C. 明显偏差　　　　D. 较小偏差

56. 省级及以上电力调度自动化系统 AGC 机组可调容量占统调容量大于或等于（　　）。　　　　　　　　　　　　　　　　　　　　　　　　　　　　　　　　　　　　（C）

A. 5%　　　　　　　B. 10%　　　　　　C. 15%　　　　　　D. 20%

57. 省级及以上电力调度自动化系统单次状态估计用时小于或等于（　　）。　　（C）

A. 5s　　　　　　　B. 10s　　　　　　　C. 15s　　　　　　　D. 20s

58. 省级及以上电力调度自动化系统数据通信系统月可用率应大于或等于（　　）。（C）

A. 99.9%　　　　　B. 99%　　　　　　C. 98%　　　　　　D. 97%

59. 省级及以上电力调度自动化系统数据专线通道月可用率大于或等于（　　）。　　（C）

A. 96%　　　　　　B. 97%　　　　　　C. 98%　　　　　　D. 99%

60. 省级及以上电力调度自动化系统主站对直采断路器的遥信响应时间小于或等于（　　）。

（C）

A. 1s　　　　　　B. 2s　　　　　　C. 3s　　　　　　D. 4s

61. 县调调度自动化系统和 110kV 及以上厂站（含集控站、监控中心）自动化系统异常导致误调、误控一次设备，或致使调度人员、值班人员无法通过该系统对电网进行监控，地调自动化部门应在（　　）内向省调自动化处报告并在（　　）内提供书面分析报告。　（C）

A. 8h，24h　　　　B. 4h，24h　　　　C. 8h，48h　　　　D. 24h，48h

62. 新接入电力调度数据网络的节点、设备和应用系统，须经（　　）核准，并送上一级电力调度机构备案。　（C）

A. 调度数据网络维护部门

B. 上级电力调度数据网络的调度机构

C. 负责本级电力调度数据网络的调度机构

D. 电力监管委员会

63. 子站设备的计划检修由设备运维单位至少在（　　）前提出申请。　（C）

A. 1 个工作日　　B. 2 个工作日　　C. 3 个工作日　　D. 4 个工作日

64. 子站新设备投入运行或旧设备退役前，自动化管理部门应及时通知（　　）部门，以便安排接入或退出相应的通道。　（C）

A. 运行　　　　　B. 维护　　　　　C. 通信　　　　　D. 基建

65. 子站运行维护部门应在一次设备启动前（　　）将调控信息表提交相关电力调度机构审核。　（C）

A. 5 个工作日　　B. 10 个工作日　　C. 15 个工作日　　D. 20 个工作日

66. 依据《220kV～500kV 变电站计算机监控系统设计技术规程》（DL/T 5149—2001）要求，计算机监控系统的主机负荷率在系统正常时宜低于（　　），在系统事故时宜低于（　　）。

（C）

A. 10%，30%　　　B. 20%，40%　　　C. 30%，50%　　　D. 40%，60%

67.《国家电网公司防止电气误操作安全管理规定》（国家电网安监〔2006〕904 号）指出，新建变电站、发电厂（110kV 及以上电气设备）防误装置优先采用（　　）的防止电气误操作方案。

（C）

A. 单元电气闭锁　　B. 微机"五防"　　C. 单元电气闭锁回路加微机"五防"

68. 变电站测控柜应装设专用的、与柜体绝缘的接地铜排母线，其截面不得小于（　　），并列布置的屏柜柜体间接地铜排应直接连通。　（C）

A. 50mm²　　　　　B. 80mm²　　　　　C. 100mm²　　　　D. 120mm²

69. 根据《电力系统调度自动化设计技术规程》（DL/T 5003—2005）规定，双机自动切换到基本监控功能恢复时间不大于（　　）。　（C）

A. 10s　　　　　　B. 15s　　　　　　C. 20s　　　　　　D. 30s

70. 根据《电力系统调度自动化设计技术规程》（DL/T 5003—2005）规定，遥测传送时间不大于（　　）。　（C）

A. 2s　　　　　　B. 3s　　　　　　C. 4s　　　　　　D. 5s

71. 根据《电力系统调度自动化设计技术规程》（DL/T 5003—2005）规定，遥控、遥调命令传送时间不大于（　　）。　　　　　　　　　　　　　　　　　　　　　　（C）

A. 2s　　　　　　B. 3s　　　　　　C. 4s　　　　　　D. 5s

72. 依据《220kV～500kV 变电站计算机监控系统设计技术规程》（DL/T 5149—2001）要求，计算机监控系统冗余配置的在线设备发生故障时，能自动切换到备用设备。双机切换从开始至功能恢复时间应不大于（　　）。　　　　　　　　　　　　　　　　　　（C）

A. 10s　　　　　　B. 20s　　　　　　C. 30s　　　　　　D. 40s

73. 电力调度自动化一般缺陷应在（　　）。　　　　　　　　　　　　　　　（D）

A. 24h 内处理　　　B. 48h 内处理　　　C. 72h 内处理　　　D. 2 周内处理

74. 不属于自动化子站维护人员岗位工作内容的是（　　）。　　　　　　　（D）

A. 做好自动化子站系统缺陷记录登记，记录应完整、准确

B. 对自动化子站系统存在的问题及时进行分析并提出改进意见

C. 及时处理自动化子站系统故障，并提交故障分析处理报告

D. 组织编写本地区自动化设备运行分析报告

75. 地县级电力调度自动化系统计算机系统月可用率大于或等于（　　）。　（D）

A. 99%　　　　　B. 99.20%　　　　C. 99.50%　　　　D. 99.80%

76. 凡参与电网 AGC、AVC 调整的发电机组，在新机组进入商业化运营前或监控系统改造投产前，必须经过对其有调度管辖权的电力调度机构组织进行的（　　）。　（D）

A. 试运行　　　　B. 验收试验　　　　C. 竣工试验　　　D. 系统联合测试

77. 省级及以上电力调度自动化系统计算机系统月可用率大于或等于（　　）。（D）

A. 99%　　　　　B. 99.20%　　　　C. 99.50%　　　　D. 99.90%

78. 省级及以上电力调度自动化系统数据网络通道月可用率大于或等于（　　）。（D）

A. 96%　　　　　B. 97%　　　　　C. 98%　　　　　D. 99%

79. 省级及以上电力调度自动化系统遥信年正确动作率大于或等于（　　）。（D）

A. 96%　　　　　B. 97%　　　　　C. 98%　　　　　D. 99%

80. 子站设备的临时检修应至少（　　）提出书面申请，报对其有调度管辖权的电力调度机构自动化管理部门批准后方可实施。　　　　　　　　　　　　　　　　（D）

A. 在工作前　　　B. 在工作前 2h　　C. 在工作前 24h　　D. 在工作前 4h

二、多项选择题

1. 交流系统量测数据包括（　　）。　　　　　　　　　　　　　　　　　　（AB）

A. 主变压器/换流变压器各侧有功　　　B. 3/2 接线方式断路器电流

C. 换流阀点火角　　　　　　　　　　　D. 中性母线电压

2. 下列（　　）工作属于自动化系统和设备的临时检修工作。　　　　　　（AB）

A. 异常处理　　　B. 缺陷处理　　　C. 故障处理　　　D. 系统软件升级

3. 直流系统量测数据包括（　　）。　　　　　　　　　　　　　　　　　　（AB）

A. 双极直流有功功率　　　　　　　　　B. 极电流参考值

C. 电网电压、频率　　　　　　　　　　D. 电容、电抗无功、电流

4. 子站运行维护部门应完成（　　）的电力调度机构布置的有关工作。　　（AB）

A. 有调度管辖权　　B. 有设备监控权

5. 自动化系统出现（　　）情况应立即向上级电力调度机构汇报。　　　　　（AB）

A. 由于自动化系统原因导致电网发生 5～7 级事件

B. 调度技术支持系统全停

C. 子站装置单机运行

D. SCADA 系统单机运行

6. 电力调度机构负责直接调度范围内的下一级（　　）的二次系统安全防护的技术监督。

（ABC）

A. 电力调度机构　　　　　　　　　　B. 变电站

C. 发电厂输变电部分　　　　　　　　D. 送变电工程公司

7. 计算数据通信系统月可用率时，停用时间应包括（　　）。　　　　　　（ABC）

A. 子站 RTU 主机故障时间　　　　　B. 远动通信机故障时间

C. 数据通信系统故障　　　　　　　　D. 主站 SCADA 异常

8. 调控实时数据可分为（　　）三大类。　　　　　　　　　　　　　　（ABC）

A. 电网运行数据　　B. 电网故障信号　　C. 设备监控数据　　D. 时间同步信息

9. 电力自动化子站系统包括（　　）。　　　　　　　　　　　　　　　（ABC）

A. 厂站监控系统　　　　　　　　　　B. 远动终端设备

C. 电能量远方终端　　　　　　　　　D. 电力二次系统安全防护主站设备

10. 自动化系统和设备的检修分为（　　）。　　　　　　　　　　　　　（ABC）

A. 计划检修　　　B. 临时检修　　　C. 故障检修　　　D. 年度检修

11. 《电力调度自动化系统运行管理规程》（DL/T 516—2006）规定自动化子站设备应与一次系统实现四个"同时"，即（　　）。　　　　　　　　　　　　　　（ABCD）

A. 同时设计　　　B. 同时建设　　　C. 同时投入使用　　　D. 同时验收

12. 变电站调控数据交互的原则是（　　）。　　　　　　　　　　　　　（ABCD）

A. 告警直传　　　B. 远程浏览　　　C. 数据优化　　　D. 认证安全

13. 《电力二次系统安全防护规定》（电监会 5 号令）中电力监控系统包括（　　）。

（ABCD）

A. 电力数据采集与监控系统　　　　　B. 能量管理系统

C. 发电厂计算机监控系统　　　　　　D. 广域相量测量系统

14. 各级电力调度机构应保证（　　）。　　　　　　　　　　　　　　　（ABCD）

A. 量测数据的有效性　　　　　　　　B. 遥测和遥信的实时性

C. 设备参数的准确性和完整性　　　　D. 电量原始数据的正确性

15. 下列（　　）属于电力调度机构对并网电厂的调度自动化技术指导和管理内容。

（ABCD）

A. 并网发电厂调度自动化设备的功能、性能参数和运行是否满足国家和行业的有关标准、规定的要求

B. 并网发电厂调度自动化设备重大问题按期整改情况

C. 并网发电厂执行调度自动化相关运行管理规程、规定的情况

D. 并网发电厂发生事故时遥信、遥测、事件顺序记录反应情况，AGC 控制情况以及调度自动化设备运行情况

16. 电力自动化系统主站系统由（　　）组成。　　　　　　　　　　（ABCD）

A. 电网调度控制系统　　　　　　　　B. 配电网调度自动化主站系统

C. 电力调度数据网络主站设备　　　　D. 电力二次系统安全防护主站设备

17. 电力自动化系统子站设备包括（　　）。　　　　　　　　　　　（ABCD）

A. 厂站二次系统安全防护设备

B. 相量测量装置

C. 时间同步装置

D. 向子站自动化系统设备供电的专用电源设备

18. 综合考虑业务系统或功能模块的各业务系统间的（　　）、相互关系、广域网通信方式、对电力系统的影响等因素，将业务系统或功能模块置于合适的安全区。　　（ABCD）

A. 实时性　　　　　B. 使用者　　　　　C. 主要功能　　　　D. 设备场所

19.（　　）是正式运行的自动化设备必须具备资料。　　　　　　　（ABCDE）

A. 设备专用检验规程，相关运行管理规定、办法

B. 符合实际情况的现场安装接线图、原理图和现场调试、测试记录

C. 设备故障和处理记录（如设备缺陷记录簿）

D. 设备运行记录（如运行日志、现场检测记录、定检或临检报告等）

E. 试制或改进的自动化设备应有经批准的试制报告或设备改进报告

20.（　　）是新投运的自动化设备必须具备的技术资料。　　　　　（ABD）

A. 设计单位提供已校正的设计资料　　B. 制造厂提供的技术资料

C. 设备运行管理规定　　　　　　　　D. 工程负责单位提供的工程资料

21. 2007 年国调中心组织制定了（　　）三项分析制度。　　　　　　（ABD）

A.《电网调度运行分析制度（试行）》

B.《电网调度安全分析制度（试行）》

C.《电网调度一次设备分析制度（试行）》

D.《电网调度二次设备分析制度（试行）》

22. 变电站内电压无功设备有（　　）。　　　　　　　　　　　　　（ABD）

A. 静止无功补偿器　　　　　　　　　B. 变压器分接头

C. 消谐装置　　　　　　　　　　　　D. 并联电容器/电抗器

23. 依据《220kV～500kV 变电站计算机监控系统设计技术规程》（DL/T 5149—2001），下列（　　）属于变电站计算机监控系统操作员站为运行人员所提供的人机联系功能。（ABD）

A. 调用、显示各种图形、报表　　　　B. 查看历史数值

C. 遥测数据处理　　　　　　　　　　D. 图形及报表的修改

24. 电力自动化子站设备应与一次系统（　　）。　　　　　　　　　（ABD）

A. 同步验收　　　　　B. 同步建设　　　　　C. 同步退出使用　　　　D. 同步设计

25. 子站设备月可用率计算公式中子站设备月停用小时数应包括子站（　　）、电源或其他原因造成子站设备停运的时间。　　　　　　　　　　　　　　　　　　　（ABD）

A. RTU 的主机故障、检修停运时间　　B. 远动通信工作站故障、检修停运时间

C. I/O 测控装置故障、检修停运时间　　D. 网络接入设备、专线通道故障、检修时间

26. 电力自动化设备监控数据包括（　　）。　　　　　　　　　　　（AC）

A. 调控中心监控值班员遥控、遥调操作　　B. 厂站基本参数

C. 设备运行状态信号　　　　　　　　　D. 电网故障信号

27. 调度自动化主站系统应完成（　　），方可进行竣工验收。　　　　　　（AC）

A. 监理初检　　　　　B. 工厂验收　　　　　C. 消缺整改

28.《电力调度自动化系统运行管理规程》（DL/T 516—2006）确定的子站设备计划检修是指对其（　　）等工作。　　　　　　　　　　　　　　　　　　　　　　（ACD）

A. 结构进行更改　　　B. 故障处理　　　　　C. 软硬件升级　　　　D. 大修

29. 一次系统的变更包括（　　）。　　　　　　　　　　　　　　　　　　　（ACD）

A. 厂站设备的增、减　　　　　　　　　　B. 更换电能表

C. 主接线变更　　　　　　　　　　　　　D. 互感器变比改变

30. 自动化系统出现（　　）情况应立即向上级电力调度机构汇报。　　　　　（AD）

A. 数据通信中断厂站数量超过 10 个且中断时间超过半小时

B. 由于自动化系统原因导致电网发生 8 级事件

C. AVC 功能异常

D. 调度自动化系统正常运行的电力二次系统安全事件

31. 厂站向调度机构传输自动化实时信息的内容按（　　）执行。　　　　　　（BC）

A. 电力调度自动化系统运行管理规程

B.《变电站调控数据交互规范（试行）》

C.《电力系统调度自动化设计技术规程》（DL/T 5003—2005）

32. 调度自动化系统建设项目包括（　　）。　　　　　　　　　　　　　　　（BC）

A. 定期检验　　　　　B. 基建项目　　　　　C. 技术改造项目　　　D. 出厂验收

33. 调度自动化系统验收分为（　　）。　　　　　　　　　　　　　　　　　（BC）

A. 预验收　　　　　　B. 工厂验收　　　　　C. 竣工验收

34. 自动化系统出现（　　）情况应立即向上级电力调度机构汇报。　　　　　（BC）

A. 子站设备主要功能连续故障停止运行超过 8h

B. 调度技术支持系统全停

C. 子站设备主要功能连续故障停止运行超过 24h

35. 调度自动化系统建设管理遵循（　　）工作原则。　　　　　　　　　　　（BCD）

A. 统一设计　　　　　B. 统一规划　　　　　C. 统一标准　　　　　D. 统一建设

36. 通信运行管理部门负责为自动化系统提供（　　）的通信通道。　　　　　（BCD）

A. 高速　　　　　　　B. 带宽符合要求　　　C. 冗余可靠　　　　　D. 满足数据传输质量

37. 远程浏览变电站全景画面可以通过（　　）等方式。　　　　　　　　　　（BCD）

A. 远动通信机　　　　B. KVM　　　　　　　C. 远方终端　　　　　D. 图形网关

38. 运行中的调度自动化系统和设备出现异常情况均列为缺陷，根据威胁安全的程度，分为（　　）。　　　　　　　　　　　　　　　　　　　　　　　　　　　　　　　　（BCD）

A. 严重缺陷　　　　　B. 一般缺陷　　　　　C. 紧急缺陷　　　　　D. 重要缺陷

39. 电力自动化主站系统由（　　）组成。　　　　　　　　　　　　　　　　（BCD）

A. 厂站二次系统安全防护设备　　　　　　B. 配电网调度自动化主站系统

C. 电力二次系统安全防护主站设备　　　　D. 主站系统相关辅助设备

40. 自动化设备的检验分为（　　）。　　　　　　　　　　　　　　　　　　（BCD）

A. 设备出厂验收　　　　　　　　　　　　B. 新安装设备的验收检验

C. 运行中设备的定期检验　　　　　　　　　D. 运行中设备的补充检验

41. 各级调度机构应按（　　）的原则，维护调度管辖范围内的电网模型、图形、实时数据。　　　　　　　　　　　　　　　　　　　　　　　　　　　　　　　　　　　（BD）

A. 调度直传　　　　B. 源端维护　　　　C. 远程浏览　　　　D. 全网共享

42. 已投运变电站增加告警信息直传功能的方式有（　　）。　　　　　　　（BD）

A. 利用现有通道和规约通信

B. 一是变电站侧不增加设备，在原有的远动工作站上新建一条通信链路

C. 利用保护信息子站传输

D. 变电站侧增加设备（建议采用国产硬件和安全操作系统），由该设备建立与主站的通信链路

43. 重要缺陷包括（　　）。　　　　　　　　　　　　　　　　　　　　　（BD）

A. AGC 功能异常　　　　　　　　　　　　B. 网络分析功能异常

C. AVC 功能异常　　　　　　　　　　　　D. 子站装置异常

44. 厂站发生（　　）变化，子站运行维护部门应提前书面通知相关自动化管理部门。

（CD）

A. 遥测扫描周期和阈值　　　　　　　　　B. 信号接点抗抖动的滤波时间

C. 电压和电流互感器的变比　　　　　　　D. 一次设备名称

45. 在试运行期间，工程建设管理部门应将有关技术资料，包括（　　）提供给相关调度机构和厂站运行维护单位。　　　　　　　　　　　　　　　　　　　　　　　　　（CD）

A. 装箱单　　　　　　B. 试运行方案　　　　C. 竣工验收报告　　　　D. 功能技术规范

三、判断题

1. 《电力系统调度自动化设计技术规程》（DL/T 5003—2005）中规定，人机联系系统应具有定义控制台不同安全等级的功能，其等级应不少于 3 个。　　　　　　　　　（×）

2. 《电力调度自动化系统运行管理规程》（DL/T 516—2006）是由国家电力监管委员会于 2006 年 9 月 14 日发布，2007 年 3 月 1 日实施的。　　　　　　　　　　　（×）

3. 《电力调度自动化系统运行管理规程》（DL/T 516—2006）适用于电力系统调度、运行、维护、设计、制造、建设单位，发电企业可参考执行。　　　　　　　　　　　　（×）

4. 《电网调度二次设备分析制度》所指的二次设备包括调度自动化系统、电力通信系统和电网继电保护设备。　　　　　　　　　　　　　　　　　　　　　　　　　　　（×）

5. 《电网调度二次设备分析制度》要求，二次设备的分析实行月统计、月评估。　（×）

6. 110kV 及以上 I/O 测控单元交流采样测量误差小于或等于 0.5%。　　　　　（×）

7. AGC 调整速度与负载变化相适应。对火电机组宜为每分钟增减负载在额定容量的 10%以上。　　　　　　　　　　　　　　　　　　　　　　　　　　　　　　　　　　（×）

8. 按实用化验收细则要求，站与站之间遥信量的分辨率应小于 5ms。　　　　（×）

9. 按照有关设计规程要求，地区电网调度自动化主站系统的计算机中央处理器平均负载率在电网正常运行时任意 30min 内宜小于 40%，在电网事故情况下 10s 内宜小于 60%。　（×）

10. 变电站计算机监控系统故障状态下，操作员工作站 CPU 负载率小于或等于 40%。

（×）

11. 变电站设备告警信息的标准化处理由调度主站系统完成。　　　　　　（×）

12. 变电站自动化系统投运前，业主单位应向运维检修单位移交与现场相一致的图纸资料、调试报告、产品说明书等技术资料。　　　　　　　　　　　　　　　（×）

13.《发电厂并网运行管理规定》（电监市场〔2006〕42号）并网发电厂运行必须严格服从电力调度机构指挥，并迅速、准确执行调度指令，特殊情况可以拒绝或者暂不执行。　　（×）

14. 厂站监控系统应取得电力设备检测部门颁发的质量检测合格证后方可使用。　　（×）

15. 厂站未经对其有调度管辖权和设备监控权的电力调度机构自动化管理部门的同意，可以操作开关、按钮、压板及保险器等。　　　　　　　　　　　　　　　（×）

16. 当变电站发生事故总信号时应停止遥控操作，当判明事故性质与遥控操作无关或操作不影响事故处理时也应停止遥控操作。　　　　　　　　　　　　　　　（×）

17. 地区电网 SCADA 系统技术指标中，遥控命令选择、执行和撤销时间不应大于 3s。　　　　　　　　　　　　　　　　　　　　　　　　　　　　　　（×）

18. 地县级电力调度自动化系统SCADA计算机系统的月可用率单机系统大于或等于99%。　　　　　　　　　　　　　　　　　　　　　　　　　　　　　（×）

19. 地县级电力调度自动化系统计算机系统月可用率大于或等于99.9%。　（×）

20. 地县级电力调度自动化系统月遥控拒动率小于或等于1%。　　　　（×）

21. 地县级电力调度自动化系统状态估计月可用率大于或等于98%。　　（×）

22. 电网运行数据包括稳态数据和暂态数据。　　　　　　　　　　　（×）

23. 定期检修的远动设备可不经调度和远动主管单位同意即可退出运行。　（×）

24. 对调度自动化设备验收时，设备接地电阻的要求是小于或等于 0.2Ω。　（×）

25. 告警信息级别分 5 级：1——事故，2——异常，3——故障，4——变位，5——告知。　　　　　　　　　　　　　　　　　　　　　　　　　　　　　（×）

26. 各级单位发展部门负责管辖范围内调度自动化建设项目的设计、施工、验收、检测归口管理。　　　　　　　　　　　　　　　　　　　　　　　　　　　（×）

27. 各级单位发展部门负责提出管辖范围内调度自动化系统建设项目专业技术需求。　　　　　　　　　　　　　　　　　　　　　　　　　　　　　　（×）

28. 各级单位基建部门负责管辖范围内调度自动化系统技术改造项目的计划和可研审批。　　　　　　　　　　　　　　　　　　　　　　　　　　　　　（×）

29. 各级单位调度部门参与管辖范围内变电站自动化系统基建项目验收管理。　（×）

30. 各级单位调度部门的职责是负责管辖范围内调度自动化主站系统、变电站自动化系统、调度数据网络、电力二次系统安全防护的专业管理。　　　　　　　　　　　（×）

31. 各级单位调度部门负责管辖范围内调度自动化系统基建项目的规划、立项归口管理，负责将项目纳入综合计划管理。　　　　　　　　　　　　　　　　　　（×）

32. 各级单位运检部门负责管辖范围内调度自动化系统技术改造项目的计划和可研审批。　　　　　　　　　　　　　　　　　　　　　　　　　　　　　（×）

33. 各级电力调度机构自动化管理部门的职责：负责本调度机构主站系统的建设、技术改造、运行和维护，但不负责本级调度备调系统的技术管理。　　　　　　　　　（×）

34. 各级电力调度机构自动化管理部门的职责不包括负责制定调度管辖范围内自动化系统运行检验的规程、规范。　　　　　　　　　　　　　　　　　　　（×）

35. 各网省调应按照《电网调度安全分析制度》，实行安全性评价工作的常态化管理，每年12月底前进行一次自查评工作。　　　　　　　　　　　　　　　　　　　　　　　（×）

36. 根据《电网调度安全分析制度》要求，地级调度机构的安全性评价工作由各省（网）调自行安排，但至少应每年完成一轮自查评。　　　　　　　　　　　　　　　　　　　（×）

37. 工厂验收大纲由业主单位编制，各级单位调度部门审批。　　　　　　　　　　　（×）

38. 国家规定的供电质量标准是在电力系统的正常情况下，电网装机容量在 3000MW 以下的系统，其供电频率的允许偏差为±0.2Hz。　　　　　　　　　　　　　　　　　　　（×）

39. 基本标准是制定和理解配套标准的依据，但配套标准不一定都要引用基本标准。
　　　　　　　　　　　　　　　　　　　　　　　　　　　　　　　　　　　　　　（×）

40. 继电保护和故障录波信息系统放在安全区Ⅱ，其中实现远方改定值和投退保护等功能的保护设置工作站也应该放在安全区Ⅱ。　　　　　　　　　　　　　　　　　　　　（×）

41. 交流采样测量装置的测量值出现异常时，采用现场比较方法进行测试，测试期间可以对交流采样测量装置的误差进行调整。　　　　　　　　　　　　　　　　　　　　　（×）

42. 交流采样装置周期检验测量点检验率应为 100%，对不合格测量点的装置应进行更换。
　　　　　　　　　　　　　　　　　　　　　　　　　　　　　　　　　　　　　　（×）

43. 省（市）调所辖自动化设备停复役影响网调自动化系统时，应得到省（市）调的许可，并按省（市）调自动化处制定的流程管理规定进行。　　　　　　　　　　　　　　　（×）

44. 省级及以上电力调度自动化系统 PMU 数据通信月可用率大于或等于 97%。　（×）

45. 省级及以上电力调度自动化系统数据通信系统月可用率大于或等于 99.9%。（×）

46. 省级及以上电力调度自动化系统数据网络通道月可用率大于或等于 98%。　（×）

47. 省级及以上电力调度自动化系统遥信年正确动作率大于或等于 98%。　　　（×）

48. 省级及以上电力调度自动化系统正常情况下局域网负荷宜小于 50%。　　　（×）

49. 省级及以上电力调度自动化系统状态估计月可用率大于或等于 97%。　　　（×）

50. 省级及以上电力调度自动化系统子站设备月可用率大于或等于 98%。　　　（×）

51. 施工单位应根据工程实际情况，按照标准化作业指导书编制施工方案，有方案后即可实施。　　　　　　　　　　　　　　　　　　　　　　　　　　　　　　　　　　　（×）

52. 事件顺序记录的主要指标是：站内分辨率小于或等于 20ms 和系统分辨率小于或等于10ms。　　　　　　　　　　　　　　　　　　　　　　　　　　　　　　　　　　　　（×）

53. 输变电、供电、发电和施工企业安全生产监督机构的人员必须有 1 年相关专业工作经验。
　　　　　　　　　　　　　　　　　　　　　　　　　　　　　　　　　　　　　　（×）

54. 数据交互规范设定电网设备全路径命名结构的正斜线 "/" 为层次分隔符。　　（×）

55. 调度自动化实用化考核指标中，事故时遥信动作正确率基本要求是大于或等于 90%。
　　　　　　　　　　　　　　　　　　　　　　　　　　　　　　　　　　　　　　（×）

56. 调度自动化系统发生较严重故障时，自动化人员不能在短时间处理完毕，应向领导报告。

57. 调度自动化系统建设管理遵循"统一规划、统一设计、统一标准、统一建设"工作原则。
　　　　　　　　　　　　　　　　　　　　　　　　　　　　　　　　　　　　　　（×）

58. 调度自动化系统设计应由设计单位承担。　　　　　　　　　　　　　　　　　（×）

59. 调度自动化系统使用的 UPS 作用就是稳定电压和保证电源质量。　　　　　　（×）

60. 调度自动化系统中大屏幕投影数据刷新周期为 8～20s。　　　　　　　　　　（×）

61. 调度自动化系统子站设备月停用小时数包括设备故障停用时间和通道故障时间。
（×）

62. 调度自动化运行设备退役，应向上级调度自动化运行管理部门提出申请，经批准后方可进行。
（×）

63. 当通信设备检修影响自动化通道时，通信运行管理部门应及时通知自动化维护部门。
（×）

64. 系统频率超过50Hz±0.2Hz为事故频率。事故频率允许的持续时间为：超过50Hz±0.2Hz，持续时间不超过60min；超过50Hz±1Hz，持续时间不超过30min。
（×）

65. 系统运行中，运行维护人员如发现或怀疑交流采样测量装置的数据不准确或有明显偏差时，应按照检验规程中规定的程序和方法，使用标准检验装置对交流采样测量装置进行周期性检验。
（×）

66. 新建地市、县级调度自动化主站系统并网调试时间宜不少于 20 个工作日。（×）

67. 新建省级及以上调度自动化主站系统并网调试时间宜不少于 30 个工作日。（×）

68. 新研制的产品（设备），必须经过技术鉴定后方可投入试运行，试运行期限为 3 个月。
（×）

69. 遥测估计合格率指标中遥测估计合格点中有功容许误差应小于或等于3%。（×）

70. 依据《电力调度自动化系统运行管理规程》（DL/T 516—2006），电力调度数据网络通道和远动专线通道自动化专业与通信专业的维护界面以通信设备屏柜内的接线端子划分，两个专业应分工负责，密切配合。
（×）

71. 依据《电力调度自动化系统运行管理规程》（DL/T 516—2006）规定，新投产机组的 AGC 功能应在机组移交商业运行后两周之内投入使用。
（×）

72. 依据《电力调度自动化系统运行管理规程》（DL/T 516—2006）规定，单次状态估计计算时间基本要求小于或等于20s，争取10s。
（×）

73. 依据《电力调度自动化系统运行管理规程》（DL/T 516—2006）规定，遥测估计合格点数是指遥测数据估计值误差有功、电压误差小于或等于 2.0%，无功误差小于或等于 5.0% 的点数。
（×）

74. 已投运的EMS不需要进行安全评估，新建设的EMS必须经过安全评估合格后方可投运。
（×）

75. 由于 UNIX 服务器和 PC 机从硬件架构到操作系统均不相同，不同厂商的 UNIX 服务器结构和操作系统也均不同，因此 EMS 所使用的服务器和工作站必须为同一厂商的同一种 UNIX 服务器或统一采用 PC 机。
（×）

76. 远动通道正常的接收电平范围是在 0～30dB。（×）

77. 远动终端要求交流供电电源的频率为 50Hz，允许偏差为±10%。（×）

78. 在 EMS 通信网络化过程中，通常在主站与电厂、变电站之间选用 TASE.2 通信规约，在控制中心与控制中心之间选用 IEC 61870–5–104 通信规约。
（×）

79. 站控层远动通道切换时间小于或等于10s，网络切换时间小于或等于5s。（×）

80. 电力自动化系统对于逐级传送数据实施直接管理和核对。（×）

81. 主站数据库内记录的电量数据是法定的计量原始数据，允许改变原始数据。（×）

82. 子站故障停止运行时间指从故障发生时算起，到故障消除、恢复使用时止。（×）

83. 子站设备的计划检修由设备运维单位至少在 1 个工作日前提出申请。（×）

84. 子站设备的年度检修计划不必与一次设备的检修计划一同编制和上报。 （×）

85. 子站运行维护部门应在一次设备启动 10 个工作日前，将调控信息表提交相关电力调度机构审核。 （×）

86. 子站运行维护部门职责包括负责对子站运行维护部门相关业务的考核管理。 （×）

87. 子站运行维护部门职责包括负责调度管辖范围内自动化系统运行情况的统计分析。 （×）

88. 子站运行维护部门职责包括审批调度管辖范围内子站设备的年度检修计划和临时检修申请，编制主站系统的技术改造和大修计划。 （×）

89. 子站运行维护部门职责包括指导并审核调度管辖范围内子站设备年度更新改造计划。 （×）

90. 自动化设备检修或工作结束不需要向相应调度的自动化值班人员汇报和确认。 （×）

91. 《电力调度自动化系统运行管理规程》（DL/T 516—2006）中规定，子站设备的计划检修由计划检修部门至少在 2 个工作日前提出书面申请，报对其有调度管辖权的调度机构自动化管理部门批准后方可实施。 （√）

92. 《电网调度二次设备分析制度》所指的二次设备包括调度自动化系统、电力通信系统、电网继电保护设备和安全自动控制装置。 （√）

93. 330kV 及以上输变电主设备（变压器、电抗器、线路、母线、断路器）被迫停止运行属于一般设备事故。 （√）

94. IEC 61970 系列标准中的公共信息模型（CIM）包含了绝大部分和电力生产有关的数据，如 RTU 设备、SCADA 数据、财务数据、网络连接、发电、检修和电力市场等。 （√）

95. 编制子站设备的现场运行规程是发电厂/变电站自动化设备运行维护部门职责之一。 （√）

96. 变电站二次系统中的点对点串行非网络数据传送是采用专用通道、专用规约的通信方式，安全防护方案认为其安全性可以暂予考虑。 （√）

97. 变电站计算机监控系统在出现故障需进行故障处理工作时，应立即与调度管辖的调度通信中心自动化运行人员联系，报告系统故障情况、影响范围和检修工作内容，得到同意后方可进行工作。 （√）

98. 变电站计算机监控系统正常状态下，操作员工作站 CPU 负载率小于或等于 30%。 （√）

99. 变电站设备告警信息经由图形网关机（或远动工作站）直接以文本格式传送到调度主站及设备运维站。 （√）

100. 变电站自动化系统投运前，施工单位应向运维检修单位移交与现场相一致的图纸资料、调试报告、产品说明书等技术资料。 （√）

101. 变电站自动化系统应完成三级质检、监理初检、中间验收、消缺整改后，方可进行竣工验收。 （√）

102. 并网发电厂和变电站应在电力调度机构的指挥下，落实调频调压的有关措施，保证电能质量符合国家标准。 （√）

103. 《发电厂并网运行管理规定》（电监市场〔2006〕42 号）规定，并网发电厂应根据国家有关规定和机组能力参与电力系统调峰，调峰幅度应达到所在区域电力监管机构规定的有关要求。 （√）

104.《发电厂并网运行管理规定》（电监市场〔2006〕42号）规定，并网发电厂应严格执行电力调度机构制定的运行方式和发电调度计划曲线，电力调度机构修改曲线应根据机组性能提前通知并网发电厂。 （√）

105. 采用计算机监控系统的变电站，不再设置独立的同期装置，应由监控系统完成所需的同期和闭锁功能。 （√）

106. 厂站未经对其有调度管辖权和设备监控权的电力调度机构自动化管理部门的同意，不得在子站设备及其二次回路上工作和操作。 （√）

107. 厂站一次设备退出运行或处于备用、检修状态时，其子站设备均不得停电或退出运行。 （√）

108. 厂站在进行有关工作时，有可能会影响向相关调度机构传送的自动化信息时，未经调度自动化运行管理部门的同意，不得在调度自动化装置及其二次回路上工作和操作。 （√）

109. 单项操作指令是指值班调度员发布的只对一个单位，只有一项操作内容，由下级值班调度员或现场运行人员完成的操作指令。 （√）

110. 地县级电力调度自动化系统 SCADA 计算机系统的月可用率双机系统大于或等于99.8%。 （√）

111. 地县级电力调度自动化系统单次状态估计用时小于或等于15s。 （√）

112. 地县级电力调度自动化系统事故遥信年正确动作率大于或等于98%。 （√）

113. 地县级电力调度自动化系统数据通信系统月可用率大于或等于96%。 （√）

114. 地县级电力调度自动化系统数据网络通道月可用率大于或等于98%。 （√）

115. 地县级电力调度自动化系统数据专线通道月可用率大于或等于97%。 （√）

116. 地县级电力调度自动化系统子站设备月可用率大于或等于98%。 （√）

117. 电力二次系统安全防护原则是"安全分区、网络专用、横向隔离、纵向认证"，保障电力监控系统和电力调度数据网络的安全。 （√）

118. 电力二次系统安全防护总体安全防护水平取决于系统中最薄弱点的安全水平。 （√）

119. 电力调度主站使用的 UPS 的交流供电电源须采用两路来自不同电源点的电源供电。 （√）

120. 电力调度自动化系统中子站设备故障检修是指对其运行中出现影响系统正常运行的故障进行处理的工作。 （√）

121. 电力调度自动化系统中子站设备临时检修是指对其运行中出现的设备异常或缺陷进行处理的工作。 （√）

122. 电网 AGC/AVC 的控制方式、控制参数应由有关调度机构统一规定，各有关部门执行。 （√）

123. 电网故障信号是电力调度值班员判断电网故障及分析处理的依据。 （√）

124. 电网运行数据仅限稳态数据。 （×）

125. 二次设备或回路故障直接影响相关一次设备的正确动作。 （√）

126. 二次设备或回路异常告警，影响二次设备长期稳定运行，但尚不直接影响相关一次设备故障切除。 （√）

127. 发电厂、变电站应设立或明确自动化运维护人员，负责本侧运行系统和设备的日常巡视检查、故障处理和协助检查、运行日志记录、信息定期核对等。 （√）

128. 发电厂、变电站自动化系统和设备运行维护部门应保证向有关调度传送信息的准确性、实时性和可靠性。 （✓）

129. 发生 330kV 及以上变电站（不包括单一线路供电者）全停属重大电网事故。 （✓）

130. 凡参与电网 AGC、AVC 调整的发电机组，在新机组进入商业化运营前或监控系统改造投产前，必须经过对其有调度管辖权的电力调度机构组织进行的系统联合测试。 （✓）

131. 凡参与电网 AVC 调整的变电站，在投运前，应由对其有设备监控权的电力调度机构组织对站内电压无功设备进行联合测试。 （✓）

132. 凡对运行中的自动化系统作重大修改，均应经过技术论证，提出书面改进方案，经主管领导批准和相关电力调度机构确认后方可实施。 （✓）

133. 各级单位发展部门负责管辖范围内调度自动化系统基建项目的规划、立项归口管理，负责将项目纳入综合计划管理。 （✓）

134. 各级单位基建部门负责管辖范围内变电站自动化系统基建项目的设计、施工归口管理。 （✓）

135. 各级单位调度自动化系统规划应由各级调度部门会同同级相关部门进行评审。 （✓）

136. 各级单位物资部门负责管辖范围内调度自动化系统建设项目的招标采购管理。 （✓）

137. 各级电力调度机构自动化管理部门的职责：参加调度管辖范围内新建和改（扩）建厂站子站设备的设计审查、技术规范审查和验收等工作。 （✓）

138. 各级电力调度机构自动化管理部门的职责：负责本调度机构主站系统的建设、技术改造、运行和维护，负责本级调度备调系统的技术管理。 （✓）

139. 各级电力调度机构自动化管理部门的职责：负责制定调度管辖范围内自动化系统运行检验的规程、规范。 （✓）

140. 各级电力调度机构自动化管理部门的职责：负责组织本电网调度自动化专业发展规划的制定，并组织实施。 （✓）

141. 各级电力调度机构自动化管理部门的职责：监督调度管辖范围内新建和改（扩）建厂站子站设备与厂站一次设备同步投入运行。 （✓）

142. 各级电力调度机构自动化管理部门的职责：保证向有关电力调度机构传送信息的实时性、准确性。 （✓）

143. 各级电力调度机构自动化管理部门的职责：参加本电网自动化系统重大故障的调查和分析。 （✓）

144. 各级电力调度机构自动化管理部门的职责：负责下级电力调度机构和调度管辖厂站电力二次系统安全防护的技术监督。 （✓）

145. 各级调度机构采用信息分层采集、逐级传送的传输方式。 （✓）

146. 各级通信运行管理部门应保证自动化数据传输通道的质量和可靠性，满足自动化系统运行要求。 （✓）

147. 根据《电网调度运行分析制度》要求，各类分析结果应按时挂载在本级 OMS "专业动态" 的 "统计分析" 栏目。 （✓）

148. 根据《电网调度运行分析制度》要求，月度、年度检修计划完成率的定义为：按计划执行的设备检修项目数与月度（年度）检修计划的检修项目数之比。 （✓）

149. 工厂验收大纲由施工调试单位编制，调度部门审定。　　　　　　　（✓）

150. 工厂验收由各级单位调度部门组织开展。　　　　　　　　　　　　（✓）

151. 故障抢修是指由于设备健康或其他原因须立即进行抢修恢复的工作。（✓）

152. 机房内设备的保护地、防雷地、静电接地、交流接地等应当分别引线到接地体上。

　　　　　　　　　　　　　　　　　　　　　　　　　　　　　　　　　（✓）

153. 基建工程安全设施必须与主体工程同时设计、同时施工、同时投运。（✓）

154. 计划检修是指纳入年度计划和月度计划的检修工作。　　　　　　　（✓）

155. 继电保护要求电流互感器在最大短路电流下（包括非周期分量），其电流比误差不大于 10%。　　　　　　　　　　　　　　　　　　　　　　　　　　　　　　（✓）

156. 将发电、输电、变电、配电、用电以及相应的继电保护、安全自动装置、电力通信、厂站自动化、调度自动化等二次系统和设备构成的整体统称为电力系统。　（✓）

157. 交流采样测量装置的检验人员必须持有国家电网公司计量管理归口部门颁发的并在有效期内的计量检验员证书。　　　　　　　　　　　　　　　　　　　（✓）

158. 交流采样测量装置投入运行后的检验包括周期检验、临时检验和现场比较。（✓）

159. 交流采样测量装置在完成现场安装调试投入运行前，必须经有资质的检验机构进行检验，检验合格率 100% 才能投入运行。　　　　　　　　　　　　　　　（✓）

160. 交流采样装置周期检验宜结合一次设备检修进行。　　　　　　　　（✓）

161. 紧急缺陷、重要缺陷的处理按照故障抢修流程开展，一般缺陷的处理按照计划检修或临时检修流程开展。　　　　　　　　　　　　　　　　　　　　　　　（✓）

162. 紧急缺陷、重要缺陷因故不能按规定期限消缺，应及时向相关调度机构汇报。

　　　　　　　　　　　　　　　　　　　　　　　　　　　　　　　　　（✓）

163. 紧急缺陷指已经引发自动化系统、调度管理或变电管理的故障或事故，必须马上处理的缺陷。　　　　　　　　　　　　　　　　　　　　　　　　　　　　　（✓）

164. 进行厂（站）例行遥信传动试验和对上级调度自动化系统信息及功能有影响的工作前，应及时通知相关的调度自动化值班人员，并获得许可。　　　　　　　（✓）

165. 经自动化系统运行主管部门和有关调度同意，允许自动化设备退出运行的情况有设备定期检修、设备异常检修、因有关设备检修而停运及其他特殊情况。　　（✓）

166. 竣工验收由各级单位调度部门组织开展。　　　　　　　　　　　　（✓）

167. 临时检修是指须及时处理的重大设备隐患、故障善后工作。　　　　（✓）

168. 临时检验是指在系统运行中，交流采样测量装置数值出现明显偏差时，使用标准检验装置依照检验规程规定进行的检验。　　　　　　　　　　　　　　　　　（✓）

169. 全国电力系统控制及其通信标准化技术委员会在等同采用 DL/T 719—2000 标准，制定行业标准时增加了一个时钟同步命令，其类型标识符为 128。　　　　　　（✓）

170. 全站事故总信号采用"触发加自动复归"方式处理。　　　　　　　（✓）

171. 缺陷发生和处理过程中，运行维护部门应按照有关管理规定履行汇报职责。（✓）

172. 缺陷未消除前，运行维护部门应加强检查，监视设备缺陷的发展趋势。（✓）

173. 设备的电磁兼容性是指设备或系统在其所处的电磁环境中正常工作，并要求不对该环境中其他设备造成不可承受的电磁骚扰的能力。　　　　　　　　　　　（✓）

174. 设备恢复运行后，运维人员应及时通知相关电力调度机构的自动化值班人员，并记录和报告设备处理情况，取得认可后方可离开现场。　　　　　　　　　　　（✓）

175. 设备监控数据包括调控中心监控值班员遥控、遥调操作和设备运行状态信号。
（√）

176. 设备检修工作开始前，应与对其有调度管辖权和设备监控权的电力调度机构自动化值班人员联系，得到确认并通知受影响的调度机构自动化值班人员后方可工作。（√）

177. 设计《E 语言规范》的主要目的在于简化标记，减少冗余，提高效率。通过这种高效的标记语言实现大规模电力系统模型和数据的描述、交换和集成。（√）

178. 申请验收的基本应用软件功能必须是已通过现场验收并正式投入使用、至少有 6 个月连续和完整记录，且自查合格的功能。（√）

179. 省级及以上电力调度自动化系统 PMU 装置月可用率大于或等于 95%。（√）

180. 省级及以上电力调度自动化系统单次状态估计用时小于或等于 15s。（√）

181. 省级及以上电力调度自动化系统断路器遥信月正确动作率大于或等于 90%。（√）

182. 省级及以上电力调度自动化系统画面调用时间：85%的画面不大于 2s，其他画面不大于 3s。（√）

183. 省级及以上电力调度自动化系统画面调用时间：85%的画面不大于 2s，其他画面不大于 3s。（√）

184. 省级及以上电力调度自动化系统计算机系统月可用率大于或等于 99.9%。（√）

185. 省级及以上电力调度自动化系统数据专线通道月可用率大于或等于 98%。（√）

186. 省级及以上电力调度自动化系统月遥控拒动率小于或等于 1%。（√）

187. 省级及以上电力调度自动化系统主站对直采断路器的遥信响应时间小于或等于 3s。
（√）

188. 省级及以上电力调度自动化系统主站月实时数据中断时间累计小于或等于 2h。
（√）

189. 施工单位应向调度部门提供相关设计图纸、设备参数、"四遥"信息表等工程资料。
（√）

190. 施工单位应严格执行有关安全管理规定，落实现场安全技术措施。（√）

191. 实施需求侧管理的主要手段有法律手段、行政手段、经济手段、技术手段和引导手段。（√）

192. 输变电工程、调度通信自动化工程等电网配套工程和环境保护工程，应当与发变电工程项目同时设计、同时建设、同时验收、同时投入使用。（√）

193. 《发电厂并网运行管理规定》（电监市场〔2006〕42 号）规定，属电力调度机构管辖范围内的设备（装置）参数整定值应按照电力调度机构下达的整定值执行。并网发电厂改变其状态和参数前，应当经电力调度机构批准。（√）

194. 数据交互规范设定电网设备全路径命名结构的小数点"."为层次分隔符。（√）

195. 数据交互规范设定电网设备全路径命名结构为：电网.厂站线/电压.间隔.设备/部件.属性。（√）

196. 提出子站设备临时检修申请并负责实施是发电厂、变电站自动化系统和设备运行维护部门职责之一。（√）

197. 调度技术支持系统中的设备命名应遵循《电网设备通用数据模型命名规范》要求，与电网一次设备调度命名一致。（√）

198. 调度自动化系统的改（扩）建、技术改造项目中，涉及的运行设备变更均应包含在

设计范围内。 （√）

199. 调度自动化系统的设计应充分考虑当前技术水平及发展方向，采用技术先进、安全可靠、经济合理的方案。 （√）

200. 调度自动化系统检测单位应为具备调度自动化系统试验检测能力的专业机构。

（√）

201. 调度自动化系统建设管理主要包括项目的规划、设计、招标采购、施工、验收、检测管理过程。 （√）

202. 调度自动化系统建设项目开工前，设计单位应向有关单位提供工程图纸资料，明确系统设计与典型设计的差异，安装调试的安全风险评估等内容。 （√）

203. 调度自动化系统设备若遇紧急情况，可先切断设备电源，然后报告。设备恢复运行后，及时通知调度和有关人员。 （√）

204. 调度自动化系统施工、监理均应由具备相应资质的单位承担。 （√）

205. 调度自动化系统时间与标准时间的误差应不大于 1ms。 （√）

206. 调度自动化系统主站系统设备投入运行或旧设备永久退出运行，应履行相应的手续。

（√）

207. 调度自动化系统子站设备应与一次系统同时设计、同时建设、同时验收、同时投入使用。 （√）

208. 调度自动化主站系统应完成监理初检、消缺整改后，方可进行竣工验收。 （√）

209. 调控实时数据可分为电网运行数据、电网故障信号、设备监控数据三大类。 （√）

210. 调整速度与负载变化相适应。对水电机组宜为每分钟增减负载在额定容量的 50%以上。

（√）

211. 当通信设备检修影响自动化通道时，通信运行管理部门负责将检修票提交给相关调度机构会签。 （√）

212. 通信运行管理部门负责对影响自动化数据传输的通道异常或故障进行分析和处理，并将处理结果告知相关调度机构。 （√）

213. 投入运行的调度自动化系统和设备均应明确专责维护人员，建立完善的岗位责任制。

（√）

214. 投入运行的自动化系统和设备均应明确专责维护人员。 （√）

215. 新建 220 kV 及以下变电站自动化系统并网调试时间宜不少于 10 个工作日。 （√）

216. 新建 330 kV 及以上变电站自动化系统并网调试时间宜不少于 15 个工作日。 （√）

217. 新建、改建、扩建的发电机组并网应当具备的基本条件之一：发电厂至调度机构具备两个以上可用的独立路由的通信通道。 （√）

218. 新建或改造的智能变电站，告警直传方式遵循智能变电站一体化监控系统相关技术规范。

（√）

219. 新接入电力调度数据网络的节点、设备和应用系统，须经负责本级电力调度数据网络的调度机构核准，并送上一级电力调度机构备案。 （√）

220. 新设备投运前，工程建设管理部门应组织对新设备运行维护人员的技术培训。

（√）

221. 遥测的总准确度应不低于 1.0 级，即从交流采样测控单元的入口至调度显示终端的总误差以引用误差表示的值不大于+1.0%，不小于−1.0%。 （√）

222. 遥控出口的直流继电器的动作电压应在 50%～75%直流电源电压之间。 （✓）

223. 一般缺陷是指对自动化系统、调度管理或变电管理无明显影响，在较长时间内不会引发故障或事故，但应安排处理的缺陷。 （✓）

224. 一次设备告警，是指一次设备运行性能或参数发生改变，无法保障一次设备长期连续运行，但尚不影响电网当前运行方式下单次故障切除或方式调整。 （✓）

225. 一次设备故障，是指一次设备发生无法进行分合闸操作的故障，影响电网故障切除或方式调整。 （✓）

226. 一次设备接线图的描述和交换应遵循《电力系统图形描述规范》要求。 （✓）

227. 一个完整的《E 语言规范》数据文件的基本结构由注释区、系统声明区、数据块起始标记、数据块头定义、数据块、数据块结束标记 6 个部分组成。 （✓）

228. 一致性测试不能代替工程上特定的有关系统的测试，如 FAT 和 SAT。 （✓）

229. 依据《500kV 变电站计算机监控系统技术要求和验收标准》，110kV 及以上间隔层各 I/O 测控单元时钟同步误差应小于或等于 1ms。 （✓）

230. 依据《电力调度自动化系统运行管理规程》（DL/T 516—2006），电力调度数据网络通道和远动专线通道自动化专业与通信专业的维护界面以远动设备屏柜内的接线端子划分，两个专业应分工负责，密切配合。 （✓）

231. 依据《电力调度自动化系统运行管理规程》（DL/T 516—2006），遥测估计值误差统计中母线电压基准值：500kV 电压等级取 600kV，330kV 电压等级取 396kV，220kV 电压等级取 264kV，110kV 电压等级取 132kV。 （✓）

232. 依据《电力调度自动化系统运行管理规程》（DL/T 516—2006），遥测数据估计值误差统计中对于线路有功、无功基准值：500kV 电压等级取 1082MV·A，330kV 电压等级取 686MV·A，220kV 电压等级取 305MV·A，110kV 电压等级取 114MV·A。 （✓）

233. 用于电量计费的电能表内记录的数据是法定的计量原始数据，不允许任何人改变原始数据。 （✓）

234. 优先选择操作箱开关异常跳闸信号作为间隔事故信号。 （✓）

235. 由于 E 语言与 CIM XML 均一致遵循 CIM 基础对象类，因此以 XML 语言描述的电力系统模型可以方便地与以 E 语言描述的电力系统模型进行双向转换。 （✓）

236. 由于一次系统的变更，需修改相应的画面和数据库等内容时，应以经过批准的书面通知或流程单为准。 （✓）

237. 远程浏览变电站全景画面可以通过"KVM、远方终端、图形网关"等方式。 （✓）

238. 远动设备应设专职负责人，负责定期对设备进行巡视、检查、测试和记录。 （✓）

239. 《电力系统调度自动化设计技术规程》（DL/T 5003—2005）规定，远动系统遥测综合误差的绝对值不大于 1.0%。 （✓）

240. 远动终端设备连续故障停止运行时间超过 24h 者应定为异常；超过 48h 者应定为障碍。 （✓）

241. 远动终端设备能够同时和两个以上调度主站通信，并且与每个调度主站之间支持一主一备两个专线通道，主备通道可以采用不同的传输速率。 （✓）

242. 远动终端设备正常运行，也要对它进行维护和检修。 （✓）

243. 远动终端通用技术条件规定模拟量模/数转换总误差和数/模转换总误差均应小于或等于 0.5%。 （✓）

244. 远动专线通道发送电平应符合通信设备的规定，在信噪比不小于 17dB 的条件下，其专线通道入口接收工作电平应为−15～−5dBm。 （√）

245. 远动专线通信通道技术要求传送速率为 1200bit/s，误码率在信噪比为 17dB 时不大于 10^{-5}。 （√）

246. 运行、调度人员必须经过现场规程制度的学习、现场见习和跟班实习。 （√）

247. 运行中的调度自动化系统和设备出现异常情况均列为缺陷，根据威胁安全的程度，分为紧急缺陷、重要缺陷和一般缺陷。 （√）

248. 运行中设备的定期检验分为全部和部分检验，其检验周期和检验内容应根据各设备的要求和实际运行状况在相应的现场专用规程中规定。 （√）

249. 在《远动设备及系统 第 5 部分：传输规约 第 102 篇：电力系统电能累计量传输配套标准》（DL/T 719—2000）标准中，每种数据类型用 1 个类型标识表示，类型标识符为 2～13。 （√）

250. 在按 CIM 标准设计的 EMS 之间，在不了解对方系统内部数据结构的情况下交换信息，IETAC–57 建议采用可扩展标记语言 XML。 （√）

251. 在处理自动化系统故障、进行重要测试或操作时，原则上不得进行运行值班人员交接班。 （√）

252. 在发电机中，三相母线的区别是用不同颜色表示的，我国规定用黄色表示 A 相，绿色表示 B 相，红色表示 C 相。 （√）

253. 在生产控制大区中的 PC 机等应该拆除可能传播病毒等恶意代码的软盘驱动器、光盘驱动器，禁用 USB 接口、串行口等，可以通过安全管理平台实施严格管理。 （√）

254. 直采直送数据实施直接管理和核对。 （√）

255. 直传告警信息参考 syslog 格式，标准的告警条文按照"级别、时间、设备、事件、原因"五段式进行描述。 （√）

256. 值班调度员在处理事故、进行重要的测试或操作时，不得进行交接班。 （√）

257. 重要厂站至调度及各级调度之间的信息传送通道应做到具有 2 种通信方式或 2 条路由的通道组成的主备通道，通道信噪比应不低于 17dB。 （√）

258. 重要缺陷指对自动化系统、调度管理或变电管理的正常运行有一定影响，但短时期内不会引发故障或事故，必须限期处理的缺陷。 （√）

259. 主站管理部门职责包括审批调度管辖范围内子站设备的年度检修计划和临时检修申请，编制主站系统的技术改造和大修计划。 （√）

260. 主站系统包括电网调度控制系统、配电网调度自动化主站系统、电力调度数据网络主站设备。 （√）

261. 主站系统的计划检修如可能影响到向相关电力调度机构传送的自动化信息时，应向上级电力调度机构提出申请并获得准许后方可进行。 （√）

262. 主站在进行系统维护时，如可能影响到向调度员提供的自动化信息，应提前通知值班调度员，获得准许后方可进行。 （√）

263. 主站在进行系统维护时，如可能影响到向相关电力调度机构传送的自动化信息时，应提前通知相关电力调度机构自动化值班人员。 （√）

264. 子站发现故障或接到设备故障通知后，应立即按相关规定进行处理，并及时向对其有调度管辖权和设备监控权的电力调度机构自动化值班人员汇报。 （√）

265. 子站故障停止运行时间指从对其有调度管辖权的调度机构自动化值班人员发出故障通知时算起，到故障消除、恢复使用时止。 （√）

266. 子站进行有关工作可能影响到向相关电力调度机构传送的自动化信息时，应按规定提前向相关电力调度机构自动化值班人员汇报，并获得对其有调度管辖权和设备监控权的电力调度机构的准许后方可进行。 （√）

267. 子站设备的临时检修也应填写自动化系统设备停运申请单，报对其有调度管辖权的调度机构自动化值班人员，经批准后方可实施。 （√）

268. 子站设备的临时检修应至少在工作前 4h 提出书面申请，报对其有调度管辖权的电力调度机构自动化管理部门批准后方可实施。 （√）

269. 子站设备的年度检修计划应与一次设备的检修计划一同编制和上报，由对其有调度管辖权的电力调度机构自动化管理部门负责进行审核和批复。 （√）

270. 子站设备是指变电站、开关站、牵引站、换流站、火电厂、水电厂、核电厂、风电场、光伏电站等各类厂站的自动化系统和设备。 （√）

271. 子站设备永久退出运行，应事先由其维护单位向对其有调度管辖权的电力调度机构自动化管理部门提出书面申请，经批准后方可进行。 （√）

272. 子站新设备投入运行前或旧设备永久退出运行，自动化管理部门应及时书面通知通信部门以便安排接入或退出相应的通道。 （√）

273. 子站运行维护部门应编制运行维护范围内子站设备的检修计划，提出检修申请（包括临时检修），并负责实施。 （√）

274. 子站运行维护部门应编制运行维护范围内子站设备的现场运行规程及使用说明。 （√）

275. 子站运行维护部门应编制运行维护范围内子站设备年度更新改造工程计划并负责实施。 （√）

276. 子站运行维护部门应负责或参加运行维护范围内新建和改（扩）建厂站子站设备的安装、调试和验收，并参加培训。 （√）

277. 子站运行维护部门应负责运行维护范围内子站设备的安全防护工作。 （√）

278. 子站运行维护部门应负责运行维护范围内子站设备的运行维护、检验和运行统计分析并按期上报。 （√）

279. 子站运行维护部门应完成有调度管辖权或设备监控权的电力调度机构布置的有关工作。 （√）

280. 自动化管理部门应在一次设备启动前将最新的电网公共模型、图形、实时数据传送给上级电力调度机构和其他相关电力调度机构。 （√）

281. 自动化管理部门应在一次设备投产 3 天前，完成调度技术支持系统中电网公共模型、图形、实时数据的维护等相关工作。 （√）

282. 自动化设备的检验按照规程规定分为新安装设备的验收检验、运行中设备的定期检验及运行中设备的补充检验 3 种。 （√）

283. 自动化设备缺陷分成 3 个等级，即紧急缺陷、重要缺陷和一般缺陷。 （√）

284. 自动化数据传输通道，主要包括自动化系统专用的电力调度数据网络、专线、电话拨号等通道。 （√）

285. 自动化系统的事故评定按《国家电网公司安全事故调查规程》有关规定执行。 （√）

286. 自动化系统由主站系统、子站设备和数据传输通道构成。 （√）

287. 自动化系统运行管理工作应遵循统一领导、分级管理的原则。自动化管理部门对有调度关系的发电企业、变电站自动化系统运行维护部门实行专业技术归口管理。 （√）

288. 自动化运行人员应定期校核遥测的总准确度、检查遥信、遥调和遥控的正确性，检查收发信电平、信噪比，进行 UPS 蓄电池的充放电等维护，发现问题及时处理并记录。 （√）

289. 自动化子站设备故障停止运行时间是指从对其有调度管辖权的调度机构自动化值班人员发出故障通知时算起，到故障消除、恢复使用时止。 （√）

290. "四个服务"是国家电网公司的宗旨：即服务党和国家的大局、服务用户、服务发电企业、服务供电公司。 （×）

291. 220～500kV 变电站计算机监控系统 P、Q 交流采样测量量基本误差的绝对值应小于或等于 0.10%。 （×）

292. 变电站计算机监控系统的 CRT 调用画面响应时间小于或等于 3s。 （×）

293. 根据《地区电网调度自动化设计技术规程》（DL/T 5002—2005）规定，地区电网调度自动化系统的计算机中央处理器平均负载率在电网正常运行时任意 30min 内宜小于 40%，在电网事故情况下 10s 内宜小于 60%。 （×）

294. 同期检测装置仅用于并列操作。 （×）

295. 转变电网发展方式的主要标志是：建设以高压电网为骨干网架、各级电网同步发展的坚强国家电网。 （×）

296. 经自动化系统运行主管部门和有关调度同意，允许自动化设备退出运行的情况有：设备定期检修、设备异常检修、因有关设备检修而停运及其他特殊情况。 （√）

297. 《电力系统调度自动化设计技术规程》（DL/T 5003—2005）中规定，遥控输出采用无源接点方式，继电器接点容量一般为直流 220V，5A。 （√）

298. 《电力调度自动化系统运行管理规程》（DL/T 516—2006）规定，由于自动化系统原因使电网发生《电力生产事故调查暂行规定》中所列事故条款之一者，应定为自动化系统事故，处理程序按照《电力生产事故调查暂行规定》中有关要求办理。 （√）

299. 《国家电网公司电力安全工作规程（变电站和发电厂电气部分）（试行）》适用于运用中的发、输、变、配电和用户电气设备上的工作人员（包括基建安装、农电人员）。 （√）

300. 220～500kV 变电站计算机监控系统站内 SOE 分辨率为小于或等于 2ms。 （√）

301. 电压监视控制点电压偏差超出电力调度规定的电压曲线值±5%，且延续时间超过 2h；或者电压偏差超出电力调度规定的电压曲线值±10%，且延续时间超过 1h，为一般电网事故。 （√）

302. 发电厂、变电站应设立或明确自动化运行维护人员，负责本侧运行系统和设备的日常巡视检查、故障处理、运行日志记录、信息定期核对等。 （√）

303. 负责调度管辖范围内交流采样测量装置的运行管理和技术指导工作是电力调度机构的职责。 （√）

304. 负责组织调度管辖范围内交流采样测量装置的事故调查分析和处理是电力调度机构的职责。 （√）

305. 根据《地区电网调度自动化设计技术规程》（DL/T 5002—2005）规定，事件顺序记录站间分辨率应小于 10ms。 （√）

306. 供电企业每年应编制年度的反事故计划和安全技术劳动保护措施计划。 （√）

307. 关键应用的用户、系统管理人员以及必要的应用维护与开发人员，在访问系统、进行操作时需要持有证书。 （ √ ）

308. 国家电网公司实施"一特三大"战略的"一特三大"指的是：特高压、大煤电、大水电、大核电。 （ √ ）

309. 国家对电信终端设备、无线电通信设备和涉及网间互联的设备实行进网许可制度。 （ √ ）

310. 国家规定的供电质量标准是在电力系统的正常情况下，电网装机容量在 3000MW 及以上的系统，其供电频率的允许偏差为 ±0.2Hz。 （ √ ）

311. 机房设备若有异常情况，远动值班人员应立即处理，并在交接班簿上做记录，处理不好应通知设备负责人处理。 （ √ ）

312. 铭牌是 30kVA5P 级 10 的电流互感器，额定准确限额一次电流下的综合误差是 5%。 （ √ ）

313. 事故调查处理"四不放过"的原则是指：事故原因不清楚不放过、事故责任者和应受教育者没有受到教育不放过、整改措施不落实不放过、事故责任者没有受到处罚不放过。 （ √ ）

314. 通信网关是指两个具有不同网络通信协议的网络之间的接口设备，或两个具有相同网络通信协议的网络之间的接口设备。 （ √ ）

315. 投入运行的自动化系统和设备均应明确专责维护人员，建立完善的岗位责任制。 （ √ ）

316. 图形符号和文字标号用以表示和区别二次回路图中的各个电气设备。 （ √ ）

317. 自动化设备缺陷分成 3 个等级，即紧急缺陷、重要缺陷和一般缺陷。 （ √ ）

318. 自动化系统的专责人员应定期对自动化系统和设备进行巡视、检查、测试和记录，定期核对自动化信息的准确性，发现异常情况及时处理，做好记录并按有关规定要求进行汇报。 （ √ ）

第四章 计算机基础

一、单项选择题

1. ( ) 是指编制或者在计算机程序中插入的破坏计算机数据，影响计算机使用，并能自我复制的一组计算机指令或者程序代码。　　　　　　　　　　　　　　　　　　(B)

　　A. 蠕虫　　　　　　　B. 病毒　　　　　　　C. 木马

2. ( ) 不是操作系统应具有的基本功能。　　　　　　　　　　　　　　　　　　(D)

　　A. 处理机管理　　　B. 存储器管理　　　C. 文件管理　　　　D. IP 动态管理

3. ( ) 命令不可以进行测试网络性能。　　　　　　　　　　　　　　　　　　　(D)

　　A. netstat　　　　　　B. arp　　　　　　　C. tracert　　　　　　D. label

4. ( ) 是特别适宜在网络上运行的，可用于各种平台的一种面向对象的程序设计语言。

　　　　　　　　　　　　　　　　　　　　　　　　　　　　　　　　　　　　　(C)

　　A. Fortran　　　　　　B. C　　　　　　　　C. Java　　　　　　D. Lisp

5. ( ) 是一种含有非预期或者隐藏功能的计算机程序，是指表面上是有用的软件、实际目的却是危害计算机安全并导致严重破坏的计算机程序。　　　　　　　　　　　　(C)

　　A. 蠕虫　　　　　　　B. 病毒　　　　　　　C. 木马　　　　　　D. 黑客

6. ( ) 是有效的 MAC 地址。　　　　　　　　　　　　　　　　　　　　　　　(D)

　　A. 192.201.63.252　　　　　　　　B. 19–22–01–63–23

　　C. 0000.1234.ADFH　　　　　　　D. 00–00–11–11–11–AA

7. ( ) 属于物理层的设备。　　　　　　　　　　　　　　　　　　　　　　　　(C)

　　A. 网桥　　　　　　　B. 网关　　　　　　　C. 中继器　　　　　D. 以太网交换机

8. ( ) 命令用于显示与 IP、TCP、UDP 和 ICMP 协议相关的统计数据，一般用于检验本机各端口的网络连接情况。　　　　　　　　　　　　　　　　　　　　　　　(A)

　　A. netstat　　　　　　B. arp　　　　　　　C. tracert　　　　　　D. route

9. (15、11) 循环码的全部许用码组有 ( )。　　　　　　　　　　　　　　　　　(B)

　　A. 1024 个　　　　　B. 2048 个　　　　　C. 4096 个　　　　D. 512 个

10. 34 的十六进制为 ( )。　　　　　　　　　　　　　　　　　　　　　　　　(C)

　　A. 33　　　　　　　　B. 29　　　　　　　　C. 22　　　　　　　D. 20

11. 9 的 BCD 码表示为 ( )。　　　　　　　　　　　　　　　　　　　　　　　(B)

　　A. 1000　　　　　　　B. 1001　　　　　　　C. 1010　　　　　　D. 1100

12. A、B 两个不同串口分别为 DB–9 和 DB–25 接口，它们若要正常通信，其针脚连接方式为 ( )。　　　　　　　　　　　　　　　　　　　　　　　　　　　　　　　(B)

　　A. A 的 2 针–B 的 2 针，A 的 3 针–B 的 3 针，A 的 5 针–B 的 5 针

　　B. A 的 2 针–B 的 3 针，A 的 3 针–B 的 2 针，A 的 5 针–B 的 7 针

　　C. A 的 2 针–B 的 3 针，A 的 3 针–B 的 2 针，A 的 5 针–B 的 5 针

D. A 的 2 针–B 的 3 针，A 的 3 针–B 的 2 针，A 的 7 针–B 的 7 针

13. A、B 两个不同串口均为 DB–25 接口，它们若要正常通信，其针脚连接方式为（ ）。

（D）

A. A 的 2 针–B 的 2 针，A 的 3 针–B 的 3 针，A 的 5 针–B 的 5 针

B. A 的 2 针–B 的 3 针，A 的 3 针–B 的 2 针，A 的 5 针–B 的 7 针

C. A 的 2 针–B 的 3 针，A 的 3 针–B 的 2 针，A 的 5 针–B 的 5 针

D. A 的 2 针–B 的 3 针，A 的 3 针–B 的 2 针，A 的 7 针–B 的 7 针

14. A、B 两个不同串口均为 DB–9 接口，它们若要正常通信，其针脚连接方式为（ ）。

（C）

A. A 的 2 针–B 的 2 针，A 的 3 针–B 的 3 针，A 的 5 针–B 的 5 针

B. A 的 2 针–B 的 3 针，A 的 3 针–B 的 2 针，A 的 5 针–B 的 7 针

C. A 的 2 针–B 的 3 针，A 的 3 针–B 的 2 针，A 的 5 针–B 的 5 针

D. A 的 2 针–B 的 3 针，A 的 3 针–B 的 2 针，A 的 7 针–B 的 7 针

15. CPU 的中文含义是（ ）。

（B）

A. 主机　　　　　B. 中央处理器　　　　C. 运算器　　　　D. 控制器

16. FDDI 的全称正确的是（ ）。

（B）

A. 多兆位数据交换服务　　　　　　　　B. 光纤分布式数据接口

C. 分布式队列双总线　　　　　　　　　D. 数字微波传输系统

17. FTP 设置多个文件传输时交互提示的内部命令是（ ）。

（A）

A. prompt　　　　　B. passive　　　　　C. system　　　　D. reget

18. IEC 61970 中的 CIS 是（ ）。

（A）

A. 组件接口规范　　B. 数据交互规范　　C. 模型拆分规范　　D. 模型增减规范

19. IPv6 的地址长度为（ ）。

（C）

A. 32 位　　　　　B. 64 位　　　　　C. 128 位　　　　D. 256 位

20. IP 地址 190.233.27.13/16 所在的网段地址是（ ）。

（B）

A. 190.0.0.0　　　B. 190.233.0.0　　　C. 190.233.27.0　　D. 190.233.27.1

21. IP 地址中网络号的作用是（ ）。

（A）

A. 指定了主机所属的网络　　　　　　　B. 指定了网络上主机的标识

C. 指定了被寻址的子网中的某个结点　　D. 指定了设备能够通信的网

22. LAN 是（ ）的英文缩写。

（C）

A. 城域网　　　　　B. 网络操作系统　　C. 局域网　　　　D. 广域网

23. Linux 的基本特点是（ ）。

（D）

A. 多用户、多任务、交互式　　　　　　B. 单用户、单任务、分时

C. 多用户、单任务、实时　　　　　　　D. 多用户、多任务、分时

24. Linux 的内核版本为 2.4.20_8，那么用于启动系统所需加载的内核程序位于（ ）。

（C）

A. 1　　　　　　　　　　　　　　　　B. /lib/modules/2.4.20_8/kernel

C. /boot　　　　　　　　　　　　　　D. /proc

25. Linux 交换分区的格式为（ ）。

（D）

A. ext2　　　　　B. ext3　　　　　　C. FAT　　　　　D. swap

26. Linux 交换分区的作用是（　　）。　　　　　　　　　　　　　　　　　　（C）

A. 保存系统软件　　　　　　　　　　　　B. 保存访问过的网页文件

C. 虚拟内存空间　　　　　　　　　　　　D. 作为用户的主目录

27. Linux 启动的第一个进程 init 启动的第一个脚本程序是（　　）。　　　　　（B）

A. /etc/rd/init.d　　　B. /etc/rd/rsysinit　　　C. /etc/rd/rc5.d　　　D. /etc/rd/rc3.d

28. Linux 文件权限一共 10 位长度，分成 4 段，第 3 段表示的内容是（　　）。（C）

A. 文件类型　　　　　　　　　　　　　　B. 文件所有者的权限

C. 文件所有者所在组的权限　　　　　　　D. 其他用户的权限

29. Linux 系统启动 init 进程前，不需要经过（　　）步骤。　　　　　　　　（D）

A. LIIO 加载内核　　　B. 检测内存　　　C. 加载文件系统　　　D. 启动网络支持

30. Linux 系统前台启动的进程使用（　　）终止。　　　　　　　　　　　　（D）

A. Ctrl＋P　　　　B. Ctrl＋F　　　　C. Ctrl＋V　　　　D. Ctrl＋C

31. Linux 系统所有服务的启动脚本都存放在目录（　　）中。　　　　　　　（A）

A. /etc/rc.d/init.d　　　B. /etc/init.d　　　C. /etc/rc.d/rc　　　D. /etc/rc.d

32. Linux 有 3 个查看文件的命令，若希望在查看文件内容过程中可以用光标上下移动来查看文件内容，应使用命令（　　）。　　　　　　　　　　　　　　　　　　（C）

A. cat　　　　　　B. more　　　　　　C. less　　　　　　D. menu

33. Linux 运行的级别分为（　　），X–Windows 图形系统的运行级别为（　　）。（B）

A. 7 个，3　　　　B. 7 个，5　　　　C. 5 个，3　　　　D. 5 个，5

34. Linux 中，df 命令完成（　　）功能。　　　　　　　　　　　　　　　　（D）

A. 显示目录细节　　　　　　　　　　　　B. 显示目录或文件占用磁盘空间容量

C. 显示设备明细　　　　　　　　　　　　D. 显示文件系统空间使用情况

35. Linux 中，du 命令完成（　　）功能。　　　　　　　　　　　　　　　　（B）

A. 显示目录细节　　　　　　　　　　　　B. 显示目录或文件占用磁盘空间容量

C. 显示设备明细　　　　　　　　　　　　D. 显示文件系统空间使用情况

36. Linux 中，vi 中（　　）命令是不保存强制退出。　　　　　　　　　　　（C）

A. :wq　　　　　　B. :wq!　　　　　　C. :q!　　　　　　D. :quit

37. Linux 中，当使用 mount 进行设备或者文件系统挂载的时候，需要用到的设备名称位于（　　）目录。　　　　　　　　　　　　　　　　　　　　　　　　　　　　（D）

A. /home　　　　　B. /bin　　　　　　C. /etc　　　　　　D. /dev

38. Linux 中，默认情况下管理员创建了一个用户，就会在（　　）目录下创建一个用户主目录。　　　　　　　　　　　　　　　　　　　　　　　　　　　　　　　　　（B）

A. /usr　　　　　　B. /home　　　　　C. /root　　　　　D. /etc

39. Linux 中，（　　）命令可以将普通用户转换成超级用户。　　　　　　　　（D）

A. super　　　　　B. passwd　　　　C. tar　　　　　　D. su

40. Linux 中，如果要列出一个目录下的所有文件，需要使用命令行（　　）。　（C）

A. ls –l　　　　　　B. ls　　　　　　C. ls –a　　　　　D. ls –d

41. Linux 中，如果用户想对某一命令详细的了解，可用（　　）。　　　　　　（C）

A. ls　　　　　　　B. help　　　　　　C. man　　　　　　D. dir

42. Linux 中，若当前目录为/home，命令 ls –l 将显示 home 目录下的（　　）。（D）

A. 所有文件　　　　　B. 所有隐含文件　　　C. 所有非隐含文件　D. 文件的具体信息

43. Linux 中，若要将鼠标从 VM 中释放出来，可按（　　　）键来实现。　　　　　（A）

A. Ctrl＋Alt　　　　　　　　　　　　B. Ctrl＋Alt＋Delete

C. Ctrl＋Alt＋Enter　　　　　　　　　D. Ctrl＋Enter

44. Linux 中，下列（　　　）不是压缩指令。　　　　　　　　　　　　　　　　（D）

A. compress　　　　　B. gzip　　　　　　C. bzip2　　　　　　D. tar

45. Linux 中，下列（　　　）指令可以显示目录的大小。　　　　　　　　　　　（C）

A. dd　　　　　　　　B. df　　　　　　　C. du　　　　　　　D. dw

46. Linux 中，下面（　　　）命令是用来定义 shell 的全局变量。　　　　　　　（D）

A. exportfs　　　　　B. alias　　　　　　C. exports　　　　　D. export

47. Linux 中，下面（　　　）命令用来启动 X–Windows。　　　　　　　　　　（C）

A. runx　　　　　　　B. Startx　　　　　C. startX　　　　　D. xwin

48. Linux 中，以下（　　　）命令可以终止一个用户的所有进程。　　　　　　　（D）

A. skillall　　　　　　B. skill　　　　　　C. kill　　　　　　D. killall

49. Linux 中，用"rm –i"，系统会提示（　　　）来让用户确认。　　　　　　　（B）

A. 命令行的每个选项　　　　　　　　　B. 是否真的删除

C. 是否有写的权限　　　　　　　　　　D. 文件的位置

50. Linux 中，用户编写了一个文本文件 a.txt，想将该文件名称改为 txt.a，下列（　　　）命令可以实现。　　　　　　　　　　　　　　　　　　　　　　　　　　　　（D）

A. cd txt xt.a　　　　B. echo a.txt > txt.a　　C. rm a.txt txt.a　　D. cat a.txt > txt.a

51. Linux 中，用来分离目录名和文件名的字符是（　　　）。　　　　　　　　　（B）

A. dash（–）　　　　　B. slash（/）　　　　C. period（.）　　　　D. asterisk（*）

52. Linux 中，在 vi 编辑器里，命令"dd"用来删除当前的（　　　）。　　　　　（A）

A. 行　　　　　　　　B. 变量　　　　　　C. 字　　　　　　　D. 字符

53. Linux 中，中，一般用（　　　）命令来查看网络接口的状态。　　　　　　　（D）

A. ping　　　　　　　B. ipconfig　　　　　C. winipcfg　　　　　D. ifconfig

54. Linux 中 init 进程对应的配置文件名为（　　　），该进程是 Linux 系统的第一个进程，其进程号 PID 始终为 1。　　　　　　　　　　　　　　　　　　　　　　　　　　（D）

A. /etc/fstab　　　　　B. /etc/init.conf　　　C. /etc/inittab.conf　　D. /etc/inittab

55. Linux 中从后台启动进程，应在命令的结尾加上符号（　　　）。　　　　　　（A）

A. &　　　　　　　　B. @　　　　　　　C. #　　　　　　　D. $

56. Linux 中对文件重命名的命令为（　　　）。　　　　　　　　　　　　　　　（C）

A. rm　　　　　　　　B. move　　　　　　C. mv　　　　　　　D. mkdir

57. Linux 中建立一个新文件可以使用的命令为（　　　）。　　　　　　　　　　（D）

A. chmod　　　　　　B. more　　　　　　C. cp　　　　　　　D. touch

58. Linux 中将前一个命令的标准输出作为后一个命令的标准输入，称为（　　　）。（B）

A. 链接　　　　　　　B. 管道　　　　　　C. 指向　　　　　　D. 传递

59. Linux 中进行字符串查找，使用（　　　）命令。　　　　　　　　　　　　　（A）

A. grep　　　　　　　B. find　　　　　　C. search　　　　　D. lookup

60. Linux 中可以用来对文件 xxx.gz 解压缩的命令是（　　　）。　　　　　　　（C）

A. compress　　　　　B. uncompress　　　　C. gunzip　　　　　D. tar

61. Linux 中如果执行命令 #chmod 746 file.txt，那么该文件的权限是（　　　）。　　（A）

A. rwxr—rw-　　　　B. rw-r—r—　　　　C. —xr—rwx　　　　D. rwxr—r—

62. Linux 中可以删除目录/tmp 下的所有文件及子目录的是（　　　）。　　（D）

A. del /tmp/*　　　B. rm –rf /tmp　　　C. rm –Ra /tmp/*　　　D. rm –rf /tmp/*

63. Linux 中删除文件的命令为（　　　）。　　（D）

A. mkdir　　　　　B. move　　　　　　C. mv　　　　　　D. rm

64. Linux 中为了能够把新建立的文件系统 mount 到系统目录中，我们还需要指定该文件系统在整个目录结构中的位置，或称为（　　　）。　　（B）

A. 子目录　　　　　B. 挂载点　　　　　C. 新分区　　　　　D. 目录树

65. Linux 中用 ls -al 命令列出下面的文件列表，是符号连接文件的是（　　　）。　　（D）

A. -rw-rw-rw- 2 hel-s users 56 Sep 09 11:05 hello

B. -rwxrwxrwx 2 hel-s users 56 Sep 09 11:05 goodbey

C. drwxr--r-- 1 hel users 1024 Sep 10 08:10 zhang

D. lrwxr--r-- 1 hel users　　7 Sep 12 08:12 cheng

66. Linux 中在使用 mkdir 命令创建新的目录时，在其父目录不存在时先创建父目录的选项是（　　　）。　　（B）

A. –m　　　　　　B. –p　　　　　　C. –f　　　　　　D. –d

67. MicrosoftIE 安全区域中，（　　　）区域的安全级别为低级，包含用户确认不会损坏计算机或数据的 Web 站点。　　（C）

A. Internet　　　　B. 本地 Intranet　　　C. 受信任站点　　　D. 受限站点

68. OSI 把数据通信的各种功能分为 7 个层级，在功能上，可以被划分为 2 组。其中网路群组包括（　　　）。　　（C）

A. 传送层、会话层、表示层和应用层　　　B. 会话层、表示层和应用层

C. 物理层、数据链路层和网络层　　　　　D. 会话层、数据链路层和网络层

69. PCM 的中文含义是（　　　），PDH 的中文含义是（　　　），SDH 的中文含义是（　　　）。

（A）

A. 脉冲编码调制，准同步数字系列，同步数字体系

B. 准同步数字系列，同步数字体系，脉冲编码调制

C. 同步数字体系，脉冲编码调制，准同步数字系列

D. 同步数字体系，准同步数字系列，脉冲编码调制

70. PING 某台主机成功，路由器应出现（　　　）提示。　　（D）

A. Timeout　　　　　　　　　　　B. Unreachable

C. Non–existent address　　　　　D. Relay from…

71. PPP 运行在 OSI 的（　　　）。　　（B）

A. 网络层　　　　　B. 数据链路层　　　C. 应用层　　　　　D. 传输层

72. RS–232C 标准允许的最大传输速率约为（　　　）。　　（A）

A. 20kbit/s　　　　B. 512kbit/s　　　　C. 300bit/s　　　　D. 600bit/s

73. RS–232C 的电气接口电路采取的是（　　　），即所谓的（　　　）。　　（A）

A. 不平衡传输方式，单端通信　　　　　B. 平衡传输方式，单端通信

C. 不平衡传输方式，双端通信　　　　　　　D. 平衡传输方式，双端通信

74. EIA–RS–232C 接口的 TxD 与 RxD 引脚采用负逻辑，即（　　），其它功能引脚（RTS，CTS，DSR，DTR，DCD 等）采用正逻辑。　　　　　　　　　　　　　　　　　（B）

A. 逻辑"1"为+3～+15V，逻辑"0"为–15～–3V

B. 逻辑"1"为–15～–3V，逻辑"0"为+3～+15V

C. 逻辑"1"为–15～0V，逻辑"0"为0～+15V

D. 逻辑"1"为0～+15V，逻辑"0"为–15～0V

75. RS–232 接口发送电平与接收电平的差只有 2～3V，所以共模抑制能力（　　），（　　）受到共地噪声和外部干扰的影响，再加上信号线之间的分布电容，因此其传送距离最大为 15m，最高数据传输速率为 20kbit/s。　　　　　　　　　　　　　　　　　　　　　　（C）

A. 很好，容易　　　B. 很好，不容易　　　C. 较差，容易　　　D. 较差，不容易

76. RS–232 接口互联的原则：接收数据针脚（或线）与发送数据针脚（或线）（　　）相连，信号地（　　）相连。　　　　　　　　　　　　　　　　　　　　　　　　　　　　（C）

A. 直接，直接　　　B. 直接，交叉　　　C. 交叉，直接　　　D. 交叉，交叉

77. RS–485 的电气特性：采用（　　）。　　　　　　　　　　　　　　　　　　　（A）

A. 差分信号负逻辑　　　　　　　　　　　B. 差分信号正逻辑

C. 共模信号负逻辑　　　　　　　　　　　D. 共模信号正逻辑

78. RS–485 的电气特性：两线间的电压差为（　　）表示一种逻辑状态；两线间的电压差为（　　）表示另一种逻辑状态。　　　　　　　　　　　　　　　　　　　　　　　（A）

A. +（2～6）V，–（2～6）V　　　　　B. +（1～10）V，–（1～10）V

C. +（1～7）V，–（1～7）V　　　　　D. +（5～15）V，–（5～15）V

79. RS–485 通信网络拓扑一般采用终端匹配的（　　）。　　　　　　　　　　　（A）

A. 总线型结构　　　B. 环型结构　　　C. 星型结构

80. RS–485 通信应注意总线特性阻抗的（　　），在阻抗不连续点就会发生信号的（　　）。　　　　　　　　　　　　　　　　　　　　　　　　　　　　　　　　　　　（A）

A. 连续性，反射　　　B. 间断性，反射　　　C. 连续性，衰减　　　D. 间断性，衰减

81. RS–485 通信在低速、短距离、无干扰的场合可以采用（　　）。　　　　　　（B）

A. 同轴电缆　　　B. 普通的双绞线　　　C. 光纤

82. RS–485 通信在干扰恶劣的环境下，应采用（　　）。　　　　　　　　　　　（A）

A. 铠装型双绞屏蔽电缆

B. 普通的双绞线

C. 带阻抗匹配（一般为 120Ω）的 RS–485 专用电缆

83. RS–485 通信在高速、长线传输时，应采用（　　）。　　　　　　　　　　　（C）

A. 同轴电缆

B. 普通的双绞线

C. 带阻抗匹配（一般为 120Ω）的 RS–485 专用电缆

84. SVG 图形遵守的语法是（　　）。　　　　　　　　　　　　　　　　　　　（A）

A. XML 语法　　　B. VC 语法　　　C. Java 语法　　　D. txt 文件

85. TCP/IP 协议组包括（　　）协议。　　　　　　　　　　　　　　　　　　　（A）

A. IP、TCP、UDP 和 ICMP　　　　　　B. OSPF

C. IP、BGP　　　　　　　　　　　　D. ARP、RARP、MPLS

86. TTL 电平标准规定芯片电源的电压为（　　　）V。　　　　　　　　　（A）

A. 5　　　　　　　B. 12　　　　　　C. 24　　　　　　D. 48

87. UNIX 操作系统的安全等级为（　　　）。　　　　　　　　　　　　　（C）

A. A 级　　　　　　B. B2 级　　　　　C. C2 级　　　　　　D. D 级

88. UNIX 操作系统中提供了一种进程间的信息传送机制，把一个进程的标准输出与另一个进程的标准输入连接起来，这种机制称为（　　　）。　　　　　　　　　（A）

A. 管道　　　　　　B. 过滤器　　　　C. 重定向　　　　　D. 消息缓冲

89. UNIX 常用的查看指定目录容量的命令是（　　　）。　　　　　　　　（A）

A. du　　　　　　　B. df　　　　　　C. cal　　　　　　D. ls

90. UNIX 中的文件和目录保护码分成 3 个 3 比特的域，使用 ls 命令查看时从左至右依次对应（　　　）。　　　　　　　　　　　　　　　　　　　　　　　　　（C）

A. 文件主、其他用户和同组用户　　　　B. 同组用户、文件主和其他用户

C. 文件主、同组用户和其他用户　　　　D. 其他用户、同组用户和文件主

91. UNIX 中对某一系统命令的使用方法不清楚可使用（　　　）命令来查看使用方法。

（A）

A. mesg　　　　　　B. mail　　　　　C. man　　　　　　D. mkdir

92. UNIX 中要将一文件改名或换至另一个目录应使用命令（　　　）。　　　（B）

A. rm　　　　　　　B. mv　　　　　　C. cp　　　　　　D. ftp

93. Windows 系统中应使用（　　　）磁盘格式。　　　　　　　　　　　　（A）

A. NTFS　　　　　　B. FAT　　　　　C. FAT32　　　　　D. FAT16

94. 把一个程序划分成若干个可同时执行的程序模块设计方法是（　　　）。　（B）

A. 多道程序设计　　　B. 并发程序设计　　C. 多重程序设计

95. 保留给自环测试的 IP 地址是（　　　）。　　　　　　　　　　　　　（D）

A. 164.0.0.1　　　　B. 130.0.0.1　　　C. 200.0.0.1　　　D. 127.0.0.1

96. 标准 ASCII 码字符集总共的编码有（　　　）个。　　　　　　　　　（C）

A. 96　　　　　　　B. 104　　　　　　C. 128　　　　　　D. 164

97. 操作系统的（　　　）管理部分负责对进程调度。　　　　　　　　　　（D）

A. 主存储器　　　　B. 控制器　　　　C. 运算器　　　　　D. 处理机

98. 操作系统的功能是进行（　　　）。　　　　　　　　　　　　　　　　（A）

A. 处理机管理、存储器管理、设备管理、文件管理

B. 运算器管理、控制器管理、打印机管理、磁盘管理

C. 硬盘管理、软盘管理、存储器管理、文件管理

D. 程序管理、文件管理、编译管理、设备管理

99. 操作系统是（　　　）的接口。　　　　　　　　　　　　　　　　　（B）

A. 主机和外设　　　　　　　　　　B. 用户和计算机

C. 系统软件和应用软件　　　　　　D. 高级语言和机器语言

100. 操作系统是一种（　　　）。　　　　　　　　　　　　　　　　　（B）

A. 通用软件　　　　B. 系统软件　　　C. 应用软件　　　　D. 软件包

101. 操作系统中文件管理的主要目的是（　　　）。　　　　　　　　　　（C）

A. 实现文件的显示和打印　　　　　B. 实现对文件的内容存取

C. 实现对文件的按名存取　　　　　D. 实现对文件的压缩

102. 查进程识别号可通过 UNIX 的（　　）命令。　　　　　　　　　　　　　（B）

A. kill　　　　　　B. ps　　　　　　C. ls　　　　　　D. show

103. 常用国产杀毒软件不包括（　　）。　　　　　　　　　　　　　　　　　（C）

A. 瑞星　　　　　　B. 江民　　　　　　C. 诺顿　　　　　　D. 360 杀毒

104. 除非特别指定，cp 默认要复制的文件存放在（　　）。　　　　　　　　（D）

A. 用户目录　　　　B. home 目录　　　C. root 目录　　　D. 当前目录

105. 串行通信接口中常用的符号 RxD 表示（　　）。　　　　　　　　　　　（A）

A. 接收数据信号　　B. 发送数据信号　　C. 接地信号　　　D. 同步信号

106. 串行通信接口中常用的符号 TxD 表示（　　）。　　　　　　　　　　　（B）

A. 接收数据信号　　B. 发送数据信号　　C. 接地信号　　　D. 同步信号

107. 磁盘和磁带是两种存储介质，它们的特点是（　　）。　　　　　　　　（C）

A. 二者都是顺序存取的

B. 二者都是随机存取的

C. 磁盘是随机存取的、磁带是顺序存取的

D. 磁盘是顺序存取、磁带是随机存取的

108. 存放 Linux 基本命令的目录是（　　）。　　　　　　　　　　　　　　（A）

A. /bin　　　　　　B. /tmp　　　　　　C. /lib　　　　　　D. /root

109. 当 Excel 单元格太小，而使单元内数字无法完全显示时，系统将以一串（　　）字符

显示。　　　　　　　　　　　　　　　　　　　　　　　　　　　　　　　（B）

A. *　　　　　　　　B. #　　　　　　　　C. ?　　　　　　　　D. @

110. 当登录 Linux 时，一个具有唯一进程 ID 号的 shell 将被调用，这个 ID 是（　　）。

（B）

A. NID　　　　　　B. PID　　　　　　C. UID　　　　　　D. CID

111. 当以太网检测到冲突时，会发出一个（　　）。　　　　　　　　　　　（C）

A. 冲突包　　　　　B. 令牌包　　　　　C. 扩展阻塞包　　　D. 冲突阻塞包

112. 电缆的屏蔽层应（　　）。　　　　　　　　　　　　　　　　　　　　（A）

A. 可靠接地　　　　B. 与地绝缘　　　　C. 无要求　　　　　D. 接 0V

113. 电子信箱地址的基本结构为：用户名@（　　）。　　　　　　　　　　（D）

A. MTP 服务器 IP 地址　　　　　　　　B. POP3 服务器 IP 地址

C. SMTP 服务器域名　　　　　　　　　D. POP3 服务器域名

114. 对单模光纤与多模光纤的区别，描述不准确的是（　　）。　　　　　　（C）

A. 单模光纤比多模光纤传输频带宽

B. 单模光纤比多模光纤传输距离长

C. 多模光纤比单模光纤传输容量大

115. 对于华为或 H3C 交换机，能够显示交换机当前的全部配置信息的命令是（　　）。

（B）

A. display saved-configuration　　　　　B. display current-configuration

C. display this　　　　　　　　　　　　D. display diagnostic-information

116. 对于两端都是 DB–5 插头的 RS–232 通信线, 如一端焊接的管脚是 2、3、5, 那么另一端焊接的管脚对应的是 ( )。　　　　　　　　　　　　　　　　　　　　 (D)

A. 5、3、2　　　　 B. 2、3、5　　　 C. 5、2、3　　　 D. 3、2、5

117. 多计算机切换器的作用是多台计算机可以公用一 ( )。　　　 (A)

A. 显示器、键盘和鼠标　　　　　　　 B. 键盘和鼠标

C. 显示器　　　　　　　　　　　　　 D. 键盘

118. 服务器、网络设备的电源模块一般 ( ) 更换。　　　 (A)

A. 整体　　　　 B. 全部　　　　 C. 部分　　　　 D. 单个

119. 覆盖与交换技术是在多道程序环境下用来扩充 ( ) 的两种方法。　　　 (C)

A. 外存　　　　 B. I/O 处理能力　　 C. 内存　　　　 D. 程序

120. 一个字节的二进制位数为 ( )。　　　 (C)

A. 2　　　　 B. 4　　　　 C. 8　　　　 D. 6

121. 根据 IEC 61970 标准, 图形的交换主要基于 ( ) 格式。　　　 (C)

A. PIC　　　　 B. BMP　　　 C. SVG　　　 D. JPG

122. 关闭 Linux 系统 (不重新启动) 可使用命令 ( )。　　　 (C)

A. Ctrl＋Alt＋Delete　 B. shutdown −r　　 C. halt　　　　 D. Reboot

123. 关系数据库的关键字可由 ( ) 字段组成。　　　 (D)

A. 一个　　　　 B. 两个　　　 C. 多个　　　 D. 一个或多个

124. 光端机的主要组成中不包含 ( )。　　　 (C)

A. 信号处理及辅助电路组成　　　　 B. 光接收

C. OPGW 光缆　　　　　　　　　　 D. 光发送

125. 光纤收发器正常运行时, 如果光纤链路中断, FX 指示灯应呈现 ( )。　　　 (D)

A. 红色　　　　 B. 绿色　　　 C. 黄色　　　 D. 灭

126. 光纤收发器正常运行时, 如果交换机到光纤收发器之间网线有问题, 网口指示灯应呈现 ( )。　　　　　　　　　　　　　　　　　　　　 (D)

A. 红色　　　　 B. 绿色　　　 C. 黄色　　　 D. 灭

127. 集成电路型、微机型保护装置的电流、电压引入线应采用屏蔽电缆, 同时 ( )。　　　　　　　　　　　　　　　　　　　　　　　　　　 (C)

A. 电缆的屏蔽层应在一次设备场区可靠接地

B. 电缆的屏蔽层应在控制室可靠接地

C. 电缆的屏蔽层应在一次设备场区和控制室两端可靠接地

128. 计算机病毒六大特性是 ( )。　　　 (C)

A. 程序性、破坏性、繁殖性、寄生性、隐蔽性、潜伏性

B. 潜伏性、寄生性、危害性、破坏性、传染性、繁殖性

C. 程序性、破坏性、传染性、寄生性、隐蔽性、潜伏性

D. 破坏性、程序性、繁殖性、隐蔽性、寄生性、危害性

129. 计算机内部是采用 ( ) 来表示指令和数据的。　　　 (A)

A. 二进制　　　 B. 八进制　　 C. 十进制　　 D. 十六进制

130. 计算机网络安全的特征包括 ( )。　　　 (B)

A. 程序性、完整性、隐蔽性、可控性　　 B. 保密性、完整性、可用性、可控性

C. 程序性、潜伏性、可用性、隐蔽性　　　D. 保密性、潜伏性、安全性、可靠性

131. 计算机系统中，小于（　　）的端口号已保留，并与现有的服务一一对应，（　　）以上的端口号可自由分配。　　　　　　　　　　　　　　　　　　　　　　　（C）

　　A. 199　　　　　　　B. 100　　　　　　　C. 1024　　　　　　　D. 2048

132. 计算机应用程序调试过程中，引起中断的事件称为（　　）。　　　　　（C）

　　A. 中断请求　　　　B. 中断响应　　　　C. 中断源　　　　　　D. 断点

133. 计算机硬件能直接执行的只有（　　）。　　　　　　　　　　　　　（A）

　　A. 机器语言　　　　B. 符号语言　　　　C. 算法语言　　　　　D. 汇编语言

134. 计算机中，端口可以从 0→65535，Web 服务器默认所使用的端口号为（　　），而 FTP 服务器所使用的默认端口号为（　　）。　　　　　　　　　　　　　　　　（A）

　　A. 80，21　　　　　B. 21，80　　　　　C. 25，70　　　　　　D. 70，25

135. 计算机中央处理器平均负载率在电力系统正常情况下，任意 30min 内，应小于（　　）。　　　　　　　　　　　　　　　　　　　　　　　　　　　　　　　（B）

　　A. 30%　　　　　　B. 40%　　　　　　C. 60%

136. 计算量统计功能检查，主要检查（　　）。　　　　　　　　　　　　（D）

　　A. 时段设置是否正常　　　　　　　　　B. 统计时间问题

　　C. 统计准确率问题　　　　　　　　　　D. 数据库中的计算时标的走动是否准确

137. 假如你向一台远程主机发送特定的数据包，却不想远程主机响应你的数据包。这时你使用的进攻手段为（　　）。　　　　　　　　　　　　　　　　　　　　　（B）

　　A. 缓冲区溢出　　　B. 地址欺骗　　　　C. 拒绝服务　　　　　D. 暴力攻击

138. 检查 UNIX 用户登录环境的设置，注意在 PATH 中不能有（　　）字符。　（B）

　　A. "，"　　　　　　B. "."　　　　　　　C. "；"　　　　　　　D. "¦"

139. 检查网络连通性的应用程序是（　　）。　　　　　　　　　　　　　（A）

　　A. ping　　　　　　B. arp　　　　　　　C. bind　　　　　　　D. dns

140. 将/home/stud1/wang 目录做归档压缩，压缩后生成 wang.tar.gz 文件，实现此任务的 tar 命令格式是（　　）。　　　　　　　　　　　　　　　　　　　　　　　　（C）

　　A. tar wang.tar.gz /home/stud1/wang　　　　B. tar czvf wang.tar.gz

　　C. tar czvf wang.tar.gz /home/stud1/wang　　D. tar czvf /home/stud1/wang wang.tar.gz

141. 将一个 C 类网进行子网划分：192.168.254.0/26，这样会得到（　　），每个子网有（　　）。　　　　　　　　　　　　　　　　　　　　　　　　　　　　　　（A）

　　A. 4 个子网，62 个可用地址　　　　　　B. 2 个子网，62 个可用 IP 地址

　　C. 254 个子网，254 个可用 IP 地址　　　D. 1 个子网，254 个可用 IP 地址

142. 交换机启动时自检，如果某个端口自检失败，对应的指示灯呈现（　　）。　（C）

　　A. 红色　　　　　　B. 绿色　　　　　　C. 黄色　　　　　　　D. 灭

143. 解释程序的功能是（　　）。　　　　　　　　　　　　　　　　　　（A）

　　A. 解释执行高级语言程序　　　　　　　B. 解释执行汇编语言程序

　　C. 将汇编语言程序编译成目标程序　　　D. 将高级语言程序翻译成目标程序

144. 局域网一般用（　　）表示。　　　　　　　　　　　　　　　　　　（A）

　　A. LAN　　　　　　B. WAN　　　　　　C. NET　　　　　　　D. Internet

145. 具有偶监督作用，do=4 的循环码，充分利用纠错、检错能力时可（　　）。　（C）

A. 纠正 1 位、检 2 位错　　　　　　　　　B. 纠正 2 位错

C. 纠正 1 位、检 3 位错　　　　　　　　　D. 检全部奇数位错

146. 可以通过（　　）命令查看接口的运行状态。　　　　　　　　　　　　　　　（B）

A. display arp　　　　　　　　　　　　　B. display interface

C. display vlan statistics　　　　　　　　　D. debug interface

147. 可以在本地设计一个 Web 站点，然后将它发布到一个（　　）上使之可用。　（B）

A. 主页　　　　　　B. 网络服务器　　　　　C. 浏览器　　　　　　D. 另一个站点

148. 扩展名为 DLL 的动态链接文件的特点是（　　）。　　　　　　　　　　　（D）

A. 可以自由地插入到其他的源程序中使用

B. 本身是一个数据文件，可以与其他程序动态地链接使用

C. 本身可以独立运行，也可以供其他程序在运行时调用

D. 本身不能独立运行，但可以供其他程序在运行时调用

149. 历史数据保存的时间长短取决于历史数据服务器的（　　）。　　　　　　　（B）

A. 内存容量大小　　　　B. 硬盘容量大小　　　　C. CPU 速度快慢

150. 路由器工作在 OSI7 层参考模型的（　　）。　　　　　　　　　　　　　　（B）

A. 数据链路层　　　　B. 网络层　　　　　C. 应用层　　　　　D. 物理层

151. 每个设备文件名由主设备号和从设备号描述。第二块 IDE 硬盘的设备名为（　　），它上面的第三个主分区对应的文件名是（　　）。　　　　　　　　　　　　　　（C）

A. had，hda3　　　B. hd3，hd3b　　　C. hdb，hdb3　　　D. hdb，hdbc

152. 每一个存储单元都与相应的称为（　　）的编号相对应。　　　　　　　　　（B）

A. 内存码　　　　　B. 内存地址　　　　　C. 内存编码　　　　　D. 程序代码

153. 某数据通信装置采用奇校验，接收到的二进制信息码为 11100101，校验码为 1，接收的信息（　　）。　　　　　　　　　　　　　　　　　　　　　　　　　　　　　（A）

A. 有错码　　　　　B. 无错码　　　　　C. 可纠错　　　　　D. 不确定

154. 某文件的组外成员的权限为只读；所有者有全部权限；组内的权限为读与写，则该文件的权限为（　　）。　　　　　　　　　　　　　　　　　　　　　　　　　　　　（D）

A. 467　　　　　　B. 674　　　　　　C. 476　　　　　　D. 764

155. （　　）目录存放 Linux 用户密码信息。　　　　　　　　　　　　　　　　（B）

A. /boot　　　　　B. /etc　　　　　　C. /var　　　　　　D. /dev

156. 能够用来阅读、修改、删除、增加文本文件的程序是（　　）。　　　　　　（D）

A. 源程序　　　　　B. 打印程序　　　　　C. 显示程序　　　　　D. 编辑程序

157. 平衡传输通信方式的抗干扰能力较非平衡传输通信方式（　　）。　　　　　（A）

A. 强　　　　　　　B. 弱　　　　　　　C. 一样

158. 奇偶校验是对（　　）的奇偶性进行校验。　　　　　　　　　　　　　　　（C）

A. 数据块　　　　　B. 字符　　　　　　C. 数字位　　　　　D. 信息字

159. 人们常说的一个完整的计算机系统应该包括（　　）。　　　　　　　　　　（D）

A. 主机、键盘、显示器　　　　　　　　　B. 计算机及外部设备

C. 操作系统　　　　　　　　　　　　　　D. 系统硬件与系统软件

160. 如果远动装置 RTU 的信息发送速率为 600bit/s，表示 1s 发送 600 个（　　）。（A）

A. 二进制数　　　　B. 十六进制数　　　　C. 字节　　　　　　D. 十进制数

161. 软件可移植性是用来衡量软件质量的重要尺度之一，为提高软件可移植性，应注意提高软件的（   ）。 (B)

A. 简洁性   B. 可靠性   C. 使用方便性   D. 设备独立性

162. 若要使用进程名来结束进程，应使用（   ）命令。 (A)

A. kill   B. ps   C. pss   D. pstree

163. 杀毒软件不采用（   ）手段来查找病毒。 (B)

A. 文件名   B. 病毒二进制特征码

C. ASCⅡ字符串匹配   D. 本机 IP 地址和远程 IP 地址

164. 十进制数 215 转化为二进制数是（   ）。 (D)

A. 11001101   B. 10011111   C. 10010001   D. 11010111

165. 使用 ping 命令获得的 4 项重要信息是（   ）。 (A)

A. ICMP 包数量和大小，超时记录，成功率，往返时间的最小值、平均值、最大值

B. ICMP 包数量，超时记录，成功率，往返时间的最小值、平均值、最大值

C. ICMP 包数量和大小，MAC 地址，成功率，往返时间的最小值、平均值、最大值

D. ICMP 包数量，超时记录，传输率，往返时间的最小值、平均值、最大值

166. 数据传输系统中，若在发端进行检错应属于（   ）。 (A)

A. 检错重发法   B. 反馈检验法   C. 前向纠错法   D. 循环检错法

167. 数据库管理系统能实现对数据库中数据的查询、插入、修改和删除，这类功能称为（   ）。 (C)

A. 数据定义   B. 数据管理   C. 数据操纵   D. 数据控制

168. 数据库管理系统提供的数据（   ）语言，可以对数据库中的数据实现检索和更新。 (A)

A. 编辑   B. 定义   C. 操作   D. 处理

169. 数据利用 RS–485 接口所能通信的最远距离主要受（   ）所影响。 (B)

A. 环境因素   B. 信号失真及噪声等因素

C. 电磁干扰   D. 通信器材

170. 死锁的起因是并发进程的（   ）所造成的。 (B)

A. 资源分配不合理   B. 资源竞争   C. 任务调配不合理   D. 其他

171. 调制解调器发送电平要求在（   ）范围内。 (D)

A. –40～0dBm   B. –50～0dBm   C. –30～0dBm   D. –20～0dBm

172. 调制解调器接收电平在（   ）可正常工作。 (A)

A. –40～0dBm   B. –50～0dBm   C. –30～0dBm   D. –20～0dBm

173. 同步是远动系统的一个重要环节，是指远动装置收发两端的（   ）相同一致。 (C)

A. 频率、幅值   B. 相位、幅值   C. 频率、相位

174. 完整描述数据模型有 3 个要素，以下不属于这 3 个要素的是（   ）。 (A)

A. 数据分类   B. 数据操作   C. 数据结构   D. 数据约束

175. 网络交换机采用的通信接口是（   ）。 (B)

A. RJ–11   B. RJ–45   C. RS–232   D. V–35

176. 网页之间的跳转是通过（   ）实现的。 (C)

A. 文本　　　　　　　　B. 图像　　　　　　　C. 超链接　　　　　D. 表格

177. 微处理器主要是由（　　）构成的。　　　　　　　　　　　　　　　　　　（A）

A. 运算器和控制器　　　　　　　　　　B. CPU 和内存储器

C. 主机和外部设备　　　　　　　　　　D. 主机和输入/输出设备

178. 微机操作系统的系统配置文件名是（　　）。　　　　　　　　　　　　　（B）

A. AUTOEXEC.BAT　　　　　　　　　B. CONFIG.SYS

C. CONFIG.001　　　　　　　　　　　D. CONFIG.DB

179. 微型计算机的硬盘正在工作时，应特别注意避免（　　）。　　　　　　　（D）

A. 光线直射　　　　B. 使用鼠标　　　　C. 噪声影响　　　　D. 振动或突然断电

180. 为保证远动信息的可靠传输，通信规约都采用了相应的纠错技术，CRC 校验是
（　　）。　　　　　　　　　　　　　　　　　　　　　　　　　　　　　　　　（A）

A. 循环冗余校验　　　B. 奇偶校验　　　　C. 纵横奇偶校验

181. 为确保数据传输中的正确性，需要对传输信息进行校验纠错，但（　　）不是纠错编
码。　　　　　　　　　　　　　　　　　　　　　　　　　　　　　　　　　　　（C）

A. 奇偶校验码　　　B. BCH 码　　　　C. BCD 码　　　　D. CRC 码

182. 文件传输服务（FTP）基于（　　）方式工作。　　　　　　　　　　　　（A）

A. 客户机/服务器　　B. 行机　　　　　C. 浏览器/服务器　　D. 单机

183. 下列 UNIX 指令中，不属于远程命令的是（　　）。　　　　　　　　　（D）

A. rcp　　　　　　　B. rsh　　　　　　C. rlogin　　　　　　D. reboot

184. 下列传输介质中不受电磁干扰的是（　　）。　　　　　　　　　　　　　（A）

A. 光纤　　　　　　B. 同轴电缆　　　　C. 音频电缆　　　　D. 双绞线

185. 下列关于信息安全防护的叙述中，不正确的是（　　）。　　　　　　　　（A）

A. "黑客"是指黑色的病毒　　　　　　B. 计算机病毒是程序

C. 数据加密是保证数据安全的方法之一　D. 防火墙是一种被动式防卫软件技术

186. 下列（　　）是合法的 IP 主机地址。　　　　　　　　　　　　　　　　（C）

A. 255.37.182.6　　B. 54.77.182.282　　C. 184.34.20.78　　D. 233.68.0.1000

187. 下面关于 TCP 和 UDP 的描述，正确的是（　　）。　　　　　　　　（C）

A. TCP、UDP 均是面向连接的　　　　B. TCP、UDP 均是无连接的

C. TCP 面向连接，UDP 是无连接的　　D. UDP 面向连接，TCP 是无连接的

188. 下面关于 VLAN 的描述，错误的是（　　）。　　　　　　　　　　　（C）

A. 把用户逻辑分组为明确的 VLAN 的最常用的方法是帧过滤和帧的标识

B. VLAN 的优点包括通过建立安全用户组而得到的更加严密的网络安全性

C. 网桥构成了 VLAN 通信中的一个核心组件

D. VLAN 有助于分发流量负载

189. 下面关于文件"/etc/sysconfig/network-scripts/ifcfg-eth0"的描述，正确的是（　　）。

　　　　　　　　　　　　　　　　　　　　　　　　　　　　　　　　　　　　（D）

A. 它是一个系统脚本文件　　　　　　　B. 它是可执行文件

C. 它存放本机的名字　　　　　　　　　D. 它指定本机 eth0 的 IP 地址

190. （　　）命令可以查 warn_server 的进程号。　　　　　　　　　　　　（A）

A. ps ef|grep warm_server　　　　　　B. ls ef|grep warm_server

C. kill –9 warm_server   D. ss warm_server

191. 现代计算机的内存通常由半导体器件构成。下面的（   ）在断电后存储的内容将立即丢失。（B）

A. ROM   B. RAM   C. PROM   D. EPROM

192. 现代计算机使用的元器件是（   ）。（D）

A. 电子管   B. 晶体管   C. 集成电路   D. 超大规模集成电路

193. 要选择多个连续的文件（或文件夹），在使用鼠标的同时还需同时按住（   ）键。（A）

A. Shift   B. Alt   C. Tab   D. Ctrl

194. 一般说来，为了实现多道程序设计，计算机需要有（   ）。（D）

A. 更快的外设   B. 更快的 CPU   C. 先进的终端   D. 更大的内存

195. 一般用（   ）来描述给定网络介质或协议的吞吐能力。（C）

A. TCP/IP   B. 以太网   C. 带宽   D. 路由选择协议

196. 一个进程是一个程序对某个数据集的执行过程，是分配资源的（   ）。（C）

A. 最小单元   B. 最大单元   C. 基本单元   D. 其他

197. 一个能将高级语言转换成机器语言的程序，称为（   ）。（A）

A. 编译程序   B. 驱动程序   C. 编辑程序   D. 载入程序

198. 以长格式列目录时，若文件 test 的权限描述为 drwxrw-r—，则文件 test 的类型及文件主的权限是（   ）。（A）

A. 目录文件、读写执行   B. 目录文件、读写

C. 普通文件、读写   D. 普通文件、读

199. 应用软件是指（   ）。（D）

A. 所有能够使用的软件   B. 能被各应用单位共同使用的某种软件

C. 所有微机上都应使用的基本软件   D. 专门为解决某一问题编制的软件

200. 用 C 语言编制的源程序，要变为目标程序，必须经过（   ）。（B）

A. 解释   B. 编译   C. 汇编   D. 编辑

201. 用 MIPS 来衡量的计算机性能指标是（   ）。（D）

A. 处理能力   B. 存储容量   C. 可靠性   D. 运算速度

202. 用来测试远程主机是否可达的 ping 命令是利用（   ）协议来完成测试功能的。（D）

A. IGMP 协议   B. ARP 协议   C. UDP 协议   D. ICMP 协议

203. 用于测试网络的 ping 命令所发出的是（   ）。（C）

A. TCP 请求报文   B. TCP 应答报文   C. ICMP 请求报文   D. ICMP 应答报文

204. 有一数字信号，测得在 25ms 中传输了 15 个码元，该信号的传输速率约为（   ）bit/s。（B）

A. 500   B. 600   C. 300   D. 400

205. 在 Linux 操作系统中，（   ）配置文件用于存放本机主机名及经常访问 IP 地址的主机名，在对 IP 进行域名解析时，可以设定为先访问该文件，再访问 DNS，最后访问 NIS。（D）

A. /etc/hosts   B. /etc/resolv.conf   C. /etc/inteconf   D. /etc/host.conf

206. 在 Linux 系统中，使用 mkdir 命令创建新的目录时，在其父目录不存在时先创建父目录的选项是（　　）。　　　　　　　　　　　　　　　　　　　　　　　　　　　（D）

　　A. –m　　　　　　　B. –d　　　　　　　C. –f　　　　　　　D. –p

207. 在 Linux 系统中，以（　　）方式访问设备。　　　　　　　　　　　　　　（A）

　　A. 文件　　　　　　　B. 映射　　　　　　C. 虚拟连接　　　　D. 访问挂载点

208. 在 Linux 中，设备文件/dev/sdb5 标识的是（　　）。　　　　　　　　　　（D）

　　A. 第 1 块 IDE 硬盘上的第 5 个逻辑分区

　　B. 第 2 块 IDE 硬盘上的第 1 个逻辑分区

　　C. 第 1 块 SCSI 硬盘上的第 5 个逻辑分区

　　D. 第 2 块 SCSI 硬盘上的第 1 个逻辑分区

209. 在 Linux 中，系统默认的（　　）用户对整个系统拥有完全的控制权。　（A）

　　A. root　　　　　　　B. guest　　　　　　C. administrator　　D. supervistor

210. 在 Linux 中你使用命令 vi/etc/inittab' 查看该文件的内容，若不小心改动了一些内容，为了防止系统出问题，不想保存所修改内容，则应该（　　）。　　　　　　（B）

　　A. 在末行模式下，键入 wq　　　　　　B. 在末行模式下，键入 q!

　　C. 在末行模式下，键入 x!　　　　　　D. 在编辑模式下，键入，ESC'键直接退出 vi

211. 在 RS–485 通信网络中一般采用的是（　　）方式，即一个主机带多个从机。（D）

　　A. 环型通信　　　　B. 点对点通信　　　C. 全双工通信　　　D. 主从通信

212. 在创建 Linux 分区时，一定要创建（　　）两个分区。　　　　　　　　　（D）

　　A. FAT/NTFS　　　B. FAT/SWAP　　　C. NTFS/SWAP　　D. SWAP/根分区

213. 在电子邮件中，用户（　　）。　　　　　　　　　　　　　　　　　　　　（C）

　　A. 只可以传送文本信息　　　　　　　B. 可以传送任意大小的多媒体文件

　　C. 可以同时传送文本和多媒体信息　　D. 不能附加任何文件

214. 在多道程序环境下，覆盖与交换技术是用来扩充（　　）的两种方法。　　（C）

　　A. 外存　　　　　　　B. I/O 处理能力　　C. 内存　　　　　　D. 程序

215. 在黑客入侵的探测阶段，他们会使用（　　）方法来尝试入侵。　　　　　（B）

　　A. 破解密码

　　B. 确定系统默认的配置和寻找泄露的信息

　　C. 击败访问控制

216. 在集控系统中，光电隔离器的作用是对（　　）进行隔离。　　　　　　　（C）

　　A. 模拟通道　　　　B. 光纤通道　　　　C. 数字通道　　　　D. 网络通道

217. 在计算机的内存中，每个基本单位都被赋予一个唯一的编号，这个编号称为（　　）。

　　　　　　　　　　　　　　　　　　　　　　　　　　　　　　　　　　　　　（C）

　　A. 字节　　　　　　　B. 编号　　　　　　C. 地址　　　　　　D. 操作码

218. 在计算机通信中，传输的是信号，把直接由计算机产生的数字信号进行传输的方式为（　　）。　　　　　　　　　　　　　　　　　　　　　　　　　　　　　　　　　（A）

　　A. 基带传输　　　　B. 宽带传输　　　　C. 调制　　　　　　D. 解调

219. 在计算机网络中 TCP/IP 是一组（　　）。　　　　　　　　　　　　　　　（B）

　　A. 支持同种类型的计算机（网络）互联的通信协议

　　B. 支持异种类型的计算机（网络）互联的通信协议

C. 局域网技术

D. 广域网技术

220. 在设备通信中，25 针 RS–232C 最常用的管脚是（　　）。　　　　　　　　　　（C）

A. 2、3、4　　　　　B. 1、2、3　　　　　C. 2、3、7　　　　　D. 2、3、5

221. 在设备通信中，9 针 RS–232C 最常用的管脚是（　　）。　　　　　　　　　　（C）

A. 2、3、4　　　　　B. 1、2、3　　　　　C. 2、3、5　　　　　D. 3、4、5

222. 在使用 RS–485 接口时，对于特定的传输线路，从 RS–485 接口到负载其数据信号传输所允许的最大电缆长度与信号传输的波特率（　　）。　　　　　　　　　　（A）

A. 成反比　　　　　　B. 成正比　　　　　　C. 无关

223. 在数据传输率相同的情况下，同步传输的字符传送速度要高于异步传输的字符传送速度，其原因是（　　）。　　　　　　　　　　（B）

A. 发生错误的概率低　　　　　　B. 附加的冗余信息量少

C. 采用了检错能力强的 CRC 校验方式　　D. 采用了中断方式

224. 在数据传送过程中，为发现误码甚至纠正误码，通常在原数据上附加"校验码"。其中功能较强的是（　　）。　　　　　　　　　　（B）

A. 奇偶校验码　　　B. 循环冗余码　　　C. 交叉校验码　　　D. 横向校验码

225. 在微机的总线中，单向传输的是（　　）。　　　　　　　　　　（B）

A. 数据总线　　　　B. 地址总线　　　　C. 控制总线　　　　D. DMA 总线

226. 在下列分区中，Linux 默认的分区类型是（　　）。　　　　　　　　　　（B）

A. FAT32　　　　　B. EXT3　　　　　C. FAT　　　　　D. NTFS

227. 在下列设备中，属于输出设备的是（　　）。　　　　　　　　　　（C）

A. 键盘　　　　　　B. 数字化仪　　　　C. 打印机　　　　　D. 扫描仪

228. 在以太网上传输信息发生冲突的原因是（　　）。　　　　　　　　　　（D）

A. 一个结点发送了数据后，另一个结点紧跟着发送数据

B. 令牌被另一台机器中途截取

C. DAS 发生故障

D. 两个结点同时侦听到线路空闲就同时发送数据

229. 在以太网中，是根据（　　）地址来区分不同的设备的。　　　　　　　　　　（D）

A. IP 地址　　　　B. IPX 地址　　　　C. LLC 地　　　　D. MAC 地址

230. 在因特网中，地址解析协议 ARP 用来解析（　　）。　　　　　　　　　　（A）

A. IP 地址与 MAC 地址的对应关系　　　B. MAC 地址与端口号的对应关系

C. IP 地址与端口号的对应关系　　　　　D. 端口号与主机名的对应关系

231. 正在处理机上运行的进程其状态为（　　）。　　　　　　　　　　（B）

A. 就绪状态　　　B. 执行状态　　　C. 睡眠状态　　　D. 挂起状态

232. 指示灯通常在（　　）颜色下，表明系统运行存在故障。　　　　　　　　　　（A）

A. 红色　　　　　B. 绿色　　　　　C. 黄色　　　　　D. 蓝色

233. 中断源向处理机提出进行处理的请求称为（　　）。　　　　　　　　　　（A）

A. 中断请求　　　B. 中断处理　　　C. 执行请求　　　D. 中断

234. 子网掩码产生在（　　）。　　　　　　　　　　（B）

A. 表示层　　　　B. 网络层　　　　C. 传输层　　　　D. 会话层

235. 自动化系统分区维护配置，对其他区域的设备只有（　　）权限。　　　　　（C）

A. 修改　　　　　　B. 增加　　　　　　C. 查看　　　　　　D. 删除

二、多项选择题

1. E 语言数据有（　　）基本结构。　　　　　　　　　　　　　　　　　（ABC）

A. 横表式　　　　　B. 单列式　　　　　　C. 多列式　　　　　D. 纵表式

2. Linux 为用户提供的接口有（　　）。　　　　　　　　　　　　　　　（ACE）

A. shell　　　　　　B. 远程访问　　　　　C. X–windows

D. 系统浏览　　　　E. 系统调用

3. Linux 系统的交换线程通过 3 种途径来缩减已使用的内存页面：（　　）。　（BCD）

A. 关闭运行中的系统进程　　　　　　B. 减少 buffercache 和 pagecache 的大小

C. 换出系统 V 类型的内存页面　　　　D. 换出或丢弃进程的页面

4. Linux 系统的类型文件有（　　）。　　　　　　　　　　　　　　　　（ABC）

A. 普通文件　　　　B. 目录文件　　　　　C. 设备文件

D. 驱动文件　　　　E. 系统文件

5. Linux 系统中 shell 变量可以分为（　　）。　　　　　　　　　　　　（ABCD）

A. 用户自定义变量　　B. 环境变量　　　　C. 位置变量

D. 特殊变量　　　　E. 时间变量

6. Linux 中 vi 命令从命令模式进入编辑模式可以键入字母（　　）。　　（ABCDEF）

A. i　　　　　　　　B. I　　　　　　　　C. o

D. O　　　　　　　　E. a　　　　　　　　F. A

7. Linux 中 vi 命令的工作模式有 3 种，分别是（　　）。　　　　　　　　（BDE）

A. 删除模式　　　　B. 命令模式　　　　　C. 查看模式

D. 输入模式　　　　E. 末行模式

8. Linux 中可以使用的文件系统类型有（　　）。　　　　　　　　　　　（ABC）

A. xt2　　　　　　　B. ext3　　　　　　　C. ext4

D. ext5　　　　　　E. FAT　　　　　　　F. swap

9. Linux 中要查看文件内容，可使用（　　）命令。　　　　　　　　　　（ABD）

A. more　　　　　　B. vi　　　　　　　　C. cd

D. cat　　　　　　　E. login　　　　　　　F. logout

10. RS–232 接口与 RS–485 接口相比，其最大的缺点是（　　）。　　（ABCDEF）

A. 仅能实现点对点的连接

B. 传送距离近

C. 抗干扰能力差

D. 最高传输速率低

E. 接口的信号电平值较高，易损坏接口电路的芯片

F. 与 TTL 电平不兼容

11. RS–485 通信中，易导致信号不连续的情况是（　　）。　　　　　　　（ACD）

A. 总线的不同区段采用了不同电缆

B. 接口的 A、B 两端接反

C. 某一段总线上有过多收发器紧靠在一起安装

D. 过长的分支线引出到总线

E. 通信电缆未采用屏蔽电缆

12. UNIX 操作系统安装结束后进行系统设置，内容包括（　　）。　　　　（ABC）

A. 创建用户　　　　　　　　　　　　B. 配置网络地址

C. 修改本机的相关文件　　　　　　　D. 创建系统运行文件

13. UNIX 常用的编辑器 vi 中能删除字符的命令包括（　　）。　　　　（ABD）

A. dd　　　　　　B. d$　　　　　　C. k　　　　　　D. x

14. UNIX 中能实现从一台服务器远程登录至另一台服务器的命令有（　　）。　（AC）

A. telnet　　　　B. ifconfig　　　　C. rlogin　　　　D. diff

15. UNIX 中远程登录至服务器常用命令 rlogin host 参数，其中 host 参数可以是（　　）。

（AC）

A. IP 地址　　　　B. 网段地址　　　　C. 主机名　　　　D. 子网掩码

16. Web 服务器软件环境变量的设置包括（　　）。　　　　　　（AB）

A. Java 软件的环境变量　　　　　　　B. Tomcat 软件的环境变量

C. Web Logic 软件的环境变量　　　　D. Web Sphere 软件的环境变量

17. 安装 Linux 系统对硬盘分区时，必须有两种分区类型：（　　）和（　　）。　（AC）

A. Linux 原始分区（根分区）　　　　B. Linux 的/boot 分区

C. Linux 交换分区　　　　　　　　　D. Linux 的/usr 分区

E. Linux 的/dev 分区　　　　　　　　F. Linux 的/sys 分区

18. 操作系统安全加固措施包括（　　）。　　　　　　　　　（ABCD）

A. 升级到当前系统版本

B. 安装后续的补丁合集

C. 禁止任何应用程序以超级用户身份运行

D. 关闭 SNMP 协议

19. 操作系统的用户一般可分为（　　）3 类。　　　　　　　（ABC）

A. 超级用户　　　　B. 组长　　　　C. 普通用户　　　　D. 特殊用户

20. 操作系统中，为了有效、方便地管理文件，常常将文件按其性质和用法分为（　　）类。

（ACD）

A. 用户文件　　　　B. 目标文件　　　　C. 系统文件

D. 库文件　　　　　E. 特殊文件

21. 操作系统中资源分为（　　）类。　　　　　　　　　　（ABCE）

A. 处理机　　　　B. 信息　　　　C. 存储器

D. 数据　　　　　E. 外部设备

22. 串行通信中最基本的通信方式为（　　）。　　　　　　　（AB）

A. 异步通信　　　　B. 同步通信　　　　C. 比特流　　　　D. 字节串

23. 计算机 I/O 接口的主要作用是（　　）。　　　　　　　（ABCD）

A. 协调 CPU 与外设之间的速度　　　　B. 信息格式

C. 信息类型等差异　　　　　　　　　　D. 正确完成 CPU 与 I/O 设备间的信息交换

24. 计算机病毒的传播渠道包括（　　　）。　　　　　　　　　　　　　（ABCDEF）

A. 通过软盘复制程序和文件，极易感染病毒，并传播病毒

B. 通过带病毒的计算机刻录光盘，用该光盘来安装程序，或复制文件和程序

C. 硬盘搬移到其他带有病毒的机器上使用、维修，感染病毒，或带病毒的硬盘感染移植的机器

D. 通过局域网络传播，通过相互复制文件和程序感染，文件夹完全共享时病毒会自动入侵

E. 通过接收病毒邮件，或带有病毒的邮件感染

F. 通过上 Internet 下载文件，感染病毒

25. 计算机病毒是指能够（　　）的一组计算机指令或者程序代码。　　　　（ABC）

A. 毁坏计算机数据　　　　　　　　　　B. 自我复制

C. 破坏计算机功能　　　　　　　　　　D. 危害计算机操作人员健康

26. 计算机监控系统的同期检测功能应具备的性能有（　　　）。　　　　　（ABCDE）

A. 运行中的同期检测装置故障应闭锁该断路器的控制操作

B. 同期检测装置应能对断路器合闸回路本身具有的时滞进行补偿

C. 同期检测装置应具有解除/投入同期的功能

D. 能对同期检测装置同期电压的幅值差、相角差和频差的设定值进行修改

E. 能检测和比较断路器两侧电压互感器（TV）二次电压的幅值、相角和频率，自动捕捉同期点，发出合闸命令

27. 计算机监控系统的外部抗干扰措施包括（　　　）。　　　　　　　　（ABC）

A. 在机箱电源线入口处安装滤波器或 UPS

B. 交流量均经小型中间电压、电流互感器隔离

C. 采用抗干扰能力强的传输通道及介质

D. 对输入采样值抗干扰纠错

28. 计算机监控系统事故追忆的触发信号包括（　　　）。　　　　　　　（ABC）

A. 模拟量触发　　　　B. 状态量触发　　　　C. 混合组合方式触发

29. 计算机内部总线分为（　　　）。　　　　　　　　　　　　　　　　（ABD）

A. 数据总线　　　　B. 地址总线　　　　C. 网络总线　　　　D. 控制总线

30. 计算机系统的基本组成包括（　　　）。　　　　　　　　　　　　　（ABC）

A. 内存分配　　　　　　　　　　　　　B. 执行文件的格式

C. 文件系统的管理　　　　　　　　　　D. 数据处理

31. 计算机系统一般具有（　　　）。　　　　　　　　　　　　　　　　（ABCD）

A. 安全保护接地　　　B. 交流工作接地　　　C. 计算机系统的直流接地

D. 防雷保护接地　　　E. 信号接地

32. 计算机系统中运行在硬件之上的一层是操作系统 OS，它控制和管理着系统硬件，操作系统的功能主要有（　　　）。　　　　　　　　　　　　　　　　　　　（ABCDE）

A. 设备管理　　　　B. 存储管理　　　　C. 进程管理

D. 文件管理　　　　E. 作业管理

33. 进程一般可分为 3 种状态：（　　　）。　　　　　　　　　　　　　（ABC）

A. 运行　　　　　　B. 就绪　　　　　　C. 等待　　　　　　D. 处理

34. 能够利用自带功能提供在另一台计算机上打开本机图形界面的服务的操作系统有（　　）。　　　　　　　　　　　　　　　　　　　（ACD）

A. Windows XP   B. Windows 98

C. Windows 2000 Server   D. Tru64 UNIX5.1B

35. 实现 EMS 的 Web 浏览采用的主要技术有（　　）。　　　　（ABD）

A. Java   B. ActiveX   C. XML   D. SVG

36. 实现主机安全防护主要的方式包括（　　）。　　　　　　　（BCD）

A. 定期磁盘清理   B. 安全配置   C. 安全补丁   D. 安全主机加固

37. 提高计算机监控系统抗干扰措施的有（　　）。　　　　　（ABCDE）

A. 内部抗干扰措施：对输入采样值抗干扰纠错

B. 机体屏蔽：各设备机壳用铁质材料，必要时采用双层屏蔽

C. 通道干扰处理：采用抗干扰能力强的传输通道及介质

D. 开关量的输入采用光电隔离

E. 电源抗干扰措施：在机箱电源线入口处安装滤波器

38. 调制解调器由（　　）组成。　　　　　　　　　　　　　　（BCD）

A. 编码部分   B. 调制部分   C. 解调部分

D. 数字锁相部分   E. 解码部分

39. 通常 RS–232 接口可以以（　　）的型态出现。　　　　　（ADE）

A. 9 个引脚（DB–9）   B. SM 接头

C. BNC 接头   D. 25 个引脚（DB–25）

E. RJ–45

40. 通常人们按照计算机的运算速度、字长、存储容量、软件配置等多方面的综合性能指标将计算机分为（　　）等几类。　　　　　　　　　　　　（ABCD）

A. 巨型机   B. 小型机   C. 微型机   D. 工作站

41. 为了实现应用软件接口标准化，IEC 第 57 技术委员会 13 工作组推出了应用软件系统接口的系列标准 IEC 61970，其核心内容有（　　）。　　　　　　（ABC）

A. 图形交换方案草案（SVG）   B. 组件接口规范（CIS）

C. 公用信息模型（CIM）   D. TASE.2 通信规约

42. 下列关于提高计算机监控系统抗干扰措施的描述，正确的是（　　）。　　（ABCD）

A. 内部抗干扰措施：对输入采样值抗干扰纠错

B. 机体屏蔽：各设备机壳用铁质材料，必要时采用双层屏蔽

C. 通道干扰处理：采用抗干扰能力强的传输通道及介质

D. 开关量的输入采用光电隔离

E. 电源抗干扰措施：在机箱电源线入口处安装滤波器

43. 下列选项中，可以在 Windows 操作系统中查看 DNS、IP、MAC 等信息的系统命令是（　　）。　　　　　　　　　　　　　　　　　　　　　　　（AC）

A. winipcfg   B. ifconfig   C. ipconfig   D. ipinfo

44. 下列选项中，自带了 NTP 对时功能的操作系统有（　　）。　　（ABC）

A. Windows 2000   B. Windows XP   C. Tru64 UNIX5.1B   D. Windows 98

45. 一个完整的 E 语言数据文件或数据流的基本结构由注释区、系统声明区、数据块、

（　　）几部分组成。（ABC）

A. 数据块起始标记　　B. 数据块头定义　　　C. 数据块结束标记

D. 数据块说明标记　　E. 数据块校验结果

46. 已知某微型机字长 8 位，则二进制数负 11100 的原码为（　　），反码为（　　），补码为（　　）。（ABC）

A. 10011100　　　　　　B. 11100011　　　　　C. 11100100　　　　　D. 11010011

47. 以下选项中，可以利用操作系统自带功能在另一台计算机上打开本机图形界面的操作系统是（　　）。（ACD）

A. Windows XP　　　　　　　　　　　B. Windows 98

C. Windows 2000 Server　　　　　　　D. Tru64 UNIX5.1B

48. 在保证密码安全中，我们应采取正确的措施有（　　）。（ABC）

A. 不用生日做密码　　　　　　　　　B. 不要使用少于 5 位的密码

C. 不要使用纯数字　　　　　　　　　D. 不要将密码设得非常复杂

49. 在黑客入侵的探测阶段，他们会使用（　　）方法来尝试入侵。（ABE）

A. 寻找泄露的信息　　　　　　　　　B. 确定系统默认的配置

C. 破解密码　　　　　　　　　　　　D. 击败访问控制

E. 确定资源的位置

50. 在全双工的以太网交换机中，正确的描述有（　　）。（ABC）

A. 使用了节点间的两个线对和一个交换连接

B. 冲突被实质上消除了

C. 节点之间的连接被认为是点到点的

51. 主机加固方式包括（　　）。（ACD）

A. 安全补丁　　　　　　　　　　　　B. 加装防病毒软件

C. 安全配置　　　　　　　　　　　　D. 采用专用软件强化操作系统访问控制功能

52. 自带 NTP 对时功能的操作系统有（　　）。（ABC）

A. Windows 2000　　　B. Windows XP　　　C. Tru64 UNIX5.1B　　D. Windows 98

53. 自动化系统分区维护配置，自动化运维人员对本地区的设备信息可以（　　）。（ABCD）

A. 修改　　　　　　　B. 增加　　　　　　　C. 查看　　　　　　　D. 删除

54. 自动化主站系统主机为防止病毒的侵入，一般采用（　　）系统。（AB）

A. UNIX　　　　　　　B. Linux　　　　　　　C. DOS　　　　　　　D. Windows

55. 自动化主站系统主机系统指示灯（　　）状态来警示故障。（AD）

A. 红灯　　　　　　　B. 绿灯　　　　　　　C. 白灯　　　　　　　D. 橙灯

56. 综合考虑业务系统或功能模块的各业务系统间的（　　）、相互关系、广域网通信方式、对电力系统的影响等因素，将业务系统或功能模块置于合适的安全区。（ABCD）

A. 使用者　　　　　　B. 主要功能　　　　　C. 实时性　　　　　　D. 设备场所

三、判断题

1.《E 语言规范》通过少量的标记符号和描述语法，就可以简洁高效地描述电力系统各种简单和复杂的数据模型。（√）

2. 35 的十六进制为 23H。 （ √ ）

3. 8 的 BCD 码表示为 1001。 （ × ）

4. A、B 两个不同串口分别为 DB–9 和 DB–25 接口，它们若要正常通信，其针脚连接方式为：A 的 2 针–B 的 3 针，A 的 3 针–B 的 2 针，A 的 5 针–B 的 7 针。 （ √ ）

5. A、B 两个不同串口均为 DB–25 接口，它们若要正常通信，其针脚连接方式为：A 的 2 针–B 的 3 针，A 的 3 针–B 的 2 针，A 的 7 针–B 的 7 针。 （ √ ）

6. A、B 两个不同串口均为 DB–9 接口，它们若要正常通信，其针脚连接方式为：A 的 2 针–B 的 3 针，A 的 3 针–B 的 2 针，A 的 5 针–B 的 5 针。 （ √ ）

7. EEPROM 是电可擦除的程序存储器，可在计算机上直接进行修改程序。 （ √ ）

8. E 语言是一种标记语言，具有标记语言的基本特点和优点，其所形成的实例数据是一种标记化的纯文本数据。 （ √ ）

9. Linux 安装时自动创建了根用户。 （ √ ）

10. Linux 不可以与 MS–DOS、OS/2、Windows 等其他操作系统共存于同一台机器上。 （ × ）

11. Linux 的特点之一是它是一种开放、免费的操作系统。 （ √ ）

12. Linux 系统的目录文件的内容为目录项或文件名与 i 节点对应表。 （ √ ）

13. Linux 系统的设备文件不占用磁盘空间，通过其 i 节点信息可建立与内核驱动程序的联系。 （ √ ）

14. Linux 系统有 3 种类型文件，分别是普通文件、目录文件和设备文件。 （ √ ）

15. Linux 用文件存取控制表来解决存取权限的控制问题。 （ √ ）

16. Linux 中的超级用户为 root，登录时不需要口令。 （ × ）

17. RS–232C 标准允许的最大传输速率为 512kbit/s。 （ × ）

18. RS–232C 的电气接口电路采取的是不平衡传输方式，即所谓的单端通信。 （ √ ）

19. RS–232C 的电气接口电路采取的是不平衡传输方式，即所谓的双端通信。 （ × ）

20. RS–232C 的电气接口电路采取的是平衡传输方式，即所谓的双端通信。 （ × ）

21. RS–232C 接口的传输通信方式为非平衡传输通信方式。 （ √ ）

22. RS–232 的 9 针插头引脚 2 是 RxD，表示接收数据信号。 （ √ ）

23. RS–232 接口发送电平与接收电平的差只有 2～3V，所以共模抑制能力较差，容易受到共地噪声和外部干扰的影响，再加上信号线之间的分布电容，因此其传送距离最大为 15m，最高数据传输速率为 20kbit/s。 （ √ ）

24. RS–232 接口互联的原则：接收数据针脚（或线）与发送数据针脚（或线）交叉相连，信号地直接相连。 （ √ ）

25. RS–232 接口是个人计算机上的通信接口之一，是由电子工业协会（Electronic Industries Association，EIA） 所制定的同步传输标准接口。 （ × ）

26. RS–485 的电气特性：采用差分信号负逻辑。 （ √ ）

27. RS–485 的电气特性：采用差分信号正逻辑。 （ × ）

28. RS–485 的电气特性：采用共模信号负逻辑。 （ × ）

29. RS–485 的电气特性：采用共模信号正逻辑。 （ × ）

30. RS–485 的电气特性：两线间的电压差为＋（1～10）V 表示一种逻辑状态；两线间的电压差为–（1～10）V 表示另一种逻辑状态。 （ × ）

31. RS–485 的电气特性：两线间的电压差为＋（1～7）V 表示一种逻辑状态；两线间的电压差为–（1～7）V 表示另一种逻辑状态。 （×）

32. RS–485 的电气特性：两线间的电压差为＋（2～6）V 表示一种逻辑状态；两线间的电压差为–（2～6）V 表示另一种逻辑状态。 （√）

33. RS–485 的电气特性：两线间的电压差为＋（5～15）V 表示一种逻辑状态；两线间的电压差为–（5～15）V 表示另一种逻辑状态。 （×）

34. RS–485 通信采用一条双绞线电缆作为总线，将各个节点串接起来，从总线到每个节点的引出线长度应尽量短，以便使引出线中的反射信号对总线信号的影响最低。 （√）

35. RS–485 通信接口可支持的最大传输距离的标准值约为 1200m。 （√）

36. RS–485 通信网络拓扑一般采用终端匹配的环型结构。 （×）

37. RS–485 通信网络拓扑一般采用终端匹配的星型结构。 （×）

38. RS–485 通信网络拓扑一般采用终端匹配的总线型结构。 （√）

39. RS–485 通信应注意总线特性阻抗的连续性，在阻抗不连续点就会发生信号的反射。 （√）

40. RS–485 通信应注意总线特性阻抗的连续性，在阻抗不连续点就会发生信号的衰减。 （×）

41. RS–485 通信在低速、短距离、无干扰的场合可以采用普通的双绞线。 （√）

42. RS–485 通信在干扰恶劣的环境下，应采用铠装型双绞屏蔽电缆。 （√）

43. RS–485 通信在高速、长线传输时，应采用带阻抗匹配（一般为 120Ω）的 RS–485 专用电缆。 （√）

44. RS–485 总线是有源的，由电能表或电能量远方终端提供电源。 （×）

45. 公共信息模型 CIM 是信息共享的模型，它本身也是一个数据库。 （×）

46. 计算机 RS–232 接口可以与终端设备的 TTL 器件直接连接。 （×）

47. 计算机病毒、蠕虫和木马都是病毒，它们的特点都一样。 （×）

48. 计算机病毒是一种人为制造的、在计算机运行中对计算机信息或系统起破坏作用的程序。 （√）

49. 计算机设备的逻辑地线即是计算机本体的逻辑信号源的公共零点。 （√）

50. 计算机网络控制包括路由控制、流量控制、顺序控制。 （√）

51. 计算机与外设数据传送方式为同步、异步、中断和 DMA 4 种。 （√）

52. 局域网的拓扑结构主要有总线型、星型和环型 3 种，其中环型网络可靠性最高。 （×）

53. 联网的计算机必须使用相同的操作系统。 （×）

54. 量测系统的冗余度是指所有量测量的数目与状态变量的数目之比。 （×）

55. 漏洞扫描可以分为基于网络的扫描和基于主机的扫描两种类型。 （√）

56. 确定当前目录使用的命令为 pwd。 （√）

57. 蠕虫是具有欺骗性的文件（宣称是良性的，但事实上是恶意的），是一种基于远程控制的黑客工具，具有隐蔽性和非授权性的特点。 （√）

58. 数据备份的目的是为了校对数据。 （×）

59. 数据处理是对各种类型的数据进行收集、存储、分类、计算、加工、检索和传送的过程。 （√）

60. 数据利用 RS–485 接口所能通信的最远距离主要受温湿度等环境因素所影响。 （×）

61. 数据利用 RS–485 接口所能通信的最远距离主要受信号失真及噪声等因素所影响。
（√）

62. 所有能查看 Internet 中内容的计算机都是主机。 （×）

63. 为了保证 RS–232 接口之间的数据可以高速传输，必须将 RS–232 接口的信号地（第 5 个引脚）可靠接地。 （×）

64. 为了能够同计算机接口或终端的 TTL 器件连接，必须在 EIARS–232C 与 TTL 电路之间进行电平和逻辑关系的变换。 （√）

65. 在 RS–485 通信网络中一般采用的是点对点通信方式，即一个主机带多个从机。 （×）

66. 在 RS–485 通信网络中一般采用的是环型通信方式，即一个主机带多个从机。 （×）

67. 在 RS–485 通信网络中一般采用的是全双工通信方式，即一个主机带多个从机。 （×）

68. 在 RS–485 通信网络中一般采用的是主从通信方式，即一个主机带多个从机。 （√）

69. 在按 CIM 标准设计的 EMS 之间，在不了解对方系统内部数据结构的情况下交换信息，IEC TC–57 建议采用可扩展标记语言 XML。 （√）

70. 在设备通信中，25 针 RS–232C 最常用的管脚是 1、2、3。 （×）

71. 在设备通信中，25 针 RS–232C 最常用的管脚是 2、3、4。 （×）

72. 在设备通信中，25 针 RS–232C 最常用的管脚是 2、3、7。 （√）

73. 在设备通信中，9 针 RS–232C 最常用的管脚是 1、2、3。 （×）

74. 在设备通信中，9 针 RS–232C 最常用的管脚是 2、3、4。 （×）

75. 在设备通信中，9 针 RS–232C 最常用的管脚是 2、3、5。 （√）

76. 在使用 RS–485 接口时，对于特定的传输线路，从 RS–485 接口到负载其数据信号传输所允许的最大电缆长度与信号传输的波特率成反比。 （√）

77. 在使用 RS–485 接口时，对于特定的传输线路，从 RS–485 接口到负载其数据信号传输所允许的最大电缆长度与信号传输的波特率成正比。 （×）

78. 在使用 RS–485 接口时，对于特定的传输线路，从 RS–485 接口到负载其数据信号传输所允许的最大电缆长度与信号传输的波特率无关。 （×）

79. 在字符界面环境下注销 Linux，可用 exit 或 Ctrl＋D。 （√）

80. 表示层关心的只是发出信息的语法和语义。 （√）

第五章 数据库常识

一、单项选择题

1. （　　）用来记录对数据库中数据进行的每一次更新操作。　　　　　　（C）

A. 数据库文件　　　　B. 缓冲区　　　　　C. 日志文件　　　　D. 后援副本

2. 关于分布式数据库系统的正确叙述是（　　）。　　　　　　　　　　（B）

A. 用户可以对远程数据进行访问，但必须指明数据的存储结点

B. 每一个结点是一个独立的数据库系统，既能完成局部应用，也支持全局应用

C. 分散在各结点的数据是不相关的

D. 数据可以分散在不同结点，但需同一台计算机完成数据处理

3. "无法打开厂站信息表"属于（　　）的错误提示。　　　　　　　　　（A）

A. 打开数据表失败　　　　　　　　B. 打开数据库失败

C. 保存数据表不成功　　　　　　　D. 数据库录入唯一性错误

4. DTS 数据库软件支持并发访问，保证数据的安全性、一致性和（　　）。（A）

A. 完整性　　　　B. 实时性　　　　C. 保密性　　　　D. 规范性

5. SELECT 语句中的 WHERE 可选从句用来规定哪些数据值或哪些（　　）将被作为查询结果返回或显示。　　　　　　　　　　　　　　　　　　　　　　（A）

A. 行　　　　B. 列　　　　C. 表　　　　D. 字段

6. SQL 的删除操作使用 DELETE 语句，此语句中如果没有 WHERE 子句，则（　　）。
　　　　　　　　　　　　　　　　　　　　　　　　　　　　　　　　　（D）

A. 隐藏表中记录，但表结构不隐藏　　B. 删除表结构，数据放入删除缓存

C. 删除表中全部记录和表结构　　　　D. 删除表中全部记录，但表结构依然存在

7. SQL 的删除操作使用 DELETE 语句，其格式为（　　）。　　　　　　（A）

A. DELETE FROM 表名 [WHERE 条件表达式]

B. DROP FROM 表名 [WHERE 条件表达式]

C. DELETE 表名 [WHERE 条件表达式]

D. DROP 表名 [WHERE 条件表达式]

8. SQL 的删除操作使用 DELETE 语句，指从基本表中删除满足（　　）的记录。（C）

A. CREAT<条件表达式>　　　　　　B. FROM<条件表达式>

C. WHERE<条件表达式>　　　　　　D. DROP<条件表达式>

9. SQL 的修改操作使用 UPDATE 语句，其格式为（　　）。　　　　　　（C）

A. UPDATE 表名 LOCATION 列名=列改变值 [WHERE 条件表达式]

B. UPDATE FROM 表名 SET 列名=列改变值 [WHERE 条件表达式]

C. UPDATE 表名 SET 列名=列改变值 [WHERE 条件表达式]

10. SQL 的修改操作使用 UPDATE 语句，修改语句是按（　　）中的表达式，在指定表中

修改满足条件表达式的记录的相应列值。 （B）

    A. WHERE 子句   B. SET 子句   C. FROM 子句   D. LOCATION 子句

11. SQL 的意思为（   ）。 （B）

    A. 结构化排序语言   B. 结构化查询语言

    C. 简洁查询语言   D. 简洁排序语言

12. SQL 视图是从一个或几个基本表中导出的表，是从现有基本表中抽取若干子集组成用户的"专用表"，这种构造方式必须使用 SQL 中的（   ）来实现。 （C）

    A. ALTER 语句   B. DELETE 语句   C. SELECT 语句   D. DROP 语句

13. SQL 数据库的数据体系结构基本上是（   ），但使用术语与传统关系模型术语不同。 （A）

    A. 三级结构   B. 四层结构   C. 五层结构   D. 七层结构

14. SQL 语句中，聚合函 AVG（列名）用于（   ）（注：此列值是数值型）。 （A）

    A. 求某一列值的平均值   B. 求某一列值的总和

    C. 求某一列值中的最大值   D. 求某一列值中的最小值

15. SQL 语句中，聚合函 COUNT（列名）用于（   ）。 （B）

    A. 统计属性个数（列数）   B. 对某一列中的值计算个数

    C. 统计元组个数（行数）   D. 统计表内所有空数据（NULL）的个数

16. SQL 语句中，聚合函 MAX（列名）用于（   ）。 （C）

    A. 求某一列值的平均值   B. 求某一列值的总和

    C. 求某一列值中的最大值   D. 求某一列值中的最小值

17. SQL 语句中，聚合函 MIN（列名）用于（   ）。 （D）

    A. 求某一列值的平均值   B. 求某一列值的总和

    C. 求某一列值中的最大值   D. 求某一列值中的最小值

18. SQL 语句中，聚合函 SUM（列名）用于（   ）（注：此列值是数值型）。 （B）

    A. 求某一列值的平均值   B. 求某一列值的总和

    C. 求某一列值中的最大值   D. 求某一列值中的最小值

19. SQL 语句中，聚合函数 COUNT（*）用于（   ）。 （C）

    A. 统计属性个数（列数）   B. 对某一列中的值计算个数

    C. 统计元组个数（行数）   D. 统计表内所有非空数据的个数

20. SQL 语句中，数据插入的语句是（   ）。 （A）

    A. INSERT 语句   B. DELETE 语句   C. UPDATE 语句   D. CREATE 语句

21. SQL 语句中，数据删除的语句是（   ）。 （B）

    A. INSERT 语句   B. DELETE 语句   C. UPDATE 语句   D. CREATE 语句

22. SQL 语句中，数据修改的语句是（   ）。 （C）

    A. INSERT 语句   B. DELETE 语句   C. UPDATE 语句   D. CREATE 语句

23. SQL 是（   ）的语言。 （B）

    A. 网络数据库   B. 关系数据库   C. 层次数据库   D. 非数据库

24. SQL 中 SELECT 语句可以让用户按照自己的需要选择任意列，还可以使用通配符"（   ）"来设定返回表格中的所有列。 （A）

    A. *   B. $ C. %   D. |

25. SQL 中 SELECT 语句中位于 FROM 关键词之后的（　　）用来决定将要进行查询操作的（　　）。　　　　　　　　　　　　　　　　　　　　　　　　　　　　　　　　（B）

　　A. 表格名称，数据库　　　　　　　　　　B. 表格名称，目标表格

　　C. 列名称，目标表格　　　　　　　　　　D. 列名称，数据库

26. SQL 中 SELECT 语句中位于 SELECT 关键词之后的列名用来决定哪些（　　）将作为查询结果返回。　　　　　　　　　　　　　　　　　　　　　　　　　　　　　　　　　　（D）

　　A. 子集　　　　　　　B. 表　　　　　　　C. 行　　　　　　　D. 列

27. SQL 中，（　　）是实际存储在数据库的表。　　　　　　　　　　　　　　　（B）

　　A. 视图　　　　　　　B. 基本表　　　　　C. 链接　　　　　　D. 内存指针

28. SQL 中，（　　）是由若干基本表或其他视图构成的表的定义。　　　　　　　（D）

　　A. 链接　　　　　　　B. 内存指针　　　　C. 基本表　　　　　D. 视图

29. SQL 中，BIGINT 数据类型存储从（　　）到（　　）之间的所有正负整数。每个 BIGINT 类型的数据占用（　　）字节的存储空间。　　　　　　　　　　　　　　　　　　（D）

　　A. -2^7，2^7-1，1　　　B. -2^{15}，$2^{15}-1$，2　　　C. -2^{31}，$2^{31}-1$，4　　　D. -2^{63}，$2^{63}-1$，8

30. SQL 中，BINARY（n）类型数据占用（　　）字节的存储空间。　　　　　（B）

　　A. n　　　　　　　　B. $n+4$　　　　　　C. $n+8$　　　　　　D. $2n$

31. SQL 中，BINARY（n）数据类型在输入数据时必须在数据前加上字符（　　）作为二进制标识。　　　　　　　　　　　　　　　　　　　　　　　　　　　　　　　　　　　（C）

　　A. 00　　　　　　　　B. 6801　　　　　　C. 0x　　　　　　　D. ff

32. SQL 中，BINARY 数据类型用于存储二进制数据。其定义形式为（　　），n 表示数据的长度，取值为（　　）。　　　　　　　　　　　　　　　　　　　　　　　　　　　（C）

　　A. BINARY（$n+4$），1～8000　　　　　　B. BINARY（$n+4$），1～4096

　　C. BINARY（n），1～8000　　　　　　　D. BINARY（n），1～4096

33. SQL 中，BIT 类型的数据（　　）。　　　　　　　　　　　　　　　　　　　（A）

　　A. 不能定义为 NULL 值　　　　　　　　　B. 可以为任何值

　　C. 可以为 0、1 或 NULL　　　　　　　　　D. 存储内容取决于其空间大小

34. SQL 中，CHAR 数据类型存储的每个字符占（　　）字节的存储空间。　　　　（A）

　　A. 1　　　　　　　　　B. 2　　　　　　　　C. 3　　　　　　　　D. 4

35. SQL 中，CHAR 数据类型的定义形式为 CHAR（n），n 表示所有字符所占的存储空间，n 的取值为（　　），即可容纳 n 个 ANSI 字符。　　　　　　　　　　　　　　　　（B）

　　A. 32　　　　　　　　　B. 1～8000　　　　C. 1～4000　　　　　D. 1～2000

36. SQL 中，DATETIME 数据类型所占用的存储空间后 4 字节用于存储从此日零时起所指定的时间经过的（　　）。　　　　　　　　　　　　　　　　　　　　　　　　　　　　（A）

　　A. 毫秒数　　　　　　　B. 秒数　　　　　　C. 分钟数　　　　　D. 小时数

37. SQL 中，DATETIME 数据类型所占用的存储空间前 4 字节用于存储（　　）以前或以后的天数，数值分正负，正数表示在此日期之后的日期，负数表示在此日期之前的日期。　（C）

　　A. 公元 1 年 1 月 1 日　　　　　　　　　　B. 公元 1753 年 1 月 1 日

　　C. 1900 年 1 月 1 日　　　　　　　　　　　D. 公元 2000 年 1 月 1 日

38. SQL 中，DATETIME 数据类型所占用的存储空间为（　　）字节。　　　　　（D）

　　A. 2　　　　　　　　　B. 4　　　　　　　　C. 6　　　　　　　　D. 8

39. SQL 中，DATETIME 数据类型用于存储从（　　）起到公元 9999 年 12 月 31 日 23 时 59 分 59 秒之间的所有日期和时间。　　　　　　　　　　　　　　　　　　　　（D）

　　A. 公元 1 年 1 月 1 日零时　　　　　　　　B. 公元 1900 年 1 月 1 日零时

　　C. 公元 2000 年 1 月 1 日零时　　　　　　D. 公元 1753 年 1 月 1 日零时

40. SQL 中，DECIMAL 数据类型可以提供小数所需要的实际存储空间，但有一定的限制，可以用（　　）字节来存储从数值。　　　　　　　　　　　　　　　　　　　　　　　（B）

　　A. 2～16　　　　　　B. 2～17　　　　　　C. 4～16　　　　　　D. 4～17

41. SQL 中，FLOAT 数据类型范围为从（　　）～（　　）。　　　　　　　　　（D）

　　A. -1.79×10^{-18}，1.79×10^{-18}　　　　　　B. $-10^{38}-1$，$10^{38}-1$

　　C. -3.40×10^{-38}，3.40×10^{38}　　　　　　D. -1.79×10^{-308}，1.79×10^{308}

42. SQL 中，FLOAT 数据类型可精确到第（　　）位小数。　　　　　　　　　　（A）

　　A. 15　　　　　　　B. 16　　　　　　　C. 17　　　　　　　D. 18

43. SQL 中，FLOAT 数据类型可写为 FLOAT[n]的形式。n 指定 FLOAT 数据的精度。n 为 1～53 之间的整数值。当 n 取 1～24 时，实际上是定义了一个（　　）类型的数据，系统用（　　）字节存储它。　　　　　　　　　　　　　　　　　　　　　　　　　　　　　　（A）

　　A. REAL，4　　　　B. REAL，8　　　　C. FLOAT，4　　　　D. FLOAT，8

44. SQL 中，FLOAT 数据类型可写为 FLOAT[n]的形式。n 指定 FLOAT 数据的精度。n 为 1～53 之间的整数值。当 n 取 25～53 时，系统认为其是（　　）类型，用（　　）字节存储它。　　　　　　　　　　　　　　　　　　　　　　　　　　　　　　　　　　　　　　（D）

　　A. REAL，4　　　　B. REAL，8　　　　C. FLOAT，4　　　　D. FLOAT，8

45. SQL 中，INT（或 INTEGER）数据类型存储从（　　）～（　　）之间的所有正负整数。每个 INT 类型的数据按（　　）字节存储。　　　　　　　　　　　　　　　　（C）

　　A. -2^{31}，$2^{31}-1$，2　　B. -2^{15}，$2^{15}-1$，2　　C. -2^{31}，$2^{31}-1$，4　　D. -2^{15}，$2^{15}-1$，4

46. SQL 中，NCHAR 数据类型采用（　　）。　　　　　　　　　　　　　　　（C）

　　A. GB2312 字符集　　　　　　　　　　　B. BIG5 字符集

　　C. UNICODE 标准字符集　　　　　　　　D. ASCII 字符集

47. SQL 中，NCHAR 数据类型存储的每个字符占（　　）字节的存储空间。　　（B）

　　A. 1　　　　　　　　B. 2　　　　　　　　C. 3　　　　　　　　D. 4

48. SQL 中，NCHAR 数据类型的定义形式为 NCHAR（n）。n 表示所有字符所占的存储空间，n 的取值为（　　），即可容纳 n 个 UNICODE 字符。　　　　　　　　　　（C）

　　A. 32　　　　　　　B. 1～8000　　　　　C. 1～4000　　　　　D. 1～2000

49. SQL 中，REAL 数据类型范围为从（　　）～（　　）。　　　　　　　　　（C）

　　A. -1.79×10^{-18}，1.79×10^{-18}　　　　　　B. $-10^{38}-1$，$10^{38}-1$

　　C. -3.40×10^{-38}，3.40×10^{38}　　　　　　D. -1.79×10^{-308}，1.79×10^{308}

50. SQL 中，REAL 数据类型可精确到第（　　）位小数。　　　　　　　　　　（B）

　　A. 6　　　　　　　　B. 7　　　　　　　　C. 8　　　　　　　　D. 9

51. SQL 中，SMALLDATETIME 数据类型所占用的存储空间后 2 字节用于存储从此日零时起所指定的时间经过的（　　）。　　　　　　　　　　　　　　　　　　　　　　（C）

　　A. 毫秒数　　　　　　B. 秒数　　　　　　C. 分钟数　　　　　　D. 小时数

52. SQL 中，SMALLDATETIME 数据类型所占用的存储空间前 2 字节用于存储（　　）

以前或以后的天数，数值分正负，正数表示在此日期之后的日期，负数表示在此日期之前的日期。 (C)

A. 公元 1 年 1 月 1 日　　　　　　　　　B. 公元 1753 年 1 月 1 日

C. 公元 1900 年 1 月 1 日　　　　　　　　D. 公元 2000 年 1 月 1 日

53. SQL 中，SMALLDATETIME 数据类型所占用的存储空间为（　　）字节。　　（B）

A. 2　　　　　　　B. 4　　　　　　　C. 6　　　　　　　D. 8

54. SQL 中，SMALLDATETIME 数据类型用于存储从（　　）起到 2079 年 6 月 6 日之间的所有日期和时间。 (B)

A. 公元 1 年 1 月 1 日零时　　　　　　　B. 公元 1900 年 1 月 1 日零时

C. 公元 2000 年 1 月 1 日零时　　　　　　D. 公元 1753 年 1 月 1 日零时

55. SQL 中，SMALLINT 数据类型存储从（　　）～（　　）之间的所有正负整数。每个 SMALLINT 类型的数据占用（　　）字节的存储空间。 (D)

A. -2^{31}，$2^{31}-1$，2　　B. -2^{15}，$2^{15}-1$，4　　C. -2^{31}，$2^{31}-1$，4　　D. -2^{15}，$2^{15}-1$，2

56. SQL 中，TINYINT 数据类型存储从（　　）之间的所有正整数。每个 TINYINT 类型的数据占用（　　）字节的存储空间。 (A)

A. 0～255，1　　　　B. 0～511，2　　　　C. -2^{15}，$2^{15}-1$，2　　D. -2^{31}，$2^{31}-1$，4

57. SQL 中，逻辑数据类型 BIT 数据类型占用（　　）字节的存储空间，其值为 0 或 1。

(D)

A. 4　　　　　　　B. 3　　　　　　　C. 2　　　　　　　D. 1

58. SQL 中，删除视图使用（　　）命令。　　　　　　　　　　　　　　　　（C）

A. CLEAR　　　　B. DELETE　　　　C. DROP　　　　　D. HUNT

59. SQL 中，一个表可以是一个（　　）。　　　　　　　　　　　　　　　　（A）

A. 视图　　　　　　　B. 链接　　　　　　　C. 内存指针

60. SQL 中，在使用 BINARY（n）类型数据时必须指定其大小，至少为（　　）字节。

(A)

A. 1　　　　　　　B. 2　　　　　　　C. 15　　　　　　　D. 16

61. SQL 中保证数据安全性的主要方法是通过对（　　）的控制来防止非法使用数据库中的数据。 (B)

A. 用户名　　　　　　　　　　　　　B. 数据库存取权力

C. 密钥　　　　　　　　　　　　　　D. 数据库访问方式

62. SQL 中数据的（　　）是指保护数据库，以防非法使用造成数据泄露和破坏。（A）

A. 安全性　　　　　B. 完整性　　　　　C. 并发性

63. 保护数据库，防止未经授权或不合法的使用造成的数据泄漏、非法更改或破坏，这是指数据的（　　）。

A. 安全性　　　　　B. 完整性　　　　　C. 并发控制　　　　D. 恢复

64. 达梦数据库中 CHAR 数据类型的最大长度由数据库页面大小决定，当页面大小为 16K 时，CHAR 类型的最大长度为（　　）。 (C)

A. 1900　　　　　B. 3900　　　　　C. 8000　　　　　D. 8188

65. 达梦数据库中 CHAR 数据类型的最大长度由数据库页面大小决定，当页面大小为 32K 时，CHAR 类型的最大长度为（　　）。 (D)

A. 1900   B. 3900   C. 8000   D. 8188

66. 达梦数据库中 CHAR 数据类型的最大长度由数据库页面大小决定，当页面大小为 4K 时，CHAR 类型的最大长度为（   ）。   （A）

A. 1900   B. 3900   C. 8000   D. 8188

67. 达梦数据库中 CHAR 数据类型的最大长度由数据库页面大小决定，当页面大小为 8K 时，CHAR 类型的最大长度为（   ）。   （B）

A. 1900   B. 3900   C. 8000   D. 8188

68. 当多个用户（   ）操作数据库时，需要通过并发控制对它们加以协调、控制，以保证并发操作的正确执行，并保证数据库的一致性。   （D）

A. 同时中止   B. 连续   C. 依次   D. 并行

69. 电网模型结构表的电能表表中，域名 BASE_TIME_TAG 的含义是（   ）。 （C）

A. 最后处理时标   B. 最后统计时标

C. 最后底码采集时标   D. 最后增量采集时标

70. 定义视图可以使用 CREATE VIEW 语句实现，其语句格式为（   ）。   （A）

A. CREATE VIEW <视图名> AS <SELECT 语句>

B. CREATE VIEW.<视图名> AS <SELECT 语句>

C. CREATE VIEW <视图名>

D. CREATE VIEW <视图名> <WHERE 语句>

71. 公司中有多个部门和多名职员，每个职员只能属于一个部门，一个部门可以有多名职员，从职员到部门的联系类型是（   ）。   （C）

A. 多对多   B. 一对一   C. 多对一   D. 一对多

72. 关于 INSERT 的描述，正确的是（   ）。   （C）

A. 在表中任何位置插入   B. 在表中插入一条记录

C. 可以向表中插入若干条记录   D. 在表头插入一条记录

73. 将课程成绩达到 70 分的学生成绩再提高 10%，下列 SQL 语句正确的是（   ）。

                        （D）

A. UPDATE FROM score SET score=1.1*score WHERE score>=70

B. UPDATE score SET score=1.1*score

C. UPDATE score LOCATION score=1.1*score WHERE score>=70

D. UPDATE score SET score=1.1*score WHERE score>=70

74. 目前数据库中使用较多的数据模型为（   ）模型。   （D）

A. 网状   B. 层次   C. 拓扑   D. 关系

75. 排序查询是指将查询结果按指定属性的升序（ASC）或降序（DESC）排列，由（   ）子句指明。   （D）

A. ORDER   B. ASC BY   C. DESC BY   D. ORDER BY

76. 如果选择通过日志进行数据库恢复的备份方法，那么数据库必须运行在（   ）模式下。

                        （A）

A. 归档模式   B. 非归档模式

77. 使用 SQL 语句创建数据库的表时，（   ）。   （A）

A. 系统默认数据允许为空值（NULL）

B. 系统默认数据不允许为空值（NOT NULL）

C. 必须由用户指定是否允许为空

D. 系统可以不明确是否允许为空，在后期数据维护时再由用户指定

78. 使用 SQL 语言在 employee 表中查找 firstname 列为"E"开头的所有行，并在视图中显示 firstname、lastname、city 列，其 SQL 语句为（　　）。　　　　　　　　　　（A）

A. SELECT firstname, lastname, city FROM employee　WHERE firstname LIKE 'E%';

B. SELECT firstname, lastname, city FROM employee WHERE firstname = 'E%';

C. SELECT firstname, lastname, city FROM employee WHERE firstname LIKE 'E*';

D. SELECT firstname, lastname, city WHERE employee.firstname = 'E%';

79. 数据更新操作可在任何基本表上进行，在视图上（　　）。　　　　　　　（A）

A. 有所限制　　　　　B. 没有限制　　　　　C. 无法进行

80. 数据库（DB）、数据库系统（DBS）和数据库管理系统（DBMS）三者之间的关系是（　　）。　　　　　　　　　　　　　　　　　　　　　　　　　　　　（C）

A. DBMS 包括 DB 和 DBS　　　　　　B. DB 包括 DBS 和 DBMS

C. DBS 包括 DB 和 DBMS　　　　　　D. DBS 就是 DB，也就是 DBMS

81. 数据库备份与恢复方法的确定与数据库的归档方式有（　　）。　　　　（A）

A. 直接关系　　　B. 间接关系　　　C. 没关系

82. 数据库管理系统常见的数据模型有（　　）3 种。　　　　　　　　　　（B）

A. 网状型、关系型和语义型　　　　　B. 层次型、网状型和关系型

C. 环状型、层次型和关系型　　　　　D. 网状型、链状型和层次型

83. 数据库管理系统能实现对数据库中数据的查询、插入、修改和删除，这类功能称为（　　）。　　　　　　　　　　　　　　　　　　　　　　　　　　　　　（C）

A. 数据定义　　　B. 数据管理　　　C. 数据操纵　　　D. 数据控制

84. 数据库管理系统能实现对数据库中数据的查询、插入、修改和删除，这类功能称为（　　）。　　　　　　　　　　　　　　　　　　　　　　　　　　　　　（C）

A. 数据定义功能　　B. 数据管理功能　　C. 数据操纵功能　　D. 数据控制功能

85. 数据库管理系统提供的数据（　　）语言，可以对数据库中的数据实现检索和更新。　　　　　　　　　　　　　　　　　　　　　　　　　　　　　　　　　（C）

A. 定义　　　　　B. 操作　　　　　C. 编辑　　　　　D. 处理

86. 数据库品牌中（　　）是国产品牌。　　　　　　　　　　　　　　　　（A）

A. DM　　　　　B. ORACLE　　　　C. SQL Server　　　D. Datebase

87. 数据库三级模式体系结构的划分，有利于保持数据库的（　　）。　　　（A）

A. 数据独立性　　B. 数据安全性　　C. 结构规范化　　D. 操作可行性

88. 数据库是某研究领域对象数据的综合。其数据结构表示有很多方法，目前使用最广泛的是（　　）。　　　　　　　　　　　　　　　　　　　　　　　　　　（C）

A. 过程型　　　　B. 顺序型　　　　C. 关系型　　　　D. 面向对象型

89. 数据库中，事务的原子性是指（　　）。　　　　　　　　　　　　　　（B）

A. 事务一旦提交，对数据库的改变是永久的

B. 事务中包括的所有操作要么都做，要么都不做

C. 一个事务内部的操作及使用的数据对并发的其他事务是隔离的

D. 事务必须使数据库从一个一致性状态变到另一个一致性状态

90. 数据库中，数据的物理独立性是指（　　）。 （C）

A. 数据库与数据库管理系统的相互独立

B. 用户程序与 DBMS 的相互独立

C. 用户的应用程序与存储在磁盘上的数据库中的数据相互独立

D. 应用程序与数据库中数据的逻辑结构相互独立

91. 数据库中，完整性控制的主要目的是（　　）。 （C）

A. 确保数据库内没有无用数据　　　　B. 防止过长数据存入数据库

C. 防止语义上不正确的数据进入数据库　D. 确保数据库内没有空数据

92. 数据库中，一个（　　）可以跨一个或多个存储文件，一个存储文件也可存放一个或多个（　　）。每个存储文件与外部存储上一个物理文件对应。 （A）

A. 基本表，基本表　　　　　　　　　B. 链接，基本表

C. 内存指针，链接　　　　　　　　　D. 链接，内存指针

93. 数据库中，用数据模型来抽象地表示现实世界的数据和信息，不属于描述数据模型的 3 个要素的是（　　）。 （A）

A. 数据分类　　　B. 数据操作　　　C. 数据结构　　　　D. 数据约束

94. 数据库中表结构字段类型由表示内容的类别进行选择设计，如电力调度自动化系统中的采集站点名称、采集时间和数值，下列类型表示正确的是（　　）。 （A）

A. 字符型、日期时间型、浮点型　　　B. 数字型、日期时间型、数字型

C. 字符型、时间型、浮点型　　　　　D. 数字型、时间型、数字型

95. 数据模型是数据库系统的核心和基础，ORACLE 数据库属于（　　）。 （A）

A. 关系模型　　　　　　　　　　　　B. 层次模型

C. 网状模型　　　　　　　　　　　　D. 面向对象数据模型（OO 模型）

96. 为提高效率，关系数据库系统必须进行（　　）处理。 （B）

A. 定义视图　　　　　　　　　　　　B. 查询优化

C. 建立索引　　　　　　　　　　　　D. 数据规范化到最高范式

97. 文件系统与数据库系统的最大区别是（　　）。 （C）

A. 数据共享　　　B. 数据独立　　　C. 数据结构化　　　D. 数据冗余

98. 下列不属于数据库录入工具 dbi 在使用时出现的错误提示的有（　　）。 （B）

A. 打开数据表失败　　　　　　　　　B. 打开数据库失败

C. 保存数据表不成功　　　　　　　　D. 数据库录入唯一性错误

99. 下列操作中（　　）不是 SQL Server 服务管理器功能。 （C）

A. 停止 SQL Server 服务　　　　　　B. 暂停 SQL Server 服务

C. SQL 查询服务　　　　　　　　　　D. 启动 SQL Server 服务

100. 下列关于"分布式数据库系统"的叙述中，正确的是（　　）。 （B）

A. 用户可以对远程数据进行访问，但必须指明数据的存储结点

B. 每一个结点是一个独立的数据库系统，既能完成局部应用，也支持全局应用

C. 分散在各结点的数据是不相关的

D. 数据可以分散在不同结点，但需同一台计算机完成数据处理

101. 下列聚合函数中不忽略空值（NULL）的是（　　）。 （C）

A. SUM（列名）   B. MAX（列名）   C. COUNT（*）   D. AVG（列名）

102. 下列选项中，说法不正确的是（   ）。   （C）

A. 数据库减少了数据冗余   B. 数据库中的数据可以共享

C. 数据库避免了一切数据的重复   D. 数据库具有较高的数据独立性

103. 写出满足如下内容的 SQL 语句（   ）：找出表 score 中课程号（st_no）为 c02 的，考试成绩（result）小于 60 分的学生。   （D）

A. SELECT st_no FROM score WHERE AND（result<60，st_no='c02'）；

B. SELECT st_no FROM score WHERE st_no= "c02" AND result<60；

C. SELECT st_no FROM score WHERE st_no=c02 AND result<60；

D. SELECT st_no FROM score WHERE st_no='c02' AND result<60；

104. 一个 SQL 表由行集构成，一行是列的序列（集合），每列与行对应一个（   ）。   （C）

A. 文件   B. 视图   C. 数据项   D. 链接

105. 一个 SQL 数据库是（   ）的集合，它由一个或多个 SQL 模式定义。   （A）

A. 表（table）   B. 行（row）   C. 列（column）   D. 文件（file）

106. 以下叙述中，不是对数据库关系模式进行规范化的主要目的的是（   ）。   （C）

A. 减少数据冗余   B. 解决更新异常问题

C. 加快查询速度   D. 提高存储空间效率

107. 以下选项中，（   ）用户不是 ORACLE 默认安装后就存在的用户。   （A）

A. SYSDBA   B. SYSTEM   C. SCOTT   D. SYS

108. 用 SQL 语句查找不及格的课程，并将结果按课程号从大到小排列，以下正确的语句为（   ）。   （D）

A. SELECT UNIQUE su_no FROM score WHERE score<60 AND su_no=DESC；

B. SELECT UNIQUE su_no FROM score WHERE score<60 ORDER BY su_no ASC；

C. SELECT UNIQUE su_no FROM score WHERE score<60 ORDER BY su_no；

D. SELECT UNIQUE su_no FROM score WHERE score<60 ORDER BY su_no DESC；

109. 用 SQL 语句向基本表 score 中插入一个成绩元组（100002，c02，95），可使用以下语句：（   ）（注：score 表中各列依次为 st_no，su_no，score）。   （B）

A. INSERT INTO score（st_no，su_no，score）VALUES（100002，c02，95）；

B. INSERT INTO score（st_no，su_no，score）VALUES（'100002'，'c02'，95）；

C. INSERT INTO score（st_no，su_no，score）VALUES（'100002'，'c02'，'95'）；

D. INSERT score（st_no，su_no，score）VALUES（'100002'，'c02'，95）；

110. 用于事务回滚的 SQL 语句是（   ）。   （D）

A. CREATETABLE   B. COMMIT

C. GRANT 和 REVOKE   D. ROLLBACK

111. 用于修改表结构的 SQL 语句是（   ）。   （C）

A. CREATE   B. UPDATE   C. ALTER   D. INSERT

112. 关于 INSERT——SQL 语句描述，正确的是（   ）。   （C）

A. 可以向表中插入若干条记录   B. 在表中任何位置插入

C. 在表中插入一条记录   D. 在表头插入一条记录

113. 域值设定功能允许用户（   ）。   （A）

A. 同时编辑多个记录的同一个域   B. 同时编辑多个记录的多个域

C. 同时编辑一个记录的同一个域   D. 同时编辑一个记录的多个域

114. 在 SQL Server 数据库中，下列关于表的叙述正确的是（   ）。   （C）

A. 只要用户表没有人使用，则可将其删除

B. 用户表可以隐藏

C. 系统表可以隐藏

D. 系统表可以删除

115. 在 SQL Server 数据库中，下列关于创建数据库操作叙述错误的是（   ）。 （B）

A. 在创建数据库时，可以只指定数据库名称

B. 数据库的数据文件和事务日志文件默认与数据库名称相同

C. 可以为数据库添加辅助数据文件

D. 可以设置数据库文件大小保持不变

116. 在 SQL Server 数据库中，下列关于执行查询叙述正确的是（   ）。   （C）

A. 如果有多条命令选择，则只执行选中命令的第一条结果

B. 都正确

C. 如果查询中有多条命令输入，则按顺序显示所有结果

D. 如果没有选中的命令，则只执行最前面的第一条命令

117. 在 SQL 中，（   ）语句主要被用来对数据库进行查询并返回符合用户查询标准的结果数据。   （D）

A. HUNT   B. FIND   C. SEARCH   D. SELECT

118. 在 SQL 中，表有严格的定义，它是一种（   ）。   （B）

A. 三维表   B. 二维表   C. 立体表   D. 一维表

119. 在 SQL 中，并发控制采用（   ）实现，当一个事务欲对某个数据对象操作时，可申请对该对象加锁，取得对数据对象的一定控制，以限制其他事务对该对象的操作。 （A）

A. 封锁技术   B. 实时技术   C. 固定技术

120. 在 SQL 中，传统关系模型的存储模式（内模式）称为（   ）。   （B）

A. 内存文件   B. 存储文件   C. 基本表   D. 视图

121. 在 SQL 中，传统关系模型的关系模式称为（   ）。   （C）

A. 关系表   B. 数据表   C. 基本表   D. 视图

122. 在 SQL 中，传统关系模型的元组称为（   ），属性称为（   ）。   （A）

A. 行，列   B. 列，行   C. 基本表，视图   D. 视图，基本表

123. 在 SQL 中，传统关系模型的子模式（外模式）称为（   ）。   （D）

A. 内存文件   B. 存储文件   C. 基本表   D. 视图

124. 在 SQL 中，视图是从一个或几个（   ）中导出的表，是从现有（   ）中抽取若干子集组成用户的"专用表"。   （B）

A. 数据列   B. 基本表   C. 物理存储   D. 链接

125. 在 SQL 中，要建立一个数据库"students"的命令是（   ）。   （A）

A. CREATE DATABASE students   B. CREATE students

C. CREATE_DATABASE students   D. CREATE DATABASE.students

126. 在 SQL 中，要删除一个数据库"students"的命令是（   ）（假设 students 数据库已经存在）。 （B）

    A. DELETE DATABASE students   B. DROP DATABASE students

    C. DELETE_DATABASE students   D. DELETE DATABASE.students

127. 在定义一个视图时，只是把其（   ）存放在系统的数据中，而并不直接存储视图对应的数据，直到用户使用视图时才去求得对应的数据。 （A）

    A. 定义   B. 内容   C. 链接   D. 内存指针

128. 主站系统的数据库一般分为（   ）。 （A）

    A. 实时数据库和历史数据库   B. 实时数据库和图形数据库

    C. 图形数据库和描述数据库   D. 实时数据库和描述数据库

129. SQL server 的登录账户信息保存在（   ）数据库中。 （D）

    A. MODEL   B. TEMPDB   C. MSDB   D. MASTER

130. SQL 语言中，实现数据更新的语句是（   ）。 （B）

    A. INSERT   B. UPDATE   C. SELECT   D. DELETE

131. 启动 ORACLE 数据库的命令是（   ）。 （B）

    A. start   B. startup   C. begin   D. open

132. 数据库中表结构字段类型由表示内容的类别进行选择设计，如电力调度自动化系统中的采集站点名称、采集时间和数值，下列类型表示正确的是（   ）。 （A）

    A. 字符型、日期时间型、浮点型   B. 数字型、日期时间型、数字型

    C. 字符型、时间型、浮点型   D. 数字型、时间型、数字型

133. 下列 SQL 语句中，用于修改表结构的是（   ）。 （C）

    A. CREATE   B. UPDATE   C. ALTER   D. INSERT

134. 在下列关于关系的描述中，错误的是（   ）。 （A）

    A. 表中任意两列的值不能相同   B. 行在表中的顺序无关紧要

    C. 表中任意两行的值不能相同   D. 列在表中的顺序无关紧要

135. 在下列关于关系的描述中，错误的是（   ）。 （B）

    A. 表中任意两行的值不能相同   B. 表中任意两列的值不能相同

    C. 行在表中的顺序无关紧要   D. 列在表中的顺序无关紧要

二、多项选择题

1. SELECT 语句语法为：SELECT <目标表的列名或列表达式集合> FROM <基本表或（和）视图集合> [WHERE 条件表达式] [GROUP BY 列名集合 [HAVING 组条件表达式]] [ORDER BY 列名[集合]...]，其中表述正确的是（   ）。 （ABCD）

    A. 从 FROM 子句中列出的表中，选择满足 WHERE 子句中给出的条件表达式的元组

    B. 按 GROUP BY 子句（分组子句）中指定列的值分组，再提取满足 HAVING 子句中组条件表达式的那些组

    C. 按 SELECT 子句给出的列名或列表达式求值输出

    D. ORDER 子句（排序子句）是对输出的目标表进行重新排序，并可附加说明 ASC（升序）或 DESC（降序）

2. SQL 包括了所有对数据库的操作，其中数据操纵（SQL DML）包括（　　）。（ABCD）

A. 数据查询　　　　B. 数据更新　　　　C. 数据插入

D. 数据删除　　　　E. 数据重组

3. SQL 包括了所有对数据库的操作，其中数据定义（SQL DDL）定义了数据库的逻辑结构，包括定义（　　）4 部分。　　　　　　　　　　　　　　　　　　　　（ACEF）

A. 数据库　　　　　B. 列　　　　　　　C. 基本表

D. 子集　　　　　　E. 视图　　　　　　F. 索引

4. SQL 包括了所有对数据库的操作，其中数据控制包含（　　）等。　　（ABD）

A. 基本表和视图的授权　　　　　　　B. 完整性规则的描述

C. 管理物理空间　　　　　　　　　　D. 事务控制语句

5. SQL 包括了所有对数据库的操作，主要是由（　　）组成。　　　　（ABCD）

A. 数据定义，又称为"SQL DDL"　　　B. 数据操纵，又称为"SQL DML"

C. 数据控制　　　　　　　　　　　　D. 嵌入式 SQL 语言的使用规定

6. SQL 基本数据类型包括（　　）等。　　　　　　　　　　　　　　（ABCDE）

A. 长整型　　　　　B. 短整型　　　　　C. 浮点型

D. 日期型　　　　　E. 时间型

7. SQL 语句中，数据更新包括数据（　　）操作。　　　　　　　　　　（ABC）

A. 插入　　　　　　B. 修改　　　　　　C. 删除

8. SQL 的数据类型中用于表明二进制的数据类型有（　　）。　　　　　　（EF）

A. FLOAT　　　　　B. REAL　　　　　　C. DECIMAL

D. NUMERIC　　　　E. BINARY　　　　　F. VARBINARY

9. SQL 的数据类型中用于表明浮点数的数据类型有（　　）。　　　　　（ABCD）

A. FLOAT　　　　　B. REAL　　　　　　C. DECIMAL

D. NUMERIC　　　　E. BINARY　　　　　F. TINYINT

10. SQL 的数据类型中用于表明整数的数据类型有（　　）。　　　　　　（BCD）

A. FLOAT　　　　　B. SMALLINT　　　　C. TINYINT　　　　D. INT

11. SQL 集（　　）功能于一体。　　　　　　　　　　　　　　　　　（BCDE）

A. 数据传输　　　　B. 数据查询　　　　C. 数据操纵

D. 数据控制　　　　E. 数据定义

12. SQL 支持空值的概念，所谓空值是（　　）。　　　　　　　　　　　（DE）

A. 0　　　　　　　　B. 空格　　　　　　C. 与列定义的数据类型不一致的值

D. 不知道的值　　　E. 无意义的值

13. SQL 中，一个表可以是一个（　　），也可以是一个（　　）。　　（BC）

A. 表链接　　　　　B. 基本表　　　　　C. 视图　　　　　D. 内存指针

14. SQL 中，（　　）数据类型用于存储日期和时间的结合体。　　　　（BC）

A. DATE　　　　　　B. DATETIME　　　　C. SMALLDATETIME

D. TIME　　　　　　E. MONTH　　　　　　F. YEAR

15. 电力调度自动化系统的数据库如果是 ORACLE，那么增加表空间大小的方法有（　　）。

（AB）

A. 修改当前数据文件的大小　　　　　　B. 增加额外的数据文件

C. 重新启动数据库　　　　　　　　　　D. 修改 init.ora 中 archive_log_start 参数

16. 关于数据更新的说法以下正确的是（　　　）。　　　　　　　　　　（ACD）

A. 数据更新操作都可在任何基本表上进行，但在视图上有所限制

B. 数据更新操作只能在基本表上操作

C. 当视图是由单个基本表导出时，可进行插入和修改操作，但不能进行删除操作

D. 当视图是从多个基本表中导出时，上述 3 种操作都不能进行

E. 数据更新操作只能在视图上进行

17. 关于 SQL 语句的说法，以下正确的是（　　　）CREATE VIEW WOMANVIEW AS SELECT st_class，st_no，st_name，st_age FROM student WHERE st_sex='女'；。　　　　（ACD）

A. 语句创建了一个名称为 WOMANVIEW 的视图

B. 从 student 表中共选择了 3 列在视图中显示

C. 视图内容 st_sex 列均为 "女"

D. 从 student 表中共选择了 4 列在视图中显示

18. 关于数据库的描述，正确的是（　　　）。　　　　　　　　　　（ABCD）

A. 电子仓库　　　　　　　　　　　　　B. 数据集合

C. 可以提供给各类用户共享使用　　　　D. 数据库中的数据独立于程序而存在

19. 结构化查询语言 SQL 是一种关系数据库语言，用于（　　　）关系型数据库中的信息。

（ABCD）

A. 建立　　　　　　B. 存储　　　　　　C. 修改　　　　　　D. 删除

20. 属于集合函数的是（　　　）。　　　　　　　　　　　　　　　　（ABCDE）

A. AVG（平均值）　B. MIN（最小值）　C. MAX（最大值）

D. SUM（和）　　　E. COUNT（计数）

21. 数据插入 SQL 的基本表有两种方式：一种是（　　　），另一种是（　　　）。　（CD）

A. 单列的插入　　　B. 多列的插入　　　C. 单元组的插入　　D. 多元组的插入

22. 数据库保护包括（　　　）4 个方面内容。　　　　　　　　　　　（ABCD）

A. 安全性保护　　　B. 完整性保护　　　C. 并发控制　　　　D. 故障恢复

23. 数据库的安全性控制中存取权控制包括权力的（　　　）。　　　　　（ACD）

A. 授与　　　　　　B. 转移　　　　　　C. 检查

D. 撤销　　　　　　E. 认可

24. 数据库的完整性是指数据的（　　　）和（　　　），这是数据库理论中的重要概念。

（BD）

A. 可靠性　　　　　B. 正确性　　　　　C. 一致性

D. 相容性　　　　　E. 冗余性

25. 数据库的作用有（　　　）。　　　　　　　　　　　　　　　　　（ABCD）

A. 电子仓库　　　　　　　　　　　　　B. 数据集合

C. 可以提供给各类用户共享使用　　　　D. 数据库中的数据独立于程序而存在

26. 数据库管理系统的基本功能有（　　　）。　　　　　　　　　　　（ABCD）

A. 数据库存取　　　　　　　　　　　　B. 数据库建立与维护

C. 数据库定义　　　　　　　　　　　　D. 数据库与网络中其他应用系统通信

27. 数据库恢复方法取决于故障类型，可分成（　　　）。　　　　　　　（AB）

A. 实例恢复　　　　B. 介质恢复　　　　C. 物理恢复　　　　D. 逻辑恢复

28. 数据库热备份的命令文件由（　　）3部分组成。　　　　　　　　（ACD）

A. 数据文件表空间的备份

B. 备份归档 log 文件

C. 重新启动 archive 进程备份归档的 redolog 文件

D. 用 alterdatabasebackupcontrolfile 命令来备份控制文件

29. 数据库是一类非常重要的数据集合，采用数据库可以完成（　　）工作。　　（AC）

A. 数据共享　　　　B. 信息传输　　　　C. 决策支持　　　　D. 联机分析

30. 数据库系统中数据的独立性包括（　　）两个方面。　　　　　　　（BD）

A. 功能独立性　　　　B. 物理独立性　　　　C. 存储独立性

D. 逻辑独立性　　　　E. 位置独立性

31. 数据库中，用数据模型来抽象地表示现实世界的数据和信息，其描述数据模型的 3 个要素的是（　　）。　　　　　　　　　　　　　　　　　　　　　（BCD）

A. 数据分类　　　　B. 数据操作　　　　C. 数据结构　　　　D. 数据约束

32. 下列（　　）是数据库管理系统的基本功能。　　　　　　　　　（ABCD）

A. 数据库存取　　　　　　　　　　　B. 数据库建立与维护

C. 数据库定义　　　　　　　　　　　D. 数据库与网络中其他应用系统通信

33. 以下 SQL 的数据类型属于字符数据类型的有（　　）。　　　　　（ABCD）

A. CHAR　　　　B. NCHAR　　　　C. VARCHAR

D. NVARCHAR　　　　E. BINARY　　　　F. VARBINARY

34. 以下关于达梦数据库中 CHAR 数据类型的说法，正确的是（　　）。　（ABCDE）

A. CHAR 数据类型的最大长度由数据库页面大小决定

B. 当页面大小为 4K 时，CHAR 类型的最大长度为 1900

C. 当页面大小为 8K 时，CHAR 类型的最大长度为 3900

D. 当页面大小为 16K 时，CHAR 类型的最大长度为 8000

E. 当页面大小为 32K 时，CHAR 类型的最大长度为 8188

35. 以下关于基本表的定义和变更描述，正确的是（　　）。　　　　　（ADE）

A. 基本表的定义指建立基本关系模式

B. 基本表的定义就是明确表在物理存储中的位置

C. 表的变更明确表在物理存储位置的变更

D. 基本表的变更是指对数据库中已存在的基本表进行删除与修改

E. 基本表是非导出关系，其定义涉及表名、列名及数据类型等

36. 用 SQL 语句能完成的任务有（　　）。　　　　　　　　　　　（ABCE）

A. 查询数据

B. 在表中插入、修改和删除行

C. 建立、修改和删除数据对象

D. 控制对数据库和数据库对象的修改

E. 保证数据库一致性和完整性

37. 用户可以用 SQL 语句对（　　）和（　　）进行查询等操作。　　　（CE）

A. 存储文件　　　　B. 内存文件　　　　C. 视图

D. 链接　　　　　　　E. 基本表

38. 在 SQL 中，对表的规定描述正确的是（　　　）。　　　　　　　　　　（ABCDE）

A. 每一张表都有一个名字，通常称为表名或关系名。表名必须以字母开头，最大长度为 30 个字符

B. 一张表可以由若干列组成，列名唯一，列名也称为属性名

C. 表中的一行称为一个元组，它相当于一条记录

D. 同一列的数据必须具有相同的数据类型

E. 表中的每一个列值必须是不可分割的基本数据项

39. 在 SQL 中，有关事务的说法正确的是（　　　）。　　　　　　　　　　（ABC）

A. 事务是并发控制的基本单位，也是恢复的基本单位

B. 事务是用户定义的一个操作序列（集合）

C. 用户操作要么都做，要么一个都不做

D. 用户的多个操作可以在中途打断

40. 在创建数据库表时，[PRIMARYKEY]用于指定表的主键（即关系中的主属性），实体完整性约束条件规定：主键必须是（　　　）。　　　　　　　　　　（DE）

A. 表的第一列　　　　　　　　　　B. 小于 16 字节的那一列

C. 经过排序的　　　　　　　　　　D. 唯一的

E. 非空的

41. 既能在视窗操作系统中运行，又能在 UNIX 操作系统中运行的商用数据库系统是（　　　）。　　　　　　　　　　（AB）

A. ORACLE　　　　B. SYBASE　　　　C. SQL Server 2000　　D. ACCESS

三、判断题

1. SELECT 语句中的 WHERE 可选从句用来规定哪些数据值或哪些表将被作为查询结果返回或显示。　　　　　　　　　　（×）

2. SELECT 语句中的 WHERE 可选从句用来规定哪些数据值或哪些行将被作为查询结果返回或显示。　　　　　　　　　　（√）

3. SELECT 语句中的 WHERE 可选从句用来规定哪些数据值或哪些列将被作为查询结果返回或显示。　　　　　　　　　　（×）

4. SELECT 语句中的 WHERE 可选从句用来规定哪些数据值或哪些字段将被作为查询结果返回或显示。　　　　　　　　　　（×）

5. SQL Server 数据库是国产品牌。　　　　　　　　　　（×）

6. SQL 的删除操作使用 DELETE 语句，此语句中如果没有 WHERE 子句，则删除表结构，数据放入删除缓存。　　　　　　　　　　（×）

7. SQL 的删除操作使用 DELETE 语句，此语句中如果没有 WHERE 子句，则删除表中全部记录，但表结构依然存在。　　　　　　　　　　（√）

8. SQL 的删除操作使用 DELETE 语句，此语句中如果没有 WHERE 子句，则删除表中全部记录和表结构。　　　　　　　　　　（×）

9. SQL 的删除操作使用 DELETE 语句，此语句中如果没有 WHERE 子句，则隐藏表中记

录，但表结构不隐藏。 （×）

10. SQL 的删除操作使用 DELETE 语句，其格式为 DELETE FROM 表名 [WHERE 条件表达式]。 （√）

11. SQL 的删除操作使用 DELETE 语句，其格式为 DELETE 表名 [WHERE 条件表达式]。 （×）

12. SQL 的删除操作使用 DELETE 语句，指从基本表中删除满足 CREAT<条件表达式>的记录。 （×）

13. SQL 的删除操作使用 DELETE 语句，指从基本表中删除满足 DROP<条件表达式>的记录。 （×）

14. SQL 的删除操作使用 DELETE 语句，指从基本表中删除满足 FROM<条件表达式>的记录。 （×）

15. SQL 的删除操作使用 DELETE 语句，指从基本表中删除满足 WHERE<条件表达式>的记录。 （√）

16. SQL 的修改操作使用 UPDATE 语句，其格式为 UPDATE FROM 表名 SET 列名=列改变值 [WHERE 条件表达式]。 （×）

17. SQL 的修改操作使用 UPDATE 语句，其格式为 UPDATE 表名 LOCATION 列名=列改变值 [WHERE 条件表达式]。 （×）

18. SQL 的修改操作使用 UPDATE 语句，其格式为 UPDATE 表名 SET 列名=列改变值 [WHERE 条件表达式]。 （√）

19. SQL 的修改操作使用 UPDATE 语句，修改语句是按 FROM 子句中的表达式，在指定表中修改满足条件表达式的记录的相应列值。 （×）

20. SQL 的修改操作使用 UPDATE 语句，修改语句是按 LOCATION 子句中的表达式，在指定表中修改满足条件表达式的记录的相应列值。 （×）

21. SQL 的修改操作使用 UPDATE 语句，修改语句是按 SET 子句中的表达式，在指定表中修改满足条件表达式的记录的相应列值。 （√）

22. SQL 的修改操作使用 UPDATE 语句，修改语句是按 WHERE 子句中的表达式，在指定表中修改满足条件表达式的记录的相应列值。 （×）

23. SQL 的意思为简洁查询语言。 （×）

24. SQL 的意思为结构化查询语言。 （√）

25. SQL 的意思为结构化排序语言。 （×）

26. SQL 视图是从一个或几个基本表中导出的表，是从现有基本表中抽取若干子集组成用户的"专用表"，这种构造方式必须使用 SQL 中的 ALTER 语句来实现。 （×）

27. SQL 视图是从一个或几个基本表中导出的表，是从现有基本表中抽取若干子集组成用户的"专用表"，这种构造方式必须使用 SQL 中的 DELETE 语句来实现。 （×）

28. SQL 视图是从一个或几个基本表中导出的表，是从现有基本表中抽取若干子集组成用户的"专用表"，这种构造方式必须使用 SQL 中的 DROP 语句来实现。 （×）

29. SQL 视图是从一个或几个基本表中导出的表，是从现有基本表中抽取若干子集组成用户的"专用表"，这种构造方式必须使用 SQL 中的 SELECT 语句来实现。 （√）

30. SQL 数据库的数据体系结构基本上是三级结构，但使用术语与传统关系模型术语不同。 （√）

31. SQL 数据库的数据体系结构基本上是四层结构,但使用术语与传统关系模型术语不同。

（×）

32. SQL 语句中,聚合函 AVG（列名）用于求某一列值的平均值（注：此列值是数值型）。

（√）

33. SQL 语句中,聚合函 AVG（列名）用于求某一列值的总和（注：此列值是数值型）。

（×）

34. SQL 语句中,聚合函 AVG（列名）用于求某一列值中的最大值（注：此列值是数值型）。

（×）

35. SQL 语句中,聚合函 AVG（列名）用于求某一列值中的最小值（注：此列值是数值型）。

（×）

36. SQL 语句中,聚合函 COUNT（列名）用于对某一列中的值计算个数。 （√）

37. SQL 语句中,聚合函 COUNT（列名）用于统计表内所有空数据（NULL）的个数。

（×）

38. SQL 语句中,聚合函 COUNT（列名）用于统计属性个数（列数）。 （×）

39. SQL 语句中,聚合函 COUNT（列名）用于统计元组个数（行数）。 （×）

40. SQL 语句中,聚合函 MAX（列名）用于求某一列值的平均值。 （×）

41. SQL 语句中,聚合函 MAX（列名）用于求某一列值的总和。 （×）

42. SQL 语句中,聚合函 MAX（列名）用于求某一列值中的最大值。 （√）

43. SQL 语句中,聚合函 MAX（列名）用于求某一列值中的最小值。 （×）

44. SQL 语句中,聚合函 MIN（列名）用于求某一列值的平均值。 （×）

45. SQL 语句中,聚合函 MIN（列名）用于求某一列值的总和。 （×）

46. SQL 语句中,聚合函 MIN（列名）用于求某一列值中的最大值。 （×）

47. SQL 语句中,聚合函 MIN（列名）用于求某一列值中的最小值。 （√）

48. SQL 语句中,聚合函 SUM（列名）用于求某一列值的平均值（注：此列值是数值型）。

（×）

49. SQL 语句中,聚合函 SUM（列名）用于求某一列值的总和（注：此列值是数值型）。

（√）

50. SQL 语句中,聚合函 SUM（列名）用于求某一列值中的最大值（注：此列值是数值型）。

（×）

51. SQL 语句中,聚合函 SUM（列名）用于求某一列值中的最小值（注：此列值是数值型）。

（×）

52. SQL 语句中,聚合函数 COUNT（＊）用于对某一列中的值计算个数。 （×）

53. SQL 语句中,聚合函数 COUNT（＊）用于统计表内所有非空数据的个数。 （×）

54. SQL 语句中,聚合函数 COUNT（＊）用于统计属性个数（列数）。 （×）

55. SQL 语句中,聚合函数 COUNT（＊）用于统计元组个数（行数）。 （√）

56. SQL 语句中,数据插入的语句是 CREATE 语句。 （×）

57. SQL 语句中,数据插入的语句是 DELETE 语句。 （×）

58. SQL 语句中,数据插入的语句是 INSERT 语句。 （√）

59. SQL 语句中,数据插入的语句是 UPDATE 语句。 （×）

60. SQL 语句中,数据删除的语句是 CREATE 语句。 （×）

61. SQL 语句中，数据删除的语句是 DELETE 语句。 （√）

62. SQL 语句中，数据删除的语句是 INSERT 语句。 （×）

63. SQL 语句中，数据删除的语句是 UPDATE 语句。 （×）

64. SQL 语句中，数据修改的语句是 CREATE 语句。 （×）

65. SQL 语句中，数据修改的语句是 DELETE 语句。 （×）

66. SQL 语句中，数据修改的语句是 INSERT 语句。 （×）

67. SQL 语句中，数据修改的语句是 UPDATE 语句。 （√）

68. SQL 的主要功能就是同各种数据库建立联系，进行沟通。 （√）

69. SQL 中 SELECT 语句可以让用户按照自己的需要选择任意列，还可以使用通配符"$"来设定返回表格中的所有列。 （×）

70. SQL 中 SELECT 语句可以让用户按照自己的需要选择任意列，还可以使用通配符"%"来设定返回表格中的所有列。 （×）

71. SQL 中 SELECT 语句可以让用户按照自己的需要选择任意列，还可以使用通配符"*"来设定返回表格中的所有列。 （√）

72. SQL 中 SELECT 语句可以让用户按照自己的需要选择任意列，还可以使用通配符"|"来设定返回表格中的所有列。 （×）

73. SQL 中 SELECT 语句中位于 FROM 关键词之后的表格名称用来决定将要进行查询操作的目标表格。 （√）

74. SQL 中 SELECT 语句中位于 FROM 关键词之后的表格名称用来决定将要进行查询操作的数据库。 （×）

75. SQL 中 SELECT 语句中位于 FROM 关键词之后的列名称用来决定将要进行查询操作的目标表格。 （×）

76. SQL 中 SELECT 语句中位于 FROM 关键词之后的列名称用来决定将要进行查询操作的目标表格所对应的列。 （×）

77. SQL 中 SELECT 语句中位于 FROM 关键词之后的列名称用来决定将要进行查询操作的数据库。 （×）

78. SQL 中 SELECT 语句中位于 SELECT 关键词之后的列名用来决定哪些表将作为查询结果返回。 （×）

79. SQL 中 SELECT 语句中位于 SELECT 关键词之后的列名用来决定哪些行将作为查询结果返回。 （×）

80. SQL 中 SELECT 语句中位于 SELECT 关键词之后的列名用来决定哪些列将作为查询结果返回。 （√）

81. SQL 中 SELECT 语句中位于 SELECT 关键词之后的列名用来决定哪些子集将作为查询结果返回。 （×）

82. SQL 中，BIGINT 数据类型存储从 -2^{15} 到 $2^{15}-1$ 之间的所有正负整数。每个 BIGINT 类型的数据占用 2 字节的存储空间。 （×）

83. SQL 中，BIGINT 数据类型存储从 -2^{31} 到 $2^{31}-1$ 之间的所有正负整数。每个 BIGINT 类型的数据占用 4 字节的存储空间。 （×）

84. SQL 中，BIGINT 数据类型存储从 -2^{63} 到 $2^{63}-1$ 之间的所有正负整数。每个 BIGINT 类型的数据占用 8 字节的存储空间。 （√）

85. SQL 中，BIGINT 数据类型存储从 -2^7 到 2^7-1 之间的所有正负整数。每个 BIGINT 类型的数据占用 1 字节的存储空间。 （×）

86. SQL 中，BINARY（n）类型数据占用 $2n$ 字节的存储空间。 （×）

87. SQL 中，BINARY（n）类型数据占用 $n+4$ 字节的存储空间。 （√）

88. SQL 中，BINARY（n）类型数据占用 $n+8$ 字节的存储空间。 （×）

89. SQL 中，BINARY（n）类型数据占用 n 字节的存储空间。 （×）

90. SQL 中，BINARY（n）数据类型在输入数据时必须在数据前加上字符"00"作为二进制标识。 （×）

91. SQL 中，BINARY（n）数据类型在输入数据时必须在数据前加上字符"0x"作为二进制标识。 （√）

92. SQL 中，BINARY（n）数据类型在输入数据时必须在数据前加上字符"6801"作为二进制标识。 （×）

93. SQL 中，BINARY（n）数据类型在输入数据时必须在数据前加上字符"ff"作为二进制标识。 （×）

94. SQL 中，BINARY 数据类型用于存储二进制数据。其定义形式为 BINARY（n），n 表示数据的长度，取值为 1 到 4096。 （×）

95. SQL 中，BINARY 数据类型用于存储二进制数据。其定义形式为 BINARY（n），n 表示数据的长度，取值为 1 到 8000。 （√）

96. SQL 中，BINARY 数据类型用于存储二进制数据。其定义形式为 BINARY（$n+4$），n 表示数据的长度，取值为 1 到 8000。 （×）

97. SQL 中，BIT 类型的数据不能定义为 NULL 值。 （√）

98. SQL 中，BIT 类型的数据存储内容取决于其空间大小。 （×）

99. SQL 中，BIT 类型的数据可以为 0、1 或 NULL。 （×）

100. SQL 中，BIT 类型的数据可以为任何值。 （×）

101. SQL 中，CHAR 数据类型存储的每个字符占 1 字节的存储空间。 （√）

102. SQL 中，CHAR 数据类型存储的每个字符占 2 字节的存储空间。 （×）

103. SQL 中，CHAR 数据类型存储的每个字符占 3 字节的存储空间。 （×）

104. SQL 中，CHAR 数据类型存储的每个字符占 4 字节的存储空间。 （×）

105. SQL 中，CHAR 数据类型的定义形式为 CHAR（n），n 表示所有字符所占的存储空间，n 的取值为 1 到 2000，即可容纳 n 个 ANSI 字符。 （×）

106. SQL 中，CHAR 数据类型的定义形式为 CHAR（n），n 表示所有字符所占的存储空间，n 的取值为 1 到 4000，即可容纳 n 个 ANSI 字符。 （×）

107. SQL 中，CHAR 数据类型的定义形式为 CHAR（n），n 表示所有字符所占的存储空间，n 的取值为 1 到 8000，即可容纳 n 个 ANSI 字符。 （√）

108. SQL 中，CHAR 数据类型的定义形式为 CHAR（n），n 表示所有字符所占的存储空间，n 的取值为 32，即可容纳 n 个 ANSI 字符。 （×）

109. SQL 中，DATETIME 数据类型所占用的存储空间后 4 字节用于存储从此日零时起所指定的时间经过的分钟数。 （×）

110. SQL 中，DATETIME 数据类型所占用的存储空间后 4 字节用于存储从此日零时起所指定的时间经过的毫秒数。 （√）

111. SQL 中，DATETIME 数据类型所占用的存储空间后 4 字节用于存储从此日零时起所指定的时间经过的秒数。　　　　　　　　　　　　　　　　　　　　　　　　（×）

112. SQL 中，DATETIME 数据类型所占用的存储空间后 4 字节用于存储从此日零时起所指定的时间经过的小时数。　　　　　　　　　　　　　　　　　　　　　　　（×）

113. SQL 中，DATETIME 数据类型所占用的存储空间前 4 字节用于存储公元 1753 年 1 月 1 日以前或以后的天数，数值分正负，正数表示在此日期之后的日期，负数表示在此日期之前的日期。　　　　　　　　　　　　　　　　　　　　　　　　　　　　　　（×）

114. SQL 中，DATETIME 数据类型所占用的存储空间前 4 字节用于存储公元 1900 年 1 月 1 日以前或以后的天数，数值分正负，正数表示在此日期之后的日期，负数表示在此日期之前的日期。　　　　　　　　　　　　　　　　　　　　　　　　　　　　　　（√）

115. SQL 中，DATETIME 数据类型所占用的存储空间前 4 字节用于存储公元 1 年 1 月 1 日以前或以后的天数，数值分正负，正数表示在此日期之后的日期，负数表示在此日期之前的日期。　　　　　　　　　　　　　　　　　　　　　　　　　　　　　　（×）

116. SQL 中，DATETIME 数据类型所占用的存储空间前 4 字节用于存储公元 2000 年 1 月 1 日以前或以后的天数，数值分正负，正数表示在此日期之后的日期，负数表示在此日期之前的日期。　　　　　　　　　　　　　　　　　　　　　　　　　　　　　　（×）

117. SQL 中，DATETIME 数据类型所占用的存储空间为 2 字节。　　　　　　（×）

118. SQL 中，DATETIME 数据类型所占用的存储空间为 4 字节。　　　　　　（×）

119. SQL 中，DATETIME 数据类型所占用的存储空间为 6 字节。　　　　　　（×）

120. SQL 中，DATETIME 数据类型所占用的存储空间为 8 字节。　　　　　　（√）

121. SQL 中，DATETIME 数据类型用于存储从公元 1753 年 1 月 1 日零时起到公元 9999 年 12 月 31 日 23 时 59 分 59 秒之间的所有日期和时间。　　　　　　　　　　　（√）

122. SQL 中，DATETIME 数据类型用于存储从公元 1900 年 1 月 1 日零时起到公元 9999 年 12 月 31 日 23 时 59 分 59 秒之间的所有日期和时间。　　　　　　　　　　　（×）

123. SQL 中，DATETIME 数据类型用于存储从公元 1 年 1 月 1 日零时起到公元 9999 年 12 月 31 日 23 时 59 分 59 秒之间的所有日期和时间。　　　　　　　　　　　　　（×）

124. SQL 中，DATETIME 数据类型用于存储从公元 2000 年 1 月 1 日零时起到公元 9999 年 12 月 31 日 23 时 59 分 59 秒之间的所有日期和时间。　　　　　　　　　　　（×）

125. SQL 中，DECIMAL 数据类型可以提供小数所需要的实际存储空间，但有一定的限制，可以用 2～16 字节来存储从数值。　　　　　　　　　　　　　　　　　　（×）

126. SQL 中，DECIMAL 数据类型可以提供小数所需要的实际存储空间，但有一定的限制，可以用 2～17 字节来存储从数值。　　　　　　　　　　　　　　　　　　（√）

127. SQL 中，DECIMAL 数据类型可以提供小数所需要的实际存储空间，但有一定的限制，可以用 4～16 字节来存储从数值。　　　　　　　　　　　　　　　　　　（×）

128. SQL 中，DECIMAL 数据类型可以提供小数所需要的实际存储空间，但有一定的限制，可以用 4～17 字节来存储从数值。　　　　　　　　　　　　　　　　　　（×）

129. SQL 中，FLOAT 数据类型范围为从 $-1.79 \times 10^{-18} \sim 1.79 \times 10^{-18}$。　　　（×）

130. SQL 中，FLOAT 数据类型范围为从 -1.79×10^{-308} 到 1.79×10^{308}。　　　（√）

131. SQL 中，FLOAT 数据类型范围为从 -1.79×10^{-308} 到 1.79×10^{310}。　　　（×）

132. SQL 中，FLOAT 数据类型范围为从 -1.79×10^{-308} 到 1.79×10^{311}。　　　（×）

133. SQL 中，FLOAT 数据类型可精确到第 15 位小数。 （√）

134. SQL 中，FLOAT 数据类型可精确到第 16 位小数。 （×）

135. SQL 中，FLOAT 数据类型可精确到第 17 位小数。 （×）

136. SQL 中，FLOAT 数据类型可精确到第 18 位小数。 （×）

137. SQL 中，FLOAT 数据类型可写为 FLOAT[n]的形式。n 指定 FLOAT 数据的精度。n 为 1～53 之间的整数值。当 n 取 1～24 时，实际上是定义了一个 FLOAT 类型的数据，系统用 8 字节存储它。 （×）

138. SQL 中，FLOAT 数据类型可写为 FLOAT[n]的形式。n 指定 FLOAT 数据的精度。n 为 1～53 之间的整数值。当 n 取 1～24 时，实际上是定义了一个 REAL 类型的数据，系统用 4 字节存储它。 （√）

139. SQL 中，FLOAT 数据类型可写为 FLOAT[n]的形式。n 指定 FLOAT 数据的精度。n 为 1～53 之间的整数值。当 n 取 25～53 时，系统认为其是 FLOAT 类型，用 8 字节存储它。 （√）

140. SQL 中，FLOAT 数据类型可写为 FLOAT[n]的形式。n 指定 FLOAT 数据的精度。n 为 1～53 之间的整数值。当 n 取 25～53 时，系统认为其是 REAL 类型，用 4 字节存储它。 （×）

141. SQL 中，INT（或 INTEGER）数据类型存储从 -2^{15}～$2^{15}-1$ 之间的所有正负整数。每个 INT 类型的数据按 2 字节存储。 （×）

142. SQL 中，INT（或 INTEGER）数据类型存储从 -2^{15}～$2^{15}-1$ 之间的所有正负整数。每个 INT 类型的数据按 4 字节存储。 （×）

143. SQL 中，INT（或 INTEGER）数据类型存储从 -2^{31}～$2^{31}-1$ 之间的所有正负整数。每个 INT 类型的数据按 2 字节存储。 （×）

144. SQL 中，INT（或 INTEGER）数据类型存储从 -2^{31}～$2^{31}-1$ 之间的所有正负整数。每个 INT 类型的数据按 4 字节存储。 （√）

145. SQL 中，NCHAR 数据类型采用 ASCII 字符集。 （×）

146. SQL 中，NCHAR 数据类型采用 BIG5 字符集。 （×）

147. SQL 中，NCHAR 数据类型采用 GB2312 字符集。 （×）

148. SQL 中，NCHAR 数据类型采用 UNICODE 标准字符集。 （√）

149. SQL 中，NCHAR 数据类型存储的每个字符占 1 字节的存储空间。 （×）

150. SQL 中，NCHAR 数据类型存储的每个字符占 2 字节的存储空间。 （√）

151. SQL 中，NCHAR 数据类型存储的每个字符占 4 字节的存储空间。 （×）

152. SQL 中，NCHAR 数据类型存储的每个字符占 8 字节的存储空间。 （×）

153. SQL 中，NCHAR 数据类型的定义形式为 NCHAR（n）。n 表示所有字符所占的存储空间，n 的取值为 1～2000，即可容纳 n 个 UNICODE 字符。 （×）

154. SQL 中，NCHAR 数据类型的定义形式为 NCHAR（n）。n 表示所有字符所占的存储空间，n 的取值为 1～4000，即可容纳 n 个 UNICODE 字符。 （√）

155. SQL 中，NCHAR 数据类型的定义形式为 NCHAR（n）。n 表示所有字符所占的存储空间，n 的取值为 1～8000，即可容纳 n 个 UNICODE 字符。 （×）

156. SQL 中，NCHAR 数据类型的定义形式为 NCHAR（n）。n 表示所有字符所占的存储空间，n 的取值为 32，即可容纳 n 个 UNICODE 字符。 （×）

157. SQL 中，REAL 数据类型范围为从$-1.79\times10^{-18}\sim1.79\times10^{-18}$。（×）

158. SQL 中，REAL 数据类型范围为从$-1.79\times10^{-308}\sim1.79\times10^{308}$。（×）

159. SQL 中，REAL 数据类型范围为从$-10^{38}-1\sim10^{38}-1$。（×）

160. SQL 中，REAL 数据类型范围为从-3.40×10^{-38}到3.40×10^{38}。（√）

161. SQL 中，REAL 数据类型可精确到第 10 位小数。（×）

162. SQL 中，REAL 数据类型可精确到第 7 位小数。（√）

163. SQL 中，REAL 数据类型可精确到第 8 位小数。（×）

164. SQL 中，REAL 数据类型可精确到第 9 位小数。（×）

165. SQL 中，SMALLDATETIME 数据类型所占用的存储空间后 2 字节用于存储从此日零时起所指定的时间经过的分钟数。（√）

166. SQL 中，SMALLDATETIME 数据类型所占用的存储空间后 2 字节用于存储从此日零时起所指定的时间经过的毫秒数。（×）

167. SQL 中，SMALLDATETIME 数据类型所占用的存储空间后 2 字节用于存储从此日零时起所指定的时间经过的秒数。（×）

168. SQL 中，SMALLDATETIME 数据类型所占用的存储空间后 2 字节用于存储从此日零时起所指定的时间经过的小时数。（×）

169. SQL 中，SMALLDATETIME 数据类型所占用的存储空间前 2 字节用于存储公元 1753 年 1 月 1 日以前或以后的天数，数值分正负，正数表示在此日期之后的日期，负数表示在此日期之前的日期。（×）

170. SQL 中，SMALLDATETIME 数据类型所占用的存储空间前 2 字节用于存储公元 1900 年 1 月 1 日以前或以后的天数，数值分正负，正数表示在此日期之后的日期，负数表示在此日期之前的日期。（√）

171. SQL 中，SMALLDATETIME 数据类型所占用的存储空间前 2 字节用于存储公元 1 年 1 月 1 日以前或以后的天数，数值分正负，正数表示在此日期之后的日期，负数表示在此日期之前的日期。（×）

172. SQL 中，SMALLDATETIME 数据类型所占用的存储空间前 2 字节用于存储公元 2000 年 1 月 1 日以前或以后的天数，数值分正负，正数表示在此日期之后的日期，负数表示在此日期之前的日期。（×）

173. SQL 中，SMALLDATETIME 数据类型所占用的存储空间为 2 字节。（×）

174. SQL 中，SMALLDATETIME 数据类型所占用的存储空间为 4 字节。（√）

175. SQL 中，SMALLDATETIME 数据类型所占用的存储空间为 6 字节。（×）

176. SQL 中，SMALLDATETIME 数据类型所占用的存储空间为 8 字节。（×）

177. SQL 中，SMALLDATETIME 数据类型用于存储从公元 1753 年 1 月 1 日零时起到 2079 年 6 月 6 日之间的所有日期和时间。（×）

178. SQL 中，SMALLDATETIME 数据类型用于存储从公元 1900 年 1 月 1 日零时起到 2079 年 6 月 6 日之间的所有日期和时间。（√）

179. SQL 中，SMALLDATETIME 数据类型用于存储从公元 1 年 1 月 1 日零时起到 2079 年 6 月 6 日之间的所有日期和时间。（×）

180. SQL 中，SMALLDATETIME 数据类型用于存储从公元 2000 年 1 月 1 日零时起到 2079 年 6 月 6 日之间的所有日期和时间。（×）

181. SQL 中，SMALLINT 数据类型存储从 -2^{15}～$2^{15}-1$ 之间的所有正负整数。每个 SMALLINT 类型的数据占用 2 字节的存储空间。 （√）

182. SQL 中，SMALLINT 数据类型存储从 -2^{31}～$2^{31}-1$ 之间的所有正负整数。每个 SMALLINT 类型的数据占用 2 字节的存储空间。 （×）

183. SQL 中，SMALLINT 数据类型存储从 -2^{31}～$2^{31}-1$ 之间的所有正负整数。每个 SMALLINT 类型的数据占用 4 字节的存储空间。 （×）

184. SQL 中，SMALLINT 数据类型存储从 -2^7 到 2^7-1 之间的所有正负整数。每个 SMALLINT 类型的数据占用 1 字节的存储空间。 （×）

185. SQL 中，TINYINT 数据类型存储从 0～255 之间的所有正整数。每个 TINYINT 类型的数据占用 1 字节的存储空间。 （√）

186. SQL 中，TINYINT 数据类型存储从 -128～127 之间的所有正整数。每个 TINYINT 类型的数据占用 1 字节的存储空间。 （×）

187. SQL 中，TINYINT 数据类型存储从 -2^{15}～$2^{15}-1$ 之间的所有正整数。每个 TINYINT 类型的数据占用 2 字节的存储空间。 （×）

188. SQL 中，TINYINT 数据类型存储从 -2^{31} 到 $2^{31}-1$ 之间的所有正整数。每个 TINYINT 类型的数据占用 4 字节的存储空间。 （×）

189. SQL 中，VARCHAR 和 NVARCHAR 可以存储的字符都是 1～8000 个。 （×）

190. SQL 中，大部分时候由于 CHAR 数据类型长度固定，因此它比 VARCHAR 类型的处理速度快。 （√）

191. SQL 中，基本表是实际存储在数据库的表。 （√）

192. SQL 中，聚合函数 AVG（列名）不会忽略空值（NULL）。 （×）

193. SQL 中，聚合函数 AVG（列名）会自动忽略空值（NULL）。 （√）

194. SQL 中，聚合函数 COUNT（*）不会忽略空值（NULL）。 （√）

195. SQL 中，聚合函数 MAX（列名）不会忽略空值（NULL）。 （×）

196. SQL 中，聚合函数 MIN（列名）不会忽略空值（NULL）。 （×）

197. SQL 中，聚合函数 SUM（列名）不会忽略空值（NULL）。 （×）

198. SQL 中，逻辑数据类型 BIT 数据类型占用 16 字节的存储空间，其值为 0 或 1。 （×）

199. SQL 中，逻辑数据类型 BIT 数据类型占用 1 字节的存储空间，其值为 0 或 1。 （√）

200. SQL 中，逻辑数据类型 BIT 数据类型占用 2 字节的存储空间，其值为 0 或 1。 （×）

201. SQL 中，逻辑数据类型 BIT 数据类型占用 4 字节的存储空间，其值为 0 或 1。 （×）

202. SQL 中，删除视图使用 CLEAR 命令。 （×）

203. SQL 中，删除视图使用 DELETE 命令。 （×）

204. SQL 中，删除视图使用 DROP 命令。 （√）

205. SQL 中，删除视图使用 HUNT 命令。 （×）

206. SQL 中，视图是实际存储在数据库的表。 （×）

207. SQL 中，视图是由若干基本表或其他视图构成的表的定义。 （√）

208. SQL 中，系统处理 CHAR 数据类型的速度比处理 VARCHAR 类型的速度慢。 （×）

209. SQL 中，一个表可以是一个基本表。 （√）

210. SQL 中，一个表可以是一个基本表或视图。 （√）

211. SQL 中，一个表可以是一个链接。 （×）

212. SQL 中，一个表可以是一个内存指针。 （×）

213. SQL 中，一个表可以是一个视图。 （√）

214. SQL 中，由于 NVARCHAR 使用的是 UNICODE 字符集，因此可以表达的视觉符号数量比 VARCHAR 类型的多。 （√）

215. SQL 中，由于 NVARCHAR 使用的是 UNICODE 字符集，因此可以存储的字符数量比 VARCHAR 类型的少。 （√）

216. SQL 中，在使用 BINARY（n）类型数据时必须指定其大小，至少为 16 字节。 （×）

217. SQL 中，在使用 BINARY（n）类型数据时必须指定其大小，至少为 1 字节。 （√）

218. SQL 中，在使用 BINARY（n）类型数据时必须指定其大小，至少为 2 字节。 （×）

219. SQL 中，在使用 BINARY（n）类型数据时必须指定其大小，至少为 4 字节。 （×）

220. SQL 中保证数据安全性的主要方法是通过对密钥的控制来防止非法使用数据库中的数据。 （×）

221. SQL 中保证数据安全性的主要方法是通过对数据库存取权力的控制来防止非法使用数据库中的数据。 （√）

222. SQL 中保证数据安全性的主要方法是通过对数据库访问方式的控制来防止非法使用数据库中的数据。 （×）

223. SQL 中保证数据安全性的主要方法是通过对用户名的控制来防止非法使用数据库中的数据。 （×）

224. SQL 中数据的安全性是指保护数据库，以防非法使用造成数据泄露和破坏。 （√）

225. SQL 中数据的并发性是指保护数据库，以防非法使用造成数据泄露和破坏。 （×）

226. SQL 中数据的完整性是指保护数据库，以防非法使用造成数据泄露和破坏。 （×）

227. SYSDBA 用户不是 ORACLE 默认安装后就存在的用户。 （√）

228. SYSTEM 用户是 ORACLE 默认安装后就存在的用户。 （√）

229. SYS 用户不是 ORACLE 默认安装后就存在的用户。 （×）

230. 保护数据库，防止未经授权或不合法的使用造成的数据泄漏、非法更改或破坏，这是指数据的安全性。 （√）

231. 达梦数据库品牌中是国产品牌。 （√）

232. 达梦数据库中 CHAR 数据类型的最大长度由数据库页面大小决定，当页面大小为 16K 时，CHAR 类型的最大长度为 8000。 （√）

233. 达梦数据库中 CHAR 数据类型的最大长度由数据库页面大小决定，当页面大小为 32K 时，CHAR 类型的最大长度为 8188。 （√）

234. 达梦数据库中 CHAR 数据类型的最大长度由数据库页面大小决定，当页面大小为 4K 时，CHAR 类型的最大长度为 1900。 （√）

235. 达梦数据库中 CHAR 数据类型的最大长度由数据库页面大小决定，当页面大小为 4K 时，CHAR 类型的最大长度为 8000。 （×）

236. 达梦数据库中 CHAR 数据类型的最大长度由数据库页面大小决定，当页面大小为 8K 时，CHAR 类型的最大长度为 3900。 （√）

237. 当多个用户并行操作数据库时，需要通过并发控制对它们加以协调、控制，以保证并发操作的正确执行，并保证数据库的一致性。 （√）

238. 当多个用户连续操作数据库时，需要通过并发控制对它们加以协调、控制，以保证并发操作的正确执行，并保证数据库的一致性。　　　　　　　　　　　　（×）

239. 当多个用户依次操作数据库时，需要通过并发控制对它们加以协调、控制，以保证并发操作的正确执行，并保证数据库的一致性。　　　　　　　　　　　　（×）

240. 定义视图可以使用 CREATE VIEW 语句实现，其语句格式为 CREATE VIEW <视图名> <WHERE 语句>。　　　　　　　　　　　　　　　　　　　　　（×）

241. 定义视图可以使用 CREATE VIEW 语句实现，其语句格式为 CREATE VIEW <视图名> AS <SELECT 语句>。　　　　　　　　　　　　　　　　　　　　（√）

242. 定义视图可以使用 CREATE VIEW 语句实现，其语句格式为 CREATE VIEW <视图名>。　　　　　　　　　　　　　　　　　　　　　　　　　　　　　（×）

243. 定义视图可以使用 CREATE VIEW 语句实现，其语句格式为 CREATE VIEW.<视图名> AS <SELECT 语句>。　　　　　　　　　　　　　　　　　　　（×）

244. 公司中有多个部门和多名职员，每个职员只能属于一个部门，一个部门可以有多名职员，从职员到部门的联系类型是多对多。　　　　　　　　　　　　　（×）

245. 公司中有多个部门和多名职员，每个职员只能属于一个部门，一个部门可以有多名职员，从职员到部门的联系类型是多对一。　　　　　　　　　　　　　（√）

246. 公司中有多个部门和多名职员，每个职员只能属于一个部门，一个部门可以有多名职员，从职员到部门的联系类型是一对多。　　　　　　　　　　　　　（×）

247. 公司中有多个部门和多名职员，每个职员只能属于一个部门，一个部门可以有多名职员，从职员到部门的联系类型是一对一。　　　　　　　　　　　　　（×）

248. 后援副本用来记录对数据库中数据进行的每一次更新操作。　　　　（×）

249. 缓冲区用来记录对数据库中数据进行的每一次更新操作。　　　　　（×）

250. 甲骨文数据库是国产品牌。　　　　　　　　　　　　　　　　　（×）

251. 排序查询是指将查询结果按指定属性的升序（ASC）或降序（DESC）排列，由 ASC BY 子句指明。　　　　　　　　　　　　　　　　　　　　　　　　　（×）

252. 排序查询是指将查询结果按指定属性的升序（ASC）或降序（DESC）排列，由 DESC BY 子句指明。　　　　　　　　　　　　　　　　　　　　　　　　（×）

253. 排序查询是指将查询结果按指定属性的升序（ASC）或降序（DESC）排列，由 ORDER BY 子句指明。　　　　　　　　　　　　　　　　　　　　　　　（√）

254. 日志文件用来记录对数据库中数据进行的每一次更新操作。　　　　（√）

255. 使用 SQL 语句创建数据库的表时，必须由用户指定是否允许为空。　（×）

256. 使用 SQL 语句创建数据库的表时，系统可以不明确是否允许为空，在后期数据维护时再由用户指定。　　　　　　　　　　　　　　　　　　　　　　　（×）

257. 使用 SQL 语句创建数据库的表时，系统默认数据不允许为空值（NOT NULL）。　　　　　　　　　　　　　　　　　　　　　　　　　　　　　　　　（×）

258. 使用 SQL 语句创建数据库的表时，系统默认数据允许为空值（NULL）。　（√）

259. 数据更新操作仅能在基本表上进行，在视图上无法操作。　　　　（×）

260. 数据更新操作可在任何基本表和视图上进行，并且不受任何限制。　（×）

261. 数据更新操作可在任何基本表上进行，但在视图上有所限制。　　（√）

262. 数据更新操作可在任何基本表上进行，在视图上没有限制。　　　（×）

263. 数据更新操作可在任何基本表上进行，在视图上无法进行。 （×）

264. 数据更新操作可在任何基本表上进行，在视图上有所限制。 （√）

265. 数据库（DB）、数据库系统（DBS）和数据库管理系统（DBMS）三者之间的关系是 DBMS 包括 DB 和 DBS。 （×）

266. 数据库（DB）、数据库系统（DBS）和数据库管理系统（DBMS）三者之间的关系是 DBS 包括 DB 和 DBMS。 （√）

267. 数据库（DB）、数据库系统（DBS）和数据库管理系统（DBMS）三者之间的关系是 DBS 就是 DB，也就是 DBMS。 （×）

268. 数据库（DB）、数据库系统（DBS）和数据库管理系统（DBMS）三者之间的关系是 DB 包括 DBS 和 DBMS。 （×）

269. 数据库管理系统能实现对数据库中数据的查询、插入、修改和删除，这类功能称为数据操纵功能。 （√）

270. 数据库管理系统能实现对数据库中数据的查询、插入、修改和删除，这类功能称为数据定义功能。 （×）

271. 数据库管理系统能实现对数据库中数据的查询、插入、修改和删除，这类功能称为数据管理功能。 （×）

272. 数据库管理系统能实现对数据库中数据的查询、插入、修改和删除，这类功能称为数据控制功能。 （×）

273. 数据库中，事务的原子性是指事务必须使数据库从一个一致性状态变到另一个一致性状态。 （×）

274. 数据库中，事务的原子性是指事务一旦提交，对数据库的改变是永久的。 （×）

275. 数据库中，事务的原子性是指事务中包括的所有操作要么都做，要么都不做。 （√）

276. 数据库中，事务的原子性是指一个事务内部的操作及使用的数据对并发的其他事务是隔离的。 （×）

277. 数据库中，事务是并发控制的基本单位，也是恢复的基本单位。 （√）

278. 数据库中，数据的物理独立性是指数据库与数据库管理系统的相互独立。 （×）

279. 数据库中，数据的物理独立性是指用户的应用程序与存储在磁盘上的数据库中的数据相互独立。 （√）

280. 数据库中，完整性控制的主要目的是防止过长数据存入数据库。 （×）

281. 数据库中，完整性控制的主要目的是防止语义上不正确的数据进入数据库。 （√）

282. 数据库中，完整性控制的主要目的是确保数据库内没有空数据。 （×）

283. 数据库中，完整性控制的主要目的是确保数据库内没有无用数据。 （×）

284. 数据库中，一个基本表可以跨一个或多个存储文件，一个存储文件也可存放一个或多个基本表。每个存储文件与外部存储上一个物理文件对应。 （√）

285. 数据库作为共享资源，允许多个用户程序并行地存取数据。 （√）

286. 为提高效率，关系数据库系统必须将数据规范化到最高范式。 （×）

287. 为提高效率，关系数据库系统必须进行查询优化处理。 （√）

288. 为提高效率，关系数据库系统必须进行定义视图。 （×）

289. 为提高效率，关系数据库系统必须进行建立索引。 （×）

290. 文件系统与数据库系统的最大区别是数据结构化。 （√）

291. 文件系统与数据库系统的最大区别是数据冗余。 （×）

292. 系统在对数据库操作前，先核实相应用户是否有权在相应数据上进行所要求的操作。 （√）

293. 一个 SQL 表由行集构成，一行是列的序列（集合），每列与行对应一个连接。 （×）

294. 一个 SQL 表由行集构成，一行是列的序列（集合），每列与行对应一个数据项。 （√）

295. 一个 SQL 表由行集构成，一行是列的序列（集合），每列与行对应一个文件。 （×）

296. 一个 SQL 数据库是表（table）的集合，它由一个或多个 SQL 模式定义。 （√）

297. 一个 SQL 数据库是行（row）的集合，它由一个或多个 SQL 模式定义。 （×）

298. 一个 SQL 数据库是列（column）的集合，它由一个或多个 SQL 模式定义。 （×）

299. 一个 SQL 数据库是文件（file）的集合，它由一个或多个 SQL 模式定义。 （×）

300. 用于事务回滚的 SQL 语句是 COMMIT。 （×）

301. 用于事务回滚的 SQL 语句是 GRANT 和 REVOKE。 （×）

302. 用于事务回滚的 SQL 语句是 ROLLBACK。 （√）

303. 由于数据库管理系统是一个多用户系统，为了控制用户对数据的存取权利，保持数据的共享及完全性，SQL 语言提供了一系列的数据控制功能。其中，主要包括安全性控制、完整性控制、事务控制和并发控制。 （√）

304. 在 SQL 中，FIND 语句主要被用来对数据库进行查询并返回符合用户查询标准的结果数据。 （×）

305. 在 SQL 中，SEARCH 语句主要被用来对数据库进行查询并返回符合用户查询标准的结果数据。 （×）

306. 在 SQL 中，SELECT 语句主要被用来对数据库进行查询并返回符合用户查询标准的结果数据。 （√）

307. 在 SQL 中，表有严格的定义，它是一种二维表。 （√）

308. 在 SQL 中，表有严格的定义，它是一种立体表。 （×）

309. 在 SQL 中，表有严格的定义，它是一种三维表。 （×）

310. 在 SQL 中，表有严格的定义，它是一种一维表。 （×）

311. 在 SQL 中，数据的插入操作只能是单元组逐一插入。 （×）

312. 在 SQL 中，并发控制采用封锁技术实现，当一个事务欲对某个数据对象操作时，可申请对该对象加锁，取得对数据对象的一定控制，以限制其他事务对该对象的操作。 （√）

313. 在 SQL 中，并发控制采用固定技术实现，当一个事务欲对某个数据对象操作时，可申请对该对象加锁，取得对数据对象的一定控制，以限制其他事务对该对象的操作。 （×）

314. 在 SQL 中，并发控制采用实时技术实现，当一个事务欲对某个数据对象操作时，可申请对该对象加锁，取得对数据对象的一定控制，以限制其他事务对该对象的操作。 （×）

315. 在 SQL 中，传统关系模型的存储模式（内模式）称为存储文件。 （√）

316. 在 SQL 中，传统关系模型的存储模式（内模式）称为基本表。 （×）

317. 在 SQL 中，传统关系模型的存储模式（内模式）称为内存文件。 （×）

318. 在 SQL 中，传统关系模型的存储模式（内模式）称为视图。 （×）

319. 在 SQL 中，传统关系模型的关系模式称为关系表。 （×）

320. 在 SQL 中，传统关系模型的关系模式称为基本表。 （√）

321. 在 SQL 中，传统关系模型的关系模式称为视图。 （×）

322. 在 SQL 中，传统关系模型的关系模式称为数据表。 （×）

323. 在 SQL 中，传统关系模型的元组称为行，属性称为列。 （√）

324. 在 SQL 中，传统关系模型的元组称为基本表，属性称为视图。 （×）

325. 在 SQL 中，传统关系模型的元组称为列，属性称为行。 （×）

326. 在 SQL 中，传统关系模型的元组称为视图，属性称为基本表。 （×）

327. 在 SQL 中，传统关系模型的子模式（外模式）称为存储文件。 （×）

328. 在 SQL 中，传统关系模型的子模式（外模式）称为基本表。 （×）

329. 在 SQL 中，传统关系模型的子模式（外模式）称为内存文件。 （×）

330. 在 SQL 中，传统关系模型的子模式（外模式）称为视图。 （√）

331. 在 SQL 中，视图是从一个或几个基本表中导出的表，是从现有基本表中抽取若干子集组成用户的"专用表"。 （√）

332. 在 SQL 中，视图是从一个或几个数据列中导出的表，是从现有数据列中抽取若干子集组成用户的"专用表"。 （×）

333. 在 SQL 中，要建立一个数据库"students"的命令是 CREATE DATABASE students。 （√）

334. 在 SQL 中，要建立一个数据库"students"的命令是 CREATE DATABASE.students。 （×）

335. 在 SQL 中，要建立一个数据库"students"的命令是 CREATE students。 （×）

336. 在 SQL 中，要建立一个数据库"students"的命令是 CREATE_DATABASE students。 （×）

337. 在 SQL 中，要删除一个数据库"students"的命令是 DELETE DATABASE students（假设 students 数据库已经存在）。 （×）

338. 在 SQL 中，要删除一个数据库"students"的命令是 DELETE DATABASE.students（假设 students 数据库已经存在）。 （×）

339. 在 SQL 中，要删除一个数据库"students"的命令是 DELETE_DATABASE students（假设 students 数据库已经存在）。 （×）

340. 在 SQL 中，要删除一个数据库"students"的命令是 DROP DATABASE students（假设 students 数据库已经存在）。 （√）

341. 在定义一个视图时，是把对应的数据直接存储在对应的视图中，用户可以通过读取视图直接对视图中的数据进行操作。 （×）

342. 在定义一个视图时，只是把其定义存放在系统的数据中，而并不直接存储视图对应的数据，直到用户使用视图时才去求得对应的数据。 （√）

343. 在定义一个视图时，只是把其链接存放在系统的数据中，而并不直接存储视图对应的数据，直到用户使用视图时才去求得对应的数据。 （×）

344. 在定义一个视图时，只是把其内存指针存放在系统的数据中，而并不直接存储视图对应的数据，直到用户使用视图时才去求得对应的数据。 （×）

345. 在定义一个视图时，只是把其内容存放在系统的数据中，而并不直接存储视图对应的数据，直到用户使用视图时才去求得对应的数据。 （×）

第二部分

厂站自动化技能知识

第六章 安 规

一、单项选择题

1. 电焊机的外壳必须可靠接地，接地电阻不得大于（ ）。 （A）

A. 4Ω   B. 5Ω   C. 6Ω

2. 潜水泵工作时，泵的周围（ ）以内水面不准有人进入。 （A）

A. 30m   B. 29m   C. 28m

3. 手持行灯电压不准超过（ ）。 （A）

A. 36V   B. 35V

4. 一级动火工作票的有效期为（ ），二级动火工作票的有效期为（ ）。 （A）

A. 24h，120h   B. 20h，120h

5. 在一经合闸即可送电到工作地点的断路器（开关）和隔离开关（刀开关）的操作把手上，均应悬挂（ ）的标示牌。 （A）

A. "禁止合闸，有人工作！"   B. "禁止分闸！"   C. "禁止合闸"

6. 部分停电的工作，安全距离小于设备不停电时的安全距离以内的未停电设备，应装设临时遮栏，并悬挂（ ）的标示牌。 （A）

A. "止步，高压危险！"   B. "在此工作"

7. 高压开关柜内手车开关拉出后，隔离带电部位的挡板封闭后禁止开启，并设置（ ）的标示牌。 （A）

A. "止步，高压危险！"   B. "禁止合闸！"

8. 直流换流站单极停电工作，应在双极公共区域设备与停电区域之间设置围栏，在围栏面向停电设备及运行阀厅门口悬挂（ ）标示牌。 （A）

A. "止步，高压危险！"   B. "从此上下！"   C. "在此工作！"

9. 工作人员工作中正常活动范围与10kV设备带电部分的安全距离为（ ）。 （A）

A. 0.35m   B. 1.0m   C. 0.7m

10. 成套接地线应由有透明护套的多股软铜线组成，其截面不得小于（ ），同时应满足装设地点短路电流的要求。 （A）

A. 25mm²   B. 35mm²   C. 50mm²

11. 电动工具的电气部分经维修后，应进行绝缘电阻测量及绝缘耐压试验，试验电压为（ ），试验时间为（ ）。 （A）

A. 380V，1min   B. 380V，2min

12. 电气工具和用具应由专人保管，每（ ）应由电气试验单位进行定期检查。 （A）

A. 6个月   B. 1年

13. 在带电的电压互感器二次回路上工作时，工作时应有专人监护，禁止将回路的（ ）接地点断开。 （A）

A. 安全　　　　　B. 工作　　　　　C. 临时

14. 在 35kV 及以下的设备处工作，安全距离虽大于工作人员工作中正常活动范围与设备带电部分的安全距离，但小于设备不停电时的安全距离，同时又无绝缘隔板、（　　）措施的设备，应停电。　　　　　　　　　　　　　　　　　　　　　　　　　　　　（A）

A. 安全遮拦　　　B. 安全网　　　　C. 警示牌

15. 对于可能送电至停电设备的各方面都应装设接地线或合上接地刀开关（装置），所装接地线与带电部分应考虑接地线（　　）仍符合安全距离的规定。　　　　　　（A）

A. 摆动时　　　　B. 移动时

16. 使用射钉枪、压接枪等爆发性工具时，除严格遵守说明书的规定外，还应遵守（　　）。
（A）

A. 爆破的有关规定　B. 有关规定

17. 高压设备上工作需要全部停电或部分停电者应填（　　）。　　　　　　　　　（A）

A. 变电站（发电厂）第一种工作票　　　B. 变电站（发电厂）第二种工作票
C. 变电站（发电厂）带电作业工作票　　D. 变电站（发电厂）事故应急抢修单

18. 在二次系统和照明灯回路上的工作，需要将高压设备停电者或做安全措施者应填
（　　）。　　　　　　　　　　　　　　　　　　　　　　　　　　　　　　　　　　（A）

A. 变电站（发电厂）第一种工作票　　　B. 变电站（发电厂）第二种工作票
C. 变电站（发电厂）带电作业工作票　　D. 变电站（发电厂）事故应急抢修单

19. 换流变压器、直流场设备及阀厅设备需要将高压直流系统或直流滤波器停用者应填
（　　）。　　　　　　　　　　　　　　　　　　　　　　　　　　　　　　　　　　（A）

A. 变电站（发电厂）第一种工作票　　　B. 变电站（发电厂）第二种工作票
C. 变电站（发电厂）带电作业工作票　　D. 变电站（发电厂）事故应急抢修单

20. 直流保护装置、通道和控制系统的工作，需要将高压直流系统停用者应填（　　）。
（A）

A. 变电站（发电厂）第一种工作票　　　B. 变电站（发电厂）第二种工作票
C. 变电站（发电厂）带电作业工作票　　D. 变电站（发电厂）事故应急抢修单

21. 换流阀冷却系统、阀厅空调系统、火灾报警系统及图像监视系统等工作，需要将高压直流系统停用者应填（　　）。　　　　　　　　　　　　　　　　　　　　　　　（A）

A. 变电站（发电厂）第一种工作票　　　B. 变电站（发电厂）第二种工作票
C. 变电站（发电厂）带电作业工作票　　D. 变电站（发电厂）事故应急抢修单

22. 其他工作需要将高压设备停电或要做安全措施者应填（　　）。　　　　　　　（A）

A. 变电站（发电厂）第一种工作票　　　B. 变电站（发电厂）第二种工作票
C. 变电站（发电厂）带电作业工作票　　D. 变电站（发电厂）事故应急抢修单

23. 接地线存放位置亦应编号，接地线号码与（　　）号码应一致。　　　　　　　（A）

A. 存放位置　　　B. 绝缘棒　　　　C. 接地点

24. 不准在（　　）上进行焊接。　　　　　　　　　　　　　　　　　　　　　　（A）

A. 带有压力的设备或带电的设备　　　　B. 带有压力的设备　C. 带电的设备

25. 不准（　　）抢大锤，周围不准有人靠近。　　　　　　　　　　　　　　　　（A）

A. 戴手套或用单手　B. 用单手　　　　C. 戴手套

26. 在重点防火部位和存放易燃易爆场所附近及存有易燃物品的容器上使用电、气焊时，

应严格执行（　　）的有关规定。　　　　　　　　　　　　　　　　　（A）

　　A. 动火工作　　　　B. 消防工作

27. 在防火重点部位或在场所以及禁止明火区动火作业，应填用（　　）。　（A）

　　A. 动火工作票　　　B. 工作票

28. 动火工作间断、终结时清理并检查现场无残留火种是（　　）的安全责任。　（A）

　　A. 动火执行人　　　B. 消防监护人

29. 在带电的电压互感器二次回路上工作时，严格防止（　　）或接地。　　（A）

　　A. 短路　　　　　　B. 开路　　　　　　C. 断线

30. 检验继电保护、安全自动装置、自动化监控系统和仪表的工作人员，在取得运行人员许可并在检修工作盘两侧开关把手上采取防误操作措施后，可拉合检修（　　）。　（A）

　　A. 断路器（开关）　B. 隔离开关（刀开关）

31. 潜水泵校对电源的相位，通电检查空载运转，防止（　　）。　　　　　（A）

　　A. 反转　　　　　　B. 断相

32. 变电站内外的电缆，在进入控制室、电缆夹层、控制柜、开关柜等处的电缆孔洞，应用（　　）严密封闭。　　　　　　　　　　　　　　　　　　　　　　　（A）

　　A. 防火材料　　　　B. 混凝土

33. 在户外变电站和高压室内搬动梯子、管子等长物，应两人（　　），并与带电部分保持足够的安全距离。　　　　　　　　　　　　　　　　　　　　　　　　（A）

　　A. 放倒搬运　　　　B. 直立搬运

34. 变电站内外工作场所的井、坑、孔、洞或沟道，应覆以与地面齐平而坚固的（　　）。

　　　　　　　　　　　　　　　　　　　　　　　　　　　　　　　　　　（A）

　　A. 盖板　　　　　　B. 井盖

35. 低压回路停电的安全措施之一：将检修设备的（　　）断开取下熔断器，在断路器或隔离开关操作把手上挂"禁止合闸，有人工作！"的标示牌。　　　　　　　　（A）

　　A. 各方面电源　　　B. 上级电源　　　C. 主电源

36. 一张工作票中，工作许可人与（　　）不得兼任。　　　　　　　　　　（A）

　　A. 工作负责人　　　B. 工作票签发人　　C. 运行人员

37. 变更工作负责人或增加工作任务，如（　　）无法当面办理，应通过电话联系，并在工作票登记簿和工作票上注明。　　　　　　　　　　　　　　　　　　　　（A）

　　A. 工作票签发人　　B. 工作负责人　　　C. 工作许可人

38. 工作必要性和安全性是（　　）的安全责任。　　　　　　　　　　　　（A）

　　A. 工作票签发人　　B. 工作负责人　　　C. 工作许可人

39. 本规程适用于运用中的发、输、变（包括特高压、高压直流）、配电和用户电气设备上及相关场所的（　　）（包括基建安装、农电人员），其他单位和相关人员参照执行。　（A）

　　A. 工作人员　　　　B. 管理者　　　　　C. 领导者

40. 试验工作结束后，按二次工作安全措施票逐项恢复同运行设备有关的接线，拆除临时接线，检查装置内无异物，屏面信号及各种装置状态正常，各相关压板及切换断路器位置恢复至（　　）时的状态。　　　　　　　　　　　　　　　　　　　　　　　　（A）

　　A. 工作许可　　　　B. 检修　　　　　　C. 运行

41. 动火作业（　　）后，应清理现场，确认无残留火种后，方可离开。　　（A）

A. 间断或终结　　　B. 间断

42. 第一、二种工作票和带电作业工作票的有效时间，以批准的（　　）为限。　（A）

A. 检修期　　　　B. 计划时间　　　　C. 送电时间

43. 装、拆（　　），应做好记录，交接班时应交待清楚。　（A）

A. 接地线　　　　B. 接地刀开关　　　C. 断路器

44. 所有电气设备的金属外壳均应有良好的（　　）。　（A）

A. 接地装置　　　　B. 接地

45. 高压验电应戴（　　）。　（A）

A. 绝缘手套　　　B. 安全帽　　　　C. 口罩

46. 在带电的电流互感器二次回路上工作时，禁止将电流互感器二次侧（　　）。　（A）

A. 开路　　　　B. 短路

47. 装设接地线应由（　　）进行（经批准可以单人装设接地线的项目及运行人员除外）。　（A）

A. 两人　　　　B. 工作许可人　　C. 工作监护人

48. 在低压电动机和在不可能触及高压设备、二次系统的照明回路上工作，该工作至少应有（　　）进行。　（A）

A. 两人　　　　B. 三人　　　　C. 一人

49. 现场工作开始前，应检查已做的安全措施是否符合要求，运行设备和检修设备之间的隔离措施是否正确完成，工作时还应仔细核对检修设备（　　），严防走错位置。　（A）

A. 名称　　　B. 编号　　　C. 位置　　　D. 间隔

50. 在（　　）的运行屏（柜）上进行工作时，应将检修设备与运行设备前后以明显的标志隔开。　（A）

A. 全部或部分带电　B. 部分停电　　　C. 全部带电

51. 电气工具和用具的电线不准接触（　　），不要放在（　　）上，并避免载重车辆和重物压在电线上。　（A）

A. 热体，湿地　　B. 湿地，热体

52. 移动式电动机械和手持电动工具的单相电源线应使用（　　）。　（A）

A. 三芯软橡胶电缆　B. 四芯软橡胶电缆

53. 动火单位到生产区域内动火时，动火工作票由（　　）签发和审批，也可由动火单位和设备运行管理单位实行"双签发"。　（A）

A. 设备运行管理单位　　　　B. 动火单位

54. 锉刀、手锯、木钻、螺钉旋具等的（　　）安装牢固，没有手柄的不准使用。　（A）

A. 手柄　　　　B. 金属部分

55. 各生产场所应有（　　）的标示。　（A）

A. 逃生路线　　　B. 警示

56. 可以采用不动火的方法代替而同样能够达到效果时，尽量采用（　　）的方法处理。　（A）

A. 替代　　　　B. 动火

57. 在继电保护装置、安全自动装置及自动化监控系统屏（柜）上或附近进行打眼等振动较大的工作时，应采取防止运行中设备误动作的措施，必要时向（　　）申请，经值班调度员

或运行值班负责人同意，将保护暂时停用。 （A）

    A. 调度   B. 运行值班负责人   C. 单位总工程师

58. 属于（ ）电压，位于同一平面场所，工作中不会触及带电导体的几个电气连接部分，可使用同一张工作票。 （A）

    A. 同一   B. 相同   C. 一个

59. 只有在（ ）停电系统的所有工作票都已终结，并得到值班调度员或运行值班负责人的许可指令后，方可合闸送电。 （A）

    A. 同一   B. 所有   C. 一个

60. 二级动火时，动火部门应指定人员，并和（ ）始终在现场监护。 （A）

    A. 消防人员或指定的义务消防员   B. 消防人员

61. 在电气设备上工作，（ ）不是保证安全的组织措施。 （A）

    A. 悬挂标识牌和装设遮拦   B. 工作许可制度

    C. 工作监护制度   D. 工作间断、转移和终结制度

62. 低压回路停电的安全措施之一：工作前必须（ ）。 （A）

    A. 验电   B. 接地   C. 装设遮拦

63. 禁止把（ ）放在一起运送，也不准与易燃物品或装有可燃气体的容器一起运送。 （A）

    A. 氧气瓶及乙炔气瓶   B. 乙炔气瓶、氢气瓶

64. 第一、二种工作票只能延期（ ）。 （A）

    A. 一次   B. 两次   C. 三次

65. 所有电流互感器和电压互感器的二次绕组应有（ ）永久性的、可靠的保护接地。 （A）

    A. 一点且仅有一点   B. 二点   C. 多点

66. 动火工作票保存（ ）。 （A）

    A. 1年   B. 半年

67. 工作地点，检修的设备属于（ ）的设备。 （A）

    A. 应停电   B. 可以不停电

68. 低压工作时，应防止相间或接地短路；应采取有效措施遮蔽（ ）部分，若无法采取遮蔽措施，则将影响作业的有电设备停电。 （A）

    A. 有电   B. 停电   C. 备用

69. 遇有电气设备着火时，应立即将（ ）的电源切断，然后进行救火。 （A）

    A. 有关设备   B. 所用设备

70. 在室内高压设备上工作，应在工作地点两旁及对面（ ）间隔的遮拦（围栏）上和禁止通行的过道遮拦（围栏）上悬挂"止步，高压危险！"的标示牌。 （A）

    A. 运行设备   B. 检修设备

71. 工作票所列的安全措施是否正确完备，是否符合现场条件是（ ）的安全责任。 （A）

    A. 运行许可人   B. 动火工作负责人

72. 检验继电保护、安全自动装置、自动化监控系统和仪表的工作人员，不准对（ ）的设备、信号系统、保护压板进行操作。 （A）

A. 运行中　　　　　　B. 检修中　　　　　　C. 停用中

73. 空气压缩机应保持润滑良好，压力表准确，自动启停装置灵敏，安全阀可靠，并应由（　　）维护。　　　　　　　　　　　　　　　　　　　　　　　　　　　　　　（A）

A. 专人　　　　　　　B. 使用人

74. 氧气瓶内的压力降到（　　），不准再使用。　　　　　　　　　　　　　（B）

A. 0.1MPa　　　　　　B. 0.2MPa　　　　　　C. 0.3MPa

75. 应经常调节防护罩的可调护板，使可调护板和砂轮间的距离不大于（　　）。　（B）

A. 1.5mm　　　　　　B. 1.6mm　　　　　　C. 1.7mm

76. 在风力超过（　　）及下雨雪时，不可露天进行焊接或切割工作。　　　　（B）

A. 3级　　　　　　　B. 5级　　　　　　　C. 4级

77. 风力达到（　　）以上的露天作业禁止动火。　　　　　　　　　　　　　（B）

A. 4级　　　　　　　B. 5级　　　　　　　C. 3级

78. 在电气设备上的工作，应填用工作票或事故抢修单，其方式有（　　）种。　（B）

A. 5　　　　　　　　B. 6　　　　　　　　C. 7　　　　　　　　D. 8

79. 在门型架构的线路侧进行停电检修，如工作地点与所装接地线的距离小于（　　），工作地点虽在接地线外侧，也可不另装接地线。　　　　　　　　　　　　　　　　　（B）

A. 8m　　　　　　　B. 10m　　　　　　　C. 15m

80. 在工作地点设置（　　）的标示牌。　　　　　　　　　　　　　　　　　（B）

A. "止步，高压危险！"　　　　　　B. "在此工作！"　　C. "从此进出！"

81. 在室外构架上工作，在邻近其他可能误登的带电构架上，应悬挂（　　）的标示牌。

（B）

A. "止步，高压危险！"

B. "禁止攀登，高压危险！"

C. "从此上下！"

82. 一级动火工作的过程中，应每隔（　　）h测定一次现场可燃气体、易燃液体的可燃气体含量是否合格。　　　　　　　　　　　　　　　　　　　　　　　　　　　（B）

A. 1～2　　　　　　B. 2～4

83. 所有的升降口、大小孔洞、楼梯和平台，应装设不低于（　　）高的栏杆和不低于（　　）高的护板。　　　　　　　　　　　　　　　　　　　　　　　　　　　　　（B）

A. 1000mm，100mm　　　　　　　B. 1050mm，100mm

84. 照明灯具的悬挂高度应不低于（　　），并不得任意挪动；低于（　　）时应设保护罩。

（B）

A. 2.4m，2.4m　　　B. 2.5m，2.5m　　　C. 2.6m，2.6m

85. 长期停用或新领用的电动工具应用（　　）的绝缘电阻表测量其绝缘电阻，如带电部件与外壳之间的绝缘电阻值达不到（　　），应进行维修处理。　　　　　　　　（B）

A. 380V，2MΩ　　　B. 500V，2MΩ

86. 对于因平行或邻近带电设备导致检修设备可能（　　）时，必须加装工作接地线或工作人员使用个人保安线。　　　　　　　　　　　　　　　　　　　　　　　　　（B）

A. 安全距离不够　　　B. 产生感应电压

87. 在带电的电压互感器二次回路上工作时，严格防止短路或接地。应使用绝缘工具，戴

（　　）。 （B）

A. 安全帽　　　　　　B. 手套　　　　　　C. 护目眼镜

88. 垂直爬梯宜设置人员上下作业的防坠（　　），并制定相应的使用管理规定。 （B）

A. 安全自锁装置　　　B. 安全自锁装置或速差自控器

89. 已终结的工作票、事故应急抢修单应保存（　　）。 （B）

A. 半年　　　　　　　B. 1 年　　　　　　C. 2 年

90. 二次工作安全措施票应随工作票归档保存（　　）。 （B）

A. 半年　　　　　　　B. 1 年　　　　　　C. 2 年

91. 在全部或部分带电的运行屏（柜）上进行工作时，应将（　　）与运行设备前后以明显的标志隔开。 （B）

A. 备用设备　　　　　B. 检修设备　　　　C. 停用设备

92. 控制盘和低压配电盘、配电箱、电源干线上的工作填（　　）。 （B）

A. 变电站（发电厂）第一种工作票　　　　B. 变电站（发电厂）第二种工作票

C. 变电站（发电厂）带电作业工作票　　　D. 变电站（发电厂）事故应急抢修单

93. 二次系统和照明等回路上的工作，无需将高压设备停电者或做安全措施者填（　　）。 （B）

A. 变电站（发电厂）第一种工作票　　　　B. 变电站（发电厂）第二种工作票

C. 变电站（发电厂）带电作业工作票　　　D. 变电站（发电厂）事故应急抢修单

94. 大于设备不停电时的安全距离的相关场所和带电设备外壳上的工作以及无可能触及带电设备导电部分的工作填（　　）。 （B）

A. 变电站（发电厂）第一种工作票　　　　B. 变电站（发电厂）第二种工作票

C. 变电站（发电厂）带电作业工作票　　　D. 变电站（发电厂）事故应急抢修单

95. 换流变压器、直流场设备及阀厅设备上工作，无需将直流单、双极或直流滤波器停用者填（　　）。 （B）

A. 变电站（发电厂）第一种工作票　　　　B. 变电站（发电厂）第二种工作票

C. 变电站（发电厂）带电作业工作票　　　D. 变电站（发电厂）事故应急抢修单

96. 直流保护控制系统的工作，无需将高压直流系统停用者填（　　）。 （B）

A. 变电站（发电厂）第一种工作票　　　　B. 变电站（发电厂）第二种工作票

C. 变电站（发电厂）带电作业工作票　　　D. 变电站（发电厂）事故应急抢修单

97. 换流阀水冷系统、阀厅空调系统、火灾报警系统及图像监视系统等工作，无需将高压直流系统停用者填（　　）。 （B）

A. 变电站（发电厂）第一种工作票　　　　B. 变电站（发电厂）第二种工作票

C. 变电站（发电厂）带电作业工作票　　　D. 变电站（发电厂）事故应急抢修单

98. 规定放置重物及安装滑车的地点应标以明显的（　　）。 （B）

A. 标志　　　　　　　B. 标记

99. 若由于设备原因，接地刀开关与检修设备之间连有断路器（开关），在接地刀开关和断路器（开关）合上后，应有保证断路器（开关）（　　）的措施。 （B）

A. 不会误送电　　　　B. 不会分闸　　　　C. 防误装置不失灵

100. 在低压电动机和在不可能触及高压设备、二次系统的照明回路上工作可不填用工作票，但（　　）做好相应记录。 （B）

A. 不用   B. 应

101. 电动工具的开关应设在（   ）伸手可及的地方。   （B）

A. 操作人   B. 监护人

102. 作业现场的生产条件和安全设施等应符合有关标准、规范的要求，工作人员的（   ）应合格、齐备。   （B）

A. 穿戴   B. 劳动防护用品   C. 器材   D. 工具

103. 10kV、20kV、35kV 户外配电装置的裸露部分在跨越人行过道或作业区时，若导电部分对地高度分别小于 2.7m、2.8m、2.9m，该（   ）两侧和底部应装设防护网。   （B）

A. 导电部分   B. 裸露部分   C. 配电装置

104. 在停电的低压装置上工作时，应采用有效措施遮蔽（   ）部分，若无法采取遮蔽措施时，则将影响作业的有电设备停电。   （B）

A. 导体   B. 有电   C. 金属

105. 电压互感器的二次回路通电试验时，为防止由二次侧向一次侧反充电，除应将二次回路断开外，还应取下电压互感器（   ）熔断器或断开电压互感器一次刀开关。   （B）

A. 低压   B. 高压   C. 速断

106. 低压配电盘、配电箱和电源干线上的工作，应填用变电站（发电厂）（   ）工作票。   （B）

A. 第一种   B. 第二种   C. 带电作业

107. 在经继电保护出口的发电机组热工保护、水车保护及其相关回路上工作，可以不停用高压设备的或不需做安全措施者应填用变电站（发电厂）（   ）工作票。   （B）

A. 第一种   B. 第二种

C. 带电作业   D. 二次工作安全措施票

108. 负责检查现场消防安全措施的完善和正确是（   ）的安全责任。   （B）

A. 动火工作负责人   B. 消防监护人

109. 现场施工中，使用动火工作票由（   ）填写。   （B）

A. 动火工作票签发人   B. 动火工作负责人

110. 电力安全工作规程要求，作业人员对电力安全工作规程应（   ）考试一次。   （B）

A. 2 年   B. 每年   C. 每半年

111. 人体不得碰触接地线或未接地的导线，以（   ）。   （B）

A. 防止短路电流   B. 防止触电   C. 防止感应电

112. 使用锯床时，工件应夹牢，长的工件两头应（   ），并防止工件锯断时伤人。   （B）

A. 放平   B. 垫牢

113. 风动工具的软管应和工具连接牢固，连接前应把软管（   ）。   （B）

A. 放平   B. 吹净

114. 在未办理工作票终结手续以前，任何人员不准将停电设备（   ）送电。   （B）

A. 分闸   B. 合闸

115. 验电时，应使用相应电压等级、合格的（   ）验电器，在装设接地线或合接地刀开关（装置）处对各相分别验电。   （B）

A. 感应式   B. 接触式

116. 凡盛有或盛过易燃易爆等化学危险品的容器、设备、管道等生产、储存装置，在动火

作业前应将其与生产系统（　　），并进行清洗置换。 （B）

    A. 隔离   B. 彻底隔离

117. 所有电流互感器和电压互感器的二次绕组应有一点且仅有一点永久性的、可靠的（　　）接地。 （B）

    A. 工作   B. 保护   C. 固定

118. 禁止在油漆未干的结构或其他物体上进行（　　）。 （B）

    A. 工作   B. 焊接

119. 承发包工程中，签发工作票时，双方工作票签发人在工作票上分别签名，各自承担本规程（　　）相应的安全责任。 （B）

    A. 工作负责人   B. 工作票签发人   C. 工作许可人

120. 动火工作负责人应是具备（　　）资格并经本单位考试合格的人员。 （B）

    A. 工作负责人   B. 检修工作负责人

121. 用计算机生成或打印的工作票应使用统一的票面格式，由（　　）审核无误，手工或电子签名后方可执行。 （B）

    A. 工作票负责人   B. 工作票签发人   C. 工作许可人   D. 监护人

122. 需要变更工作班成员时，应经（　　）同意。 （B）

    A. 工作票签发人   B. 工作负责人   C. 工作许可人

123. 在原工作票的停电及安全措施范围内增加工作任务时，应由（　　）征得工作票签发人和工作许可人同意，并在工作票上增填工作项目。 （B）

    A. 工作票签发人   B. 工作负责人   C. 工作许可人

124. （　　）还应熟悉工作班成员的工作能力。 （B）

    A. 工作票签发人   B. 工作负责人   C. 工作许可人

125. 正确安全地组织工作是（　　）的安全责任。 （B）

    A. 工作票签发人   B. 工作负责人   C. 工作许可人

126. 工作许可人在完成施工现场的安全措施后，要和（　　）在工作票上分别确认、签名。 （B）

    A. 工作票签发人   B. 工作负责人   C. 工作班成员

127. （　　）在全部停电时，可以参加工作班工作。 （B）

    A. 工作票签发人   B. 工作负责人   C. 工作许可人   D. 专责监护人

128. 工作期间，工作负责人若因故暂时离开工作现场时，应指定能胜任的人员临时代替，并告知（　　）。 （B）

    A. 工作票签发人   B. 工作班成员   C. 工作许可人   D. 专责监护人

129. 一级动火工作票由申请动火部门的（　　）签发，本部门安监负责人、消防管理负责人审核，本部门分管生产的领导或技术负责人批准，必要时还应报当地公安消防部门批准。 （B）

    A. 工作票签发人   B. 动火工作票签发人

130. 动火工作票经批准后由（　　）送交运行许可人。 （B）

    A. 工作票签发人   B. 工作负责人

131. 动火工作票不准代替设备停复役手续或检修工作票、（　　）。 （B）

    A. 工作任务单   B. 工作任务单和事故应急抢修单

132. 现场使用的安全工器具应（　　）并符合有关要求。 （B）

A. 合适　　　　　B. 合格　　　　　C. 完好　　　　　D. 完整

133. 用汽车运输气瓶时，气瓶不准顺车厢（　　）放置，应（　　）放置并可靠牢固。

（B）

A. 横向，纵向　　　B. 纵向，横向

134. 使用金属外壳的电气工具时应戴（　　）。 （B）

A. 护目镜　　　　　B. 绝缘手套

135. 清扫运行设备和二次回路时，要防止振动，防止误碰，要使用（　　）。 （B）

A. 护目眼镜　　　　B. 绝缘工具　　　　C. 安全帽

136. 二次系统上工作，工作前应做好准备，了解工作地点、工作范围、一次设备及二次设备运行情况、（　　）、试验方案、上次试验记录、图纸、整定值通知单、软件修改申请单、核对控制保护设备、测控设备主机或板卡型号、版本号及跳线设置等是否齐备并符合实际。

（B）

A. 技术措施　　　　B. 安全措施　　　　C. 危险点控制措施

137. 直流输电系统运行极的一组直流滤波器停运检修时，禁止对该组直流滤波器内与直流极保护相关的电流互感器进行（　　）。 （B）

A. 加压试验　　　　B. 注流试验　　　　C. 回路检查

138. 在继电保护、安全自动装置及自动化监控系统屏间的通道上搬运或安放试验设备时，要与（　　）保持一定距离。 （B）

A. 检修设备　　　　B. 运行设备　　　　C. 通道

139. 检修动力电源箱的支路开关都应加装（　　）并应定期检查和试验。 （B）

A. 接地线　　　　　B. 漏电保护器

140. 在带电的电压互感器二次回路上工作时，接临时负载，应装有专用的（　　）和熔断器。 （B）

A. 开关　　　　　　B. 刀开关　　　　　C. 接地装置

141. 不停电工作系指：工作本身不（　　）停电并且没有偶然触及导电部分的工作； 许可在带电设备外壳上或导电部分上进行的工作。 （B）

A. 可能　　　　　　B. 需要

142. 直流输电系统正常运行时，人员进入阀厅巡视走道宜佩戴（　　）。 （B）

A. 口罩　　　　　　B. 耳罩

143. 高压设备符合下列条件者，可由（　　）值班或单人操作：室内高压设备的隔离室设有遮栏，遮栏的高度在 1.7m 以上，安装牢固并加锁者；室内高压断路器（开关）的操动机构（操作机构）用墙或金属板与该断路器（开关）隔离或装有远方操动机构（操作机构）者。

（B）

A. 两人　　　　　　B. 单人

144. 在带电的电流互感器二次回路工作时，禁止将回路的（　　）接地点断开。 （B）

A. 临时　　　　　　B. 永久　　　　　C. 工作

145. 对无法进行直接验电的设备、高压直流输电设备和雨雪天气时的户外设备，可以（　　）验电。 （B）

A. 免除　　　　　　B. 进行间接

146. 二级动火区，是指一级动火区以外的所有防火重点部位或场所以及（　　）。（B）

A. 明火区　　　　　B. 禁止明火区

147. 在运行中若必须进行中性点接地点断开的工作时，应先建立（　　）的旁路接地才可以进行断开工作。（B）

A. 明显　　　　　B. 有效　　　　　C. 牢固　　　　　D. 可靠

148. 运行人员应熟悉电气设备。单独值班人员或运行值班负责人还应有实际工作（　　）。（B）

A. 能力　　　　　B. 经验　　　　　C. 水平

149. 在光纤回路工作时，应采取相应防护措施防止激光对（　　）造成伤害。（B）

A. 皮肤　　　　　B. 人眼　　　　　C. 手脚

150. 有条件拆下的构件，如油管、阀门等应拆下来移至（　　）。（B）

A. 其他场所　　　　　B. 安全场所

151. 工作地点带电部分在工作人员后面、两侧、（　　），且无可靠安全措施的设备，应停电。（B）

A. 前面　　　　　B. 上下

152. 部分停电的工作，系指高压设备（　　）停电，或室内虽全部停电，但通至邻接高压室的门并未全部闭锁。（B）

A. 全部　　　　　B. 部分　　　　　C. 大部分　　　　　D. 局部

153. 检修设备停电，应拉开隔离开关（刀开关），手车开关应拉至试验或检修位置，应使各方面有一个（　　）断开点。（B）

A. 确认已断开的　　B. 明显的　　　　　C. 开距足够的

154. 在手车开关拉出后，应观察隔离挡板是否（　　）。（B）

A. 确已拉出　　　　B. 可靠封闭　　　　C. 确已隔离

155. 第一种工作票所列工作地点超过（　　）；或有两个及以上不同的工作单位（班组）在一起工作时，可采用总工作票和分工作票。（B）

A. 三个　　　　　B. 两个　　　　　C. 一个

156. 所有工作人员不许（　　）进入、滞留在高压室、阀厅内和室外高压设备区内。（B）

A. 擅自　　　　　B. 单独　　　　　C. 独自

157. 凿子被锤击部分有（　　）等，不准使用。（B）

A. 伤痕不平整　　B. 伤痕不平整、沾有油污

158. 用凿子凿坚硬或脆性物体时，应戴（　　），必要时装设安全遮拦，以防碎片打伤旁人。（B）

A. 手套　　　　　B. 防护眼镜

159. 特种设备（锅炉、起重机械），在使用前应经（　　）检验合格，取得合格证并制定安全使用规定和定期检验维护制度。（B）

A. 特种设备管理机构　　　　　　　　　B. 特种设备检验检测机构

160. 在变、配电站的带电区域内或邻近带电线路处，禁止使用（　　）。（B）

A. 梯子　　　　　B. 金属梯子

161. 在继电保护装置屏（柜）上或附近进行打眼等振动较大的工作时，应采取防止运行中设备误动作的措施，必要时向调度申请，经（　　）同意，将保护暂时停用。（B）

A. 调度部门负责人　　B. 值班调度员或运行值班负责人　　　　C. 单位总工程师

162. 二次回路通电或耐压试验前，应通知（　　）和有关人员。　　　　　　（B）

A. 调度员　　　　　　B. 运行人员　　　　　C. 工作票签发人

163. 在同一变电站内，（　　）进行的同一类型的带电作业可以使用一张带电作业工作票。

（B）

A. 同时　　　　　　　B. 依次　　　　　　　C. 一起

164. 进行间接验电时，表示设备断开和允许进入间隔的信号、经常接入的电压表等，如果指示（　　），则禁止在设备上工作。　　　　　　　　　　　　　　　　　　（B）

A. 无电　　　　　　　B. 有电　　　　　　　C. 正常

165. 当验明设备确已无电压后，应立即将检修设备（　　）并三相短路。　　　（B）

A. 悬挂标示牌　　　　B. 接地　　　　　　　C. 放电

166. 工作票应使用黑色或蓝色的钢（水）笔或圆珠笔填写与签发，一式（　　）份。

（B）

A. 一　　　　　　　　B. 二　　　　　　　　C. 三　　　　　　　D. 四

167. 在带电的电流互感器二次回路上工作时，禁止将电流互感器（　　）开路。　（B）

A. 一次侧　　　　　　B. 二次侧

168. 所有电流互感器和电压互感器的（　　）应有一点且仅有一点永久性的、可靠的保护接地。　　　　　　　　　　　　　　　　　　　　　　　　　　　　　　　　　（B）

A. 一次绕组　　　　　B. 二次绕组

169. 在高压设备上工作，应至少由（　　）进行，并完成保证安全的组织措施和技术措施。

（B）

A. 一人　　　　　　　B. 两人　　　　　　　C. 三人

170. 经常有人工作的场所及施工车辆上宜配备急救箱，存放急救用品，并应（　　）经常检查、补充或更换。　　　　　　　　　　　　　　　　　　　　　　　　　　　　（B）

A. 由安全员　　　　　B. 指定专人　　　　　C. 指定班长

171. 在带电的电压互感器二次回路上工作，必要时，工作前（　　）有关保护装置、安全自动装置或自动化监控系统。　　　　　　　　　　　　　　　　　　　　　　　　（B）

A. 由二次人员停用　　B. 申请停用　　　　　C. 自行停用

172. 动火作业应（　　），动火前应清除动火现场及周围的易燃物品。　　　（B）

A. 有人监护　　　　　B. 有专人监护

173. 直流输电系统单极运行时，禁止对（　　）中性区域互感器进行注流或加压试验。

（B）

A. 运行极　　　　　　B. 停运极　　　　　　C. 运行极及停运极

174. 进行二次工作时，试验接线要经（　　）复查后，方可通电。　　　　　（B）

A. 仔细　　　　　　　B. 第二人

175. 一、二级动火工作在（　　）动火前应重新检查防火安全措施。　　　　（B）

A. 再次　　　　　　　B. 次日

176. 使用钻床时，应将（　　）设置牢固后，方可开始工作。　　　　　　　（B）

A. 钻头　　　　　　　B. 工件

177. 低压回路停电，工作前（　　）验电。　　　　　　　　　　　　　　　（B）

A. 不用　　　　　　B. 应

178. 在带电的电流互感器与短路端子之间导线上进行工作，必要时（　　）有关保护装置、安全自动装置或自动化监控系统。　　　　　　　　　　　　　　　（B）

A. 立即停用　　　B. 申请停用　　　C. 自行停用

179. 若异常情况或断路器（开关）跳闸，阀闭锁是本身工作所引起，应保留现场并立即通知（　　），以便及时处理。　　　　　　　　　　　　　　　　　　　　　（B）

A. 调度人员　　　　B. 运行人员　　　C. 工作票签发人　　　D. 工作负责人

180. 户外（　　）及以上高压配电装置场所的行车通道上，应根据车辆（包括装载物）外廓至无遮栏带电部分之间的安全距离设置行车安全限高标志。　　　　　　（C）

A. 35kV　　　　　B. 20kV　　　　　C. 10kV

181. 电压等级在（　　）及以上者为高压电气设备。　　　　　　　　　　　（C）

A. 380V　　　　　B. 500V　　　　　C. 1000V　　　　　D. 2000V

182. 使用中的氧气瓶和乙炔气瓶应（　　）放置并固定起来，氧气瓶和乙炔气瓶的距离不得小于 5m，气瓶的放置地点不准靠近热源，应距明火 10m 以外。　　　　　（C）

A. 水平　　　　　B. 倾斜　　　　　C. 垂直

183. 若室外配电装置的大部分设备停电，只有个别地点保留有带电设备而其他设备无触及带电导体的可能时，可以在带电设备四周装设全封闭围栏，围栏上悬挂适当数量的（　　）标示牌，标示牌应朝向围栏外面。　　　　　　　　　　　　　　　　　（C）

A. "禁止攀登，高压危险！"

B. "在此工作！"

C. "止步，高压危险！"

184. 低压回路停电的安全措施之一：将检修设备的各方面电源断开取下可熔保险器，在断路器或隔离开关操作把手上挂（　　）的标示牌。　　　　　　　　　　　（C）

A. "止步，高压危险！"　　　　　　　B. "止步，有电危险！"

C. "禁止合闸，有人工作！"　　　　　D. "在此工作"

185. 停电更换熔断器后，恢复操作时，应戴手套和（　　）。　　　　　　（C）

A. 安全帽　　　　B. 绝缘靴　　　　C. 护目眼镜

186. （　　）应被告知其作业现场和工作岗位存在的危险因素、防范措施及事故紧急处理措施。　　　　　　　　　　　　　　　　　　　　　　　　　　　　　　（C）

A. 班组人员　　　B. 现场人员　　　C. 各类作业人员　　　D. 作业人员

187. 在低压电动机和在不可能触及高压设备、二次系统的（　　）回路上工作可不填用工作票。　　　　　　　　　　　　　　　　　　　　　　　　　　　　　（C）

A. 保护　　　　　B. 仪表　　　　　C. 照明

188. 工作人员在现场工作过程中，凡遇到直流系统接地、断路器（开关）跳闸等异常情况时，不论与本身工作是否相关，应立即（　　），保持现状待查。　　　　　（C）

A. 报告　　　　　B. 采取相应措施　　　C. 停止工作

189. 在带电的电流互感器二次回路工作时，（　　）将回路的永久接地点断开。　（C）

A. 必须　　　　　B. 可以　　　　　C. 禁止

190. 进行二次工作时，被检修设备及试验仪器（　　）从运行设备上直接取试验电源。　　　　　　　　　　　　　　　　　　　　　　　　　　　　　　　　　　（C）

A. 必须　　　　　　　B. 可以　　　　　　　C. 禁止

191. 对难以做到与电源完全断开的检修设备停电，（　　）。　　　　　　　（C）

A. 必须将来电设备停电

B. 必须放弃停电，检修工作采用带电作业

C. 可以拆除设备与电源之间的电气连接

192. 带电作业或与邻近带电设备距离小于设备不停电时的安全距离的工作填（　　）。

（C）

A. 变电站（发电厂）第一种工作票　　　　B. 变电站（发电厂）第二种工作票

C. 变电站（发电厂）带电作业工作票　　　D. 变电站（发电厂）事故应急抢修单

193. 一级动火区，是指火灾危险性很大，发生火灾时后果很严重的（　　）。　（C）

A. 部位　　　　　　　B. 场所　　　　　　　C. 部位或场所

194. 在（　　）新技术、新工艺、新设备、新材料的同时，应制定相应的安全措施，经本单位分管生产领导（总工程师）批准后执行。

A. 采用　　　　　　　B. 研制　　　　　　　C. 试验和推广

195. 手持电动工具如有绝缘损坏、电源线护套破裂、保护线脱落、（　　）等故障时，应立即进行修理，在未修复前，不得继续使用。　　　　　　　　　　　　　　　（C）

A. 插头插座裂开　　　B. 机械损伤　　　　　C. 插头插座裂开或有损于安全的机械损伤

196. 二次回路通电或耐压试验前，应派人到现场（　　），检查二次回路及一次设备上确无人工作后，方可加压。　　　　　　　　　　　　　　　　　　　　　　　　（C）

A. 查看　　　　　　　B. 监守　　　　　　　C. 看守

197. 继电保护装置、安全自动装置和自动化监控系统的二次回路变动时，无用的接线应（　　）清楚，防止误拆或产生寄生回路。　　　　　　　　　　　　　　　　　　（C）

A. 拆除　　　　　　　B. 查询　　　　　　　C. 隔离

198. 风动工具工作部件停止转动前不准（　　）。　　　　　　　　　　　　　（C）

A. 拆除　　　　　　　B. 更换　　　　　　　C. 拆换

199. 事故应急抢修可不用工作票，但应使用（　　）。　　　　　　　　　　　（C）

A. 带电作业工作票　　　　　　　　　　　B. 操作票

C. 事故应急抢修单　　　　　　　　　　　D. 第二种工作票

200.（　　）应在工作前一日送达运行人员，可直接送达或通过传真、局域网传送。

（C）

A. 带电作业工作票　　　　　　　　　　　B. 第二种工作票

C. 第一种工作票　　　　　　　　　　　　D. 事故应急抢修单

201. 工作票签发人员名单应（　　）公布。　　　　　　　　　　　　　　　（C）

A. 当面　　　　　　　B. 在网络　　　　　　C. 书面

202. 使用电气工具时，不准提着电气工具的（　　）。　　　　　　　　　　　（C）

A. 导线　　　　　　　B. 转动部分　　　　　C. 导线或转动部分

203. 在对检修设备执行隔离措施时，需拆断、短接和恢复同运行设备有联系的二次回路工作应填用（　　）。　　　　　　　　　　　　　　　　　　　　　　　　　　（C）

A. 第一种工作票　　　　　　　　　　　　B. 第二种工作票

C. 二次工作安全措施票　　　　　　　　　D. 带电作业

204. 在电流互感器与短路端子之间导线上进行任何工作，应有严格的安全措施，并填用（   ）。   （C）

A. 第一种工作票   B. 第二种工作票   C. 二次工作安全措施票

205. 工作票上所填安全措施是否正确完备是（   ）的安全责任。   （C）

A. 动火工作票各级审批人员

B. 动火工作票签发人

C. 动火工作票各级审批人员和签发人

206. 在带电的电流互感器二次回路上工作时，应短路电流互感器二次绕组禁止用（   ）。   （C）

A. 短路片   B. 短路线   C. 导线缠绕

207. 检验继电保护、安全自动装置、自动化监控系统和仪表的工作人员，在取得运行人员许可并在检修工作盘两侧开关把手上采取（   ）措施后，可拉合检修断路器（开关）。   （C）

A. 断开   B. 隔离   C. 防误操作

208. 所谓一个电气连接部分是指：电气装置中，可以用（   ）同其他电气装置分开的部分。   （C）

A. 断路器   B. 刀开关   C. 隔离开关

209. 执行二次工作安全措施票时，应按（   ）的顺序进行。   （C）

A. 二次接线图   B. 端子排列   C. 二次工作安全措施票

210. 在带电的电流互感器二次回路上工作时，应有专人监护，使用（   ），并站在绝缘垫上。   （C）

A. 防护用品   B. 安全工器具   C. 绝缘工具

211. 禁止在机器转动时，从联轴器和齿轮上取下（   ）。   （C）

A. 防护罩   B. 防护设备   C. 防护罩或其他防护设备

212. 各单位可参照动火管理级别的划定和现场情况划分一级和二级动火区，制定出需要执行一级和二级动火工作票的工作过项目一览表，并经本单位（   ）批准后执行。   （C）

A. 分管生产的领导

B. 技术负责人

C. 分管生产的领导或技术负责人（总工程师）

213. 一级动火时，动火部门（   ）、消防人员应始终在现场监护。   （C）

A. 分管生产的领导

B. 技术负责人

C. 分管生产的领导或技术负责人

214. 在全部或部分带电的运行屏（柜）上进行工作时，应将检修设备与运行设备前后以明显的标志（   ）。   （C）

A. 分开   B. 隔离   C. 隔开

215. 以下所列的安全责任中，（   ）是动火工作票负责人的一项安全责任。   （C）

A. 负责动火现场配备必要的、足够的消防设施

B. 工作的安全性

C. 向有关人员布置动火工作，交待防火安全措施和进行安全教育

216. 一级动火在首次动火时，（   ）均应到现场检查动火安全措施是否正确完备。   （C）

A. 各级审批人员

B. 动火工作票签发人

C. 各级审批人员和动火工作票签发人

217. 高压设备上全部停电的工作,系指室内高压设备全部停电(包括架空线路与电缆引入线在内),并且通至邻接( )的门全部闭锁,以及室外高压设备全部停电(包括架空线路与电缆引入线在内)。 （C）

    A. 工具室   B. 控制室   C. 高压室   D. 蓄电池室

218. （ ）不得变更有关检修设备的运行接线方式。 （C）

    A. 工作班成员   B. 工作负责人   C. 运行人员

219. 检修工作结束以前,若需将设备试加工作电压,应在工作负责人和运行人员进行全面检查无误后,由（ ）进行加压试验。 （C）

    A. 工作班成员   B. 工作许可人   C. 运行人员   D. 工作负责人

220. 禁止（ ）擅自移动或拆除接地线。 （C）

    A. 工作负责人   B. 工作监护人   C. 工作人员

221. 在带电的电压互感器二次回路上工作时,工作时应有（ ）监护。 （C）

    A. 工作负责人   B. 班长   C. 专人

222. 二次系统上工作,工作前应做好准备,了解工作地点、工作范围、一次设备及二次设备运行情况、安全措施、试验方案、上次（ ）、图纸、整定值通知单、软件修改申请单、核对控制保护设备、测控设备主机或板卡型号、版本号及跳线设置等是否齐备并符合实际。 （C）

    A. 工作记录   B. 调试记录   C. 实验记录

223. 持线路或电缆工作票进入变电站或发电厂升压站进行架空线路、电缆等工作,应增添工作票份数,由变电站或发电厂（ ）许可,并留存。 （C）

    A. 工作票签发人   B. 工作负责人   C. 工作许可人

224. （ ）应是经工区生产领导书面批准的有一定工作经验的运行人员或检修操作人员。 （C）

    A. 工作票签发人   B. 工作负责人   C. 工作许可人

225. 负责检查检修设备有无突然来电的危险是（ ）的安全责任。 （C）

    A. 工作票签发人   B. 工作负责人   C. 工作许可人

    D. 专责监护人   E. 工作班成员

226. 因工作原因必须短时移动或拆除遮栏(围栏)、标示牌,应征得（ ）同意,并在工作负责人的监护下进行。完毕后应立即恢复。 （C）

    A. 工作票签发人   B. 工作监护人   C. 工作许可人

227. 工作票由工作负责人填写,也可以由（ ）填写。 （C）

    A. 工作许可人   B. 工作监护人   C. 工作票签发人   D. 运行人员

228. 在光纤回路工作时,应采取相应防护措施防止（ ）对人眼造成伤害。 （C）

    A. 光源   B. 光信号   C. 激光

229. 降压变电站全部停电时,应将各个可能来电侧的部分接地短路,其余部分不必每段都装设接地线或（ ）。 （C）

    A. 合上隔离开关   B. 合上断路器   C. 合上接地刀开关（装置）

230. 继电保护、安全自动装置及自动化监控系统做传动试验或一次通电或进行直流输电系统功能试验时，应由（　　）到现场监视。 （C）

　　A. 技术人员　　　　　B. 专责监护人　　　　C. 工作负责人或由他指派专人

231. 继电保护、安全自动装置及自动化监控系统做传动试验或一次通电或进行直流输电系统功能试验时，应通知运行人员和有关人员，并由工作负责人或由他指派专人到现场（　　），方可进行。 （C）

　　A. 检查　　　　　　　B. 操作　　　　　　　C. 监视

232. 在电气设备上工作，保证安全的技术措施由运行人员或（　　）人员执行。 （C）

　　A. 检修　　　　　　　B. 试验　　　　　　　C. 有权执行操作的

233. 任何人进入（　　），应正确佩戴安全帽。 （C）

　　A. 检修室　　　　　　B. 控制室　　　　　　C. 生产现场

234. 电动的工具、机具应（　　）良好。 （C）

　　A. 接地　　　　　　　B. 接零　　　　　　　C. 接地或接零

235. 试验用（　　）应有熔丝并带罩。 （C）

　　A. 断路器　　　　　　B. 接地开关　　　　　C. 隔离开关

236. 在带电的电流互感器二次回路工作需短接二次绕组时，（　　）用导线缠绕。 （C）

　　A. 可以　　　　　　　B. 不宜　　　　　　　C. 禁止

237. 在带电的电压互感器二次回路上工作时，应设有专人监护，（　　）将回路的安全接地点断开。 （C）

　　A. 可以　　　　　　　B. 需要时　　　　　　C. 禁止

238. 检修设备和可能来电侧的断路器（开关）、隔离开关（刀开关）应断开（　　）。 （C）

　　A. 控制电源　　　　　B. 合闸电源　　　　　C. 控制电源和合闸电源

239. 停电更换（　　）后，恢复操作时，应戴手套和护目眼镜。 （C）

　　A. 控制回路保险器　　B. 信号回路保险器　　C. 熔断器

240. 在配电装置上，接地线应装在该装置导电部分的规定地点，这些地点的油漆应刮去，并划有（　　）标记。 （C）

　　A. 绿色　　　　　　　B. 黄色　　　　　　　C. 黑色

241. 在低压（　　）和在不可能触及高压设备、二次系统的照明回路上的工作可不填用工作票，应做好相应记录，该工作至少两人进行。 （C）

　　A. 配电盘　　　　　　B. 配电箱　　　　　　C. 电动机

242. 禁止用（　　）洗刷空气滤清器以及其他空气通路的零件。 （C）

　　A. 汽油　　　　　　　B. 煤油　　　　　　　C. 汽油或煤油

243. 工作票有破损不能继续使用时，应补填新的工作票，并重新履行（　　）手续。 （C）

　　A. 签发　　　　　　　B. 许可　　　　　　　C. 签发许可

244. 在全部或部分带电的运行屏（柜）上进行工作时，应将检修设备与运行设备（　　）以明显的标志隔开。 （C）

　　A. 前面　　　　　　　B. 后面　　　　　　　C. 前后

245. 储气罐放置地点应通风，且禁止（　　）。 （C）

A. 日光曝晒　　　　B. 高温烘烤　　　　C. 日光曝晒或高温烘烤

246. 尽可能地把动火（　　）压缩到最低限度。　　　　　　　　　　　　（C）

A. 时间　　　　　　B. 范围　　　　　　C. 时间和范围

247. 检修工作前，应核对微机保护及安全自动装置的（　　）是否符合实际。（C）

A. 实验记录　　　　B. 实验方案　　　　C. 软件版本号

248. 不熟悉风动工具使用方法和修理方法的工作人员，不准擅自（　　）风动工具。

（C）

A. 使用　　　　　　B. 修理　　　　　　C. 使用或修理

249. 若至预定时间，一部分工作尚未完成，需继续工作而不妨碍送电者，在送电前，应按照（　　）现场设备带电情况，办理新的工作票。　　　　　　　　　　　（C）

A. 送电前　　　　　B. 运行中　　　　　C. 送电后　　　　　D. 工作时

250. 无论高压设备是否带电，工作人员不得（　　）移开或越过遮栏进行工作。（C）

A. 随意　　　　　　B. 随便　　　　　　C. 单独

251. 气瓶搬运应使用专门的（　　）。　　　　　　　　　　　　　　　（C）

A. 抬架　　　　　　B. 手推车　　　　　C. 抬架或手推车

252. 在低压电动机和在不可能触及高压设备、二次系统的照明回路上工作（　　）工作票。

（C）

A. 填用第一种　　　B. 填用第二种　　　C. 可不填用

253. 动火作业现场的（　　）要良好，以保证泄露的气体能顺畅排走。（C）

A. 通风　　　　　　B. 排风　　　　　　C. 通排风

254. 二次系统上的试验工作结束后，按（　　）逐项恢复同运行设备有关的接线，拆除临时接线。　　　　　　　　　　　　　　　　　　　　　　　　　　　　（C）

A. 图纸　　　　　　B. 标记　　　　　　C. "二次工作安全措施票"

255. 作业人员的基本条件之一：具备必要的安全生产知识，学会紧急救护法，特别要学会（　　）。　　　　　　　　　　　　　　　　　　　　　　　　　　　　（C）

A. 外伤包扎法　　　B. 注射法　　　　　C. 触电急救

256. 二级动火工作票至少一式三份，一份由工作负责人收执、一份由动火执行人收执、一份保存在（　　）（二级动火票）。　　　　　　　　　　　　　　　（C）

A. 消防管理部门　　B. 检修班组　　　　C. 动火部门

257. 在同一电气连接部分用同一工作票依次在（　　）工作地点转移工作时，全部安全措施由运行人员在开工前一次做完，不需再办理转移手续。　　　　　　　（C）

A. 一个　　　　　　B. 两个　　　　　　C. 几个

258. 使用工具前应进行检查，机具应按其出厂说明书和铭牌的规定使用，不准使用（　　）的机具。　　　　　　　　　　　　　　　　　　　　　　　　　　　（C）

A. 已变形　　　　　B. 已破损　　　　　C. 已变形、已破损或有故障的

259. 室内母线分段部分、母线交叉部分及部分停电检修易误碰（　　）的，应设有明显标志的永久性隔离挡板（护网）。　　　　　　　　　　　　　　　　　（C）

A. 引线部分　　　　B. 停电部分　　　　C. 有电设备

260. 执行二次工作安全措施票时，监护人由（　　）及有经验的人担任。（C）

A. 责任心较强　　　B. 工作较细心　　　C. 技术水平较高

261. 二次工作安全措施票的工作内容及安全措施内容由（　　）填写，由技术人员或班长审核并签发。　（C）

　　A. 执行人　　　　　B. 恢复人　　　　　C. 工作负责人　　　　D. 工作许可人

262. 供电单位或施工单位到用户变电站内施工时，工作票应由（　　）签发工作票的供电单位、施工单位或用户单位签发。　（C）

　　A. 指定　　　　　　B. 可以　　　　　　C. 有权

263. 检修中遇有在运行设备的二次回路上进行拆、接线工作时，应填用（　　）。（D）

　　A. 第一种工作票　　　　　　　　　　B. 第二种工作票

　　C. 带电作业　　　　　　　　　　　　D. 二次工作安全措施票

264. 全部工作完毕后，（　　）应先周密地检查，待全体工作人员撤离工作地点后，再向运行人员交待所修项目等。　（D）

　　A. 工作班成员　　　B. 工作许可人　　　C. 运行人员　　　　D. 工作负责人

265. 明确被监护人员和监护范围是（　　）的安全责任。　（D）

　　A. 工作票签发人　　B. 工作负责人　　　C. 工作许可人

　　D. 专责监护人　　　E. 工作班成员

266. 工作负责人、（　　）应始终在工作现场，对工作班人员的安全认真监护，及时纠正不安全的行为。　（D）

　　A. 工作票签发人　　B. 工作负责人　　　C. 工作许可人　　　D. 专责监护人

267. （　　）有权拒绝违章指挥和强令冒险作业。　（D）

　　A. 老工人　　　　　B. 老师傅　　　　　C. 工作班成员　　　D. 任何人

268. 工作票由设备运行单位签发，也可由经设备运行单位审核合格且经批准的（　　）单位签发。　（D）

　　A. 调度部门　　　　B. 运行工区　　　　C. 检修工期　　　　D. 修试及基建

269. 同一变电站内在（　　）电气连接部分上依次进行不停电的同一类型工作，可以使用一张第二种工作票。　（D）

　　A. 一个　　　　　　B. 两个　　　　　　C. 三个　　　　　　D. 几个

270. 正确使用安全工器具和劳动防护用品是（　　）的安全责任。　（E）

　　A. 工作票签发人　　B. 工作负责人　　　C. 工作许可人

　　D. 专责监护人　　　E. 工作班成员

二、多项选择题

1. 继电保护、安全自动装置及自动化监控系统做传动试验或一次通电或进行直流输电系统功能试验时，应通知（　　）。　（CD）

　　A. 工作负责人　　　B. 调度值班员　　　C. 运行人员　　　D. 有关人员

2. 现场标准化作业的重点是突出（　　）。　（CD）

　　A. 关键工序控制　　　　　　　　　　B. 关键人员控制

　　C. 关键安全风险控制　　　　　　　　D. 关键质量点控制

3. 在全部或部分带电的运行屏（柜）上进行工作时，应在（　　）方位将检修设备与运行设备以明显的标志隔开。　（CD）

A. 左　　　　　B. 右　　　　　C. 前　　　　　D. 后

4. 待用间隔（母线连接排、引线已接上母线的备用间隔）应有（　　），并列入调度管辖范围。　　　　（BC）

A. 标志　　　　B. 名称　　　　C. 编号　　　　D. 相色

5. 电气工具和用具使用时应按有关规定接好（　　）。　　　　（BC）

A. 电线　　　　B. 剩余电流动作保护器（漏电保护器）　　C. 接地线

6. 二次工作安全措施票的工作内容及安全措施内容由工作票负责人填写，由（　　）审核并签发。　　　　（BC）

A. 工作票签发人　　B. 技术人员　　　　C. 班长

7. 工作班成员的安全责任是（　　）。　　　　（BC）

A. 工作现场布置的安全措施是否完善，必要时予以补充

B. 正确使用安全工器具和劳动防护用品

C. 熟悉工作内容、工作流程，掌握安全措施，明确工作中的危险点，并履行确认手续

D. 工作必要性和安全性

8. 在二次装置屏（柜）上或附近进行打眼等振动较大的工作时，应采取下列（　　）措施。　　　　（BC）

A. 经工作负责人同意，将保护暂时停用

B. 防止运行中设备误动作的措施

C. 必要时向调度申请，经值班调度员或运行值班负责人同意，将保护暂时停用

9. 在带电的电压互感器二次回路上工作时，接临时负载，应装有专用的（　　）。　　（BC）

A. 开关　　　　B. 刀开关　　　　C. 熔断器

10. 尽可能地把动火（　　）压缩到最低限度。　　　　（BC）

A. 空间　　　　B. 时间　　　　C. 范围

11. 分工作票的（　　），由分工作票负责人与总工作票负责人办理。　　　　（BC）

A. 签发　　　　B. 许可　　　　C. 终结

12. 电动的（　　）应接地或接零良好。　　　　（BC）

A. 用具　　　　B. 工具　　　　C. 机具

13. 检修中遇有（　　）情况应填用二次工作安全措施票。　　　　（BC）

A. 在检修设备的二次回路上进行拆线工作

B. 在运行设备的二次回路上进行拆、接线工作

C. 在对检修设备执行隔离措施时，需拆断、短接和恢复同运行设备有联系的二次回路工作

14. 禁止在机器转动时，从（　　）上取下防护罩或其他防护设备。　　　　（BC）

A. 轴上　　　　B. 联轴器（靠背轮）　　　　C. 齿轮

15. 本规程所指动火作业，是指在禁止明火区进行焊接与切割作业及在易燃易爆场所使用喷灯、电钻、砂轮等进行可能产生（　　）的临时性作业。　　　　（BCD）

A. 发热　　　　B. 火焰　　　　C. 火花　　　　D. 炽热表面

16. 工作负责人的安全责任是（　　）。　　　　（BCD）

A. 工作必要性和安全性　　　　　　B. 正确安全的组织工作

C. 严格执行工作票所列安全措施　　D. 交待安全措施和技术措施

17. 下列措施，（　　）是在电气设备上工作，保证安全的技术措施。　　　　（BCD）

A. 工作票制度　　　　　B. 验电　　　　　　　C. 接地

D. 悬挂标示牌和装设遮栏（围栏）　　　　E. 工作终结制度

18. 以下（　　）设备接地前应逐相充分放电。 （BD）

A. 变压器　　　　　B. 电缆　　　　　　C. 电抗器　　　　　D. 电容器

19. （　　）应是具有相关工作经验，熟悉设备情况和本规程的人员。 （BD）

A. 工作班成员　　　　　　　　　　B. 专责监护人

C. 工作许可人　　　　　　　　　　D. 工作负责人（监护人）

20. 专责监护人的安全责任是（　　　）。 （BD）

A. 工作必要性和安全性

B. 明确被监护人员和监护范围

C. 负责审查工作票所列安全措施是否正确、完备，是否符合现场条件

D. 监督被监护人员遵守本规程和现场安全措施，及时纠正不安全行为

21. 检修设备停电，与停电设备有关的（　　　），应将设备各侧断开，防止向停电检修设备反送电。 （AB）

A. 变压器　　　　　B. 电压互感器　　　　　C. 电流互感器

22. （　　）、（　　）只能延期一次。 （AB）

A. 第一种工作票　　　B. 第二种工作票　　　C. 带电作业工作票　　　D. 事故应急抢修单

23. 下列属于"两措"的是（　　） （AB）

A. 反事故技术措施　　　B. 安全技术劳动保护措施　　　　　C. 应急管理措施

24. 在带电设备周围禁止使用（　　）进行测量工作。 （AB）

A. 钢卷尺　　　　　B. 皮卷尺　　　　　　C. 线尺（夹有金属丝者）

25. 低压回路停电的安全措施之一：将检修设备的（　　　），在断路器或隔离开关操作把手上挂"禁止合闸，有人工作！"的标示牌。 （AB）

A. 各方面电源断开　　　B. 取下熔断器　　　C. 电源侧电源断开

26. 工作前应做好准备，了解工作地点、（　　　）、运行情况、安全措施、试验方案、上次试验记录、图纸、整定值通知单、软件修改申请单，核对控制保护设备、测控设备主机或板卡型号、版本号及跳线设置等是否齐备并符合实际。 （AB）

A. 工作范围　　　　　B. 一次设备及二次设备　　　　　　　C. 运行记录

27. 工作票由（　　）填写，也可以由（　　）填写。 （AB）

A. 工作负责人　　　　　B. 工作票签发人　　　　C. 工作许可人

28. "两票三制"的两票是指（　　　）。 （AB）

A. 工作票　　　　　B. 操作票　　　　　C. 检修票　　　　　D. 回执票

29. （　　）或（　　），应根据现场的安全条件、施工范围、工作需要等具体情况，增设专责监护人和确定被监护的人员。 （AB）

A. 工作票签发人　　　B. 工作负责人　　　C. 工作许可人　　　D. 专责监护人

30. （　　）与检修设备之间不得连有断路器（开关）或熔断器。 （AB）

A. 接地线　　　　　B. 接地刀开关　　　　C. 个人保安线　　　D. 隔离刀开关

31. 检修设备和可能来电侧的断路器（开关）、隔离开关（刀开关）应断开（　　　）。

（AB）

A. 控制电源　　　　　B. 合闸电源　　　　C. 交流电源

32. 禁止用（　　）或（　　）洗刷空气滤清器以及其他空气通路的零件。　　　（AB）

A. 汽油　　　　　　　B. 煤油　　　　　　　C. 清水

33. 储气罐放置地点应通风，禁止（　　）或（　　）。　　　　　　　　　（AB）

A. 日光暴晒　　　　　B. 高温烘烤　　　　　C. 放在湿地上

34. 短路电流互感器二次绕组应使用（　　）。　　　　　　　　　　　　（AB）

A. 短路片　　　　　　B. 短路线　　　　　　C. 导线缠绕　　　　D. 熔丝

35. 不熟悉风动工具（　　）的工作人员，不准擅自使用或修理风动工具。　（AB）

A. 使用方法　　　　　B. 修理方法　　　　　C. 工作原理

36. 装、拆接地线均应（　　）。　　　　　　　　　　　　　　　　　　（AB）

A. 使用绝缘棒　　　　B. 戴绝缘手套　　　　C. 穿绝缘靴

37. 停电更换熔断器后，恢复操作时，应戴（　　）。　　　　　　　　　（AB）

A. 手套　　　　　　　B. 护目眼镜　　　　　C. 绝缘靴

38. 在防火重点部位或场所以及禁止明火区动火作业，应填用动火工作票，其方式有填用（　　）。　　　　　　　　　　　　　　　　　　　　　　　　（AB）

A. 一级动火工作票　B. 二级动火工作票　C. 普通动火工作票

39. 禁止工作人员擅自移动或拆除（　　）。　　　　　　　　　　　　　（AB）

A. 遮拦（围栏）　　　B. 标示牌　　　　　　C. 警示标志

40. 二次工作安全措施票的（　　）由工作票负责人填写，由技术人员或班长审核并签发。

（AB）

A. 工作内容　　　　　B. 安全措施内容　　　C. 执行人和监护人

41. 外单位承担或外来人员参与公司系统电气工作的工作人员，工作前，设备运行管理单位应告知（　　）。　　　　　　　　　　　　　　　　　　　　　　（ABC）

A. 安全注意事项　　　　　　　　　　B. 现场电气设备接线情况

C. 危险点　　　　　　　　　　　　　D. 作业时间

42. 检验继电保护、安全自动装置、自动化监控系统和仪表的工作人员，对其进行设备操作的规定有（　　）。　　　　　　　　　　　　　　　　　　　　　（ABC）

A. 不准对运行中的设备、信号系统、保护压板进行操作

B. 应取得运行人员许可

C. 在检修工作盘两侧开关把手上采取防误操作措施后，可拉合检修断路器（开关）

D. 在经工作负责人许可后，可以进行压板和检修开关操作

43. （　　）的有效时间，以批准的检修期为限。　　　　　　　　　　（ABC）

A. 第一种工作票　　B. 第二种工作票　　C. 带电作业工作票　D. 事故应急抢修单

44. 在低压（　　）上工作可不填用工作票。　　　　　　　　　　　　（ABC）

A. 电动机　　　　　　　　　　　　　B. 不可能触及高压设备

C. 二次系统的照明回路

45. 工作票签发人的安全责任是（　　）。　　　　　　　　　　　　　（ABC）

A. 工作必要性和安全性

B. 工作票上所填安全措施是否正确完备

C. 所派工作负责人和工作班人员是否适当和充足

D. 正确安全的组织工作

46. 动火工作票各级审批人员和签发人的安全责任有（　　）。　　　（ABC）

A. 工作的必要性　　　B. 工作的安全性　　　C. 工作票上所填安全措施是否完备

47. 动火工作票中运行许可人的安全责任有（　　）。　　　（ABC）

A. 工作票所列安全措施是否完备，是否符合现场条件

B. 动火设备与运行设备是否确已隔绝

C. 向工作负责人现场交代运行所做的安全措施是否完善

D. 始终监督现场动火工作

48. 工作许可人的安全责任是（　　）　　　（ABC）

A. 工作现场布置的安全措施是否完善，必要时予以补充

B. 负责检查检修设备有无突然来电的危险

C. 负责审查工作票所列安全措施是否正确、完备，是否符合现场条件

49. 供电单位或施工单位到用户变电站内施工时，工作票应由有权签发工作票的（　　）、（　　）或（　　）签发。　　　（ABC）

A. 供电单位　　　B. 施工单位　　　C. 用户单位　　　D. 产权单位

50. 工作地点，带电部分在工作人员（　　），且无可靠安全措施的设备，应停电。　　　（ABC）

A. 后面　　　B. 两侧　　　C. 上下　　　D. 前面

51. "两票三制"的三制是指（　　）。　　　（ABC）

A. 交接班制　　　　　　　　　B. 巡回检查制

C. 设备定期试验与轮换制　　　D. 工作许可制度

52. 下列属于安全生产中安全"三控"的是（　　）　　　（ABC）

A. 可控　　　B. 能控　　　C. 在控　　　D. 失控

53. 在低压（　　）上的工作，应填用变电站（发电厂）第二种工作票。　　　（ABC）

A. 配电盘　　　B. 配电箱　　　C. 电源干线

54. 检修工作结束以前，若需将设备试加工作电压，则（　　）。　　　（ABC）

A. 全体工作人员撤离工作地点

B. 将该系统的所有工作票收回，拆除临时遮拦、接地线和标示牌，恢复常设遮拦

C. 应在工作负责人和运行人员进行全面检查无误后，由运行人员进行加压试验

55. 凡盛有或盛过易燃易爆等化学危险物品的（　　）等生产、储存装置，在动火作业前应将其与生产系统彻底隔离。　　　（ABC）

A. 容器　　　B. 设备　　　C. 管道

56. 若发现设备同时停送电，可以使用同一张工作票的是（　　）。　　　（ABC）

A. 属于同一电压，位于同一平面场所，工作中不会触及带电导体的几个电气连接部分

B. 一台变压器停电检修，其断路器也配合检修

C. 全站停电

57. 二次系统做传动试验或一次通电或进行直流输电系统功能试验时，应（　　）。　　　（ABC）

A. 通知运行人员　　　　　　　B. 通知有关人员

C. 有专人到现场监视　　　　　D. 调度指令已发布

58. 需要进行间接验电的条件有（　　）。　　　（ABC）

A. 无法进行直接验电的设备

B. 高压直流输电设备

C. 雨雪天气时的户外设备

59. 二次系统上的试验工作结束后，应做好（　　）工作。　　　　　　（ABCD）

A. 按"二次工作安全措施票"逐项恢复同运行设备有关的接线，拆除临时接线。

B. 检查装置内无异物

C. 检查屏面信号及各种装置状态正常

D. 检查各相关压板及切换开关位置恢复至工作许可时的状态

60. 动火工作票中动火执行人的安全责任有（　　）。　　　　　　（ABCD）

A. 动火前应收到经审核批准且允许动火的动火工作票

B. 按本工种规定的防火安全要求做好安全措施

C. 全面了解动火工作任务和要求，并在规定的范围内执行动火

D. 动火工作间断、终结时清理并检查现场无残留火种

61. 下列属于安全管理"四个凡事"的（　　）。　　　　　　（ABCD）

A. 凡事有人负责　　　B. 凡事有章可循　　　C. 凡事有据可查　　　D. 凡事有人监督

62. 二次系统上的工作人员在工作前应了解（　　）内容。　　　　　　（ABCD）

A. 工作地点、工作范围　　　　　　　B. 一、二次设备运行情况

C. 安全措施、试验方案　　　　　　　D. 图纸、整定值通知单

63. 在电气设备上工作，保证安全的组织措施是（　　）。　　　　　　（ABCD）

A. 工作票制度　　　B. 工作许可制度　　　C. 工作监护制度

D. 工作间断、转移和终结制度　　　E. 交接班制度

64. 设备进行间接验电，即通过设备的（　　）等信号的变化来判断。　　　　　　（ABCD）

A. 机械指示位置　　　　　　　　　　B. 电气指示

C. 带电显示装置　　　　　　　　　　D. 仪表及各种遥测、遥信

65. 工作地点应停电的设备包括（　　）。　　　　　　（ABCD）

A. 检修的设备

B. 与工作人员在进行工作中正常活动范围的距离小于工作人员工作中正常活动范围与设备带电部分的安全距离的设备

C. 带电部分在工作人员后面、两侧、上下，且无可靠安全措施的设备

D. 其他需要停电的设备

66. 在带电的电流互感器二次回路上工作时，应采取（　　）等安全措施。　　　　　　（ABCD）

A. 禁止将电流互感器二次侧开路（光电流互感器除外），严禁将回路的永久接地点断开

B. 短路电流互感器二次绕组使用短路片或短路线

C. 填用二次工作安全措施票

D. 设专人监护、使用绝缘工具、站在绝缘垫上

67. 二次系统上的检修试验工作，应满足（　　）要求。　　　　　　（ABCD）

A. 试验用闸刀应有熔丝并带罩　　　　B. 试验用闸刀熔丝配合要适当

C. 禁止从运行设备上直接取试验电源。　　　D. 试验接线要经第二人复查，方可通电

68. 在电气设备上工作，保证安全的技术措施有（　　）。　　　　　　（ABCD）

A. 停电　　　　　　　　　　　　　　B. 验电

C. 接地　　　　　　　　　　　　D. 悬挂标示牌和装设遮栏（围栏）

69. 二次回路通电或耐压试验前，应完成（　　）措施后，方可加压。　　（ABCD）

A. 通知运行人员和有关人员　　　　B. 派人到现场看守

C. 检查二次回路上确无人工作　　　D. 检查一次设备上确无人工作

70. 空气压缩机的（　　）等应定期进行校验和检验。　　（ABCD）

A. 压力表　　　B. 安全阀　　　C. 调节器　　　D. 储气罐

71. 在带电的电压互感器二次回路上工作时，应采取（　　）安全措施。　　（ABCD）

A. 严格防止短路或接地

B. 使用绝缘工具，戴手套

C. 接临时负载，应装有专用的刀开关和熔断器

D. 设专人监护，禁止将回路的永久接地点断开

72. 检修中遇有下列（　　）情况应填用二次工作安全措施票。　　（ABCD）

A. 在运行设备的二次回路上进行拆、接线工作

B. 在对检修设备执行隔离措施时，需拆断同运行设备有联系的二次回路工作

C. 在对检修设备执行隔离措施时，需短接同运行设备有联系的二次回路工作

D. 在对检修设备执行隔离措施时，需恢复同运行设备有联系的二次回路工作

73.（　　）可视为一个电气连接部分。　　（ABCD）

A. 直流双极停用　　　　　　　　　B. 换流变压器

C. 所有高压直流设备　　　　　　　D. 直流单极运行

74. 作业前"四清楚"指的是（　　）。　　（ABCD）

A. 作业任务清楚　　B. 危险点清楚　　C. 作业程序清楚　　D. 安全措施清楚

75. 动火工作票中消防监护人的安全责任有（　　）。　　（ABCDE）

A. 负责动火现场配备必要的、足够的消防设备

B. 负责检查现场消防安全措施的完善和正确

C. 测定或指定专人测定动火部位（现场）可燃性气体、可燃液体的可燃气体含量符合安全要求

D. 始终监视现场动火作业的动态，发现失火及时扑救

E. 动火工作间断、终结时检查现场无残留火种

76. 工作地点应停电的设备包括（　　）。　　（ABCDE）

A. 检修的设备

B. 与工作人员在进行工作中正常活动范围的距离小于工作人员工作中正常活动范围与设备带电部分的安全距离的设备

C. 在 35kV 及以下的设备处工作，安全距离虽大于工作人员工作中正常活动范围与设备带电部分的安全距离，但小于设备不停电时的安全距离，同时又无绝缘隔板、安全遮拦措施的设备

D. 带电部分在工作人员后面、两侧、上下，且无可靠安全措施的设备

E. 其他需要停电的设备

77. 潜水泵应重点检查（　　）项目且应符合要求。　　（ABCDE）

A. 外壳不准有裂缝、破损　　　　　B. 电源开关动作应正常、灵活

C. 机械防护装置应完好　　　　　　D. 电气保护装置应良好

E. 校对电源的相位，通电检查空载运转，防止反转

78. 下列（　　）情况禁止动火。　　　　　　　　　　　　　　　　　（ABCDE）

A. 压力容器或管道未泄压前　　　　B. 存放易燃易爆物品的容器未清理干净前

C. 风力达 5 级以上的露天作业　　　D. 喷漆现场

E. 遇有火险异常情况未查明原因和消除前

79. 工作许可人应将工作票的（　　）记入登记簿。　　　　　　　　　　（ABD）

A. 编号　　　　　B. 工作任务　　　　C. 安全措施　　　　D. 许可及终结时间

80. 属于行为性严重违章的有（　　）。　　　　　　　　　　　　　　　（ABD）

A. 不按规定使用工作票进行工作

B. 不按规定使用标准化作业卡（指导书）

C. 没有履行岗位安全职责

D. 无人监护进行倒闸操作（单人值班变电站应与调度核对并做好记录）

81. 继电保护、安全自动装置及自动化监控系统做（　　）时，应通知运行人员和有关人员，并由工作负责人或由他指派专人到现场监视，方可进行。　　　　　　　　（ABD）

A. 传动试验　　　　　　　　　　　B. 一次通电

C. 二次通电　　　　　　　　　　　D. 进行直流输电系统功能试验

82. 电压互感器的二次回路通电试验时，为防止由二次侧向一次侧反充电，应采取（　　）措施。　　　　　　　　　　　　　　　　　　　　　　　　　　　　　　　（ABD）

A. 将二次回路断开　　　　　　　　B. 取下电压互感器高压熔断器

C. 通知运行人员和有关人员　　　　D. 断开电压互感器一次刀开关

83. 对正常使用的电动工具也应对绝缘电阻进行定期（　　）。　　　　　（AC）

A. 测量　　　　　B. 检定　　　　C. 检查

84. 检修设备停电,若无法观察到停电设备的断开点,应有能够反映设备运行状态的（　　）等指示。　　　　　　　　　　　　　　　　　　　　　　　　　　　（AC）

A. 电气　　　　　B. 电子　　　　C. 机械　　　　　D. 信号

85. 执行二次工作安全措施票时，应按（　　）的顺序进行，工作至少由（　　）进行。　　　　　　　　　　　　　　　　　　　　　　　　　　　　　　　　　（AC）

A. 二次工作安全措施票　　　　　　B. 二次接线图

C. 两人　　　　　　　　　　　　　D. 一人

86. 一级动火在首次动火时，（　　）均应到现场检查防火安全措施是否正确完备。

（AC）

A. 各级审批人　　　　B. 领导　　　　C. 动火工作票签发人

87. 监护人由（　　）担任，执行人、恢复人由（　　）担任，按二次工作安全措施票的顺序进行。上述工作至少由两人进行。　　　　　　　　　　　　　　　　（AC）

A. 技术水平较高及有经验的人　　　B. 责任心较强

C. 工作班成员　　　　　　　　　　D. 工作负责人

88.（　　）由技术水平较高及有经验的人担任，（　　）由工作班成员担任，按二次工作安全措施票的顺序进行。上述工作至少由两人进行。　　　　　　　　（AC）

A. 监护人　　　　　　　　　　　　B. 工作负责人

C. 执行人、恢复人　　　　　　　　D. 工作许可人

89. 事故应急抢修工作是指：电气设备发生故障被迫紧急停止运行，需短时间内恢复的

（　　）故障的工作。　　　　　　　　　　　　　　　　　　　　　　（AC）

A. 抢修　　　　　　　B. 修复　　　　　　　C. 排除　　　　　　D. 排查

90. 在带电的电流互感器二次回路上工作时，应采取（　　）措施。　　（AC）

A. 严禁将电流互感器二次侧开路

B. 严禁将电流互感器二次侧短路

C. 短路电流互感器二次绕组，应使用短路片或短路线，严禁用导线缠绕

D. 采用绝缘手套

91. 直流输电系统单极运行时，禁止对停运极中性区域互感器进行（　　）。　（AC）

A. 注流　　　　　　　B. 测量　　　　　　　C. 加压试验　　　　D. 回路检查

92. 工作前应做好准备，了解工作地点、（　　）、一次设备及二次设备运行情况、（　　）、试验方案、上次试验记录、图纸、（　　）、软件修改申请单，核对控制保护设备、测控设备主机或板卡型号、版本号及跳线设置等是否齐备并符合实际。　　　　　　　　（ACD）

A. 工作范围　　　　　B. 运行记录　　　　　C. 安全措施　　　　D. 整定值通知单

93. 电力生产人身伤亡事故分为（　　）。　　　　　　　　　　　　（ACD）

A. 轻伤　　　　　　　B. 中伤　　　　　　　C. 重伤　　　　　　D. 死亡

94. 工作人员在现场工作过程中，凡遇到异常情况（　　），无论与本身工作是否有关，应立即停止工作，保持现状，待查明原因，确定与本工作无关时方可继续工作。　　（ACD）

A. 直流系统接地

B. 运行人员进行与现场作业无关的倒闸操作

C. 断路器（开关）跳闸

D. 阀闭锁

三、判断题

1. 同一变电站内在几个电气连接部分上依次进行不停电的同一类型工作，可以使用一张第一种工作票。　　　　　　　　　　　　　　　　　　　　　　　　（×）

2. 一张工作票上，工作负责人不允许变更。　　　　　　　　　　　　（×）

3. 在原工作票的停电及安全措施范围内增加工作任务时，若需变更或增设安全措施者，不必填用新的工作票。　　　　　　　　　　　　　　　　　　　　　　（×）

4. 变更工作负责人或增加工作任务，如工作许可人无法当面办理，应通过电话联系，并在工作票登记簿和工作票上注明。　　　　　　　　　　　　　　　　　　（×）

5. 第二种工作票和带电作业工作票应在进行工作的前一日交给工作许可人。　（×）

6. 工作票有破损不能继续使用时，应补填新的工作票，不用重新履行签发许可手续。

（√）

7. 带电作业工作票只能延期一次。　　　　　　　　　　　　　　　　（×）

8. 工作票上所填安全措施是否正确完备不是工作票签发人的安全责任。　（×）

9. 工作现场布置的安全措施是否完善，必要时予以补充是专责监护人的安全责任之一。

（×）

10. 工作许可人在完成施工现场的安全措施后，工作班就可以开始工作。　（×）

11. 所有工作人员不许擅自进入、滞留在高压室、阀厅内和室外高压设备区内。　（×）

12. 专责监护人可以兼做其他工作。 （×）

13. 检修工作结束以前，若需将设备试加工作电压，则应在工作负责人和运行人员进行全面检查无误后，由工作许可人进行加压试验。 （×）

14. 工作负责人在转移工作地点时，无需交待安全措施和注意事项。 （×）

15. 经工作负责人和运行人员签名后，表示工作票终结。 （×）

16. 只有在同一停电系统的所有工作票都已终结，方可合闸送电。 （×）

17. 已终结的工作票、事故应急抢修单应保存半年。 （×）

18. 工作人员工作中正常活动范围与66kV设备带电部分的安全距离为1.0m。 （×）

19. 在两侧有隔离开关的断路器上进行检修工作，必须断开本断路器的控制电源和合闸电源，确保不会误送电。 （×）

20. 对难以做到与电源完全断开的检修设备，必须将电源设备停电。 （×）

21. 雨雪天气时，应做好必要安全措施进行室外直接验电。 （×）

22. 装在绝缘支架上的电容器接地前外壳无需放电。 （×）

23. 在门型架构的线路侧进行停电检修，如工作地点与所装接地线的距离在15m以内，工作地点虽在接地线外侧，也可不另装接地线。 （×）

24. 装设接地线应先接导体端，后接接地端，接地线应接触良好，连接应可靠。 （×）

25. 接地线可以用缠绕的方法进行接地或短路。 （×）

26. 工作人员可以根据需要移动或拆除接地线。 （×）

27. 每组接地线均应编号，可存放在任意地点。 （×）

28. 装、拆接地线，应在心里记忆清楚，交接班时应交待清楚。 （×）

29. 在室内高压设备上工作，应在工作地点两旁及对面运行设备间隔的遮栏（围栏）上和禁止通行的过道遮栏（围栏）上悬挂"在此工作"的标示牌。 （×）

30. 高压开关柜内手车开关拉出后，隔离带电部位的挡板封闭后可以开启。 （×）

31. 在室外高压设备上工作，应在工作地点四周装设围栏，其出入口要围在出入方便处，并设有"从此进出！"的标示牌。 （×）

32. 在低压电动机和在不可能触及高压设备、二次系统的照明回路上工作可不填用工作票，也不用做好相应记录，该工作至少应有两人进行。 （×）

33. 在低压电动机和在不可能触及高压设备、二次系统的照明回路上工作可不填用工作票，但应做好相应记录，该工作可以一人进行。 （×）

34. 在低压电动机和在不可能触及低压设备、二次系统的照明回路上工作可不填用工作票，但应做好相应记录，该工作至少应有两人进行。 （×）

35. 在低压电动机和在不可能触及高压设备、二次系统的照明回路上工作可不填用工作票，但应做好相应记录，该工作最多应有两人进行。 （×）

36. 低压配电盘、配电箱和电源干线上的工作，应填用变电站（发电厂）第一种工作票。 （×）

37. 低压回路停电的安全措施之一：将检修设备的各方面电源断开取下熔断器，工作地点放置"在此工作"牌。 （×）

38. 低压回路停电，将检修设备的各方面电源断开取下熔断器，在断路器或隔离开关操作把手上挂"禁止合闸，有人工作！"的标示牌，工作前不必验电。 （×）

39. 低压回路停电不需要做安全措施。 （×）

40. 低压回路停电的安全措施之一：将检修设备的各方面电源断开取下熔断器，在断路器或隔离开关操作把手上可不挂标示牌。（×）

41. 低压回路停电的安全措施之一：将检修设备电源侧的电源断开取下熔断器，在断路器或隔离开关操作把手上挂"禁止合闸，有人工作！"的标示牌。（×）

42. 低压回路停电的安全措施之一：将检修设备的各方面电源断开，在断路器或隔离开关操作把手上挂"禁止合闸，有人工作！"的标识牌。（×）

43. 停电更换熔断器后，恢复操作时，应戴手套或护目眼镜。（×）

44. 低压工作时，应防止相间短路，不必防止接地短路。（×）

45. 低压工作时，应防止接地短路，不必防止相间短路。（×）

46. 低压工作时，不必将影响作业的有电设备停电。（×）

47. 低压工作时，不必采用有效措施遮蔽有电部分。（×）

48. 二次工作安全措施票的工作内容及安全措施内容由执行人填写，由技术人员或班长审核并签发。（×）

49. 二次工作安全措施票由工作负责人审核并签发。（×）

50. 由于作业较为简单，因此执行二次工作安全措施票时，可由一人进行。（×）

51. 工作人员在现场工作过程中，遇到异常情况（如直流系统接地等）或断路器（开关）跳闸时，若与本身工作无关，则不必间断工作。（×）

52. 现场工作开始前，应检查已做的安全措施是否符合要求，运行设备和检修设备之间的隔离措施是否正确完成，工作时还应仔细核对检修设备位置，严防走错位置。（×）

53. 二次系统上的现场工作开始前，应检查已做的隔离措施是否符合要求，运行设备和检修设备之间的隔离措施是否正确完成。（×）

54. 在继电保护装置、安全自动装置及自动化监控系统屏间的通道上安放试验设备时，应优先保证与被试设备的最佳连线和观察距离。（×）

55. 继电保护、安全自动装置及自动化监控系统做传动试验或一次通电或进行直流输电系统功能试验时，应通知检修人员和有关人员，并由工作负责人或由他指派专人到现场监视，方可进行。（×）

56. 继电保护、安全自动装置及自动化监控系统做传动试验或一次通电或进行直流输电系统功能试验时，通知了运行人员和全体检修人员后，可安全进行。（×）

57. 在电流互感器与短路端子之间导线上进行任何工作，应有严格的安全措施，并填用第二种工作票。（×）

58. 在电流互感器与短路端子之间导线上，只有进行拆、接线的工作，才要填用二次工作安全措施票。（×）

59. 二次回路通电或耐压试验前，检查了二次回路及一次设备上确无人工作后，即可安全加压。（×）

60. 电压互感器二次回路通电或耐压试验前，检查了二次回路及一次设备上确无人工作后，即可安全加压。（×）

61. 电压互感器的二次回路通电试验时，取下电压互感器高压熔断器或断开电压互感器一次刀开关。二次回路不必断开。（×）

62. 直流输电系统单极运行时，禁止对停运极中性区域互感器进行测量或加压试验。（×）

63. 直流输电系统单极运行时，禁止对停运极中性区域互感器进行注流或回路检查。
（×）

64. 直流输电系统运行极的一组直流滤波器停运检修时，允许对该组直流滤波器内与直流极保护相关的电流互感器进行注流试验。　　　　　　　　　　　　　　　　（×）

65. 在光纤回路工作时，激光对人眼造成伤害不大，不必采取防护措施。　　（×）

66. 在光纤回路工作时，应采取相应防护措施防止激光对皮肤造成伤害。　　（×）

67. 检验继电保护、安全自动装置、自动化监控系统和仪表的工作人员，在取得运行人员许可并在检修工作盘两侧开关把手上采取防误操作措施后，可拉合检修断路器（开关）或隔离开关（刀开关）。　　　　　　　　　　　　　　　　　　　　　　　　　　（×）

68. 检验继电保护、安全自动装置、自动化监控系统和仪表的工作人员，可不经运行人员许可，在检修工作盘两侧开关把手上采取防误操作措施后，拉合检修断路器（开关）。　（×）

69. 试验用闸刀应有熔丝并带罩，被检修设备及试验仪器允许从运行设备上直接取试验电源，熔丝配合要适当，要防止越级熔断总电源熔丝。　　　　　　　　　　　　（×）

70. 进行二次工作时，试验接线要经过接线人认真检查后，方可通电。　　（×）

71. 继电保护装置、安全自动装置和自动化监控系统的二次回路变动时，应按经审批后的图纸进行，无用的接线可以不用隔离。　　　　　　　　　　　　　　　　　　（×）

72. 继电保护装置、安全自动装置和自动化监控系统的二次回路变动时，无用的接线应辨认清楚，随手拆除。　　　　　　　　　　　　　　　　　　　　　　　　　（×）

73. 二次试验工作结束后，按图纸逐项恢复同运行设备有关的接线。　　　（×）

74. 二次工作安全措施票应随工作票归档保存 3 个月。　　　　　　　　（×）

75. 任何人进入控制室，应正确佩戴安全帽。　　　　　　　　　　　　（×）

76. 变电站内外的电缆，在进入控制室、电缆夹层、控制柜、开关柜等处的电缆孔洞，应用混凝土严密封闭。　　　　　　　　　　　　　　　　　　　　　　　　　　（×）

77. 在带电设备周围可使用钢卷尺、皮卷尺和线尺（夹有金属丝者）进行测量工作。
（×）

78. 在变、配电站的带电区域内或邻近带电线路处，禁止使用梯子。　　（×）

79. 使用中的电气设备可将接地装置拆除或对其进行任何工作。　　　　（×）

80. 手持电动工具如有绝缘损坏、电源线护套破裂、保护线脱落、机械损伤等故障时，应立即进行修理，在未修复前，不得继续使用。　　　　　　　　　　　　　　　　（×）

81. 遇有电气设备着火时，应立即将所有设备的电源切断，然后进行救火。　（×）

82. 使用工具前应进行检查，机具应按其出厂说明书和铭牌的规定使用，不准使用已变形的机具。　　　　　　　　　　　　　　　　　　　　　　　　　　　　　　　（×）

83. 凿子被锤击部分有伤痕不平整、沾有油污等，可使用。　　　　　　（×）

84. 使用钻床时可戴手套。　　　　　　　　　　　　　　　　　　　　（×）

85. 使用射钉枪、压接枪等爆发性工具时，除严格遵守说明书的规定外，还应遵守有关规定。
（×）

86. 使用金属外壳的电气工具时应戴护目镜。　　　　　　　　　　　　（×）

87. 电动的工具、机具应接地良好。　　　　　　　　　　　　　　　　（×）

88. 电气工具和用具的电线不准接触湿地，不要放在热体上，并避免载重车辆和重物压在电线上。　　　　　　　　　　　　　　　　　　　　　　　　　　　　　　　（×）

89. 对正常使用的电动工具可不定期测定绝缘电阻。 （×）

90. 电动工具的电气部分经维修后，只进行绝缘耐压试验。 （×）

91. 电动工具的电气部分经维修后，应进行绝缘电阻测量及绝缘耐压试验，试验电压为 380V，试验时间为 2min。 （×）

92. 空气压缩机应保持润滑良好，压力表准确，自动启停装置灵敏，安全阀可靠，并应由使用人维护。 （×）

93. 潜水泵工作时，泵的周围 20m 以内水面不准有人进入。 （×）

94. 不熟悉风动工具使用方法和修理方法的工作人员，不准擅自使用风动工具。 （×）

95. 对承重构架进行焊接，应经使用单位的许可。 （×）

96. 禁止在油漆未干的结构或其他物体上进行工作。 （×）

97. 在风力超过 4 级及下雨雪时，不可露天进行焊接或切割工作。 （×）

98. 电焊机的外壳必须可靠接地，接地电阻不得大于 5Ω。 （×）

99. 气瓶的储存应符合有关规定。 （×）

100. 禁止把乙炔气瓶及氧气瓶放在一起运送，也不准与易燃物品或装有可燃气体的容器一起运送。 （×）

101. 氧气瓶和乙炔气瓶的放置地点不准靠近热源，应距明火 9m 以外。 （×）

102. 一级动火区，是指火灾危险性很大，发生火灾时后果很严重的场所。 （×）

103. 各单位可参照附录 P 和现场情况划分一级和二级动火区，制定出需要执行一级和二级动火工作票的工作过项目一览表，并经本单位分管生产的领导批准后执行。 （×）

104. 二级动火工作票必要时也应报当地公安消防部门批准。 （×）

105. 动火工作票经批准后由工作票签发人送交运行许可人。 （×）

106. 一级动火工作票不用提前办理。 （×）

107. 工作的必要性不是动火工作票签发人的安全责任。 （×）

108. 动火设备与运行设备是否确已隔绝是动火负责人的安全责任。 （×）

109. 电气第一种工作票允许延期两次。 （×）

110. 所谓运行中的电气设备是指全部带有电压及一部带有电压的电气设备。 （×）

111. 某配电室部分设备停电检修工作时，应在停电检修设备周围的临时遮栏上朝外悬挂"止步，高压危险"的标示牌。 （×）

112. 一台变压器停电检修，其断路器也配合检修，可使用同一张工作票。 （√）

113. 在同一变电站内，依次进行的同一类型的带电作业可以使用一张带电作业工作票。 （√）

114. 持线路或电缆工作票进入变电站或发电厂升压站进行架空线路、电缆等工作，应增添工作票份数。 （√）

115. 第一、二种工作票和带电作业工作票的有效时间，以批准的检修期为限。 （√）

116. 工作负责人应具有相关工作经验，熟悉设备情况和本规程。 （√）

117. 用户变、配电站的工作许可人应是持有效证书的高压电气工作人员。 （√）

118. 专责监护人应是具有相关工作经验，熟悉设备情况和本规程的人员。 （√）

119. 严格执行工作票所列安全措施是工作负责人的安全责任。 （√）

120. 工作现场布置的安全措施是否完善，必要时予以补充是工作许可人的安全责任之一。 （√）

121. 熟悉工作内容、工作流程，掌握安全措施，明确工作中的危险点，并履行确认手续是工作班成员的安全责任之一。 （✓）

122. 工作负责人、工作许可人任何一方不得擅自变更安全措施，工作中如有特殊情况需要变更时，应先取得对方的同意并及时恢复。 （✓）

123. 工作负责人、专责监护人应始终在工作现场，对工作班人员的安全认真监护，及时纠正不安全的行为。 （✓）

124. 如需变更工作负责人，原、现工作负责人应做好必要的交接。 （✓）

125. 在未办理工作票终结手续以前，任何人员不准将停电设备合闸送电。 （✓）

126. 在电气设备上工作，停电是保证安全的技术措施之一。 （✓）

127. 工作地点应停电的设备包括检修的设备。 （✓）

128. 工作地点带电部分在工作人员后面、两侧、上下，且无可靠安全措施的设备，应停电。 （✓）

129. 禁止在只经断路器（开关）断开电源或只经换流器闭锁隔离电源的设备上工作。 （✓）

130. 验电器无法在有电设备上进行试验时可用工频高压发生器等确证验电器良好。 （✓）

131. 进行间接验电时，表示设备断开和允许进入间隔的信号、经常接入的电压表等，如果指示有电，则禁止在设备上工作。 （✓）

132. 装设接地线应由两人进行（经批准可以单人装设接地线的项目及运行人员除外）。 （✓）

133. 对于可能送电至停电设备的各方面都应装设接地线或合上接地刀开关（装置），所装接地线与带电部分应考虑接地线在摆动时仍符合安全距离的规定。 （✓）

134. 加装的接地线应登录在工作票上，个人保安接地线由工作人员自装自拆。 （✓）

135. 检修部分若分为几个在电气上不相连接的部分[如分段母线以隔离开关（刀开关）或断路器（开关）隔开分成几段]，则各段应分别验电接地短路。 （✓）

136. 接地线、接地刀开关与检修设备之间不得连有断路器（开关）或熔断器。 （✓）

137. 接地线应采用三相短路式接地线，若使用分相式接地线，则应设置三相合一的接地端。 （✓）

138. 对由于设备原因，接地刀开关与检修设备之间连有断路器（开关），在接地刀开关和断路器（开关）合上后，在断路器（开关）操作把手上，应悬挂"禁止分闸！"的标示牌。 （✓）

139. 35kV 及以下设备的临时遮栏，如因工作特殊需要，可用绝缘隔板与带电部分直接接触。 （✓）

140. 应在工作地点设置"在此工作！"的标示牌。 （✓）

141. 在室外构架上工作，应在工作地点邻近带电部分的横梁上悬挂"止步，高压危险！"的标示牌。在工作人员上下铁架或梯子上，应悬挂"从此上下！"的标示牌。 （✓）

142. 禁止工作人员擅自移动或拆除遮栏（围栏）、标示牌。 （✓）

143. 直流换流站单极停电工作，应在检修阀厅和直流场设备处设置"在此工作"的标示牌。 （✓）

144. 低压配电盘、配电箱和电源干线上的工作，应填用变电站（发电厂）第二种工作票。（ √ ）

145. 在低压电动机和在不可能触及高压设备、二次系统的照明回路上工作可不填用工作票，但应做好相应记录，该工作至少由两人进行。（ √ ）

146. 低压回路停电的安全措施之一：将检修设备的各方面电源断开取下熔断器，在开关或刀开关操作把手上挂"禁止合闸，有人工作！"的标示牌。（ √ ）

147. 低压工作时，应防止相间或接地短路。（ √ ）

148. 低压工作时，应防止相间或接地短路；应采取有效措施遮蔽有电部分，若无法采取遮蔽措施，则将影响作业的有电设备停电。（ √ ）

149. 在经继电保护出口的发电机组热工保护、水车保护及其相关回路上工作，可以不停用高压设备的或不需做安全措施者应填用变电站（发电厂）第二种工作票。（ √ ）

150. 在运行设备的二次回路上进行拆、接线工作应填用二次工作安全措施票。（ √ ）

151. 在对检修设备执行隔离措施时，需拆断、短接和恢复同运行设备有联系的二次回路工作应填用二次工作安全措施票。（ √ ）

152. 监护人由技术水平较高及有经验的人担任，执行人、恢复人由工作班成员担任，按二次工作安全措施票的顺序进行。上述工作至少由两人进行。（ √ ）

153. 若异常情况或断路器（开关）跳闸，阀闭锁是本身工作所引起，则应保留现场并立即通知运行人员，以便及时处理。（ √ ）

154. 工作前应做好准备，检查仪器、仪表等试验设备是否完好，核对微机保护及安全自动装置的软件版本号等是否符合实际。（ √ ）

155. 二次系统上的现场工作开始前，应检查是否已将运行设备与检修设备正确的隔离。（ √ ）

156. 在全部或部分带电的运行屏（柜）上进行工作时，应将检修设备与运行设备前后以明显的标志隔开。（ √ ）

157. 在继电保护装置、安全自动装置及自动化监控系统屏（柜）上或附近进行打眼等振动较大的工作时，应采取防止运行中设备误动作的措施。（ √ ）

158. 在继电保护装置、安全自动装置及自动化监控系统屏（柜）上或附近进行打眼等振动较大的工作，必要时向调度申请，经值班调度员或运行值班负责人同意，将保护暂时停用。（ √ ）

159. 在继电保护、安全自动装置及自动化监控系统屏间的通道上搬运或安放试验设备时，不能阻塞通道，要与运行设备保持一定距离。（ √ ）

160. 清扫运行设备和二次回路时，要防止振动，防止误碰，要使用绝缘工具。（ √ ）

161. 继电保护、安全自动装置及自动化监控系统做传动试验或一次通电或进行直流输电系统功能试验时，应通知运行人员和有关人员，并由工作负责人或由他指派专人到现场监视，方可进行。（ √ ）

162. 所有电流互感器和电压互感器的二次绕组应有一点且仅有一点永久性的、可靠的保护接地。（ √ ）

163. 在带电的电流互感器二次回路上工作时，禁止将电流互感器二次侧开路。（ √ ）

164. 短路电流互感器二次绕组，应使用短路片或短路线，禁止用导线缠绕。（ √ ）

165. 在电流互感器与短路端子之间导线上进行任何工作，应有严格的安全措施，并填用二

次工作安全措施票。　　　　　　　　　　　　　　　　　　　　　　　（ √ ）

166. 在带电的电流互感器二次回路上工作时，工作中禁止将回路的永久接地点断开。

　　　　　　　　　　　　　　　　　　　　　　　　　　　　　　　（ √ ）

167. 在带电的电流互感器二次回路上工作时，应有专人监护，使用绝缘工具，并站在绝缘垫上。　　　　　　　　　　　　　　　　　　　　　　　　　　　　　　（ √ ）

168. 在带电的电压互感器二次回路上工作时，除严格防止短路外，还要严格防止接地。

　　　　　　　　　　　　　　　　　　　　　　　　　　　　　　　（ √ ）

169. 在带电的电压互感器二次回路上工作时，应使用绝缘工具，戴手套。（ √ ）

170. 在带电的电压互感器二次回路上工作时，必要时工作前申请停用有关保护装置、安全自动装置或自动化监控系统。　　　　　　　　　　　　　　　　　　　　（ √ ）

171. 在带电的电压互感器二次回路上工作时严格防止短路。　　　　（ √ ）

172. 在带电的电压互感器二次回路上工作时，接临时负载，应装有专用的刀开关和熔断器。

　　　　　　　　　　　　　　　　　　　　　　　　　　　　　　　（ √ ）

173. 在带电的电压互感器二次回路上工作时，应设有专人监护，禁止将回路的安全接地点断开。　　　　　　　　　　　　　　　　　　　　　　　　　　　　　　（ √ ）

174. 二次回路通电或耐压试验前，应通知运行人员和有关人员，并派人到现场看守，检查二次回路及一次设备上确无人工作后，方可加压。　　　　　　　　　　　　（ √ ）

175. 电压互感器的二次回路通电试验时，除应将二次回路断开外，还应断开电压互感器的一次回路。　　　　　　　　　　　　　　　　　　　　　　　　　　　　　　（ √ ）

176. 二次回路通电或耐压试验前，应通知运行人员和有关人员，并派人到现场看守。

　　　　　　　　　　　　　　　　　　　　　　　　　　　　　　　（ √ ）

177. 直流输电系统单极运行时，禁止对停运极中性区域互感器进行注流或加压试验。

　　　　　　　　　　　　　　　　　　　　　　　　　　　　　　　（ √ ）

178. 直流输电系统运行极的一组直流滤波器停运检修时，禁止对该组直流滤波器内与直流极保护相关的电流互感器进行注流试验。　　　　　　　　　　　　　　（ √ ）

179. 在光纤回路工作时，应采取相应防护措施防止激光对人眼造成伤害。（ √ ）

180. 检验继电保护、安全自动装置、自动化监控系统和仪表的工作人员，不准对运行中的设备、信号系统、保护压板进行操作。　　　　　　　　　　　　　　　　（ √ ）

181. 检验继电保护、安全自动装置、自动化监控系统和仪表的工作人员，不准对运行中的设备、信号系统、保护压板进行操作，但在取得运行人员许可并在检修工作盘两侧开关把手上采取防误操作措施后，可拉合检修断路器（开关）。　　　　　　　　　　（ √ ）

182. 试验用闸刀应有熔丝并带罩，被检修设备及试验仪器禁止从运行设备上直接取试验电源，熔丝配合要适当，要防止越级熔断总电源熔丝。　　　　　　　　　　（ √ ）

183. 进行二次工作时，试验接线要经过第二人复查后，方可通电。　（ √ ）

184. 继电保护装置、安全自动装置和自动化监视系统的二次回路变动时，应按经审批后的图纸进行，无用的接线应隔离清楚，防止误拆或产生寄生回路。　　　　　　（ √ ）

185. 试验工作结束后，按二次工作安全措施票逐项恢复同运行设备有关的接线，拆除临时接线，检查装置内无异物，屏面信号及各种装置状态正常，各相关压板及切换开关位置恢复至工作许可时的状态。　　　　　　　　　　　　　　　　　　　　　　（ √ ）

186. 二次工作安全措施票应随工作票归档保存 1 年。　　　　　　　（ √ ）

187. 在楼板和结构上打孔或在规定地点以外安装起重滑车或堆放重物等，应事先经过本单位有关技术部门的审核许可。 （√）

188. 临时打的孔、洞，在施工结束后，应恢复原状。 （√）

189. 如在检修期间需将栏杆拆除时，应装设临时遮拦，并在检修结束时将栏杆立即装回。 （√）

190. 特种设备（锅炉、起重机械），在使用前应经特种设备检验检测机构检验合格，取得合格证并制定安全使用规定和定期检验维护制度。 （√）

191. 直流输电系统正常运行时，人员进入阀厅巡视走道宜佩戴耳罩。 （√）

192. 在户外变电站和高压室内搬动梯子、管子等长物，应两人放倒搬运，并与带电部分保持足够的安全距离。 （√）

193. 禁止在机器转动时，从联轴器和齿轮上取下防护罩或其他防护设备。 （√）

194. 上爬梯应逐档检查爬梯是否牢固，上下爬梯应抓牢，并不准两手同时抓一个梯阶。 （√）

195. 照明灯具的悬挂高度应不低于 2.5m，并不得任意挪动；低于 2.5m 时应设保护罩。 （√）

196. 狭窄区域，使用大锤应注意周围环境，避免反击力伤人。 （√）

197. 锉刀、手锯、木钻、螺钉旋具等的手柄安装牢固，没有手柄的不准使用。 （√）

198. 使用锯床时，工件应夹牢，长的工件两头应垫牢，并防止工件锯断时伤人。 （√）

199. 使用锯床时操作人员应站在锯片的侧面，锯片应缓慢靠近被锯物件，不准用力过猛。 （√）

200. 电气工具使用前应检查电线是否完好，有无接地线；不合格的禁止使用。 （√）

201. 电气工具和用具应由专人保管，每 6 个月应由电气试验单位进行定期检查。 （√）

202. 在使用电气工具工作中，因故离开工作场所或暂时停止工作以及遇到临时停电时，应立即切断电源。 （√）

203. 行灯变压器的外壳应有良好的接地线，高压侧宜使用三相插头。 （√）

204. 剩余电流动作保护器、电源连接器和控制箱等应放在容器外面。 （√）

205. 打开进风阀前，应事先通知作业地点的有关人员。 （√）

206. 潜水泵外壳不准有裂缝、破损。 （√）

207. 风动工具的锤子、钻头等工作部件，应安装牢固，以防在工作时脱落，禁止将带有工作部件的风动工具对准人。 （√）

208. 只有在停止送风时才可以拆除软管。 （√）

209. 在重点防火部位和存放易燃易爆场所附近及存有易燃物品的容器上使用电、气焊时，应严格执行动火工作的有关规定。 （√）

210. 气瓶搬运应使用专门的抬架或手推车。 （√）

211. 气瓶押运人员应坐在司机驾驶室内，不准坐在车厢内。 （√）

212. 用过的氧气瓶上应写明"空瓶"。 （√）

213. 动火工作票分为一级动火工作票和二级动火工作票。 （√）

214. 二级动火区，是指一级动火区以外的所有防火重点部位或场所以及禁止明火区。 （√）

215. 在动火工作票上注明检修工作票、工作任务单和事故应急抢修单的编号。 （√）

216. 动火工作票一般一式三份，一份由工作负责人收执、一份由动火执行人收执、一份保存在安监部门或动火部门。 （√）

217. 动火工作票的审批人、消防监护人不准签发动火工作票。 （√）

218. 若动火单位为国家电网公司系统的下属单位，可由动火单位签发动火工作票。

（√）

219. 动火执行人应具备有关部门颁发的合格证。 （√）

220. 正确安全地组织动火工作是动火负责人的安全责任。 （√）

221. 各类作业人员有权拒绝违章指挥和强令冒险作业；在发现直接危及人身、电网和设备安全的紧急情况时，有权停止作业或者在采取可能的紧急措施后撤离作业场所，并立即报告。

（√）

222. 任何人进入生产现场（办公室、控制室、值班室和检修班组室除外），应戴安全帽。

（√）

223. 在发生人身触电事故时，为了抢救触电人，可以不经许可，即行断开有关设备的电源，但事后应立即向调度和上级部门报告。 （√）

224. 在带电的电流互感器二次回路上工作时，工作中允许将回路的保护接地点断开。

（×）

225. 在带电的电压互感器二次回路上工作时，可使用普通工具，但应戴手套。 （×）

226. 在带电的电压互感器二次回路上使用绝缘工具就可进行工作。 （×）

227. 在带电的电压互感器二次回路上工作时，接临时负载，只需装有熔断器。 （×）

第七章　二　次　回　路

一、单项选择题

1. 综保出现控制回路断线时，以下排查方法（　　）是不正确的。　　　　（A）

A. 综保装置断电重启　　　　　　　　　B. 测量位置监视回路的电压情况

C. 更换同型号的操作回路板　　　　　　D. 负电源短接监视回路负端

2. 清扫运行设备和二次回路时，要防止振动，防止误碰，要使用（　　）。　　（C）

A. 专用工具　　　　　B. 合格工具　　　　　C. 绝缘工具　　　　　D. 不能使用工具

3. 来自电压互感器二次侧的 4 根开关场引入线（U_a、U_b、U_c、U_n）和电压互感器三次侧的 2 根开关场引入线（开口三角的 U_L、U_n）中的 2 个零相电缆 U_n，（　　）。　　（B）

A. 在开关场并接后，合成 1 根引至控制室接地

B. 必须分别引至控制室，并在控制室接地

C. 三次侧的 U_n 在开关场接地后引入控制室 N600，二次侧的 U_n 单独引入控制室 N600 并接地

D. 在开关场并接接地后，合成 1 根后再引至控制室接地

4. 关于防跳回路的说法，不正确的是（　　）。　　　　　　　　　　　　（B）

A. 由 TBJ 启动防跳　　　　　　　　　B. 保护和开关防跳可以并存

C. 防跳也设计有自保持回路

5. 断路器的跳合闸位置监视灯串联一个电阻，其目的是为了（　　）。　　　（C）

A. 限制通过跳闸绕组的电流　　　　　　B. 补偿灯泡的额定电压

C. 防止因灯座短路造成断路器误跳闸　　D. 防止灯泡过热

6. 在二次接线图中，继电器的触点位置是在线圈（　　）。　　　　　　　（B）

A. 通电情况下的位置　　　　　　　　　B. 未通电情况下的位置

C. 运行情况下的位置

7. 对变压器差动保护进行相量图分析时，应在变压器（　　）时进行。　　　（C）

A. 停电　　　　　B. 空载　　　　　C. 载有一定负载　　　D. 过负载

8. 互感器的二次绕组必须一端接地，其目的是（　　）。　　　　　　　　（D）

A. 提高测量精度　　　　　　　　　　　B. 确定测量范围

C. 防止二次过负载　　　　　　　　　　D. 保证人身安全和设备安全

9. 关于合后继电器 KKJ 的说法，不正确的是（　　）。　　　　　　　　（C）

A. 双线圈继电器　　　　　　　　　　　B. 判别人为操作的标志

C. 不磁保持　　　　　　　　　　　　　D. 对保护逻辑有影响

10. 二次回路中，文字标号 FU 表示（　　）　　　　　　　　　　　　　（A）

A. 熔断器　　　　　B. 电阻　　　　　C. 电抗　　　　　D. 电流

11. 隔离开关的主要作用是（　　）。　　　　　　　　　　　　　　　　（D）

A. 拉合空载母线　　　B. 断开电流　　　　C. 拉合线路　　　　D. 隔离电压

12. 与低压线路保护重合闸充电条件绝对无关的是（　　）。　　　　　　　（D）

A. 控制回路断线　　　B. 弹簧未储能　　　C. 线路 TV 断线　　　D. 重合出口压板退出

13. 当控制回路断线时，变电站应产生（　　）信号。　　　　　　　　　　（B）

A. 控制回路断线　　　　　　　　　　　B. 控制回路断线及预告

C. 控制回路断线及事故　　　　　　　　D. 事故总

14. 电气二次回路中图形符号是由（　　）。　　　　　　　　　　　　　　（A）

A. 国家统一规定　　　　　　　　　　　B. 各地方自定

C. 电业局自定　　　　　　　　　　　　D. 设计人员按习惯自定

15. 过电流方向保护是在过电流保护的基础上，加装一个（　　）而组成的装置。（C）

A. 负序电压元件　　　　　　　　　　　B. 复合电流继电器

C. 方向元件　　　　　　　　　　　　　D. 选相元件

16. 线路过电流保护的启动电流整定值是按照该线路（　　）整定。　　　　（C）

A. 负载电流　　　　　　　　　　　　　B. 最大负载

C. 大于允许的过负载电流　　　　　　　D. 出口短路电流

17. 断路器控制回路中的 KCF 的作用是（　　）。　　　　　　　　　　　（C）

A. 防止断路器合闸　　　　　　　　　　B. 防止断路器跳闸

C. 防止断路器出现连续的"跳-合"现象　D. 防止断路器合在故障点

18. 二次设备的重要按钮在正常运行中，应做好（　　）的安全措施，并在按钮旁贴有醒目标签加以说明。　　　　　　　　　　　　　　　　　　　　　　　　　　（A）

A. 防误碰　　　　B. 防误动　　　　C. 防误操作　　　　D. 防误漏接线

19. 常开触点表示绕组未通电时触点为（　　）状态，常闭触点表示绕组未通电时触点为（　　）状态。　　　　　　　　　　　　　　　　　　　　　　　　　　　　　（B）

A. 断开，断开　　　B. 断开，闭合　　　C. 闭合，断开　　　D. 闭合，闭合

20. 低压闭锁过电流保护应加装（　　）闭锁。　　　　　　　　　　　　　（A）

A. 电压　　　　　　B. 电流　　　　　　C. 电气　　　　　　D. 电容

21. 敷设电缆的地方有电力电缆时，控制电缆应（　　）。　　　　　　　　（B）

A. 放在电力电缆上面　　　　　　　　　B. 放在电力电缆下面

C. 电力电缆扎在一起　　　　　　　　　D. 以上均不对

22. 集成电路型、微机型保护装置的电流、电压引入线应采用屏蔽电缆，同时（　　）。

　　　　　　　　　　　　　　　　　　　　　　　　　　　　　　　　　　　　（C）

A. 电缆的屏蔽层应在开关场可靠接地

B. 电缆的屏蔽层应在控制室可靠接地

C. 电缆的屏蔽层应在开关场和控制室两端可靠接地

23. 二次回路发生熔断器熔断时，现场（　　）。　　　　　　　　　　　　（C）

A. 出现事故信号　　　　　　　　　　　B. 出现预告信号

C. 出现预告信号和熔断器熔断信号　　　D. 不出现信号

24. 电流互感器的不完全星形接线，在运行中（　　）故障。　　　　　　　（A）

A. 不能反映所有的接地　　　　　　　　B. 能反映各种类型的接地

C. 仅反映单相接地　　　　　　　　　　D. 不能反映三相短路

25. TV、TA 的二次侧接地，是指（　　）。　　　　　　　　　　　　　　（A）

　　A. 保护地　　　　　　B. 工作地　　　　　C. 防雷地　　　　　D. 电源地

26. 关于操作回路的跳合闸回路说法，不正确的是（　　）。　　　　　　　（D）

　　A. HBJ 为跳闸保持继电器　　　　　　　　B. 开关跳合闸线圈不能长期带电

　　C. 跳合闸电流在一定范围内自适应　　　　D. 由保护装置来切断跳合闸回路

27. 敷设电缆时，控制电缆的最小弯曲半径与电缆外径的比值不小于（　　）。（B）

　　A. 5　　　　　　　　　B. 10　　　　　　　C. 15　　　　　　　D. 2

28. 对二次回路进入远动装置的控制电缆，可用（　　）绝缘电阻表测量其绝缘。（C）

　　A. 100V　　　　　　　B. 250V　　　　　　C. 500V　　　　　　D. 1000V

29. 二次回路铜芯控制电缆按机械强度要求，连接强电端子的芯线最小截面为（　　）。

　　　　　　　　　　　　　　　　　　　　　　　　　　　　　　　　　　（B）

　　A. 1.0mm^2　　　　　B. 1.5mm^2　　　　C. 2.0mm^2　　　　D. 2.5mm^2

30. 在遥控回路编号中，通常用（　　）表示断路器分闸回路。　　　　　　（B）

　　A. 1，3　　　　　　　B. 1，33　　　　　　C. 2，40　　　　　　D. 2，50

31. 正常运行时以下（　　）压板是退出状态。　　　　　　　　　　　　　（B）

　　A. "保护跳闸"　　　　　　　　　　　　　　B. "本侧 TV 退出"

　　C. "保护合闸"　　　　　　　　　　　　　　D. "遥控投入"

32. 端子排一般布置在屏的两侧，为了敷设及接线方便，最低端子排距离地面不小于（　　）。

　　　　　　　　　　　　　　　　　　　　　　　　　　　　　　　　　　（B）

　　A. 300mm　　　　　　B. 350mm　　　　　　C. 400mm

33. 电压互感器有（　　）种接线方式。　　　　　　　　　　　　　　　　（C）

　　A. 1　　　　　　　　　B. 2　　　　　　　　C. 3　　　　　　　　D. 4

34. 二次回路的电路图按任务不同可分为（　　）种。　　　　　　　　　　（C）

　　A. 1　　　　　　　　　B. 2　　　　　　　　C. 3　　　　　　　　D. 4

35. 大电流接地系统，电力变压器中性点接地方式有（　　）种。　　　　　（C）

　　A. 1　　　　　　　　　B. 2　　　　　　　　C. 3　　　　　　　　D. 4

36. 某条线路电流值正确，电压值正确，功率是 0，则可能存在（　　）。　（C）

　　A. 电流相序错误　　　　　　　　　　　　　B. 电压相序错误

　　C. 电流互感器二次侧接线错误　　　　　　　D. 电压互感器二次侧接线错误

37. 电压互感器开口三角形绕组的额定电压，在大接地系统中为（　　）。　（B）

　　A. 100/3V　　　　　　B. 100V

38. 预告信号的主要任务是在运行设备发生异常现象时（　　）。　　　　　（A）

　　A. 瞬时或延时发出音响信号　　　　　　　　B. 光字牌显示出异常状况的内容

39. 电压互感器、电流互感器二次接地为（　　）。　　　　　　　　　　　（B）

　　A. 多点接地　　　　　B. 一点接地　　　　　C. 随意

40. 传感器通常由敏感元件和（　　）组成。　　　　　　　　　　　　　　（D）

　　A. 有源元件　　　　　B. 无源元件　　　　　C. 感应元件　　　　D. 转换元件

41. 屏蔽电缆的屏蔽层应（　　）。　　　　　　　　　　　　　　　　　　（B）

　　A. 与地绝缘　　　　　B. 可靠接地　　　　　C. 无要求　　　　　D. 接 0V

42. 仪表的准确度等级是按（　　）来划分的。　　　　　　　　　　　　　（D）

A. 绝对误差　　　　B. 相对误差　　　　C. 平均误差　　　　D. 引用误差

43. 利用 GPS 送出的信号进行对时，（　　）信号对时精度最差。　　　　　　（D）

A. IPPM　　　　　　B. IPPS　　　　　　C. IRIG–B　　　　D. 串行口

44. 遥信信号输入回路中常用（　　）作为隔离电路。　　　　　　　　　　　（D）

A. 变压器　　　　　B. 继电器　　　　　C. 运算放大器　　　D. 光电耦合器

45. 现场输入值与调度端监控系统显示值之间的综合误差小于（　　），则该路遥测量是合格的。　　　　　　　　　　　　　　　　　　　　　　　　　　　　　　　　（C）

A. 0.0005　　　　　B. 0.0001　　　　　C. 0.015　　　　　D. 0.02

46. 某条线路停电工作恢复运行后，显示的功率值和电流值均为线路实际负载的一半，其原因是（　　）。　　　　　　　　　　　　　　　　　　　　　　　　　　　　　（A）

A. 二次电流互感器电流比增大一倍

B. 二次电流互感器电流比减小一倍

C. 二次回路接线错误

47. GPS 同步卫星由（　　）颗卫星组成。　　　　　　　　　　　　　　　（C）

A. 6　　　　　　　　B. 12　　　　　　　C. 24　　　　　　　D. 36

48. 下面结论正确的是（　　）。　　　　　　　　　　　　　　　　　　　（C）

A. 电压越高，电能越大

B. 电压越高，电流越大，电能越大

C. 电能的大小与电压、电流和时间三者有关

49. 把表示几个（　　）的相量画在同一坐标中称为相量图。　　　　　　　（C）

A. 电压或电流　　　B. 正弦量　　　　　C. 同频正弦量

50. 电容两端的电压越高，说明（　　）。　　　　　　　　　　　　　　　（C）

A. 充电电流大　　　B. 电容量大　　　　C. 储存的电荷多

51. 电流互感器的二次侧电流是（　　）。　　　　　　　　　　　　　　　（A）

A. 0～5A　　　　　B. 0～10A　　　　　C. 0～8A　　　　　D. 不确定

52. 功率表刻盘上的读数是（　　）功率。　　　　　　　　　　　　　　　（B）

A. 瞬时功率　　　　B. 平均功率　　　　C. 无功功率　　　　D. 有功功率

53. 遥控返校信息是（　　）。　　　　　　　　　　　　　　　　　　　　（B）

A. 下行信息　　　　B. 上行信息　　　　C. 上行信息和下行信息

54. 我国规定电压互感器二次绕组的额定电压相与相之间为（　　）。　　　（A）

A. 100V　　　　　　B. 120V　　　　　　C. 57.7V

55. 某变电站 RTU 信号中断，该站有主备两个通道，主站值班人员首先应（　　）。（C）

A. 通知远动检修人员检查 RTU

B. 通知通信人员检查

C. 切换到备用通道检查，进行分析后通知有关人员

56. 当变压器的油温升高时，测温探头的电阻阻值（　　）。　　　　　　　（A）

A. 变大　　　　　　B. 变小

57. 交流采样装置是否都采用三表法测量功率（　　）。　　　　　　　　　（C）

A. 是　　　　　　　B. 不是　　　　　　C. 不一定

58. 测得某线路功率值为实际值的一半，其原因是（　　）。　　　　　　　（B）

A. RTU 装置死机　　　B. 某相电流被短接　　C. 变送器辅助电源减小

59. 在智能设备的通信中，9 针 RS–232C 最常用的管脚是（　　）。　　　　　　（C）

A. 2、3、4　　　　B. 1、2、3　　　　C. 2、3、5　　　　D. 3、4、5

60. A、B 两台计算机在通信中，A 机 RS–232C 插头的 RxD 端引出线对应 B 机 232 插头的（　　）。　　　　　　　　　　　　　　　　　　　　　　　　　　　　　　（A）

A. TxD　　　　　　B. GND　　　　　　C. RTS　　　　　　D. RxD

61. 对于两端都是 RS–232 插头的通信线，如一端焊接的管脚是 2、3、5，那么另一端焊接的管脚对应的是（　　）。　　　　　　　　　　　　　　　　　　　　　　（D）

A. 5、3、2　　　　B. 2、3、5　　　　C. 5、2、3　　　　D. 3、2、5

62. 二次回路发生熔断器熔断时，现场出现（　　）。　　　　　　　　　　　　（C）

A. 预告信号　　　　　　　　　　　　B. 事故信号

C. 预告信号和控制回路断线信号　　　D. 音响信号

63. 变压器和互感器都是根据（　　）原理工作的。　　　　　　　　　　　　（C）

A. 电流化　　　　　　　　　　　　　B. 电压比

C. 电磁感应　　　　　　　　　　　　D. 电压和电流同时变化

64. 某输电线路的 TA 电流比为 600/5，TV 电压比为 220kV/100V，变送器输出满值对应的二次功率为 866，则该遥测量的满码值为（　　）。　　　　　　　　　　　（D）

A. 114.32W　　　B. 114.32MW　　　C. 228.624W　　　D. 228.624MW

65. 某输电线路的 TA 电流比为 600/5，TV 电压比为 220kV/100V，则当二次功率为 20W 时一次功率为（　　）。　　　　　　　　　　　　　　　　　　　　　　　　（D）

A. 528MW　　　　B. 4MW　　　　　C. 480MW　　　　D. 5MW

66. 某一主变压器的挡位采集方式采用十六进制码，用五位遥信表示，主站收到的遥信从高到低为 10010，问该变压器现在的挡位是（　　）。　　　　　　　　　　（D）

A. 17　　　　　　B. 12　　　　　　C. 10　　　　　　D. 18

67. 常开触点表示绕组未通电时触点为（　　）状态，常闭触点表示绕组未通电时触点为（　　）状态。　　　　　　　　　　　　　　　　　　　　　　　　　　（A）

A. 断开，闭合　　B. 断开，断开　　C. 闭合，闭合　　D. 闭合，断开

68. 远动遥控操作时，重合闸放电回路中的遥控继电器触点是（　　）。　　　（B）

A. 断开、闭合　　B. 接通　　　　　C. 不一定　　　　D. 交替通断

69. 二次回路标号 A630 表示（　　）。　　　　　　　　　　　　　　　　　（A）

A. 交流电压回路 A 相　　　　　　　B. 交流电流回路 A 相

C. 交流功率回路　　　　　　　　　　D. 直流回路正极

70. 遥控跳闸时，由分闸继电器引出两组（　　）接点来完成现场的跳闸和重合闸放电。　　　　　　　　　　　　　　　　　　　　　　　　　　　　　　　　（D）

A. 压板　　　　　　B. 连接片　　　　C. 动断　　　　　D. 动合

71. 二次回路符号"HWJ"表示（　　）。　　　　　　　　　　　　　　　　（B）

A. 跳闸位置继电器　　　　　　　　　B. 合闸位置继电器

C. 跳闸线圈　　　　　　　　　　　　D. 合闸线圈

72. 二次回路符号"TWJ"表示（　　）。　　　　　　　　　　　　　　　　（A）

A. 跳闸位置继电器　　　　　　　　　B. 合闸位置继电器

C. 跳闸线圈　　　　　　　　　　　　D. 合闸线圈

73. 某条线路因工作停电，恢复运行后，显示的功率值和电流值均为线路实际负载的一半，其原因可能是（　　）。　　　　　　　　　　　　　　　　　　　　　　　　　（D）

A. 电压互感器更换，线路的二次电压互感器（TV）电压比增大一倍

B. 电压互感器（TV）电压失相

C. 电流互感器更换，线路的二次电流互感器（TA）电流比减小一倍

D. 电流互感器更换，线路的二次电流互感器（TA）电流比增大一倍

74. 某温度变送器测量范围−30～100℃，输出范围 0～5V，当现场温度为 50℃时，变送器输出电压是（　　）。　　　　　　　　　　　　　　　　　　　　　　　　　　　（C）

A. 1V　　　　　　B. 2V　　　　　　C. 3V　　　　　　D. 4V

75. 由于仪表分度不准造成的误差是（　　）。　　　　　　　　　　　　　　（B）

A. 偶然误差　　　B. 系统误差　　　C. 绝对误差　　　D. 测量误差

76. 用两只单相功率表测量三相三线制电路的有功功率时，各功率表的读数（　　）。

（A）

A. 不代表任一测相功率　　　　　　　B. 代表所测相功率

C. 代表三相电路的功率和　　　　　　D. 代表所测两相的功率和

77. 使用功率表测量功率时，如果发现指针反转，只能更换（　　）的输入输出极性。

（A）

A. 电流　　　　　B. 电压　　　　　C. 无功功率　　　D. 有功

78. 交流回路中常用 P、Q、S 表示有功功率、无功功率、视在功率，而功率因数通常可用（　　）来表示。　　　　　　　　　　　　　　　　　　　　　　　　　　　　　（A）

A. P/S　　　　　B. Q/P　　　　　C. P/Q　　　　　D. Q/S

79. 远动遥信输入应采用（　　）方式。　　　　　　　　　　　　　　　　（C）

A. 有源触点　　　B. 有源、无源触点均有　　　C. 无源触点

80. 远动遥控输出应采用（　　）方式。　　　　　　　　　　　　　　　　（C）

A. 有源触点　　　B. 有源、无源触点均有　　　C. 无源触点

81. 变电站监控系统后台机显示某一条线路电流为 320A，从电流互感器二次侧测得电流 4A（二次侧标准值 5A），则该线路的电流互感器电流比是（　　）。　　　　（A）

A. 400/5　　　　　B. 600/5　　　　　C. 500/5　　　　　D. 300/5

82. 自动化系统的电流、电压、功率三类遥测数据中，其数值大小与相角有关的是（　　）。

（B）

A. 电压　　　　　B. 功率　　　　　C. 电流

83. 存储在远动终端的带时标的告警信息是（　　）。　　　　　　　　　　（C）

A. 事故总信号　　B. 遥信变位信号　　C. SOE（事件顺序记录）　　D. 遥信信息字

84. 子站反复收到主站询问同一规约报文，监视上行报文正确，可能的原因为（　　）。

（C）

A. 子站报文错误　　　　　　　　　　B. 下行通信通道不通

C. 上行通信通道不通　　　　　　　　D. 主站询问报文错误

二、多项选择题

1. 变电站二次回路发生熔断器熔断时，应发出（　　）。　　　　　　　　　　　（BC）

A. 事故信号　　　　　B. 预告信号　　　　　C. 熔断器熔断信号　D. 不发信号

2. 由开关场至控制室的二次电缆采用屏蔽电缆且要求屏蔽层两端接地是为了降低（　　）。

（ABC）

A. 开关场的空间电磁场在电缆芯线上产生感应，对静态型保护装置造成干扰

B. 相邻电缆中信号产生的电磁场在电缆芯线上产生感应，对静态型保护装置造成干扰

C. 本电缆中信号产生的电磁场在相邻电缆的芯线上产生感应，对静态型保护装置造成干扰

D. 由于开关场与控制室的地电位不同，在电缆中产生干扰

3. 二次设备是指对一次设备的工况进行（　　），为运行人员提供运行工况或生产指挥信号所需要的电气设备，如测量仪表继电器远动装置控制及信号器具自动装置等。　　（ABCD）

A. 监测　　　　　　　B. 控制　　　　　　　C. 调节　　　　　　　D. 保护

4. 电压互感器二次回路的负载有（　　）。　　　　　　　　　　　　　　　　（ACD）

A. 计量表计的电压线圈　　　　　　　B. 继电保护的电流线圈

C. 自动装置的电压线圈　　　　　　　D. 继电保护的电压线圈

5. 电流互感器的二次负载包括（　　）。　　　　　　　　　　　　　　　　（ACD）

A. 表计和继电器电流线圈的电阻　　　B. 二次电流电缆回路电阻

C. 连接点的接触电阻　　　　　　　　D. 接线电阻

6. 二次系统接地的种类一般分为（　　）。　　　　　　　　　　　　　　　　（ABC）

A. 安全保护接地　　B. 交流接地　　　　C. 信号接地　　　D. 外壳接地

7. 变压器并列运行的条件为（　　）。　　　　　　　　　　　　　　　　　　（ABC）

A. 联结组标号相同

B. 一、二次侧的额定电压分别相等（变比相等）

C. 阻抗电压相等

8. 防误闭锁中"五防"是防止误分误合开关、（　　）。　　　　　　　　　　（ABCD）

A. 防止带负载拉合刀开关或手车触　　B. 防止带电挂接地线（合接地开关）

C. 防止带地线（接地开关）合闸送电　D. 防止误入带电设备间隔

9. 电压互感器二次侧常发生的故障有（　　）。　　　　　　　　　　　　　　（ABCD）

A. 熔断器熔断　　　　　　　　　　　B. 二次小开关跳开

C. 二次接线松动，接触不良　　　　　D. 隔离开关辅助接点接触不良

10. 断路器同期检测中同期检测部件应能检测和比较断路器两侧的（　　）。　　（BCD）

A. 功率　　　　　B. 频率　　　　　C. 电压相角　　　　D. 电压幅值

11. 测得某线路二次功率值与实际二次值相比明显偏小，其可能的原因是（　　）。

（CD）

A. 远动终端设备死机　　　　　　　　B. 变送器辅助电源故障

C. 某相电流短路　　　　　　　　　　D. 电压断相

12. 假如主站收到的交流采样量测信息中电压、电流正常，而该路功率与实际一次值相差太大，其原因可能为（　　）。　　　　　　　　　　　　　　　　　　　　　（CD）

A. 遥测板与通信控制器之间网络不正常　　　B. 遥测接线板损坏

C. 电压、电流相序问题　　　　　　　　　　D. 满码值问题

13. 假如主站下发了遥控命令，但返校错误，其可能的原因有（　　）。　　　（CD）

A. 通道中断　　　　　　　　　　　　　　　B. 下行通道有问题

C. 上行通道有问题　　　　　　　　　　　　D. 通道误码问题

14. 远动通信工作站主要功能包括（　　）。　　　　　　　　　　　　　　（BCD）

A. 遥测越限与复归　　　　　　　　　　　　B. 规约转换

C. 数据筛选及处理　　　　　　　　　　　　D. 数据采集

15. 下列关于提高计算机监控系统抗干扰措施的描述，正确的是（　　）。（ABCDE）

A. 内部抗干扰措施　　　　　　　　　　　　B. 机体屏蔽

C. 通道干扰处理　　　　　　　　　　　　　D. 开关量的输入采用光电隔离

E. 电源抗干扰措施

16. 远动通信规约报文应具备（　　）功能部分。　　　　　　　　　　　　（ACD）

A. 报送事件时间信息　　　　　　　　　　　B. 报送气象信息

C. 传送模拟量变化量信息　　　　　　　　　D. 报送状态量断路器和隔离开关变位信息

17. 远动通信传输采用越死区传送的原因是（　　）。　　　　　　　　　　（BD）

A. 减少遥测采集数量　　　　　　　　　　　B. 减少遥测传送数据量

C. 减少遥信信息量　　　　　　　　　　　　D. 降低通信传输负载

18. 远动数据处理采用零值死区的原因是（　　）。　　　　　　　　　　　（AC）

A. 校正零点漂移干扰　　　　　　　　　　　B. 校正数据采集误差

C. 将低值数转换为零　　　　　　　　　　　D. 不允许数据为零

19. 二次系统接地的种类一般分为（　　）。　　　　　　　　　　　　　　（BCD）

A. 外壳接地　　　B. 信号接地　　　C. 交流接地　　　D. 安全保护接地

20. 变电站二次回路发生熔断器熔断时，应发出（　　）。　　　　　　　　（BC）

A. 不发信号　　　B. 熔断器熔断信号　　　C. 预告信号　　　D. 事故信号

21. 用万用表测量完毕后，可将量程开关转到（　　），以防表笔短接，电池跑电。

（CD）

A. 电流挡　　　　B. 电阻挡　　　　C. 高压挡　　　　D. 空挡

22. 变电站远动终端显示某开关遥信位置与实际不一致，原因可能是（　　）。（BCDE）

A. 远动通信工作站故障　　　　　　　　　　B. 遥信电源异常

C. 遥信板接触问题　　　　　　　　　　　　D. 遥信电缆芯线问题

E. 开关的辅助接点位置不对位

23. 远动装置故障的检查和判定归纳起来一般有（　　）。　　　　　　　　（ABCD）

A. 综合　　　　　B. 排除　　　　　C. 替换　　　　　D. 测量

24. 电力调度自动化系统工厂验收和现场验收中进行无故障远动测试的时间应分别是

（　　）。　　　　　　　　　　　　　　　　　　　　　　　　　　　　　（CD）

A. 120h　　　　　B. 96h　　　　　C. 100h　　　　　D. 72h

25. 用两表法测得某线路二次功率值约为实际二次值的一半，其原因可能是（　　）。

（BD）

A. RTU 装置死机　　　　　　　　　　　　　B. 某相电流被短路

C. 变送器辅助电源故障　　　　　　　　D. 电压断相

26. 变电站综合自动化系统可划分为（　　）。　　　　　　　　　　　（BCD）

A. 应用层　　　　　B. 网络层　　　　　C. 间隔层　　　　　D. 站控层

27. 当两台在线式 UPS 并机系统处于冗余运行方式时，发现一台机空载，这台机器最可能的问题是（　　）。　　　　　　　　　　　　　　　　　　　　　　（BC）

A. 输入交流电停　　B. 逆变器停　　　C. 逆变器故障　　　D. 整流器故障

28. 熔断器在电路中，主要起（　　）两个作用。　　　　　　　　　　（AB）

A. 过载保护元件　　B. 短路保护元件　　C. 开路保护元件　　D. 过电压保护元件

29. 电气二次系统按性质可分为（　　）。　　　　　　　　　　　　　（BDE）

A. 脉冲信号回路　　B. 交流电流回路　　C. 载波信号回路

D. 交流电压回路　　E. 直流回路

30. 电流互感器二次回路开路的常见现象有（　　）。　　　　　　　　（ABCD）

A. 电流表、功率表、电能表没有指示或指示不正常

B. 电流继电器、差动继电器内部有响声

C. 开路点有放电拉弧现象

D. 电流互感器内部有焦糊味，有异常声响

31. 测量误差分为（　　）。　　　　　　　　　　　　　　　　　　　（ABD）

A. 系统误差　　　　B. 基本误差　　　　C. 疏忽误差

D. 附加误差　　　　E. 偶然误差

32. 变电站有一温度量显示为 100℃以上的死数据，其可能原因是（　　）。　（ABC）

A. 温度变送器损坏　　B. 测温探头有问题　　C. 测温回路开路　　D. 温度仪损坏

33. 某遥信试验，从遥信端子上短接或断开该遥信接线，从接收的上传的遥信帧中均未发现该遥信位变化，其他的遥信试验全部正确，其原因是（　　）。　　　　　　　（AB）

A. 数据库有问题　　B. 该路遥信回路有问题　　　C. 试验方法错误

34. 变电站电气一次主接线是由变压器（　　）等组成。　　　　　　　（AB）

A. 隔离开关　　　　B. 断路器　　　　C. 继电器　　　　D. 电器元件

35. 电力系统的设备状态一般划分为（　　）。　　　　　　　　　　　（ABCD）

A. 运行　　　　　　B. 热备用　　　　C. 冷备用　　　　D. 检修

36. 常规变电站中间隔层由（　　）组成。　　　　　　　　　　　　　（ABCD）

A. I/O 单元　　　　B. 控制单元　　　　C. 控制网络　　　D. 保护规约转换装置

37. 常规变电站中站控层由（　　）组成。　　　　　　　　　　　　　（ABC）

A. 操作员站　　　　B. 工程师站　　　　C. 远动通信接口装置

38. 远动工作站主要作用是数据库的定义修改及（　　）。　　　　　　（ABCD）

A. 系统参数的定义　　B. 报表的制作修改　　C. 网络的维护　　　D. 系统诊断

三、判断题

1. "远后备"是指当元件故障而其保护装置或开关拒绝动作时，由相邻一级元件的保护装置动作将故障切开。　　　　　　　　　　　　　　　　　　　　　　　　　（√）

2. 110kV 回路上的电流互感器属于一次设备。　　　　　　　　　　　（√）

3. 110kV 回路上的电压互感器属于二次设备。　　　　　　　　　　（×）

4. GPS 可以分成 3 部分：GPS 卫星系统、地面控制系统和用户设备。　（√）

5. RS–232，9 针插头引脚 2 是 RxD，表示接收数据信号。　　　　　（√）

6. RS–232，9 针插头引脚 3 是 TxD，表示发送数据信号。　　　　　（√）

7. UPS 是先将交流电变成直流电，然后进行脉宽调制、滤波，再将直流电重新变成交流电源向负载供电。　　　　　　　　　　　　　　　　　（√）

8. UPS 将直流电变换成交流电。　　　　　　　　　　　　　　　　（×）

9. 电流比相同、型号相同的电流互感器，其二次接成星形时比接成三角形所允许的二次负载要大。　　　　　　　　　　　　　　　　　　　　　（√）

10. 变电站计算机监控系统的户外通信介质应选用光缆。当采用铠装光缆时，应对其抗扰动性能进行测试。　　　　　　　　　　　　　　　　　（√）

11. 变电站自动化系统中的控制功能以控制点选定、校验和执行控制 3 个步骤执行。　（√）

12. 变动电流、电压二次回路后，可以不用负载电流、电压检查变动回路的正确性。　　（×）

13. 变送器输出的是直流模拟量。　　　　　　　　　　　　　　　　（√）

14. 变压器在运行时，虽然有时变压器的上层油温未超过规定值，但变压器的温升，有可能超过规定值。　　　　　　　　　　　　　　　　　　　　　（√）

15. 测量有功功率的交流采样装置，如果 B、C 相电压进线对调，会造成该有功功率遥测值很小。　　　　　　　　　　　　　　　　　　　　　　　（√）

16. 超高压线路电容电流对线路两侧电流大小和相位的影响可以忽略不计。　（×）

17. 当电流互感器二次侧闭路时，一次侧安匝数与二次侧安匝数相抵消，当二次侧开路时，则在二次端子感应出危险高电压，危害设备和人身的安全。　　　　　（√）

18. 当电流互感器二次侧闭路时，一次侧磁势与二次侧磁势相抵消；当二次侧开路时，在二次端子上将感应出高电压，可能危害设备和人身安全。　　　　　　（√）

19. 当断路器发生变位时，事件顺序记录（SOE）可以准确记录该断路器变位发生的时间。　（√）

20. 当断路器上的"就地/远方"转换开关处于"就地"状态时，RTU 就无法完成该断路器的遥控操作。　　　　　　　　　　　　　　　　　　　　　（√）

21. 当一次设备检修时，运行维护单位应将相应的遥信信号退出运行，但不得随意将相应的变送器退出运行。同时检查相应的调度自动化输入输出回路的正确性及检验有关的测量装置和回路准确度，将其列入检修工作任务，并与调度端进行相关的遥信传动试验和遥测、遥控准确性校验。一次设备检修完成后，应将相应的遥信信号投入运行，将与调度自动化设备相关的二次回路接线恢复正常，并通知相关调度自动化设备的运行管理部门。　　　　　（√）

22. 当用"两表法"测量三相三线的有功功率时，不管三相电路是否对称，都能正确测量。　　（√）

23. 当直流回路有一点接地的状况下，允许长期运行。　　　　　　　　（×）

24. 电力变压器通常在其低压侧绕组中引出分接抽头，与分接开关相连用来调节低压侧电压。　　　　　　　　　　　　　　　　　　　　　　　（×）

25. 电力调度数据网络路由防护指的是电力调度数据网络采用虚拟专网技术，在网络路由

层面将实时控制业务、非控制业务分隔成两个相对独立的逻辑专网。　　　　　　（ √ ）

26. 电流互感器本身造成的测量误差是由于有励磁电流的存在。　　　　　　（ √ ）

27. 电流互感器二次侧不允许短路，电压互感器二次侧不允许开路。　　　　（ × ）

28. 电流互感器二次侧不允许开路，电压互感器二次侧不允许短路。　　　　（ √ ）

29. 电流互感器二次回路采用多点接地，易造成保护拒绝动作。　　　　　（ √ ）

30. 电气设备的金属外壳接地属于工作接地。　　　　　　　　　　　　　（ × ）

31. 电气主接线图一般以单线图表示。　　　　　　　　　　　　　　　　（ √ ）

32. 电压互感器二次回路通电试验时，为防止由二次侧向一次侧反充电，只需将二次回路断开。　　　　　　　　　　　　　　　　　　　　　　　　　　　　（ × ）

33. 电压互感器二次输出回路 A、B、C、N 相均应装设熔断器或自动小开关。　（ × ）

34. 电压切换回路应采用先断开后接通的接线。在断开电压回路的同时，有关保护的正电源也应同时断开。　　　　　　　　　　　　　　　　　　　　　　　　　（ √ ）

35. 动合触点即常开触点，是指线圈通电，触点断开；线圈失电，触点闭合。　（ × ）

36. 端子应有序号，端子排应便于更换且接线方便；离地高度宜大于 350mm。　（ √ ）

37. 断开遥测电压回路的操作步骤是：从电压引入端断开电缆或断开电压空气开关，将电缆头用绝缘胶布包好，并做好记号。　　　　　　　　　　　　　　　　　（ √ ）

38. 断路器的位置信号通过其辅助触点 DL 引出，该触点与断路器的传动轴联动。（ √ ）

39. 断路器控制回路中的 KCF 的作用是防止断路器出现连续的"跳–合"现象。（ √ ）

40. 对电子仪表的接地方式应特别注意，以免烧坏仪表和保护装置中的插件。（ √ ）

41. 对于 220kV 电压等级的高压线路，意味着该线路的额定相电压为 220kV。（ × ）

42. 对于感性负载，在关联参考方向下，其电流相量滞后于电压相量。　　　（ √ ）

43. 对于感性负载，在相量图上相电流滞后相电压。　　　　　　　　　　（ √ ）

44. 二次回路的任务是通过对一次回路监查测量来反映一次回路的工作状态并控制一次系统。　　　　　　　　　　　　　　　　　　　　　　　　　　　　　　（ √ ）

45. 二次回路接线时，可以根据线芯上的编号对应接线，不必进行对线。　　（ × ）

46. 二次回路接线施工完毕，在测试绝缘时，应有防止弱电设备损坏的安全技术措施。（ √ ）

47. 二次回路中的电信号都很强，不必进行屏蔽。　　　　　　　　　　　（ × ）

48. 二次回路中电缆芯线和导线截面的选择原则是：只需满足电气性能的要求，在电压和操作回路中，应按允许的压降选择电缆芯线或电缆芯线的截面。　　　　　　　（ × ）

49. 隔离开关操作的原则"先断后通"。　　　　　　　　　　　　　　　（ × ）

50. 隔离开关操作原则是"先通后断"。　　　　　　　　　　　　　　　（ √ ）

51. 功率表在接线时，电流线圈标有"*"的一端必须与电源连接。　　　　（ √ ）

52. 光电耦合电路的光耦在密封壳内进行，故不受外界光干扰。　　　　　（ √ ）

53. 互感器二次绕组在接入仪表时极性的正反无所谓。　　　　　　　　　（ × ）

54. 恢复线路送电时，母线上的变压器应先送出，并确保中性点直接接地运行。（ √ ）

55. 二次回路编号用来区别电气设备间互相连接的各种回路。　　　　　　（ √ ）

56. 二次回路上的电流互感器属于一次设备。　　　　　　　　　　　　　（ × ）

57. 二次回路上的电压互感器属于二次设备。　　　　　　　　　　　　　（ √ ）

58. 机房内设备的保护地、防雷地、静电接地、交流接地等应当分别引线到接地体上。
　　　　　　　　　　　　　　　　　　　　　　　　　　　　　　　　　（ √ ）

59. 机柜接地的作用主要是防止中、低频率的干扰信号进入计算机系统。 （√）

60. 继电保护动作速度越快越好，灵敏度越高越好。 （×）

61. 继电保护要求电流互感器的一次电流等于最大短路电流时，其电流比误差不大于 5%。 （×）

62. 检查二次回路的绝缘电阻应使用 2500V 的绝缘电阻表。 （×）

63. 交换式局域网增加带宽的方法是在交换机多个端口之间建立并发连接。 （√）

64. 交流电流二次回路使用中间变流器时，采用降流方式互感器的二次负载小。 （√）

65. 接线展开图由交流电流电压回路、直流操作回路和信号回路 3 部分组成。 （√）

66. 开关场的就地端子箱内应设置截面不少于100mm^{2}的裸铜排，并使用截面不少于50mm^{2}的铜缆与电缆沟道内的等电位接地网连接。 （×）

67. 开关量输入远动设备时必须采取隔离措施，使二者之间没有电的直接联系，以防止干扰侵入远动设备。 （√）

68. 铠装电缆在进入盘、柜后，应将钢带切断，切断处的端部应扎紧，并应将钢带接地。 （√）

69. 可以将远动通道的收、发两对线对接来判断通道好坏。 （√）

70. 可用电缆芯两端同时接地的方法作为抗干扰措施。 （×）

71. 控制回路的绿灯亮表示断路器处于合闸位置。 （×）

72. 利用跨相 90°的接线方法测量三相电路的无功功率时，三相电压应对称，否则将产生误差。 （√）

73. 每个接线端子的每侧接线宜为 1 根，不得超过 2 根。对于插接式端子，不同截面的两根导线不得接在同一端子上；对于螺栓连接端子，当接 2 根导线时，中间应加平垫片。 （√）

74. 盘、柜及盘、柜内设备与各构件间连接应牢固。主控制盘、继电保护盘和自动装置盘等宜与基础型钢焊死。 （×）

75. 钳形电流表在测量电流时不用断开用电设备，所以它的准确度极高。 （×）

76. 强、弱电回路不应使用同一根电缆，并应分别成束分开排列。 （√）

77. 任何时候，断开测量电路之前，一定要先将电流互感器二次绕组两端短接好。 （√）

78. 任何时候断开电流互感器二次回路测量之前，一定要先将电流互感器二次绕组两端短接好。 （√）

79. 如果遥控返校正确，调度端发出遥控执行命令后还可以再撤销这个命令。 （×）

80. 如果远动传输两端波特率不统一，则数据不能正确传输。 （√）

81. 三相有功功率有两表法和三表法两种测量方法。 （√）

82. 时间同步系统输出的各种时间信号，不论何种信号接口类型，各路输出时间信号在电气上均应相互隔离。 （√）

83. 使用万用表时，应选择合适的挡位和量程，以防止万用表烧坏。 （√）

84. 事故信号的主要任务是在断路器事故跳闸时，能及时地发出音响，并作相应的断路器灯位置信号闪光。 （√）

85. 事件顺序记录必须在间隔层 I/O 测控单元中实现。 （√）

86. 事件顺序记录以毫秒级时间记录开关或继电保护的动作。 （√）

87. 手动跳闸与远动跳闸时重合闸都是闭锁的。 （√）

88. 输电线路 B、C 两相金属性短路时，短路电流 I_{bc} 滞后于 B、C 相间电压一线路阻抗角。 （ √ ）

89. 所用电流互感器和电压互感器的二次绕组应有永久性的、可靠的保护接地。 （ √ ）

90. 跳合闸引出端子应与正电源适当隔开。 （ √ ）

91. 跳闸（合闸）线圈的压降均小于电源电压的 90% 才为合格。 （ √ ）

92. 通常采用继电器和光电耦合器作为遥控信息的隔离器件。 （ × ）

93. 通过短接或断开遥信触点的方式，可检查出遥信回路正确与否。 （ √ ）

94. 通过在遥测输入端加标准源的方式，检查遥测回路是否有问题。 （ √ ）

95. 图形符号和文字标号用以表示和区别二次回路图中的各个电气设备。 （ √ ）

96. 微机监控系统或 RTU 系统必须在无缺陷的状态下进行遥控操作。 （ √ ）

97. 为了解决遥信误、漏报和抖动问题，可采用双位置遥信和提高遥信输入电压等技术手段来提高遥信的可靠性。 （ √ ）

98. 现场工作应按图纸进行，严禁凭记忆作为工作的依据。 （ √ ）

99. 相对于二次侧的负载来说，电流互感器的一次内阻很小，可以认为是一个电流源。 （ × ）

100. 相对于二次侧的负载来说，电压互感器的一次内阻抗较大，可以认为电压互感器是一个电压源。 （ × ）

101. 相位表显示随负载电流和电压的大小而变化。 （ × ）

102. 相位表指针不随负载电流和电压的变化而变化。 （ √ ）

103. 严禁在运行的电流互感器与短路端子之间的回路和导线上进行任何工作。 （ √ ）

104. 遥控拒动一定是执行机构出了问题。 （ × ）

105. 遥控调试时，不可以用万用表的欧姆挡来检测遥控接点的闭合情况。 （ × ）

106. 遥信电源都是直流的。 （ √ ）

107. 遥信电源故障，不影响正常遥信的状态，只影响变位的遥信状态。 （ × ）

108. 遥信回路采用光电隔离的作用是使输入具有保护和滤波功能。 （ × ）

109. 遥信误动一定是由于断路器的辅助接点抖动造成的。 （ × ）

110. 遥信信号有断路器、隔离开关的位置信号，继电保护信号等。遥测信号主要有电流、电压、有功功率、无功功率、频率、温度等。 （ √ ）

111. 遥信信息通常由电力设备的辅助接点提供，该接点大多是无源接点。 （ √ ）

112. 引入盘、柜的电缆应排列整齐，编号清晰，避免交叉，并应固定牢固，不得使所接的端子排受到机械应力。 （ √ ）

113. 引用误差是指绝对误差与测量值的最大值之比。 （ √ ）

114. 用两只单相功率表测量三相三线制电路有功功率时，两只功率表的读数代数和代表三相电路的总和功率。 （ √ ）

115. 用两只功率表不能在三相三线制电路中准确测量三相对称负载的功率。 （ × ）

116. 用两只功率表不能准确测量三相三线制电路的有功功率。 （ × ）

117. 用万用表测量电阻时，不外加电源。 （ √ ）

118. 由继电器、自动装置等设备构成的电路称为一次回路。 （ × ）

119. 远动系统遥测精度及厂站端遥测精度分别是 1.5、0.5。 （ √ ）

120. 远动中的遥信反映的是断路器或隔离开关等设备所处的位置状态。 （ √ ）

121. 远动终端设备应可靠保护接地，应有抗电磁干扰的能力，其信号输入应有可靠的电气隔离。 （√）

122. 远动终端应有遥信变位优先传送的功能。当设备位置状态发生变化且未被调度端确认时，遥控、遥调命令应予以闭锁。 （√）

123. 远动装置的遥测量信号均要经过光电耦合器输入内电路。 （×）

124. 远动装置为防止遥信信号的抖动，应在电路中设置保持电路。 （×）

125. 运行中，电压互感器二次侧某一相熔断器熔断时，该相电压值为零。 （×）

126. 运行中的电流互感器二次短接后，也不得去掉接地点。 （√）

127. 在 YX 事项中，SOE 显示的时间精确到毫秒，是指事件发生瞬间 RTU 的时间；开关事项显示的时间精确到秒，是收到事项时主站的时间。 （√）

128. 在保护屏的端子排处将所有外部引入的回路及电缆全部断开，分别将电流、电压、直流控制信号回路的所有端子各自连在一起，用 1000V 兆欧表测量绝缘电阻，其阻值均应大于 10MΩ。 （√）

129. 在测量变送器精度时，我们常采用引用误差。 （√）

130. 在带电的电流互感器二次回路上工作时，严禁将电流互感器二次侧开路。 （√）

131. 在电路中，任意两点之间电压的大小与参考点的选择无关。 （√）

132. 在交流采样的功率采集中，采用两表法一般比三表法更准确。 （×）

133. 在交流采样有功功率二次接线中，如果 B、C 相电压进线对调，会造成该有功遥测值异常。 （√）

134. 在欧姆定律中，导体的电阻与两端的电压成反比，与通过其中的电流强度成正比。 （×）

135. 在任何情况下，三相三线有功功率表和三相四线有功功率表都可以互换。 （×）

136. 在三相三线电路中，不论电源或负载是星形或三角形连接，不论电流是否对称，三个线电流瞬时值的代数和恒等于零。 （√）

137. 在三相系统中，需要测量的电压有线电压、相电压、零序电压。 （√）

138. 在实际应用中，经常取断路器的辅助接点作为远动遥信的位置信号。也可以通过分、合闸位置继电器的动合触点来反映。 （√）

139. 在遥控操作过程中，若对象控制、分合控制二级正确后，执行控制不能完成，可判断为二次回路问题。 （×）

140. 在一个高阻抗电路中，若用指针式万用表测量一个电阻上电压时，被认为可能影响其测量精度时，可改用数字式万用表来测量电压。 （√）

141. 站控主单元与间隔层的通信方式可以是网络方式，但不可以是串行通信方式。 （×）

142. 正、负电源之间以及经常带电的正电源与合闸或跳闸回路之间，宜以一个空端子隔开。 （√）

143. 正常运行时，电流互感器二次侧不能开路，电压互感器二次侧不能短路。 （√）

144. 只要不影响保护正常运行，交、直流回路可以共用一根电缆。 （×）

145. 直流回路编号中，1、101、201、301 通常代表控制回路的负电源。 （×）

146. 重合闸装置的作用是在断路器由于非正常跳闸时，保证断路器重新合闸。 （√）

147. 主变压器挡位信息可以通过遥测和遥信两种方式采集。 （√）

第八章　分类采集厂站自动化系统

一、单项选择题

1. I/O 测控屏电源电压最低下降至（　　），各 I/O 测控单元仍能正常运行。　（A）
A. 80%　　　　　　　B. 85%　　　　　　　C. 90%　　　　　　　D. 75%

2. RTU 把模拟信号转换成相应的数字量的过程称为（　　）。　（A）
A. A/D 转换　　　　B. D/A 转换　　　　C. 标度变换　　　　D. 格式转化

3. RTU 的工作电源电压一般为（　　）。　（A）
A. 交，直流 220V　B. 直流 24V　　　　C. 交流 24V　　　　D. 直流 110V

4. 每台 RTU 的模拟量输入在（　　）满量程范围内具有精确的、自校准特征，并有精确的参考输入。　（B）
A. ±80%　　　　　　B. ±90%　　　　　　C. ±100%　　　　　D. ±120%

5. 自动化 I/O 测控单元原则上采用站内（　　）供电。　（B）
A. 交流　　　　　　　B. 直流

6. 分类采集厂站自动化系统遥信采用（　　）级隔离。　（B）
A. 1　　　　　　　　B. 2　　　　　　　　C. 3　　　　　　　　D. 4

7. RTU 的 A/D 转换芯片质量的优劣，影响（　　）的准确性或精度。　（C）
A. 遥控　　　　　　　B. 遥信　　　　　　C. 遥测　　　　　　D. 遥调

8. RTU 对遥信量的采集处理过程，首先经过（　　）。　（C）
A. 采样保持器　　　B. 电平转换电路　　C. 光电隔离装置　　D. 串入输入/输出

9. 下列关于 RTU 功能描述，有误的是（　　）。　（C）
A. RTU 具有在线自诊断和远方诊断功能，并向主站传送 RTU 故障信号
B. RTU 在接到主站或就地的重新启动命令后自动执行初始化程序，重新启动工作
C. 同一时刻 RTU 能同时接受多个主站的控制命令

10. 远动遥信转接屏中试验开关的三态为（　　）。　（C）
A. 闭合、试验、断开　　　　　　　　B. 闭合、试验、运行
C. 闭合、运行、断开　　　　　　　　D. 试验、断开、运行

11. 下列不属于 RTU 功能的是（　　）。　（D）
A. 信息采集的功能　　　　　　　　　B. 遥信变位优先传送的功能
C. 与调度中心主时钟系统对时的功能　D. 同期检测

二、多项选择题

1. 传统变电站二次电缆造成变电站安全运行的主要隐患原因是（　　）。　（ABCD）
A. 电磁干扰和一次设备传输过电压可能引起二次设备运行异常

B. 二次回路两点接地对继电保护产生不良影响

C. 电缆较长时存在电磁耦合可能造成继电保护的误动作

D. 电缆较长时，常规互感器存在二次负载问题

2. 运行的分类采集厂站自动化系统变电站，主站显示的遥信状态与厂站实际不相符，可能是（　　）原因导致。　　　　　　　　　　　　　　　　　　　　　　（ABCD）

A. 转发点表错误

B. RTU 故障

C. 遥信回路故障

D. 现场一次设备遥信接电故障

三、判断题

1. RTU 电源故障是电源自身问题，与其他各工作模板无关。（×）

2. RTU 显示某开关处于分闸状态，但该开关仍有遥测数据，说明该开关的遥测回路有问题。（×）

3. RTU 只有通过与主站端对时才能保证时间准确。（×）

4. RTU 中遥测量的零点误差不影响遥测精度。（×）

5. 某 RTU 有光纤和微波（模拟量通道）两个远动通道，如果有一个通道是正常的，则说明 RTU 没有问题。（×）

6. 远动 RTU 信息传输不具备一发多收功能。（×）

7. 在 RTU 上做遥控试验，如果遥控不成功，问题就在二次回路或一次设备上。（×）

8. 在 RTU 调制解调器输出端子上用示波器观察到输出的是交替变化的正弦波，说明调制解调器的输出是正确的。（×）

9. 在 RTU 中，A/D 转换表示把交流量转换成直流量。（×）

10. 在遥控过程中，调度中心发往厂站 RTU 的命令有 3 种：遥控选择、遥控返校、遥控执行。（×）

11. 主站接收不到 RTU 的信息，一定是通信设备有问题，而非 RTU 问题。（×）

12. 分类采集厂站自动化系统各部分间采用 RS-232 方式通信。（×）

13. 分类采集厂站自动化系统各部分间必须采用 CDT 规约通信。（×）

14. 分类采集厂站自动化系统遥信和遥测之间存在闭锁关系，若开关位置在合位，遥控就无法执行合操作，相反开关在分位，遥控就无法执行分操作。（×）

15. 分类采集厂站自动化系统较为落后，遥控不能实现返校功能。（×）

16. I/O 测控单元开关量输入回路输入方式：空接点，并经光电隔离。（√）

17. I/O 测控单元开关量输入回路应有防抖动的滤波回路。（√）

18. RTU 采用 Modem 进行通信时，一般采用移频键控调制（FSK）方式。（√）

19. RTU 的调制解调器输出是一个单频，问题不一定在调制解调器。（√）

20. RTU 的调制解调器中心频率和频偏不正确，主站系统就无法正确接收。（√）

21. RTU 进行数据采集时作为一个远程数据通信单元，完成或响应本站与中心站或其他站的通信和遥控任务。（√）

22. RTU 具有遥信变位优先传送的功能，具有事件顺序记录（SOE）并向主站传送的功能。（√）

23. RTU 可通过主站下发的校时命令对 RTU 进行校时。（√）

24. 厂站 RTU 的交流采样装置利用傅里叶算法计算有功、无功功率时，当采用多路转换开关进行顺序采样时，前后两路之间存在时间差。该时间差会影响前后两路量的相位关系，造成相位偏差。采样误差通常来自于该相位偏差。　　　　　　　　　　　　　　　　（√）

25. 当 RTU 的某块模块造成电源无法正常工作时，应采用排除法找出故障源，保证 RTU 其他模块的正常工作。　　　　　　　　　　　　　　　　　　　　　　　　　（√）

26. 当断路器上的"就地/远方"转换开关处于"就地"状态时，RTU 就无法完成该断路器的遥控操作。　　　　　　　　　　　　　　　　　　　　　　　　　　　　　　（√）

27. 现在常用的 RTU 规约是数据链路层的协议。　　　　　　　　　　　　　（√）

28. 自动化变电站的计算机监控系统电子接线图可作为倒闸操作的模拟图。（√）

29. 分类采集厂站自动化系统主要包括 4 个部分：遥信、遥测、遥控、遥调。（√）

30. 分类采集厂站自动化系统技术相对较为落后，RTU 与主站无法直接实现 IEC 104 网络通信，要实现 IEC 104 网络通信需要通过规约转换机进行处理。　　　　　（√）

31. RTU 也称远动终端，英文全称是 Romote Terminal Unit。　　　　　（√）

32. 分类采集厂站自动化系统中遥信灯板中灯亮表示遥信点合，即为 1，灯灭表示遥信点分，即为 0。　　　　　　　　　　　　　　　　　　　　　　　　　　　　　（√）

33. 运行的分类采集厂站自动化系统变电站，主站显示某开关在合位，现场开关实际也在合位，但灯板不亮，最有可能是灯坏了。　　　　　　　　　　　　　　　　　　（√）

第九章　综自厂站自动化系统

一、单项选择题

1. 以下（　　）不属于非控制区厂站端设备。　　　　　　　　　　　　　　　　　（D）

A. 电能量远方终端　　　　　　　　　　　　B. 故障录波装置

C. 发电厂的报价系统　　　　　　　　　　　D. RTU 或综合自动化系统远动工作站

2. 在远动装置接收信道上收到信号电压为 0.4V，此值相当于（　　）dBm。　　　（D）

A. 0.4　　　　　　　B. −0.4　　　　　　C. 5.74　　　　　　D. −5.74

3. 远动系统中（　　）是在接收端将模拟信号解调成数字信号。　　　　　　　　（D）

A. 通信前置机　　　B. 通信通道　　　　C. 主机　　　　　　D. 调制解调器

4. 有源 GIS 电子式互感器的供电方式为（　　）。　　　　　　　　　　　　　　（D）

A. 一次取能线圈供电　　　　　　　　　　　B. 激光器供电

C. 取能线圈和激光器切换供电　　　　　　　D. 直流供电

5. 以下属于防误闭锁装置的是（　　）。　　　　　　　　　　　　　　　　　　　（D）

A. 机械程序式闭锁装置　　　　　　　　　　B. 电气型防误闭锁装置

C. 微机型闭锁装置　　　　　　　　　　　　D. 以上都是

6. 以下变电站监控系统/设备中，属于换流站特有系统/设备的是（　　）。　　　（D）

A. 变电站综合自动化系统　　　　　　　　　B. 五防系统

C. 继电保护装置　　　　　　　　　　　　　D. 安全自动装置

7. 遥信信息应用于实时网络接线分析功能，下列说法不正确的有（　　）。　　　（D）

A. 个别开关状态错误对于分析结果可能不产生影响

B. 个别刀开关信息的错误可能直接影响系统中电气岛的数量

C. 在估计计算、不良数据检测、不良数据辨识环节中不使用遥信信息

D. 串联在一个支路上的开关、刀闸信息，如果其状态不一致，就都是不可用的

8. 遥信信号输入回路中常用（　　）作为隔离电路。　　　　　　　　　　　　　（D）

A. 变压器　　　　　B. 继电器　　　　　C. 运算放大器　　　D. 光电耦合器

9. 雪崩处理能力是指变电站自动化系统在测控装置、保护装置等设备（　　）的处理能力。

　　　　　　　　　　　　　　　　　　　　　　　　　　　　　　　　　　　　　　（D）

A. 供电电压不稳　　B. 装置网络中断　　C. GPS 对时失败　　D. 产生大量变化数据

10. 下面（　　）不是变电站监控系统的安全监视功能。　　　　　　　　　　　　（D）

A. 事故及参数越限告警　　　　　　　　　　B. 事故追忆

C. SOE 事件顺序记录　　　　　　　　　　　D. 断路器自动同期

11. 下列（　　）不属于电子式互感器的优点。　　　　　　　　　　　　　　　　（D）

A. 高、低压完全隔离，具有优良的绝缘性能

B. 不含铁心，消除了磁饱和及铁磁谐振等问题

C. 动态范围大，频率范围宽，测量精度高

D. 造价低

12. 下列不属于计算机监控系统站控层设备的是（　　）。　　　　　　　　　（D）

A. 操作员工作站　　　B. 前置机　　　　C. 数据通信网关　　　D. 交流采样装置

13. 网络通信的理论最大距离为（　　）m。　　　　　　　　　　　　　　（D）

A. 50　　　　　　　B. 200　　　　　　C. 300　　　　　　D. 100

14. 如一线路电流互感器电流变比为 1000/5，现测得二次电流为 3.3A，则一次电流值为（　　）。　　　　　　　　　　　　　　　　　　　　　　　　　　　　　（D）

A. 33A　　　　　　B. 66A　　　　　　C. 330A　　　　　D. 660A

15. 如一电压互感器电压比为 220kV/100V，当一次电压为 231kV 时，则二次电压为（　　）。　　　　　　　　　　　　　　　　　　　　　　　　　　　　　（D）

A. 10.5V　　　　　B. 21V　　　　　　C. 100V　　　　　D. 105V

16. 如一电压互感器电压比为 10kV/100V，现测得一次电压为 10.5kV，则二次电压为（　　）。　　　　　　　　　　　　　　　　　　　　　　　　　　　　　（D）

A. 10.5V　　　　　B. 21V　　　　　　C. 100V　　　　　D. 105V

17. 目前实现远程浏览主要有（　　）通信协议。　　　　　　　　　　　　（D）

A. IEC 60870-5-101　　　　　　B. IEC 60870-5-103

C. IEC 60870-5-104　　　　　　D. DL-476

18. 目前，有源 GIS 电子式互感器中传感电压的感应元件多为（　　）。　　（D）

A. 罗氏线圈　　　B. 低功率线圈　　　C. 取能线圈　　　D. 电容分压环

19. 某 220kV 线路三相平衡时，当一相电压熔丝熔断时，电能表（三表法）所计量的（　　）数值是正常的。　　　　　　　　　　　　　　　　　　　　　　　（D）

A. 0　　　　　　　B. 1/2　　　　　　C. 1/3　　　　　　D. 2/3

20. 馈线保护后台遥控合闸，遥控时报"选择成功，执行超时"。造成该现象的可能原因，以下描述不正确的是（　　）。　　　　　　　　　　　　　　　　　　　　（D）

A. 装置报"控制回路断线"　　　　　B. 装置报"弹簧未储能"

C. 遥控合闸出口压板未投　　　　　D. 装置"遥控投入"显示为"0"

21. 进行遥控分、合操作时，其操作顺序为（　　）。　　　　　　　　　　（D）

A. 执行、返校、选择　　　　　　　B. 执行、选择、返校

C. 返校、选择、执行　　　　　　　D. 选择、返校、执行

22. 交流采样装置的采样值采用模拟（电阻器调整）方法进行校准的，检验周期最长不得超过（　　）年。　　　　　　　　　　　　　　　　　　　　　　　　　（D）

A. 3　　　　　　　B. 1　　　　　　　C. 6　　　　　　　D. 2

23. 监控系统以一个变电站的（　　）作为其监控对象。　　　　　　　　　（D）

A. 电流、电压、有功功率、无功功率　　　B. 主变压器

C. 控制室内运行设备　　　　　　　D. 全部运行设备

24. 对于 110kV 电压等级的某一条高压线路，其线路电流互感器电流变比为（　　），则该线路的有功功率测量满度值为 1.732×110×600 kW。　　　　　　　　　　　　（D）

A. 300/5　　　　　B. 200/5　　　　　C. 600/7　　　　　D. 600/5

25. 对空芯线圈的描述，下面不正确的是（　　）。　　　　　　　　　　　（D）

A. 空芯线圈是一种密绕于非磁性骨架上的螺线管

B. 空芯线圈不含铁心

C. 空芯线圈不含铁心，不会发生饱和

D. 精度很高，主要用于传感测量电流

26. 电子式电压互感器对准确级的要求通常为（　　）。 (D)

A. 0.2S/5TPE　　　　B. 0.5S/5P20　　　　C. 0.5S/5P20　　　　D. 0.2/3P

27. 电流互感器本身造成的测量误差是由于有（　　）的存在。 (D)

A. 励磁电压　　　　B. 电阻　　　　C. 电抗　　　　D. 励磁电流

28. 电力系统的遥测量一般经过（　　）位的 A/D 转换精度最高。 (D)

A. 9　　B. 10　　　　C. 11　　　　D. 12

29. 不是变电站自动化系统的安全监视功能的是（　　）。 (D)

A. 事故及参数越限告警　　　　　　B. 事故追忆

C. SOE 事件顺序记录　　　　　　D. 断路器自动同期

30. 变送器的响应时间应不大于（　　）。 (D)

A. 100ms　　　　B. 200ms　　　　C. 300ms　　　　D. 400ms

31. 变送器的试验点按照等分原则选取 N 个量值，对于有功和无功功率变送器，N 应不小于（　　）。 (D)

A. 3　　B. 6　　　　C. 9　　　　D. 11

32. 变电站监控系统站控层应实现面向（　　）的操作闭锁功能，间隔层应实现各电气单元设备的操作闭锁功能。 (D)

A. 特定设备　　　　B. 重要设备　　　　C. 大部分设备　　　　D. 全站

33. 被检测装置的准确度等级为 0.1，则现场检验装置的准确度等级指数为（　　）。

(D)

A. 0.1　　　　B. 0.05　　　　C. 0.01　　　　D. 0.02

34. 保护动作至发出跳闸脉冲 40ms，断路器跳开时间 60ms，重合闸时间继电器整定 0.8s，开关合闸时间 100ms，从事故发生至故障相恢复电压的时间为（　　）。 (D)

A. 0.9s　　　　B. 0.94s　　　　C. 0.96s　　　　D. 1.0s

35. 5P 和 5TPE 级电子式电流互感器在额定频率下误差主要区别在于（　　）。 (D)

A. 额定一次电流下的电流误差　　　　B. 额定一次电流下的相位误差

C. 额定准确限值一次电流下的复合误差　　D. 额定准确限值条件下最大峰值瞬时误差

36. 110kV 及以下的断路器一般采用三相（　　）操作。 (D)

A. 没有要求　　　　B. 分相　　　　C. 禁止同时　　　　D. 同时

37.（IEC 61850）测控上送给后台以及其他客户端的遥测量值是（　　）。 (D)

A. 码值　　　　B. 二次值码值　　　　C. 一次值码值　　　　D. 一次浮点值

38.（　　）是指在任一给定时刻，系统或设备可完成规定的功能的能力。 (D)

A. 有效性　　　　B. 及时性　　　　C. 正确性　　　　D. 可用性

39. 对正在运行的装置不能进行（　　）操作。 (D)

A. 查看定值　　　　B. 查看采样　　　　C. 复归信号　　　　D. 复位装置

40. 在串行通信中，如果数据可以同时从 A 站发送到 B 站，B 站发送到 A 站，那么这种通信方式为（　　）。 (C)

A. 单工　　　　　　　B. 半双工　　　　　　C. 全双工

41. 在变电站中,下列( )属于二次设备。　　　　　　　　　　　　　(C)

A. 断路器　　　　B. 电压互感器　　　C. 远动终端设备　　　D. 变压器

42. 某220kV线路电流互感器(TA)、电压互感器(TV)变比分别为600A/5A和220kV/100V,电能表上月和本月正向有功电量抄表数分别为 10kW·h 和 20kW·h,该线路本月共输出( )电量。　　　　　　　　　　　　　　　　　　　　　　　(C)

A. 152 万 kW·h　　B. 200 万 kW·h　　C. 264 万 kW·h　　D. 457 万 kW·h

43. 当远动装置的交流工作电源不超过额定电压220V 的( )时,均认为正常。(C)

A. ±3%　　　　B. ±5%　　　　C. ±10%　　　　D. ±15%

44. 存储在 RTU 中的告警信息是( )。　　　　　　　　　　　　(C)

A. 遥信变位　　B. 遥测越限　　C. SOE　　　D. 无

45. D/A 转换器是将( )转换成( )的器件。　　　　　　　　(C)

A. 电压,电流　　B. 直流,交流　　C. 数字量,模拟量　　D. 模拟量,数字量

46. 110kV 及以下电压等级的电压互感器(TV)的典型输出电压和电流互感器(TA)的典型输出电流是( )。　　　　　　　　　　　　　　　　　　　(C)

A. 100V, 3A　　B. 220V, 5A　　C. 100V, 5A　　D. 220V, 1A

47. 子站反复收到主站询问同一规约报文,监视上行报文正确,可能的原因为( )。　　　　　　　　　　　　　　　　　　　　　　　　　　　　(C)

A. 主站询问报文错误　　　　　　　　B. 子站报文错误

C. 上行通信通道不通　　　　　　　　D. 下行通信通道不通

48. 运行装置报装置闭锁,尝试断电重启前,必须做好的措施是( )。(C)

A. 已经闭锁,无措施　　　　　　　　B. 投入检修压板

C. 退出跳闸压板　　　　　　　　　　D. 打到"就地"位置

49. 远动装置中调制解调器常采用( )方式传送信号。　　　　　　(C)

A. 调相　　　　B. 调幅　　　　C. 调频　　　　D. 调压

50. 远动终端设备的 A/D 转换芯片质量的优劣,会影响( )的准确性或精度。(C)

A. 遥控　　　　B. 遥信　　　　C. 遥测　　　　D. 遥调

51. 远动调制解调器正常接收电平在( )。　　　　　　　　　　(C)

A. -20～0dBm　　B. -30～0dBm　　C. -40～0dBm　　D. -50～0dBm

52. 以下属于变电站时间同步技术的是( )。　　　　　　　　　　(C)

A. 非同步脉冲方式　　　　　　　　B. 复杂网络始终协议方式

C. IEC 61588 精准时间协议　　　　D. 以上都是

53. 以下关于通信的说法正确的是( )。　　　　　　　　　　　(C)

A. 网络传输的通信距离是无限制的　　B. 保护装置之间的网络连接要使用平行线

C. 远距离通信传输要使用光纤连接　　D. 485 连接要+/-交叉接线

54. 遥信输入回路常用的隔离有继电器隔离和( )。　　　　　　　(C)

A. 变压器隔离　　　　　　　　　　B. 电流互感器隔离

C. 光电耦合隔离　　　　　　　　　D. 无

55. 遥控出口的直流继电器的动作电压应在直流电源电压( )之间。(C)

A. 35%～50%　　B. 45%～60%　　C. 50%～75%

56. 遥测屏中更换变送器时，需要注意的操作原则是（   ）。   （C）

A. 电压不能断路，电流不能断路   B. 电压不能断路，电流不能短路

C. 电压不能短路，电流不能断路   D. 电压不能短路，电流不能短路

57. 下列四遥信息描述有错的是（   ）。   （C）

A. 遥测指电流、电压、有功、无功

B. 遥信指开关位置、刀开关、保护动作及异常信号

C. 遥控指开关分合闸控制及异常跳闸

D. 遥脉指电能量的采集

58. 时间分辨率即用时间标志标出两件发生在不同时间事件，所采用的（   ）时间标志。

            （C）

A. 最大   B. 平均   C. 最小   D. 方差

59. 频率的一次调整指的是由发电机组的调速器进行的、针对变化（   ）的偶然性负载变动引起的频率偏移的调整。   （C）

A. 幅度很大、周期很长   B. 幅度很小、周期很长

C. 幅度很小、周期很短   D. 幅度很大、周期很短

60. 目前，户外过程层装置对时一般采用（   ）。   （C）

A. SNTP   B. 电 B 码   C. 光 B 码   D. IEEE 1588

61. 某条线路断路器两侧隔离开关拉开，断路器本身也在拉开位置，这种状态称为（   ）。

            （C）

A. 运行   B. 热备用   C. 冷备用

62. 某变电站某断路器事故跳闸后，主站收到保护事故信号，而未收到断路器变位信号，其原因为（   ）。   （C）

A. 通道设备故障   B. 保护装置故障   C. 开关辅助接点故障

63. 某变电站的 10kV 为经消弧线圈接地系统，对于其 10kV 母线应安装（   ）电压表。

            （C）

A. 只测母线线电压 1 只

B. 只测母线线电压 3 只

C. 测母线线电压 1 只和测相电压 3 只或经切换开关测相电压 1 只

D. 只测母线相电压 3 只

64. 模拟信号变为数字信号的 3 个步骤是（   ）。   （C）

A. 量化、取样、编码   B. 取样、编码、量化

C. 取样、量化、编码   D. 编码、取样、量化

65. 理论上说，当用两功率表法测量三相三线制电路的有功功率时，（   ）能正确测量。

            （C）

A. 三相电路完全对称时，才   B. 电流或电压只要有一个不对称，就不

C. 不管三相电路是否对称，都

66. 开关量输入光电隔离需要（   ）。   （C）

A. 一个电源   B. 两个电源   C. 两个电源且各自接地，两地分开

67. 交流采样装置的采样值是通过数字（参数）方法进行校准的，检验周期最长不得超过（   ）年。   （C）

A. 1   B. 2   C. 3   D. 4

68. 交流采样与直流采样的主要区别是（   ）。   （C）

A. 不用互感器   B. 不用变压器   C. 不用变送器

69. 交流采样检定装置的测量误差由（   ）来确定。   （C）

A. 各部件误差的最大值   B. 各部件误差综合相加

C. 整体综合试验   D. 主要部件误差

70. 检查调制解调器输出频率准确的办法是（   ）。   （C）

A. 用频率计测量运行通道的频率

B. 用示波器测量波形的频率

C. 在调制解调器上分别加"0"、"1"电平，用频率计分别测量这两个频率

71. 光纤弯曲曲率半径应大于光纤外直径的（   ）倍。   （C）

A. 10   B. 15   C. 20   D. 30

72. 关于电子式互感器，下列说法错误的是（   ）。   （C）

A. 有源电子式互感器利用电磁感应等原理感应被测信号

B. 无源电子式互感器利用光学原理感应被测信号

C. 所有电压等级的电子式互感器其输出均为数字信号

D. 10kV、35kV 低压电子式互感器通常输出小模拟量信号

73. 功率变送器输出的直流电压一般为（   ）。   （C）

A. 0～5V   B. −5～0V   C. −5～+5V   D. 0～2V

74. 根据采样原理，为了反映 13 次谐波，交流采样设备应做到每一周波采样点数不少于（   ）。   （C）

A. 13   B. 20   C. 26   D. 32

75. 对于双向输出和对称输出的变送器，基准值为（   ）。   （C）

A. 输出量程   B. 输出电压的较高标称值

C. 输出量程的一半   D. 输出电压的较高标称值的一半

76. 对于功率变送器，当三相电流极性接反时，它的输出（   ）。   （C）

A. 数值大小不变，符号不变   B. 数值大小改变，符号不变

C. 数值大小不变，符号相反   D. 数值大小改变，符号相反

77. 电压变送器输入端二次满度值为（   ）。   （C）

A. 5V   B. 100V   C. 120V   D. 220V

78. 电压变送器输出直流电压一般为（   ）。   （C）

A. 0～1V   B. 0～3V   C. 0～5V   D. 0～2V

79. 存储在远动终端的带时标的告警信息是（   ）。   （C）

A. 遥信信息字   B. 事故总信号

C. SOE（事件顺序记录）   D. 遥信变位信号

80. 变送器检定装置的量程应等于或大于被检定变送器的量程，但不超过被检变送器量程的（   ）倍。   （C）

A. 1   B. 1.2   C. 1.5   D. 2

81. 变送器的试验点按照等分原则选取 N 个量值，对于频率、相位角和功率因数变送器，N 应不小于（   ）。   （C）

A. 3   B. 6   C. 9   D. 11

82. 变送器的绝缘电阻应不低于（   ）。   (C)

A. 1MΩ   B. 2MΩ   C. 5MΩ   D. 10MΩ

83. 变电站计算机监控系统的同期功能应由（   ）来实现。   (C)

A. 远方调度   B. 站控层   C. 间隔层   D. 设备层

84. 变电站综合自动化系统的结构模式有集中式、（   ）、分布式结构集中组屏 3 种类型。   (C)

A. 主控式   B. 被拉式   C. 分布分散式   D. 集控式

85. D/A 转换器是将（   ）转换成（   ）的器件。   (C)

A. 电压，电流   B. 直流，交流   C. 数字量，模拟量   D. 模拟量，数字量

86. （   ）即能正确区分相继发生事件顺序的最小时间。   (C)

A. 事件触发率   B. 时间延迟率   C. 事件分辨率   D. 时间超前率

87. （   ）基于网络数据接口的传输方式，优点是数据共享方便，易于实现互操作。   (C)

A. IEC 60044–8   B. IEC 61850–9–1   C. IEC 61850–9–2   D. IEC 1588

88. 测量 220V 直流系统正负极对地电压 U=+140V，U= −80V 说明（   ）。   (C)

A. 负极全接地   B. 正极全接地   C. 负极绝缘下降   D. 正极绝缘下降

89. 根据电力系统频率特性和电压特性，可以得知（   ）。   (B)

A. 频率和电压都可以集中调整   B. 频率可以集中调整，电压不能

C. 频率和电压都不能集中控制、调整   D. 电压可以集中调整，频率不能

90. 主要测点各种变送器的校验周期是（   ）。   (B)

A. 一个季度   B. 1 年   C. 3 年

91. 至少有（   ）名人员方能进行交流采样测量装置的现场校验工作。   (B)

A. 1   B. 2   C. 3

92. 站控层和间隔层分别由两个制造厂商供货，则该两个制造厂商应有（   ）套以上类似规模的合作经验。   (B)

A. 1   B. 2   C. 3   D. 4

93. 在数据传送过程中，为发现误码甚至纠正误码，通常在原数据上附加“校验码”。其中功能较强的是（   ）。   (B)

A. 奇偶校验码   B. 循环冗余码   C. 交叉校验码   D. 横向校验码

94. 杂音对信号的影响取决于（   ）。   (B)

A. 杂音绝对值的大小   B. 信号对杂音的比值

C. 杂音幅度的大小   D. 以上均不对

95. 远动装置连续故障停用时间超过 48h 者，应记为（   ）。   (B)

A. 异常   B. 障碍   C. 事故   D. 缺陷

96. 有辅助工作电源的电能表，在设备停役时，电能表内数据（   ），与电能量远方终端通信保持正常。   (B)

A. 会改变   B. 保持不变   C. 置为零   D. 不确定

97. 用于在保护室内传输 GPS 装置 RS-232 接口信号的屏蔽控缆，传输距离不大于（   ）m。   (B)

A. 10　　　　　　B. 15　　　　　　C. 30　　　　　　D. 50

98. 用两只单相功率表测量三相三线制电路有功功率时，每一只功率表的读数（　　）功率，两只功率表读数的代数和（　　）的总功率。　　　　　　　　　　　　　　（B）

A. 代表所测相的，代表所测两相　　　　B. 不代表任一相的，代表三相电路

C. 不代表任一相的，代表所测两相　　　D. 代表所测相的，代表三相电路

99. 用"两表法"在三相对称电路中测量三相有功功率时，若 $COS\varphi=1$，串接于 A 相电流的功率表读数 P_1 与串接于 C 相电流的功率表读数 P_2 的关系为（　　）。　　（B）

A. $P_1>P_2$　　　　B. $P_1=P_2$　　　　C. $P_1<P_2$　　　　D. 不确定

100. 以下不属于一体化五防系统组成部件的是（　　）。　　　　　　　　　　　　（B）

A. 防误主机　　　B. 模拟屏　　　　C. 计算机钥匙　　　D. 编码锁

101. 以下不属于网络交换机应满足的要求的是（　　）。　　　　　　　　　　　　（B）

A. 应采用工业级或以上等级产品　　　B. 应使用无扇型，采用交直流工作电源

C. 应满足变电站电磁兼容的要求　　　D. 支持端口速率限制和广播风暴限制

102. 一般用途变送器，环境温度的参比值是 20℃，允许偏差为（　　）。　　　　（B）

A. ±1℃　　　　　B. ±2℃　　　　　C. ±3℃　　　　　D. ±5℃

103. 遥信输入回路中常用（　　）作为隔离电路。　　　　　　　　　　　　　　（B）

A. 变压器　　　　B. 光电耦合器　　　C. 运算放大器

104. 遥信电路的主要功能是把现场的状态量变成（　　），送入主控制单元 CPU 进行处理，遥信输入电路采用光电隔离。　　　　　　　　　　　　　　　　　　　　　　（B）

A. 模拟量　　　　B. 数字量　　　　　C. 脉冲量　　　　D. BCD 码

105. 遥控返校报文是（　　）报文。　　　　　　　　　　　　　　　　　　　　（B）

A. 下行　　　　　B. 上行　　　　　　C. 广播　　　　　D. 双向

106. 遥测变送器的精度一般要求在（　　）。　　　　　　　　　　　　　　　　（B）

A. 0.2 级以上　　　B. 0.5 级以上　　　C. 1.0 级以上

107. 信道误码率是各个（　　）的误码率的总和。　　　　　　　　　　　　　　（B）

A. 高频段　　　　B. 中继段　　　　　C. 低频段　　　　D. 超高频段

108. 线路额定功率为 120W，若变送器输出为 1.5V（满度为 5V），则远动装置的显示值应为（　　）。　　　　　　　　　　　　　　　　　　　　　　　　　　　　　　　（B）

A. 24W　　　　　B. 36W　　　　　　C. 80W　　　　　D. 100W

109. 下面（　　）不属于监控系统站控层设备。　　　　　　　　　　　　　　　（B）

A. 主计算机　　　　　　　　　　　　B. 电气单元组屏的 I/O 测控单元

C. 终端服务器　　　　　　　　　　　D. 数据通信网关

110. 下列不属于现场总线协议类型的是（　　）。　　　　　　　　　　　　　　（B）

A. Lonworks　　　B. Lan　　　　　　C. Can　　　　　　D. Profibus

111. 为了防止人体静电损坏电子设备，可在接触设备前摸一下（　　）。　　　　（B）

A. 绝缘设备　　　B. 接地设备　　　　C. 数据线　　　　D. 天线

112. 调度范围内重要发电厂和枢纽变电站的厂站调度自动化设备（包括 RTU、变电站/发电厂自动化监控系统等）至调度主站应具有（　　）路不同路由的远动通道（主/备双通道）。

　　　　　　　　　　　　　　　　　　　　　　　　　　　　　　　　　　　　（B）

A. 1　　　　　　　B. 2　　　　　　　C. 3

113. 所用比特数比严格表示信息所需的位数还多的一种编码称（　　）。　　（B）

A. 循环码　　　　B. 冗余码　　　　C. 校验码　　　　D. 空分多址编码

114. 属于电气二次设备部分的是（　　）。　　（B）

A. GIS　　　　B. 光缆　　　　C. 断路器　　　　D. 避雷器

115. 使用 CDT 规约时，下列（　　）故障不会影响遥控分命令的下发和实际执行。

（B）

A. 压板未投入

B. 开关的遥信辅助接点永远合的故障

C. 有某个辅助接点抖动造成通道里不断上送遥信变位包和 SOE 包

D. 上行通道故障

116. 如果远动终端设备的信息发送速率为 600bit/s，表示 1s 发送 600 个（　　）。　　（B）

A. 字节　　　　B. 二进制码元　　　　C. 字　　　　D. 数据包

117. 请问下列（　　）不是常用的光纤接口。　　（B）

A. LC　　　　B. PC　　　　C. SC　　　　D. ST

118. 普通电流变送器直接测量的是（　　）。　　（B）

A. 有效值　　　　B. 平均值　　　　C. 交流信号波形　　　　D. 交流量的谐波分量

119. 屏蔽电缆的屏蔽层应（　　）。　　（B）

A. 与地绝缘　　　　B. 可靠接地　　　　C. 接 0V　　　　D. 无要求

120. 目前，室内间隔层装置对时一般采用（　　）。　　（B）

A. SNTP　　　　B. 电 B 码　　　　C. 光 B 码　　　　D. IEEE 1588

121. 某遥信试验，从遥信端子上短接或断开该遥信接线，从接收的上传的遥信帧中均未发现该遥信位变化，其他的遥信试验全部正确，其原因和解决较好的办法是（　　）。　　（B）

A. RTU 故障，停机检修

B. 该路遥信的光电耦合器损坏，将该遥信的接线更换一路

C. 该遥信板故障，检修后再投运该遥信板

122. 某条线路断路器两侧隔离开关合上，断路器本身在拉开位置，这种状态称（　　）。

（B）

A. 运行　　　　B. 热备用　　　　C. 冷备用

123. 交流采样装置运行检验管理工作由（　　）统一归口负责。　　（B）

A. 国网公司所属县级及以上调度机构

B. 国网公司所属地（市）级及以上调度机构

C. 国网公司所属地（市）级及以上计量管理归口部门

D. 国网公司所属县级及以上计量管理归口部门

124. 交流采样电路中采样保持器的主要作用是（　　）。　　（B）

A. 保证 A/D 转换时间内信号不变化

B. 保证被 A/D 转换的同一回路的多路输入信号如三相电流电压的同步性

C. 降低对 A/D 转换器的转换速度要求

125. 交流采样测量装置现场校验工作人员必须持有（　　）颁发的计量检定员证书。

（B）

A. 国家计量监督局　　B. 国家电网公司　　　　C. 人员所在地计量监督部门

126. 交流采样测量装置投运前检验采用虚负载检验方法进行，对规定的检验测点应进行（　　）的检验，检验合格率达到（　　）的产品方可投入使用。（B）

A. 99%，99%　　　　　B. 100%，100%　　　C. 95%，100%

127. 交流采样测量装置的周期检验是采用（　　）检验方法进行。（B）

A. 虚负载　　　　　B. 实负载　　　　　C. 带电　　　　　D. 不带电

128. 监控系统常分为间隔层和站控层，后台监控系统属于（　　）。（B）

A. 间隔层　　　　　B. 站控层

129. 国网规范对 60044–8 的扩展 FT3 通用帧格式的通道数目是（　　）路。（B）

A. 12　　　　　B. 22　　　　　C. 24　　　　　D. 可灵活配置

130. 对于远动装置间的弱电电缆的绝缘应使用（　　）兆欧表进行绝缘测量。（B）

A. 100V　　　　　B. 250V　　　　　C. 500V　　　　　D. 1000V

131. 对于 500kV 电压等级的某一条高压线路，其线路电流互感器（TA）电流比为 2500/1，则该线路的有功功率测量满度值为（　　）（MW）。（B）

A. $3 \times 500 \times 2500$　　　B. $1.732 \times 500 \times 2500$　　C. $1.414 \times 500 \times 2500$

132. 对接入电压互感器、电流互感器二次回路工作的变送器，其线路绝缘电压应不低于（　　）。（B）

A. 500V　　　　　B. 650V　　　　　C. 750V　　　　　D. 1000V

133. 电容式重合闸装置的电容放电后，经过（　　）s 后，可使该装置具有使断路器重合功能。（B）

A. 2s　　　　　B. 15s　　　　　C. 30s　　　　　D. 0s

134. 电流输出型变送器比电压输出型变送器的抗干扰能力（　　）。（B）

A. 弱　　　　　B. 强　　　　　C. 相同　　　　　D. 无法比较

135. 电力线载波通道杂音是指（　　）。（B）

A. 脉冲杂音　　　　　　　　　　B. 随机杂音

C. 脉冲杂音、随机杂音两类　　　D. 其他

136. 电力系统标准 600bit 调制解调器的中心频率是（　　）。（B）

A. 3080Hz　　　　　B. 2880Hz　　　　　C. 2780Hz　　　　　D. 2600Hz

137. 倒闸操作可以通过（　　）方式完成。（B）

A. 就地操作和遥控操作　　　　　B. 就地操作、遥控操作和程序操作

C. 就地操作和程序操作　　　　　D. 遥控操作和程序操作

138. 当线路输送自然功率时，线路产生的无功（　　）线路吸收的无功。（B）

A. 大于　　　　　B. 等于　　　　　C. 小于

139. 当三相三线电路的中性点直接接地时，宜采用（　　）的有功电能表测量有功电能。（B）

A. 三相三线　　　　　B. 三相四线　　　　　C. 三相三线或三相四线

140. 当控制回路断线时，变电站应产生（　　）信号。（B）

A. 控制回路断线　　　　　　　　B. 控制回路断线及预告

C. 控制回路断线及事故　　　　　D. 事故总

141. 当进行断路器检修等工作时，应能利用计算机监控系统（　　）功能禁止对此断路器进行遥控操作。（B）

A. 闭锁挂牌　　　　　B. 检修挂牌　　　　　C. 人机界面　　　　　D. 维护

142. 当架空输电线路发生三相短路故障时，该线路保护安装处的电流和电压的相位关系是（　　）。　　　　　　　　　　　　　　　　　　　　　　　　　　　　　　　　（B）

A. 功率因素角　　　　B. 线路阻抗角　　　　C. 保护安装处的功角

143. 当功率变送器电流极性接反时，主站会观察到功率（　　）。　　　　　　（B）

A. 显示值与正确值误差较大为负数　　　　B. 显示值与正确值大小相等，方向相反

C. 显示值为 0　　　　　　　　　　　　　D. 显示值为负数

144. 当变送器的输出有误差时，其解决的办法是（　　）。　　　　　　　　（B）

A. 调整变送器，使其达到功率表测得的显示值，再继续使用

B. 更换为备用变送器

C. 调整主站系统该遥测的系数，使其达到功率表测得的显示值

145. 大功率直流输电，当发生直流系统闭锁时，两端交流系统将承受大的（　　）。
　　　　　　　　　　　　　　　　　　　　　　　　　　　　　　　　　　　　（B）

A. 频率波动　　　　　B. 功率冲击　　　　　C. 电压波动　　　　　D. 负载波动

146. 传输速率为 1200 波特的远动通道，其频率范围为（　　）。　　　　　（B）

A. 2880Hz±200Hz　　　　　　　　　　　B. 1700Hz±400/500Hz

C. 2880Hz±300Hz　　　　　　　　　　　D. 1700Hz±200/300Hz

147. 厂站远动终端设备在同一时刻只允许接受（　　）主站的控制命令。　　（B）

A. 4 个　　　　　　　B. 1 个　　　　　　　C. 2 个　　　　　　　D. 3 个

148. 常规 61850 综自使用 SNTP 广播对时，装置的 SNTP 服务器地址应该设置为（　　）。
　　　　　　　　　　　　　　　　　　　　　　　　　　　　　　　　　　　　（B）

A. 0　　　　　　　　　　　　　　　　　　B. 255

C. 对时服务器的 IP 地址最后一位　　　　D. 任意非 0 值

149. 测量电流互感器极性的目的是（　　）。　　　　　　　　　　　　　　（B）

A. 满足负载要求　　　　　　　　　　　　B. 保护外部接线正确

C. 提高保护装置动作灵敏度　　　　　　　D. 提高保护可靠性

150. 标幺制的基值体系中只有两个独立的基值量：（　　），其他基值量可以由以上两个量计算出。　　　　　　　　　　　　　　　　　　　　　　　　　　　　　　　　　（B）

A. 基值电流和基值电压　　　　　　　　　B. 基值功率和基值电压

C. 基值频率和基值电压　　　　　　　　　D. 基值有功和基值无功

151. 变压器空载合闸瞬间会产生（　　）。　　　　　　　　　　　　　　　（B）

A. 冲击电流　　　　　B. 励磁涌流　　　　　C. 零序电流　　　　　D. 空载电流

152. 变送器输入互感器的主要作用是（　　）。　　　　　　　　　　　　　（B）

A. 提高准确度　　　　　　　　　　　　　B. 将大信号变小信号，同时起到隔离作用

C. 降低造价　　　　　　　　　　　　　　D. 便于测试

153. 变送器屏上所提供的短路螺钉（或压板）主要提供在（　　）回路上的工作需要。
　　　　　　　　　　　　　　　　　　　　　　　　　　　　　　　　　　　　（B）

A. 电压　　　　　　　B. 电流　　　　　　　C. 遥信　　　　　　　D. 遥控

154. 变送器的连续过量输入为标称值或上限的（　　）倍。　　　　　　　　（B）

A. 1　　　　　　　　　B. 1.2　　　　　　　　C. 1.5　　　　　　　　D. 2

155. 变电站内的组网方式宜采用的形式为（　　）。　　　　　　　　　　　　　　（B）

A. 总线结构　　　　B. 星型结构　　　　C. 环型结构　　　　D. 树型结构

156. 变电站监控系统在出厂前必须进行（　　）h 的稳定性试验。　　　　　　　　（B）

A. 48　　　　　　　B. 72　　　　　　　C. 168

157. 变电站监控系统后台机显示某一条线路电流为 320A，从电流互感器二次侧测得电流 4A（二次侧标准值 5A），则该线路的电流互感器电流比是（　　）。　　　　　　（B）

A. 300/5　　　　　B. 400/5　　　　　C. 500/5　　　　　D. 600/5

158. 变电站计算机监控系统事件顺序记录（SOE）分辨率不大于（　　）ms。　　（B）

A. 1　　　　　　　B. 2　　　　　　　C. 5　　　　　　　D. 10

159. 事件顺序记录（SOE）的时间以（　　）的 GPS 标准时间为基准。　　　　　（B）

A. 主站端　　　　　B. 厂站端　　　　　C. 集控站

160. E1 数字中继同轴不平衡接口阻抗是（　　），平衡电缆接口阻抗是（　　）。（B）

A. 50Ω，80Ω　　　B. 75Ω，120Ω　　　C. 80Ω，50Ω　　　D. 120Ω，75Ω

161. CAN 控制局域网总线的最大通信距离为（　　）。　　　　　　　　　　　　（B）

A. 1000m　　　　　B. 5000m　　　　　C. 10000m

162. 220kV～500kV 变电站中，继电小室温度宜在（　　）范围内，温度变化率每小时不应超过（　　）。　　　　　　　　　　　　　　　　　　　　　　　　　　　　　　（B）

A. 5～40℃，±10℃　　　　　　　　　　B. 5～30℃，±5℃

C. 18～25℃，±20℃　　　　　　　　　　D. 18～25℃，±10℃

163. 220kV～500kV 变电站计算机监控系统 U、I 交流采样测量量基本误差的绝对值应小于或等于（　　）。　　　　　　　　　　　　　　　　　　　　　　　　　　　　　（B）

A. 0.10%　　　　　B. 0.20%　　　　　C. 0.50%　　　　　D. 1.00%

164. （　　）及以上电压等级的继电保护及与之相关的设备、网络等应按照双重化原则进行配置。　　　　　　　　　　　　　　　　　　　　　　　　　　　　　　　　　　（B）

A. 110kV　　　　　B. 220kV　　　　　C. 66kV　　　　　D. 500kV

165. （　　）是用来将雷电流引入大地，使电力线路免遭雷电波的侵袭。　　　　　（B）

A. 天线　　　　　　B. 避雷线　　　　　C. 电流互感器　　　D. 电压互感器

166. 复压是低压和（　　）的总称。　　　　　　　　　　　　　　　　　　　　　（B）

A. 正序电压　　　　B. 负序电压　　　　C. 零序电压　　　　D. 不平衡电压

167. 综自系统的布局分为集中式、（　　）、分散式。　　　　　　　　　　　　　（A）

A. 局部分散式　　　B. 敞开式

168. 综合自动化装置主要由电子设备构成，但同时又引入各类交直流信号源，因此它具有以下几种接地方式：信号接地、功率接地、（　　）、防静电接地。　　　　　　　（A）

A. 保护接地　　　　B. 中性点接地　　　C. 消弧接地　　　　D. 正电源接地

169. 自耦变压器和绝缘有要求的变压器中性点必须（　　）运行。　　　　　　　　（A）

A. 直接接地　　　　B. 间接接地　　　　C. 经消弧线圈接地　D. 不接地

170. 主保护或断路器拒动时，用来切除故障的保护是（　　）。　　　　　　　　　（A）

A. 后备保护　　　　B. 异常运行保护　　C. 辅助保护　　　　D. 所有都不对

171. 在非电量遥测中，需要通过（　　）把非电量变成电信号。　　　　　　　　　（A）

A. 变送器　　　　　B. 放大器　　　　　C. 变压器　　　　　D. 传感器

172. 在测量三相无功功率时，假定三相线路为简单不对称电路，即电压是平衡的，电流不平衡，如仍采用一般的两元件接线法，将产生较大的测量误差。为了弥补这个测量误差，可采用带有（　　）的两元件法来测量电流不平衡的三相无功功率。　　　　　　　（A）

A. 附加绕组　　　　B. 阻抗变换器　　　　C. 调零电阻　　　　D. 均压电容

173. 在采用多路开关进行顺序采样，利用傅里叶算法计算有功无功功率时，会产生误差，往往利用（　　）校正。　　　　　　　　　　　　　　　　　　　　　　　（A）

A. 移相法　　　　　B. 键相法　　　　　C. 频率偏移法

174. 远动装置循环地向调度端发送周期性采集数据，这种方式称（　　）。　　（A）

A. CDT　　　　　　B. POLLING　　　　C. DNS　　　　　　D. DNP

175. 远动装置 A/D 转换装置的输入一般是直流（　　）。　　　　　　　　　（A）

A. 5V　　　　　　　B. 24V　　　　　　C. 48V　　　　　　D. 220V

176. 远动终端设备中将模拟信号转换成相应的数字量的过程称为（　　）。　（A）

A. 模/数转换　　　B. 数/模转换　　　C. 标度转换　　　　D. 协议转换

177. 远动终端设备能够同时和（　　）以上调度主站通信，并且与每个调度主站之间支持一主一备两个专线通道，主备通道可以采用不同的传输速率。　　　　　　　（A）

A. 2个　　　　　　B. 1个　　　　　　C. 3个　　　　　　D. 4个

178. 远动终端设备的调制解调器通常采用（　　）方式。　　　　　　　　　（A）

A. 调频　　　　　　B. 调相　　　　　　C. 调幅

179. 远动遥控输出应采用（　　）方式。　　　　　　　　　　　　　　　　（A）

A. 无源触点　　　　B. 有源触点　　　　C. 均可用

180. 远动信息的海明距离是（　　）。　　　　　　　　　　　　　　　　　（A）

A. 大于或等于 4　　B. 小于 4　　　　　C. 大于或等于 5　　D. 小于 5

181. 远动系统专线通信 600 波特的含义是（　　）。　　　　　　　　　　　（A）

A. 1s 内传送 600 个二进制数　　　　　B. 1s 内传送 60 个二进制数

C. 1s 内传送 300 个二进制数

182. 远动系统使用的调制解调器在发送数据时使用（　　）功能。　　　　　（A）

A. 调制　　　　　　B. 解调　　　　　　C. 数据锁相　　　　D. 采样判决器

183. 远动使用的调制解调器一般有 3 种比特率：300、600 和（　　）。　　　（A）

A. 1200　　　　　　B. 2400　　　　　　C. 9600　　　　　　D. 56K

184. 有功电量和无功电量的单位符号为（　　）。　　　　　　　　　　　　（A）

A. kW·h，kvar·h　　　　　　　　　　B. kvar·h，kW·h

C. kW，kvar　　　　　　　　　　　　D. kvar，kW

185. 用跨相 90° 接线法测无功功率时，这种接线方法可以在（　　）的三相三线制或三相四线制电路中应用。　　　　　　　　　　　　　　　　　　　　　　　　　（A）

A. 三相电流、电压完全对称　　　　　　B. 三相电流不完全对称

C. 三相电压不对称　　　　　　　　　　D. 三相电压不完全对称

186. 电力自动化系统遥控输出应采用（　　）方式。　　　　　　　　　　　（A）

A. 无源触点　　　　B. 有源触点　　　　C. 有源、无源触点均有

187. 电力自动化系统遥控操作步骤顺序都是（　　）。　　　　　　　　　　（A）

A. 命令、返校、执行　　　　　　　　　B. 返校、命令、执行

C. 命令、执行、返校

188. 电力自动化系统遥测板的作用是（　　）。　　　　　　　　　　　　　　　　（A）

A. 将模拟量变为数字量　　　　　　　　　　B. 将开关量变为数字量

C. 将数字量变为模拟量　　　　　　　　　　D. 将数字量变为开关量

189. 现场用户要使用测控同期功能，那么关于 RCS9705C 同期参数说法正确的是（　　）。

（A）

A. 建议检无压、检同期控制字同时投入　　B. 只投入检同期控制字

C. 只适用于线路电压 U_x 取至 A 相的情况　D. 可整定第几路遥控具备同期功能

190. 电力自动化系统中（　　）信号属于模拟量。　　　　　　　　　　　　　　　（A）

A. 主变压器油温　　B. 预告信号　　　　C. 刀开关位置信号　　D. 事件顺序记录

191. 下列不属于变电站自动化系统站控层设备的是（　　）。　　　　　　　　　　（A）

A. 交流采样装置　　B. 工程师站　　　　C. 主机　　　　　　D. 远动通信设备

192. 为保证测量的准确性，应使用相应电压等级的兆欧表测量被测装置的测量点对其参考地之间的绝缘电阻，测量时间应不少于（　　）。　　　　　　　　　　　　　　（A）

A. 5s　　　　　　　B. 10s　　　　　　　C. 15s

193. 投入运行的交流采样测量装置，应纳入（　　）技术监督范围。　　　　　　　（A）

A. 电测　　　　　　B. 信息　　　　　　C. 自动化　　　　　D. 电信

194. 调制解调器接受电平应在（　　）内。　　　　　　　　　　　　　　　　　　（A）

A. –40～0dBm　　　B. –20～0dBm　　　C. –50～0dBm　　　D. –10～0dBm

195. 调试（　　）通信方式时必须断电后再操作，不可带电接、拆通信线。　　　（A）

A. RS–232　　　　　B. RS–422　　　　　C. RS–485　　　　　D. CAN

196. 输入电流变送器 5A 的电流，其输出是 5V，那么输入 2.5A 电流，其输出是（　　）V。

（A）

A. 2.5V　　　　　　B. 3.5V　　　　　　C. 2V　　　　　　　D. 1.5V

197. 试验检查远动装置遥信时，（　　）。　　　　　　　　　　　　　　　　　　（A）

A. 可以用短线逐一短接遥信公共极与每一路遥信输入端子

B. 可以用直流稳压电源调到+5V 分别接入每一路输入端子与公共极上

C. 可以用直流稳压电源调到–5V 分别接入每一路输入端子与公共极上

D. 以上均不对

198. 使用功率表测量功率时，如果发现指针反转，需要更换（　　）接线。　　　（A）

A. 电流　　　　　　B. 电压　　　　　　C. 电流和电压　　　D. 以上均不对

199. 三相功率变送器用于测量线路、发电机等的三相有功功率或无功功率。它能把三相功率量变换为输出直流电压量，并能反映线路功率输送（　　）。　　　　　　　　　　（A）

A. 方向　　　　　　B. 相位　　　　　　C. 限值

200. 如果一个站的所有遥测数据都不刷新，但是从报文看都是 F0 打头（新部颁 CDT 规约）的遥信变位内容，那么故障原因是（　　）。　　　　　　　　　　　　　　　（A）

A. 遥信抖动　　　　B. RTU 故障　　　　C. 主站故障　　　　D. 通道故障

201. 奇偶校验是对（　　）的奇偶性进行校验。　　　　　　　　　　　　　　　　（A）

A. 数字位　　　　　B. 数据块　　　　　C. 信息字　　　　　D. 字符

202. 目前的 IEC 61850 规定变电站自动化系统的通信网络为（　　）。　　　　　（A）

A. 以太网　　　　　B. Profibus　　　　C. Lonwork　　　　D. CAN

203. 目前，后台对时一般采用（　　）。　　　　　　　　　　　　　　　　（A）

A. SNTP　　　　　B. 电 B 码　　　　　C. 光 B 码　　　　D. IEEE 1588

204. 某一远动报文由 6×18 字节组成，传输速率采用 600 和 1200 波特时，传输时间分别为（　　）。　　　　　　　　　　　　　　　　　　　　　　　　　　　　（A）

A. 1.44s，0.72s　　B. 2.88s，1.44s　　C. 0.75s，0.375s　　D. 1.24s，0.62s

205. 某线路的电流互感器电流比改变后，除了修改数据库中的电流系数外，还要修改（　　）的系数。　　　　　　　　　　　　　　　　　　　　　　　　　　　　　（A）

A. 功率　　　　　　B. 功率因数　　　　C. 电压　　　　　D. 频率

206. 某条线路断路器两侧隔离开关拉开，断路器本身也在拉开位置，且断路器两侧挂接地线，这种状态称（　　）。　　　　　　　　　　　　　　　　　　　　　　　　（A）

A. 开关检修　　　　B. 热备用　　　　　C. 冷备用

207. 模拟信号是连续信号，数字信号是（　　）的信号。　　　　　　　　　　（A）

A. 离散的　　　　　B. 连续的　　　　　C. 汇聚的

208. 交流采样测量装置进行虚负载检验时，为保证数据的刷新频率和数据的准确度，若交流采样测量装置内部设置有数据变化死区，应将死区变化值设定为（　　）。　　（A）

A. 0

B. 原设定值的 2.5%

C. 原设定值的 2%

D. 原设定值的 5%

209. 交流采样测量装置工作场所（室内）环境温度范围要求为（　　），相对湿度要求为（　　）。　　　　　　　　　　　　　　　　　　　　　　　　　　　　　　（A）

A. −5～+45℃、5%～95%

B. −25～+55℃、5%～100%

C. −40～+70℃、5%～95%

D. −5～+45℃、10%～85%

210. 交流采样测量装置的基本误差是指在（　　）下测定的误差。　　　　　　（A）

A. 参比条件　　　　B. 常温下　　　　　C. 室内条件　　　　D. 室外条件

211. 检验交流采样测量装置的标准检验装置应定期送上一级计量检定部门进行检定，其检定周期为（　　）。　　　　　　　　　　　　　　　　　　　　　　　　　　　（A）

A. 1 年　　　　　　B. 2 年　　　　　　C. 3 年

212. 计算机中满码值是 2047，某电流遥测量的最大实际值是 600A，现在计算机收到该点计算机码为 500，该电流实际值是（　　）。　　　　　　　　　　　　　　　（A）

A. (500/2047)×600A

B. (600/2047)A

C. (500/600)×2047A

D. 500A

213. 计算机监控系统应具有（　　），以允许监护人员在操作员工作站上对操作实施监护。

A. 操作监护功能　　B. 操作预演功能　　C. 操作反演功能　　D. 操作票功能

214. 计算机监控系统内部网通信方式中"主模块可以主动向任何一个分模块发送信息，分模块则必须得到主模块的允许，才能向主模块发送信息。"则该监控系统通信方式属于（　　）。　　　　　　　　　　　　　　　　　　　　　　　　　　　　　　　（A）

A. 主从结构的总线通信方式

B. 多主结构的网络通信方式

C. 以太网方式

D. STD 总线

215. 计算机监控系统防误闭锁功能应实现对受控站（　　）的实时采集，实现防误装置主

机与（　　）的一致性。当这些功能故障时应（　　）。　　　　　　　　（A）

    A. 电气设备位置信号、现场设备状态、发出告警信息

    B. 电气设备二次测量值、现场设备状态、发出告警信息

    C. 电气设备位置信号、现场设备状态、实现操作闭锁

216. 计算机监控系统操作控制功能可按（　　）的分层操作原则考虑，无论设备处在哪一层操作控制，设备的运行状态和选择切换开关的状态都应具备防误闭锁功能。　（A）

    A. 远方操作、站控层、间隔层、设备级

    B. 远方操作、站控层、间隔层

    C. 站控层、间隔层、设备级

217. 集控站是一个具备对所辖各变电站相关设备及其运行情况进行远方（　　）等功能的中心变电站。　　　　　　　　　　　　　　　　　　　　　　　（A）

    A. 遥控、遥测、遥信、遥调、遥视　　　　B. 遥控、遥测、遥信、遥视

    C. 遥测、遥信、遥调、遥视

218. 后台机中遥测不刷新，出现死数的情况，除通信中断外，最有可能的原因是（　　）。

    　　　　　　　　　　　　　　　　　　　　　　　　　　　　　　　　（A）

    A. 后台时间和保护装置时间不一致　　　B. 后台遥测系数设置不正确

219. 衡量数字通信电路质量的最重要的指标是（　　）。　　　　　　　（A）

    A. 误码率　　　　　　B. 波特率　　　　　　C. 差错率　　　　　　D. 信噪比

220. 关于测控的说法，不正确的是（　　）。　　　　　　　　　　　　（A）

    A. 遥信开入正电源可以不从测控装置自身电源取

    B. 110kV 以上的间隔保护和测控是分开配置的

    C. 测控的遥控输出接点是接到保护操作回路的手合、手跳入口的

    D. 检修压板可以屏蔽软报文信息

221. 对于单向输出的变送器（含带有偏置零位的变送器），基准值为（　　）。　（A）

    A. 输出量程　　　　　　　　　　　　B. 输出电压的较高标称值

    C. 输出量程的一半　　　　　　　　　D. 输出电压的较高标称值的一半

222. 对于 500kV 电压等级的某一条高压线路，其线路电流互感器（TA）电流比为 1500/1，则该线路的有功功率测量满度值为（　　）（MW）。　　　　　　　　（A）

    A. $1.732 \times 500 \times 1500$　　　　　　　　B. $1.414 \times 500 \times 2500$

    C. $3 \times 500 \times 1500$

223. 电压互感器至变送器输入端回路压降不得超过额定电压的（　　）。　（A）

    A. 0.5%　　　　　B. 0.75%　　　　　C. 1%　　　　　D. 1.50%

224. 电压互感器接于线路上，当 A 相断开时，（　　）。　　　　　　　（A）

    A. B 相和 C 相的全电压与断相前差别不大

    B. B 相和 C 相的全电压与断相前差别较大

    D. B 相和 C 相的全电压是断相前幅值的 $\sqrt{3}$ 倍

225. 变电站二次回路中，电流测量回路（　　）。　　　　　　　　　　（A）

    A. 不能开路　　　　B. 不能短路　　　　C. 不能接地

226. 当一次设备运行而自动化装置需要进行维护、校验或修改程序时，应能利用计算机监控系统（　　）功能闭锁对所有设备进行遥控操作。　　　　　　　　　（A）

A. 闭锁挂牌　　　　B. 检修挂牌　　　　C. 人机界面　　　　D. 维护

227. 当功率变送器电压相序接反时，主站会观察到（　　）。　　　　　（A）

A. 有功无功均有变化　　　　　　　　B. 无功为 0

C. 有功无变化　　　　　　　　　　　D. 无功无变化

228. 当变压器油温升高时，测温探头的电阻阻值（　　）。　　　　　　（A）

A. 变大　　　　　　B. 变小　　　　　　C. 不变

229. 厂站远动终端设备在同一时刻允许接受（　　）主站的控制命令。（A）

A. 1 个　　　　　　B. 2 个　　　　　　C. 3 个　　　　　　D. 多个

230. 厂站远动设备接地时应采用（　　）接入屏柜接地铜排后直接接至公共接地点。

（A）

A. 粗铜线　　　　　B. 细铜线　　　　　C. 细铝线　　　　　D. 光纤

231. 常用变送器有电流变送器、电压变送器及（　　）和温度、直流变送器等。（A）

A. 功率变送器　　　B. 电抗变送器　　　C. 电阻变送器　　　D. 电容变送器

232. 测定变送器基本误差，（　　）影响量应保持参比条件。　　　　　（A）

A. 所有　　　　　　B. 并非　　　　　　C. 局部　　　　　　D. 没有

233. 测变送器绝缘电阻时，用（　　）直流兆欧表跨接于变送器各输入、输出、外壳回路之间，持续加压（　　）。　　　　　　　　　　　　　　　　　　　　（A）

A. 500V，1min　　B. 500V，5min　　C. 2kV，1min　　D. 2kV，5min

234. 采用计算机监控系统时，电气设备的远方和就地操作应具备完善的（　　）功能。

（A）

A. 电气闭锁　　　　B. "五防"功能　　　C. 电磁闭锁　　　　D. 机械闭锁

235. 变送器在回路上工作时，严禁发生电流互感器回路（　　）。　　　（A）

A. 开路　　　　　　B. 短路　　　　　　C. 接地

236. 变送器外接辅助电源电压、频率变化范围不超过额定值的（　　）。　（A）

A. ±10%、±5%　　　　　　　　　　B. ±20%、±5%

C. ±20%、±2%　　　　　　　　　　D. ±10%、±2%

237. 变送器的输入和输出之间保持（　　）关系。　　　　　　　　　　（A）

A. 线性　　　　　　B. 非线性　　　　　C. 无规律　　　　　D. 以上均不对

238. 变电站控制系统的基本结构有（　　）。　　　　　　　　　　　　（A）

A. 过程层、间隔层和站控层　　　　　B. 间隔层、站控层

C. 间隔层、网络层和站控层

239. 变电站计算机监控系统控制操作优先权顺序从高到低为（　　）。　（A）

A. 就地控制—间隔层控制—站控层控制—远方控制

B. 远方控制—站控层控制—间隔层控制—就地控制

C. 间隔层控制—就地控制—站控层控制—远方控制

D. 就地控制—站控层控制—间隔层控制—远方控制

240. 变电站计算机监控系统的顺序控制是指按照设定步骤顺序进行操作，即将旁路代、倒母线等组成的操作在操作员站（或调度通信中心）上预先（　　）、（　　），经（　　）后，按要求（　　）。　　　　　　　　　　　　　　　　　　　　　　　　　　　　　（A）

A. 选择，组合，校验正确，发令自动执行　B. 选择，组合，发令自动执行，校验正确

C. 组合，校验正确，发令自动执行，选择　　D. 校验正确，发令自动执行，选择，组合

241. 被检测装置的准确度等级为 0.1，则现场检验装置的准确度等级指数为（　　　）。

（A）

A. 0.02　　　　　　B. 0.1　　　　　　C. 0.05　　　　　　D. 0.01

242. 保护测控一体装置都有测量电流互感器和保护电流互感器，其原因是（　　　）。

（A）

A. 测量 CT 精度高，保护 CT 抗饱和能力强

B. 测量 CT 抗饱和能力强，保护 CT 精度高

C. 二者分开便于计算，提高保护动作速度

D. 以上说法都不对

243. 安装在室内工作场所测控装置环境温度和最大变化率（　　　）。　　（A）

A. −5～+45℃，20℃/h　　　　　　　　B. −10～+60℃，10℃/h

C. 0～+50℃，20℃/h

244. SOE 是在电力系统内发生的各种事件（开关跳闸、继电保护动作等）时按（　　　）级时间顺序，逐个记录下来，以利于电力系统的事故分析。　　（A）

A. 毫秒　　　　　　B. 秒　　　　　　C. 分钟　　　　　　D. 小时

245. （　　　）属于变电站内一次设备。　　（A）

A. 断路器　　　　　B. 保护屏　　　　　C. PMU　　　　　D. 电能表

246. （　　　）是一种通过网络服务于计算机时钟的时间同步协议。它包含时钟偏移、时间延迟及差量，它们都与指定参考时钟相关联。　　（A）

A. NTP　　　　　　B. HTTP　　　　　C. ARP　　　　　D. SMTP

二、多项选择题

1. 变电站监控系统中，以下（　　　）信息多采用数字量。　　（CDE）

A. 有功、无功　　　　　　　　　B. 电压、电流

C. 断路器、隔离开关位置　　　　D. 遥控命令

E. 变压器挡位

2. 主站下发遥控选择命令，但返校提示有错，其可能的原因有（　　　）。　　（CD）

A. 执行超时　　　B. 对象遥测不对　　　C. 对象遥信不对　　　D. 对象就地控制

3. 某 220kV 线路第一套合并单元故障不停电消缺时，可做的安全措施有（　　　）。

（CD）

A. 退出该线路第一套线路保护 SV 接收压板

B. 退出第一套母差保护，该支路 SV 接收压板

C. 投入该合并单元检修压板

D. 断开该合并单元 SV 光缆

4. 采用计算机监控系统的变电站，不再设置独立的同期装置，应由监控系统完成所需的（　　　）功能。　　（CD）

A. 遥测　　　　　　B. 遥信　　　　　　C. 同期　　　　　　D. 闭锁

5. 采用 NTP 方式接收 GPS 对时的计算机没有对时成功，可能原因为（　　　）。　　（BDE）

A. GPS 接收到的卫星小于 3 颗

B. 计算机时间与 GPS 时间相差大于 1000s

C. 计算机时间与 GPS 时间相差大于 150s

D. 计算机与 GPS 之间网络不通

E. 计算机对时进程未运行

6. 主站系统采用通信规约与子站系统通信的目的是（　　　）。　　　　　　　　（BD）

A. 降低传送信息量　　　　　　　　　　B. 保证数据传输的可靠性

C. 改正数据传输的错误　　　　　　　　D. 保证数据传递有序

7. 远动数据处理采用零值死区的原因是（　　　）。　　　　　　　　　　　　　（BD）

A. 不允许数据为零　　　　　　　　　　B. 将低值数转换为零

C. 校正数据采集误差　　　　　　　　　D. 校正零点漂移干扰

8. 下列因素中，不属于衡量电能质量指标的是（　　　）。　　　　　　　　　　（BD）

A. 频率　　　　　B. 线路损耗　　　　　C. 电压　　　　　D. 功率

9. 通过（　　　）的方式，可检查出遥信回路正确与否。　　　　　　　　　　　（BD）

A. 在遥信触点上加直流电压　　　　　　B. 短接遥信触点

C. 在遥信触点上加交流电压　　　　　　D. 断开遥信触点

10. 当断路器上的"就地/远方"转换开关处于（　　　）状态时，RTU 就无法完成该断路器的遥控操作。　　　　　　　　　　　　　　　　　　　　　　　　　　　　　　（BD）

A. 远方　　　　　B. 就地　　　　　C. 就地或远方　　　　　D. 故障

11. "五防"通常所指防止带负载拉、合隔离开关和（　　　）。　　　　　　　　（BCDE）

A. 防止带载荷拉、合断路器　　　　　　B. 防止误分、合断路器

C. 防止带电挂接地线　　　　　　　　　D. 防止带地线合隔离开关

E. 防止误入带电间隔

12. 远动终端是指主站监控的子站，按规约完成数据采集、（　　　）以及输出、执行等功能的设备。　　　　　　　　　　　　　　　　　　　　　　　　　　　　　　　　　（BCD）

A. 监视　　　　　B. 发送　　　　　C. 接收　　　　　D. 处理

13. 遥信信号的辅助电源一般是直流电压（　　　）。　　　　　　　　　　　　　（BCD）

A. 5V　　　　　B. 24V　　　　　C. 48V　　　　　D. 220V

14. 交流采样测量装置检验环境条件主要有（　　　）等。　　　　　　　　　　　（BCD）

A. 海拔高度　　　　　B. 环境温度　　　　　C. 相对湿度　　　　　D. 大气压力

15. 后台进行遥控分合操作时，按先后顺序分（　　　）几个步骤完成。　　　　　（BCD）

A. 调整　　　　　B. 选择　　　　　C. 返校　　　　　D. 执行

16. 厂站端对遥控的执行顺序为（　　　）。　　　　　　　　　　　　　　　　　（BCD）

A. 系数转换　　　　　B. 选择　　　　　C. 返校　　　　　D. 执行

17. 变电站自动化系统的结构模式有（　　　）。　　　　　　　　　　　　　　　（BCD）

A. 机架式　　　　　　　　　　　　　　B. 集中式

C. 分布式结构分散安装　　　　　　　　D. 分布式结构集中组屏

18. 以下（　　　）规约是数字化变电站传输采样值时所采用的。　　　　　　　　（BC）

A. IEC 60870–103　　　　　　　　　　B. IEC 61850–9–1

C. IEC 61850–9–2　　　　　　　　　　D. IEC 60870–101

19. 要使主站系统能正确接收到厂站端设备的信息，必须使主站与厂站端的（　　）一致。 （BC）

 A. 设备型号   B. 通信规约   C. 通道速率   D. 系统软件

20. 三相有功功率的测量方法包括（　　）。 （BC）

 A. 一表法   B. 两表法   C. 三表法   D. 四表法

21. 为了减小解列后系统功率不平衡而引起的（　　）的变化，解列操作时，应将断路器处的 P 和 Q 尽量调整为 0。 （BC）

 A. 电流   B. 电压   C. 频率   D. 功率

22. 既能在视窗操作系统中运行，又能在 UNIX 操作系统中运行的商用数据库系统是（　　）。 （BC）

 A. SQL Server 2000   B. ORACLE   C. SYBASE   D. ACCESS

23. 电子式互感器从一次传感器原理划分可分为（　　）类。 （BC）

 A. 数字信号输出互感器   B. 光学互感器

 C. Rogowski 线圈互感器   D. 交流模拟量小信号输出互感器

24. 变电站电压测量回路中（　　）。 （BC）

 A. 不能开路   B. 不能短路   C. 不能接地

25. 把传统面向分类信息表的规约转换到 IEC 61850 需要（　　）。 （BC）

 A. 系统配置器   B. 建模   C. 数据映射   D. GPS 对时

26. 用跨相 90° 接线法测无功功率时，在（　　）情况下，测量的三相三线制或三相四线制测量值准确度高。 （AD）

 A. 三相电流完全对称   B. 三相电流不完全对称

 C. 三相电压不对称   D. 三相电压对称

27. 数字化变电站的网络方式信息同步机制主要有（　　）。 （AD）

 A. SNTP 协议   B. IRIG–B 码   C. 秒脉冲同步   D. IEEE 1588 协议

28. 某 220kV 母差保护不停电消缺时，可做的安全措施有（　　）。 （AD）

 A. 投入该母差保护检修压板   B. 退出该母差保护所有支路 SV 接收压板

 C. 退出该母差保护所有支路出口压板   D. 断开该母差保护 GOOSE 光缆

29. 交流采样算法有（　　）。 （AD）

 A. 时域分析算法   B. 数字滤波算法   C. 平均值算法   D. 频域分析算法

30. 过电流保护加装复合电压闭锁可以（　　）。 （AD）

 A. 增加保护可靠性   B. 提高保护的灵敏系数

 C. 加快保护动作时间   D. 提高重合闸的成功率

31. 根据远动技术的信息传输方式可分为（　　）。 （AD）

 A. 循环式远动系统   B. 有接点远动系统

 C. 计算机远动系统   D. 问答式远动系统

 E. 布线逻辑式远动系统

32. 变电站计算机监控系统间隔层设备中，（　　）采用无源触点方式。 （AD）

 A. 遥信输入   B. 遥信输出   C. 遥控输入   D. 遥控输出

33. 变电站计算机监控系统的调节控制是指对电压、无功的控制目标值等进行设定后，监控系统自动按要求的方式对电压、无功进行联合调节。其中包括（　　）。 （AD）

A. 自动投切无功补偿设备　　　　　　B. 增加有功潮流

C. 降低有功潮流　　　　　　　　　　D. 调节主变压器分接头位置

34. 某 220kV 线路第一套保护装置 NSR303 故障不停电消缺时,可做的安全措施有(　　)。

（ACD）

A. 退出第一套母差保护该支路启动失灵接收压板

B. 退出第一套线路保护 SV 接收压板

C. 投入该装置检修压板

D. 断开该装置 GOOSE 光缆

35. 衡量电能质量指标的有(　　)因素。　　　　　　　　　　　　　　　（ACD）

A. 频率　　　　　　B. 线路损耗　　　　C. 电压　　　　　D. 谐波

36. 电气量变送器输出直流电气量通常有(　　)。　　　　　　　　　　　（ACD）

A. −5～5V　　　　　B. 0～1A　　　　　C. 0～5V

D. 4～20mA　　　　E. 0～15mA

37. 采用隔离装置进行数据传输,经历了数据的(　　)3 个过程。　　　　　（ACD）

A. 接收　　　　　　B. 加密　　　　　　C. 存储　　　　　D. 转发

38. 变电站自动化系统的装置物理上可安装在(　　)功能层上。　　　　　（ACD）

A. 过程层装置　　　B. 高压层　　　　　C. 站控层装置　　D. 间隔层装置

39. 远动通信传输采用越死区传送的原因是(　　)。　　　　　　　　　　（AC）

A. 降低通信传输负载　　　　　　　　B. 减少遥信信息量

C. 减少遥测传送数据量　　　　　　　D. 减少遥测采集数量

40. 一般可通过(　　)接口对 UPS 主机进行监控。　　　　　　　　　　（AC）

A. 网络　　　　　　B. 光电隔离　　　　C. 可编程串行　　D. 并行

41. 现有专线通信规约采用(　　)两种传输方式。　　　　　　　　　　　（AC）

A. 串行同步　　　　B. 并行同步　　　　C. 串行异步　　　D. 并行异步

42. 光纤通信中,传输数据的介质和信号分别是(　　)。　　　　　　　　（AC）

A. 光导纤维　　　　B. 同轴电缆　　　　C. 激光　　　　　D. 电流

43. 关于 IEC 61850 数字化变电站的说法中,(　　)是不正确的。　　　　（AC）

A. 应用 IEC 61850 对网络交换机没有特殊要求

B. IEC 61850 实现了设备的即插即用,节省电缆,减低成本

C. IEC 61850 的术语"过程总线"与常说的"现场总线"是一回事

D. IEC 61850 标准定义的逻辑节点中以 C 开头的逻辑节点表示带有控制功能

44. 高频保护通道的工作方式分为(　　)。　　　　　　　　　　　　　　（AC）

A. 长期发信　　　　B. 瞬时发信　　　　C. 故障时发信　　D. 不发信

45. 分层分布式变电站监控系统的结构分为(　　)。　　　　　　　　　　（AC）

A. 站控层　　　　　B. 网络层　　　　　C. 间隔层　　　　D. 设备层

46. 从介质访问控制方法的角度,局域网可分为(　　)两类。　　　　　　（AC）

A. 共享介质局域网　B. 高速局域网　　　C. 交换局域网　　D. 虚拟局域网

47. 变位遥信的采集一般采用(　　)来完成。　　　　　　　　　　　　　（AC）

A. 循环扫描方式　　B. DMA 方式　　　　C. 中断方式

48. 下列(　　)属于交流采样测量装置对工作电源的要求。　　　　　　　（ABE）

A. 交流电源电压为单相 220V　　　　B. 交流电源频率为 50Hz，允许偏差±5%

C. 交流电源频率为 50Hz，允许偏差±10%　D. 直流电源电压纹波系数小于 10%

E. 交流电源波形为正弦波，谐波含量小于 5%

49. 远动终端设备的主要功能是（　　）。　　　　　　　　　　　　　（ABD）

A. 信息采集和处理　　　　　　　　　B. 与调度端进行数据通信

C. 实现对厂站的视频监视　　　　　　D. 执行遥控/遥调命令

50. 远动系统调制解调器的（　　）不正确，调度主站系统就无法正确接收。（ABD）

A. 速率　　　　　B. 中心频率　　　　C. 型号　　　　D. 频偏

51. 远动通信规约报文应具备（　　）功能部分。　　　　　　　　　　（ABD）

A. 报送状态量断路器和隔离开关变位信息

B. 传送模拟量变化量信息

C. 报送气象信息

D. 报送事件时间信息

52. 下列属于过程层的设备有（　　）。　　　　　　　　　　　　　　（ABD）

A. 合并单元　　　B. 智能终端　　　C. 测控装置　　　D. 电子式互感器

53. 数字化变电站对一、二次设备划分的三层结构为（　　）。　　　　（ABD）

A. 站控层　　　　B. 间隔层　　　　C. 网络层　　　　D. 过程层

54. 数字化变电站的采样值同步问题包括（　　）。　　　　　　　　　（ABD）

A. 间隔内电流和电压的同步　　　　　B. 差动保护跨间隔的电流同步

C. SOE 时标同步　　　　　　　　　　D. 光纤纵差保护和对侧的同步

55. 数字化变电站采样值传输可使用的 IEC 标准包括（　　）。　　　　（ABD）

A. IEC 61850–9–1　B. IEC 61850–9–2　C. IEC 61970　D. IEC 60044–8

56. 某 220kV 线路间隔 NSR302 停役检修时，在不断开光缆连接的情况下，可做的有意义的安全措施有（　　）。　　　　　　　　　　　　　　　　　　　　　（ABD）

A. 投入该线路两套线路保护、合并单元和智能终端检修压板

B. 退出该线路两套线路保护启动失灵压板

C. 退出两套线路保护跳闸压板

D. 退出两套母差保护该支路启动失灵接收压板

57. 进行单设备遥控时，若遇到以下情况之一应自动撤销（　　）。　　（ABD）

A. 校验结果不正确　　　　　　　　　B. 控制对象设置禁止操作标识牌

C. 线路负载较大　　　　　　　　　　D. 遥控选择后 30～90s 内未有相应操作

58. 下列（　　）属于子站的主要设备。　　　　　　　　　　　　　　（ABCE）

A. 远动终端设备（RTU）的主机　　　B. 电力调度数据网络接入设备

C. 电能量远方终端　　　　　　　　　D. 厂站计算机监控（测）系统

E. 相量测量装置（PMU）

59. 下列关于提高计算机监控系统抗干扰措施的描述，正确的是（　　）。（ABCDE）

A. 电源抗干扰措施：在机箱电源线入口处安装滤波器

B. 开关量的输入采用光电隔离

C. 机体屏蔽：各设备机壳用铁质材料，必要时采用双层屏蔽

D. 通道干扰处理：采用抗干扰能力强的传输通道及介质

E. 内部抗干扰措施：对输入采样值抗干扰纠错

60. 交流采样测量装置即采用交流采样测量技术的远动终端设备、（　　）等测量控制装置。　　　　　　　　　　　　　　　　　　　　　　　　　　　（ABCDE）

A. 智能化单元　　　　B. 厂站测控单元　　　C. 功角测量装置

D. 高压监测设备　　　E. 保护测量一体化装置

61. 计算机监控系统的同期检测功能应具备以下（　　）性能。　　　（ABCDE）

A. 能检测和比较断路器两侧电压互感器（TV）二次电压的幅值、相角和频率，自动捕捉同期点，发出合闸命令

B. 能对同期检测装置同期电压的幅值差、相角差和频差的设定值进行修改

C. 同期检测装置应能对断路器合闸回路本身具有的时滞进行补偿

D. 同期检测装置应具有解除/投入同期的功能

E. 运行中的同期检测装置故障应闭锁该断路器的控制操作。

62. 电磁式互感器与电子式互感器相比，（　　）是电子式互感器的优点。　（ABCDE）

A. 消除了磁饱和现象　　　　　　　B. 对电力系统故障响应快

C. 消除了铁磁谐振　　　　　　　　D. 动态范围大

E. 质量小　　　　　　　　　　　　F. 体积大

63. 变电站计算机监控系统的优点有（　　）。　　　　　　　　　　　（ABCDE）

A. 减少二次电缆，缩小占地面积，降低变电站造价

B. 提高变电站的安全和可运行水平

C. 为变电站实现无人值班提供可靠的技术条件

D. 专业综合，易于事故分析与事故恢复

E. 提高运行管理

64. 专线通道质量的好坏，对于远动功能的实现，有很大的影响。判断专线通道质量的好坏，通常有（　　）常用手段。　　　　　　　　　　　　　　　　　　（ABCD）

A. 观察远动信号的波形，看波形失真情况　　B. 环路测量信道信号衰减幅度

C. 测量信道的信噪比　　　　　　　　　　　D. 测量通道的误码率

65. 质量保证是变电站自动化系统制造商/系统集成商和用户的共同任务，（　　）属于用户的责任。　　　　　　　　　　　　　　　　　　　　　　　　　　　（ABCD）

A. 负责保证变电站自动化系统的环境和工作条件满足变电站自动化系统级单个产品的所描述的技术条件

B. 对可维护的部件进行预防性的维护或更换

C. 对产品及相关功能定期进行巡视和常规检查

D. 发现缺陷后，进行纠正性维护

66. 变电站内（　　）情况下应停用线路重合闸装置。　　　　　　　　（ABCD）

A. 系统有稳定要求时　　　　　　　B. 超过开关跳合闸次数

C. 可能造成非同期合闸　　　　　　D. 开关遮断容量不够

67. 在进行一致性测试时，除被测设备外，制造商还应提供（　　）。　（ABCD）

A. 协议实现一致性陈述（PICS）　　　B. 用于测试的协议实现额外信息（PIXIT）

C. 模型实现一致性陈述（MICS）　　　D. 设备安装和操作的详细使用手册

68. 在对变电站计算机监控系统进行检验前应做充分的准备，（　　）、检修工具等是其必

须具备的内容。 （ABCD）

　　A. 图纸资料　　　　B. 备品备件　　　　C. 测试仪器　　　　D. 测试记录

69. 在 DL/T 516—2006 中明确要求有完整的厂站信息参数，其中包括（　　）等参数。

（ABCD）

　　A. 一次设备编号的信息名称

　　B. 电压和电流互感器的变比

　　C. 遥测满度值及量纲

　　D. 向有关调度传输数据的方式、通信规约、数据序位表

70. 远动终端设备是负责远动信息（　　）的重要设备。 （ABCD）

　　A. 采集　　　　　　　　　　　　B. 处理

　　C. 传送　　　　　　　　　　　　D. 下达调度中心对厂站实施远方控制与调节

71. 电力自动化远动"四遥"是指（　　）。 （ABCD）

　　A. 遥测　　　　　B. 遥信　　　　　C. 遥控　　　　　D. 遥调

　　E. 遥视

72. 远动设备与过程设备之间的接口信息主要有（　　）。 （ABCD）

　　A. 二进制输入信号　　B. 二进制输出信号　　C. 模拟输入信号　　D. 模拟输出信号

73. 与交流采样相比，直流采样的缺点有（　　）。 （ABCD）

　　A. 变送器对被测量突变反应较慢

　　B. 变送器测量谐波有较大误差

　　C. 监控系统的测量准确度直接受变送器的准确度和稳定性影响

　　D. 维修较为复杂

　　E. A/D 转换后所得的数字量的位数较少

74. 用于 GPS 装置中时间同步信号传输通道介质有（　　）。 （ABCD）

　　A. 同轴电缆　　　B. 屏蔽控缆　　　C. 音频电缆　　　D. 光纤

75. 在变电站自动化系统中，（　　）属于厂站信息参数。 （ABCD）

　　A. 一次设备编号的信息名称

　　B. SOE 的选择设定

　　C. 向有关调度传输数据的方式、通信规约、数据序位表

　　D. 电压、电流互感器变比

76. 在变电站自动化系统中，（　　）属于站控层设备。 （ABCD）

　　A. 监控系统　　　B. 信息一体化平台　　C. 网络记录分析仪　　D. 远动终端

77. 以下（　　）事件会产生事件记录。 （ABCD）

　　A. 遥测越限与复归　　　　　　　B. 主站设备停/复役

　　C. 通道中断　　　　　　　　　　D. 遥控操作

　　E. 调度员发令

78. 一次设备是指直接参加发、输、配电系统中使用的电气设备，如变压器、断路器、隔离开关、（　　）等。 （ABCD）

　　A. 电力电缆　　　B. 输电线　　　C. 电压互感器　　　D. 电流互感器

79. 下列设备中，（　　）属于二次设备。 （ABCD）

　　A. 远动机　　　　B. RTU　　　　C. 变电站综自系统　　D. 保护装置

80. 下列（　　）属于远动终端设备故障时的通常检查内容。　　　　　　（ABCD）

A. 通道检查，数据收发指示是否正常

B. 检查设备主要部件工作状态，有否异常或报警

C. 检查设备工作电源是否正常

D. 板件是否有烧糊或击穿现象

E. 检查断路器辅助接点是否正常

81. 网络传输延时主要包括（　　）几个方面。　　　　　　　　　　　（ABCD）

A. 交换机存储转发延时　　　　　　　　B. 交换机延时

C. 光缆传输延时　　　　　　　　　　　D. 交换机排队延时

82. 通常，调制解调器的调制方式有（　　）。　　　　　　　　　　　（ABCD）

A. 振幅调制　　　　　B. 频率调制　　　　　C. 相位调制　　　　　D. 以上皆是

83. 双母接线方式下，断路器失灵保护由（　　）部分组成。　　　　　　（ABCD）

A. 保护动作触点　　　B. 电流判别元件　　　C. 时间元件　　　　　D. 电压闭锁元件

84. 数据采集与处理的基本任务包括（　　）。　　　　　　　　　　　（ABCD）

A. 工程量转换　　　　B. 遥测越限处理　　　C. 遥信变位处理　　　D. 人工数据设置

85. 时间同步信号的传输通道有（　　）。　　　　　　　　　　　　　（ABCD）

A. 同轴电缆　　　　　B. 有屏蔽控制电缆　　C. 音频通信电缆　　　D. 光纤

86. 某 220kV 主变压器 NSR378 停役检修时，在不断开光缆连接的情况下，可做的安全措施有（　　）。　　　　　　　　　　　　　　　　　　　　　　　（ABCD）

A. 投入该线路两套主变压器保护、主变压器三侧合并单元和智能终端检修压板

B. 退出该线路两套主变压器保护启动失灵和解除复合电压闭锁压板

C. 退出两套主变压器保护跳分段和母联压板

D. 退出两套母差保护该支路启动失灵和解除复合电压闭锁接收压板

87. 变电站中为了降低遥信误发率，常（　　）。　　　　　　　　　　　（ABCD）

A. 采用光耦作为隔离手段　　　　　　　B. 通过适当提高遥信电源

C. 引入电缆屏蔽　　　　　　　　　　　D. 调整 RTU 防抖时间

E. 对遥信对象的辅助触点进行清洁处理

88. 交流采样测量装置检验设备的基本配置：（　　）。　　　　　　　　（ABCD）

A. 数字万用表　　　　　　　　　　　　B. 多功能标准表或现场校验仪

C. 标准检验装置　　　　　　　　　　　D. 钳形电流表

89. 交流采样测量装置即采用交流采样测量技术的（　　）等测量控制装置。（ABCD）

A. 远动终端设备、智能化单元　　　　　B. 厂站测控单元、功角测量装置

C. 高压监测设备　　　　　　　　　　　D. 保护测量一体化装置

90. 将（　　）、用电以及相应的继电保护、安全自动装置、电力通信、厂站自动化、调度自动化等二次系统和设备构成的整体统称为电力系统。　　　　　　　　（ABCD）

A. 发电　　　　　　　B. 输电　　　　　　　C. 变电　　　　　　　D. 配电

91. 计算机监控系统间隔层 I/O 单元的功能包括（　　）。　　　　　　　（ABCD）

A. 交流采样　　　　　B. 防误闭锁　　　　　C. 同期检测　　　　　D. 断路器紧急操作

92. 关于变电站的对时说法，正确的是（　　）。　　　　　　　　　　　（ABCD）

A. 变电站内使用的对时方式包括秒脉冲 1PPS、分脉冲 1PPM、时脉冲 1PPH、串口报文对时、网络对时、IEEE1588

B. IRIG-B（B 码）分为 IRIG-B AC 与 IRIG-B DC 、IRIG-B DC 包括 RS-485 B 码、RS-232 B 码、TTL B 码

C. RS-485 B 码（高电平为 1，负电平为 0）、RS-232 B 码（高电平为 0，负电平为 1）、TTL B 码 （高电平为 1，0 电平为 0）

D. GPS 对时精度：B 码（DC）＞B 码（AC）＞串口报文

93. 更换电能表前，运行人员需记录（　　）。　　　　　　　　　　（ABCD）

A. 电能表时间　　　　　　　　　　　B. 电能表更换前读数

C. 被换上的电能表读数　　　　　　　D. 更换电能表时的负载

94. 电力系统中实时采集的数字量信息包括（　　）。　　　　　　　　（ABCD）

A. 状态信号　　　　B. 刀开关信号　　　　C. 保护信号　　　　D. 事故总信号

95. 电力通信的通信方式主要有（　　）。　　　　　　　　　　　　　（ABCD）

A. 卫星通信　　　　B. 微波通信　　　　C. 光纤通信　　　　D. 电力线载波通信

96. 变电站支持的对时方式有（　　）。　　　　　　　　　　　　　　（ABCD）

A. IRIG-B 方式　　　B. 串口方式　　　C. 差分方式　　　D. IEEE 1588 对时方式

97. 变电站远动终端显示某开关遥信位置与实际不一致，原因可能是（　　）。（ABCD）

A. 开关的辅助触点位置不对位　　　　B. 遥信电缆芯线问题

C. 遥信电源异常　　　　　　　　　　D. 遥信板接触问题

E. 远动通信工作站故障

98. 变电站应设立或明确自动化运行维护人员，负责（　　）等。　　（ABCD）

A. 本侧运行系统和设备的日常巡视检查　　B. 故障处理和协助检查

C. 运行日志记录　　　　　　　　　　D. 信息定期核对

99. 变电站监控系统采集的模拟量数据主要有（　　）。　　　　　　（ABCD）

A. 母线电压、频率　　　　　　　　　B. 线路电流、电压、功率

C. 主变压器各侧电流、功率　　　　　D. 电容/电抗器的无功功率

100. 变电站计算机监控系统每个 I/O 测控单元的（　　）等都独立于其他 I/O 测控单元。

　　　　　　　　　　　　　　　　　　　　　　　　　　　　　　　（ABCD）

A. 电源　　　　　　　　　　　　　　B. 数据采集

C. 处理、逻辑运算控制　　　　　　　D. 开关同期

101. A/D 转换器是将输入的模拟信号转换成相应的数字信号。常用的 A/D 转换器按其转换方式可分为（　　）。　　　　　　　　　　　　　　　　　　　（ABCD）

A. 并行 A/D 转换器　　　　　　　　B. 逐次比较 A/D 转换器

C. 双积分 A/D 转换器　　　　　　　D. 计数式 A/D 转换器

102. （　　）的通信光缆或电缆应全线穿管敷设，并尽可能采用不同路由的电缆进入通信机房和主控室。　　　　　　　　　　　　　　　　　　　　　　　　　（ABCD）

A. 电力调度机构　　　B. 通信枢纽　　　C. 变电站　　　D. 大（中）型发电厂

103. 子站设备出现电路板烧毁的可能原因有（　　）。　　　　　　　（ABC）

A. 电源部分损坏　　　B. 接地不良　　　C. 防雷设备损坏　　　D. 通信通道接触不好

104. 在电力通信系统中，常见的多路复用体制有（　　）。　　　　　（ABC）

A. 频分复用（FDM）   B. 时分复用（TDM）

C. 波分复用（WDM）   D. 数字交叉连接（DXC）

105. 远动中"四遥"包括（　　）。   （ABC）

A. 遥测   B. 遥信   C. 遥控   D. 遥视

106. 远动遥测数据上送错误原因可能是（　　）。   （ABC）

A. 比例系数不正确   B. 遥测数据类型错误

C. 遥测点设置错误   D. 规约选择错误

107. 远动使用的调制解调器常用波特率一般有（　　）波特。   （ABC）

A. 300   B. 600   C. 1200   D. 2400

108. 影响系统电压的主要因素是（　　）。   （ABC）

A. 负载变化   B. 无功补偿变化

C. 功率分布和网络阻抗变化   D. 气象变化

109. 以下类型的信息中，（　　）类型的信息由 PMU 发送到主站。   （ABC）

A. 数据帧   B. 配置帧   C. 头帧   D. 命令帧

110. 变电站自动化系统中遥测量可分为（　　）。   （ABC）

A. 模拟量   B. 脉冲量   C. 数字量   D. 信号量

111. 下面关于数字化的说法，（　　）是正确的。   （ABC）

A. 过程层是一次设备与二次设备的结合部分，包括光电式互感器、合并单元、智能终端

B. 间隔层是由保护装置、测控装置、故障录波装置以及其他智能设备构成

C. 站控层包括监控系统主机、操作员工作站、远动机、保护信息子站、维护工程师站

D. 数字化站分为 3 层，分别是站控层、网络层、间隔层

112. 下列属于线路保护基本保护功能的为（　　）。   （ABC）

A. 过电流保护   B. 纵差保护   C. 低周保护   D. 差动保护

113. 系统发生三相不对称短路故障时，短路电流中包含（　　）。   （ABC）

A. 正序分量   B. 负序分量   C. 零序分量   D. 以上都不对

114. 远动通信工作站主要功能包括（　　）、传输。   （ABC）

A. 数据采集   B. 数据筛选及处理   C. 规约转换   D. 遥测越限与复归

115. 数据库管理系统实时数据库存放的是（　　）。   （ABC）

A. 模拟量   B. 开关量   C. 计算量   D. 历史数据

116. 事故遥信年动作正确率计算公式中事故遥信动作次数是指电力系统发生事故时，管辖范围内的（　　）。   （ABC）

A. 事故时遥信正确动作次数   B. 事故时遥信误动次数

C. 事故时遥信拒动次数   D. 非事故时遥信误动次数

E. 非事故时遥信拒动次数

117. 时间同步系统内部时钟的振荡源可以根据时钟精度的要求，选用（　　）。（ABC）

A. 普通石英晶振   B. 有温度补偿石英晶振   C. 原子频标

118. 利用 GPS 送出的信号进行对时，常用的对时方式有（　　）。   （ABC）

A. 网络   B. 串行口   C. 脉冲   D. 并行口

119. 检查功率测量回路的步骤为（　　）。   （ABC）

A. 确定 B 相电压线   B. 确定电压线相序

C. 确定电流线   D. 确定 A 相电压线

E. 确定 C 相电压线

120. 计算机监控系统事故追忆的触发信号包括（   ）。   （ABC）

A. 模拟量触发   B. 状态量触发   C. 混合组合方式触发

121. 计算机监控系统的外部抗干扰措施包括（   ）。   （ABC）

A. 在机箱电源线入口处安装滤波器或 UPS

B. 交流量均经小型中间电压、电流互感器隔离

C. 采用抗干扰能力强的传输通道及介质

D. 对输入采样值抗干扰纠错

122. 断路器同期检测中同期检测部件应能检测和比较断路器两侧的（   ）。 （ABC）

A. 电压幅值   B. 电压相角   C. 频率   D. 功率

123. 变电站监控系统的软件组成为（   ）。   （ABC）

A. 系统软件   B. 支持软件   C. 应用软件   D. 商用数据库

124. 变电站监控系统的结构模式有（   ）。   （ABC）

A. 集中式   B. 分布分散式

C. 分布式结构集中组屏   D. 扁平式

125. 变电站计算机监控系统中同期定值中包含频差定值、压差定值和（   ）。（ABC）

A. 相角差定值   B. 检无压定值

C. 断路器合闸动作时间   D. 断路器分闸动作时间

E. 有功功率定值

126. 自动重合闸按重合闸的动作分类，可以分为（   ）。   （AB）

A. 机械式   B. 电气式   C. 自动式   D. 手动式

127. 在变电站计算机监控系统的间隔层完成的功能有（   ）。   （AB）

A. 数据采集   B. 断路器自动同期检测

C. 远方通信   D. 告警   E. 历史数据保存

128. 远动装置中实现同步的方法有（   ）两种。   （AB）

A. 帧同步   B. 位同步   C. 实时同步   D. 数据同步

129. 下列关于空芯线圈的说法，（   ）是正确的。   （AB）

A. 空芯线圈的输出信号较小，需要就近处理

B. 空芯线圈的输出信号需要进行积分变换

C. 空芯线圈的输出信号与被测电流成正比

D. 空芯线圈的骨架通常采用纳米晶

130. 下列变电站自动化系统中常用的通信方式描述正确的是（   ）。   （AB）

A. IEC 60870-5-101 是符合调度端要求的基本远动通信规约

B. IEC 60870-5-104 是用网络方式传输的远动规约

C. IEC 60870-5-103 是用作电能量传送的通信规约

D. IEC 60870-5-102 是为继电保护和间隔层（IED）设备与站控层设备间的数据通信规约

131. 下列（   ）信息属于遥信信息。   （AB）

A. 断路器分、合状态   B. 隔离开关分、合状态

C. 时间顺序记录   D. 返送校核信息

132. 数字通信系统中传输的两个主要质量指标是（　　）。　　　　　　（AB）

A. 码元传输速率　　　B. 误码率　　　　　C. 差错率　　　　　D. 误信率

133. 模拟量的采集方式有（　　）两种。　　　　　　　　　　　　　（AB）

A. 直流采样　　　　　B. 交流采样　　　　C. 直接采样　　　　D. 间接采样

134. 接地距离保护能反映（　　）故障。　　　　　　　　　　　　　（AB）

A. 单相接地故障　　　B. 两相接地故障　　C. 三相接地故障　　D. 相间短路故障

135. 假如主站下发了遥控命令，但返校错误，其可能的原因有（　　）。　　（AB）

A. 通道误码问题　　　B. 上行通道有问题　C. 下行通道有问题　D. 通道中断

136. 假如主站收到的交流采样量测信息中电压、电流正常，而该路功率与实际一次值相差太大，其原因可能为（　　）。　　　　　　　　　　　　　　　　　　（AB）

A. 满码值问题　　　　　　　　　　　B. 电压、电流相序问题

C. 遥测接线板损坏　　　　　　　　　D. 遥测板与通信控制器之间网络不正常

137. 电力系统发生短路时，下列（　　）是突变的。　　　　　　　　（AB）

A. 电流值　　　　　　B. 电压值　　　　　C. 相位角　　　　　D. 频率

138. 电力通信常用的特种光缆有（　　）。　　　　　　　　　　　　（AB）

A. OPGW（光纤复合架空地线）　　　　B. ADSS（非金属自承式光缆）

C. 单模光纤　　　　　　　　　　　　D. 多模光纤

139. 厂站设备为防止电磁干扰的方法主要有（　　）。　　　　　　　（AB）

A. 抑制干扰源　　　　　　　　　　　B. 割断干扰的传输途径

C. 接地　　　　　　　　　　　　　　D. 切断电源

140. 测得某线路二次功率值与实际二次值相比明显偏小，其可能的原因是（　　）。

　　　　　　　　　　　　　　　　　　　　　　　　　　　　　　　　（AB）

A. 电压互感器（TV）电压断相　　　　B. 某相电流被短接

C. 变送器辅助电源故障　　　　　　　D. 远动终端设备死机

141. 在异步通信格式中，如果选择（　　）校验，则数据位和奇偶位中 1 的数目应该是（　　）。　　　　　　　　　　　　　　　　　　　　　　　　　　　（AD）

A. 偶、偶数　　　　　B. 偶、奇数　　　　C. 奇、偶数　　　　D. 奇、奇数

三、判断题

1. 纵向奇偶校验是提高远动终端设备信息传输可靠性方法之一。　　　　（√）

2. 综合自动化装置主要由电子设备构成，但同时又引入各类交直流信号源，因此它具有以下几种接地方式：信号接地、功率接地、保护接地、防静电接地。　　（√）

3. 自环测试 RS-232 通道可将接受端（RxD）和发送端（TxD）短接。　　（√）

4. 自动控制系统是电力系统自动化的一部分。　　　　　　　　　　　（√）

5. 主变压器挡位信息可以通过遥测和遥信两种方式采集。　　　　　　（√）

6. 直流采样是将交流模拟量变换为直流量后进行采集的采样方式。　　　（√）

7. 直流采样对 A/D 转换速率要求不高，因为变送器输出值是与交流电量的有效值或平均值相对应，变化已经很缓慢。　　　　　　　　　　　　　　　　　　　　（√）

8. 站内分辨率是指站内发生的两个变位遥信能被分辨出来的最小时间间隔。　　（√）

9. 站控层发生故障而停运时，不能影响间隔层的正常运行。 （✓）

10. 在远动系统中，通信规约和通信协议可视为同一概念。 （✓）

11. 在异步通信格式中，如果选择偶校验，则数据位和奇偶位中 1 的数目应该是偶数。
（✓）

12. 在遥控操作时，确认遥控对象、性质无误，并在收到返校正确信息后，方可操作"执行"命令。 （✓）

13. 在通信技术中，数字化编码常采用脉冲编码调制和增量编码调制两种方式。 （✓）

14. 在数据传输中，基带传输方式比频带传输方式更加可靠。 （✓）

15. 在计算机监控有电源输入的屏柜必须有接地线接到交流电源所在的接地网上。 （✓）

16. 在核算变送器的误差是否合格时，应考虑非标准条件所引起的误差改变量。 （✓）

17. 在单道批处理系统中，作业运行时间中有一部分是等待 I / O 时间，而在多道程序系统中，当 I / O 通道在处理 I / O 操作时，处理机可以分配给其他作业。 （✓）

18. 串行通信根据发送和接收设备的时钟是同步还是异步分为同步和异步两种传输方式。
（✓）

19. 在闭环控制系统中，如果反馈信号与参考输入信号相加，称为正反馈控制系统。 （✓）

20. 在 AVC 功能中，挂在同一条母线上的电容器不允许同时操作。 （✓）

21. 远动装置中实现同步的方法有帧同步和位同步两种。 （✓）

22. 远动装置是远距离传输消息以实现对电力系统设备进行监视和控制的装置。 （✓）

23. 远动终端中的时钟精度越高，时间顺序记录的分辨率就越高。 （✓）

24. 远动终端设备应可靠保护接地，应有抗电磁干扰的能力，其信号输入应有可靠的电气隔离。 （✓）

25. 远动终端设备死机会造成通信、遥测数据不刷新。 （✓）

26. 远动终端设备是负责远动信息的采集、处理与传送，同时下达调度中心对厂/站实施远方控制与调节的重要设备。 （✓）

27. 远动终端设备可通过主站系统下发的校时命令对其进行校时。 （✓）

28. 远动中的遥信反映的是断路器或隔离开关等设备所处的位置状态。 （✓）

29. 远动信息可以分成两大部分，即上行信息和下行信息。 （✓）

30. 远动系统中调制解调器是在接收端将模拟信号解调成数字信号。 （✓）

31. 远动系统调制解调器的中心频率和频偏不正确，调度主站系统就无法正确接收信息。
（✓）

32. 远动通信规约以传送方式划分，可分为循环式远动规约（CDT）和问答方式远动规约（Polling）两大类。 （✓）

33. 远动通信设备应直接从间隔层测控单元获取调度所需的数据，实现远动信息的直采直送。 （✓）

34. 远动通信设备宜设置远方诊断接口，以便实现远方组态和远方诊断功能。 （✓）

35. 远动是应用通信技术，完成遥测、遥信、遥控和遥调等功能的总称。 （✓）

36. 远动使用的调制解调器常用波特率一般有以下 3 种：300、600 和 1200 波特。 （✓）

37. 远动设备应设专职负责人，负责定期对设备进行巡视、检查、测试和记录。 （✓）

38. 远动设备功能故障或设备故障不能影响站控层对变电站的正常监控。 （✓）

39. 远动功能应独立于站控层的其他设备，即站控层的其他设备退出运行不影响远动功能

的正常实施。　　　　　　　　　　　　　　　　　　　　　　　　　　　　　　（✓）

40. 远动传输两端波特率不统一，数据不能正确传输。　　　　　　　　　　（✓）

41. 与模拟通信相比，数字通信具有更强的抗干扰能力。　　　　　　　　　（✓）

42. 有载调压和无功投切宜由变电站自动化系统和调度/集控主站系统共同实现集成应用，不宜设置独立的控制装置。　　　　　　　　　　　　　　　　　　　　（✓）

43. 由总线构成的局域网按其组网的拓扑结构，主要可以分成主从网和对等网两种。（✓）

44. 用时间上离散的值代表原来连续信号的过程称为采样。　　　　　　　　（✓）

45. 用两表法测量三相三线制电路有功功率时，两只功率表的读数代数和代表三相电路的总和功率。　　　　　　　　　　　　　　　　　　　　　　　　　　　（✓）

46. 遥信状态与实际相反，可以在主站端改变极性来解决。　　　　　　　　（✓）

47. 遥信信号有断路器、隔离开关的位置信号，继电保护信号等。遥测信号主要有电流、电压、有功功率、无功功率、频率、温度等。　　　　　　　　　　　　　（✓）

48. 遥信电路的主要功能是把现场的状态量变成数字量，送入主控制单元 CPU 进行处理，遥信输入电路采用光电隔离。　　　　　　　　　　　　　　　　　　　（✓）

49. 遥信的采集过程是对状态量进行采集，将现场状态量经光电耦合转换后存入锁存器，经采集读取后转换为二进制数据。　　　　　　　　　　　　　　　　　　（✓）

50. 遥调指对具有不少于 3 个设定值的运行设备进行的远程操作。　　　　（✓）

51. 遥控输出采用无源接点方式，接点容量一般为直流 220V，5A。　　　（✓）

52. 遥控是指对具有两个确定状态的运行设备进行的远程操作。　　　　　　（✓）

53. 遥控操作断路器分闸时，若发生重合现象，说明该对象的放电回路有问题。　（✓）

54. 遥控操作步骤顺序都是选择、返校、执行。　　　　　　　　　　　　　（✓）

55. 遥测数据的极性不能正确反映，问题在 A/D 转换电路上。　　　　　　（✓）

56. 遥测数据的采集过程是对模拟量进行采集，即将现场模拟量转换为直流信号或直接进行离散采样后再经 A/D 转换将其转换为二进制数据，经处理后发送到主站。　　（✓）

57. 遥测、遥信等实时数据主要存放在远动终端设备中的 RAM 中。　　　　（✓）

58. 信号回路采用光电隔离的作用是保护和滤波。　　　　　　　　　　　　（　）

59. 信道误码率是各个中继段的误码率的总和。　　　　　　　　　　　　　（　）

60. 误码率是指二进制码元在传输系统中被传错的概率。　　　　　　　　　（✓）

61. 误码率是衡量数据传输质量的指标，其表达形式为误码率=接收出现错误的比特数/传输的全部比特数。　　　　　　　　　　　　　　　　　　　　　　（✓）

62. 无论是电压无功自动控制硬件还是软件故障，都应立即发出告警信息，并终止任何控制操作。　　　　　　　　　　　　　　　　　　　　　　　　　　　（✓）

63. 为使遥信响应速度提高，发生遥信变位后，应立即插入遥信信息帧。　　（✓）

64. 为了提高远动信息传输的可靠性，对遥测、遥信信息要进行抗干扰编码。（✓）

65. 为了解决遥信误、漏报和抖动问题，可以采用双位置遥信和提高遥信输入电压等技术手段提高遥信的可靠性。　　　　　　　　　　　　　　　　　　　　　（✓）

66. 为了防止人体静电损坏电子设备，可在接触设备前摸一下接地的机柜。　（✓）

67. 为了防止干扰进入远动装置，遥信采集回路一般采取光电耦合隔离措施。（✓）

68. 为不失真采集到模拟量数值的变化，交流采样所需的采样频率较高，直流采样所需的采样频率较低。　　　　　　　　　　　　　　　　　　　　　　　　（✓）

69. 外观检查和基本误差校验都是交流采样测量装置周期校验的项目。 （✓）

70. 同期合闸的条件是电压差、频率差、相位差在规定范围内。 （✓）

71. 通信系统中数据交换的方式可分为线路交换和存储交换。 （✓）

72. 通信规约是启动和维持通信所必需的严格约定，即必须有一套关于信息传输顺序、信息格式和信息内容等的约定。 （✓）

73. 通信规约按传输的基本单位划分，可分为"面向字符的通信规约"和"面向比特的传输控制规约"两大类。 （✓）

74. 通过在远动终端的遥测输入端加一标准电压的方式，可检查遥测回路是否有问题。 （✓）

75. 通过通信接口传送的保护信息应能组合到监控系统的数据库。 （✓）

76. 通过通信接口传送的保护信息必须满足实时性要求。 （✓）

77. 通过短接或断开遥信触点的方式，可检查出遥信回路正确与否。 （✓）

78. 通过测量通道的误码率，可以判断远动通道的质量。 （✓）

79. 通常，调制解调器的调制方式有 3 种：振幅调制、频率调制和相位调制。 （✓）

80. 调制解调器应用在 600Ω 的音频输出阻抗时，接收电平为 0～40dBm，即 0.007～0.775V；发送电平为 0～20dBm，即 0.077～0.775V。 （✓）

81. 调制解调器的中心频率和频偏不正确，主站系统就无法正确接收。 （✓）

82. 调制解调器的一个出口直接与两个通信设备连接实现两发会影响远动通道的传输质量。 （✓）

83. 天线基本功能是辐射和接收无线电波。发射时，把高频电流转换为电磁波；接收时，把电磁波转换为高频电流。 （✓）

84. 天线安装在屋顶时只要视野足够，高出屋面距离不要超过正确安装必需的高度即可，以尽可能减少雷击危险。 （✓）

85. 所有屏柜柜体、外设打印机等设备的金属壳体应可靠接地。 （✓）

86. 所有对计算机监控系统数据、程序、参数等的修改，均应予以记录。 （✓）

87. 所用比特数比严格表示信息所需的位数还多的一种编码称为冗余码。 （✓）

88. 数字通信系统的最基本的质量指标是误码率。 （✓）

89. 数字通信系统的可靠性用误码率指标来描述，有效性用传输速率来描述。 （✓）

90. 数字通信比模拟通信具有更强的抗干扰能力。 （✓）

91. 数字化变电站中，智能操作箱应视为过程层设备。 （✓）

92. 数字化变电站是指信息采集、传输、处理、输出过程完全数字化的变电站，设备间交换的信息用数字编码表示。 （✓）

93. 手动分闸与遥控分闸时重合闸都是被闭锁的。 （✓）

94. 事件顺序记录以毫秒级时标记录断路器或继电保护的动作。 （✓）

95. 事件顺序记录必须在间隔层 I/O 测控单元中实现。 （✓）

96. 事件分辨率即能正确区分相继发生事件顺序的最小时间。 （✓）

97. 时间分辨率是事件顺序记录的一项重要指标。 （✓）

98. 时间分辨率即用时间标志标出两件发生的不同时间时，所采用的最小时间标志。 （✓）

99. 三相有功功率有两表法和三表法两种测量方法。 （✓）

100. 某路遥测数据为零（输入有电压），则问题与该遥测板的 A/D 转换电路无关。 （✓）

101. 某路断路器进行遥控试验，遥控操作只能合闸，不能分闸，不一定是遥控板的问题。　　　　　　　　　　　　　　　　　　　　　　　　　　　（ ✓ ）

102. 某变电站有一台 31500kV·A 主变压器，还有一台 50kV·A 的外接站用变压器，则该变电站的总容量应是 31500kV·A。　　　　　　　　　　　　　　　　（ ✓ ）

103. 模拟信号是连续信号，而数字信号是离散信号。　　　　　　　　（ ✓ ）

104. 模拟信号是连续变化的，而 A/D 转换总需要一定时间，所以需要把待转换的信号采样后保持一段时间。　　　　　　　　　　　　　　　　　　　　　　　（ ✓ ）

105. 模拟信号变为数字信号的 3 个步骤是：取样、量化、编码。　　　（ ✓ ）

106. 模拟量的采集方式有直流采集和交流采集两种。　　　　　　　　（ ✓ ）

107. 利用跨相 90° 的接线方法测量三相电路的无功功率时，三相电压应对称，否则将产生误差。　　　　　　　　　　　　　　　　　　　　　　　　　　　　　（ ✓ ）

108. 变电站内控制电缆可以相互平行敷设。　　　　　　　　　　　　（ ✓ ）

109. 可以将远动通道的收、发两对线对接来判断通道好坏。　　　　　（ ✓ ）

110. 开关量输入远动设备时必须采取隔离措施，使二者之间没有电的直接联系，以防止干扰侵入远动设备。　　　　　　　　　　　　　　　　　　　　　　　　　（ ✓ ）

111. 开关量输入应采用无源触点输入方式，并具有防抖动功能。　　　（ ✓ ）

112. 交流采样装置利用傅里叶算法计算有功、无功功率，当采用多路转换开关进行顺序采样时，前后两路之间存在时间差，该时间差会影响前后两路量的相位关系，造成相位偏差。采样误差通常来自于该相位偏差。　　　　　　　　　　　　　　　　　　（ ✓ ）

113. 交流采样装置的虚负载检验即使用标准检验装置、依照检验规范的技术要求通过外加电源提供的电流、电压测量二次系统负载、电流、电压等数据精度是否满足要求的一种检验。
　　　　　　　　　　　　　　　　　　　　　　　　　　　　　　　　（ ✓ ）

114. 交流采样装置的实负载检验是在其在线运行状态下使用的一种检验方法。　（ ✓ ）

115. 交流采样装置的检验方法有虚负载和实负载检验两种。　　　　　　（ ✓ ）

116. 交流采样中在一个工频周期内采样点个数越多，则精度越高，而提高采样点个数受到 A/D 转换以及 CPU 处理速度的限制。　　　　　　　　　　　　　　　　　（ ✓ ）

117. 交流采样与直流采样相比改变了过去交流信号需经变送器转换为直流信号，再送智能设备经直流采样转换为数字量的过程。　　　　　　　　　　　　　　　　　（ ✓ ）

118. 交流采样有功二次进线，如果 B、C 相电压进线对调，会造成该有功遥测值很小。
　　　　　　　　　　　　　　　　　　　　　　　　　　　　　　　　（ ✓ ）

119. 交流采样是指厂站自动化装置直接采集压变输出的交流电压和流变输出的交流电流，经计算处理得到全电量的过程。　　　　　　　　　　　　　　　　　　（ ✓ ）

120. 交流采样方式可测电压、电流，也可方便的测算出 P、Q 和功率因数等。　（ ✓ ）

121. 交流采样测量装置即采用交流采样测量技术的远动终端设备、智能化单元、厂站测控单元、功角测量装置、高压监测设备、保护测量一体化装置等测量控制装置。　（ ✓ ）

122. 交流采样 RTU 的主要特征是遥测量不通过变送器接入。　　　　　（ ✓ ）

123. 将电气设备由一种状态转为另一种状态的过程称为倒闸，所进行的操作称为倒闸操作。　　　　　　　　　　　　　　　　　　　　　　　　　　　　　　　（ ✓ ）

124. 将"0"或"1"变成不同的两种频率信号，是由调制器完成的。　　（ ✓ ）

125. 继电保护装置是保证电力元件安全运行的基本装备，任何电力元件都不得在无保护

的状态下运行。 （√）

126. 衡量 A/D 转换的精度，一般是以 A/D 转换后所得的数字量的位数来衡量的。（√）

127. 光纤通信中，传输数据的介质是光导纤维，介质中传输的信号是激光。（√）

128. 光纤通信是指利用相干性和方向性极好的激光束作载波来携带信息，并利用光纤来进行传输的通信方式。 （√）

129. 光纤通信不受电磁干扰和噪声的影响，允许在长距离内进行高速数据传输。（√）

130. 光电压互感器（OTV）的实现原理是波克而斯（Pockels）电光效应，光电流互感器（OTA）的实现原理是法拉第（Faraday）磁光效应。 （√）

131. 高质量地安装远动终端设备是其可以正常运行的基础。 （√）

132. 分散式指变电站计算机监控系统的构成在物理意义上相对于集中式而言，强调了要面向对象和地理位置上的分散。 （√）

133. 分布式系统往往是一个由不同硬件、不同操作系统、不同支撑环境或不同厂家的产品组成的异构系统，要使其协调工作，各个部分的接口必须标准化。 （√）

134. 分布分散式自动化系统的优点是节省电缆，并减少了信号传输过程中的电磁干扰。（√）

135. 非平衡传输通信方式是指发送和接收采用单端驱动的通信方式，由一根信号线和信号地相组合而进行信号传输。 （√）

136. 对于分层分布式的变电站自动化系统而言，其测控单元利用串行通信传递数据，与站控层局域网是通过中间层前置单元在逻辑上进行隔离的，可以认为无安全风险。 （√）

137. 对于 110kV 电压等级的某一条高压线路，其线路电流互感器电流比为 600/5，则该线路的有功功率测量满度值为 1.732×110×600 （kW）。 （√）

138. 断路器处在"断"位时，断路器控制回路的"33"对地有+110V 左右电压。 （√）

139. 电子式互感器可具有数字输出和小信号模拟量输出两种形式。 （√）

140. 电压无功自动控制功能应独立于站控层的其他功能。 （√）

141. 电压变送器的输入最大电压一般为额定电压的 120%。 （√）

142. 电压/无功的调整手段有：改变发电机及调相机无功出力、投切电容器组及电抗器、调整变压器分接头位置。 （√）

143. 电网无功补偿应按分层分区和就地平衡原则考虑。 （√）

144. 电流输出型变送器比电压输出型变送器的抗干扰能力强。 （√）

145. 电力系统中的有功、无功、电流、电压等遥测量是模拟信息。 （√）

146. 电力系统使用的交流采样测量装置，在出厂前必须按规程要求进行检验并出具检验报告。验收应邀请对该装置有调度管辖权的调度机构技术人员参加。 （√）

147. 当断路器发生变位时，事件顺序记录（SOE）可以准确记录该断路器变位发生的时间。（√）

148. 厂站远动终端设备在同一时刻只允许接受一个主站的控制命令。 （√）

149. 厂站远动设备接地时应采用粗铜线接入屏柜接地铜排后直接接至公共接地点。（√）

150. 厂站设备为防止电磁干扰的方法主要有抑制干扰源、割断干扰的传输途径。（√）

151. 测试遥测回路时，若使用功率源，则必须断开远动终端设备与二次回路的有关连线。（√）

152. 测控装置机壳接地必须和直流正、负极隔离。 （√）

153. 测定变送器基本误差，所有影响量都应保持参比条件。 （ √ ）

154. 采用现场比较的方法对交流采样测量装置进行测试时，不允许对误差进行调整。
（ √ ）

155. 采样保持电路可使模拟信号在 A/D 转换期间输入 A/D 芯片电压不变。 （ √ ）

156. 波特率也称码元传输速率。 （ √ ）

157. 变送器的输入电压回路应加保险器。 （ √ ）

158. 变电站综合自动化系统主要包括安全监控、计算机保护、开关操作、电压无功控制、远动、低频减载以及自诊断等功能。 （ √ ）

159. 变电站远动通信设备正常时通过 GPS 进行时钟校正，需要时也可与调度端对时。
（ √ ）

160. 变电站所有的断路器、刀开关、变压器、交直流电源、站内辅助设备、继电保护系统和各相关装置状态信号都纳入监控系统的监视和控制范围。 （ √ ）

161. 变电站监控系统站控层应实现面向全所设备的操作闭锁功能，间隔层应实现各电气单元设备的操作闭锁功能。 （ √ ）

162. 变电站监控系统同期检测功能应能对断路器合闸回路本身具有的时滞进行补偿。
（ √ ）

163. 变电站监控系统控制级别由高到低顺序为：就地控制、间隔层控制、站控层控制、远方控制。3 种级别间应相互闭锁，同一时刻只允许一种控制方式有效。 （ √ ）

164. 变电站监控系统可以用 GPS 装置中 IRIG–B 或 1ppm 及时间报文作为时间同步信号类型。 （ √ ）

165. 变电站监控系统结构的分布性必须满足系统中任一装置故障或退出都不应影响系统的正常运行。 （ √ ）

166. 变电站监控系统间隔层是指由智能 I/O 单元、控制单元、控制网络和保护接口机等构成，面向单元设备的就地测量控制层。 （ √ ）

167. 变电站监控系统的软件通常由系统软件、支持软件、过程处理软件和应用软件组成。
（ √ ）

168. 变电站监控系统的结构模式有集中式、分布分散式、分布式结构集中组屏 3 种。
（ √ ）

169. 变电站监控系统的结构分为站控层和间隔层。原则上站控层发生故障停用时，不能影响间隔层的正常运行。 （ √ ）

170. 变电站监控系统的电压无功自动控制不包括系统事故状态下的无功补偿设备快速投切功能。 （ √ ）

171. 变电站监控系统采集的模拟量数据主要有：母线电压、频率；线路电流、电压、功率；主变压器各侧电流、功率；电容/电抗器的无功功率。 （ √ ）

172. 变电站计算机监控系统每个 I/O 测控单元的电源、数据采集、处理、逻辑运算控制、开关同期等都独立于其他 I/O 测控单元。 （ √ ）

173. 变电站计算机监控系统的调节控制是指对电压、无功的控制目标值等进行设定后，监控系统自动按要求的方式对电压、无功进行联合调节。其中包括自动投切无功补偿设备和调节主变压器分接头位置。

174. 变电站计算机监控系统的顺序控制是指按照设定步骤顺序进行操作，即将旁路代、倒

母线等组成的操作在操作员站（或调度通信中心）上预先选择、组合，经校验正确后，按要求发令自动执行。 （√）

175. 变电站二次系统中的点对点串行非网络数据传送采用专用通道、专用规约通信方式，安全防护方案认为其安全性可以暂不予考虑。 （√）

176. 变电站计算机监控系统的弱电信号回路应选用专用的阻燃型计算机屏蔽电缆。 （√）

177. 安装在集控室保护屏上的合并器应视为一次设备电子式互感器的一部分。 （√）

178. SOE 站间分辨率的含义是在不同厂站两个相继发生事件其先后相差时间大于或等于分辨率时，调度端记录的两个事件前后顺序不应颠倒。 （√）

179. SOE 时间顺序记录的时间以厂站端的 GPS 标准时间为基准。 （√）

180. A/D 转换的基准电压是影响遥测精度的一个重要原因。 （√）

181. 1pps 是 1 pulse per second（秒脉冲）的缩写表示。 （√）

182. 数字化变电站是指信息采集、传输、处理、输出过程完全数字化的变电站，设备间交换的信息用数字编码表示。 （√）

183. 基于网络的电站综合自动化系统已经实现了间隔层到站控层的数字化，数字化变电站还需完成过程层及间隔层设备间的数字化。 （√）

184. 做通道环路试验时，不能将远动通道的收、发两对线直接对接。 （×）

185. 子站和主站通信同、异步方式可以不统一。 （×）

186. 准确度等级 0.2S 中的"S"表示这种电能表或互感器要求在极低负载下的准确度比一般同等级的表计要低。 （×）

187. 状态量用一位码表示时：闭合对应二进制码"1"，断开对应二进制码"0"；用两位码表示时：闭合对应二进制码"01"，断开对应二进制码"10"。 （×）

188. 在远动信息的传送方式中，循环传送方式（CDT）比问答传送方式（Polling）接收遥信变位数据的可靠性高。 （×）

189. 在远动系统中，数字量、脉冲量和模拟量一样，都是作为遥信量来处理的。 （×）

190. 遥控操作时，被控对象的遥信状态与遥控无关。 （×）

191. 在校验测量装置误差的整个过程中，标准检验装置外壳不必采取接地措施。 （×）

192. 在同步通信系统中，接收时钟常取自接收端的时钟信号发生器。 （×）

193. 在通道切换或通道短时间中断又恢复后，一般必须立即进行总召唤，但控制站可以根据实际需要而进行（华东电网远动 101 规约）。 （×）

194. 在任何情况下，三相三线有功功率表和三相四线有功功率表都可以互换。 （×）

195. 在进行遥控操作过程中，如有遥信变位传送，遥控操作仍有效。 （×）

196. 在交流遥测的功率采集中，两表法一般比三表法更准确。 （×）

197. 远动终端设备与调度主站系统的通信必须采用同步通信模式。 （×）

198. 远动终端设备与对应调度主站系统之间进行数据传输时，远动传输两端 Modem 型号不统一，数据不能正确传输。 （×）

199. 远动中"四遥"是指遥测、遥信、遥控、遥视。 （×）

200. 远动遥测系统的综合误差是指从变送器输入输出，RTU 采集处理、发送，通道传输，这一过程中所有误差的综合结果。 （×）

201. 远动信息的循环传送方式是以调度为主，由调度发出查询命令，厂、站（所）端按发

来的命令而工作，没有命令，远动装置处于静止状态。 （×）

202. 远动信息的问答式传输方式可以采用单工通信工作方式。 （×）

203. 远动信息的问答传送方式是以厂、站（所）端的远动终端设备为主，周期性采集数据，并且周期性地循环向调度端发送数据。 （×）

204. 远动信息传送时间是指远动信息从变电站的外围设备输入远动终端设备起，至接收站的远动终端设备的信号输出止所经历的时间。 （×）

205. 远动系统中调制解调器是在发送端将模拟信号调制成数字信号。 （×）

206. 远动系统中接收端设备的输出电平选择过低，会使误码率降低。 （×）

207. 远动设备接地时可以采用粗铜线将所有屏柜串接后通过一个接地点接地。 （×）

208. 远动的遥控操作过程分为对象、性质两个步骤来完成。 （×）

209. 预告信号是在变电站的电气一次设备或电力系统发生事故时发出的音响信号和灯光信号。 （×）

210. 由于交流采样测量装置的交流输入取自电压和电流互感器，因此其内部不再需要设置电压和电流互感器。 （×）

211. 用两只功率表不能准确测量三相三线制电路中的功率。 （×）

212. 用"两表法"测量功率时，若电源或负载不对称，将导致测量不准确。 （×）

213. 一只电流表测量系统电流，这种方式适合于负载电流不平衡的回路。 （×）

214. 遥信误动肯定是开关辅助接点抖动造成的。 （×）

215. 遥信回路采用光电隔离的作用是使输入具有保护和滤波功能。 （×）

216. 遥信电源故障，不影响正常遥信的状态，只影响变位的遥信状态。 （×）

217. 遥信电路的主要功能是把现场的开关状态变为脉冲量，送入主控制单元 CPU 进行处理。 （×）

218. 遥信不正确肯定是开关副接点到 RTU 的连线出了问题。 （×）

219. 遥控误动肯定是现场接线错误。 （×）

220. 遥控拒动肯定是执行机构出了问题。 （×）

221. 遥控变电站的断路器，只能在调度端操作。 （×）

222. 遥测量的精度有问题，一定是基准电压不准。 （×）

223. 遥测电压回路可以使用压敏电阻防止过电压损坏测控装置。 （×）

224. 下发遥控命令时，只要确信遥控对象、性质无误，不必等待返校信息返回就可以操作"执行"命令。 （×）

225. 误码率是衡量数据传输中发生突发性差错的质量指标。 （×）

226. 同轴电缆是传输带宽最大的介质。 （×）

227. 同一时刻远动终端设备允许同时接受多个主站系统的控制命令。 （×）

228. 变电站内的同期检测装置仅用于并列操作。 （×）

229. 同步通信相对于异步通信的编码效率较低，线路利用率低，数据传输速率低。但同步通信方式较适用于低速的终端设备。 （×）

230. 同步传送方式的校验码用来校验收信和发信两端是否处于同步。 （×）

231. 通道中断造成 RTU 停可以不计入调度自动化系统运行率。 （×）

232. 调制解调器输出的波特率是不能改变的。 （×）

233. 调制解调器的接收电平在−25～−20dBm 之间，按规定调制解调器不能正常接收。 （×）

234. 调度自动化系统主站端接收不到远动终端设备的信息，一定是通信设备有问题，而非远动终端设备问题。（×）

235. 调度自动化系统主备机切换不能引起遥控误动，允许数据丢失，但不能影响其他设备的正常运行。（×）

236. 调度员下发遥控命令时，只要确信遥控对象、性质无误，不必等待返校信息返回就可以操作"执行"命令。（×）

237. 所有变送器输出的都是 0～5v 的直流电压。（×）

238. 双点信息是由两比特表示的监视信息，两比特的不同组合表示运行设备的确定和不确定状态，"01"、"11""10"均代表确定状态。（×）

239. 数字通道安装光电隔离器与安装通道防雷器的作用一样。（×）

240. 数字化变电站虽然可通过光纤网络传输间隔控制命令和监视信息，但是重要的保护间闭锁信息还是通过硬电缆接线实现，以提高其可靠性。（×）

241. 数字化变电站必须使用 IEC 61850 才能实现。（×）

242. 数据通信系统停运时间不应包括各类检修、故障的时间。（×）

243. 数据通信和数字通信是没有区别的。（×）

244. 数据库完全备份耗时长，所以只需考虑增量备份。（×）

245. 数据监视到状态变化和量测值越限时，则需进行事件处理，必要时发出告警。量测值越限告警不应设置死区和时间延迟。（×）

246. 数据备份的目的是为了校对数据。（×）

247. 事件顺序记录（SOE）比遥信变位传送的优先级更高。（×）

248. 事故追忆系指将某个站内或系统内重要事故前后的遥测量记录下来并传送到调度端，供事故分析。（×）

249. 变电站内实现网络互联的关键设备是交换机。（×）

250. 如果遥控返校正确，那么调度端发出遥控执行命令后还可以再撤销这个命令。（×）

251. 任一变电站所有断路器设备的操作最高优先级是调度端。（×）

252. 模拟遥测量 A/D 后，结果能表征测量实际值，不需要乘系数。（×）

253. 模拟量的死区设置应大于等于模块的精度。（×）

254. 交直流回路可共用一条电缆，因为交直流回路都是独立系统。（×）

255. 交直流互联系统中，从直流变换为交流称为整流，从交流变换为直流称为逆变。（×）

256. 交流采样的速度主要取决于 CPU 运算速度。（×）

257. 交流采样不需要进行 A/D 转换。（×）

258. 将模拟量转换成数字量的过程称为 D/A 转换。（×）

259. 检查遥测板的精度，可通过该测量板上一路遥测（如变送器输出）的精度的来检查。（×）

260. 监控系统和 I/O 测控单元或前置设备通信故障或通信中断应带延时报警。（×）

261. 变电站内合环操作不需要同期检测装置。（×）

262. 光学电流互感器和电子式电流互感器均可以测量非周期分量，因此也同样可应用于直流开关站。（×）

263. 功率表刻度盘上的读数是瞬时功率。　　　　　　　　　　　（×）

264. 更改电流互感器电流比后，子站和主站可不修改参数，不影响数据的准确性。　　　　　　　　　　　　　　　　　　　　　　　　（×）

265. 敷设电缆时，应按设计的长度截断后再进行敷设。　　　　　（×）

266. 二进制输入信号可分为有源和无源两大类。有源信号的电源在远动设备内部，无源信号的电源在远动设备外部。　　　　　　　　　　　　　　　　　　　　　　（×）

267. 对功率变送器而言，由输入二次电压满值为 120V，二次电流满值为 5A，可以计算得二次功率满值为 866W。　　　　　　　　　　　　　　　　　　　　　　　（×）

268. 对变送器做绝缘电阻测定时，连接在一起的所有线路与参考接地点之间测量绝缘电阻，测量应在施加 500V 交流电压后立即进行。　　　　　　　　　　　　　（×）

269. 电压互感器二次输出回路 A、B、C、N 相均应装设熔断器或自动小开关。　（×）

270. 电压/无功的调整手段只有改变发电机及调相机无功出力、投切电容器组及电抗器。　　　　　　　　　　　　　　　　　　　　　　　　　　　（×）

271. 当电力系统的遥测量经过 A/D 转换后，只需要经过 BCD 码转换后即可直接发送。　　　　　　　　　　　　　　　　　　　　　　　　　　　　　　（×）

272. 当采用没有隔离的串行通信口连接保护设备和监控系统时，保护设备和监控系统两端可以不共用同一接地系统。　　　　　　　　　　　　　　　　　　　　（×）

273. 当变电站设备处于间隔层的操作控制时，计算机监控系统将无法监视设备的运行状态和选择切换开关的状态。　　　　　　　　　　　　　　　　　　　　（×）

274. 厂站端的模拟量经远动终端设备采集后传送到调度主站，通常需要设定"阈值"。在处理这类模拟量时，只有模拟量超过这个"阈值"时才传送，小于或等于"阈值"就不传送。　　　　　　　　　　　　　　　　　　　　　　　　　　　　　　　　　（×）

275. 测控装置中的遥控驱动回路出口严禁使用 DC110V/DC220V 继电器接点输出，必须使用光电隔离。　　　　　　　　　　　　　　　　　　　　　　　　（×）

276. 采用临时检验的方法对交流采样测量装置进行测试时，可以采用现场比较的方法对装置进行误差调整。　　　　　　　　　　　　　　　　　　　　　　（×）

277. 变送器的电流输入端子必须用可熔断保险的端子。　　　　　（×）

278. 变电站自动化系统中断路器等设备有二级控制，第一级具有优先级是设备就地，第二级控制在调度端。　　　　　　　　　　　　　　　　　　　　　（×）

279. 变电站所有断路器等设备操作最高优先级在调度端。　　　　（×）

280. 变电站内就地补偿的无功/电压控制方式可实现全网优化控制。　（×）

281. 变电站监控系统数据采集是将现场的各种电气量及状态信号转换成计算机能识别的模拟信号，并存入计算机系统。　　　　　　　　　　　　　　　　　（×）

282. 变电站计算机监控系统的内部网络与公用的管理信息网络或其他非电力系统实时数据传输专用的网络联结时应有防病毒措施。　　　　　　　　　　　　　（×）

283. 变电站计算机监控系统测控单元的同期功能应能进行状态自检和设定，同期成功应有信息输出，但失效可以无信息输出。　　　　　　　　　　　　　　　（×）

284. 变电站综合自动化系统的结构模式有集中式、主控式、分布式机构集中组屏 3 种类型。　　　　　　　　　　　　　　　　　　　　　　　　　　　　（×）

285. 变电站计算机监控系统设备的信号接地应与安全保护接地和交流接地混接。　（×）

286. 变电站计算机监控系统可以采用 GPS 时钟对时，不可以采用主站对时。　（×）

287. SOE 中记录的时间是信息发送到 SCADA 系统的时间。 （×）

288. SNTP 是 IEC 61850 协议规定的时间同步方式，NSS201 远动总控不支持 SNTP 对时。 （×）

289. Modem 的中心频率是 3000Hz，则频差为 400Hz。 （×）

290. D/A 转换是把模拟量输入信号转换为相应的数字量输出信号（通常为电压或电流信号）。 （×）

291. A/D 转换是把数字量输入信号（通常为电压或电流信号）转换为相应的模拟量输出信号。 （×）

292. A/D 转换后所得的数码就是量测的实际值。 （×）

293. 220kV 厂站电容器、主变压器调挡必须由省调 AVC 控制。 （×）

294. 1ppm 脉冲信号准时沿为下降沿有效。 （×）

295. "远方修改定值""远方切换定值区""远方控制压板"只能在装置就地修改，当某个远方软压板投入时，装置相应操作只能在远方进行，不能在就地进行。 （×）

296. 数字化变电站中，过程层合并单元（MU）采用 SNTP 对时可以满足对采样的精度要求。 （×）

第十章 智能化厂站自动化系统

一、单项选择题

1.《国家电网公司输变电工程——通用设计 110（66）～750kV 智能变电站部分》中，防跳功能由（ ）实现。 (D)

A. 智能终端 　　B. 合并单元 　　C. 保护装置 　　D. 断路器本体

2.《国家电网公司输变电工程——通用设计 110（66）～750kV 智能变电站部分》中，智能变电站宜采用（ ）。 (D)

A. 光学互感器 　　B. 有源式罗氏线圈 　C. LPCT 　　D. 常规互感器

3.（ ）文件包含了 IED 和站控层客户端通信需要的信息，为实例化后的产物。 (D)

A. ICD 　　B. SSD 　　C. SCD 　　D. CID

4.《国家电网公司企业标准:智能变电站继电保护技术规范》（Q/GDW 441—2010）要求电子式互感器（含 MU）应能真实地反映一次电流或电压，额定延时时间不大于（ ）。 (D)

A. 250μs 　　B. 500μs 　　C. 1ms 　　D. 2ms

5. IEC 61850 规约中，品质数据 q 共 13 位，其中（ ）表示检修。 (D)

A. bit1 　　B. bit3 　　C. bit8 　　D. bit12

6. IEC 61850 模型中，关于 ctlModel 遥控方式一般有 4 种，测控装置遥控断路器一般使用（ ）遥控方式。 (D)

A. direct–with–normal–security 　　B. sbo–with–normal–security
C. direct–with–enhanced–security 　　D. sbo–with–enhanced–security

7. CID 的中文意思是（ ）。 (D)

A. 全站系统配置文件 　　B. 装置能力自描述文件
C. 面向通用对象的变电站事件 　　D. IED 实例配置文件

8. CID 是（ ）的缩写。 (D)

A. Capability IED Description 　　B. Current IED Description
C. Capability Intelligent Device 　　D. Configured IED Description

9. ECVT 与合并单元采用的规约是（ ）。 (D)

A. IEC 61850–9–2 　B. IEC 61850–9–1 　C. IEC 60044–8 　　D. 私有规约

10. GOOSE 报文可以在（ ）层传输。 (D)

A. 站控层 　　B. 间隔层 　　C. 过程层 　　D. 以上三者

11. GOOSE 报文新事件 StNum 和 SqNum 值（ ）。 (D)

A. StNum=1，SqNum=0 　　B. StNum=1，SqNum+1
C. StNum+1，SqNum=1 　　D. StNum+1，SqNum=0

12. GOOSE 服务不包括（　　）。 （D）

A. 读 GOOSE 控制块值 　　　　　　　B. 写 GOOSE 控制块值

C. 发 GOOSE 报文 　　　　　　　　　D. 读缓存报告控制块值

13. GOOSE 光纤拔掉后，装置应（　　）产生 GOOSE 断链信号。 （D）

A. 立刻 　　　　B. T_0 时间后 　　　　C. $2T_0$ 时间后 　　　　D. $4T_0$ 时间后

14. GOOSE 网络可以交换的实时数据不包括（　　）。 （D）

A. 测控装置的遥控命令 　　　　　　　B. 启动失灵、闭锁重合闸

C. 一次设备的遥信信号 　　　　　　　D. 电能表数据

15. IEC 618509-1 标准规定了合并单元和间隔层装置通信协议栈的构成，该协议栈在 OSI 7 层中的（　　）。 （D）

A. 会话层 　　　　B. 传输层 　　　　C. 网络层 　　　　D. 链路层

16. IEC 61850-9-2 基于（　　）通信机制。 （D）

A. C/S（客户/服务器） 　　　　　　　B. B/S（浏览器/服务器）

C. 主/从 　　　　　　　　　　　　　　D. 发布/订阅

17. IEC 61850 标准中服务的实现不包含（　　）。 （D）

A. MMS 服务 　　　B. GOOSE 服务 　　　C. SMV 服务 　　　D. 对时服务

18. IEC 61850 推荐 9-2 的 APP ID 的范围是（　　）。 （D）

A. 0x4001～0x7FFF 　　　　　　　　　B. 0x4000～0x8000

C. 0x4001～0x8000 　　　　　　　　　D. 0x4000～0x7FFF

19. IEC 61850 推荐 GOOSE 的 APPI D 的范围是（　　）。 （D）

A. 0x0001～0x3FFF 　　　　　　　　　B. 0x0000～0x4000

C. 0x0001～0x4000 　　　　　　　　　D. 0x0000～0x3FFF

20. IED 实例配置文件的英文简称是（　　）。 （D）

A. ICD 　　　　B. SSD 　　　　C. SCD 　　　　D. CID

21. MMS 报文可以在（　　）层传输。 （D）

A. 站控层 　　　　B. 间隔层 　　　　C. 过程层 　　　　D. 站控层和间隔层

22. SCD 是（　　）的缩写。 （D）

A. Substation Capability Description 　　　　B. Substation Current Description

C. Substation Current Device 　　　　D. Substation Configuration Description

23. SMV 的 MAC 地址字段要求为（　　）。 （D）

A. 01-0C-CD-01-XX-XX 　　　　　　　B. 01-0C-CD-02-XX-XX

C. 01-0C-CD-03-XX-XX 　　　　　　　D. 01-0C-CD-04-XX-XX

24. SV 服务不包括（　　）。 （D）

A. 读 SV 控制块值 　　　　　　　　　B. 写 SV 控制块值

C. 发 SV 报文 　　　　　　　　　　　D. 读缓存报告控制块值

25. SV 网属于变电站网络中的（　　）。 （D）

A. 站控层网络 　　　B. 间隔层网络 　　　C. 过渡层网络 　　　D. 过程层网络

26. VLAN 是一个在物理网络上根据用途、工作组、应用等来逻辑划分的局域网络，下述说法不正确的有（　　）。 （D）

A. 同一个 VLAN 中的所有成员共同拥有一个 VLANID

B. 同一个 VLAN 中的成员均能收到同一个 VLAN 中的其他成员发来的广播包

C. 同一个 VLAN 中的成员收不到其他 VLAN 中成员发来的广播包

D. 不同 VLAN 成员之间不通过路由器也可实现通信

27. 变压器智能终端的 GOOSE 上送内容中不包含（　　）。　　　　　　　　　（D）

  A. 延时跳闸　　　　　B. 非电量开入　　　C. 隔离开关位置　　D. 低压侧电流

28. 采样值的公用数据类是（　　）。　　　　　　　　　　　　　　　　　　　（D）

  A. MV　　　　　　　　B. CMV　　　　　　　C. WYE　　　　　　　D. SAV

29. 断路器位置 POS 的公用数据类型是（　　）。　　　　　　　　　　　　　（D）

  A. SPC　　　　　　　B. SPS　　　　　　　C. INS　　　　　　　D. DPC

30. 根据 Q/GDW 396—2009 国网标准《IEC 61850 工程继电保护应用模型》，过程层访问点 LD 的 inst 名为（　　）。　　　　　　　　　　　　　　　　　　　　　（D）

  A. PROT　　　　　　B. CTRL　　　　　　C. LD0　　　　　　　D. PI

31. 根据 Q/GDW 396—2009 国网标准《IEC 61850 工程继电保护应用模型》，智能终端 LD 的 inst 名为（　　）。　　　　　　　　　　　　　　　　　　　　　　（D）

  A. PROT　　　　　　B. CTRL　　　　　　C. LD0　　　　　　　D. RPIT

32. 关于 GOOSE，下述说法不正确的是（　　）。　　　　　　　　　　　　　（D）

  A. 代替了传统的智能电子设备之间硬接线的通信方式

  B. 为逻辑节点间的通信提供了快速且高效可靠的方法

  C. 基于发布/订阅机制基础上　　　　　　D. GOOSE 报文经过 TCP/IP 进行传输

33. 关于 IEC 60044-8 规范，下述说法不正确的是（　　）。　　　　　　　　（D）

  A. 采用 Manchester 编码　　　　　　　B. 传输速度为 2.5Mbit/s 或 10Mbit/s

  C. 只能实现点对点通信　　　　　　　　D. 可实现网络方式传输

34. 关于 IEC 61850-9-2 规范，下述说法不正确的是（　　）。　　　　　　　（D）

  A. 采用以太网接口，传输速度为 10Mbit/s 或 100Mbit/s

  B. 保护装置对实时性要求较高的应用采用点对点通信

  C. 测控、计量等实时性要求不高的应用采用网络通信

  D. 仅支持网络方式通信

35. 关于合并单元（MU）时钟同步的要求，下述说法不正确的有（　　）。　　（D）

  A. 现阶段 MU 同步方式主要为 IRIG-B 对时

  B. MU 授时要求失去同步时钟信号 10min 内授时误差小于 4μs

  C. 失去同步时钟信号且超出授时范围的情况下，应产生数据同步无效标志

  D. 失去同步时钟信号且超出授时范围的情况下，立即停止数据输出

36. 关于智能变电站各层网络数据特征，下述描述不正确的有（　　）。　　　（D）

  A. 监控层网络数据的特点是突发性强、数据量大，传送实时性要求不高

  B. 过程层 GOOSE 网络数据具有突发性，传输要求可靠性高、实时性强

  C. 过程层 SV 数量特别大，呈周期性，实时性、稳定性、可靠性都非常高

  D. 过程层 GOOSE 的流量在未变位和变位时差别不大

37. 关于智能电网和智能变电站的关系，下列说法错误的有（　　）。　　　　（D）

  A. 智能电网包含发电、输电、变电、配电、用电、调度 6 大环节

  B. 智能变电站是智能电网的重要节点

C. 智能变电站的概念派生于智能电网

D. 智能变电站衍生了智能电网

38. 国网的扩展 FT3 格式与标准的 FT3 格式的区别不包含（　　　）。 (D)

A. 数据通道扩展至 22 路　　　　　　　　B. 有效、无效状态位扩展至 22 位

C. DataSetName 由 01H 变为 FEH　　　　D. 增加通道延时

39. 智能变电站 110kV 及以上的测控装置采用（　　　）。 (D)

A. 直采直跳　　　　B. 直采网跳　　　　C. 网采直跳　　　　D. 网采网跳

40. 国网智能变电站保护多采用（　　）方式。 (D)

A. 网采网调　　　　B. 网采直跳　　　　C. 直采网调　　　　D. 直采直跳

41. 合并单元（MU）的主要功能不包括（　　）。 (D)

A. 对采样值进行合并　　　　　　　　　B. 对采样值进行同步

C. 采样值数据的分发　　　　　　　　　D. 断路器遥控

42. 合并单元采样值发送间离散值应小于（　　　），从而满足继电保护的要求。 (D)

A. 2μs　　　　B. 5μs　　　　C. 10μs　　　　D. 20μs

43. 合并单元的主要作用不包含（　　　）。 (D)

A. 数据合并　　　B. 数据同步　　　C. 数据发送　　　D. 数据滤波

44. 合并单元与间隔层装置交换数据采用（　　　）。 (D)

A. MMS　　　　B. GOOSE　　　　C. SMV　　　　D. GOOSE 和 SMV

45. 户外智能控制柜，至少达到（　　）防护等级。 (D)

A. IP30　　　　B. IP43　　　　C. IP54　　　　D. IP55

46. 集中配置时应考虑端口数据流量，单个 MU 的数据一般不会超过（　　　）。 (D)

A. 3Mbits/s　　　B. 5Mbits/s　　　C. 7Mbits/s　　　D. 8Mbits/s

47. 间隔合并单元接收母线合并单元级联电压采样数据采用（　　　）。 (D)

A. MMS　　　　B. GOOSE　　　　C. SMV　　　　D. FT3

48. 描述全站二次设备模型的 SCL 文件名称是（　　　）。 (D)

A. ICD　　　　B. CID　　　　C. SSD　　　　D. SCD

49. 目前，在智能化变电站中智能终端多采用（　　　）对时方式。 (D)

A. IEEE 1588　　　B. PPM　　　　C. PPS　　　　D. IRIG−B

50. 若某个控制对象应采用增强安全的 SBO 控制，则 ctlModel 数值应配置为（　　　）。

(D)

A. 1　　　　B. 2　　　　C. 3　　　　D. 4

51. 若我们所配置 IEC 61850 装置的一个 IED 装置中每个数据集所包含的报告数最多有 16 个报告，那么我们所能联接的客户端最多能有（　　　）。 (D)

A. 1 个　　　B. 4 个　　　C. 8 个　　　D. 16 个

52. 数据对象下的数据属性使用功能约束分类，（　　　）功能约束的语义为取代。 (D)

A. ST　　　　B. MX　　　　C. CO　　　　D. SV

53. 数据集名称 dsAlarm 为（　　　）。 (D)

A. 遥信数据集　　　B. 遥测数据集　　　C. 保护事件数据集　　　D. 故障信号数据集

54. 数据集名称 dsWarning 为（　　　）。 (D)

A. 遥信数据集　　　B. 遥测数据集　　　C. 保护事件数据集　　　D. 告警信号数据集

55. 下列不是智能变电站对网络交换机的必备要求有（   ）。 （D）

A. 采用直流工作电源　　　　　　　　B. 支持端口速率限制和广播风暴限制

C. 提供完善的异常告警功能　　　　　D. 支持 IEEE1588 对时

56. 下列不属于智能变电站与数字变电站的区别的是（   ）。 （D）

A. 一次设备状态监测与一次设备智能化　　B. 一体化信息平台与智能高级应用

C. 辅助系统智能化　　　　　　　　　D. 对时系统

57. 下面对于智能变电站中模型的举例，错误的是（   ）。 （D）

A. 保护模型：PDIF、PTOC 等　　　　B. 测量功能模型：MMXU、MMXN 等

C. 控制功能模型：CSWI、CILO 等　　D. 计量功能模型：MMXU、MMTR 等

58. 下面不在 SCD 文件结构中的是（   ）。 （D）

A. Communication　　　　　　　　　B. Substation

C. Data Type Templates　　　　　　　D. Smart Gird

59. 下面不是智能终端应具备的功能的是（   ）。 （D）

A. 接受保护跳合闸命令

B. 接受测控的手合/手分断路器命令

C. 输入断路器位置、隔离开关及接地开关位置、断路器本体信号

D. 配置液晶显示屏和指示灯位置显示和告警

60. 下面功能不能在合并单元中实现的是（   ）。 （D）

A. 电压并列　　　　B. 电压切换　　　　C. 数据同步　　　　D. GOOSE 跳闸

61. 下面信息传输不属于 GOOSE 范畴的是（   ）。 （D）

A. 断路器、隔离开关位置状态　　　　B. 跳合闸命令

C. 保护控制装置间的配合信号　　　　D. 采样值信息

62. 下述对于 GOOSE 机制中的状态号和序列号的描述，不正确的有（   ）。 （D）

A. stNum 范围（1～4294967295），状态改变一次+1，溢出后从 1 开始

B. sqNum 范围（0～4294967295），状态不变时，每发送一次+1，溢出后从 1 开始

C. 装置重启 stNum，sqNum 都从 1 开始

D. 装置重启 stNum，sqNum 都从 0 开始

63. 相比于智能变电站，常规变电站有一些不足，下面说法不正确的是（   ）。 （D）

A. 信息难以共享　　　　　　　　　　B. 设备之间不具备互操作性

C. 系统可扩展性差　　　　　　　　　D. 系统可靠性不受二次电缆影响

64. 以下不是智能变电站的基本要求的有（   ）。 （D）

A. 全站信息数字化　　　　　　　　　B. 通信平台网络化

C. 信息共享标准化　　　　　　　　　D. 功能实现集约化

65. 以下关于"默认 VI D"号、tag、untag 的说法正确的是（   ）。 （D）

A. 当一个 untagged 帧从某端口进入交换机后，该帧被增加相应的标签头，其 VLANID 值等于该端口的默认 PVID

B. VLAN-unaware 装置发出的数据进入交换机端口时的 VLANID 就是默认 VID

C. 交换机发出的 tagged 帧都带 VLANID

D. 以上都对

66. 以下不是目前 IEC 61850 标准中 SMV 服务用于采样值的标准的是（   ）。 （D）

  A. IEC 60044−8 B. IEC 61850−9−1 C. IEC 61850−9−2 D. IEC 870−5−101

67. 与 IED 下实例化数据相对应，包括 LNodeType、DOType、DAType、EnumType 的节点是（   ）。   （D）

  A. Substation B. apName C. sAddr   D. DataTypeTemplate

68. 在 IEC 61850 标准模型中，低电压保护用（   ）逻辑节点表示。 （D）

  A. PTOC B. PIOC C. PTOV   D. PTUV

69. 智能变电站 ICD 文件中，断路器逻辑节点下 POS 数据对象中的 ctlModel 数据属性用于表示控制类型，其中（   ）表示加强型选择控制。   （D）

  A. direct−with−normal−security   B. sbo−with−normal−security

  C. direct−with−enhanced−security   D. sbo−with−enhanced−security

70. 智能变电站的 A/D 回路设计在（   ）。   （D）

  A. 保护 B. 测控 C. 智能终端 D. 合并单元或 ECVT

71. 智能变电站三网合一技术是指 GOOSE、（   ）和 1588 这 3 个技术融合在一个共享的以太网中。   （D）

  A. MMS B. Web Servers C. NTP D. SV

72. 智能变电站系统中，对于一帧 MMS 报告，报文内容结构是可变的，这种变化取决于（   ）的设置。   （D）

  A. 报告实例号 B. IP 地址 C. Trigger D. Optflds

73. 智能变电站系统中，监控系统的顺控高级应用一般在（   ）来实现。 （D）

  A. 站控层 B. 间隔层 C. 过程层 D. 站控层或间隔层

74. 智能变电站系统中，监控系统与站控层设备之间采用（   ）规约进行通信。（D）

  A. IEC 101 B. IEC 103 C. IEC 104 D. MMS

75. 智能变电站系统中，远动装置采用（   ）规约与装置进行通信。 （D）

  A. IEC 101 B. IEC 103 C. IEC 104 D. MMS

76. 智能变电站中的 110kV 线路配置的是光纤纵差保护，那么线路两侧的光纤纵差保护采用的是（   ）。   （D）

  A. IEC 61850   B. IEC 60870−5−103

  C. IEC 60870−5−101   D. 各厂家的私有协议

77. 智能变电站中的 IED 表示（   ）。   （D）

  A. 计算机监控系统 B. 保护装置 C. 测控单元 D. 智能电子设备

78.《国家电网公司输变电工程——通用设计 110（66）～750kV 智能变电站部分》中，站控层交换机宜采用（   ）交换机。   （C）

  A. 24 光口 B. 16 光口 C. 24 电口 D. 16 电口

79.（   ）为系统规范文件。   （C）

  A. ICD B. CID C. SSD D. SCD

80.（   ）文件是作为后台、远动以及后续其他配置的统一数据来源的文件，应能妥善处理 ICD 文件更新带来的不一致问题。   （C）

  A. ICD B. SSD C. SCD D. CID

81.《国家电网公司企业标准:智能变电站继电保护技术规范》（Q/GDW 441—2010）中规定每台过程层交换机的光纤接入数量不宜超过（   ）。   （C）

A. 8 对　　　　　　B. 12 对　　　　　　C. 16 对　　　　　　D. 24 对

82.《国家电网公司企业标准:智能变电站继电保护技术规范》（Q/GDW 441—2010）中规定任两台 IED 之间的数据传输路由不应超过（　　）台交换机。　　　　　　　　　　（C）

A. 2　　　　　　　　B. 3　　　　　　　　C. 4　　　　　　　　D. 5

83. 110kV 电压等级的智能终端配置原则为（　　）。　　　　　　　　　　　　　（C）

A. 所有间隔均采用单套配置　　　　　　　B. 所有间隔均采用双重化配置

C. 除主变压器间隔双重化配置外，其余间隔均为单套配置

84. 220kV 智能变电站，GOOSE 网络宜采用（　　）结构。　　　　　　　　　　（C）

A. 环网　　　　　　B. 双环网　　　　　　C. 双星型　　　　　　D. 总线型

85. DL/T 860 标准中，遥信量的报告上送方式采用（　　）。　　　　　　　　　（C）

A. URCB　　　　　B. LOGCB　　　　　　C. BRCB　　　　　　D. SGCB

86. GOOSE 报文的帧结构包含（　　）。　　　　　　　　　　　　　　　　　　（C）

A. 源 MAC 地址、源端口地址　　　　　　B. 目标 MAC 地址、目标端口地址

C. 源 MAC 地址、目标 MAC 地址　　　　D. 源端口地址、目标端口地址

87. GOOSE 变位会连续发送（　　）报文。　　　　　　　　　　　　　　　　　（C）

A. 3 帧　　　　　　B. 4 帧　　　　　　　C. 5 帧　　　　　　　D. 6 帧

88. GOOSE 的 APPID 地址范围为（　　）。　　　　　　　　　　　　　　　　　（C）

A. 1001～1FFF　　B. 1001～2FFF　　　C. 1001～3FFF　　　D. 1001～4FFF

89. GOOSE 和 SV 使用的组播地址前 3 位为（　　）。　　　　　　　　　　　　（C）

A. 01–0A–CD　　　B. 01–0B–CD　　　　C. 01–0C–CD　　　　D. 01–0D–CD

90. GOOSE 信号的心跳报文每隔（　　）一帧。　　　　　　　　　　　　　　　（C）

A. 1s　　　　　　　B. 2s　　　　　　　　C. 5s　　　　　　　　D. 10s

91. IEC 60044–8 标准通用帧的标准传输速度为（　　）。　　　　　　　　　　　（C）

A. 1Mbit/s　　　　B. 5Mbit/s　　　　　C. 10Mbit/s　　　　D. 20Mbit/s

92. IEC 61850–9–2 的电流通道采用（　　）整形。　　　　　　　　　　　　　　（C）

A. 8 位　　　　　　B. 16 位　　　　　　C. 32 位　　　　　　D. 64 位

93. IEC 61850–9–2 的电压通道采用（　　）整形。　　　　　　　　　　　　　　（C）

A. 8 位　　　　　　B. 16 位　　　　　　C. 32 位　　　　　　D. 64 位

94. IEC 61850 标准在定义逻辑节点中，凡是以 P 开头的逻辑节点的含义均为（　　）。

（C）

A. 自动控制　　　　B. 系统逻辑节点　　　C. 保护　　　　　　D. 测控

95. IEC 61850 标准中 SMV 服务下报告控制块是（　　）。　　　　　　　　　　（C）

A. GSE Control　　　　　　　　　　　　B. Report Control

C. Sampled Value Control　　　　　　　D. Un Control

96. SV 报文可以在（　　）层传输。　　　　　　　　　　　　　　　　　　　　（C）

A. 站控层　　　　　B. 间隔层　　　　　　C. 过程层　　　　　　D. 以上三者

97. 按照对电网影响的程度，告警信号分为（　　）。　　　　　　　　　　　　　（C）

A. 3 级　　　　　　B. 4 级　　　　　　　C. 5 级　　　　　　　D. 6 级

98. 变位信号特指断路器类设备状态（分、合闸）改变的信息，属于（　　）信号。（C）

A. 2 级　　　　　　B. 3 级　　　　　　　C. 4 级　　　　　　　D. 5 级

99. 采用 DL 476 规约实现远程浏览功能时，通信端口为（　　）。　　　　　　（C）

A. 2000　　　　　　B. 3000　　　　　　C. 3001　　　　　　D. 2404

100. 当 GOOSE 发生变位时，stNum 和 sqNum 的状态为（　　）。　　　　　（C）

A. stNum 变为 1，sqNum 变为+1　　　　B. stNum 变为+1，sqNum 变为 1

C. stNum 变为+1，sqNum 变为 0　　　　D. stNum 变为 0，sqNum 变为+1

101. 点对点 9-2 合并单元的固定延时要求小于（　　）。　　　　　　　　（C）

A. 1ms　　　　　　B. 5ms　　　　　　C. 2ms　　　　　　D. 3ms

102. 对于母联/分段或桥断路器，需要其（　　）支持电流方向可配置，满足保护的需求。

　　　　　　　　　　　　　　　　　　　　　　　　　　　　　　　　　（C）

A. 智能终端　　　　B. 测控　　　　　C. 合并单元　　　　D. 保护

103. 告知信号是反映电网设备运行情况、状态监测的一般信息，属于（　　）级信号。

　　　　　　　　　　　　　　　　　　　　　　　　　　　　　　　　　（C）

A. 3　　　　　　　B. 4　　　　　　　C. 5　　　　　　　D. 6

104. 根据 Q／GDW 393—2009《110（66）kV～220kV 智能变电站设计规范》规定，智能
变电站保护用电流准确度应不低于（　　）。　　　　　　　　　　　　　（C）

A. 0.2S　　　　　　B. 0.2　　　　　　C. 5TPE　　　　　D. 3P

105. 根据国网的 396 规范建模，测控装置的 SV 访问点一般为（　　）。　　（C）

A. S1　　　　　　　B. G1　　　　　　C. M1　　　　　　D. C1

106. 根据国网的 396 规范建模，公用 LD 的 inst 名为（　　）。　　　　　（C）

A. MEAS　　　　　B. CTRL　　　　　C. LD0　　　　　　D. PI

107. 根据国网的 396 规范建模，合并单元的 SV 访问点一般为（　　）。　　（C）

A. S1　　　　　　　B. G1　　　　　　C. M1　　　　　　D. C1

108. 故障录波器数字式交流量宜（　　）。　　　　　　　　　　　　　　（C）

A. 24 路　　　　　B. 48 路　　　　　C. 96 路　　　　　D. 128 路

109. 故障录波器数字式开关量宜（　　）。　　　　　　　　　　　　　　（C）

A. 96 路　　　　　B. 128 路　　　　　C. 256 路　　　　　D. 512 路

110. 关于合并单元（MU）的数据输出，下述说法不正确的有（　　）。　　（C）

A. 点对点模式下，MU 采样值发送间隔离散值应不大于 10μs

B. 采样值报文在 MU 输入结束到输出结束的总传输时间应小于 1ms

C. 采样值报文传输至保护装置仅可通过点对点实现

D. 采样值报文的规约满足 IEC 6044-8 或者 IEC 61850-9-2 规范

111. 关于综合智能分析与告警的数据源来源，正确的是（　　）。　　　　（C）

A. 只来源于Ⅰ区应用　　　　　　　　B. 只来源于Ⅰ区和Ⅱ区应用

C. 来源于Ⅰ、Ⅱ、Ⅲ区的应用　　　　D. 只来源于Ⅱ区和Ⅲ区应用

112. 国家电网公司提出了（　　）的战略方针，如何提高变电站及其他电网节点的数字化
程度成为打造信息化企业的重要工作之一。　　　　　　　　　　　　　　（C）

A. 绿色、环保、智能　　　　　　　　B. 建设智能电网

C. 建设数字化电网，打造信息化企业　　D. 坚强智能电网

113. 过程层交换机中 VLAN 的设置，对于 GOOSE 的主要作用是（　　）。　（C）

A. 数据流量隔离　　B. 数据相互共享　　C. 数据安全隔离　　D. 其他应用

114. 过程层交换机中转发数据的地址主要是（　　　）。　　　　　　　　　　（C）

A. IP 地址　　　　　　B. 装置地址　　　　C. MAC 地址　　　　D. 其他地址

115. 过程层与间隔层交换采样数据为（　　　）。　　　　　　　　　　　　（C）

A. MMS　　　　　　　B. GOOSE　　　　　C. SMV　　　　　D. GOOSE 和 SMV

116. 合并单元在外部时钟源丢失后，应保证守时误差在 10min 内应小于（　　　）。（C）

A. ±1μs　　　　　　　B. ±2μs　　　　　　C. ±4μs　　　　　D. ±5μs

117. 坚强智能电网的 3 个基本技术特征是（　　　）。　　　　　　　　　（C）

A. 信息化、自动化、可视化　　　　　　B. 专业化、自动化、可视化

C. 信息化、自动化、互动化　　　　　　D. 数字化、集成化、互动化

118. 间隔层装置接收合并单元采样数据一般采用（　　　）。　　　　　　（C）

A. IEC 60044-8　　B. IEC 61850-9-1　　C. IEC 61850-9-2　　D. IEC 60870-5-103

119. 可控的双点 DPC 中，（　　　）数据属性用来配置控制模式。　　　（C）

A. ctlVal　　　　　　B. stVal　　　　　　C. ctlModel　　　　D. sboTimeout

120. 描述全站一次设备连接关系和功能分布的 SCL 文件名称是（　　　）。（C）

A. ICD　　　　　　　B. CID　　　　　　　C. SSD　　　　　D. SCD

121. 全站系统配置文件的英文简称是（　　　）。　　　　　　　　　　　（C）

A. ICD　　　　　　　B. SSD　　　　　　　C. SCD　　　　　D. CID

122. 若装置处于检修，品质 Quality 的（　　　）位被置 TRUE。　　　　（C）

A. validity　　　　　B. source　　　　　　C. test　　　　　D. operatorBlocked

123. 数据对象下的数据属性使用功能约束分类，（　　　）功能约束的语义为控制。（C）

A. ST　　　　　　　　B. MX　　　　　　　C. CO　　　　　D. SV

124. 数据集名称 dsTripInfo 为（　　　）。　　　　　　　　　　　　　　（C）

A. 遥信数据集　　　B. 遥测数据集　　　C. 保护事件数据集　　　D. 故障信号数据集

125. 数字化变电站对一、二次设备划分的 3 层结构中不包含（　　　）。　（C）

A. 过程层　　　　　　B. 站控层　　　　　C. 传输层　　　　D. 间隔层

126. 我国智能变电站标准采用的电力行业标准是（　　　）。　　　　　　（C）

A. IEC 60870　　　　B. IEC 61850　　　　C. DL/T 860　　　　D. 以上都不正确

127. 下列（　　　）属于串行的点对点规约。　　　　　　　　　　　　　（C）

A. IEC 61850-9-2　　B. IEC 61850-9-1　　C. IEC 60044-8　　D. IEC 61850-8-1

128. 下列（　　　）不属于智能告警与分析决策的功能。　　　　　　　　（C）

A. 告警信息分层分类　　　　　　　　　　B. 告警信息屏蔽

C. 故障诊断　　　　　　　　　　　　　　D. 预告信息的分析

129. 下列（　　　）说法是正确的。　　　　　　　　　　　　　　　　　（C）

A. 合并单元只能就地布置

B. 合并单元只能布置于控制室

C. 合并单元可就地布置，亦可布置于控制室

D. 合并单元采用激光供能

130. 以下（　　　）不属于智能变电站自动化系统通常采用的网络结构（　　　）。（C）

A. 总线型　　　　　　B. 环型　　　　　　C. 星型　　　　　D. 树型

131. 以下不属于智能化高压设备技术特征的是（　　　）。　　　　　　　（C）

A. 测量数字化　　　　B. 控制网络化　　　　C. 共享标准化　　　　D. 信息互动化

132. 以下不属于智能变电站站控层关键设备的是（　　　）。　　　　（C）

A. 远动终端　　　　B. 智能接口机　　　　C. 智能终端　　　　D. 一体化监控系统

133. 在 IEC 61850-8-1 的定义中，以下（　　　）报文不是通过 MMS（制造报文规范）来进行映射的。　　　　（C）

A. 中等速度报文　　　　B. 低速报文　　　　C. 跳闸报文　　　　D. 文件传输功能

134. 在 IEC 61850 标准中逻辑节点 XCBR 的含义是（　　　）。　　　　（C）

A. 隔离开关　　　　B. 压板　　　　C. 断路器　　　　D. 接地开关

135. 站控层主要传输的信号为（　　　）。　　　　（C）

A. GOOSE　　　　B. SV　　　　C. MMS

136. 制造报文规范是指（　　　）。　　　　（C）

A. GOOSE　　　　B. GSE　　　　C. MMS　　　　D. SMV

137. 在智能变电站 ICD 文件中，LLN0 逻辑节点下 LedRS 数据对象中的 *ctlModel* 数据属性用于表示控制类型，其中（　　　）表示加强型直控。　　　　（C）

A. direct-with-normal-security　　　　B. sbo-with-normal-security

C. direct-with-enhanced-security　　　　D. sbo-with-enhanced-security

138. 智能变电站的 ICD 模型文件中，站控层访问点中表示断路器逻辑节点的典型建模名称为（　　　）。　　　　（C）

A. CSWI　　　　B. XSWI　　　　C. XCBR　　　　D. PDIF

139. 智能变电站的站控层典型设备包括（　　　）。　　　　（C）

A. 智能传感器　　　　B. 智能执行器　　　　C. 远方通信接口　　　　D. 电子式互感器

140. 智能变电站全站配置模型文件指的是（　　　）。　　　　（C）

A. SSD 文件　　　　B. CID 文件　　　　C. SCD 文件　　　　D. ICD 文件

141. 智能变电站网络交换机基本性能要求传输各种帧长数据时交换机固有延时应小于（　　　）。　　　　（C）

A. 1μs　　　　B. 5μs　　　　C. 10μs　　　　D. 20μs

142. 智能变电站系统中，过程层设备间的 GOOSE 连线是在（　　　）中配置的。　　　　（C）

A. ICD　　　　B. CID　　　　C. SCD　　　　D. XML

143. 智能变电站系统中，间隔层测控装置通过（　　　）方式接收 9-2 采样报文。　　　　（C）

A. 点对点　　　　B. 组网　　　　C. 点对点或组网　　　　D. 都不是

144. 智能变电站系统中，监控系统的客户端程序采用（　　　）方式与装置通信。　　　　（C）

A. 单实例　　　　　　　　B. 多实例

C. 单实例或多实例　　　　D. 单实例和多实例同时

145. 智能变电站系统中，实例化后的保护、测控单元的模型文件 CID 文件中不应包含（　　　）。　　　　（C）

A. 报告控制块　　　　　　B. GOOSE 发送控制块

C. SMV 发送控制块　　　D. GOOSE 连线

146. 智能变电站系统中，远动装置采用（　　　）方式与装置通信。　　　　（C）

A. 单实例　　　　　　　　B. 多实例

C. 单实例或多实例　　　　D. 单实例和多实例同时

147. 智能变电站中，SV 报文中包含（　　）信息。　　　　　　　　　　　　　（C）

A. 遥信　　　　　　　B. 遥控　　　　　　　C. 交流采样　　　　D. 直流量

148. 智能变电站中，下面（　　）配置文件描述了整个变电站的配置情况。　　　（C）

A. CID　　　　　　　B. ICD　　　　　　　C. SCD　　　　　　D. SED

149. 智能变电站中变电站配置描述文件简称是（　　）。　　　　　　　　　　　（C）

A. ICD　　　　　　　B. CID　　　　　　　C. SCD　　　　　　D. SSD

150. 智能变电站中采样值传输表示为（　　）。　　　　　　　　　　　　　　　（C）

A. GOOSE　　　　　B. MMS　　　　　　C. SV　　　　　　　D. SNTP

151. 智能变电站中一般不通过以下（　　）通信口传输 SV 数据集。　　　　　　（C）

A. LC　　　　　　　B. ST　　　　　　　C. FC

152. 智能变电站中用于进行跳闸控制的报文是（　　）。　　　　　　　　　　　（C）

A. MMS　　　　　　B. GSGE　　　　　C. GOOSE　　　　D. SV

153. 智能终端产生 SOE 事件时，事件时间分辨率误差必须保证（　　）。　　　　（C）

A. 不大于 0.5ms　　B. 不大于 1ms　　C. 不大于 2ms　　D. 不大于 3ms

154. 智能终端具有信息转换和通信功能，当传送重要的状态信息和控制命令时，通信机制采用（　　）方式，以满足实时性要求。　　　　　　　　　　　　　　　　　　　（C）

A. 硬接点　　　　　B. 手动控制　　　　C. GOOSE　　　　D. 遥信

155. 《国家电网公司输变电工程——通用设计 110（66）～750kV 智能变电站部分》中，110kV 变电站运行管理模式按（　　）模式设计。　　　　　　　　　　　　　　　　（B）

A. 少人值班　　　　B. 无人值班　　　　C. 有人值班　　　D. 定期巡检

156. 《国家电网公司输变电工程——通用设计 110（66）～750kV 智能变电站部分》中，对时系统优先采用（　　）系统。　　　　　　　　　　　　　　　　　　　　　　　（B）

A. GPS　　　　　　B. 北斗　　　　　　C. 1588　　　　　D. B 码

157. 《国家电网公司输变电工程——通用设计 110（66）～750kV 智能变电站部分》中，对于地理位置偏远的 750kV 变电站，通信负载宜按（　　）事故放电时间计算。　　　　（B）

A. 2h　　　　　　　B. 4h　　　　　　　C. 6h　　　　　　D. 8h

158. 《国家电网公司输变电工程——通用设计 110（66）～750kV 智能变电站部分》中，过程层采样值网络每个交换机端口与装置之间的流量不大于（　　）。　　　　　　　（B）

A. 30Mbit　　　　　B. 40Mbit　　　　　C. 50Mbit　　　　D. 60Mbit

159. （　　）文件为变电站一次系统的描述文件，主要信息包括一次系统的单线图、一次设备的逻辑节点、逻辑节点的类型定义等。　　　　　　　　　　　　　　　　　　　（B）

A. ICD　　　　　　B. SSD　　　　　　C. SCD　　　　　D. CID

160. 《智能变电站一体化监控系统功能规范》规定，以下不是信息传输总体要求的为（　　）。　　　　　　　　　　　　　　　　　　　　　　　　　　　　　　　　　　　（B）

A. 信息传输的内容及格式应标准化、规范化

B. 继电保护信息传输由Ⅰ区（或Ⅱ区）数据通信网关机实现

C. 信息传输应满足实时性、可靠性要求

D. 遵循《电力二次系统安全防护总体方案》的要求

161. 220kV 及以上的电压等级的智能终端配置原则为（　　）。　　　　　　　　（B）

A. 所有间隔均采用双重化配置

B. 除母线和主变压器本体智能终端外，其余间隔宜进行双重化配置

C. 除主变压器间隔双重化配置外，其余间隔均为单套配置

162. 220kV 及以上电压等级智能站保护宜采用（　　）。　　　　　　　　（B）

A. 单套配置　　　　B. 双重化配置　　C. 保护测控一体化　D. 以上答案都可以

163. 220kV 主变压器电量保护通过（　　）跳母联间隔。　　　　　　　　（B）

A. 电缆　　　　　　B. GOOSE 网络　　C. 点对点 GOOSE　　D. MMS 网络

164. ACSI 关联请求服务应直接映射到 MMS（　　）服务。　　　　　　　（B）

A. 初始化-响应　　B. 初始-请求　　　C. 请求-响应

165. GOOSE 报文采用（　　）方式发送。　　　　　　　　　　　　　　（B）

A. 单播　　　　　　B. 组播　　　　　　C. 广播　　　　　　D. 都可以

166. GOOSE 报文和 SV 报文的默认 VLAN 优先级为（　　）。　　　　　　（B）

A. 1　　　　　　　B. 4　　　　　　　C. 5　　　　　　　D. 7

167. GOOSE 报文中 SqNum 和 StNum 的初始值在装置重启后为（　　）。　（B）

A. 1，0　　　　　　B. 1，1　　　　　　C. 0，0　　　　　　D. 0，1

168. GOOSE 网络传输采用的是（　　）。　　　　　　　　　　　　　　（B）

A. 单播传输　　　　B. 组播传输　　　　C. 广播传输　　　　D. 其他传输

169. GOOSE 信息处理时延应满足站内各种情况下最大不超过（　　）。　（B）

A. 1s　　　　　　　B. 1ms　　　　　　C. 1us　　　　　　D. 0.1us

170. ICD 的中文意思是（　　）。　　　　　　　　　　　　　　　　　（B）

A. 全站系统配置文件　　　　　　　　　B. 装置能力自描述文件

C. 面向通用对象的变电站事件　　　　　D. 系统规格文件

171. IEC 60044-8 的电流通道采用（　　）整形。　　　　　　　　　　（B）

A. 8 位　　　　　　B. 16 位　　　　　C. 32 位　　　　　D. 64 位

172. IEC 60044-8 的电压通道采用（　　）整形。　　　　　　　　　　（B）

A. 8 位　　　　　　B. 16 位　　　　　C. 32 位　　　　　D. 64 位

173. IEC 61850 标准所使用的变电站配置语言是（　　）等。　　　　　（B）

A. HTML　　　　　　B. SCL　　　　　　C. Java 语言　　　　D. Fortran 语言

174. IEC 61850 标准制定的目标不包括（　　）。　　　　　　　　　　（B）

A. 互操作性　　　　　　　　　　　　　B. 可控制性

C. 功能的自由配置　　　　　　　　　　D. 良好的扩展性

175. IEC 61850 标准中 MMS 服务下报告控制块是（　　）。　　　　　　（B）

A. GSE Control　　　　　　　　　　　B. Report Control

C. Sampled Value Control　　　　　　D. Un Control

176. MAC 地址的值是（　　）。　　　　　　　　　　　　　　　　　（B）

A. 二进制　　　　　B. 十六进制　　　　C. 八进制　　　　D. 十进制

177. MU 是（　　）的简称。　　　　　　　　　　　　　　　　　　（B）

A. 电子互感器　　　B. 合并单元　　　　C. 智能终端　　　　D. 保护设备

178. SMV 网络传输采用的是（　　）。　　　　　　　　　　　　　　（B）

A. 单播传输　　　　B. 组播传输　　　　C. 广播传输　　　　D. 其他传输

179. Subnetwork 节点下（　　）节点与 Sampled Value Control 控制块关联。（B）

A. GSE   B. SMV   C. Adress   D. ConnectedAP

180. URCB 的中文意思是（　　）。　　　　　　　　　　　　　　　　　　　　（B）

A. 缓存报告控制块   B. 无缓存报告控制块

C. GOOSE 报告控制块   D. SMV 报告控制块

181. 保护动作 Op 的公用数据类型是（　　）。　　　　　　　　　　　　　　（B）

A. ACD   B. ACT   C. ASG   D. SPS

182. 保护装置在智能变电站中属于（　　）。　　　　　　　　　　　　　　　（B）

A. 变电站层   B. 间隔层   C. 链路层   D. 过程层

183. 变压器智能终端的功能不包含（　　）。　　　　　　　　　　　　　　　（B）

A. 测量   B. 差动保护   C. 非电量保护   D. 控制

184. 除检修压板外，下面（　　）可以设置硬压板。　　　　　　　　　　　　（B）

A. 保护装置   B. 智能终端   C. 合并单元   D. 测控装置

185. 当采用双重化配置时，两个智能终端和断路器跳圈的对应关系为（　　）。　（B）

A. 为保证可靠性，每台智能终端均连接到断路器两个跳圈上

B. 两个智能终端应与断路器的两个跳闸线圈分别一一对应

186. 当采用网络方式接收 SV 报文时，故障录波装置 SV 采样接口接入合并单元数量不宜超过（　　）。　　　　　　　　　　　　　　　　　　　　　　　　　　　　（B）

A. 4 台   B. 5 台   C. 6 台   D. 8 台

187. 当继电保护设备检修压板投入时，上送报文中信号的品质 q 的（　　）应置位。　　　　　　　　　　　　　　　　　　　　　　　　　　　　　　　　　　　　（B）

A. 无效位   B. Test 位   C. 取代位   D. 溢出位

188. 电子式电流互感器额定输出测量及计量采用 2D41H，是因为测量及计量要求（　　）倍额定电流不发生溢出。　　　　　　　　　　　　　　　　　　　　　　　　　（B）

A. 1.2   B. 2   C. 4   D. 50

189. 电子式互感器的输出符合 IEC 60044-8 规约数字量时，测量电流额定值为（　　）。　　　　　　　　　　　　　　　　　　　　　　　　　　　　　　　　　　（B）

A. 2D41H   B. 01CFH   C. 2D00H   D. 01DFH

190. 非缓存报告控制块的英文缩写为（　　）。　　　　　　　　　　　　　　（B）

A. BRCB   B. URCB   C. SGCB   D. GoCB

191. 根据《110（66）kV～220kV 智能变电站设计规范》规定，智能变电站测量用电压准确级应不低于（　　）。　　　　　　　　　　　　　　　　　　　　　　　　　（B）

A. 0.2S   B. 0.2   C. 5TPE   D. 3P

192. 根据 Q/GDW 396—2009 国网标准《IEC 61850 工程继电保护应用模型》，测控装置的 GOOSE 访问点一般为（　　）。　　　　　　　　　　　　　　　　　　　　　（B）

A. S1   B. G1   C. M1   D. C1

193. 根据 Q/GDW 396—2009 国网标准《IEC 61850 工程继电保护应用模型》，控制 LD 的 inst 名为（　　）。　　　　　　　　　　　　　　　　　　　　　　　　　　　（B）

A. PROT   B. CTRL   C. LD0   D. PI

194. 根据 Q/GDW 396—2009 国网标准《IEC 61850 工程继电保护应用模型》，录波 LD 的 inst 名为（　　）。　　　　　　　　　　　　　　　　　　　　　　　　　　　（B）

A. PROT   B. RCD   C. LD0   D. RPIT

195. 工程上，交换机的以太网利用率超过（　　），即认为网络过载。   （B）

A. 0.1   B. 0.4   C. 0.9   D. 1

196. 关于过程层组网原则，下述说法不正确的有（　　）。   （B）

A. 过程层网络、站控层网络应完全独立配置

B. 过程层网络和站控层网络可合并组网

C. 继电保护装置采用双重化配置时，对应的过程层网络亦应双重化配置

D. 数据流量不大时，过程层 GOOSE 和 SV 网络可考虑合并组网

197. 国内现行智能站工程 GOOSE 变位时最短传输时间 T1 一般默认为（　　）。 （B）

A. 5000ms   B. 2ms   C. 1000ms   D. 20s

198. 国网 441 规范规定了点对点 9–2 离散值应该不大于（　　）。   （B）

A. 2μs   B. 3μs   C. 5μs   D. 10μs

199. 国网典型设计中，智能变电站 110kV 及以上的主变压器非电量保护采用（　　）。   （B）

A. 组网跳闸   B. 直接电缆跳闸   C. 两者都可以   D. 经主保护跳闸

200. 过程层设备处于（　　）上。   （B）

A. 站控层网络   B. 过程层网络   C. 间隔层网络   D. 以上 3 个网络

201. 过电流 I 段保护属于 IEC 61850 建立的信息模型中的（　　）层次。   （B）

A. 逻辑设备   B. 逻辑节点   C. 数据属性   D. 数据对象

202. 合并单元的 SV 报文如果经过 6028E 交换机后收不到了，但是直接从合并单元抓包却能看到报文，那么报文的源 MAC 地址应该是如下的（　　）。   （B）

A. 00–0C–CD–XX–XX–XX   B. 01–0C–CD–XX–XX–XX

C. 08–0C–CD–XX–XX–XX   D. 02–0C–CD–XX–XX–XX

203. 合并单元户外就地安装时，同步方式应采用（　　）。   （B）

A. 双绞线 B 码方式   B. 光 B 码方式   C. SNTP   D. 1pps

204. 合并单元输出接口采样频率宜为（　　）。   （B）

A. 2000Hz   B. 4000Hz   C. 5000Hz   D. 10000Hz

205. 合并单元装置的功能模块中不包含（　　）。   （B）

A. 同步功能模块   B. 操作回路

C. 多路数据采集和处理模块   D. 数据发送模块

206. 间隔层内装置间交换数据（　　）。   （B）

A. MMS   B. GOOSE   C. SMV   D. GOOSE 和 SMV

207. 监控系统对历史数据库存储容量的要求为（　　）。   （B）

A. 不小于 1 年   B. 不小于 2 年   C. 不小于 3 年   D. 不小于 4 年

208. 请问下列不是常用的光纤接口的是（　　）。   （B）

A. LC   B. PC   C. SC   D. ST

209. 若信号被取代，品质 Quality 的（　　）位被置 TRUE。   （B）

A. validity   B. source   C. test   D. operatorBlocked

210. 实现断路器、隔离开关开入开出命令和信号传输的是（　　）。   （B）

A. SMV   B. GOOSE   C. SMV 和 GOOSE   D. 都不是

211. 数据对象下的数据属性使用功能约束分类，（　　）功能约束的语义为缓存报告。　　　　　　　　　　　　　　　　　　　　　　　　　　　　　　　　（B）

A. ST　　　　　　　B. BR　　　　　　　C. RP　　　　　　　D. SV

212. 数据集名称 dsAin 为（　　）。　　　　　　　　　　　　　　　　（B）

A. 遥信数据集　　　　　　　　　　　B. 遥测数据集

C. 保护事件数据集　　　　　　　　　D. 故障信号数据集

213. 下列不是顺序控制优点的是（　　）。　　　　　　　　　　　　（B）

A. 仿真功能　　　　　　　　　　　　B. 票编制、验证工作量大

C. 支持多种类型操作对象　　　　　　D. 可以与操作票、五防、远动等配合

214. 下列属于智能变电站站控层配置的是（　　）。　　　　　　　　（B）

A. 故障录波　　　B. 监控系统　　　　C. PMU　　　　　D. 安全稳定装置

215. 下面（　　）逻辑节点用于差动保护功能。　　　　　　　　　　（B）

A. PDIS　　　　　B. PDIF　　　　　　C. PVOC　　　　　D. PHAR

216. 线路间隔的电压切换功能由（　　）装置实现。　　　　　　　　（B）

A. 母线合并单元　　B. 线路合并单元　　C. 线路保护　　　D. 线路测控

217. 以下不属于智能变电站合并单元技术要求的是（　　）。　　　　（B）

A. 每个 MU 应能满足最多 12 个输入通道和至少 8 个输出端口的要求

B. MU 应能支持 GB/T 20840.8（IEC 60044–8）、DL/T 860.92（IEC 61850–9–2）等协议。当 MU 采用 DL/T 860.92（IEC 61850–9–2）协议时，应支持数据帧通道可配置功能

C. MU 应输出电子式互感器整体的采样响应延时

D. MU 采样值发送间隔离散值应小于 10

218. 有设备厂商所提供的智能设备能力描述文件，指的是（　　）。　（B）

A. SSD 文件　　　B. CID 文件　　　　C. SCD 文件　　　D. ICD 文件

219. 在 SV 点对点的网络架构模式下，（　　）考虑对时。　　　　（B）

A. 一定需要　　　B. 一定不需要　　　C. 视情况需要　　D. 视情况不需要

220. 在某 9–2 的 SV 报文看到电压量数值为 0x000c71fb，已知其为峰值，那么其有效值是（　　）。　　　　　　　　　　　　　　　　　　　　　　　　　　　　（B）

A. 0.5768kV　　　B. 5.768kV　　　　C. 8.15611kV　　　D. 0.815611kV

221. 在目前的智能变电站中，如果合并单元和保护装置都与外部的对时系统突然断开，保护装置的保护功能是否会被闭锁（　　）。　　　　　　　　　　　　　　　　　（B）

A. 会　　　　　　　B. 不会　　　　　　C. 不确定

222. 站控层交换机一般使用的接口是（　　）。　　　　　　　　　　（B）

A. 光口　　　　　　B. 电口　　　　　　C. 两种口都可以　D. 两种口都不可以

223. 智能变电站，必须采用硬压板形式的是（　　）。　　　　　　　（B）

A. 母线保护投入压板　　　　　　　　B. 检修压板

C. 投失灵保护压板　　　　　　　　　D. 跳母联压板

224. 智能变电站 ICD 文件中，断路器逻辑节点下 POS 数据对象中的 ctlModel 数据属性用于表示控制类型，其中（　　）表示选择型控制。　　　　　　　　　　　　　　　（B）

A. direct–with–normal–security　　　　B. sbo–with–normal–security

C. direct–with–enhanced–security　　　D. sbo–with–enhanced–security

225. 智能变电站的（   ）功能是，在满足操作条件和操作顺序的前提下，自动完成一系列孔子功能。 （B）

A. 五防控制　　　　　B. 顺序控制　　　　　C. 调度控制　　　　　D. 智能控制

226. 智能变电站的 3 种类型数据网不包括（   ）。 （B）

A. MMS 网　　　　　B. 以太网　　　　　C. GOOSE 网　　　　　D. SMV 网

227. 智能变电站电压并列由（   ）装置完成。 （B）

A. 电压并列　　　　　B. 母线合并单元　　　　　C. 线路合并单元　　　　　D. 母线智能终端

228. 智能变电站配置的公用时间同步系统，同步方式优先采用（   ）。 （B）

A. GPS　　　　　B. 北斗系统　　　　　C. 格罗纳斯系统　　　　　D. 伽利略系统

229. 智能变电站系统中，IEC 61850 对于遥控定义的 check 为（   ）。 （B）

A. 1bits　　　　　B. 2bits　　　　　C. 3bits　　　　　D. 4bits

230. 智能变电站系统中，监控后台中测点的名称一般取自于（   ）的描述。 （B）

A. LNType　　　　　B. DOI　　　　　C. SDI　　　　　D. DAI

231. 智能变电站系统中，监控系统与站控层设备间采用基于（   ）的通信方式。 （B）

A. UDP 机制　　　　　B. TCP/IP 机制　　　　　C. 组播机制　　　　　D. GOOSE 机制

232. 智能变电站系统中，在 CID 文件中，GOOSE 连线一般放置在（   ）逻辑节点内。 （B）

A. LPHD　　　　　B. LLN0　　　　　C. GGIO　　　　　D. CIL0

233. 智能变电站一体化监控系统中，综合应用服务器位于（   ）。 （B）

A. 安全区Ⅰ　　　　　B. 安全区Ⅱ　　　　　C. 安全区Ⅲ　　　　　D. 安全区Ⅳ

234. 智能变电站站控层网络普遍采用 RJ-45 端口通过五类双绞线（网线）进行组网，采用该方式组网理论上要求网线长度不应超过（   ）。 （B）

A. 50m　　　　　B. 100m　　　　　C. 80m　　　　　D. 200m

235. 智能变电站中，GOOSE 报文中不包含（   ）信息。 （B）

A. 遥信　　　　　B. 交流采样　　　　　C. 遥控　　　　　D. 直流量

236. 智能变电站中，变电站监控系统的结构划分为（   ）。 （B）

A. 两层　　　　　B. 三层　　　　　C. 四层　　　　　D. 一层

237. 智能变电站中，属于过程层设备的是（   ）。 （B）

A. 监控系统后台　　　　　B. 电子式互感器　　　　　C. 保护装置

238. 智能变电站中，110kV 站控层网络结构拓扑宜采用（   ）。 （B）

A. 单环型　　　　　B. 单星型　　　　　C. 双星型　　　　　D. 冗余网络

239. 智能变电站中，保护装置与监控系统的通信采用（   ）传输。 （B）

A. GOOSE　　　　　B. MMS　　　　　C. SV　　　　　D. SNTP

240. 智能变电站中监控系统发给测控装置的遥控跳闸信号采用（   ）传输。 （B）

A. GOOSE　　　　　B. MMS　　　　　C. SV　　　　　D. SNTP

241. 智能变电站装置通信能力描述文件是（   ）。 （B）

A. SCD　　　　　B. ICD　　　　　C. CID　　　　　D. IED

242. 智能变电站最适合选择（   ）顺控模式。 （B）

A. 分布式　　　　　B. 集中式　　　　　C. 混合式　　　　　D. 其他

243. 智能站中 ICD、SCD、CID 的产生顺序是（   ）。 （B）

A. ICD、CID、SCD　　　　　　　　　　B. ICD、SCD、CID

C. CID、SCD、ICD　　　　　　　　　　D. SCD、CID、ICD

244. 智能站中建议一台百兆交换机最多接入不超过（　　）。　　　　　　（B）

A. 3 个 MU　　　B. 5 个 MU　　　C. 8 个 MU　　　D. 10 个 MU

245. 智能终端传输数据的类型为（　　）。　　　　　　　　　　　（B）

A. MMS　　　B. GOOSE　　　C. SV

246. 作为系统集成商，在配置变电站 SCD 文件时，需要相关厂家提供的文件是（　　）。

（B）

A. CID　　　B. ICD　　　C. SCD　　　D. SSD

247. 智能变电站控制系统的基本结构包括（　　）。　　　　　　（A）

A. 过程层、间隔层和站控层　　　　　　B. 间隔层、站控层

C. 间隔层、网络层和站控层

248.《国家电网公司输变电工程——通用设计 110（66）～750kV 智能变电站部分》中，110kV 变电站站控层网络宜采用（　　）以太网络。　　　　　　（A）

A. 单星型　　　B. 双星型　　　C. 环形　　　D. 总线型

249.《国家电网公司输变电工程——通用设计 110（66）～750kV 智能变电站部分》中，330kV 及以上变电站运行管理模式按（　　）模式设计。　　　　　　（A）

A. 少人值班　　　B. 无人值班　　　C. 有人值班　　　D. 定期巡检

250.《国家电网公司输变电工程——通用设计 110（66）～750kV 智能变电站部分》中，66kV 变电站智能终端、合并单元应（　　）安装。　　　　　　（A）

A. 下放智能控制柜　　B. 集中组屏　　C. 与保护组屏　　D. 与测控组屏

251.《国家电网公司输变电工程——通用设计 110（66）～750kV 智能变电站部分》中，电抗器非电量保护采用（　　）方式跳闸。　　　　　　（A）

A. 就地直接电缆　　B. 点对点光纤　　C. GOOSE 网络　　D. MMS 网络

252.《国家电网公司输变电工程——通用设计 110（66）～750kV 智能变电站部分》中，母差保护宜采用（　　）方案。　　　　　　（A）

A. 直采直跳　　　B. 直采网跳　　　C. 网采网跳　　　D. 网采直跳

253.《国家电网公司输变电工程——通用设计 110（66）～750kV 智能变电站部分》中，双重化配置的保护过程层网络应遵循（　　）的原则。　　　　　　（A）

A. 相互独立　　　B. 信息共享　　　C. 网络互通　　　D. 数据交互

254.《国家电网公司输变电工程——通用设计 110（66）～750kV 智能变电站部分》中，站控层设备宜采用（　　）对时方式。　　　　　　（A）

A. SNTP　　　B. IRIG–B　　　C. 1pps　　　D. 1588

255.《国家电网公司输变电工程——通用设计 110（66）～750kV 智能变电站部分》中，主变压器本体智能终端宜集成（　　）功能。　　　　　　（A）

A. 非电量保护　　B. 本体测控　　C. 过负载　　D. 在线监测

256.《国家电网公司企业标准:智能变电站继电保护技术规范》（Q/GDW 441—2010）要求继电保护装置可以采用硬压板的是（　　）。　　　　　　（A）

A. 检修压板　　B. 出口压板　　C. 功能压板　　D. 接收压板

257. 220kV 出线若配置组合式互感器，母线合并单元除组网外，点对点接至线路合并单元主要用于（　　）。　　　　　　（A）

A. 线路保护重合闸检同期　　　　　　B. 线路保护计算需要

C. 挂网测控的手合检同期　　　　　　D. 计量用途

258. 220kV 电压等级及以上的电压切换是在（　　）上完成。　　　　　（A）

A. 间隔合并单元　　　B. 母线合并单元　　　C. 间隔保护　　　D. 母线保护

259. 220kV 母联保护应（　　）配置。　　　　　　　　　　　　　　（A）

A. 双重化　　　　　B. 单套　　　　　C. 保测一体　　　D. 集成在母线保护中

260. 220kV 宜按（　　）配置过程层交换机。　　　　　　　　　　　（A）

A. 单间隔　　　　　B. 设备室　　　　　C. 电压等级　　　D. 二次设备功能

261. 61850 模型中，关于 ctlModel 遥控方式一般有 4 种，复归保护一般使用（　　）遥控方式。　　　　　　　　　　　　　　　　　　　　　　　　　　　　（A）

A. direct-with-normal-security　　　　B. sbo-with-normal-security

C. direct-with-enhanced-security　　　D. sbo-with-enhanced-security

262. BRCB 的中文意思是（　　）。　　　　　　　　　　　　　　　（A）

A. 缓存报告控制块　　　　　　　　　B. 无缓存报告控制块

C. GOOSE 报告控制块　　　　　　　D. SMV 报告控制块

263. GOOSE 报文中一般携带（　　）品质位。　　　　　　　　　　（A）

A. 检修　　　　　B. 无效　　　　　C. 取代　　　　　D. 闭锁

264. GOOSE 断链的判断时间为（　　）。　　　　　　　　　　　　（A）

A. 两倍的 TAL　　　B. 一倍的 TAL　　　C. 20s　　　　D. 10s

265. GOOSE 对检修 TEST 位的处理机制是（　　）。　　　　　　　（A）

A. 相同处理，相异丢弃　　　　　　　B. 相同、相异都处理

C. 相异处理，相同丢弃　　　　　　　D. 相同、相异都丢弃

266. ICD 是（　　）的缩写。　　　　　　　　　　　　　　　　　（A）

A. IED Capability Description　　　　B. IED Current Description

C. Intelligent Capability Device　　　D. IED Capability Device

267. ICD 文件应完整描述（　　）提供的数据模型及服务。　　　　　（A）

A. IED　　　　　B. CID　　　　　C. SSD　　　　　D. SCD

268. IEC 60870-5-101 规约可变帧长帧长域范围为（　　）。　　　　　（A）

A. 0～255　　　　B. 0～512　　　　C. 0～128　　　D. 0～1024

269. IEC 61850 标准中 GOOSE 服务下报告控制块是（　　）。　　　　（A）

A. GSE Control　　　　　　　　　　B. Report Control

C. Sampled Value Control　　　　　　D. Un Control

270. IEC 61850 标准中 MMS 服务下的缓冲型报告控制块是（　　）。　　（A）

A. BRCB　　　　　B. URCB　　　　　C. CRCB　　　　D. DRCB

271. IED 名称命名以（　　）开头。　　　　　　　　　　　　　　　（A）

A. 字母　　　　　B. 数字　　　　　C. 符号　　　　　D. 汉字

272. MM SUTC 时间以（　　）基准计算出秒和秒的分数。　　　　　　（A）

A. 1970 年 1 月 1 日 0 时　　　　　　B. 1984 年 1 月 1 日 0 时

C. 1900 年 1 月 1 日 0 时　　　　　　D. 1980 年 1 月 1 日 0 时

273. SCD 的中文意思是（　　）。　　　　　　　　　　　　　　　（A）

A. 全站系统配置文件　　　　　　　　　B. 装置能力自描述文件

C. 面向通用对象的变电站事件　　　　　　D. IED 实例配置文件

274. SMV 虚端子连线中 MU 数据集 DO 应该对应保护装置的（　　）。　　（A）

A. DO　　　　　　　　　　　　　　　　B. DA

C. DO 和 DA 都可以　　　　　　　　　　D. DO 和 DA 都不可以

275. SSCD 文件中（　　）节点用于记录修改的历史记录。　　（A）

A. Header　　　　　　　　　　　　　　B. Substation

C. IED　　　　　　　　　　　　　　　　D. Communication

276. Subnetwork 节点下（　　）节点与 GSE Control 控制块关联。　　（A）

A. GSE　　　　　　B. SMV　　　　　　C. Adress　　　　　　D. ConnectedAP

277. 按照《智能变电站网络交换机技术规范》规定，智能变电站过程层用交换机的存储转发延时应小于（　　）。　　（A）

A. 10μs　　　　　　B. 2μs　　　　　　C. 1ms　　　　　　D. 50μs

278. 变电站演变的历程可按顺序排列为（　　）。　　（A）

A. 传统变电站—综合自动化变电站—数字化变电站—智能化变电站

B. 传统变电站—数字化变电站—综合自动化变电站—智能化变电站

C. 传统变电站—综合自动化变电站—智能化变电站—数字化变电站

D. 综合自动化变电站—传统变电站—数字化变电站—智能化变电站

279. 变压器挡位采用（　　）控制方式。　　（A）

A. direct–with–normal–security　　　　　B. sbo–with–normal–security

C. direct–with–enhanced–security　　　　D. sbo–with–enhanced–security

280. 测控单元在任何网络运行工况流量冲击下，装置均不应死机或重启，不发出错误报文，响应正确报文的延时不大于（　　）。　　（A）

A. 1ms　　　　　　B. 2ms　　　　　　C. 3ms　　　　　　D. 4ms

281. 测控装置建模中，断路器使用（　　）实例，隔离开关使用（　　）实例，两者的控制使用（　　）实例。　　（A）

A. XCBR，XSWI，CSWI　　　　　　　　B. XSWI，XCBR，CSWI

C. XCBR，XCBR，CSWI　　　　　　　　D. XSWI，XSWI，CSWI

282. 除（　　）可采用硬压板，保护装置应采用软压板。　　（A）

A. 检修压板　　　　　　　　　　　　　B. 主保护投入压板

C. 后备保护投入压板　　　　　　　　　D. 远方压板

283. 当 GOOSE 有且仅发生一次变位时，（　　）。　　（A）

A. 装置连发 5 帧，sqNum 序号由 0 变 5　　B. 装置连发 5 帧，stNum 序号由 0 变 5

C. 装置连发 5 帧，sqNum 序号由 1 变 5　　D. 装置连发 5 帧，stNum 序号由 1 变 5

284. 当采用双重化配置时，保护和智能终端的对应关系为（　　）。　　（A）

A. 两套保护和智能终端分别一一对应

B. 为保证可靠性，单套保护可以对应两套智能终端

C. 为保证可靠性，双套保护均和双套智能终端有关联

285. 当合并单元检修压板投入后，SV9–2 报文中的（　　）状态标志应变位。　　（A）

A. 测试　　　　　　B. 无效　　　　　　C. 同步　　　　　　D. 唤醒

286. 电子式互感器的输出符合 IEC 60044-8 规约数字量时，保护电流额定值为（   ）。（A）

A. 2D41H　　　　B. 01CFH　　　　C. 2D00H　　　　D. 01DFH

287. 电子式互感器的输出符合 IEC 60044-8 规约数字量时，电压额定值为（   ）。（A）

A. 2D41H　　　　B. 01CFH　　　　C. 2D00H　　　　D. 01DFH

288. 二次装置失电告警信息应通过（   ）方式发送测控装置。（A）

A. 硬接点　　　　B. GOOSE　　　　C. SV　　　　D. MMS

289. 根据 Q/GDW 441—2010《智能变电站继电保护技术规范》，智能变电站单间隔保护配置要求为（   ）。（A）

A. 直采直跳　　　B. 网采直跳　　　C. 直采网跳　　　D. 网采网跳

290. 根据 Q/GDW 396—2009 国网标准《IEC 61850 工程继电保护应用模型》，保护 LD 的 inst 名为（   ）。（A）

A. PROT　　　　B. CTRL　　　　C. LD0　　　　D. PI

291. 根据 Q/GDW 396—2009 国网标准《IEC 61850 工程继电保护应用模型》，测控装置的 MMS 访问点一般为（   ）。（A）

A. S1　　　　B. G1　　　　C. M1　　　　D. C1

292. 根据 Q/GDW 396—2009 国网标准《IEC 61850 工程继电保护应用模型》，测量 LD 的 inst 名为（   ）。（A）

A. MEAS　　　　B. CTRL　　　　C. LD0　　　　D. PI

293. 根据 Q/GDW 396—2009 国网标准《IEC 61850 工程继电保护应用模型》，合并单元 LD 的 inst 名为（   ）。（A）

A. MU　　　　B. RCD　　　　C. LD0　　　　D. RPIT

294. 关于国网对于 IEC 61850-9-2 点对点方式的技术指标，说法不正确的是（   ）。（A）

A. MU 采样值发送间隔离散值应小于 7μs

B. 电子式互感器（含 MU）额定延时时间不大于 2ms

C. MU 及保护测控装置宜采用采样频率 4000Hz

D. MU 的额定延时应放置于 dsSV 采样发送数据集中

295. 国内现行智能站工程 GOOSE 心跳时间 T0 一般默认为（   ）。（A）

A. 5000ms　　　B. 2ms　　　C. 1000ms　　　D. 20s

296. 国外提出了以"一个世界，一种技术，一种标准"为理念的新的信息交换标准是（   ）。（A）

A. IEC 61850　　　　　　　B. IEC 61970

C. IEC 60870-5-103　　　　D. IEC 61869

297. 国网典型设计中，智能变电站 110kV 及以上的母线主保护采用（   ）。（A）

A. 直采直跳　　　B. 直采网跳　　　C. 网采直跳　　　D. 网采网跳

298. 国网典型设计中，智能变电站 110kV 及以上的线路主保护采用（   ）。（A）

A. 直采直跳　　　B. 直采网跳　　　C. 网采直跳　　　D. 网采网跳

299. 国网典型设计中，智能变电站 110kV 及以上的主变压器差动保护采用（   ）。 （A）

A. 直采直跳　　　　B. 直采网跳　　　　C. 网采直跳　　　　D. 网采网跳

300. 国网对智能变电站单间隔保护配置要求为（   ）。 （A）

A. 直采直跳　　　　B. 网采直跳　　　　C. 直采网跳　　　　D. 网采网跳

301. 过程层交换机一般使用的接口是（   ）。 （A）

A. 光口　　　　B. 电口　　　　C. 两种口都可以　　　　D. 两种口都不可以

302. 过程层交换机中 VLAN 的设置，对于 SMV 的主要作用是（   ）。 （A）

A. 数据流量隔离　　　　　　　　B. 数据相互共享

C. 数据安全隔离　　　　　　　　D. 其他应用

303. 合并单元的授时精度要求 10min 小于（   ）。 （A）

A. ±4μs　　　　B. ±2μs　　　　C. ±1μs　　　　D. ±1ms

304. 合并单元的同步精度应该不大于（   ）。 （A）

A. 1μs　　　　B. 500ns　　　　C. 1ms　　　　D. 2μs

305. 合并单元在通信组网过程中，如果是组网方式时（   ）。 （A）

A. 必须对时　　　　B. 可以不对时　　　　C. 可有可无

306. 间隔层联闭锁宜由（   ）实现。 （A）

A. 测控　　　　B. 保护　　　　C. 后台系统　　　　D. 智能终端

307. 间隔层网络连接站控层网络，采用（   ）结构。 （A）

A. 星型　　　　B. 环型　　　　C. 总线型　　　　D. 树型

308. 间隔层装置与变电站监控系统之间交换事件和状态数据（   ）。 （A）

A. MMS　　　　B. GOOSE　　　　C. SMV　　　　D. GOOSE 和 SMV

309. 间隔合并单元接收母线合并单元级联电压采样数据一般采用（   ）。 （A）

A. IEC 60044-8　　B. IEC 61850-9-1　　C. IEC 61850-9-2　　D. IEC 60870-5-103

310. 间隔间闭锁信息宜通过（   ）方式传输。 （A）

A. GOOSE　　　　B. MMS　　　　C. 硬接点　　　　D. SV

311. 每段母线配置合并单元，母线电压由母线电压合并单元（   ）通过线路电压合并单元转接。 （A）

A. 点对点　　　　B. 网络　　　　C. 点对点或网络　　　　D. 其他

312. 目前，我国智能变电站主要采用（   ）网络架构。 （A）

A. 星型网络　　　　B. 环型网络　　　　C. 链型网络　　　　D. 混合型网络

313. 目前，智能变电站过程层组网方式不包含（   ）。 （A）

A. 全部点对点通信方式　　　　　　B. GOOSE、SV 分别组网方式

C. GOOSE、SV 共网方式　　　　　　D. 保护点对点方式，测控组网方式

314. 目前国内智能变电站过程层数字采样使用的规约主要是（   ）。 （A）

A. IEC 61850-9-2　　B. IEC 61850-9-1　　C. IEC 60044-8　　D. IEC 61850-8-1

315. （   ）逻辑节点用于访问逻辑装置的公用信息。 （A）

A. LLN0　　　　B. LPHD　　　　C. PTOC　　　　D. PDIS

316. 任两台（   ）之间的数据传输路由不应超过 4 个交换机。 （A）

A. 测控　　　　B. 保护　　　　C. 智能终端　　　　D. 合并单元

317. 若某个控制对象应采用一般安全的直接控制，ctlModel 数值应配置为（   ）。

（A）

A. 1　　　　　　B. 2　　　　　　C. 3　　　　　　D. 4

318. 实现电流电压数据传输的是（   ）。 （A）

A. SMV　　　　　B. GOOSE　　　　C. SMV 和 GOOSE　　D. 都不是

319. 数据集名称 dsDin 为（   ）。 （A）

A. 遥信数据集　　B. 遥测数据集　　C. 保护事件数据集　　D. 故障信号数据集

320. 数字化变电站中，存在 4 种类型的模型文件，（   ）文件描述了装置的数据模型和能力。 （A）

A. ICD　　　　　B. SSD　　　　　C. SCD　　　　　　D. CID

321. 同步向量测量单元采样误差 1ms，相角误差（   ）。 （A）

A. 18°　　　　　B. 36°　　　　　C. 72°　　　　　　D. 90°

322. 为推进坚强智能电网的建设，国家电网公司将分 3 个阶段进行，以下不属于 3 个阶段的是（   ）。 （A）

A. 2008～2009 年基础研究阶段　　　　B. 2009～2010 年规划试点阶段

C. 2011～2015 年全面建设阶段　　　　D. 2016～2020 年引领提升阶段

323. 下列规约中采用绝对瞬时值传输的是（   ）。 （A）

A. IEC 61850-9-2　B. IEC 61850-9-1　C. IEC 60044-8　　D. IEC 61850-8-1

324. 以下不属于智能变电站数据网的是（   ）。 （A）

A. 以太网　　　　B. MMS 网　　　C. GOOSE 网　　　D. SMV 网

325. 以下功能不属于智能变电站高级应用功能的是（   ）。 （A）

A. 报表显示功能　　B. 智能告警功能　　C. 源端维护功能　　D. 视频联动功能

326. 以下（   ）不属于智能变电站高级应用的是（   ）。 （A）

A. 信息一体化平台　B. 智能告警　　　C. 顺序控制　　　D. 状态估计

327. 在 SV 组网的网络架构模式下，是否需要考虑对时（   ）。 （A）

A. 一定需要　　　B. 一定不需要　　C. 视情况需要　　D. 视情况不需要

328. 在某 9-2 的 SV 报文看到电压量数值为 0xFFF38ECB，那么该电压的实际瞬时值为（   ）。 （A）

A. -8.15413kV　　B. 8.15413kV　　C. -0.815413kV　　D. 0.815413kV

329. 在线监测系统一般采用总线式分布结构，分为（   ）、间隔层和站控层。 （A）

A. 过程层　　　　B. 装置层　　　　C. 调度层　　　　D. 通信层

330. 在智能变电站一体化监控系统中，GOOSE 网应用于（   ）。 （A）

A. 间隔层和过程层之间的数据交换　　　B. 变电站层和过程层之间的数据交换

C. 间隔层和变电站层之间的数据交换　　D. 间隔层和间隔层之间的数据交换

331. 在智能化变电站中，过程层网络通常采用（   ）方法实现 VLAN 划分。 （A）

A. 根据交换机端口划分　　　　　　　B. 根据 MAC 地址划分

C. 根据网络层地址划分　　　　　　　D. 根据 IP 组播划分

332. 站控层设备处于（   ）上。 （A）

A. 站控层网络　　B. 过程层网络　　C. 间隔层网络　　D. 以上 3 个网络

333. 智能变电站 ICD 文件中，LLN0 逻辑节点下 LedRS 数据对象中的 ctlModel 数据属性

用于表示控制类型，其中（　　）表示直控。　　　　　　　　　　　　　　（A）

 A. direct–with–normal–security   B. sbo–with–normal–security

 C. direct–with–enhanced–security D. sbo–with–enhanced–security

334. 智能变电站保护装置、智能终端等智能电子设备的相互启动、相互闭锁、位置状态等交换信息可通过 GOOSE 网络传输，双重化配置的（　　）不直接交换信息。　（A）

 A. 保护之间 B. 保护与测控 C. 保护与站控层 D. 测控之间

335. 智能变电站保护装置与后台通信的规约为（　　）。　　　　　　　　　（A）

 A. IEC 61850   B. IEC 61970

 C. IEC –60870–5–103   D. IEC 1588

336. 智能变电站的 ICD 模型文件中，站控层访问点中表示隔离开关逻辑节点的典型建模名称为（　　）。　　　　　　　　　　　　　　　　　　　　　　　　　　（A）

 A. CSWI B. XSWI C. XCBR D. PDIF

337. 智能变电站的信息模型标准是（　　）。　　　　　　　　　　　　　（A）

 A. IEC 61850 B. IEC 61970 C. IEC 60870 D. IEC 62320

338. 智能变电站国网组网方案（　　）。　　　　　　　　　　　　　　　（A）

 A. 保护采用直采直跳，母差宜采用直采直跳，可采用直采网跳模式，测控采集和跳闸走网络

 B. SV 采用点对点模式，GOOSE 单独组网

 C. SV 和 GOOSE 组网

 D. SV、IEEE1588 和 GOOSE 三网合一

339. 智能变电站全站通信网络采用（　　）。　　　　　　　　　　　　　（A）

 A. 以太网 B. Lonworks 网 C. FT3 D. 232 串口

340. 智能变电站全站系统配置文件是（　　）。　　　　　　　　　　　　（A）

 A. SCD 文件 B. ICD 文件 C. CID 文件 D. SSD 文件

341. 智能变电站双重化配置的继电保护，当一个网络异常或退出时，（　　）另一个网络的运行。　　　　　　　　　　　　　　　　　　　　　　　　　　　（A）

 A. 不应影响 B. 影响 C. 必须退出 D. 可能影响

342. 智能变电站系统中，ICD 文件中逻辑节点的实例来自于（　　）。　　（A）

 A. 数据类型模板中的 LNodeTypes B. 数据类型模板中的 DoTypes

 C. 数据类型模板中的 DaTypes   D. 数据类型模板中的 EnumTypes

343. 智能变电站系统中，SCD 文件中数据类型模板是（　　）。　　　　（A）

 A. SCD 中各型号 ICD 中数据类型模板的合集

 B. SCD 中第一个装置的数据类型模板

 C. SCD 中最后一个装置的数据类型模板

 D. SCD 中数据类型模板最大的一个装置的数据类型模板

344. 智能变电站系统中，实例化后的纯合并单元的模型文件 CID 文件中不应包含（　　）。　　　　　　　　　　　　　　　　　　　　　　　　　　　　　（A）

 A. 报告控制块   B. GOOSE 发送控制块

 C. SMV 发送控制块   D. GOOSE 连线

345. 智能变电站系统中，智能终端模型中的断路器、隔离开关等位置多采用（　　）数据类型来表示。　　　　　　　　　　　　　　　　　　　　　　　　　（A）

A. 双点　　　　　　　B. 整型　　　　　　　C. 布尔量　　　　　　D. 浮点

346. 智能变电站一体化监控系统中，监控主机位于（　　）。　　　　　　　　　　（A）

A. 安全区Ⅰ　　　　　B. 安全区Ⅱ　　　　　C. 安全区Ⅲ　　　　　D. 安全区Ⅳ

347. 智能变电站中，属于站控层设备的是（　　）。　　　　　　　　　　　　　　（A）

A. 操作员工作站　　　B. 电子式互感器　　　C. 保护装置　　　　　D. 测控装置

348. 智能变电站中，站控层与间隔层之间的信息交互使用的是（　　）。　　　　　（A）

A. MMS 服务　　　　　B. SMV 服务　　　　　C. GOOSE 服务　　　　D. TCP/IP 服务

349. 智能变电站中，保护装置发跳闸信号采用（　　）传输。　　　　　　　　　（A）

A. GOOSE　　　　　　B. MMS　　　　　　　C. SV　　　　　　　　D. SNTP

350. 智能变电站中，故障录波器产生的告警信息上送报文是（　　）。　　　　　（A）

A. MMS　　　　　　　B. GSGE　　　　　　C. GOOSE　　　　　　D. SV

351. 智能变电站主要建设理念是（　　）。　　　　　　　　　　　　　　　　　（A）

A. 两型一化　　　　　B. 功能先进　　　　　C. 安全可靠　　　　　D. 运行高效

352. 智能变电站自动化系统可以划分为（　　）3 层结构。　　　　　　　　　　（A）

A. 站控层、间隔层、过程层　　　　　　　　B. 控制层、隔离层、保护层
C. 控制层、间隔层、过程层　　　　　　　　D. 站控层、隔离层、保护层

353. 智能变电站自动化系统体系结构简称（　　）。　　　　　　　　　　　　　（A）

A. 三层两网　　　　　B. 两层两网　　　　　C. 三层一网　　　　　D. 一层两网

354. 关于智能化变电站与数字化变电站的关系，下列描述错误的是（　　）。　　（A）

A. 智能化变电站和数字化变电站完全相同
B. 数字化变电站是智能化变电站发展的必经阶段和实现基础
C. 智能化变电站是数字化变电站的提升
D. 智能化变电站离不开数字化变电站

355. 智能站变电站网络有 3 层，分别是站控层、间隔层和（　　）。　　　　　（A）

A. 过程层　　　　　　B. 传输层　　　　　　C. 通信层　　　　　　D. 装置层

356. 智能站中过程层和站控层都存在的设备是（　　）。　　　　　　　　　　　（A）

A. 交换机　　　　　　B. 合并单元　　　　　C. 智能终端　　　　　D. 测控

357. 智能终端 GOOSE 信息处理时延应小于（　　）。　　　　　　　　　　　　（A）

A. 1ms　　　　　　　B. 2ms　　　　　　　C. 3ms　　　　　　　D. 4ms

358. 装置能力自描述文件的英文简称是（　　）。　　　　　　　　　　　　　　（A）

A. ICD　　　　　　　B. SSD　　　　　　　C. SCD　　　　　　　D. CID

359. 装置重启后，GOOSE 报文中 stNum，sqNum 应当从（　　）开始。　　　　（A）

A. stNum=1，sqNum=1　　　　　　　　　　B. stNum=1，sqNum=0
C. stNum=0，sqNum=0　　　　　　　　　　D. stNum=0，sqNum=1

360. 综合应用服务器属于（　　）。　　　　　　　　　　　　　　　　　　　　（A）

A. 站控层设备　　　　B. 间隔层设备　　　　C. 通信层设备　　　　D. 过程层设备

361. 综合应用服务器通过（　　）向Ⅲ/Ⅳ区数据通信网关机发布信息。　　　　（A）

A. 正反向隔离装置　　B. 防火墙　　　　　　C. 纵向加密装置　　　D. 路由器

二、多项选择题

1. 报告上送中始终存在的参数名称有（　　）。 （CD）

A. SeqNum　　　　　B. DatSet　　　　　C. RptID　　　　　D. OptFlds

2. 过电流 I 段保护的电流定值为 30A，"电流定值"属于 IEC 61850 建立的信息模型中的（　　）层次，"30A"属于 IEC 61850 建立的信息模型中的（　　）层次。 （CD）

A. 逻辑设备　　　　B. 逻辑节点　　　　C. 数据属性　　　　D. 数据对象

3. 下列（　　）逻辑节点是控制逻辑节点。 （CD）

A. RDRE　　　　　B. XCBR　　　　　C. CSWI　　　　　D. CILO

4. SMV 服务一般应用于（　　）。 （BD）

A. 智能终端接收保护装置跳闸　　　　　　B. 测控装置接收过程层采样

C. 智能终端接收测控装置遥控　　　　　　D. 保护装置接收过程层采样

5. 测控装置已能正确显示合并单元采样值，但后台对应显示却仍一直为 0，有可能是下列哪些原因造成的（　　）。 （BD）

A. SCD 集成时对应连线连错　　　　　　B. 测控装置设置为二次值上送

C. 测控装置或合并单元未对时　　　　　　D. 测控装置程序有问题导致上送值为 0

6. 智能站保护装置比常规保护装置面板主菜单多出的选项有（　　）。 （BD）

A. 控制字　　　　　　　　　　　　B. GOOSE 软压板

C. 通信模块选择　　　　　　　　　　D. MU 软压板

7. 以下（　　）模型文件是用于单装置的模型文件。 （BD）

A. SSD 文件　　　　B. CID 文件　　　　C. SCD 文件　　　　D. ICD 文件

8. 在智能站调试过程中，由于要求不满足用户要求需要更换装置模型时，可采用的方法有（　　）。 （BD）

A. 重新配置整个工程文件　　　　　　B. 根据 ICD/CID 更新数据

C. 把新导入模型更改 IEDname　　　　D. 把原模型删除，重新导入新模型

9. GOOSE 报文可用于传输（　　）。 （BCD）

A. 9-2 报文　　　　B. 单位置信号　　　　C. 双位置信号　　　　D. 模拟浮点量信息

10. IEC 61850 标准的实现主要分为（　　）3 个部分，配置文件是联系三者的纽带。 （BCD）

A. 客户端（装置）　　　　　　　　B. 服务器端（后台）

C. 配置工具　　　　　　　　　　D. 配置文件

11. MMS 协议可以完成的功能有（　　）。 （BCD）

A. 保护跳闸　　　　B. 定值管理　　　　C. 控制　　　　D. 故障报告上送

12. 过程层设备宜采用对时方式有（　　）。 （BCD）

A. SNTP　　　　　B. IRIG-B　　　　C. 1pps　　　　D. 1588

13. 某 220kV 线路第一套智能终端故障不停电消缺时，可做的安全措施有（　　）。 （BCD）

A. 退出该线路第一套线路保护跳闸压板　　B. 退出该智能终端出口压板

C. 投入该智能终端检修压板　　　　　　D. 断开该智能终端 GOOSE 光缆

14. 某保护单体调试时继电保护测试仪收不到保护发出的 GOOSE 信号，可能是因为（   ）。   （BCD）

A. 继电保护测试仪与保护装置的检修状态不一致

B. 保护装置的相关 GOOSE 输出压板没有投入

C. 继电保护测试仪的开关量输入关联错误

D. 保护装置 GOOSE 光口接线错误

15. 属于过程层的设备有（   ）。   （BCD）

A. 测控装置   B. 合并单元   C. 智能终端   D. 电子式互感器

16. 下列开入类型在 GOOSE 开入检修部一致时应做的无效处理的是（   ）。   （BCD）

A. 断路器、刀开关位置   B. 远跳开入

C. 闭重开入   D. 启失灵开入

17. 智能变电站过程层网络可使用（   ）功能，对 SV 和 GOOSE 报文进行管理。   （BCD）

A. IGMP   B. GMRP   C. VLAN   D. 静态组播管理

18. 智能变电站中常用的对时方式有（   ）。   （BCD）

A. 脉冲   B. SNTP   C. IRIG–B   D. IEC 1588

19. 以下（   ）在智能变电站采用的 IEC 61850 标准体系中做了规定。   （BC）

A. 互感器采集器输出标准   B. 合并单元输出标准

C. 智能设备与监控之间通信标准   D. 远动与调度主站之间通信标准

20. GOOSE 接收机制中主要依靠（   ）两个属性在维护状态机。   （BC）

A. GoID   B. SqNum   C. StNum   D. ConfRev

21. 报告控制块模型相关的服务包括（   ）。   （BC）

A. 读数据集值   B. 报告

C. 读缓存报告控制块值   D. 读日志控制块值

22. 调度遥控某智能变电站内的断路器，此命令需要经过（   ）网络，才能传到断路器。   （BC）

A. SV   B. GOOSE   C. MMS   D. MU

23. 下列描述测量值信息的公用数据类是（   ）。   （BC）

A. ACT   B. MV   C. WYE   D. SPC

24. 以下（   ）规约是智能变电站传输采样值时所采用的。   （BC）

A. IEC 60870–103   B. IEC 61850–9–1   C. IEC 61850–9–2   D. IEC 60870–101

25. 在 SCD 集成配置时，发现 Communication 下节点与 IED 不对应，出现有多有少，可能是下列（   ）情况导致的。   （BC）

A. 新建 IED 在子网配置选项框中未选择子网信息

B. 删除 IED 时未选择删除关联节点数据

C. 未使用 Import ICD TO Library 和新建 IED 功能而直接导入模型

D. 使用复制 IED 和粘贴 IED 功能

26. 在智能变电站过程层中使用到的网络有（   ）。   （BC）

A. MMS 网   B. GOOSE 网   C. SV 网   D. SNTP 网

27. 智能变电站中，间隔层与过程层之间的信息交互使用的是（   ）。   （BC）

A. MMS 服务　　　　B. SMV 服务　　　C. GOOSE 服务　　　D. TCP/IP 服务

28. 下列 IEC 61850（　　）通信服务不使用 TCP/IP。　　　　　　　　　（AD）

A. GOOSE　　　　B. MMS　　　　C. SNTP　　　　D. SV

29. 下列（　　）不需在 SCD 中配置。　　　　　　　　　　　　　　　（AD）

A. SMV/GOOSE 发送接收端口配置　　　B. IP/MAC 地址

C. APP ID　　　　　　　　　　　　　D. 合并单元通道对应关系

30. 下列组播地址范围正确的是（　　）。　　　　　　　　　　　　　　（AD）

A. 采样值采用 01-0C-CD-04-00-00～01-0C-CD-04-01-FF

B. 采样值采用 01-0C-CD-01-00-00～01-0C-CD-01-01-FF

C. GOOSE 采用 01-0C-CD-04-00-00～01-0C-CD-04-01-FF

D. GOOSE 采用 01-0C-CD-01-00-00～01-0C-CD-01-01-FF

31. 智能变电站的网络方式信息同步机制主要有（　　）。　　　　　　　（AD）

A. SNTP 协议　　　B. IRIG-B 码　　　C. 秒脉冲同步　　　D. IEEE 1588 协议

32. 智能变电站一体化监控系统中源端维护传输的主要两种文件格式为（　　）。（AD）

A. SVG　　　　B. TXT　　　　C. PDF　　　　D. CIM

33. 装置 ICD 文件中应预先定义统一名称的数据集，并由装置制造厂商预先配置数据集中的数据，下列数据集可以在报告控制块中配置的是（　　）。　　　　　　（ACDE）

A. 保护事件（dsTripIfo）　　　　B. GOOSE 信号（dsGOOSE）

C. 保护录波（dsRelayRec）　　　　D. 故障信号（dsAlarm）

E. 告警信号（dsWarning）　　　　F. 保护定值（dsSetting）

34. 220kV 及以上电压等级智能变电站，测控装置可以选择以下（　　）配置模式。（ACD）

A. 单套测控装置接单网　　　　　　B. 保护测控一体

C. 测控双重化配置　　　　　　　　D. 单套测控装置跨双网

35. 保护、测控装置在接收合并单元采样时，SV 链路未告警，但显示采样值错位，如实际 ABC 相电流显示为 ACB 相电流，有可能是（　　）原因造成的。　　　　　（ACD）

A. SCD 集成时对应连线连错　　　　B. 保护、测控装置变比设置不对

C. 合并单元对应通道配置错位　　　D. 保护、测控装置程序或模型配置错位

36. 合并单元装置的功能模块中包含（　　）。　　　　　　　　　　　　（ACD）

A. 同步功能模块　　　　　　　　　B. 操作回路

C. 多路数据采集和处理模块　　　　D. 数据发送模块

37. 下列告警信息有关智能站保护装置采集 U、I 告警的有（　　）。　　（ACD）

A. 品质异常告警　　　　　　　　　B. SV 配置错误告警

C. MU 延迟变化告警　　　　　　　D. SV 断链告警

38. 以下所列协议中属于合并单元采样规约的有（　　）。　　　　　　　（ACD）

A. GB/T 20840.8（IEC 60044-8）　　　B. DL/T 860.81（DL/T 860-8-1）

C. DL/T 860.91（DL/T 860-9-1）　　　D. DL/T 860.92（DL/T 860-9-2）

39. 源端维护需要子站端生成（　　）文件提供给主站端。　　　　　　　（ACD）

A. 61970CIM 文件　　　B. SCD 文件　　　C. SVG 文件　　　D. 104 点表

40. 智能变电站常见的几种对时方式有（　　）。　　　　　　　　　　　（ACD）

A. SNTP 对时　　　　　B. 1588 对时　　　　C. B 码对时　　　　D. pps、ppm

41. 智能变电站的三层架构指的是（　　）。　　　　　　　　　　　　　　　　（ACD）

A. 站控层　　　　B. 网络层　　　　C. 间隔层　　　　D. 过程层

42. 智能变电站与数字变电站的区别是（　　）。　　　　　　　　　　　　　　（ACD）

A. 一次设备状态监测与一次设备智能化　　B. 采用 IEC 61850 规约进行站内通信

C. 信息一体化平台与智能高级应用　　　　D. 辅助系统智能化

43. 智能变电站中，GOOSE 报文中包含（　　）信息。　　　　　　　　　　　（ACD）

A. 遥信　　　　B. 交流采样　　　　C. 遥控　　　　D. 直流量

44. 智能变电站自动化系统可以划分为（　　）。　　　　　　　　　　　　　　（ACD）

A. 站控层　　　　B. 保护层　　　　C. 过程层　　　　D. 间隔层

45. 智能站保护装置与合并单元或者智能终端通信时，报文发收双方（　　）要一致。

　　　　　　　　　　　　　　　　　　　　　　　　　　　　　　　　　　　　（ACD）

A. MAC 地址　　　B. IP 地址　　　C. IED 名称　　　D. APP ID

46. IED 设备包含 Server 对象，Server 对象中至少包含一个 LD 对象，每个 LD 对象中至少包含 3 个 LN，其中必须包含（　　）逻辑节点及其他逻辑节点。　　　　　　（AC）

A. LLN0　　　　B. MMXU　　　　C. LPHD

D. GGIO　　　　E. PTOC

47. sbo-with-enhanced-security 可用于（　　）控制方式。　　　　　　　　　　（AC）

A. 断路器隔离开关遥控　　　　　　　B. 装置复归

C. 保护软压板遥控　　　　　　　　　D. 变压器挡位调节

48. 关于 IEC 61850 智能变电站的以下说法中，不正确的是（　　）。　　　　　（AC）

A. 应用 IEC 61850 对网络交换机没有特殊要求

B. IEC 61850 实现了设备的即插即用，节省电缆，减低成本

C. IEC 61850 的术语"过程总线"与常说的"现场总线"是一回事

D. IEC 61850 标准定义的逻辑节点中以 C 开头的逻辑节点表示带有控制功能

49. 合并单元输出方式有（　　）。　　　　　　　　　　　　　　　　　　　　（AC）

A. IEC 60044-8 规约方式　　　　　　B. 网络 103 规约方式

C. IEC 61850-9-2 方式　　　　　　　D. CDT 规约方式

50. 合并单元主要传输类型信号为（　　）。　　　　　　　　　　　　　　　　（AC）

A. GOOSE　　　　B. MMS　　　　C. SMV

51. 在 GOOSE 传输机制中，有（　　）重要参数。　　　　　　　　　　　　　（AC）

A. StateNumber　　B. StartNumber　　C. SequenceNumber　D. SetNumber

52. 智能变电站系统中，实例化后的纯智能终端单元的模型文件 CID 文件中不应包含（　　）。　　　　　　　　　　　　　　　　　　　　　　　　　　　　　　　　（AC）

A. 报告控制块　　　　　　　　　　　B. GOOSE 发送控制块

C. SMV 发送控制块　　　　　　　　 D. GOOSE 连线

53. 智能变电站中合并单元与保护装置通信及合并单元级联的两种常用规约为（　　）。

　　　　　　　　　　　　　　　　　　　　　　　　　　　　　　　　　　　　（AC）

A. IEC 61850-9-2　B. IEC 61850-9-1　C. IEC 60044-8　D. IEC 1588

54. 智能终端的检修压板投入时（　　）。　　　　　　　　　　　　　　　　　（AC）

A. 发出的 GOOSE 品质位为检修　　　　　B. 发出的 GOOSE 品质位为非检修

C. 只响应品质位为检修的命令　　　　　D. 只响应品质位为非检修的命令

55. 220kV 及以上电压等级智能变电站中应双重配置的设备有（　　　）。　　（ABD）

A. 监控主机　　　　　　　　　　　　B. 主变压器保护装置

C. 故障录波装置　　　　　　　　　　D. 合并单元

56. IEC 61850−9−2 报文中包含的采样状态标志有（　　　）。　　　　　（ABD）

A. 同步　　　　　B. 测试　　　　　C. 通信中断　　　　　D. 数据无效

57. SMV9−2 报文中包含的状态标志有（　　　）。　　　　　　　　（ABD）

A. 数据无效　　　　B. 同步　　　　C. 通信中断　　　　D. 测试

58. 变电站智能化应实现以下的技术，从而满足集中监控的技术要求。　　（ABD）

A. 全站信息数字化　　　　　　　　　B. 信息共享标准化

C. 站内设备集中化　　　　　　　　　D. 通信平台网络化

59. 采样值传输可使用的 IEC 标准包括（　　　）。　　　　　　　　（ABD）

A. IEC 61850−9−1　B. IEC 61850−9−2　C. IEC 61970　D. IEC 60044−8

60. 数字化变电站对一、二次设备划分的 3 层结构为（　　　）。　　　　（ABD）

A. 过程层　　　　　B. 站控层　　　　C. 网络层　　　　D. 间隔层

61. 下列（　　　）是 LDevice 的 inst。　　　　　　　　　　　　（ABD）

A. PROT　　　　　B. CTRL　　　　　C. DAType　　　　D. MEAS

62. 下面（　　　）地址是组播地址。　　　　　　　　　　　　　（ABD）

A. 01:2A:32:34:5C:54　　　　　　　B. 87:33:45:f5:00:00

C. 5C:66:7E:72:00:06　　　　　　　D. 6B:12:34:3D:23:8a

63. 以下（　　　）功能属于智能变电站高级应用功能。　　　　　　（ABD）

A. 智能告警功能　　B. 顺序控制功能　　C. SCADA 功能　　D. 源端维护功能

64. 智能变电站采样值传输可使用的 IEC 标准包括（　　　）。　　　　（ABD）

A. IEC 61850−9−1　B. IEC 61850−9−2　C. IEC 61970　D. IEC 60044−8

65. 智能变电站对一、二次设备划分的 3 层结构为（　　　）。　　　　（ABD）

A. 站控层　　　　　B. 间隔层　　　　C. 网络层　　　　D. 过程层

66. 智能变电站过程层应用的交换机需要具备网络风暴抑制功能，网络风暴抑制的报文类型包括（　　　）。　　　　　　　　　　　　　　　　　　　　　（ABD）

A. 广播　　　　　　B. 组播　　　　　C. 单播　　　　　D. 未知单播

67. 智能变电站设计总体思路是（　　　）。　　　　　　　　　　　（ABD）

A. 节约环保　　　　B. 功能集成　　　C. 配置先进　　　D. 工艺一流

68. 智能变电站中，SV 报文中不包含（　　　）信息。　　　　　　　（ABD）

A. 遥信　　　　　　B. 遥控　　　　　C. 交流采样　　　D. 直流量

69. 智能站中以下（　　　）因素一定会闭锁高压保护动作。　　　　　（ABD）

A. MU 延时变化告警　　　　　　　　B. 双 AD 不一致告警

C. SV 通道品质异常　　　　　　　　D. SV 断链告警

70. 电子式互感器用合并单元级联时的延时包括的环节有（　　　）。　（ABCDEF）

A. ECT 特性延时　　　　　　　　　B. ECT 采样延时

C. 远端模块至 MU 传输延时　　　　D. MU 级联延时

E. MU 处理延时   F. MU 至保护传输延时

71. 高级功能随着智能电网的发展目前阶段实施，其功能主要包括（　　）。（ABCDE）

A. 顺序控制   B. 设备状态可视化

C. 智能告警及分析决策   D. 源端维护

E. 站域控制

72. CID 文件中和 ICD 文件不同的信息有（　　）。（ABCD）

A. MMS 通信地址   B. GOOSE 通信地址

C. IED 名称   D. GOOSE 输入

73. DataTypeTemplate 节点下包含（　　）的子节点有（　　）。（ABCD）

A. LNodeType   B. DOType   C. DAType   D. EnumType

74. GIS 智能汇控柜较传统汇控柜比较，优点有（　　）。（ABCD）

A. 节约了电缆投资和占地面积

B. GIS 智能控制柜优化了二次回路和结构

C. 联调在出厂前完成，现场调试工作量减少，投运时间缩短

D. 基于通信和组态软件的联锁功能比传统硬接点联锁方便

75. GOOSE 报文传输的可靠性主要由以下（　　）几个方面保证。（ABCD）

A. 快速重发机制   B. 报文中应携带"报文存活时间 TAL"

C. 报文中应携带数据品质等参数   D. 具备较高的优先级

76. GOOSE 基于发布/订阅的数据模型，接收方应严格检查（　　）等参数是否匹配。

（ABCD）

A. MAC、APPID   B. GOID、GOCBRef

C. DataSet   D. ConfRev

77. GOOSE 可以传输以下（　　）信息。（ABCD）

A. 智能终端的常规开入

B. 跳闸、遥控、启动失灵、联锁

C. 自检信息

D. 实时性要求不高的模拟量，如环境温度、相对湿度、直流量

78. ICD 模型文件由（　　）几部分组成。（ABCD）

A. Header   B. Communication   C. IED   D. DataTypeTemplates

79. IEC 61850–9–2 基于发布/订阅的数据模型，接收方应严格检查以下（　　）内容是否匹配。（ABCD）

A. MAC   B. APPID   C. SVID   D. 通道个数

80. IEC 61850 标准体系是一个全新的通信标准体系，与之前的一些通信标准的区别主要体现在（　　）。（ABCD）

A. 面向设备建立数据模型   B. 面向对象建立数据模型

C. 自我描述和配置管理   D. 抽象分类服务接口（ACSI）

81. IEC 61850 严格规范了（　　），使不同智能电气设备间的信息共享和互操作成为可能。

（ABCD）

A. 数据的命名、数据定义   B. 设备行为

C. 设备的自描述特征   D. 通用配置语言

82. MMS 即制造报文规范，其特点主要有（　　）。 （ABCD）

A. 定义了交换报文的格式　　　　　　B. 结构化层次化的数据表示方法

C. 可以表示任意复杂的数据结构　　　D. 定义了针对数据对象的服务和行为

83. MU 装置通过互感器采集数据后，通常会将采集到的测量量发送给（　　）。 （ABCD）

A. 计量装置　　　　B. 录波装置　　　　C. 测控装置　　　　D. 保护装置

84. SCD 文件配置时包含的文件信息有（　　）。 （ABCD）

A. 一、二次关联配置　　　　　　　　B. 二次设备信号描述

C. 通信网络及参数配置　　　　　　　D. GOOSE 信号关联配置

85. 按照国网要求，对一体化监控系统的描述正确的有（　　）。 （ABCD）

A. 监控主机采集安全一区数据　　　　B. 综合应用服务器采集安全二区数据

C. 数据统一由数据服务器存储　　　　D. 三区网关机从综合应用服务器获取数据

86. 变电站的数据文件 SCD 文件包含的文件信息有（　　）。 （ABCD）

A. 变电站一次系统配置（含一、二次关联信息配置）

B. 二次设备信号描述配置

C. GOOSE 信号连接配置

D. 通信网络及参数的配置

87. 变电站配置描述语言 SCL 用来描述（　　）的关系。 （ABCD）

A. IED 配置和参数　　B. 通信系统配置　　　C. 变电站系统结构　　D. 上述各项之间

88. 查看 GOOSE 报文时需要核对（　　）是否正确。 （ABCD）

A. APPID　　　　　　B. IEDName　　　　　C. MAC　　　　　　D. 通道数

89. 查看 SMV 报文时需要核对（　　）是否正确。 （ABCD）

A. APPID　　　　　　B. SVID　　　　　　　C. MAC　　　　　　D. 通道数

90. 关于 GOOSE 报文发送机制，下述说法正确的有（　　）。 （ABCD）

A. 在 GOOSE 数据集中的数据没有变化的情况下，stNum 不变，sqNum 递增

B. 数据变位后的报文中状态号（stNum）增加，顺序号（sqNum）从零开始

C. 根据 GOOSE 报文中的允许生存时间 TATL 来检测链路中断

D. 2 倍的报文允许生存时间 TATL 内没有收到正确的 GOOSE 报文，就认为链路中断

91. 关于 GOOSE 的描述，下述说法正确的有（　　）。 （ABCD）

A. GOOSE 替代了传统的智能电子设备（IED）之间硬接线的通信方式

B. 为逻辑节点间的通信提供了快速且高效可靠的方法

C. GOOSE 消息包含数据有效性检查和消息的丢失、检查和重发机制

D. 可实现网络在线检测，当网络有异常时迅速给出告警，大大提高了可靠性

92. 关于 GOOSE 的描述，下述正确的是（　　）。 （ABCD）

A. GOOSE 是 IEC 61850 定义的一种通信机制，用于快速传输变电站事件

B. 单个的 GOOSE 信息由 IED 发送，并能被若干个 IED 接收使用

C. 代替了传统的智能电子设备（IED）之间硬接线的通信方式

D. 提供了网络通信条件下快速信息传输和交换的手段

93. 关于 GOOSE 服务的描述，下述说法正确的有（　　）。 （ABCD）

A. GOOSE 服务主要用于保护跳闸、断路器位置，联锁信息等实时性要求高的数据传输

B. GOOSE 服务支持由数据集组成的公共数据的交换

C. GOOSE 服务的信息交换基于发布/订阅机制基础上

D. GOOSE 报文不经过 TCP/IP，直接在以太网链路层上传输

94. 关于 IEC 61850 标准，下列说法正确的有（　　）。　　　　　　（ABCD）

A. 采用 IEC 61850 标准的设备之间互操作性好，调试维护方便

B. 改变了过去按点孤立传送信息的模式，使信息按对象整体传送

C. 网络化的通信平台简化了二次回路的设计，减少了二次电缆的使用

D. 为变电站自动化系统整体实现无缝通信奠定了基础

95. 关于 IEC 61850 模型的层次关系，下列说法正确的有（　　）。　　（ABCD）

A. 物理设备映射到 IED　　　　　　　　B. 各个功能分解到 LN

C. 每个功能的保护数据映射到 DO　　　D. 数据属性命名为 LD/LNFCDO$DA

96. 关于 MMS 信号上送的规则，下述说法正确的是（　　）。　　　（ABCD）

A. 开入、事件、报警等信号类数据的上送功能通过 BRCB 来实现

B. 遥测、保护测量类数据的上送功能通过 URCB 来实现

C. 定值功能通过 SGCB 来实现

D. 故障报告功能通过 RDRE 逻辑节点实现

97. 关于检修 GOOSE 和 SMV 的逻辑，下述说法正确的有（　　）。　　（ABCD）

A. 检修压板一致时，对 SMV 来说保护认为合并单元的采样是可用的

B. 检修压板一致时，对 GOOSE 来说保护跳闸后，智能终端能出口跳闸

C. 检修压板不一致时，对 SMV 来说保护认为合并单元的采样不可用

D. 检修压板不一致时，对 GOOSE 来说保护跳闸后，智能终端不出口

98. 关于智能终端，下述说法正确的有（　　）。　　　　　　　　（ABCD）

A. 采用先进的 GOOSE 通信技术

B. 可完成传统操作箱所具有的断路器操作功能

C. 能够完成隔离开关、接地开关的分合及闭锁操作

D. 能够就地采集包括断路器和隔离开关在内的一次设备的状态量

99. 合并单元采样输出应满足的专业要求有（　　）。　　　　　　（ABCD）

A. 保护　　　　　　B. 测控　　　　　　C. 计量　　　　　　D. 录波

100. 合并单元的基本功能有（　　）。　　　　　　　　　　　　（ABCD）

A. 采集模拟量数据　　　　　　　　　　B. 完成各类数据同步

C. 通过 SV9-2 和 IEC 60044-8 发送数据　　D. 完成 PT 并列、切换功能

101. 合并单元可接入信号有（　　）。　　　　　　　　　　　　（ABCD）

A. 电子式互感器输出的数字采样值　　　B. 智能化一次设备的断路器信号

C. 传统互感器的模拟信号　　　　　　　D. 光纤对时信号

102. 合并单元配置 SmvOpts 需要修改成 FALSE 的有（　　）。　　　（ABCD）

A. refreshTime　　　B. sampleRate　　　C. security　　　D. dataRef

103. 坚强智能电网体系构架包括（　　）。　　　　　　　　　　（ABCD）

A. 电网基础体系　　B. 技术支撑体系　　C. 智能应用体系　　D. 标准规范体系

104. 某保护单体调试时收不到继电保护测试仪发出的 GOOSE 信号，可能是因为（　　）。

（ABCD）

A. 继电保护测试仪与保护装置的检修状态不一致

B. 保护装置的相关 GOOSE 输入压板没有投入

C. 继电保护测试仪的开关量输出关联错误

D. 保护装置 GOOSE 光口接线错误

105. 某保护单体调试时收不到继电保护测试仪发出的 SV 信号，可能是因为（   ）。

（ABCD）

A. 继电保护测试仪与保护装置的检修状态不一致

B. 保护装置的相关 SV 接收压板没有投入

C. 继电保护测试仪的模拟量输出关联错误

D. 保护装置 SV 光口接线错误

106. 目前，智能变电站过程层所采用的组网方式有（   ）。 （ABCD）

A. 全部点对点通信方式　　　　　　　　B. GOOSE、SV 分别组网方式

C. GOOSE、SV 共网方式　　　　　　　D. 保护点对点方式、测控组网方式

107. 数字化变电站同数字化电网一样，将伴随着新的数字化技术的发展而不断发展，最终可达到（   ）的目的。 （ABCD）

A. 信息描述数字化、信息采集集成化

B. 信息传输网络化、信息处理智能化

C. 信息展现可视化

D. 生产决策科学化

108. 为了用兼容方法在不同制造商的工具之间交换设备描述和系统参数，IEC 61850 定义了变电站设置语言（SCL）。请问 SCL 描述了下面所列的（   ）。 （ABCD）

A. 变电站（Substation）　　　　　　　B. 通信（Communication）

C. IED　　　　　　　　　　　　　　　D. LNType

109. 下列（   ）材料是系统集成前设计院必须提供的材料。 （ABCD）

A. 全站二次设备信息表　　　　　　　　B. 全站二次设备 ICD 文件

C. 全站 GOOSE 连线虚端子表　　　　　D. 全站 SMV 连线虚端子表

110. 下面关于智能变电站网络结构描述正确的是（   ）。 （ABCD）

A. 站控层网络可传输 MMS 报文和 GOOSE 报文

B. 间隔层网络可传输 MMS 报文和 GOOSE 报文

C. 间隔层可传输采样值和 GOOSE 报文

D. 过程层可传输采样值和 GOOSE 报文

E. 站控层可传输采样值和 GOOSE 报文

111. 下面（   ）是智能变电站主要辅助功能。 （ABCD）

A. 视频监控　　　　B. 安防系统　　　　C. 照明系统　　　　D. 站用电源系统

112. 在使用 GOOSE 跳闸的智能变电站中，以下（   ）情况可能导致保护动作但断路器未跳闸。 （ABCD）

A. 智能终端检修压板投入，保护装置检修压板未投入

B. 保护装置 GOOSE 出口压板未投入

C. 智能终端出口压板未投入

D. 保护到智能终端的直跳光纤损坏

113. 智能变电站具有如下一些特征（　　）。　　　　　　　　　　（ABCD）

A. 符合 IEC 61850 标准的变电站通信网络和系统

B. 智能化的一次设备

C. 网络化的二次设备

D. 信息化的运行管理系统

114. 智能变电站母差保护一般配置有（　　）。　　　　　　　　　（ABCD）

A. MU 接收压板　　　　　　　　　　B. 启动失灵接收软压板

C. 失灵联跳发送软压板　　　　　　　D. 跳闸 GOOSE 发送压板

115. 智能变电站配置文件包括（　　）。　　　　　　　　　　　　（ABCD）

A. SCD 文件　　　　B. ICD 文件　　　　C. CID 文件　　　　D. SSD 文件

116. 智能变电站配置信息应包括（　　）。　　　　　　　　　　　（ABCD）

A. ICD 文件　　　　B. SCD 文件　　　　C. CID 文件　　　　D. SSD 文件

117. 智能变电站系统中，纯合并单元的 IED 模型文件 ICD 文件中不应包含（　　）。

（ABCD）

A. 报告控制块　　　　　　　　　　　B. GOOSE 发送控制块

C. SMV 发送控制块　　　　　　　　　D. GOOSE 连线

118. 智能变电站系统中，纯智能终端单元的 IED 模型文件 ICD 文件中不应包含（　　）。

（ABCD）

A. 报告控制块　　　　　　　　　　　B. GOOSE 发送控制块

C. SMV 发送控制块　　　　　　　　　D. GOOSE 连线

119. 智能变电站系统中，客户端初始化报文中的触发条件包含（　　）。　（ABCD）

A. 数据变化　　　　B. 品质变化　　　　C. 周期　　　　D. 总召唤

120. 智能变电站中，过程层设备包括（　　）。　　　　　　　　　（ABCD）

A. 合并单元　　　　　　　　　　　　B. 智能终端

C. 智能开关　　　　　　　　　　　　D. 光电流互感器/电压互感器

121. 智能变电站中，交换机 VLAN 配置的必要性包括（　　）。　　（ABCD）

A. 减轻交换机和装置的负载

B. 采用 VLAN 技术，有效隔离网络流量

C. 安全隔离，限制每个端口只收所需报文，避免无关信号干扰

D. 控制数据流向，提高网络可靠性、实时性

122. 智能变电站中的（　　）任一个元件损坏，除出口继电器外，装置不应误动作跳闸。

（ABCD）

A. 合并单元　　　　　　　　　　　　B. 电子式互感器的二次转换器(A/D采样回路)

C. 智能终端　　　　　　　　　　　　D. 过程层网络交换机

123. 智能变电站中功能一体化特点是指（　　）。　　　　　　　　（ABCD）

A. 系统功能集中化　　　　　　　　　B. 设备功能集成化

C. 电源系统一体化　　　　　　　　　D. 辅助系统智能化

124. 智能单元配置原则有（　　）。　　　　　　　　　　　　　　（ABCD）

A. 220kV 及以上的断路器间隔配置双重化的分相智能单元

B. 220kV 以下的断路器间隔配置双重化的三相智能单元

C. 主变压器各侧配置双重化的智能单元

D. 主变压器本体配置单台智能单元

125. 智能电网的内涵是（ ）。 （ABCD）

A. 坚强可靠 B. 经济高效

C. 清洁环保 D. 透明开放、友好互动

126. 智能化变电站内全部为光纤通信，其中光纤跳线的头（ ）。 （ABCD）

A. FC 型 B. SC 型 C. ST 型 D. LC 型

127. 智能化变电站系统配置工具 SCD 的主要配置内容有（ ）。 （ABCD）

A. SSD 的配置 B. IED 的配置

C. Communication 的配置 D. GOOSE 和 SV 的配置

128. 智能化变电站运行中，阅读 MMS、GOOSE、SV 报文的关键要素有（ ）。

（ABCD）

A. 基本编码规则 B. 报文的结构 C. 网络结构 D. 模型信息

129. 智能化变电站作为变电站的发展方向，主要解决现有变电站可能存在的（ ）问题。

（ABCD）

A. 传统互感器的绝缘、饱和、谐振及断路器智能化

B. 长距离电缆、屏间电缆

C. 通信标准的统一

D. 在线监测及高级应用

130. 智能一次设备的技术特征有（ ）。 （ABCD）

A. 测量数字化 B. 控制网络化

C. 状态可视化 D. 功能一体化及信息互动化

131. 智能站的基本特点有（ ）。 （ABCD）

A. 全站信息数字化 B. 通信平台网络化

C. 信息共享标准化 D. 高级应用互动化

132. 智能站内远动与调度通信可以实现的规约有（ ）。 （ABCD）

A. 部颁 101 B. 华北 104 C. CDT D. 华北 101

133. 智能终端的基本功能有（ ）。 （ABCD）

A. 保护 GOOSE 跳合闸、测控 GOOSE 遥控

B. 断路器操作回路

C. GOOSE 遥信

D. GOOSE 遥测

134. 智能终端中的断路器操作功能主要包括（ ）。 （ABCD）

A. 接收保护分相跳闸、三跳和重合闸 GOOSE 命令，对断路器实施跳合闸

B. 手分、手合硬接点输入，分相或三相的跳合闸回路

C. 跳合闸电流保持、回路监视

D. 跳合闸压力监视与闭锁、防跳

135. 智能终端中的开入、开出功能主要包括（ ）。 （ABCD）

A. 接收测控遥控分合及联锁 GOOSE 命令，完成对断路器和隔离开关的分合操作

B. 就地采集断路器、隔离开关和接地开关位置以及断路器本体的开关量信号

C. 具有保护、测控所需的各种闭锁和状态信号的合成功能

D. 通过 GOOSE 网络将各种开关量信息送给保护和测控装置

136. 装置配置工具应至少支持系统配置工具进行以下实例配置，主要包括（　　）。

（ABCD）

A. 通信参数，如通信子网配置、网络 IP 地址、网关地址等

B. IED 名称、DOI 实例值配置

C. GOOSE 配置，如 GOOSE 控制块、GOOSE 数据集、GOOSE 通信地址等

D. 数据集和报告的实例配置

137. GOOSE 传送的信息包含（　　）。　　　　　　　　　　（ABC）

A. 模拟量　　　　　B. 开关量　　　　　C. 时标　　　　　D. 采样值

138. IEC 61850 GOOSE 通信可用于（　　）。　　　　　　　　（ABC）

A. 测控装置联闭锁　B. 失灵启动　　　　C. 保护跳闸

D. 遥测跳变　　　　E. 召唤保护定值

139. IEC 61850 解决的主要问题是（　　）。　　　　　　　　（ABC）

A. 网络通信　　　　　　　　　　　B. 变电站内信息共享和互操作

C. 变电站的集成与工程实施　　　　D. 继电保护原理问题

140. VLAN 是一个在物理网络上根据用途、工作组、应用等来逻辑划分的局域网络，下述说法正确的有（　　）。　　　　　　　　　　　　　　　　　　　（ABC）

A. 同一个 VLAN 中的所有成员共同拥有一个 VLANID

B. 同一个 VLAN 中的成员均能收到同一个 VLAN 中的其他成员发来的广播包

C. 同一个 VLAN 中的成员收不到其他 VLAN 中成员发来的广播包

D. 不同 VLAN 成员之间不通过路由也可实现通信

141. 变电站一次系统的描述文件 SSD 包含的信息有（　　）。　　　（ABC）

A. 一次系统的单线图　　　　　　　B. 一次设备的逻辑节点

C. 逻辑节点的类型定义　　　　　　D. GOOSE/SV 的连线关系

142. 当智能终端报 GOOSE 控制块断链，有可能是（　　）原因导致的。　（ABC）

A. GOOSE 发送方异常　　　　　　B. 光纤通道异常

C. GOOSE 接收回路异常　　　　　D. 对时异常

143. 对于数字化站的合并单元与保护装置、测控装置之间的通信规约可以使用（　　）。

（ABC）

A. IEC 60044–8　　B. IEC 61850–9–1　C. IEC 61850–9–2　D. IEC 61850–8–1

144. 根据《智能变电站技术导则》(Q/GDW 383—2009)，智能变电站的体系分层为（　　）。

（ABC）

A. 过程层　　　　　B. 间隔层　　　　　C. 站控层　　　　　D. 设备层

145. 合并单元的主要作用有（　　）。　　　　　　　　　　　　（ABC）

A. 数据合并　　　　B. 数据同步　　　　C. 数据发送　　　　D. 数据滤波

146. 合并单元智能终端一体化设备带来的好处是（　　）。　　　　（ABC）

A. 节省设备投资　　　　　　　　　B. 大大减小智能户外柜安装空间

C. 大大减少光口数量　　　　　　　D. 提高设备抗干扰能力

147. 目前，智能化变电站中避雷器在线监测主要监测的内容有（　　）。　（ABC）

A. 动作次数　　　　　B. 泄漏全电流　　　　C. 泄漏阻性电流　　　D. 视频监控

148. 目前 IEC 61850 标准中 SMV 服务用于采样值的标准有（　　　）。　　　　（ABC）

A. IEC 60044−8　　　B. IEC 61850−9−1　　C. IEC 61850−9−2　　D. IEC 870−5−101

149. 我们经常所说的智能变电站"三层两网"结构中"三层"指的是（　　　）。（ABC）

A. 站控层　　　　　　B. 间隔层　　　　　　C. 过程层　　　　　　D. 设备层

150. 下列开入类型在 GOOSE 开入检修不一致时应做无效处理的是（　　　）。　（ABC）

A. 远跳开入　　　　　　　　　　　　B. 闭重开入

C. 启失灵开入　　　　　　　　　　　D. 断路器位置和刀开关位置

151. 下列（　　　）是常见的光纤接口。　　　　　　　　　　　　　　　　　（ABC）

A. LC　　　　　　　　B. SC　　　　　　　　C. ST　　　　　　　　D. PC

152. 下列（　　　）说法是正确的。　　　　　　　　　　　　　　　　　　　（ABC）

A. ICD 文件导入系统组态工具之前必须进行校验

B. 不同 ICD 的 DataTypeTemplate 不能存在冲突

C. 变电站内任一装置下实例的 ref 必须唯一

D. IEDName 可以以数字或者字母开头

153. 下列（　　　）需在 SCD 中定义。　　　　　　　　　　　　　　　　　（ABC）

A. 控制块收发关系　　　　　　　　　B. 映射连线

C. IEDName　　　　　　　　　　　　D. SMV/GOOSE 发送接收端口配置

154. 下述对于 GOOSE 机制中的状态号和序列号的描述，正确的有（　　　）。　（ABC）

A. stNum 范围（1～4294967295），状态改变一次+1，溢出后从 1 开始

B. sqNum 范围（0～4294967295），状态不变时，每发送一次+1，溢出后从 1 开始

C. 装置重启 stNum，sqNum 都从 1 开始

D. 装置重启 stNum，sqNum 都从 0 开始

155. 线路保护动作后，对应的智能终端没有出口，可能的原因是（　　　）。　（ABC）

A. 线路保护和智能终端 GOOSE 断链了　　B. 线路保护和智能终端检修压板不一致

C. 线路保护的 GOOSE 出口压板没有投　　D. 线路保护和合并单元检修压板不一致

156. 依照《国家电网公司企业标准：智能变电站继电保护技术规范》（Q/GDW 441—2010），对 MU 的技术要求需满足（　　　）。　　　　　　　　　　　　　　　　　　（ABC）

A. MU 应输出电子式互感器整体的采样响应延时

B. MU 采样值发送间隔离散值应小于 10μs

C. MU 应能提供点对点和组网输出接口

D. 需要和智能终端硬件功能整合

157. 以下（　　　）是测控用到的 DL/T 860−7−4 中定义的逻辑节点。　　　　（ABC）

A. CSWI　　　　　　　B. MMXN　　　　　　C. GGIO　　　　　　D. PTRC

158. 在 SCD 集成配置 ARP 母线合并单元的 SV 私有信息时，需要配置（　　　）。
（ABC）

A. 编辑工程配置信息　　　　　　　　B. 编辑 AD 通道属性

C. 编辑 SV 输出控制块附属信息　　　D. 编辑 SV 输入控制块附属信息

159. 智能变电站，防误闭锁分为 3 个层次，具体包括（　　　）。　　　　　　（ABC）

A. 站控层闭锁　　　B. 间隔层联闭锁　　C. 机构电气闭锁　　D. 过程层闭锁

160. 智能变电站的采样值同步问题包括（　　）。　　　　　　　　（ABC）

A. 间隔内电流和电压的同步

B. 差动保护跨间隔的电流同步光纤纵差保护和对侧的同步

C. SOE 时标同步

161. 智能变电站的基本要求是（　　）。　　　　　　　　　　　（ABC）

A. 全站信息数字化　　　　　　　　　B. 通信平台网络化

C. 信息共享标准化　　　　　　　　　D. 保护测控一体化

162. 智能变电站对网络交换机的必备要求有（　　）。　　　　　　（ABC）

A. 采用直流工作电源　　　　　　　　B. 支持端口速率限制和广播风暴限制

C. 提供完善的异常告警功能　　　　　D. 支持 IEEE 1588 对时

163. 智能变电站过程层交换机要与继电保护同等对待，（　　）等方面均宜列为定值管理。　　　　　　　　　　　　　　　　　　　　　　　　（ABC）

A. 交换机的 VLAN 及所属端口　　　　B. 多播地址端口列表

C. 优先级描述等配置　　　　　　　　D. 交换机的组网方式

164. 智能变电站结构分为（　　）。　　　　　　　　　　　　　（ABC）

A. 间隔层　　　　B. 过程层　　　　C. 站控层　　　　D. 电缆层

165. 智能变电站时间同步系统对智能终端的作用是（　　）。　　　（ABC）

A. 为智能终端提供装置时间　　　　　B. 给 SOE 时间提供时标

C. 为装置的事件记录报文提供时标　　D. 提高出口准确性

166. 智能变电站通常比数字化变电站增加如下功能（　　）。　　　（ABC）

A. 一次主设备状态监测　　　　　　　B. 高级应用功能

C. 辅助系统智能化　　　　　　　　　D. 过程层数字化

167. 智能变电站通用设计编制原则是（　　）。　　　　　　　　（ABC）

A. 安全可靠　　　B. 投资合理　　　C. 标准统一　　　D. 功能全面

168. 智能变电站系统中，（　　）属于监控系统的高级应用范畴。　（ABC）

A. 在线检测　　　B. 智能告警　　　C. 程序化操作　　　D. GOOSE 通信

169. 智能变电站中关于直采直跳描述正确的是（　　）。　　　　（ABC）

A. "直采直跳"也称为"点对点"模式

B. "直采"就是智能电子设备不经过以太网交换机而以点对点光纤直联方式进行采样值（SV）的数字化采样传输

C. "直跳"是指智能电子设备间不经过以太网交换机而以点对点光纤直联方式并用 GOOSE 进行跳合闸信号的传输

D. 以上都不正确

170. 智能化高压设备可由（　　）构成。　　　　　　　　　　　（ABC）

A. 高压设备　　　　B. 传感器　　　　C. 控制器　　　　D. 智能组件

171. 智能一次设备主要由（　　）3 部分组成。　　　　　　　　（ABC）

A. 高压设备

B. 传感器或/和执行器，内置或外置于高压设备或其部件

C. 智能组件，通过传感器或/和执行器

D. 低压设备

172. 智能站线路保护接收合并器的两路 AD 采样数据，以下（   ）方式下保护需要闭锁出口。 (ABC)

A. 第一路 AD 采样数据达到启动值，第二路 AD 采样数据未达到启动值

B. 第一路 AD 采样数据未达到启动值，第二路 AD 采样数据达到启动值

C. 两路 AD 采样数据均达到启动值，两者数值差异很大

D. 两路 AD 采样数据均达到启动值，两者数值差异很小

173. 智能终端基本功能为（   ）。 (ABC)

A. 执行 GOOSE 控制或跳闸命令

B. 上送 GOOSE 遥信

C. 环境温度、相对湿度采集并 GOOSE 上送

D. 交流采样

174. 智能终端就地放置带来的好处是（   ）。 (ABC)

A. 节约常规电缆的长度　　　　　B. 提高系统抗电磁干扰的性能

C. 节约主控室占地面积　　　　　D. 降低建设成本

175. 智能装置的 GOOSE 虚端子配置方法可通过（   ）技术方案实现。 (ABC)

A. 虚端子　　　B. 逻辑连线　　　C. 配置表　　　D. 光缆清册

176. 智能组件一般包括（   ）。 (ABC)

A. 智能终端　　　B. 合并单元　　　C. 状态监测 IED　　　D. 测控装置

177. CID 文件中和 ICD 文件相同的信息有（   ）。 (AB)

A. 实例化信息　　　　　　　　　B. 数据模板信息

C. SCD 文件中针对 IED 名称的配置信息　　D. MMS 和 GOOSE 通信地址

178. DL/T 860.81 即 IEC 61850-8-1 的特定通信服务映射 SCSM，是映射 ACSI 到（   ）。 (AB)

A. MMS　　　B. ISO/IEC 8802-3　　　C. GOOSE　　　D. SV

179. GOOSE 对收发过程中产生的异常情况进行报警，主要分为（   ）。 (AB)

A. 断链报警　　　　　　　　　　B. 配置不一致报警

C. 检修不一致报警　　　　　　　D. 装置异常报警

180. GOOSE 服务一般应用于（   ）。 (AB)

A. 间隔层联闭锁　　　　　　　　B. 间隔层装置接收过程层开关量

C. 后台遥控　　　　　　　　　　D. 间隔层装置接收过程层采样

181. IEC 61850 设备模型中逻辑设备下一般都包含（   ）逻辑节点。 (AB)

A. LLN0　　　B. LPHD　　　C. CTRL　　　D. PI

182. SCL 模型包括 5 个元素，除了 Header、Substation、DataTypeTemplate 外，还有（   ）。 (AB)

A. IED　　　B. Communication　　　C. ICD　　　D. CID

183. SMV 9-2 传输采样的优势包括（   ）。 (AB)

A. 保护工作不依赖交换机　　　　B. 差动保护不受同步时钟影响

C. 简化光纤连接　　　　　　　　D. 提高采样传输率

184. 对 GOOSE 发送机制的描述正确的是（   ）。 (AB)

A. GOOSE 发送需要配置 T0、T1 参数

B. GOOSE 变化立即发送，然后间隔 1、2、4、8 倍变长发送

C. GOOSE 发送需要配置其订阅端

D. 一个 GOOSE 控制块不能发布给多个订阅者

185. 关于 IEC 61850 数字化变电站的以下说法中，不正确的有（　　）。　　（AB）

A. 应用 IEC 61850 对网络交换机没有特殊要求

B. IEC 61850 的术语"过程总线"与常说的"现场总线"是一回事

C. IEC 61850 标准定义的逻辑节点中以 C 开头的逻辑节点表示带有控制功能

D. IEC 61850 标准底层直接映射到 MMS 上

186. 国内通常根据 LN 前的（　　）两个前缀区分接收虚端子。　　（AB）

A. GOIN　　　　　B. SVIN　　　　　C. GOOSEIN　　　　　D. SMVIN

187. 过程层设备包括（　　）。　　（AB）

A. 合并单元　　　B. 智能终端　　　C. 保护装置　　　D. 测控装置

188. 合并单元与保护间采用点对点 9–2 传输采样的优势包括（　　）。　　（AB）

A. 保护的工作不依赖交换机　　　　　B. 差动保护不受外同步时钟源影响

C. 简化光纤连接　　　　　　　　　　D. 提高采样传输速率

189. 每个 LDevice 必须包含的 LN 是（　　）。　　（AB）

A. LLN0　　　　　B. LPHD　　　　　C. CSWI　　　　　D. GGIO

190. 某 220kV 母差一个支路 SV 接收压板退出时，母差应（　　）。　　（AB）

A. 不计算该支路电流　　　　　　　　B. 该支路不发出 SV 中断告警

C. 闭锁差动保护　　　　　　　　　　D. 发出装置告警

191. 若使用电子式互感器，相当于常规保护功能模块中（　　）下放于一次测量系统中。

　　（AB）

A. 交流输入组件　　　　　　　　　　B. A/D 转换组件

C. 保护逻辑（CPU）　　　　　　　　D. 开入开出组件

192. 文件服务包括（　　）。　　（AB）

A. 读文件　　　　　　　　　　　　　B. 写文件

C. 读缓存报告控制块值　　　　　　　D. 写缓存报告控制块值

193. 下列（　　）逻辑节点是测量和计量逻辑节点。　　（AB）

A. MMXU　　　　　B. MMTR　　　　　C. ATCC　　　　　D. YLTC

194. 下列（　　）逻辑节点是系统逻辑节点。　　（AB）

A. LLN0　　　　　B. LPHD　　　　　C. PTOC　　　　　D. PDIS

195. 智能变电站按通信网络划分，可以划分成两层通信网络，分别是（　　）。　（AB）

A. 过程层网络　　　B. 站控层网络　　　C. 间隔层网络　　　D. 电缆层

196. 智能变电站系统中，如果需要截取监控系统与 IED 间的通信报文，获得方式有（　　）。　　（AB）

A. 监控端口的镜像端口抓包　　　　　B. 监控系统主机直接抓包

C. 通过交换机任意端口抓包　　　　　D. 通过智能终端监测报文

197. 智能终端发出的报文通过 F0（untagged，默认 VID 为 1）和 F1（tagged，默认 VID 为 2）端口进入交换机，如果通过 F2（tagged，默认 VID 为 3）端口出去的报文 VLANID 等于（　　）。　　（AB）

A. 1　　　　　　　　B. 2　　　　　　　　C. 0　　　　　　　　D. 3

198. 智能终端要求的模拟量采样信号的输入类型为（　　）。　　　　　　（AB）

A. 0～5V　　　　　　B. 4～20mA　　　　　C. PT100　　　　　　D. CU50

三、判断题

1. "直采直跳" 也称为 "点对点" 模式。　　　　　　　　　　　　　　　　　（ √ ）

2.《国家电网公司企业标准:智能变电站继电保护技术规范》（Q/GDW 441—2010）变压器保护，220kV 及以上变压器电量保护按双重化配置，110kV 电压器电量保护宜按双套配置。

（ √ ）

3. 110kV 除主变压器外，智能终端宜单套配置。　　　　　　　　　　　　（ √ ）

4. 110kV 及以下保护就地安装时，保护装置宜集成智能终端功能。　　　　（ √ ）

5. 110kV 智能变电站站控层网络结构拓扑宜采用单星型。　　　　　　　　（ √ ）

6. 220kV～750kV 除母线外，智能终端宜双套配置。　　　　　　　　　　（ √ ）

7. 220kV 以上智能变电站时间同步系统，间隔层和过程层设备采用 IRIG–B、1pps 对时，条件具备时可采用 IEC 61588 网络对时，简化对时系统。　　　　　　　　　　（ √ ）

8. CID 文件所指的是 IED 实例配置文件。　　　　　　　　　　　　　　　（ √ ）

9. GOOSE 报文可以传输保护装置的跳、合闸命令，测控装置联闭锁信号，保护失灵启动、重合闸闭锁等信号，测量值等。　　　　　　　　　　　　　　　　　　　　（ √ ）

10. GOOSE 变位时，为实现可靠传输，采用连续多次传送的方式。　　　　（ √ ）

11. GOOSE 通信是通过重发相同数据获得额外的可靠性。　　　　　　　　（ √ ）

12. ICD 指的是 IED 能力描述文件。　　　　　　　　　　　　　　　　　　（ √ ）

13. IEC 60044–8 链路层帧格式采用的是 FT3 格式。　　　　　　　　　　　（ √ ）

14. IEC 61850–9–2 是一种基于过程总线特殊通信服务映射。　　　　　　　（ √ ）

15. IEC 61850 标准底层直接映射到 MMS 上。　　　　　　　　　　　　　（ √ ）

16. IEC 61850 标准定义的逻辑节点中以 C 开头的逻辑节点表示带有控制功能。（ √ ）

17. IEC 61850 标准是新一代的变电站自动化系统的国际标准，是基于网络通信平台的变电站自动化系统唯一的国际标准。　　　　　　　　　　　　　　　　　　　　（ √ ）

18. IEC 61850 标准中，如果一个报告太长，可分成许多子报告，每个子报告以同样顺序号和唯一 SubSqNum 编号。　　　　　　　　　　　　　　　　　　　　　　　（ √ ）

19. IEC 61850 标准中，在发送总召唤报告之前应先发送还未发送完的缓存事件。（ √ ）

20. IEC 61850 标准中 GOOSE 服务下报告控制块是 GSE Control。　　　　（ √ ）

21. IEC 61850 对应的国家标准是 DL/T 860。　　　　　　　　　　　　　　（ √ ）

22. IEC 61850 设备模型中逻辑设备下一般都包含一个 LLN0 和 LPHD 逻辑节点。（ √ ）

23. IEC 61850 是基于网络通信平台的变电站自动化系统唯一的国际标准。　（ √ ）

24. IEC 61970、IEC 61968 系列标准是电力系统管理及其信息交换领域的标准，可以指导各种电力信息系统的信息交换标准化工作。　　　　　　　　　　　　　　　　（ √ ）

25. IEC 61970 标准中 CIM 的 SCADA 包描述了用于数据采集（SCADA）和控制应用的模型信息，涉及量测、TV、TA、RTU、扫描装置、通信电路等设备。　　　　　　　（ √ ）

26. SV 传输标准 IEC 61850–9–2 自定义通道数目，最多可配置 22 个通道。（ √ ）

27. 保护装置向智能终端传输跳闸命令采取的方式是直跳。 （√）

28. 当采用合并单元智能终端一体化设备时，SV 和 GOOSE 光口可以复用。 （√）

29. 对于 SV 网，每个交换机端口与交换机之间的流量不宜大于 40Mbit/s。 （√）

30. 辅助系统视频监控子系统中视频监控系统与站内一体化信息平台之间直接通过 IEC 61850MMS 进行通信。 （√）

31. 国网扩展 IEC 60044-8 规约中每个采样值通道数据占 2 字节，而 IEC 61850-9-2 规约中每个采样值通道数据占 4 字节。 （√）

32. 过程层网络包括 GOOSE 的 A、B 双网和采样值 SV 的 A、B 双网，网络结构拓扑宜采用单星型。 （√）

33. 合并单元向保护装置传输电流和电压采取的方式是直采。 （√）

34. 合并单元由连接到传输系统和二次转换器的一个或多个电流或电压传感器组成，用于传输正比于被测量的量。 （√）

35. 合并单元与电子式互感器之间的数据同步方法有脉冲同步法和插值同步法。 （√）

36. 合并单元与间隔层设备的连接可以采用光纤传输系统。通过考虑并解决电磁兼容性的要求，也可以选用基于铜制材料双绞线介质的传输系统。 （√）

37. 合并单元智能终端一体化设备可通过一根光纤就实现和本间隔保护的直采直跳。 （√）

38. 合并单元智能终端一体化设备如果没法和时间系统同步，会导致组网模式下的保护闭锁，引起严重后果。 （√）

39. 合并单元装置是测量量采集装置，作用是采集互感器发送的测量数据，经过同步和重采样等处理后为保护、测控、录波器等提供同步的采样数据。 （√）

40. 合并单元装置液晶面板上可以查看模拟量一次值，也可查看二次值。 （√）

41. 继电保护设备与本间隔智能终端之间通信应采用 GOOSE 点对点通信方式；继电保护之间的联闭锁信息、失灵启动等信息宜采用 GOOSE 网络传输方式。 （√）

42. 继电保护装置应不依赖于外部对时系统实现其保护功能。 （√）

43. 局部放电 UHF 超高频检测法理论上能够实现局部放电的定位功能。 （√）

44. 快速重发机制的目的是保证 GOOSE 报文传输的可靠性。 （√）

45. 每套完整、独立的保护装置应能处理可能发生的所有类型的故障。两套保护之间不应有任何电气联系，当一套保护异常或退出时不应影响另一套保护的运行。 （√）

46. 跳合闸信息、断路器位置信息都可以通过 GOOSE 传递。 （√）

47. 线路间隔的合并单元智能终端一体化设备应该具备电压切换功能。 （√）

48. 新一代智能变电站系统层次结构为分为 3 层，分别为站控层、间隔层、过程层。 （√）

49. 一体化信息平台提供统一的数据模型和标准化的应用服务接口，以及相应的管理功能。 （√）

50. 用于标识 GOOSE 控制块的 APPID 必须全站唯一。 （√）

51. 用于标识采样值控制块的 SMVID 必须全站唯一。 （√）

52. 在 IEC 61850 规范中，SV 报文的 APPID 范围应为 4000～7FFF。 （√）

53. 在智能变电站中采用 VLAN 技术，基于端口划分 VLAN 是最适合的方式。 （√）

54. 站控层网络可传输 MMS 报文和 GOOSE 报文。 （√）

55. 智能变电站继电保护装置除了检修采用硬压板，其余均采用软压板。 （√）

56. 智能变电站间隔层和过程层设备宜采用 IRIG-B、1pps 对时方式，条件具备时也可采用

IEC 61588 对时方式。 （√）

57. 智能变电站监控系统，基于网络方式的 SNTP 协议；采用以太网传输方式，实现简单，不需要额外的电缆，但精度只能达到毫秒级。 （√）

58. 智能变电站监控系统，基于硬接线的 IRIG–B 码或秒脉冲对时，精度可以达到微秒级，但需要额外的信号电缆或光缆。 （√）

59. 智能变电站实现了全站信息数字化、通信平台网络化、信息共享标准化、高级应用互动化。 （√）

60. 智能变电站使用的光纤是多模光纤。 （√）

61. 智能变电站试验的重点内容更多侧重于虚端子检查、互通性试验和一些专项性能的测试等。 （√）

62. 智能变电站是采用先进、可靠、集成、低碳、环保的智能设备，以全站信息数字化、通信平台网络化、信息共享标准化为基本要求，自动完成信息采集、测量、控制、保护、计量和监测等基本功能，并可根据需要支持电网实时自动控制、智能调节、在线分析决策、协同互动等高级功能的变电站。 （√）

63. 智能变电站网络采用星型拓扑结构时，其缺点为中心交换机负担较大，检修时将影响公用智能电子设备。 （√）

64. 智能变电站与常规变电站相比，可以节省大量电缆。 （√）

65. 智能变电站中的"直跳"是指智能电子设备间不经过以太网交换机而以点对点光纤直联方式并用 GOOSE 进行跳合闸信号的传输。 （√）

66. 智能变电站中虚端子是实现系统功能的前提。 （√）

67. 智能变电站通用技术条件中对光纤发送功率和接受灵敏度要求是光波长 1310nm，光纤发送功率为–20～–14dBm，光接收灵敏度为–31～–14dBm。 （√）

68. 智能站中可以把 GOOSE 网、SV 网共网。 （√）

69. 智能终端 GOOSE 点对点接收光口和双网组网接收光口有本质区别。 （√）

70. 智能终端等智能电子设备间的相互启动、相互闭锁、位置状态等交换信息可通过 GOOSE 网络传输。 （√）

71. 智能终端可以支持多个 GOOSE 控制块的发送和接收。 （√）

72. 智能终端要求具备位置指示灯和告警指示灯。 （√）

73. 智能终端应该具备温度、相对湿度采集功能。 （√）

74. 智能终端装置与一次设备采用电缆连接，与保护、测控等二次设备采用光纤连接，实现对一次设备（如断路器、刀开关、主变压器等）的测量、控制等功能。 （√）

75.《Q/GDW—2009 智能变电站设计规范》规定测量电流准确度应不低于 0.5S 级。 （×）

76.《Q/GDW—2009 智能变电站设计规范》规定测量电压准确度应不低于 0.2S 级。 （×）

77.《Q/GDW—2009 智能变电站设计规范》规定合并单元不必设置检修压板。 （×）

78. GOOSE 报文用于过程层采样信息的交换。 （×）

79. GOOSE 输出数据集应使用 DO 方式。 （×）

80. ICD 是指已配置智能电子设备配置描述，CID 是指智能电子设备配置描述。 （×）

81. IEC 61850–9–1 和 IEC 61850–9–2 是互相兼容的。 （×）

82. IEC 61850 标准中 MMS 服务下报告控制块是 GSEControl。 （×）

83. IEC 61850 标准中 MMS 服务下监控后台一般是服务器端。 （×）

84. IEC 61850 标准中 SMV 服务下报告控制块是 Report Control。　　　　　（×）

85. IEC 61850 标准中定义的"M"必选数据属性点可以不要。　　　　　　（×）

86. IEC 61850 规范中，SV 报文的 APP ID 范围应在 4000～4FFF。　　　　（×）

87. IEC 61850 仅仅是一个新的通信协议。　　　　　　　　　　　　　　　（×）

88. IEC 61968 标准是基于通用网络通信平台的变电站自动化系统唯一国际标准。（×）

89. MMS 报文用于过程层状态信息交换。　　　　　　　　　　　　　　　　（×）

90. MU 采样值发送间隔离散值应小于 10μs，智能终端的动作时间应不大于 10ms。（×）

91. TV 间隔的智能终端一样需要跳闸和合闸回路。　　　　　　　　　　　（×）

92. SCD 文件描述了与变电站一次系统结构记忆相关联的逻辑节点,最终包含在 SSD 文件中。　　　　　　　　　　　　　　　　　　　　　　　　　　　　　（×）

93. SCD 文件 IED 的 name 中不能使用中文，只能以字母或数字开头，且不能包含特殊符号。　　　　　　　　　　　　　　　　　　　　　　　　　　　　　　（×）

94. SCD 文件后台导库使用时，应放在 data 文件夹下。　　　　　　　　　（×）

95. SSD 文件指的是全站系统配置文件。　　　　　　　　　　　　　　　　（×）

96. SV 传输标准 IEC 61850–9–1 可以用于网络传输采样值。　　　　　　（×）

97. SV 传输标准 IEC 61850–9–2 只能用于网络传输采样值。　　　　　　（×）

98. 保护装置 GOOSE 中断后，保护装置将闭锁。　　　　　　　　　　　　（×）

99. 变压器保护因涉及多个间隔，可采用网络方式跳闸。　　　　　　　　　（×）

100. 采用常规互感器时，宜配置合并单元，合并单元宜布置在主控室内。　（×）

101. 当采用常规互感器时，合并单元应集中组屏安装。　　　　　　　　　（×）

102. 当判断 GOOSE 断链时，一般由 GOOSE 发送方来进行判断告警。　　（×）

103. 对于 220kV 及以上变电站，宜按间隔和网络配置故障录波装置和网络报文记录分析装置。　　　　　　　　　　　　　　　　　　　　　　　　　　　　　（×）

104. 合并单元不发送 GOOSE 信息。　　　　　　　　　　　　　　　　　（×）

105. 合并单元采样的已知合并单元每秒钟发 4000 帧报文，则合并单元中计数器的数值将在 1～4000 范围内正常翻转。　　　　　　　　　　　　　　　　　　　　（×）

106. 合并单元目前普遍使用的采样频率为 1000Hz。　　　　　　　　　　（×）

107. 合并单元应能够接收 IEC 61588 或 B 码同步对时信号。合并单元应能够实现采集器间的采样同步功能，采样的同步误差应不大于±1ms。在外部同步信号消失后，至少能在 10min 内继续满足 4ms 同步精度要求。　　　　　　　　　　　　　　　　　　（×）

108. 合并单元智能终端一体化后，合并单元功能不能用于点对点，只能用于组网方式。　　　　　　　　　　　　　　　　　　　　　　　　　　　　　　　　（×）

109. 继电保护装置与本间隔智能终端之间通信应采用 GOOSE 网络传输方式。（×）

110. 继电保护装置之间的联闭锁信息、失灵启动等信息应采用 GOOSE 点对点通信方式。　　　　　　　　　　　　　　　　　　　　　　　　　　　　　　　（×）

111. 间隔层设备一般指继电保护装置、系统测控装置、合并单元、监测功能组主 IED 等二次设备，实现使用一个间隔的数据并且作用于该间隔一次设备的功能，即与各种远方输入/输出、传感器和控制器通信。　　　　　　　　　　　　　　　　　　　　　（×）

112. 建模的标准方法是将应用功能分解为可与之交换信息的最小实体。几个逻辑节点可以构建为逻辑设备 LD，一个逻辑设备可分布于多个不同的 IED。　　　　　　　（×）

113. 交直流一体化电源系统建立了统一站用电源管理平台，解决了站用电源信息共享问题，采用 GOOSE 网实现了与变电站自动化系统的接口。　　　　　　　　（×）

114. 两套保护的电压、电流采样值可以取自同一个合并单元。　　　　　　（×）

115. 某间隔断路器改检修时，为避免合并单元送出无效数据影响运行设备的保护功能，断路器拉开后应首先投入该间隔合并单元"检修状态压板"。　　　　　　（×）

116. 为方便现场查问题，智能终端一般均要求配置液晶屏幕。　　　　　（×）

117. 在某 9–2 的 SV 报文看到电压量数值为 0x000c71fb，已知其为峰值，那么其有效值是 0.5768kV。　　　　　　　　　　　　　　　　　　　　　　（×）

118. 在实际端子接线中，多个跳闸出口接点可接至一个跳闸接收端子。在智能化变电站中也一样，多个发送虚端子可以关联到一个接收虚端子。　　　　　　（×）

119. 站控层实现面向全站部分设备的监视、控制、告警及信息交互功能，完成数据采集和监视控制（SCADA）、操作闭锁以及同步相量采集、电能量采集、保护信息管理等相关功能。　　　　　　　　　　　　　　　　　　　　　　　　　（×）

120. 智能变电站必须采用电子式互感器。　　　　　　　　　　　　　（×）

121. 智能变电站的主时钟屏一般由数台主时钟及两台从时钟构成。　　　（×）

122. 智能变电站监控系统，过程层网络分为 SMV 采样值网络和 GOOSE 信息传输网络。前者的主要功能是实现开关量的上传及分合闸控制、防误闭锁等，后者的主要功能是实现电流、电压交流量的上传。　　　　　　　　　　　　　　　　　　　　（×）

123. 智能变电站满足继电保护点对点直采、直跳，允许双重化的 SV、GOOSE 网络通过以太网交换机进行连接。　　　　　　　　　　　　　　　　　　　　　（×）

124. 智能变电站中保护装置的 GOOSE 数据块不能经站控层传输。　　　（×）

125. 智能变电站中测控装置及智能终端安装处宜设置检修压板，其余功能投退和出口压板宜采用软压板。　　　　　　　　　　　　　　　　　　　　　　（×）

126. 智能变电站中装置的模型文件的缩写为 SCD。　　　　　　　　（×）

127. 智能变电站过程层网络划分 VLAN 后，不同 PV ID 的端口之间不能进行数据交换。
　　　　　　　　　　　　　　　　　　　　　　　　　　　　（×）

128. 智能变电站网络在逻辑功能上可由站控层网络和过程层网络组成，过程层网络包括 GOOSE 网络和采样值网络，GOOSE 网络和采样值网络可统一组网。全站两层网络在物理上必须相互独立。　　　　　　　　　　　　　　　　　　　　　　（×）

129. 智能站的保护可以网采网跳。　　　　　　　　　　　　　　　（×）

130. 智能站对于合并单元智能终端设备的对时可有可无。　　　　　（×）

131. 智能站联调过程中可以把模型直接用于实际现场。　　　　　　（×）

132. 智能终端 GOOSE 点对点发送光口和单网组网发送光口有本质区别。　（×）

133. 智能终端发送 GOOSE 信息，合并单元发送 SV 信息。　　　　　（×）

134. 智能终端和测控装置、故障录波器之间的连接方式一般为点对点。　（×）

135. 智能终端如果没法和时间系统同步，会导致组网模式下的保护闭锁，引起严重后果。
　　　　　　　　　　　　　　　　　　　　　　　　　　　　（×）

136. 智能组件中所有 IED 设备都属于过程层设备，不能跟站控层进行通信。　（×）

137. 做智能告警时关于一次设备在画面上的关联，线路关联对应组态中的线路电压遥测值。
　　　　　　　　　　　　　　　　　　　　　　　　　　　　（×）

第十一章 PMU

一、单项选择题

1. 主站召唤离线文件时，相量测量装置（PMU）应（   ）传输。 （A）

A. 从头重新　　　　B. 断点续传　　　　C. 可选择形式

2. 相量测量装置（PMU）按照（   ）的要求记录测量的动态数据。 （A）

A. CFG1　　　　B. CFG2　　　　C. CFG3　　　　D. CFG4

3. 相量测量装置（PMU）与其他系统进行信息交换的帧的校验由（   ）完成 （A）

A. 循环冗余码　　　　B. 海明码　　　　C. 奇偶校验码

4. 相量测量装置（PMU）的核心特征之一是基于（   ）的同步相量测量。 （A）

A. 标准时钟信号　　B. 实际电压　　C. 标准电压　　D. 额定功率

5. 相量测量装置（PMU）当地数据存储周期一般为（   ）。 （A）

A. 100 帧/s　　　　B. 50 帧/s　　　　C. 25 帧/s　　　　D. 20 帧/s

6. 各相量测量装置（PMU）应对主站心跳报文进行监视，在（   ）内未收悉，相量测量装置（PMU）应主动断开管理管道。 （A）

A. 10s　　　　B. 20s　　　　C. 30s　　　　D. 40s

7. 相量测量装置（PMU）在失去同步时钟信号 60min 以内，相角测量误差增量不大于（   ）。 （A）

A. 1°　　　　B. 2°　　　　C. 0.5°　　　　D. 1.5°

8. 相量测量装置（PMU）当地数据存储周期一般为（   ）。 （A）

A. 100 帧/s　　　B. 150 帧/s　　　C. 200 帧/s　　　D. 300 帧/s

9. 相量测量装置（PMU）主要采集、处理电力系统的（   ）。 （B）

A. 暂态数据　　　　B. 动态数据　　　　C. 稳态数据

10. 相量测量装置（PMU）中定义的相量是指检测到的电压、电流基波相量，而不包含（   ）的谐波分量。 （B）

A. 3 次以下　　　B. 3 次以上　　　C. 5 次以上　　　D. 7 次以上

11. 相量测量装置（PMU）与主站之间的通信通道宜采用（   ）。 （B）

A. 电力载波　　　　　　　　B. 电力调度数据网络

C. 微波通道　　　　　　　　D. 其他模拟通道

12. 相量测量装置（PMU）是用于（   ）的测量和输出以及进行动态记录的装置。 （B）

A. 异步相量　　　B. 同步相量　　　C. 电能量　　　D. 以上皆对

13. 相量测量装置（PMU）实时传送的动态数据时标与数据输出时刻的时间差应不大于（   ）。 （B）

A. 10ms　　　　B. 30ms　　　　C. 100ms　　　　D. 500ms

14. 相量测量装置（PMU）可为电网的安全提供丰富的数据源，但不包括（　　）数据。

（B）

A. 正常运行的实时监测数据　　　　　B. 电能量及系统负载数据

C. 小扰动情况下的离线数据记录　　　D. 大扰动情况下的录波数据记录

15. 相量测量装置（PMU）动态数据的保存时间应不少于（　　）天。　　（B）

A. 7　　　　　　　B. 14　　　　　　C. 28　　　　　　D. 10

16. 对相量测量装置（PMU）内部时钟的（　　）应有严格要求。　　　　（B）

A. 绝对时间精度　　B. 授时系统精度　　C. 相对时间精度

17. 对相量测量装置（PMU）交流电流回路过载能力一般要求是（　　）。　（B）

A. 与远动测量要求一致　　　　　　　B. 不低于 1.2 倍额定容量

C. 不低于 1.5 倍额定容量　　　　　　D. 不超过 1 倍容量

18. 以下相量测量装置（PMU）布点原则中，描述正确的是（　　）。　　（C）

A. 所有电厂和所有变电站　　　　　　B. 所有 330kV 以上变电站

C. 枢纽变电站和对系统稳定较敏感的电厂

19. 相量测量装置（PMU）应具有与不少于（　　）个主站进行数据通信的能力，且不降低实时性指标。

（C）

A. 1　　　　　　　B. 2　　　　　　C. 3

20. 相量测量装置（PMU）从发电厂和变电站母线的电压互感器（TV）和线路的电流互感器（TA）上采集母线电压和线路电流的瞬时值，采样频率如果不低于（　　）点/秒，则至少每个工频周期采集 96 点。

（C）

A. 1200　　　　　　B. 2400　　　　　C.4800　　　　　　D. 9600

21. 相量测量装置（PMU）采样速率应不低于（　　）。　　　　　　　（C）

A. 1200 点/s　　　B. 2400 点/s　　　C. 4800 点/s

22. 对相量测量装置（PMU）交流电流回路过载能力一般要求是（　　）。　（C）

A. 与远动测量要求一致　　　　　　　B. 不低于 1.5 倍额定容量

C. 不低于 1.2 倍额定容量　　　　　　D. 不超过 1 倍容量

23. 相量测量装置（PMU）同步采样时间误差 1ms，会带来（　　）的工频相角误差。

（C）

A. 1°　　　　　　B. 10°　　　　　C. 18°　　　　　D. 15°

24. 相量测量装置（PMU）和主站交换 4 种类型的信息，以下（　　）的说法是不正确的。

（C）

A. 数据帧是相量测量装置（PMU）的测量结果

B. 头帧由使用者提供，仅供人工读取

C. 配置帧描述相量测量装置（PMU）发出的数据以及数据的单位，是由主站下发的

D. 命令帧是计算机读取的信息，它包括相量测量装置（PMU）的控制、配置信息

25. 相量测量装置（PMU）与主站数据流管道数据传输方向是（　　）的，管理管道数据传输方向是（　　）的。

（C）

A. 单向，单向　　　B. 双向，单向　　　C. 单向，双向　　　D. 双向，双向

26. 根据《电力系统实时动态监测系统技术规范》定义，相量测量装置（PMU）的核心特征不包括以下的（　　）一项内容。

（C）

A. 基于标准时钟信号的同步相量测量

B. 失去标准时钟信号的授时能力

C. 事件顺序记录

D. 相量测量装置（PMU）与主站之间能够实时通信并遵循有关通信协议

27. 以下类型的信息中，（   ）类型的信息支持相量测量装置（PMU）与主站之间进行双向的通信。　　　　　　　　　　　　　　　　　　　　　　　　　　　　　（D）

A. 数据帧　　　　　　B. 配置帧　　　　　　C. 头帧　　　　　　D. 命令帧

28. 相量测量装置（PMU）是测量并传输（   ）的设备。　　　　　　　　（D）

A. 遥信数据　　　　　B. 遥测数据　　　　　C. 静态数据　　　　D. 相量数据

29. 相量测量装置（PMU）在失去同步时钟信号 60min 以内，相角测量误差增量不大于（   ）。　　　　　　　　　　　　　　　　　　　　　　　　　　　　　（D）

A. 5°　　　　　　　　B. 4°　　　　　　　　C. 3°　　　　　　　D. 1°

30. 相量测量装置（PMU）通信中（   ）不是管理通道交互的报文。　　（D）

A. CFG1 帧报文　　B. CFG2 帧报文　　C. 心跳报文　　　D. 数据报文

31. （   ）不是相量测量装置（PMU）采集的数据。　　　　　　　　　　（D）

A. 每秒 25/50 帧基波相量

B. 每秒 100 帧数据文件

C. 以 COMTRADE 格式记录的扰动数据文件

D. CIM 模型文件

二、多项选择题

1. 主站与相量测量装置（PMU）的实时通信管道有（   ）。　　　　　（AB）

A. 数据流管道　　　　B. 管理管道　　　　C. 离线管道　　　　D. 在线管道

2. 当出现（   ）情况时，相量测量装置（PMU）应建立事件标识，以方便用户及时了解事件情况并获取事件发生时段的动态数据。　　　　　　　　　　　　　（ABC）

A. 电力系统发生频率或频率变化率越限、电压/电流幅值越上/下限、线路功率振荡及发电机功角越限等

B. 当装置监测到继电保护或/和安全自动装置跳闸输出信号（空接点）或接到手动记录命令时

C. 当同步时钟信号丢失、异常以及同步时钟信号恢复正常时

D. 当相量测量装置（PMU）丢电时

3. 相量测量装置（PMU）应至少能监测（   ）等异常状况并发出告警信号，以便现场运行人员及时检查、排除故障。　　　　　　　　　　　　　　　　　　　（ABCD）

A. TA、TV 断线　　B. 直流电源消失　　C. 装置故障　　　D. 通信异常

4. 相量测量装置（PMU）应利用同步时钟信号作为数据采样的基准时钟源并利用其秒脉冲同步装置的采样脉冲，采样脉冲的同步误差应不大于±1μs。为保准动态数据的测量精度，在时钟同步方面应采取措施有（   ）。　　　　　　　　　　　　　　　（ABCD）

A. 使用独立的同步时钟接收系统　　　　B. 装置内部造成的任何相位延迟必须被校正

C. 具备一定的同步时钟锁信能力　　　　D. 使用全厂统一的同步时钟接收系统

5. 相量测量装置（PMU）可以和主站交换（　　）类型的信息。　　　　　　（ABCD）

A. 数据帧　　　　　B. 配置帧　　　　　C. 头帧　　　　　D. 命令帧

6. 相量测量装置（PMU）基本功能包括（　　）。　　　　　　　　　　　（ABCD）

A. 实时采集　　　　B. 监测　　　　　C. 动态数据记录　　　D. 实时通信

7. 相量测量装置（PMU）对动态数据记录在功能上要求（　　）。　　　　（ABCD）

A. 应能连续记录所测电压电流基波正序相量、三相电压基波相量、三相电流基波相量、频率及开关状态信号

B. 当装置监测到电力系统发生扰动时，装置应能结合时标建立事件标识，并向主站发送告警信息

C. 记录的数据应有足够的安全性

D. 应具有响应主站召唤，向主站传送记录数据的能力

8. 相量测量装置（PMU）的主要功能有（　　）。　　　　　　　　　　（ABCD）

A. 动态相量数据测量　　　　　　　　B. 捕捉电网的低频振荡和扰动

C. 实时测量发电机功角信息　　　　　D. 以上皆对

三、判断题

1. 只要是 220kV 以上厂站，均要配备相量测量装置（PMU）。　　　　　　（×）

2. 相量测量装置（PMU）应单套配置，当采样值采用网络方式传输时，相量测量装置（PMU）宜接入过程层单网。　　　　　　　　　　　　　　　　　　　　　　（√）

第三部分

主站自动化技能知识

第十二章 基 础 平 台

一、单项选择题

1. 安装 SCADA 服务器应用软件时应配置系统参数的为（　　）。　　　　　（BC）

A. 系统软件配置　　　　　　　　　　　B. 数据库相关表的配置

C. 相关配置文件的配置　　　　　　　　D. 服务器接口配置

2.（　　）的主要功能是对厂站有关通信参数的具体描述、实时反应厂站的基本状态。

（C）

A. 前置配置表　　　　　　　　　　　　B. 通道表

C. 通信厂站信息表　　　　　　　　　　D. 前置网络设备表

3.（　　）及以上电压等级都以"kV"为单位。　　　　　　　　　　　　（A）

A. 1kV　　　　　　B. 10kV　　　　　　C. 380V　　　　　　D. 220V

4.（　　）及以上交流电压等级命名略去"AC"。　　　　　　　　　　　（A）

A. 1kV　　　　　　B. 10kV　　　　　　C. 380V　　　　　　D. 220V

5.（　　）将 SCADA 信息转换成 Web 页面向公司 MIS 网发布。　　　　　（A）

A. Ⅲ区 EMS-Web 服务器　　　　　　　B. Ⅲ区 OMS-Web 服务器

C. PAS 服务器　　　　　　　　　　　　D. 备用数据服务器

6.（　　）是 SCADA 的一项基本功能，通过对扰动事件的监测，自动存储事故前后指定时间范围内的数据，并可通过人机界面反演事故期间的数据。　　　　　　　（C）

A. 故障录波　　　　B. 事件顺序记录　　C. 事故追忆　　　D. 事故推画面

7.（　　）是反映重要遥测量超出报警上下限区间的信息。重要遥测量主要有设备有功、无功、电流、电压、主变压器油温、断面潮流等，是需实时监控、及时处理的重要信号。　（C）

A. 异常信号　　　　B. 事故信号　　　　C. 越限信号　　　D. 告知信号

8.（　　）是告警服务中最基本的要素，是指一些最具体的引起调度员和运行人员注意的报警动作。　　　　　　　　　　　　　　　　　　　　　　　　　　　　（A）

A. 告警动作　　　B. 告警行为　　　C. 告警类型　　　D. 告警方式

9.（　　）是能量管理系统的主站系统的基础，必须保证运行的稳定可靠。　　（D）

A. AGC　　　　　　B. DTS　　　　　　C. NAS　　　　　　D. SCADA

10.（　　）是权限管理中最小的不可再分的权限单位。　　　　　　　　　（A）

A. 功能　　　　　　B. 特殊属性　　　　C. 角色　　　　　　D. 用户

11.（　　）是显示电力系统数据变化的便利工具，使用户能够了解电力系统的实时数据和历史记录，并可预览预报数据。　　　　　　　　　　　　　　　　　　　　（C）

A. 图形浏览工具　　B. 历史数据浏览　　C. 曲线浏览工具　　D. 实时告警浏览

12.（　　）是指独立分割、自成一套的厂站、线路或系统等。　　　　　　（B）

A. 厂站　　　　　　B. 总称　　　　　　C. 线路　　　　　　D. 系统

13. （　　）以下电压等级都以"V"为单位。　　　　　　　　　　　　　　（C）

A. 220V　　　　　　　B. 380V　　　　　　　C. 1kV　　　　　　　D. 10kV

14. （　　）以下交流电压等级命名不可以略"AC"。　　　　　　　　　　（C）

A. 220V　　　　　　　B. 380V　　　　　　　C. 1kV　　　　　　　D. 10kV

15. "（　　）"是指"总称"中一组密切相关设备、软件的集合。　　　　　（B）

A. 干　　　　　　　　B. 分支　　　　　　　C. 设备　　　　　　　D. 属性

16. "（　　）"是指单独分割能完成一定功能的装置、软件等。　　　　　（B）

A. 分支　　　　　　　B. 设备　　　　　　　C. 总称　　　　　　　D. 间隔

17. "属性"中对各类压板的命名较为简单，都以"（　　）+压板"命名。　　（B）

A. 功能名称　　　　　B. 应用对象名称　　　C. 系统名称　　　　　D. 间隔名称

18. "伪（假）在线"指的是（　　）。　　　　　　　　　　　　　　　　（C）

A. 通信中断，数据不变　　　　　　　　　B. 通信中断，数据变化

C. 通信未断，数据不变　　　　　　　　　D. 通信未断，数据变化

19. 《地区电网电力调度自动化系统实用化验收细则》中规定电力调度自动化系统月平均运行率是（　　）。　　　　　　　　　　　　　　　　　　　　　　　　　　　　　（B）

A. 基本要求≥90%，争取≥95%　　　　　B. 基本要求≥95%，争取≥98%

C. 基本要求≥95%，争取≥99%　　　　　D. 基本要求≥99%，争取100%

20. 《地区电网电力调度自动化系统实用化验收细则》中规定计算机月平均运行率是（　　）。　　　　　　　　　　　　　　　　　　　　　　　　　　　　　　　　　　　（A）

A. 单机≥95%，双机≥99.8%　　　　　　B. 单机≥98%，双机≥99.8%

C. 单机≥98%，双机≥99.98%

21. 《地区电网电力调度自动化系统实用化验收细则》中要求，85%以上的实时监视画面对命令的相应时间要小于（　　）。　　　　　　　　　　　　　　　　　　　　　　　（B）

A. 1s　　　　　　　　B. 3s　　　　　　　　C. 5s　　　　　　　　D. 10s

22. 《地区电网调度规程》规定远动装置连续故障停止运行时间超过（　　）h者，应定为异常。　　　　　　　　　　　　　　　　　　　　　　　　　　　　　　　　　　　（D）

A. 1　　　　　　　　　B. 10　　　　　　　　C. 20　　　　　　　　D. 24

23. 16 位单极性模拟量转换范围为（　　）。　　　　　　　　　　　　　（A）

A. 0～65535　　　　B. 32767～65535　　C. −32767～32767　　D. 0～32767

24. 220kV～500kV 变电站计算机监控系统站内 SOE 分辨率为（　　）。　　（A）

A. ≤2ms　　　　　　B. ≤3ms　　　　　　C. ≤4ms　　　　　　D. ≤1ms

25. 220kV 变电站由省调调，由大连地区电力调度控制中心监控并代调，省调与地调同时采集，以下正确的电网名称是（　　）。　　　　　　　　　　　　　　　　　　　　　（B）

A. 东北大连　　　　　B. 辽宁大连　　　　　C. 大连　　　　　　　D. 东北、大连

26. 330/500kV 及以上有载调压变压器分头信息采集覆盖率等于（　　）。　　（D）

A. 97%　　　　　　　B. 98%　　　　　　　C. 99%　　　　　　　D. 100%

27. 500kV 变电站由东北电力调度控制中心调，辽宁省调监控并代调，网调和省调分别采集，其电网名称应为"（　　）"。　　　　　　　　　　　　　　　　　　　　　　　（C）

A. 东北　　　　　　　B. 辽宁　　　　　　　C. 东北辽宁　　　　　D. 东北、辽宁

28. D5000 平台是通过（　　）进行消息的收发。　　　　　　　　　　　（C）

A. E 文件　　　　　　B. MODBUS　　　　　C. 消息总线　　　　　D. 控制总线

29. D5000 系统的标准名称是（　　）系统。　　　　　　　　　　　　　　　　　（C）

A. 能量管理　　　　　　　　　　　　　　B. EMS

C. 智能电网调度控制　　　　　　　　　　D. 智能电网调度技术支持系统

30. D5000 系统的所有告警源均发送给（　　），由它进行统一的计算处理。　　　（B）

A. 前置服务程序　　B. 综合告警服务　　C. 人机服务程序　　D. 高级应用

31. D5000 系统由一个基础平台与（　　）组成。　　　　　　　　　　　　　　　（B）

A. 三大类应用　　　B. 四大类应用　　　C. 五大类应用　　　D. 六大类应用

32. D5000 系统通过调度数据网可实现各级调度间的（　　）。　　　　　　　　　（B）

A. 横向共享　　　　B. 纵向贯通　　　　C. 信息互联　　　　D. 纵向加密

33. D5000 系统运维理念是（　　）和资源共享。　　　　　　　　　　　　　　　（A）

A. 源端维护　　　　B. 末端维护　　　　C. 站端维护　　　　D. 主站维护

34. D5000 系统中 3.0 版本中 longID 代表着（　　）个域。　　　　　　　　　　（B）

A. 3（表号、记录数、域号）　　　　　　B. 4（区域号、记录数、域号、表号）

C. 1（表号）　　　　　　　　　　　　　D. 2（表号、记录号）

35. D5000 系统中 d5000 用户的环境变量文件是（　　）。　　　　　　　　　　　（A）

A. $HOME/.cshrc　　B. $HOME/.bashrc　　C. /etc/dm_svc.conf　　D. /etc/services

36. D5000 系统中 dbi 实时库浏览工具菜单项的配置文件是（　　）。　　　　　　（B）

A. $HOME/conf/dbi_history.ini　　　　　B. $HOME/conf/TreeFile.menu

C. /etc/host.conf　　　　　　　　　　　D. /etc/hosts

37. D5000 系统中 GPS 配置文件是（　　）。　　　　　　　　　　　　　　　　　（A）

A. $HOME/conf/fes/fes_gps.ini　　　　　B. $HOME/conf/sync_fes.sys

C. $HOME/conf/host.conf　　　　　　　　D. /etc/hosts

38. D5000 系统中 Java 浏览器登录用户主页配置表是（　　）。　　　　　　　　　（A）

A. PUBLIC 应用下 96 号表用户习惯表　　B. PUBLIC 应用下 95 号表远程区域信息表

C. /etc/host.conf　　　　　　　　　　　D. /etc/hosts

39. D5000 系统中 Java 人机控制台的启动命令是（　　）。　　　　　　　　　　　（B）

A. d5000_console　　B. startmmi　　　C. d5000_startmmi　　D. startmmi-a

40. D5000 系统中 Java 人机所在目录是（　　）。　　　　　　　　　　　　　　　（A）

A. $HOME/bin/mmiexec　　　　　　　　　B. $HOME/data/mmiexec

C. $HOME/conf/mmiexec　　　　　　　　　D. $HOME/var/mmiexec

41. D5000 系统中 Java 人机调用 g 文本是（　　）服务器上的 g 文本。　　　　　（A）

A. DATA_SRV 主机　　B. PUBLIC 主机　　C. SCADA 主机　　　D. PAS 主机

42. D5000 系统中 Java 人机调用厂站图 g 文本的路径是（　　）。　　　　　　　（A）

A. $HOME/data/graph/display/fac　　　　B. $HOME/data/graph/display/sys

C. $HOME/data/graph/display/ln　　　　　D. $HOME/data/graph/element

43. D5000 系统中 Java 人机调用潮流图 g 文本的路径是（　　）。　　　　　　　（C）

A. $HOME/data/graph/display/fac　　　　B. $HOME/data/graph/display/sys

C. $HOME/data/graph/display/ln　　　　　D. $HOME/data/graph/element

44. D5000 系统中 Java 人机调用图元 g 文本的路径是（　　）。　　　　　　　　（D）

A. $HOME/data/graph/display/fac　　　　B. $HOME/data/graph/display/sys

C. $HOME/data/graph/display/ln　　　　　D. $HOME/data/graph/element

45. D5000 系统中 Java 人机调用系统图 g 文本的路径是（   ）。 （B）

A. $HOME/data/graph/display/fac

B. $HOME/data/graph/display/sys

C. $HOME/data/graph/display/ln

D. $HOME/data/graph/element

46. D5000 系统中 midhs 连接数据库服务名、用户、用户密码的基本配置文件是（   ）。 （A）

A. $HOME/conf/db_conf.xml

B. $HOME/conf/db_config.sys

C. /etc/host.conf

D. /etc/hosts

47. D5000 系统中 QT 控制台的配置文件是（   ）。 （B）

A. $HOME/conf/d5000log.conf

B. $HOME/conf/d5000_console.ini

C. /etc/host.conf

D. /etc/hosts

48. D5000 系统中 QT 浏览器登录用户主页配置文件是（   ）。 （A）

A. $HOME/conf/graph_homepage.ini

B. $HOME/conf/graph_icontype.xml

C. /etc/host.conf

D. /etc/hosts

49. D5000 系统中 QT 人机控制台的启动命令是（   ）。 （A）

A. d5000_console　　B. startmmi　　C. d5000_startmmi　　D. startmmi−a

50. D5000 系统中 SCADA 计划值程序配置文件是（   ）。 （B）

A. $HOME/conf/sca_simu.ini

B. $HOME/conf/sca_plan_load.ini

C. $HOME/conf/host.conf

D. /etc/hosts

51. D5000 系统中 SCADA 应用下装到实时库时，需要下装（   ）表的配置文件。 （B）

A. $HOME/conf/down_load_FES.sys

B. $HOME/conf/down_load_SCADA.sys

C. $HOME/conf/down_load_fes.sys

D. $HOME/conf/down_load_scada.sys

52. D5000 系统中 search 工具配置文件是（   ）。 （A）

A. $HOME/conf/search.ini

B. $HOME/conf/sys_backup.conf

C. $HOME/conf/host.conf

D. /etc/hosts

53. D5000 系统中本节点的节点名配置文件是（   ）。 （A）

A. /etc/sysconfig/network

B. /etc/sysconfig/network−devices

C. /etc/dm_svc.conf

D. /etc/services

54. D5000 系统中编译源码的目录是（   ）。 （D）

A. $HOME/var　　B. $HOME/conf　　C. $HOME/db_def　　D. $HOME/src

55. D5000 系统中程序编译所需表的结构定义的文件集是（   ）。 （C）

A. $HOME/var　　B. $HOME/conf　　C. $HOME/db_def　　D. $HOME/src

56. D5000 系统中处理关系库更新的进程是（   ）。 （A）

A. model_modify　　B. rtdb_modify　　C. dbinocheck　　D. dbi−nopriv

57. D5000 系统中处理实时库更新的进程是（   ）。 （B）

A. model_modify　　B. rtdb_modify　　C. dbinocheck　　D. dbi−nopriv

58. D5000 系统中存放可执行程序的目录是（   ）。 （C）

A. $HOME/var　　B. $HOME/conf　　C. $HOME/bin　　D. $HOME/lib

59. D5000 系统中存放配置文件的目录是（   ）。 （B）

A. $HOME/var　　B. $HOME/conf　　C. $HOME/bin　　D. $HOME/lib

60. D5000 系统中存放日志的目录是（   ）。 （A）

A. $HOME/var   B. $HOME/conf   C. $HOME/bin   D. $HOME/lib

61. D5000 系统中存放调用动态库的目录是（   ）。   （D）

A. $HOME/var   B. $HOME/conf   C. $HOME/bin   D. $HOME/lib

62. D5000 系统中断面定义工具是（   ）。   （B）

A. sca_formula_define B. sca_sec_define   C. dbinocheck   D. dbi−nopriv

63. D5000 系统中告警查询的程序是（   ）。   （B）

A. alarm_define   B. alarm_query   C. alarm_startmmi   D. alarm_server

64. D5000 系统中告警服务定义的程序是（   ）。   （A）

A. alarm_define   B. alarm_query   C. alarm_startmmi   D. alarm_server

65. D5000 系统中公式定义工具是（   ）。   （A）

A. sca_formula_define B. sca_sec_define   C. dbinocheck   D. dbi−nopriv

66. D5000 系统中关系库管理工具是（   ）。   （B）

A. dbi   B. rdb_studio   C. dbinocheck   D. dbi−nopriv

67. D5000 系统中监视节点进程运行情况的命令是（   ）。   （B）

A. showservice   B. seeproc   C. sys_info_monitor   D. dbi

68. D5000 系统中监视节点应用运行情况的命令是（   ）。   （A）

A. showservice   B. seeproc   C. sys_info_monitor   D. dbi

69. D5000 系统中监视网卡使用情况的命令是（   ）。   （C）

A. top   B. df－h   C. ifconfig   D. crontab-e

70. D5000 系统中监视系统 CPU 及内存使用率的命令是（   ）。   （A）

A. top   B. df－h   C. ifconfig   D. crontab-e

71. D5000 系统中监视系统硬盘使用率的命令是（   ）。   （B）

A. top   B. df－h   C. ifconfig   D. crontab -e

72. D5000 系统中节点 udp、nic 服务网卡使用情况配置文件是（   ）。   （A）

A. $HOME/conf/nic/sys_netcard_conf.txt   B. $HOME/conf/nic/shm_sys_netcard_info

C. /etc/host.conf   D. /etc/hosts

73. D5000 系统中节点名注册对应表是（   ）。   （B）

A. PUBLIC 应用下 98 号节点入库厂站图形对应表

B. PUBLIC 应用下 160 号节点信息表

C. $HOME/conf/host.conf

D. /etc/hosts

74. D5000 系统中节点启动应用的配置表是（   ）。   （B）

A. PUBLIC 应用下 172 号应用主机状态信息表

B. PUBLIC 应用下 163 号系统应用分布信息表

C. $HOME/conf/host.conf

D. /etc/hosts

75. D5000 系统中模型导出的命令是（   ）。   （B）

A. Emodel   B. cime_exp   C. dbinocheck   D. dbi−nopriv

76. D5000 系统中配置达梦数据库服务名及 IP 的基本配置文件是（   ）。   （A）

A. /etc/dm_svc.conf   B. /etc/sys_service.conf

C. /etc/host.conf   D. /etc/hosts

77. D5000 系统中配置定时启动程序的命令是（   ）。   （D）

A. top   B. df - h   C. ifconfig   D. crontab - e

78. D5000 系统中配置服务总线的配置文件是（   ）。   （A）

A. $HOME/conf/mng_priv_app.ini   B. $HOME/conf/domains.xml

C. /etc/host.conf   D. /etc/hosts

79. D5000 系统中配置设备拓扑颜色、告警颜色的程序是（   ）。   （A）

A. ColorSet   B. GIcon   C. topo   D. search

80. D5000 系统中配置网卡绑定信息的配置文件是（   ）。   （B）

A. $HOME/conf/netmask_config.sys   B. $HOME/conf/net_config.sys

C. /etc/host.conf   D. /etc/hosts

81. D5000 系统中配置应用启动的配置表是（   ）。   （A）

A. PUBLIC 应用下 164 号进程信息表   B. PUBLIC 应用下 165 号进程状态信息表

C. $HOME/conf/host.conf   D. /etc/hosts

82. D5000 系统中启用应用的命令是（   ）。   （D）

A. down_load   B. del_table   C. manual_app_stop   D. manual_app_start

83. D5000 系统中前置装点表程序是（   ）。   （A）

A. load_fes   B. fes_handle   C. fes_com   D. fes_mgr

84. D5000 系统中清除某应用实时库的命令是（   ）。   （B）

A. down_load   B. del_table   C. manual_app_stop   D. manual_app_start

85. D5000 系统中区分域名、分区表识及填写远程代理节点名的配置文件是（   ）。

（A）

A. $HOME/conf/domain.sys   B. $HOME/conf/domains.xml

C. /etc/host.conf   D. /etc/hosts

86. D5000 系统中全局域网节点名及 IP 配置文件是（   ）。   （B）

A. /etc/host.conf   B. /etc/hosts   C. /etc/dm_svc.conf D. /etc/services

87. D5000 系统中人机调用各应用的配置文件是（   ）。   （A）

A. $HOME/conf/app_define.sys   B. $HOME/conf/down_load_app.sys

C. $HOME/conf/host.conf   D. /etc/hosts

88. D5000 系统中设置权限管理的程序是（   ）。   （B）

A. priv_manager   B. priv_server   C. priv_d5000   D. priv_mgr

89. D5000 系统中实时库基本配置文件是（   ）。   （A）

A. $HOME/conf/.odb_app.ini   B. $HOME/conf/db_config.sys

C. /etc/host.conf   D. /etc/hosts

90. D5000 系统中实时库下装应用的配置文件是（   ）。   （B）

A. $HOME/conf/db_config.sys   B. $HOME/conf/down_load_app.sys

C. /etc/host.conf   D. /etc/hosts

91. D5000 系统中停止应用的命令是（   ）。   （C）

A. down_load   B. del_table   C. manual_app_stop   D. manual_app_start

92. D5000 系统中图元定义的配置文件是（   ）。   （B）

A. $HOME/conf/graph_homepage.ini   B. $HOME/conf/graph_icontype.xml

C. /etc/host.conf   D. /etc/hosts

93. D5000 系统中为 fes_ser 配置系统参数的文件是（　　）。   （A）

A. /etc/security/limits.conf   B. /etc/limits.d

C. /etc/host.conf   D. /etc/hosts

94. D5000 系统中系统服务端口配置文件是（　　）。   （B）

A. /etc/sysctl.conf   B. /etc/services   C. /etc/host.conf   D. /etc/hosts

95. D5000 系统中系统管理及监视的工具是（　　）。   （B）

A. sys_procm   B. sys_adm   C. sys_pci   D. sys_ctl

96. D5000 系统中下装某应用实时库的命令是（　　）。   （A）

A. down_load   B. del_table   C. manual_app_stop   D. manual_app_start

97. D5000 系统中修改 d5000 用户根目录路径及所用何种 shell 的配置文件是（　　）。

                                                         （A）

A. /etc/passwd   B. /etc/hosts   C. /etc/dm_svc.conf   D. /etc/services

98. D5000 系统中远程代理 proxy 配置文件是（　　）。   （A）

A. $HOME/conf/domains.xml   B. $HOME/conf/mng_priv_app.ini

C. /etc/host.conf   D. /etc/hosts

99. D5000 系统中远程代理的配置表是（　　）。   （B）

A. PUBLIC 应用下 192 号职责区定义表   B. PUBLIC 应用下 95 号远程区域信息表

C. $HOME/conf/host.conf   D. /etc/hosts

100. D5000 系统中在后台监视链路运行状态的命令是（　　）。   （A）

A. monilinks   B. monira   C. dbinocheck   D. dbi−nopriv

101. D5000 中（　　）负责监视 sys_procm，同时也被 sys_procm 监视。   （A）

A. sys_procm_mon   B. sys_procm   C. sys_trans_alarm   D. see

102. D5000 中（　　）是权限管理中最小的不可再分的权限单位。   （A）

A. 功能   B. 角色   C. 组   D. 用户

103. D5000 中（　　）是数据库信息检索工具，可以搜索定位到实时数据库中表的某条记录或者某个域。   （D）

A. 控制台   B. 图形编辑器   C. 图元编辑器   D. 检索器

104. D5000 中（　　）为常驻进程。其周期地检查已向进程管理注册的进程，当发现进程停止，则根据进程的启动命令，启动终止运行的进程。   （B）

A. sys_procm_mon   B. sys_procm   C. sys_trans_alarm   D. see

105. D5000 中（　　）主要负责当被监视的进程出现异常时，发送报警信息。   （C）

A. sys_procm_mon   B. sys_procm   C. sys_trans_alarm   D. see

106. E1 数字中继同轴不平衡接口阻抗为（　　），平衡电缆接口阻抗为（　　）。   （B）

A. 50Ω、80Ω   B. 75Ω、120Ω   C. 80Ω、50Ω   D. 120Ω、75Ω

107. EMS 历史数据保存的时间长短取决于历史数据服务器的（　　）。   （C）

A. CPU 速度快慢   B. 内存容量大小

C. 硬盘容量大小   D. CPU 缓存容量大小

108. EMS 发现画面上某个遥测与前置机中数值不同，则问题原因为（　　）。   （A）

A. 该遥测未能正确关联到数据库中的量测点

B. 该遥测采集故障

C. 该站通信中断

D. 该遥测点号错误

109. EMS 仅某个厂站画面无法打开，故障原因可能为（　　）。　　　　　　　（B）

A. 该厂站通道中断

B. 该厂站图形文件损坏或链接路径错误

C. EMS 人机界面故障

110. EMS 如果机器的 hosts 文件配置不正确，将导致（　　）。　　　　　　（A）

A. 各主机之间网络通信异常　　　　　　B. 各机器名显示错误

C. 各机器 IP 地址显示错误

111. EMS 在图形编辑界面，点击工具栏上的"显示数据库联接"按钮，没有进行数据库联接的动态数据上将出现（　　）以提示用户。　　　　　　　　　　　　　　（D）

A. 一个黄色的叹号　　　　　　　　　　B. 未联接数据字样

C. 该站通信中断　　　　　　　　　　　D. 一个黄色的问号

112. Linux 系统中，文件的删除命令是（　　）。　　　　　　　　　　　　（A）

A. rm　　　　　　B. top　　　　　　C. scp　　　　　　D. sync

113. PDR 中记录的信息为（　　）。　　　　　　　　　　　　　　　　　　（C）

A. 将事故发生前后的遥信量信息记录下来，信息量不带有时标

B. 将事故发生前后的遥信量信息记录下来，信息量带有时标

C. 将事故发生前后的遥测量信息记录下来，信息量不带有时标

D. 将事故发生前后的遥测量信息记录下来，信息量带有时标

114. QT 编辑器中用于 topo 关系校验的操作是（　　）。　　　　　　　　（A）

A. 节点入库　　　B. 图形校验　　　C. 图形保存　　　D. 图形编辑

115. RS–485 的通信距离一般不超过（　　）m。　　　　　　　　　　　　（C）

A. 100　　　　　　B. 15　　　　　　C. 1200　　　　　　D. 800

116. RTU 送出来的信号是数字信号，在通道上传输的是模拟信号，到了主站后通过解调得到的是（　　）信号。　　　　　　　　　　　　　　　　　　　　　　（A）

A. 数字　　　　　B. 模拟　　　　　C. 实际　　　　　D. 仿真

117. SCADA 的含义是（　　）。　　　　　　　　　　　　　　　　　　　（A）

A. 监视控制、数据采集　　　　　　　　B. 能量管理

C. 调度员模拟仿真　　　　　　　　　　D. 安全管理

118. SCADA 数据库中一般有系统类、设备类、参数类、（　　）等四大类表。　（D）

A. 线路类　　　　B. 负载类　　　　C. 交流线段类　　　D. 计算类

119. SCADA 系统，即（　　）。　　　　　　　　　　　　　　　　　　　（D）

A. 安全分析系统　　　　　　　　　　　B. 调度员仿真培训系统

C. 事故分析系统　　　　　　　　　　　D. 监视控制和数据采集系统

120. SCADA 系统的基本功能不包括（　　）。　　　　　　　　　　　　　（C）

A. 事故追忆　　　　　　　　　　　　　B. 安全监视、控制与告警

C. 在线潮流分析　　　　　　　　　　　D. 数据采集和传输

121. SCADA 系统中前置机担负着与厂站综合自动化设备、RTU 等的（　　）等任务。 （C）

A. 保存所有历史数据　　　　　　　　B. 对电网实时监控和操作

C. 数据通信及通信规约解释　　　　　D. ADC/EDC 控制与显示

122. SCADA 中的字母"C"代表（　　）意思。 （C）

A. 采集　　　　　B. 监视　　　　　C. 控制　　　　　D. 操作

123. SCADA 中的最后一个字母"A"代表（　　）意思。 （A）

A. 采集　　　　　B. 安全　　　　　C. 控制　　　　　D. 操作

124. SCADA 中前置机担负着（　　）等任务。 （C）

A. 保存所有历史数据　　　　　　　　B. 对电网实时监控和操作

C. 数据通信及通信规约解释　　　　　D. 基本 SCADA 功能和 AGC/EDC 控制与显示

125. TASE.2 通信规约所使用的端口号为（　　）。 （A）

A. 102　　　　　B. 103　　　　　C. 10　　　　　D. 104

126. 安全 I 区向安全 III 区传送文件应通过（　　）设备。 （A）

A. 正向隔离　　　B. 反向隔离　　　C. 防火墙　　　D. 纵向加密

127. 按实用化验收细则要求，站与站之间 SOE 分辨率应小于（　　）。 （C）

A. 5ms　　　　　B. 1ms　　　　　C. 20ms　　　　　D. 10ms

128. 按照地区电力调度自动化系统基本指标，从断路器变位发生到主站端报出信号的时间应不大于（　　）。 （C）

A. 1s　　　　　B. 2s　　　　　C. 3s　　　　　D. 5s

129. 把事件发生的时间按先后顺序将有关的内容记录下来，这就是（　　）。 （D）

A. 历史记录　　　B. 历史报警　　　C. 事故追忆　　　D. 事件顺序记录

130. 保护出口跳闸信息描述为（　　）。 （A）

A. 出口/复归　　　B. 动作/复归　　　C. 升/降/停　　　D. 投/退

131. 保护信息的延时告警是在（　　）中进行设置。 （D）

A. 厂站表　　　B. 断路器表　　　C. 线路表　　　D. 保护信号表

132. 保护信息在属性命名中采用（　　）进行命名。 （A）

A. 保护原理　　　B. 保护名称　　　C. 所在线路　　　D. 所属间隔

133. 报请实用化验收的地调系统必须是已投运的、按实用化要求考核至少有（　　）连续和完整记录的、并已达到实用化要求的系统。 （B）

A. 3 个月　　　B. 6 个月　　　C. 9 个月　　　D. 12 个月

134. 变电站集中监控应用中的（　　）功能可以显示变电站一、二次设备硬节点的事故或故障信号。 （A）

A. 光字牌　　　B. 事故总信号　　　C. 保护信号　　　D. 遥测信息

135. 变电站间隔图中挡位为（　　）位整数。 （B）

A. 1　　　　　B. 2　　　　　C. 3　　　　　D. 4

136. 变电站间隔图中遥测正常采用 4 位整数（　　）位小数。 （A）

A. 1　　　　　B. 2　　　　　C. 3　　　　　D. 4

137. 变电站内站用变压器命名正确的是（　　）。 （D）

A. #1 所内变　　　B. 1#所内变　　　C. #1 站用变　　　D. 1#站用变

138. 变压器命名正确的是（　　）。　　　　　　　　　　　　　　（D）

A. #2 变压器　　　　B. 二主变　　　　C. 2#主变　　　　D. 2#变压器

139. 采用面向对象技术开发的应用系统的特点是（　　）。　　　　　（A）

A. 重用性更强　　　B. 运行速度更快　　C. 占用存储量小　　D. 维护更复杂

140. 查看进程运行状态命令是（　　）。　　　　　　　　　　　　　（D）

A. manual_app_stop　B. manual_app_start　C. ss　　　　D. seeproc

141. 查看系统资源命令是（　　）。　　　　　　　　　　　　　　　（B）

A. rm　　　　　　　B. top　　　　　　C. scp　　　　　D. sync

142. 查看应用运行状态命令是（　　）。　　　　　　　　　　　　　（C）

A. manual_app_stop　B. manual_app_start　C. ss　　　　D. seeproc

143. 厂站告警直传远程浏览的网关机应（　　），实现主备自动切换功能。（D）

A. 单机配置　　　　B. 双网配置　　　C. 随意配置　　　D. 双机冗余配置

144. 厂站利用信息采集设备将站内需监视的告警信息全部正确采集，依照相关要求对告警信息进行规范化处理，形成标准文本直接传送至接收端，接收端接收到文本后，保持告警信息，并在相应的告警窗中分类展示。这整个过程称为（　　）。　　　　　　　（B）

A. 远程浏览　　　　B. 告警直传　　　C. 告警　　　　　D. 信息分类

145. 厂站利用信息采集设备将站内需监视的信息全部正确采集，依照相关要求编制各类供调阅的实时图形。远方监控人员通过各类通道，直接调阅厂站内的实时图形。这整个过程称为（　　）。　　　　　　　　　　　　　　　　　　　　　　　　　　　　（A）

A. 远程浏览　　　　B. 告警直传　　　C. 告警　　　　　D. 信息分类

146. 厂站远程浏览所有图形大小为（　　），背景色应为黑色。　　　（C）

A. 1024×768　　　B. 1920×1080　　C. 1700×905　　D. 800×600

147. 厂站远程浏览所有图形大小为1700×905，背景色应为（　　）。　（B）

A. 白色　　　　　　B. 黑色　　　　　C. 蓝色　　　　　D. 灰色

148. 从断路器变位发生到主站端报出信号的时间应不大于（　　）。　（C）

A. 1s　　　　　　　B. 2s　　　　　　C. 3s　　　　　　D. 5s

149. 当发生涉及调度数据网络和控制系统安全的事件时，应立即向上一级调度机构报告，同时报国调中心，并在（　　）内提供书面报告。　　　　　　　　　　　　　（B）

A. 4h　　　　　　　B. 8h　　　　　　C. 12h　　　　　D. 24h

150. 当进行断路器检修等工作时，应能利用计算机监控系统（　　）功能禁止对此断路器进行遥控操作。　　　　　　　　　　　　　　　　　　　　　　　　　　　　（A）

A. 检修挂牌　　　　B. 维护　　　　　C. 人机界面　　　D. 闭锁挂牌

151. 当内网需要有数据到达外网时，与内网相连接的接口机立即发起对安全通道的（　　）协议的数据连接。　　　　　　　　　　　　　　　　　　　　　　　　　（B）

A. TCP/IP　　　　B. 非 TCP/IP　　C. UDP　　　　　D. Telnet

152. 地区电力调度自动化系统双机自动切换到基本监控功能恢复，其时间应不大于（　　）s。　　　　　　　　　　　　　　　　　　　　　　　　　　　　　　　（B）

A. 20　　　　　　　B. 30　　　　　　C. 40　　　　　　D. 50

153. 地区供电公司及以上电力调度自动化系统、通信系统失灵影响系统正常指挥属于（　　）。　　　　　　　　　　　　　　　　　　　　　　　　　　　　　　　（C）

A. 重大电网事故　　B. 一般电网事故　　C. 电网一类障碍　　D. 电网二类障碍

154. 地调主站系统图形绘制中，电压互感器命名正确的是（　　）。　　（C）

A. 一母 TV　　　　B. 1#TV　　　　C. Ⅰ母 TV　　　　D. 1 母 TV

155. 地调主站系统图形绘制中，母联命名正确的是（　　）。　　（B）

A. 66kV 母联　　　B. Ⅰ Ⅱ母联　　　C. 母联　　　　D. 一二母联

156. 地调主站系统图形绘制中，母线命名正确的是（　　）。　　（A）

A. Ⅰ母　　　　　B. 1母　　　　　C. 1 母线　　　　D. 1#母线

157. 电力调度自动化系统的是由（　　）构成的。　　（B）

A. 远动系统、综自系统、通信系统　　　B. 子站系统、数据传输通道、主站系统

C. 综自系统、远动系统、主站系统　　　D. 信息采集系统、信息传输系统、信息接收系统

158. 电力调度自动化系统现场验收时，进行无故障运行测试的时间应是（　　）。（C）

A. 72h　　　　　B. 96h　　　　　C. 100h　　　　D. 120h

159. 电力调度自动化系统中（　　）有权执行遥控命令。　　（B）

A. 维护工作站　　B. 调度工作站　　C. 通信工作站　　D. MIS 工作站

160. 电力调度自动化系统主干网采用的双绞线是第（　　）类双绞线。　　（D）

A. 3　　　　　　B. 4　　　　　　C. 5　　　　　　D. 超 5 类

161. 电力调度自动化主站端光电隔离器的作用是对（　　）进行隔离。　　（A）

A. 数字通道　　　B. 模拟通道　　　C. 光纤通道　　　D. 网络通道

162. 电力调度自动化主站与分站之间进行串行通信，一般采用（　　）接口通信。（A）

A. RS–232　　　B. RS–422　　　C. RS–485　　　D. RS–432

163. 电力系统（　　）是根据 SCADA 系统提供的实时信息，给出电网内各母线电压（幅值和相角）和功率的估计值；主要完成遥信及遥测初检、网络拓扑分析、量测系统可观测性分析、不良数据辨识、母线负载预报模型的维护、变压器分接头估计、量测误差估计等功能。

（A）

A. 状态估计　　　B. 事故分析　　　C. 断路计算　　　D. 安全分析

164. 电力自动化信息命名应遵循唯一原则，从（　　）到各信息展示端保持统一命名。

（B）

A. 前置端　　　　B. 后台机　　　　C. 信息源端　　　D. 调度工作站

165. 电力自动化信息中所需表达的内容称为（　　）。　　（D）

A. 分支　　　　　B. 设备　　　　　C. 总称　　　　　D. 属性

166. 电力自动化信息中遥测量通过（　　）表示。　　（D）

A. 分支　　　　　B. 设备　　　　　C. 总称　　　　　D. 属性

167. 电网模型管理要求包括电网模型分类、电网模型生成、电网模型校验、（　　）、电网模型拆分与合并、电网模型多版本管理、电网模型发布。　　（B）

A. 电网数据交换　　B. 电网模型交换　　C. 厂站模型交换　　D. 电网五防模型

168. 电网频率量属于（　　）。　　（A）

A. 检测点　　　　B. 输出点　　　　C. 虚拟点　　　　D. 拓扑岛

169. 电网运行稳态监视与设备集中监控应能实现对电网实时运行稳态信息的监视和（　　）。　　（D）

A. 设备监视　　　B. 元件控制　　　C. 功能管理　　　D. 设备控制

170. 电网运行稳态监视指标要求：节点功率平衡率大于等于（　　）。　　　　　（C）

A. 96% 　　　　　B. 97% 　　　　　C. 98% 　　　　　D. 99%

171. 电网运行稳态监视指标要求：事故遥信正确动作率大于等于（　　）。　　　（C）

A. 96% 　　　　　B. 97% 　　　　　C. 98% 　　　　　D. 99%

172. 电网运行稳态监视指标要求：通道可用率大于等于（　　）。　　　　　　（D）

A. 96% 　　　　　B. 97% 　　　　　C. 98% 　　　　　D. 99%

173. 电网运行稳态监视指标要求：遥测变化传送时间小于等于（　　）。　　　（C）

A. 2s 　　　　　B. 3s 　　　　　C. 4s 　　　　　D. 5s

174. 电网运行稳态监视指标要求：遥信传动时间小于等于（　　）。　　　　　（B）

A. 2s 　　　　　B. 3s 　　　　　C. 4s 　　　　　D. 5s

175. 电压等级拓扑着色以（　　）标识交、直流设备当前所带电压等级。　　　（A）

A. 颜色 　　　　　B. 间隔 　　　　　C. 画素 　　　　　D. 图元

176. 电力调度自动化系统的数据库分为（　　）。　　　　　　　　　　　　　（B）

A. 实时数据库和描述数据库　　　　　B. 实时数据库和历史数据库

C. 图形数据库和描述数据库　　　　　D. 实时数据库和图形数据库

177. 断路器、隔离开关、接地开关位置信号描述为（　　）。　　　　　　　　（A）

A. 分/合 　　　　　B. 操作目的 　　　　　C. 升/降/停 　　　　　D. 投/退

178. 对电力调度自动化系统设备运行资料的管理，要求（　　）。　　　　　　（C）

A. 可由各个负责人分别保管

B. 应由专人管理，并建立技术资料目录

C. 应由专人管理，应保持齐全、准确，并建立技术资料目录及借阅制度

D. 以上说法都正确

179. 对断路器进行遥控操作的步骤顺序是（　　）。　　　　　　　　　　　　（A）

A. 命令、返校、执行　　　　　　　　B. 对象、执行、撤销

C. 执行、命令、返校　　　　　　　　D. 撤销、对象、执行

180. 二次节点通信图也称全站通信工况图，链接在变电站一次主接线图中，反映（　　）是否良好。　　　　　　　　　　　　　　　　　　　　　　　　　　　　　　　　（B）

　A. 全站事故总　　　　　　　　　　B. 全站设备通信状态

　C. 全站公共信号　　　　　　　　　D. 全站交直流

181. 二次系统总称由应用维护管理单位确定，并逐级上报审批，由省调备案后形成最后名称，通用结构为"（　　）"。　　　　　　　　　　　　　　　　　　　　　　　（D）

　A. 系统+名称 　　B. 名称+应用 　　C. 应用+名称 　　D. 名称+系统

182. 发电厂根据（　　）命名。　　　　　　　　　　　　　　　　　　　　　（D）

　A. 电压等级 　　B. 所属公司 　　C. 装机容量 　　D. 类型

183. 发电厂内站用变压器命名正确的是（　　）。　　　　　　　　　　　　　（B）

　A. #1 厂用变 　　B. 1#厂用变 　　C. #1 站用变 　　D. 1#站用变

184. 发电机命名正确的是（　　）。　　　　　　　　　　　　　　　　　　　（B）

　A. #2 机组 　　B. 3#机组 　　C. 3#发电机 　　D. #3 发电机

185. 发电机组脱硫设施的运行参数和信号送入电厂侧远动终端，通过现有专用通道或网络通道送到各网省调度中心（　　）。　　　　　　　　　　　　　　　　　　　　（A）

A. EMS 主站　　　　　　　　　　　　B. TMR 主站

C. 燃煤发电机组脱硫设施运行监测系统　　D. 电力市场运营系统

186. 负载率、母线平衡率等计算是由（　　）程序进行自动计算的。　（A）

A. sca_topo　　　　B. dy_download　　　　C. rdb_studio　　　　D. manual_app_stop

187. 告警功能包括多种方式进行相关事件告警、（　　）、延时告警等。　（C）

A. 按间隔进行归属　　B. 根据设定的延时　　C. 告警抑制　　D. 设备控制

188. 告警直传"时间"以单一事件取遥信（　　）时标。　（C）

A. 主站　　　　B. 合成　　　　C. 原始 SOE　　　　D. 告警

189. 告警直传多事件综合分析结果的告警时标取启动综合分析流程的触发遥信 SOE 时标，精确到（　　）。　（C）

A. 秒　　　　B. 微妙　　　　C. 毫秒　　　　D. 分

190. 告警直传和远程浏览采集的所有信息名称都必须符合（　　）和《辽宁电力自动化信息命名规范》的相关要求。　（A）

A.《电网设备通用数据模型命名规范》　　B.《变电站调控数据交互规范》

C.《辽宁电网变电站监控信息管理规范》　　D.《全国电网名称代码》

191. 告警直传和远程浏览厂站端与接收端通过（　　）通道 DL 476 协议进行实时数据文件的传输。　（A）

A. 数据网　　　　B. 专线　　　　C. 拨号网络　　　　D. VPN

192. 告警直传和远程浏览厂站端与接收端通过数据网通道（　　）协议进行实时数据文件的传输。　（A）

A. DL 476　　　　B. 104　　　　C. TASEII　　　　D. 102

193. 告警直传和远程浏览厂站设备由（　　）自动化系统维护人员验收、检验和维护，确保信息采集、信息处理、信息传送和图形展示的可靠性和准确性。　（A）

A. 本厂站　　　　B. 主站　　　　C. 厂家　　　　D. 施工方

194. 告警直传和远程浏览宜选用国产设备，宜采用国产操作系统和（　　）。　（C）

A. oracle 数据库　　B. 达梦数据库　　C. 国产数据库　　D. 任何数据库

195. 告警直传网关机采集厂站的告警信息应该（　　）。　（B）

A. 以重要信息为主　　B. 全面完善　　C. 只传一类告警　　D. 只传送保护信息

196. 告警直传信息依照《辽宁电网变电站监控信息管理规范》的要求，分成（　　）个等级。　（D）

A. 2　　　　B. 3　　　　C. 4　　　　D. 5

197. 各断路器、隔离开关、接地开关和调压机构等可操作的设备都有远方就地把手，远方就地把手属性名称为"（　　）+远方就地把手"。　（D）

A. 总称　　　　B. 分支　　　　C. 线路　　　　D. 位置

198. 根据《地区电网电力调度自动化系统实用化验收细则》要求，电网电力调度自动化系统双机系统的可用率不小于（　　）。　（C）

A. 98.8%　　　　B. 99%　　　　C. 99.80%

199. 根据《地区电网电力调度自动化系统应用软件基本功能实用要求及验收细则》要求，单次状态估计计算时间，基本要求小于等于（　　），争取小于等于10s。　（A）

A. 30s　　　　B. 45s　　　　C. 60s　　　　D. 120s

200. 根据国家电网公司颁发的《输电网安全性评价》要求，电力调度自动化系统主机 CPU 负载率，在电力系统事故状态下任意 10s 内不得大于（　　　）。　　　　　　　　　　（D）

A. 30%　　　　　　B. 40%　　　　　　C. 50%　　　　　　D. 60%

201. 光子牌区域展示本间隔所有（　　）和自动巡检信息。　　　　　　　　　　　　　（C）

A. 软信息　　　　B. 保护信息　　　　C. 硬节点　　　　D. 压板信息

202. 国家电网公司推广的新一代智能电网调度支持系统为（　　　）。　　　　　　　　（D）

A. CC2000　　　　B. OPEN3000　　　　C. OPEN3200　　　　D. D5000

203. 衡量数字通道质量的最重要的指标是（　　　）。　　　　　　　　　　　　　　　（D）

A. 差错率　　　　B. 波特率　　　　C. 信噪比　　　　D. 误码率

204. 衡量数字通信电路质量的最重要的指标是（　　　）。　　　　　　　　　　　　　（A）

A. 误码率　　　　B. 波特率　　　　C. 差错率　　　　D. 信噪比

205. 基础数据和模型维护管理包括基础数据内容、（　　　）、电网模型管理。　　　　（A）

A. 基础数据维护和管理　　　　　　　　B. 实时库管理

C. 通道管理　　　　　　　　　　　　　D. 厂站基本信息

206. 基础数据内容包括组织机构信息、人员信息、（　　）、一次设备信息、二次设备信息、故障集、断面及限额、经济信息、控制信息、水情、新能源、气象。　　　　　　　　（D）

A. 基础数据维护和管理　　　　　　　　B. 实时库管理

C. 通道管理　　　　　　　　　　　　　D. 厂站基本信息

207. 集控站是一个具备对所辖各变电站相关设备及其运行情况进行远方（　　　）等功能的中心变电站。　　　　　　　　　　　　　　　　　　　　　　　　　　　　　　　（A）

A. 遥控、遥测、遥信、遥调、遥视　　　B. 遥控、遥测、遥信、遥调

C. 遥控、遥测、遥信、遥视　　　　　　D. 遥测、遥信、遥调、遥视

208. 集控中心与集控中心之间的通信信道应使用（　　　）传输方式。　　　　　　　　（C）

A. 专线　　　　　B. 无线　　　　　C. 网络

209. 计算机监控系统操作控制功能可按（　　　）的分层操作原则考虑，无论设备处在哪一层操作控制，设备的运行状态和选择切换开关的状态都应具备防误闭锁功能。　　　　（C）

A. 远方操作、站控层、间隔层　　　　　B. 站控层、间隔层、设备级

C. 远方操作、站控层、间隔层、设备级

210. 计算机监控系统应具有（　　　），以允许监护人员在操作员工作站上对操作实施监护。

（D）

A. 操作预演功能　　　B. 操作票功能　　　C. 操作反演功能　　　D. 操作监护功能

211. 计算机中满码值是 2047，某电流遥测量的最大实际值是 600A，现在计算机收到该点计算机码为 500，其该电流实际值是（　　　）。　　　　　　　　　　　　　　　　（A）

A. [(500/2047)×600]A　　　　　　　　B. (600/2047)A

C. [(500/600)×2047]A　　　　　　　　D. 500A

212. 监控管辖范围的接地开关覆盖率为（　　　）。　　　　　　　　　　　　　　　　（D）

A. 97%　　　　　　B. 98%　　　　　　C. 99%　　　　　　D. 100%

213. 监控管辖范围内监控信号采集覆盖率为（　　　）。　　　　　　　　　　　　　　（D）

A. 97%　　　　　　B. 98%　　　　　　C. 99%　　　　　　D. 100%

214. 监控统计分析功能包括：统计自定义，根据设定的延时、抑制、（　　　）等过滤方式

进行相关内容的统计。 (A)

    A. 防抖动　　　　B. 功能管理　　　　C. 统计管理　　　　D. 时间归属

215. 交流电压命名正确的是（　　）。 (B)

    A. A 电压　　　　B. A 相电压　　　　C. AB 电压　　　　D. AB 相电压

216. 进行遥控分、合操作时，其操作顺序为（　　）。 (B)

    A. 执行、返校、选择　　　　　　　　B. 选择、返校、执行

    C. 返校、选择、执行　　　　　　　　D. 执行、选择、返校

217. 进行遥信、遥测采集的是（　　）系统。 (A)

    A. SCADA　　　　B. EMS　　　　C. DTS　　　　D. AVC

218. 控制情况信息描述为（　　）。 (C)

    A. 投入/退出　　　B. 动作/复归　　　C. 成功/失败　　　D. 远方/就地

219. 跨节点复制命令是（　　）。 (C)

    A. rm　　　　B. top　　　　C. scp　　　　D. sync

220. 模拟事故总信号与断路器同时动作（在延时时间内），且事故总信号状态为（　　），断路器状态为（　　）时，判断为事故跳闸。 (D)

    A. 分，分　　　B. 合，合　　　C. 分，合　　　D. 合，分

221. 某变电站 7 月份远动终端设备主机故障停运 3h，通信管理机故障检修 1h，某线路测控装置故障检修使远动终端停运 1h，则该设备月可用率为（　　）。 (B)

    A. 99.31%　　　B. 99.33%　　　C. 99.46%　　　D. 99.60%

222. 某变电站断路器事故跳闸时，主站收到保护事故信号，而未收到断路器变位信号，其原因为（　　）。 (C)

    A. 通道设备故障　　　　　　　　B. 保护装置故障

    C. 断路器辅助接点故障　　　　　　D. RTU 故障

223. 某变电站某一断路器事故跳闸后，主站收到保护事故信号，而未收到断路器变位信号，其原因可能是（　　）。 (C)

    A. 通道设备故障　　　B. 保护装置故障　　　C. 断路器辅助接点故障

224. 某变电站遥测总路数共有 64 路，2 月份每路遥测月不合格小时的总和为 118h，则该变电站 2 月份遥测月合格率为（　　）。 (A)

    A. 99.73%　　　B. 99.74%　　　C. 99.60%　　　D. 82.44%

225. 某地区电力调度自动化系统共有 32 套远动装置（RTU），6 月份远动装置故障共计 82h，各类检修共计 48h，通道中断共计 12h，电源故障共计 8h，则该地区远动系统月可用率是（　　）。 (C)

    A. 99.55%　　　B. 99.38%　　　C. 99.35%　　　D. 99.45%

226. 某地区电力调度自动化系统共有 32 套远动装置，6 月份通道故障共计 64h，各类设备（通信、远动）检修共计 36h，则该地区 6 月份远动通道月可用率为（　　）。 (B)

    A. 99.00%　　　B. 99.57%　　　C. 98.99%　　　D. 99.55%

227. 某发电厂 2003 年被上级调度部门确认的事故遥信动作总次数为 20 次，正确动作次数为 19 次，拒动 0 次，误动 1 次，则该发电厂 2003 年事故遥信年动作正确率为（　　）。

(D)

    A. 85%　　　B. 96%　　　C. 97%　　　D. 95%

228. 某发电厂 6 月份远动装置故障停运 2h，各类检修 1h，则该发电厂 6 月份远动装置可用率为（ ）。 (A)

A. 99.58%　　　　　B. 99.00%　　　　　C. 98.00%　　　　　D. 99.50%

229. 某条线路恢复运行后，显示的功率值和电流值均为线路实际负载的一半，其可能的原因是（ ）。 (D)

A. 电压互感器更换，线路的二次电压互感器（TV）电压比增大一倍

B. 电压互感器（TV）电压失相

C. 电流互感器更换，线路的二次电流互感器（TA）电流比减小一倍

D. 电流互感器更换，线路的二次电流互感器（TA）电流比增大一倍

230. 某线路的电流互感器电流比为 600/5，电压互感器电压比为 220kV/100V，则当二次功率为 20W 时一次功率为（ ）MW。 (A)

A. 528　　　　　B. 4　　　　　C. 480　　　　　D. 5

231. 某一主变压器的挡位采集方式采用十六进制码，用 4 位遥信表示，主站收到的遥信从高到低为 1010，则该变压器现在的挡位是（ ）。 (D)

A. 17　　　　　B. 18　　　　　C. 12　　　　　D. 10

232. 某一主变压器的挡位采集方式采用十六进制码，用 5 位遥信表示，主站收到的遥信从高到低为 10010，则该变压器现在的挡位是（ ）。 (D)

A. 17　　　　　B. 12　　　　　C. 10　　　　　D. 18

233. 某一主变压器的挡位采集方式采用 BCD 码，用 5 位遥信表示，主站收到的遥信从高到低为 10010，则该变压器现在的挡位是（ ）。 (B)

A. 17　　　　　B. 12　　　　　C. 10　　　　　D. 18

234. 目前电力调度自动化系统可以使用（ ）公用工具软件生成报表，为公司有关科室提供电子报表信息，方便数据共享。 (A)

A. Excel　　　　　B. Word　　　　　C. PowerPoint　　　　　D. FrontPage

235. 能够单独使用，表示一个独立的电气设备，称为（ ）。 (D)

A. 画素　　　　　B. 元件　　　　　C. 设备　　　　　D. 图元

236. 能量管理系统的主站为保证运行稳定可靠，通常采用（ ）配置。 (B)

A. 开放技术　　　　　B. 冗余技术　　　　　C. 互操作技术　　　　　D. 同步技术

237. 旁路代查询结果中，除了显示具体的旁路代设备、被旁路代设备、旁路代起始时间等信息外，还有一个"是否可疑"信息，是否可疑的判断依据是旁路代后的变损或线损是否平衡，不可疑即指（ ）。 (A)

A. 平衡　　　　　B. 不平衡　　　　　C. 以上都不是

238. 频率、温度、时钟、水位等类型信息在（ ）中设置。 (A)

A. 测点信息表　　　　　B. 遥测定义表　　　　　C. 容抗器表　　　　　D. 终端设备表

239. 前置机系统担负着（ ）等任务。 (C)

A. 保存所有历史数据　　　　　　　B. 对电网实时监控和操作

C. 数据通信及通信规约解释　　　　D. 基本 SCADA 功能和 AGC/EDC 控制与显示

240. 前置机系统担负着与厂站、RTU 和各分局的（ ）等任务。 (C)

A. 保存所有历史数据　　　　　　　B. 对电网实时监控和操作

C. 数据通信及通信规约解释　　　　D. 基本 SCADA 功能和 AGC/EDC 控制与显示

241. 前置机系统担负着与厂站综合自动化设备、RTU 和各分局的（　　）等任务。（C）

A. 保存所有历史数据 　　　　　　　B. 对电网实时监控和操作

C. 数据通信及通信规约解释 　　　　D. AGC/EDC 控制与显示

242. 前置系统一般都是（　　），目的是增强系统的可靠性。　　　　（A）

A. 冗余配置 　　　B. 单独配置 　　　C. 双主配置 　　　D. 双机配置

243. 人–机界面的英文缩写是（　　）。　　　　　　　　　　　　　（C）

A. IMM 　　　　　B. MIM 　　　　　C. MMI

244. 人机界面管理包括人机界面基本要求、（　　）、画面编辑、人机交互、可视化管理。　　　　　　　　　　　　　　　　　　　　　　　　　　（B）

A. 语音 　　　B. 图元 　　　C. 报警 　　　D. 系统资源监视

245. 如果收到双位遥信的状态不是在指定时间之内同时变位的，或者只收到了常开或常闭节点变位信号，则按（　　）处理。　　　　　　　　　　　　（A）

A. 异常变位 　　　B. 事故变位 　　　C. 遥信变位 　　　D. 无效变位

246. 如果用户对这些告警类型的某些告警状态的告警行为有一些特殊要求，可以通过（　　）定义其告警行为。　　　　　　　　　　　　　　　　　　（B）

A. 默认告警方式 　　　　　　　　　B. 自定义告警方式

C. 新增告警方式 　　　　　　　　　D. 插入告警方式

247. 若网络形状是由站点和连接站点的链路组成的一个闭合环，则称这种拓扑结构为（　　）。　　　　　　　　　　　　　　　　　　　　　　　　（C）

A. 星型拓扑 　　　B. 总线拓扑 　　　C. 环型拓扑 　　　D. 树型拓扑

248. 要将一台服务器切换成主机的前提是它必须处在（　　）。　　　　（A）

A. 备机状态 　　　B. 主机状态 　　　C. 停机状态 　　　D. 故障状态

249. 三区向一区传送文件应通过（　　）设备。　　　　　　　　　　（B）

A. 正向隔离 　　　B. 反向隔离 　　　C. 防火墙 　　　D. 纵向加密

250. 设备集中监控指标要求：告警直传传送时间小于等于（　　）。　　（B）

A. 2s 　　　　　B. 3s 　　　　　C. 4s 　　　　　D. 5s

251. 设备集中监控指标要求：调控范围内断路器传动试验覆盖率为（　　）。（A）

A. 100% 　　　B. 97% 　　　C. 98% 　　　D. 99%

252. 申请验收的智能电网调度控制系统各部分功能必须是通过现场运行验收并已正式投入使用，具备连续运行（　　）个月及以上的完整记录。　　　　　　（D）

A. 3 　　　　　B. 4 　　　　　C. 5 　　　　　D. 6

253. 实时遥测值区域展示间隔内所能采集，与本间隔运行有关的（　　）信息。（A）

A. 遥测 　　　B. 遥信 　　　C. 遥控 　　　D. 遥脉

254. 实用化验收申请验收应提供的资料中不包括（　　）。　　　　　（D）

A. 事故时遥信动作记录 　　　　　　B. 调度管辖范围

C. 与网络库有关的系统接线图 　　　D. 安全日志

255. 事故追忆的定义是（　　）。　　　　　　　　　　　　　　　　（A）

A. 将事故发生前和事故发生后有关信息记录下来

B. 带有时标的通信量

C. 事件顺序记录

D. 自动发电控制

256. 事故追忆中记录的信息为（　　　）。　　　　　　　　　　　　　　　　（D）

A. 将事故发生前后的遥信量信息记录下来，信息量不带有时标

B. 将事故发生前后的遥测量信息记录下来，信息量带有时标

C. 将事故发生前后的遥信量信息记录下来，信息量带有时标

D. 将事故发生前后的遥测量信息记录下来，信息量不带有时标

257. 事件顺序记录系统分辨率应小于（　　　）ms。　　　　　　　　　　　（A）

A. 20　　　　　　　　B. 10　　　　　　　　C. 5

258. 是否自动对端代的启动开关在（　　　）中进行设置。　　　　　　　　（A）

A. 厂站表　　　　　B. 断路器表　　　　C. 线路表　　　　D. 母线表

259. 数据传输系统中，若在发端进行检错应属于（　　　）。　　　　　　　（B）

A. 循环检错法　　　B. 检错重发法　　　C. 反馈检验法　　　D. 前向纠错法

260. 数据库管理包括关系数据库、实时数据库、（　　　）、文件服务管理、数据库备份和恢复管理。　　　　　　　　　　　　　　　　　　　　　　　　　　　　　　　（A）

A. 时间序列数据库　B. 系统资源监视　　C. 人机界面管理　　D. 日志管理

261. 数据库管理系统常见的数据模型有（　　　）3种。　　　　　　　　　（B）

A. 网状型、关系型和语义型　　　　　　　B. 层次型、网状型和关系型

C. 层次型、环状型和关系型　　　　　　　D. 网状型、链状型和层次型

262. 数据库管理系统能实现对数据库中数据的查询、插入、修改和删除，这类功能称为（　　　）。　　　　　　　　　　　　　　　　　　　　　　　　　　　　　　　　（C）

A. 数据定义　　　　B. 数据管理　　　　C. 数据操作　　　　D. 数据控制

263. 数据库管理系统提供的数据（　　　）语言，可以对数据库中的数据实现检索和更新。　　　　　　　　　　　　　　　　　　　　　　　　　　　　　　　　　　　　（C）

A. 处理　　　　　　B. 定义　　　　　　C. 编辑　　　　　　D. 操作

264. 数据模型是数据库系统的核心和基础，SQL server 数据库属于（　　　）。（A）

A. 关系模型　　　　　　　　　　　　　　B. 层次模型

C. 网状模型　　　　　　　　　　　　　　D. 面对对象数据模型（OO 模型）

265. 调度端监控系统显示值与现场实际值之间的综合误差小于（　　　）。　（B）

A. ±0.5%　　　　　B. ±1.5%　　　　　C. 2%　　　　　　D. 2.50%

266. 调度端所配置的计算机系统应可靠接地，接地电阻应小于（　　　）。　（D）

A. 0.05Ω　　　　　B. 0.1Ω　　　　　C. 0.2Ω　　　　　D. 0.5Ω

267. 调度管辖范围内 PAS 建模发电机组机端电压采集覆盖率大于等于（　　　）（风电、光伏除外）。　　　　　　　　　　　　　　　　　　　　　　　　　　　　　　　（A）

A. 90%　　　　　　B. 95%　　　　　　C. 97%　　　　　　D. 100%

268. 调度技术支持系统（D5000）可执行文件存放在（　　　）目录下。　　（B）

A. conf　　　　　　B. bin　　　　　　C. lib　　　　　　D. D5000

269. 调度技术支持系统（D5000）配置文件存放在（　　　）目录下。　　　（A）

A. conf　　　　　　B. bin　　　　　　C. lib　　　　　　D. D5000

270. 调度技术支持系统动态链接库存放在（　　　）中。　　　　　　　　　（C）

A. conf　　　　　　B. bin　　　　　　C. lib　　　　　　D. D5000

271. 调度自动化 SCADA 系统的基本功能不包括（　　）。　　（C）

A. 事故追忆　　　　　　　　　　B. 安全监视、控制与告警

C. 在线潮流分析　　　　　　　　D. 数据采集和传输

272. 调度自动化必须保证（　　），才能确保调度中心及时了解电力系统的运行状态，并做出正确的控制决策。　　（B）

A. 安全性、稳定性、准确性　　　B. 可靠性、实时性、准确性

C. 可靠性、实用性、准确性　　　D. 安全性、实时性、稳定性

273. 调度自动化设备严重故障导致系统无法正常运行的缺陷为（　　）。　　（A）

A. 前置机、后台机双机故障　　　B. 后台机故障

C. 调度员工作站故障　　　　　　D. 模拟屏故障

274. 调度自动化设备严重故障导致系统无法正常运行的缺陷为（　　）。　　（C）

A. 后台机故障　　　　　　　　　B. 调度员工作站故障

C. 前置机、后台机双机故障　　　D. 模拟屏故障

275. 调度自动化主站系统的局域网通常采用（　　）形式。　　（C）

A. 因特网　　　　B. 令牌网　　　　C. 以太网　　　　D. ATM 网

276. 调度自动化主站系统软件分为（　　）。　　（D）

A. 操作软件、支持软件、管理软件　　　B. 系统软件、数据库软件、应用软件

C. 数据库软件、管理软件、操作软件　　D. 系统软件、支持软件、应用软件

277. 通道板上指示灯的状态为 RxD 灯灭、Run 灯亮、Alarm 灯亮时，表示（　　）。　　（C）

A. 信号接收正常　　　　　　　　B. 表示信号太弱、信号不对或通道板设置不对

C. 表示无信号，通道断或 RTU 故障　　D. 通道板坏或 RTU 故障

278. 同步是远动系统的一个重要环节，是指远动装置收发两端的（　　）相同一致。　　（C）

A. 频率、副值　　　B. 相位、副值　　　C. 频率、相位

279. 同一件电器设备由于表达的电力信息不同，存在（　　）不同情况。　　（A）

A. 名称级别　　　B. 信息等级　　　C. 安全级别　　　D. 归类

280. 根据网、省调电力调度自动化系统实用化要求，电力调度自动化系统基本指标中主站画面数据刷新周期为（　　）。　　（C）

A. 3～5s　　　B. 4～8s　　　C. 5～10s　　　D. 6～12s

281. 网、省调电力调度自动化系统实用化要求，电力调度自动化系统月平均运行率不小于（　　）。　　（C）

A. 85%　　　B. 90%　　　C. 95%　　　D. 98%

282. 网、省调电力调度自动化系统实用化要求，断路器遥信变位信号送到的时间（　　）。　　（B）

A. ≤1s　　　B. ≤3s　　　C. ≤5s　　　D. ≤15s

283. 网、省调电力调度自动化系统实用化要求，发生事故时，从断路器变位到主站整幅事故画面自动推出，规定时间应（　　）。　　（D）

A. ≤3s　　　B. ≤5s　　　C. ≤10s　　　D. ≤15s

284. 网、省调电力调度自动化系统实用化要求，事故时遥信动作正确率基本要求是

（　　）。 (C)

　　A. ≥85% 　　　　　　B. ≥90% 　　　　　　C. ≥95% 　　　　　　D. ≥99%

285. 网、省调电力调度自动化系统实用化要求，调度自动化主站系统双机系统自动切换到基本监控功能恢复，其时间应不大于（　　）。 (B)

　　A. 20s 　　　　　　B. 30s 　　　　　　C. 40s 　　　　　　D. 50s

286. 网、省调电力调度自动化系统实用化要求，遥测越限信息传送到主站的时间为（　　）。 (B)

　　A. ≤1s 　　　　　　B. ≤3s 　　　　　　C. ≤5s 　　　　　　D. ≤15s

287. 系统安全要求包括操作系统安全、（　　）、安全监视、身份认证、安全授权、网络设备与安全设备。 (D)

　　A. 人身安全 　　　　B. 密码保护 　　　　C. 主机加固 　　　　D. 数据库安全

288. 系统管理包括系统节点及应用管理、进程管理、系统网络管理、系统资源监视、时钟管理、（　　）、定时任务管理、系统备份/恢复管理。 (B)

　　A. 数据库管理 　　　B. 日志管理 　　　　C. 人机界面管理 　　　D. 实时数据库

289. 系统网络管理应监控各节点间的（　　）状况。 (C)

　　A. 资源 　　　　　　B. 在线 　　　　　　C. 通信 　　　　　　D. 运行

290. 下列（　　）文件的存储设备不支持文件的随机存取。 (C)

　　A. 磁盘 　　　　　　B. 软盘 　　　　　　C. 磁带 　　　　　　D. 光盘

291. 下列 UNIX 指令（　　）不是远程命令。 (D)

　　A. rcp 　　　　　　B. rsh 　　　　　　C. rlogin 　　　　　　D. reboot

292. 下列不是参数类表的是（　　）。 (C)

　　A. 遥测定义表 　　　B. 遥信定义表 　　　C. 遥调关系表 　　　D. 遥控关系表

293. 下列不属于工况管理类进程的是（　　）。 (D)

　　A. 通道管理程序 　　　　　　　　　　　B. 串口及网络通道原码显示程序

　　C. 远方 FES 与平台网络交互报文显示程序　D. 终端服务器通信程序

294. 下列不属于前置网络设备的是（　　）。 (D)

　　A. 终端服务器 　　　B. 路由器 　　　　C. 交换机 　　　　D. 通信光端机

295. 下列不属于曲线类型的是（　　）。 (D)

　　A. 历史采样曲线 　　B. 实时追忆曲线 　　C. 触发采样曲线 　　D. 实时数据曲线

296. 下列操作中（　　）不是 SQL Server 服务管理器功能。 (C)

　　A. 启动 SQL Server 服务 　　　　　　　B. 停止 SQL Server 服务

　　C. SQL 查询服务 　　　　　　　　　　　D. 暂停 SQL Server 服务

297. 下列选项中（　　）不是数据库系统的特点。 (A)

　　A. 数据加工 　　　　B. 数据共享 　　　　C. 关系模型 　　　　D. 减少数据冗余

298. 现场输入值与调度端主站系统显示值的综合误差小于（　　）。 (A)

　　A. 0.1% 　　　　　　B. 0.15% 　　　　　C. 0.5% 　　　　　　D. 0.2%

299. 线路以名称后面加"线"命名，数字都以（　　）形式表示。 (A)

　　A. 中文 　　　　　　B. 数字 　　　　　　C. #+数字 　　　　　D. 数字

300. 小车位置信号描述为（　　）。 (B)

　　A. 分/合 　　　　　　B. 工作/试验/检修 　　C. 升/降/停 　　　　D. 投/退

301. 小电源功率总加采集率大于等于（ ）。 (B)

A. 85%　　　　　B. 90%　　　　　C. 95%　　　　　D. 98%

302. 需要表示方向的有功、无功在展示数值时，流入变电站为（ ），流出变电站为（ ）。 (A)

A. 负，正　　　　B. 正，负　　　　C. 正，正　　　　D. 负，负

303. 需要表示方向的有功、无功在展示数值时，流入母线为（ ），流出母线为（ ）。 (A)

A. 负，正　　　　B. 正，负　　　　C. 正，正　　　　D. 负，负

304. 需要表示方向的有功、无功在展示数值时，流入主变压器为（ ），流出主变压器为（ ）。 (B)

A. 负，正　　　　B. 正，负　　　　C. 正，正　　　　D. 负，负

305. 压板区域展示本间隔内所有测控压板、保护压板、（ ）。 (A)

A. 远方就地把手位置　　　　　　　B. 断路器位置

C. 隔离开关位置　　　　　　　　　D. 保护信息

306. 压板状态描述为（ ）。 (D)

A. 出口/复归　　B. 动作/复归　　C. 升/降/停　　D. 投/退

307. 遥测估计合格点数是指遥测数据估计值残差有功小于等于（ ），无功小于等于（ ），电压小于等于（ ）的点数，其中，遥测数据估计值残差=|估计值−量测值|/量测类型基准值×100%。 (A)

A. 2%，3.0%，0.5%　　　　　　　B. 3%，2.0%，0.5%

C. 0.5%，3.0%，2%　　　　　　　D. 2%，0.5%，3.0%

308. 遥测量要进行死区运算，是为了（ ）。 (A)

A. 提高通道的利用率　　　B. 抗通道干扰　　　C. 提高采集精度

309. 遥测信息越限信息描述为（ ）。 (A)

A. 越限/复归　　B. 动作/复归　　C. 告警/复归　　D. 远方/就地

310. 遥控正确率不小于（ ）。 (A)

A. 99.99%　　　B. 100%　　　C. 99.98%

311. 遥信信息应用于实时网络接线分析功能，下列说法不正确的是（ ）。 (C)

A. 个别隔离开关信息的错误可能直接影响系统中电气岛的数量

B. 在估计计算、不良数据检测、不良数据辨识环节中不使用遥信信息

C. 串联在一个支路上的断路器、隔离开关信息，如果其状态不一致，就都是不可用的

D. 个别断路器状态错误对于分析结果可能不产生影响

312. 遥信信息应用于实时网络接线分析功能，下列说法不正确的是（ ）。 (D)

A. 个别断路器状态错误对于分析结果可能不产生影响

B. 个别隔离开关信息的错误可能直接影响系统中电气岛的数量

C. 在估计计算、不良数据检测、不良数据辨识环节中不使用遥信信息

D. 串联在一个支路上的断路器、隔离开关信息，如果其状态不一致，就都是不可用的

313. 要检查 RTU 上传的某遥信位是否变化，应从（ ）检查。 (B)

A. 通道柜　　　B. 前置机　　　C. 数据服务器　　　D. 工作站

314. 要使主站系统能正确接收到厂站端设备的信息，必须使主站与厂站端的（ ）

一致。　　　　　　　　　　　　　　　　　　　　　　　　　　　　　　　　（C）

    A. 系统软件　　　　　B. 设备型号　　　　C. 通信规约　　　D. 同一厂家

315. 一般保护告警信息（非出口）描述为（　　）。　　　　　　　　　　　（B）

    A. 分/合　　　　　　B. 动作/复归　　　C. 升/降/停　　　　D. 投/退

316. 一般故障告警信息描述为（　　）。　　　　　　　　　　　　　　　　（C）

    A. 投入/退出　　　　B. 动作/复归　　　C. 告警/复归　　　D. 远方/就地

317. 一个 220kV 的母线电压，它的满度值 250kV，它的满码值为 4096，这就意味着 RTU 送 4096 代表（　　）。　　　　　　　　　　　　　　　　　　　　　　（C）

    A. 220kV　　　　　B. 264kV　　　　C. 250kV　　　　D. 300kV

318. 已投入运行的系统应该定期进行安全评估，对于电力监控系统应该（　　）进行一次安全评估。　　　　　　　　　　　　　　　　　　　　　　　　　　　　　（B）

    A. 半年　　　　　　B. 每年　　　　　C. 2 年

319. 已知遥测量的工作区一次只能保存 10 个数据，事故追忆要求保留事故前的 3 个数据，事故后的 4 个数据，每个遥测量占 2 字节。如果有 100 个遥测量，则安排用于事故追忆的内存单元数目是（　　）。　　　　　　　　　　　　　　　　　　　　　　（B）

    A. 1000　　　　　　B. 1400　　　　　C. 2000　　　　　D. 700

320. 以下对线路命名正确的是（　　）。　　　　　　　　　　　　　　　　（C）

    A. 热南一　　　　　B. 热南#2 线　　　C. 南进一线　　　D. 热南 2 线

321. 以下光伏发电厂命名正确的是（　　）。　　　　　　　　　　　　　　（A）

    A. 南山光场　　　　B. 南山光伏　　　C. 阳光能源　　　D. 南山光厂

322. 以下叙述中，（　　）是事故追忆的记录内容。　　　　　　　　　　　（D）

    A. 将事故发生前后的遥信量信息记录下来，信息量不带有时标

    B. 将事故发生前后的遥测量信息记录下来，信息量带有时标

    C. 将事故发生前后的遥信量信息记录下来，信息量带有时标

    D. 将事故发生前后的遥测量信息记录下来，信息量不带有时标

323. 以下选项中，（　　）是整个 EMS–API（IEC 61970 国际电工协会）框架的一部分，是一个抽象模型，它提供一种标准化方法，把电力系统资源描绘为对象类、属性以及它们之间的关系。　　　　　　　　　　　　　　　　　　　　　　　　　　　　　　（A）

    A. CIM　　　　　　B. SVG　　　　　C. XML　　　　　D. CIS

324. 应用通信技术，将各类设备的状态信息传送给接收端进行监视，称为（　　）。

    　　　　　　　　　　　　　　　　　　　　　　　　　　　　　　　　（B）

    A. 遥测　　　　　　B. 遥信　　　　　C. 遥控　　　　　D. 遥调

325. 应用通信技术，将各类实时测量信息传送给接收端进行监视，称为（　　）。（A）

    A. 遥测　　　　　　B. 遥信　　　　　C. 遥控　　　　　D. 遥调

326. 应用通信技术，远程控制，改变运行设备状态称为（　　）。　　　　　（C）

    A. 遥测　　　　　　B. 遥信　　　　　C. 遥控　　　　　D. 遥调

327. 应用主备切换命令是（　　）。　　　　　　　　　　　　　　　　　　（A）

    A. app_swich　　　　B. top　　　　　　C. scp　　　　　　D. sync

328. 有权执行遥控命令的工作站包括（　　）。　　　　　　　　　　　　　（B）

    A. 远程工作站　　　B. 调度工作站　　C. 通信工作站　　D. MIS 工作站

329. 有些属性相当于一种功能，需通过"（   ）"去描述。 （A）

A. 投入/退出 B. 动作/复归 C. 分/合 D. 远方/就地

330. 远程调阅主要画面打开时间小于等于（   ）。 （D）

A. 2s B. 3s C. 4s D. 5s

331. 远动通道不采用（   ）方式传输数据。 （C）

A. 同步 B. 异步 C. 中断

332. 远动通道工作方式有（   ）、半双工、全双工，有主备通道时应能自动切换。

（D）

A. 下行 B. 上行 C. 对时 D. 单工

333. 远动系统站间时间顺序记录分辨率及厂站端 RTU 事件顺序分辨率分别是（   ）。

（A）

A. 20ms，10ms B. 8ms，4ms C. 10ms，20ms D. 20ms，8ms

334. 远动装置连续故障停止运行超过（   ）者，应定为异常；连续故障停止运行超过

（   ）者，应定为障碍。 （C）

A. 10h，20h B. 1h，2h C. 24h，48h D. 20h，36h

335. 远方就地把手若未采集双位置信息，首选（   ）位置进行采集。 （A）

A. 远方 B. 就地 C. 断路器 D. 隔离开关

336. 远方就地把手位置信号描述为（   ）。 （D）

A. 投入/退出 B. 动作/复归 C. 分/合 D. 远方/就地

337. 越限死区上下限复限值同时减少，则对同一监视信号，告警次数是（   ）。 （B）

A. 越上限增加、越下限减少 B. 越上限减少、越下限增加

C. 越上限越下限都增加 D. 越上限越下限都减少

338. 运行监控系统遥测跳变告警类型不包含的告警状态有（   ）。 （C）

A. 恢复正常 B. 跳变 C. 恢复刷新

339. 在 D5000 系统中，选项中的域名不是厂站信息表中的是（   ）。 （C）

A. 厂站名称 B. 厂站类型 C. 电压类型 D. 电压等级

340. 在 EMS 软件功能中，下列（   ）模块被列入地区电网实用考核的基本项目。

（A）

A. 网络拓扑 B. 外网等值 C. 无功优化 D. 静态安全分析

341. 在地调主站端遥控现场设备，操作时（   ）。 （C）

A. 仅需要操作人输入口令

B. 仅需要监控人输入口令

C. 操作人和监护人分别输入口令

D. 因有系统的自动校验功能，操作人和监护人均无需输入口令

342. 在电力调度自动化系统中，数据采集的任务通常是由（   ）来完成的。 （C）

A. 数据库系统 B. 人机联系系统 C. 前置机系统

343. 在电气量的数学关系上，下列表述正确的是（   ）。 （B）

A. 线路两端的有功功率的代数和为零

B. 一个电气母线上流出的无功功率之和为零

C. 一台三卷变压器三端流入的有功功率之和为零

D. 一条线路上有功功率的流向与无功功率的流向不可能相反

344. 在计算机内部，下列数据传送方式中，速度最快的是（　　）。　　　　　（C）

A. 中断方式　　　　　B. 查询方式　　　　　C. DMA 方式

345. 在描述变压器或机组本体、保护和有关信息时，如电压等级不明确，采用变压器或机组（　　）电压等级。　　　　　　　　　　　　　　　　　　　　　　　（A）

A. 最高　　　　　B. 中压　　　　　C. 最低　　　　　D. 任何

346. 在商用数据库中用于保存电网模型的数据库是（　　）。　　　　　（A）

A. EMS　　　　　B. ORDB　　　　　C. HISDB　　　　　D. CIM

347. 在商用数据库中用于存储历史数据的数据库是（　　）。　　　　　（C）

A. EMS　　　　　B. ORDB　　　　　C. HISDB　　　　　D. CIM

348. 在实时数据库中，非设备量测信息应用存放在（　　）表中。　　　　　（D）

A. 电流　　　　　B. 电压　　　　　C. 线路　　　　　D. 其他量测

349. 在实时运行方式下，系统潮流接线图中的潮流方向与遥测实际测量值的（　　）一致。　　　　　　　　　　　　　　　　　　　　　　　　　　　　　　（C）

A. 负值方向　　　　　B. 任意方向　　　　　C. 正值方向

350. 在实时运行方式下，系统潮流接线图中的潮流方向与遥测实际测量值的（　　）一致。　　　　　　　　　　　　　　　　　　　　　　　　　　　　　　（A）

A. 正值方向　　　　　B. 负值方向　　　　　C. 任意方向

351. 在数据传输率相同的情况下，同步传输的字符传送速度要高于异步传输的字符传送速度，其原因是（　　）。　　　　　　　　　　　　　　　　　　　　　　　（B）

A. 发生错误的概率低　　　　　　　B. 附加的冗余信息量少

C. 采用了检错能力强的 CRC 校验方式　　　D. 采用了中断方式

352. 在数据传送过程中，为发现误码甚至纠正误码，通常在原数据上附加"校验码"。其中功能较强的是（　　）。　　　　　　　　　　　　　　　　　　　　　　　（B）

A. 奇偶校验码　　　B. 循环冗余码　　　C. 交叉校验码　　　D. 横向校验码

353. 在调度技术支持系统中描述通道信息时，可将是（　　）定义为设备。　　（A）

A. 厂站　　　　　B. 通道　　　　　C. 间隔　　　　　D. 规约

354. 站与站之间 SOE 分辨率应小于（　　）。　　　　　　　　　　　　　（A）

A. 20ms　　　　　B. 5ms　　　　　C. 1ms　　　　　D. 10ms

355. 只要通过燃烧生火方式进行发电的，不管采用什么原料，都归为（　　）。　（C）

A. 水电厂　　　　　B. 核电厂　　　　　C. 火电厂　　　　　D. 风电场

356. 直传告警信息参考（　　）格式，经过规范化处理生成标准的告警条文。　（B）

A. E 文本　　　　　B. syslog　　　　　C. C 语言　　　　　D. Java

357. 制作完成后的图元装入图形编辑工具中的（　　），供绘制图形时使用。　（B）

A. 图元数据库　　　B. 图元仓库　　　C. 图形数据库　　　D. 图形仓库

358. 智能电网调度技术支持系统中二次设备在线监视与分析功能不包括（　　）。（C）

A. 数据信息处理　　　　　　　　　B. 运行监视

C. 远方查询与修改定值　　　　　　D. 远程控制

359. 智能电网调度技术支持系统中综合智能分析与告警可以获取的数据源不包括（　　）。　　　　　　　　　　　　　　　　　　　　　　　　　　　　　　（D）

A. 来自电网运行稳态监控功能模块的电网实时稳态告警信息

B. 来自电网运行动态监视功能模块的电网实时动态告警信息

C. 来自在线扰动识别和低频振荡在线监视功能模块的告警信息

D. 来自 DTS 演习的模拟数据和告警信息

360. 智能电网调度控制系统目前多采用麒麟和凝思（　　）操作系统以及达梦和金仓的商用数据库。　　　　　　　　　　　　　　　　　　　　　　　　　　　　（B）

A. Windows　　　　　　B. Linux　　　　　　C. ios　　　　　　D. UNIX

361. 智能电网调度控制系统实用化验收当中平台管理包括系统管理、数据库管理和（　　）。　　　　　　　　　　　　　　　　　　　　　　　　　　　　　　　　（C）

A. 系统节点及应用管理　　　　　　　　B. 系统资源监视

C. 人机界面管理　　　　　　　　　　　D. 实时数据库

362. 智能电网调度控制系统实用化验收及复查工作由上级调度机构组织进行。实用化验收通过后，复查周期原则上不得超过（　　）年。　　　　　　　　　　　　（C）

A. 2　　　　　　　B. 3　　　　　　　C. 4　　　　　　　D. 5

363. 智能电网调度控制系统实用化验收要求系统月可用率大于等于（　　）。　（A）

A. 99.99%　　　　　B. 99.98%　　　　　C. 100%　　　　　D. 99.97%

364. 主机加固方式包括（　　）。　　　　　　　　　　　　　　　　　　　（D）

A. 安全技术　　　　　　　　　　　　　B. 网络补丁

C. 加装防病毒软件　　　　　　　　　　D. 采用专用软件强化操作系统访问控制能力

365. 主要画面打开时间（从按键到显示完整画面时间）小于等于（　　）。　（B）

A. 3s　　　　　　　B. 2s　　　　　　　C. 1s　　　　　　　D. 4s

366. 主站判断遥信位是否变化，应从（　　）检查。　　　　　　　　　　　（A）

A. 前置机　　　　　B. 数据服务器　　　C. 通道柜　　　　　D. 工作站

367. 主站系统需要对子站上送报文进行规约解析处理，该功能是在（　　）模块进行的。　　　　　　　　　　　　　　　　　　　　　　　　　　　　　　　　　（D）

A. 平台　　　　　　B. 报表　　　　　　C. 界面　　　　　　D. 前置

368. 状态估计根据 SCADA 提供的（　　）和网络拓扑的分析结果及其他相关数据，实时地给出电网内各母线电压，各线路、变压器等支路的潮流，各母线的负载和各发电机出力；对（　　）进行检测与辨识；实现母线负载预报模型的维护、量测误差统计、网络状态监视等。　　　　　　　　　　　　　　　　　　　　　　　　　　　　　　　　（C）

A. 不良数据，实时信息　　　　　　　　B. 隔离开关状态，显示结果

C. 实时信息，不良数据　　　　　　　　D. 不良数据，隔离开关状态

369. 自动化设备缺陷分成 3 个等级，即（　　）。　　　　　　　　　　　　（B）

A. 紧急缺陷、重要缺陷、一般缺陷　　　B. Ⅰ类缺陷、Ⅱ类缺陷、Ⅲ类缺陷

C. 严重缺陷、重要缺陷、一般缺陷

370. 自动化系统实时对各个通道中接收数据的（　　）进行统计，形成对双通道之间的相对优先级，自动选用质量好的通道来值班。　　　　　　　　　　　　　　　（A）

A. 误码率　　　　　B. 传输速率　　　　C. 通道类型　　　　D. 校验方式

371. 自动化系统中（　　）有权执行遥控命令。　　　　　　　　　　　　　（B）

A. 远程工作站　　　B. 调度工作站　　　C. 通信工作站　　　D. MIS 工作站

372. 最常用的数据模型是（　　）模型。　　　　　　　　　　　　　　　（C）

A. 网络　　　　　　B. 面向对象　　　　　C. 关系　　　　　　D. 层次

二、多项选择题

1. D5000 检索器提供了（　　）的功能。　　　　　　　　　　　　　　（ABC）

A. 表筛选　　　　　　B. 域筛选　　　　　　C. 记录筛选

2. D5000 实时库设计原则为（　　）。　　　　　　　　　　　　　　　（ABCD）

A. 基于 CIM　　　　B. 面向设备　　　　　C. 远方访问　　　　D. 重在效率

3. D5000 系统遥控操作的监护服务有（　　）。　　　　　　　　　　　（ABC）

A. 无监护　　　　　　B. 单机监护　　　　　C. 双机监护　　　　D. 控制证书

4. EMS 利用先进的图模库一体化技术建立的网络模型不只是专门为 PAS 服务，同样能够为 SCADA 提供服务，使 SCADA 增加以下功能：（　　）。　　　　　　　　（ABC）

A. 拓扑着色　　　　　B. 自动旁路代　　　　C. 防误闭锁

D. 数据采集　　　　　E. 事故追忆

5. EMS 网络分析类应用软件主要由网络拓扑、状态估计、调度员潮流、静态安全分析、（　　）、短路电流计算、电压稳定性分析、暂态安全分析和外部网络等值等功能组成。

（ABC）

A. 安全约束调度　　　B. 最优潮流　　　　　C. 无功优化

D. 发电计划　　　　　E. 负载预测

6. EMS 点对点的数据流有（　　）。　　　　　　　　　　　　　　　（ABC）

A. 前置机到 SCADA 服务器发送实时数据　　B. 工作站从服务器读取实时数据

C. 工作站向服务器的请求　　　　　　　　　　D. 主备机之间的同步复制

7. EMS 对模型的一致性的保证手段有两个方向：（　　）。　　　　　　（AB）

A. 正向：采用通知服务的服务质量保证机制确保报文不丢失

B. 反向：采用事后验证机制，每个表均设有版本号，应用服务器端每次更新之前验证版本号是否匹配，确认是否曾丢失过修改动作

C. 正向：通过再次发送的方式确保报文不丢失

D. 反向：通过定期复制的方式保证模型一致

8. EMS 发现某遥测越限告警功能异常，故障原因可能有（　　）。　　　（AB）

A. 该遥测限值未定义　　　　　　　　　B. 定义了该遥测的越限延时告警参数

C. 该遥测未采样　　　　　　　　　　　D. 该遥测设置值遥测偏移量

9. EMS 画面链接错误引起的常见故障现象有（　　）。　　　　　　　　（ABD）

A. 数据显示不正常　　　　　　　　　　B. 设备显示不正常

C. 前置机采集数据错误　　　　　　　　D. 网络拓扑相关的应用功能不正确

10. EMS 计算量数据不准确，可能存在的原因有（　　）。　　　　　　（ABC）

A. 检查公式定义是否正确，包括分量定义、公式串定义、公式计算周期等参数

B. 检查参与公式计算的各分量数据是否正确

C. 检查计算量的合理值上下限的定义是否合适

11. EMS 应用软件功能是建立在数据采集和监控（SCADA）基础之上的功能集成，其内容

组成随着技术发展处于不断变化之中，暂将之分为（　　）部分。　　　（ABCD）

A. 发电控制类　　　B. 发电计划类　　　C. 网络分析类

D. 调度员培训模拟（DTS）　　　E. 负载预测

12. EMS 应用软件所需的基础数据包括（　　）。　　　　　　　　（ABC）

A. 由 SCADA 采集来的量测数据　　　B. 由人工输入的系统静态数据

C. 计划参数，主要是未来时刻的计划行为参数

13. EMS 中静态安全分析功能提供方便的故障及故障集定义手段，可定义（　　）。

（ACE）

A. 多重故障　　　B. 瞬时故障　　　C. 单重故障

D. 永久故障　　　E. 条件故障

14. SCADA/EMS 的物理边界最多只能包括以下（　　）。　　　　（ABCD）

A. 拨号网络边界　　　B. 传统专用远动通道

C. SCADA/EMS 纵向网络边界　　　D. SCADA/EMS 横向网络边界

15. SCADA 服务器公共平台包括（　　）。　　　　　　　　　　（AB）

A. 操作系统　　　B. 支撑软件　　　C. 数据库软件　　　D. 服务软件

16. SCADA 系统存储容量指标有（　　）。　　　　　　　　　　（ABC）

A. 历史数据存储时间不少于 3 年

B. 对其他应用服务器节点，应用服务器磁盘剩余空间不小于 60%

C. 当存储容量余额低于系统运行要求容量的 80%时发出告警信息

D. 真长运行状态下，工作站的磁盘剩余空间不小于 60%

17. SCADA 系统的功能有（　　）。　　　　　　　　　　　　　（BCD）

A. 短路电流计算　　　B. 历史报表　　　C. SOE　　　D. 事故反演

18. SCADA 系统的基本功能为：数据采集与传输、安全监视、控制与告警，以及（　　）。

（CDE）

A. 图形在线编辑　　　B. 信息表维护　　　C. 制表打印

D. 特殊运算　　　E. 事故追忆

19. SCADA 系统的应用软件主要由（　　）等软件模块组成。　（ABCD）

A. 数据库系统　　　B. 数据处理系统　　　C. 报表生成系统　　　D. 图形系统

20. SCADA 系统经常采用的远动规约有（　　）。　　　　　　　（CD）

A. 102 规约　　　B. 103 规约　　　C. 101 规约　　　D. CDT 规约

21. SCADA 系统可以对（　　）设备与装置进行控制。　　　　　（BCD）

A. 隔离开关　　　B. 断路器　　　C. 变压器分解头　　　D. 无功补偿装置

22. 变电站监控系统图包括一次接线图、（　　）、公用信号等。　（ABCDE）

A. 二次节点通信图（间隔层和站控层）　　　B. 间隔图　　　C. 光字牌信息

D. 站用直流间隔图　　E. 站用交流间隔图

23. 变电站一次接线图中（　　）的光敏点应该有立体感。　　　（ABC）

A. 链接间隔图　　　B. 告警窗　　　C. 交直流信号　　　D. 遥信信息

24. 操作目的有（　　）、"投""退"。　　　　　　　　　　　　（BCDEF）

A. "动作"　　　B. "合"　　　C. "分"　　　D. "升"

E. "降"　　　F. "停"

25. 产生事件记录的操作有（   ）。　　　　　　　　　　　　　　（BCDE）

A. 调度员发令　　　　B. 通道中断　　　　C. 遥控操作

D. 主站设备停/复役　E. 遥测越限与复归

26. 厂站网关机中可供远程浏览的图形应全面，包括厂站图、（   ）等。（ABCDEF）

A. 厂站一次接线图　　　　　　　　B. 厂站二次节点通信图

C. 厂站光子牌图　　　　　　　　　D. 站用直流间隔图

E. 站用交流间隔图　　　　　　　　F. 各间隔图

27. 厂站一次接线图中有电气模型和（   ）等。　　　　　　　　　（ABC）

A. 连接线　　　　B. 文字数字描述　　　　C. 实时数据　　　　D. 告警信息

28. 厂站中有一些系统和设备可以作为分支，包括站（厂）用交流、站（厂）用直流、视频系统、（   ）、相量采集系统、AGC、AVC、SVQC、数据网及二次安防、防火防盗系统等。

（ABCD）

A. 交直流逆变　　　B. 时钟同步系统　　　C. 电量采集系统　　　D. 电压采集系统

29. 创建报表过程中，（   ）是必要要填写的。　　　　　　　　　　（AC）

A. 报表名称　　　B. 报表子类型　　　C. 报表类型　　　D. 报表子名称

30. 当测试不到远动信号时，有可能为（   ）。　　　　　　　　　　（AC）

A. 通道故障　　　B. 前置服务器故障　　C. RTU 故障　　　D. 终端服务器故障

31. 电力监控系统包括（   ）。　　　　　　　　　　　　　　　　（ABCDEF）

A. 各级电力调度自动化系统　　　　B. 变电站自动化系统

C. 换流站计算机监控系统　　　　　D. 发电厂计算机监控系统

E. 电能量计量计费系统　　　　　　F. 配电网自动化系统

32. 电力调度自动化系统按其功能可以分成（   ）子系统。　　　　（ABCD）

A. 信息采集与命令执行子系统　　　B. 信息传输子系统

C. 信息的收集、处理与控制子系统　D. 人机联系子系统

33. 电力调度自动化系统的前置部分主要包括的硬件设备有（   ）。　（ABCD）

A. 前置通道板　　　B. 通道箱　　　C. 终端服务器　　　D. 网络设备

34. 电力调度自动化系统的维护包括（   ）等方面。　　　　　　　（ABDE）

A. 厂站接线图在线编辑　　　　　　B. 计算量公式在线编辑

C. 报表打印　　　　　　　　　　　D. 遥控闭锁设置

E. 厂站信息表维护

35. 电力调度自动化系统中，人机交互系统的主要功能有（   ）。　　（AB）

A. 电力系统的监视功能　　　　　　B. 系统维护的功能

C. 接口功能

36. 电力调度自动化系统中的"通信中断"信息包括（   ）的通断情况等。（ABC）

A. 各测控到站控层通信　　　　　　B. 厂站到各主站间的通信通道

C. 主站各服务器工作站　　　　　　D. GPS 于卫星

37. 电力调度自动化系统主站中，遥控操作需要 3 个环节，即（   ）。　（ABD）

A. 发对象和性质命令　　　　　　　B. 返送核对

C. 反送位置信息　　　　　　　　　D. 发执行令

38. 电力调度自动化主站维护项目包括（   ）等方面。　　　　　　（BCDE）

A. 报表打印   B. 计算量公式在线编辑

C. 厂站接线图在线编辑   D. 厂站信息表维护

E. 遥控闭锁设置

39. 电力调度自动化主站系统包括（   ）模块。   （ABCDE）

A. 前置通信模块   B. 实时数据库处理模块

C. 历史数据处理模块   D. 人机会话模块

E. 报表处理模块以及其他的辅助模块

F. 图形模块

40. 电力系统发生大扰动时安全稳定标准是接（   ）划分的。   （ABCD）

A. 保持稳定运行和电网的正常供电

B. 保持稳定运行，但允许损失部分负载

C. 当系统不能保持稳定运行时，必须防止系统崩溃，并尽量减少负载损失

D. 在满足规定的条件下，允许局部系统进行短时间的非同步运行

41. 电力系统发生短路时，下列（   ）是突变的。   （AB）

A. 电流值   B. 电压值   C. 相位角   D. 频率

42. 电力系统内无功调节的手段有（   ）。   （ABD）

A. 投切电抗器组   B. 投切电容器组   C. 调变压器分接头 D. 发电机调节励磁

43. 电力系统实时动态监测系统基本功能应包括（   ）。   （ABC）

A. 监测电力系统的运行状态，并以数字、曲线或其他适当形式显示系统频率、节点电压、线路潮流和系统功角，应具有低频振荡的监测功能

B. 对监测的数据进行统计、分析和输出

C. 应有较为完善的电力系统分析软件，可利用动态数据进行离线或在线计算、分析（控制决策）。逐渐具备或完善电压稳定监测、频率特征分析、功率摇摆监测、动态扰动识别以及系统失稳预警等功能

44. 电力系统实时动态监测系统与安全自动控制系统之间互联宜采用（   ）方式。   （ABE）

A. 网络通信方式，应用层协议可参照电力系统同步相量测量传输规约

B. 数据库接口方式，采用 ISO 标准 SQL 语言进行数据库访问

C. 数字专线通信方式，应用层协议可参照 DL/T 634.5101—2002

D. 网络通信方式，应用层协议可参照 IEC 60870–6TASE.2

E. 网络通信方式，应用层协议可参照 IEC 60870–5

45. 电力系统实时动态监测系统与电力调度自动化系统（SCADA/EMS）之间互联推荐采用下列方式之一（   ）。   （ABD）

A. 数据库接口方式，采用 ISO 标准 SQL 语言进行数据库访问

B. 数据文件方式，格式可参考 IEC 61970 CIM/XML

C. 网络通信方式，应用层协议可参照 IEC 60870–5

D. 网络通信方式，应用层协议可采用 IEC 60870–6TASE.2

46. 电力系统实时动态监测系统主站的基本功能应包括（   ）。   （ABD）

A. 应能够管理和控制相量测量装置的工作状态

B. 应能够接收、转发、存储和管理来自子站或其他主站的测量数据

C. 应能够具备状态估计、事故追忆、潮流计算等功能

D. 应能够接收和转发相量测量装置的事件标识

47. 电力系统实时动态监测系统主站通信启动过程应先建立管理管道，包括（　　）过程。

（ABD）

A. 主站向子站提出建立管理管道的申请

B. 子站接受申请，建立与主站之间的管理管道

C. 主站发回确认信息

D. 通过管理管道与子站传输控制命令、CFG1、CFG2 配置帧

E. 主站宜具有 CFG1、CFG2 配置帧的校验机制

48. 电力系统实时动态监测系统主站应具备数据监测、分析基本功能，应包括（　　）。

（ABC）

A. 测电力系统的运行状态，并以数字、曲线或其他适当形式显示系统频率、节点电压、线路潮流和系统功角，应具有低频振荡的监测功能

B. 对监测的数据进行统计、分析和输出

C. 应有较为完善的电力系统分析软件，可利用动态数据进行离线或在线计算、分析（控制决策）。逐渐具备或完善电压稳定监测、频率特征分析、功率摇摆监测、动态扰动识别以及系统失稳预警等功能

49. 电力系统实时动态监测系统子站通信启动过程应先建立管理管道，包括（　　）过程。

（ABC）

A. 等待主站建立管理管道的申请

B. 接受主站建立管理管道的申请后，建立与主站之间的管理管道

C. 通过管理管道，接收和发送管理命令和 CFG1、CFG2 配置帧

D. 子站接收主站的开启实时数据命令后开始实时数据传输

50. 电力系统调度自动化通信体系由 3 个层次组成，包括（　　）。　　　（ABC）

A. 厂站内系统　　　　B. 主站与厂站之间　C. 主站侧系统　　　D. 自动化系统

51. 电力系统同期并列的条件是（　　）。　　　　　　　　　　　（ABC）

A. 并列开关两侧的相序、相位相同

B. 并列开关两侧的频率相等，当调整有困难时，允许频率差不大于本网规定

C. 并列开关两侧的电压相等，当调整有困难时，允许电压差不大于本网规定

52. 电力系统异步振荡的明显特征是（　　）。　　　　　　　　（ABCD）

A. 发电机、变压器和联络线的电流表、功率表周期性地大幅度摆动

B. 电压表周期性大幅度摆动，振荡中心的电压摆动最大，并周期性地降到接近于零

C. 失步的发电厂间的联络的输送功率往复摆动

D. 送端系统频率升高，受端系统的频率降低并有摆动

53. 电力系统有功功率备用容量确定的原则是（　　）。　　　　　（ABC）

A. 负载备用容量：为最大发电负载的 2%～5%，低值适用于大电力系统，高值适用于小电力系统

B. 事故备用容量：为最大发电负载的 10% 左右，但不小于系统内一台最大机组的容量

C. 检修备用容量：一般应结合系统负载特点、水火电比例、设备质量、检修水平等情况确定，以满足运行机组的检修要求，一般宜为最大发电负载的 8%～15%

D. 冷油器出口油温过高或超出规定值

54. 电力系统中的设备有（ ）4 种状态。 （ACDE）

A. 运行   B. 停运   C. 热备用

D. 冷备用   E. 检修

55. 电力系统中无功功率源包括（ ）。 （ABCE）

A. 发电机   B. 调相机   C. 静止补偿器

D. 电抗器   E. 电容器

56. 电力线路纵联保护的信号主要有（ ）。 （BCD）

A. 远方信息   B. 闭锁信号   C. 许信号

D. 跳闸信号   E. 就地信号

57. 电网模型管理要求包括电网模型生成、电网模型校验、（ ）、电网模型拆分与合并、电网模型多版本管理、电网模型发布。 （AB）

A. 电网模型分类   B. 电网模型交换   C. 厂站模型交换   D. 电网五防模型

58. 电网调峰的主要手段的有（ ）。 （ACD）

A. 抽水蓄能电厂改发电机状态为电动机状态

B. 核电机组减负载调峰

C. 通过对用户侧负载管理的方法，削峰填谷调峰

D. 燃煤机组减负载、启停调峰、少蒸汽运行、滑参数运行

59. 电压等级属性分为（ ）与（ ）。 （AC）

A. 交流   B. 220kV   C. 直流   D. 66kV

60. 告警定义功能主要包括（ ）。 （ABCD）

A. 告警动作定义   B. 告警行为定义   C. 告警方式定义   D. 告警类型定义

61. 告警功能包括：多种方式进行相关事件告警、（ ）等。 （CD）

A. 按间隔进行归属   B. 根据设定的延时   C. 告警抑制   D. 延时告警

62. 告警直传和远程浏览采集的所有信息名称都必须符合（ ）的相关要求。 （AB）

A.《电网设备通用数据模型命名规范》   B.《辽宁电力自动化信息命名规范》

C.《变电站调控数据交互规范》   D.《辽宁电网变电站监控信息管理规范》

63. 告警直传和远程浏览厂站设备由本厂站自动化系统维护人员（ ），确保信息采集、信息处理、信息传送和图形展示的可靠性和准确性。 （ABC）

A. 验收   B. 检验   C. 维护   D. 制定标准

64. 告警直传和远程浏览接收端依照报文格式接受厂站图形，接收端（ ），进行告警信息的保存和实时图形的浏览。 （AB）

A. 不建库   B. 不绘图   C. 建库   D. 绘图

65. 告警直传和远程浏览宜选用（ ）。 （ABD）

A. 国产设备   B. 国产操作系统

C. ORACLE 数据库   D. 国产数据库

66. 告警直传网关机采集厂站的告警信息应该全面完善，包括厂站内（ ）。 （ABCDE）

A. 全部事故   B. 变位   C. 越限

D. 异常   E. 告知信息

67. 告警直传网关机采集的遥测信息应该包括厂站内全部实时数据，包括有功、无功、

（　　　）、频率、电压、电流、挡位等。　　　　　　　　　　　　　　　　（ABC）

　　A. 功角　　　　　　　B. 功率因数　　　　　C. 温度　　　　　D. 断路器位置

68. 告警直传信息依照《辽宁电网变电站监控信息管理规范》的要求，分成（　　　）。

（ABCDE）

　　A. 事故　　　　　　　B. 异常　　　　　　　C. 越限　　　　　D. 变位

　　E. 告知

69. 各间隔图应分成以下区域，分别是（　　　）和光子牌区域。　　　　（ABCD）

　　A. 间隔名称区域　　　　　　　　　　　B. 间隔一次接线图区域

　　C. 实时遥测值区域　　　　　　　　　　D. 压板区域

70. 画面浏览器的主要功能主要包括反映实时数据及设备状态、（　　　）、应用切换、显示网络着色、人工操作。　　　　　　　　　　　　　　　　　　　　　　　　（AB）

　　A. 反映历史数据　　B. 事故追忆　　　　C. 故障录波　　　D. 告警提示

71. 基础数据和模型维护管理包括基础数据内容、（　　　）。　　　　　　（AB）

　　A. 基础数据维护和管理　　　　　　　　B. 电网模型管理

　　C. 通道管理　　　　　　　　　　　　　D. 厂站基本信息

72. 基础数据内容包括（　　　）、一次设备信息、二次设备信息、故障集、断面及限额、经济信息、控制信息、水情、新能源、气象。　　　　　　　　　　　　　　　　（ABD）

　　A. 组织机构信息　　B. 人员信息　　　　C. 通道管理　　　D. 厂站基本信息

73. 假如主站下发了遥控命令，但返校错误，其可能的原因有（　　　）。　（CD）

　　A. 通道中断　　　　B. 下行通道有问　　C. 上行通道有问　D. 通道误码问题

74. 间隔名称区域需要展示（　　　）、厂站一次接线图热敏点。　　　　　（ABC）

　　A. 间隔名称　　　　　　　　　　　　　B. 本间隔二次设备

　　C. 通信状况　　　　　　　　　　　　　D. 本间隔连接图

75. 监控画面展示包括自动生成光字牌监视图、动态展示一、二次设备事故或故障信号、（　　　），实现对变电站监控画面的远程浏览。　　　　　　　　　　　　　（AD）

　　A. 按间隔进行归属　　　　　　　　　　B. 根据设定的延时

　　C. 防抖动　　　　　　　　　　　　　　D. 电网实时运行稳态信息的监视

76. 监控统计分析功能包括（　　　）、抑制等过滤方式进行相关内容的统计。（ABC）

　　A. 防抖动　　　　　　B. 统计自定义　　　C. 根据设定的延时　D. 时间归属

77. 考虑电力调度自动化系统的安全，应首先根据系统对（　　　）、实时性等方面不同的特殊要求。　　　　　　　　　　　　　　　　　　　　　　　　　　　　　（ACD）

　　A. 安全性　　　　　　B. 灵敏性　　　　　C. 可靠性　　　　D. 保密性

78. 历史数据查询工具具有（　　　）、指定当前模板、添加当前模板内容、查询当前模板、曲线颜色修改和曲线坐标自适应、修改列表策略等功能。　　　　　　　　　（ABCD）

　　A. 查询模板定义　　B. 曲线查询　　　　C. 应用切换　　　D. 数据修改

79. 某采用 104 规约通信基建站在自动化调试传动过程中，主站发现该站远动机 IP 地址可 ping 通，但无法收到上行报文，原因可能有（　　　）。　　　　　　　　　　　（ABC）

　　A. 通道参数中端口号设置错误　　　　　B. 通道参数中站址设置错误

　　C. 通道参数中规约选择错误　　　　　　D. 遥测点号设置错误

80. 南瑞科技 D5000 系统进行应用主备机切换的方法有（　　　）。　　　　（AB）

A. app_switch 命令   B. 启动系统管理人机界面 sys_adm

C. DBI 中直接切换   D. 关闭主机的应用，自动切换到备机

81. 南瑞科技 OPEN3000 系统单独启、停一个应用的操作有（   ）。   （ABCD）

A. 启动系统管理人机界面 sys_adm   B. 命令格式 "manual_app_stop 应用名"

C. 命令格式 "manual_app_stop 应用 ID"   D. 命令格式 "Kill 应用进程"

82. 前置机工作站主要担负 SCADA 系统对 RTU 远动信息的（   ）工作。   （ABC）

A. 接收   B. 预处理   C. 发送   D. 存储

83. 前置配置表中运行方式有（   ）。   （ABCD）

A. 单机   B. 双机   C. 三机   D. 四机

84. 前置系统出现故障的类型可以分为（   ）。   （AB）

A. 硬件故障   B. 软件故障   C. 服务器故障   D. 通信故障

85. 前置子系统进程主要分为（   ）、公共服务类等几类。   （ABCD）

A. 规约管理类   B. 通信类   C. 工况管理类   D. 操作类

86. 权限管理中的角色分为（   ）。   （ABCD）

A. 系统管理员   B. 安全管理员   C. 审计管理员   D. 应用管理员

87. 人工置态中（   ）表示通道的投入退出故障状态由程序自动判断；（   ）表示通道状态人工封锁在投入状态，不变化；（   ）表示通道状态人工封锁在退出状态，不变化。   （ABC）

A. 未封锁   B. 封锁投入   C. 封锁退出   D. 人工置数

88. 人机界面管理包括（   ）、人机交互、可视化管理。   （ABC）

A. 人机界面基本要求   B. 图元

C. 画面编辑   D. 系统资源监视

89. 如果 SCADA 系统中，仅某个厂站单线图上实时数据长时间不刷新，故障原因可能为（   ）。   （ABD）

A. 该厂站通道中断   B. 该厂站远动通信装置死机

C. EMS 人机界面故障   D. 该厂站通道参数设置有误

90. 如果在规约和通道参数方面设置不当会造成（   ）。   （ABCDF）

A. 收不到通道报文   B. 报文解释不对

C. 报文问答不正常   D. 遥控报文不成功

E. E 通信线路故障   F. F 通道频繁故障

91. 实现 EMS 的 Web 浏览采用的主要技术有（   ）。   （BCD）

A. XML   B. ActiveX   C. Java   D. SVG

92. 事故数据的收集与记录是 SCADA 重要功能之一，它分为（   ）部分。   （AC）

A. 事故追忆   B. 遥测越限记录   C. 事件顺序记录   D. 遥信变位记录

93. 事故数据的收集与记录是 SCADA 重要功能之一，它分为（   ）部分。   （AC）

A. 事件顺序记录   B. 遥测越限记录   C. 事故追忆   D. 遥信变位记录

94. 事故遥信年动作正确率=年事故遥信正确动作次数/年事故遥信动作次数×100%，式中事故遥信动作次数是指电力系统发生事故时，管辖范围内的（   ）的总和。   （ABC）

A. 事故时遥信正确动作次数   B. 事故时遥信误动次数

C. 事故时遥信拒动次数   D. 非事故时遥信误动次数

E. 非事故时遥信拒动次数

95. 事故遥信年动作正确率计算公式中事故遥信动作次数是指电力系统发生事故时，管辖范围内的（　　）的总和。　　　　　　　　　　　　　　　　　　　　　（ACD）

A. 事故时遥信拒动次数　　　　　　　　B. 非事故时遥信误动次数

C. 事故时遥信误动次数　　　　　　　　D. 事故时遥信正确动作次数

96. 事故遥信年动作正确率计算公式中事故遥信动作次数是指电力系统发生事故时，管辖范围内的（　　）的总和。　　　　　　　　　　　　　　　　　　　　　（BDE）

A. 非事故时遥信拒动次数　　　　　　　B. 事故时遥信拒动次数

C. 非事故时遥信误动次数　　　　　　　D. 事故时遥信误动次数

E. 事故时遥信正确动作次数

97. 事故追忆断面查询操作流程包括（　　）。　　　　　　　　　　　　（ABCD）

A. 选择事故　　　　B. 启动事故反演　　　C. 进度控制　　　D. 查询当时

98. 事件顺序记录的采集一般采用（　　）来完成。　　　　　　　　　　（AC）

A. 中断方式　　　　B. DMA 方式　　　　C. 循环扫描方式

99. 属于 SCADA 系统功能的是（　　）。　　　　　　　　　　　　　　（BCD）

A. 短路电流计算　　B. 历史报表　　　　C. SOE　　　　　D. 事故反演

100. 属于南瑞科技 D5000 系统的关键进程的有（　　）。　　　　　　　（ABCD）

A. sca_point　　　　B. sca_cal　　　　　C. fes-assign　　　D. fes_prot

101. 数据采集、处理和控制类型有（　　）。　　　　　　　　　　　　（ABCDEF）

A. 遥测量　　　　　B. 遥信量　　　　　C. 遥控命令

D. 遥调命令　　　　E. 时钟对时　　　　F. 计算量

102. 数据的传输控制方式分为（　　）。　　　　　　　　　　　　　　（ABC）

A. 单工　　　　　　B. 半双工　　　　　C. 全双工

103. 数据库管理包括（　　）、文件服务管理、数据库备份和恢复管理。　　（ABC）

A. 时间序列数据库　B. 关系数据库　　　C. 实时数据库　　D. 日志管理

104. 调用 SCADA 系统某正常变化遥测今日和历史曲线，显示不正常，故障原因可能为（　　）。　　　　　　　　　　　　　　　　　　　　　　　　　　　　（AB）

A. 如果其他遥测也不能正常显示趋势图，说明人机界面与历史库和实时库的连接出现故障，人机界面不正常

B. 如果其他遥测能正常显示趋势图，说明该遥测点没有定义趋势曲线或者没有进行历史采样的定义

C. 该厂站通道中断

105. 通常情况下，SCADA 系统实时数据丢失的原因有（　　）。　　　　　（ABC）

A. 通信过程中报文丢失

B. 收到报文，但由于主备切换等原因未能正确处理

C. 偶然原因进程未能正常完成处理过程

D. 后台机故障

106. 通信参数表中参数主要有最大遥信数、（　　）、最大遥脉数、对时周期、遥脉周期、总召唤周期、人工置态、遥测不变化判断时间。　　　　　　　　　　　　　（AC）

A. 最大遥测数　　　B. 第一组遥信个数　C. 是否允许遥控　　D. 最大遥控个数

107. 稳态监控及文件服务应用服务器应运行的应用包括（　　）。　　　　（ABC）

A. public　　　　　B. data_srv　　　　　C. scada　　　　　D. dts

108. 系统安全要求包括（　　）、安全监视、身份认证、安全授权、网络设备与安全设备。

（CD）

A. 人身安全　　　　B. 密码保护　　　　C. 操作系统安全　　D. 数据库安全

109. 系统管理包括系统节点及应用管理、进程管理、系统网络管理、系统资源监视和
（　　）。　　　　　　　　　　　　　　　　　　　　　　　　　　　　　　（ABCD）

A. 时钟管理　　　　B. 日志管理　　　　C. 定时任务管理　　D. 系统备份/恢复管理

110. 下列选项中，属于遥信信息是（　　）。　　　　　　　　　　　　　（BC）

A. 事件顺序记录　　　　　　　　　　　B. 隔离开关分、合状态

C. 断路器分、合状态　　　　　　　　　D. 返送校核信息

111. 压板区域展示本间隔（　　）。　　　　　　　　　　　　　　　　　（ABD）

A. 测控压板　　　　B. 保护压板　　　　C. 断路器位置　　　D. 远方就地把手位置

112. 遥测数据的调试内容包括（　　）。　　　　　　　　　　　　　　　（ABD）

A. 前置子系统模拟遥测信息　　　　　　B. 更新 SCADA 实时数据库

C. 更新 SCADA 前置信息　　　　　　　D. 在 SCADA 人机界面上观察结果

113. 要使主站系统能正确接收到厂站端设备的信息，必须使主站与厂站端的（　　）一
致。　　　　　　　　　　　　　　　　　　　　　　　　　　　　　　　　（BC）

A. 设备型号　　　　B. 通信规约　　　　C. 通道速率　　　　D. 系统软件

114. 依据《220kV～500kV 变电站计算机监控系统设计技术规程》（DL/T 5149—2001），
下列（　　）属于变电站计算机监控系统操作员站为运行人员所提供的人-机联系功能。

（ABD）

A. 图形及报表的修改　　　　　　　　　B. 查看历史数值

C. 遥测数据处理　　　　　　　　　　　D. 调用、显示各种图形、报表

115. 在 EMS 中，查看历史数据时会发现在某一时间点某些公式计算结果与分量并不对
应，导致这一现象的原因是（　　）。　　　　　　　　　　　　　　　　　（BCD）

A. 服务器 CPU 速度不够或内存偏小

B. 公式计算后得出的结果与该公式的分量存储到历史数据库中时存在不同步

C. 采集和计算的实时数据不带时标

D. A 公式某分量是 B 公式的计算结果，但在计算次序中 B 公式晚于 A 公式

116. 在检索器中查询到所需的记录或域后，采用（　　）方式实现所选数据的发送。

（AB）

A. 拖曳　　　　　　B. 按钮　　　　　　C. 直连　　　　　　D. 选择

117. 在量测不足之处可以使用（　　）做伪量测量，另外，根据基尔霍夫定律可得到部分
伪量测量。　　　　　　　　　　　　　　　　　　　　　　　　　　　　　（AD）

A. 预测数据　　　　B. 独立量测　　　　C. 实时量测　　　　D. 计划数据

118. 在量测不足之处可以使用（　　）做伪量测量，另外，根据基尔霍夫定律可得到部分
伪量测量。　　　　　　　　　　　　　　　　　　　　　　　　　　　　　（CD）

A. 实时量测　　　　B. 独立量测　　　　C. 预测数据　　　　D. 计划数据

119. 在调试遥测量时，如果显示不对，可能是（　　）原因造成的。　　　（ABCDE）

A. 录入数据库的遥测顺序与实际遥测表不对应

B. 遥测数据采集错误

C. 如果是计算量，有可能是计算公式不对

D. 不合理上下限值设置不对，将正常数据滤调了

E. 设定的系数不对（TA/TV 变比改变，会影响系数值的改变）

120. 在下列 EMS 传输的信息中，（　　　）是下行信息。　　　　　　　　　（ADE）

A. 遥控　　　　　　　B. 遥信　　　　　　　C. 遥测

D. 对时报文　　　　　E. 遥调

121. 在遥控过程中，主站发往厂站 RTU 的命令有三种，是（　　　）。　　　　（ABD）

A. 遥控选择或预置命令　　　　　　　　B. 遥控执行命令

C. 遥控预置命令　　　　　　　　　　　D. 遥控撤销命令

122. 在主站端发现采用 104 规约通信的某变电站遥测数据不刷新，其他变电站遥测数据正常，故障原因可能有（　　　）。　　　　　　　　　　　　　　　　　　　（ABC）

A. 该厂站调度数据网设备故障　　　　　B. 通信设备或光缆故障

C. 站端远动机故障　　　　　　　　　　D. 站端 GPS 设备故障

123. 直传告警信息参考 syslog 格式，经过规范化处理生成标准的告警条文，按照"（　　　）"进行描述。　　　　　　　　　　　　　　　　　　　　　　　　　　　（ABCDE）

A. 等级　　　　　　　B. 时间　　　　　　　C. 名称

D. 动作　　　　　　　E. 原因

124. 智能电网调度控制系统涵盖四大类应用，分别是（　　　）。　　　　　　（ABCD）

A. 实时监控与预警类应用　　　　　　　B. 调度计划类应用

C. 安全校核类应用　　　　　　　　　　D. 调度管理类应用

125. 智能电网调度控制系统启动命令 sys_ctl start 的参数分别是（　　　）。　　（ABC）

A. fast　　　　　　　B. down　　　　　　C. sync　　　　　　　D. load

126. 智能电网调度控制系统实用化验收当中平台管理包括。　　　　　　　　　（ABC）

A. 系统管理　　　　　B. 数据库管理　　　C. 人机界面管理　　　D. 进程管理

127. 主线路进行旁路替代前，运行人员需记录（　　　）。　　　　　　　　　（ABCD）

A. 被替代线路电能表替代前读数　　　　B. 旁路电能表替代前读数

C. 旁路替代时间　　　　　　　　　　　D. 旁路电能表结束替代时读数

128. 主站端显示某线路有功 P 数据错误，可能的原因有（　　　）。　　　　（ABC）

A. 辅助电源或工作电源失电

B. 二次接线有错误

C. 测量单元有故障，对于交流采样转发序号可能重复

129. 主站端显示某线路有功功率 P 或无功功率 Q 数据错误，可能的原因有（　　　）。

（AB）

A. 二次接线有错误

B. 测量单元有故障，对于交流采样转发序号可能重复

C. TA 断相或消失

D. 现场 TV 电压比改变，造成系数错误

130. 主站端显示遥测数据错误，可能的原因有（　　　）。　　　　　　　　　（AB）

A. 二次接线有错误

B. 测量单元有故障，对于交流采样转发序号可能重复

C. TA 断相或消失

D. 现场 TV 电压比改变，造成系数错误

131. 主站系统能正确接收远动信息，必须使主站与厂站端的（　　　）一致。　　　（BC）

A. 设备型号　　　　　　B. 通信规约　　　　　　C. 通道速率　　　　　　D. 系统软件

132. 自动化调度主站 SCADA 功能中的量测分析包含（　　　）。　　　　（ABCDE）

A. 遥测预处理告警　　B. 遥信预处理告警　　C. 可疑数据表

D. 越限和重载信息　　E. 自动伪量测

133. 综合考虑业务系统或功能模块的各业务系统间的（　　　）、相互关系、广域网通信方式、对电力系统的影响等因素，将业务系统或功能模块置于合适的安全区。　（ABCD）

A. 使用者　　　　　　B. 主要功能　　　　　　C. 实时性　　　　　　D. 设备场所

三、判断题

1. D5000 告警查询在终端命令行直接运行 alarm_query。　　　　　　　　　　　（√）

2. D5000 告警定义窗口在终端命令行直接运行 alarm_define 即可启动。　　　　（√）

3. D5000 告警客户端启动命令是 alarm_define。　　　　　　　　　　　　　　（×）

4. D5000 进程管理的维护命令是在终端命令行执行 seeproc 或者 seeproc all。　　（√）

5. D5000 进程管理对服务器、工作站运行的进程进行监视和管理，并能够在画面上进行显示。

（√）

6. D5000 进程管理会随 D5000 系统启动而启动。　　　　　　　　　　　　　（√）

7. D5000 平台主进程名为 msg_bus。　　　　　　　　　　　　　　　　　　　（√）

8. D5000 启动系统检索器在命令窗口执行 search 命令。　　　　　　　　　　　（√）

9. D5000 启动系统检索器在系统总控台上选择"检索器"图标按钮。　　　　　（√）

10. D5000 启动总控台通过键入命令 startmmi。　　　　　　　　　　　　　　（√）

11. D5000 实时态数据库在终端命令行输入 dbi 即可启动。　　　　　　　　　（√）

12. D-5000 数据库系统采用的是商用数据库和实时数据库相结合的方式。　　　（√）

13. D5000 图形编辑器在终端命令窗口执行 GEesigner 命令。　　　　　　　　（×）

14. D5000 系统不支持保护信号遥控功能。　　　　　　　　　　　　　　　　（×）

15. D5000 系统不支持群控功能。　　　　　　　　　　　　　　　　　　　　（×）

16. D5000 系统的标准名称是智能电网调度控制系统。　　　　　　　　　　　（√）

17. D5000 系统的画面浏览器显示的遥测遥信信息是实时库中测试态数据。　　　（×）

18. D5000 系统的基础平台中包括消息总线、服务总线、实时数据库、关系数据库、稳态监视等。　　　　　　　　　　　　　　　　　　　　　　　　　　　　　（×）

19. D5000 系统的数据库服务器与磁盘阵列是通过光纤交换机相连的。　　　　（√）

20. D5000 系统对端代替及旁路代替都可以依靠系统判断拓扑结构及质量位来完成。

（√）

21. D5000 系统各应用都可按配置进行模型数据表下装。　　　　　　　　　　（√）

22. D5000 系统可对频发信号进行延时告警设置，并且可以通过界面查询延时告警信号

结果。 （√）

23. D5000 系统平台的双网配置是通过两块网卡分别配置不同的 IP 实现的。 （×）

24. D5000 系统商用数据库备份机制是每天通过作业方式进行定时备份。 （√）

25. D5000 系统实时告警窗重新启动后，没有缓存告警，只接收新的告警信息。 （×）

26. D5000 系统是一个基础平台涵盖四大类应用的一体化、在线化、精细化、实用化的系统。 （√）

27. D5000 系统收发消息是通过平台统一的消息总线进行的。 （√）

28. D5000 系统所用的操作系统、数据库、服务器等均为国产。 （√）

29. D5000 系统远程调阅代理服务是 proxy。 （√）

30. D5000 系统支持多态多应用。 （√）

31. D5000 系统中，间隔图应分成 6 个区域。 （×）

32. D5000 系统中的关键字是中文描述。 （×）

33. D5000 系统中判断一次设备故障是由拓扑程序进行判断的。 （√）

34. D5000 系统中设备表的容量为 10000 条。 （×）

35. D5000 系统中稳态监视应用进程只在实时态下运行。 （×）

36. D5000 系统中应用主机故障后会进行自动主机切换。 （√）

37. D–5000 系统总控台是用户进入系统进行监视的操作总控制台。 （√）

38. D5000 中功能是权限管理中最小的不可再分的权限单位。 （√）

39. D5000 中事故追忆功能（pdr），只支持对遥信的反演，遥测无法进行事故反演。 （×）

40. D5000 中遥测遥信程由同一个 SCADA 程序进行计算处理。 （×）

41. D5000 中用户是权限系统中最重要的主体，是用户权限设置的最终体现，一个用户可以定义包含几种角色，那么用户就可以拥有角色的全部权限。 （√）

42. D5000 中组的引入是为了对用户进行分类，组本身不是权限的载体。 （√）

43. down_load 工具支持整个应用下装，不支持应用下的单表下装。 （×）

44. dy_download 工具支持整个应用下装，不支持应用下的单表下装。 （×）

45. dy_download 进行动态下装表时，可以对表中要下装的域进行单独配置，选择性下装。 （√）

46. EMS 库中只保存模型数据，HISDB 库只保存历史数据。 （×）

47. EMS 主站在对变压器挡位进行调节时，一般采用远动系统的遥控功能，即将上调与下调命令转换为继电器输出信号后接入到变压器挡位控制回路，实现变压器的增挡与减挡控制。 （√）

48. EMS 应用软件的应用所需的基础数据包括由 SCADA 采集来的量测数据、由人工输入的系统静态数据和计划参数。 （√）

49. EMS 主站系统一般应配备标准时钟设备，以保证系统时间的准确性和采集电网频率。 （√）

50. Java 人机是通过服务总线与后台计算程序进行交互的。 （√）

51. SCADA 采集的电压、电流遥测数据数值是被测量的瞬时值。 （×）

52. SCADA 系统，即监视控制和数据采集系统。 （√）

53. SCADA 系统通过对电力系统运行工况信息的实时采集、处理、调整、控制，以实现对

电力系统运行情况的监视与控制。 （√）

54. SCADA 系统在逻辑上可以分为 3 个部分：前置机系统、数据处理系统和人机联系工作站。 （√）

55. SCADA 系统在逻辑上可以分为 3 个部分：数据处理系统、前置机系统和人机联系工作站。 （√）

56. SCADA 系统中实时数据库一般采用商用数据库。 （×）

57. SOE 站间分辨率的含义是在不同厂站两个相继发生事件其先后相差时间大于或等于分辨率时，调度端记录的两个事件前后顺序不应颠倒。 （√）

58. SOE 中记录的时间是信息发送到 SCADA 系统的时间。 （×）

59. Web 系统实时数据应由 p2p 通信程序，通过一、三区反相隔离设备进行传输。 （×）

60. 保护信号动作后，只能在间隔图中确认，在告警窗中确认无效。 （×）

61. 保护信号动作未确认，间隔图内光字牌只变色，不闪烁。 （×）

62. 报警限值死区的设置主要是为了防止模拟量在定义的报警限值点上下抖动而引起的重复报警。 （√）

63. 变电站间隔图中挡位为 1 位整数。 （×）

64. 变电站间隔图中遥测正常采用 4 位整数 2 位小数。 （×）

65. 变电站系统图中通道状态为绿色表示通。 （√）

66. 变电站一次接线图通过箭头方向表示潮流，电流不显示方向，母联和分段的有功、无功无需标示方向。 （√）

67. 变电站远程浏览功能是基于主站模型来实现的。 （×）

68. 不管任何自动化信息，电网名称都不可省略。 （√）

69. 部分信息没有明确的分支，但须描述总称下的部分地理位置，可以将变电站名称作为分支。 （×）

70. 查看 SCADA 应用接收前置消息工具是 sca_view。 （√）

71. 查看应用下的进程状态工具是 seeproc。 （√）

72. 厂站端与接收端通过数据网通道 104 协议进行实时数据文件的传输。 （×）

73. 厂站告警直传远程浏览不宜单独组屏。 （×）

74. 厂站一次接线图中断路器可以没有编号。 （×）

75. 厂站一次接线图中有厂站主图和各间隔图的热敏点，文字大小应该相同。 （√）

76. 厂站远程浏览电压等级拓扑着色与主站拓扑着色颜色要求一致。 （√）

77. 当对 EMS 主站显示的线路有功潮流数据正确性怀疑时，应采用与该线路另一端比较和与该线路所连接的母线输入、输出平衡的方法来判别。 （√）

78. 地区电网 SCADA 系统技术指标中，遥控命令选择、执行和撤销时间不应大于 3s。 （√）

79. 电力调度运行考核报表中按考核内容分类可分为发电、电压、负载、联络线、电量等；按报表数据时间分类可分为日报、旬报、月报、季报、年报。 （√）

80. 电力调度自动化系统 EMS 是实时控制系统，侧重于电网的实时监视和控制，不能用来研究分析电网的历史运行状况。 （×）

81. 电力调度自动化系统的计算量是在前置机部分进行处理的。 （×）

82. 电力调度自动化系统对时方式可分为调度主站系统定时对子站装置（RTU）对时和厂

站通过 GPS 卫星同步时钟进行对时。 （√）

83. 电力调度自动化系统画面实时数据刷新周期为 5～10s。 （√）

84. 电力调度自动化系统是电网系统必不可少的技术支柱。 （√）

85. 电力调度自动化系统中大屏幕投影数据刷新周期为 8～20s。 （×）

86. 电力调度自动化系统主备机切换不能引起遥控误动，允许数据丢失，但不能影响其他设备的正常运行。 （×）

87. 电力调度自动化系统主站供电电源不一定要配备专用的不间断电源装置（UPS）。 （×）

88. 电力调度自动化系统主站供电电源要配备专用的不间断电源装置（UPS）。 （√）

89. 电力自动化信息中遥测量通过属性表示。 （√）

90. 电网命名不加任何前置词或后置词修饰。 （√）

91. 电网命名建议采用中英文简称或者其他名称。 （×）

92. 电网命名可分层表示，可做分隔。 （×）

93. 电网模型维护应首先在测试态下进行，经校验正确后同步到实时态。 （√）

94. 二次节点通信图也称全站通信工况图，链接在变电站一次主接线图中，反映全站设备通信状态是否良好。 （√）

95. 翻译系统 longID 工具是 sca_trans_long。 （√）

96. 风电场以"名称+风厂"的方式命名。 （×）

97. 服务总线总对数据库的访问服务是 midhs。 （√）

98. 告警查询界面智能查询最近一周历史告警数据。 （×）

99. 告警查询可对模型修改操作进行查询。 （√）

100. 告警直传多事件综合分析结果的告警时标取启动综合分析流程的触发遥信 SOE 时标，精确到秒。 （×）

101. 告警直传和远程浏览采集的所有信息名称都必须符合《电网设备通用数据模型命名规范》和《变电站调控数据交互规范》的相关要求。 （×）

102. 告警直传和远程浏览厂站设备由主站自动化系统维护人员验收。 （×）

103. 告警直传网关机（或服务器、工作站）采集厂站的告警信息应以重要信息为主。 （×）

104. 告警直传网关机采集的遥测信息应该包括厂站内全部实时数据，包括有功、无功、功角、功率因数、频率、电压、电流、温度、挡位、断路器位置等。 （×）

105. 告警直传信息依照《辽宁电网变电站监控信息管理规范》的要求，分成 4 个等级。 （×）

106. 告警直传信息应直接采集间隔层设备，如遇原厂站设备老旧问题，暂时无法实现，可通过站控层转发实现，但不建议长期使用。 （√）

107. 各级调度对直接调度的厂站通过远动直接收集信息；对非直接调度的厂站，如需要信息，通过其他调度转发。 （√）

108. 各级调控直采的合成信息，在告警直传中也应传送。 （√）

109. 公用信息和没有明确分支的信息，都不可省略分支。 （×）

110. 画面上某动态数据与现场不一致，那么肯定是动态数据链接错误。 （×）

111. 基础数据、电网模型、电网稳态监控达标是后续网络分析应用达标的前提条件。

（√）

112. 基础数据、电网模型、电网稳态监控达标是后续网络分析应用达标的前提条件。如果基础数据质量严重不达标，将不对网络分析应用进行实用化验收。 （√）

113. 技术支持系统监视与管理应用能够提供电话、短信等多元化的报警方式，其应运行在安全区Ⅰ。 （×）

114. 技术支持系统一区和二区必须分别使用 2 套磁盘阵列等存储设备，不可共用。

（×）

115. 技术支持系统主要采用 HP、IBM 等国外品牌的服务器设备，采用 oracle 作为商用数据库。 （×）

116. 间隔名称区域需要展示间隔名称，不包含通信状况。 （×）

117. 间隔一次接线图区域一次设备编号要完整，隔离开关与接地开关编号可以省略。

（×）

118. 进行遥控遥调等操作时必须由专职人员操作，并采取监视员、操作票等相关安全机制，确保操作的准确性。 （√）

119. 控制情况信息描述为"成功"/"失败"。 （√）

120. 零漂功能的实现依赖设备的拓扑关系。 （√）

121. 模型合并服务能够实现对电网模型的统一管理，但只局限于网省级调度系统使用。

（×）

122. 能量管理系统（EMS）网络边界处的通信网关为了降低运维成本，采用 Windows 系统比较理想。 （×）

123. 能量管理系统主站系统硬件主要包括设备类型：前置系统、服务器、工作站、网络和安全设备、输入输出设备以及时钟系统、外存储器、专用不间断电源。 （√）

124. 麒麟操作系统自带 NTP 对时服务。 （√）

125. 前置机和主计算机双机切换到系统功能恢复正常应不大于 30s。 （√）

126. 前置机可以通过并行处理计算机技术降低主 CPU 负载。 （√）

127. 前置机主用设备发生硬件、软件、通信接口故障应能自动切换到备用设备并报警。切换过程不应对系统稳定运行产生扰动。 （√）

128. 切主的 D5000 系统，下装数据库表应该用的工具是 down_load。 （×）

129. 如果基础数据质量严重不达标，将不对网络分析应用进行实用化验收。 （√）

130. 如果遥控返校正确，调度端发出遥控执行命令后还可以再撤销这个命令。 （×）

131. 若描述的电力自动化信息的设备对应于多个分支，可将多个分支名称叠加的方式进行命名，中间不加任何符号，如两个分支为同一类型设备，可以编号叠加方式进行命名。

（√）

132. 商用数据库中的每一张表可通过数据库管理工具进行导入导出。 （√）

133. 申请实用化验收前，被验收单位应按标准规定要求组织自查。 （√）

134. 申请验收单位在自查测试合格后，可向上级主管正式提交验收申请。同时提供相关自查测试大纲、自查测试记录及自查报告等资料，供上级主管审核及验收测试时参考。 （√）

135. 省调接受各地调处理或合成的信息时，省调不能将地调技术支持系统作为一个总称，如"本溪.地调技术支持系统/网供.值"。 （×）

136. 实时告警窗的用户权限是独立的，需要单独配置。 （×）

137. 实时遥测值区域展示间隔内所能采集，与本间隔运行有关的遥信信息。 （×）

138. 事故追忆操作时，选择事故时可通过时段选择或者厂站选择来显示相应时段或厂站的所有事故。 （√）

139. 事故追忆系指将某个站内或系统内重要事故前后的遥测量记录下来，并传送到调度端供事故分析。 （√）

140. 事件顺序记录（SOE）比遥信变位传送的优先级更高。 （×）

141. 事件顺序记录（SOE）包括断路器跳合闸记录、保护顺序记录和遥测越限记录。 （×）

142. 事件顺序记录必须在间隔层 I/O 测控单元中实现。 （√）

143. 数据监视到状态变化和量测值越限时，需进行事件处理，必要时发出告警。量测值越限告警不应设置死区和时间延迟。 （×）

144. 所有图形大小为 1024×768，背景色都为黑色。 （×）

145. 所有自动化信息名称都应有总称，总称不可省略。 （√）

146. 调度模拟屏数据刷新周期为 6～12s。 （√）

147. 调度员下发遥控命令时，只要确信遥控对象性质无误，不必等待返校信息返回就可以操作"执行"命令。 （×）

148. 通道情况描述："断/通"。 （√）

149. 通道误码率是在通道中传输信息时，单位时间内错误比特数与其传输总比特数之比，也称误比特率。 （√）

150. 通过电力调度自动化系统画面可以监测主站各设备的运行状态。 （√）

151. 通过电力调度自动化系统画面可以监视变电站信息的接收情况。 （√）

152. 通过电力调度自动化系统画面无法查看 RTU 的停运时间，只能查看实时状态。 （×）

153. 为保证能量管理系统主站的可靠运行，主站关键设备应采用冗余配置。 （√）

154. 未通过实用化验收的 SCADA 系统，其 EMS 应用软件基本功能可以申请实用化验收。 （×）

155. 稳态监视中数据流向为报文—前置—消息—scada。 （√）

156. 系统总控台在应用服务器和工作站上均可启动，但是同一台服务器或工作站上最多同时启动两个总控台。 （×）

157. 线路以名称后面加"线"命名。 （√）

158. 需要表示方向的有功、无功在展示数值时，流入母线为负，流出母线为正。 （√）

159. 需要表示方向的有功、无功在展示数值时，流入主变压器为负，流出主变压器为正。 （×）

160. 遥测量信息描述为"值"。 （√）

161. 遥信信息被人工置数后，不会上告警窗，但会更新告警历史库。 （√）

162. 用户可通过权限管理对登录默认首页设定，还可以对厂站按电压等级、间隔进行设置操作权限。 （√）

163. 由于一次系统变更，需要修改相应的数据库、画面、报表、模拟屏接线等内容时，应以经过批准的书面通知为准。 （√）

164. 有功和无功在许多地方需要进行特殊计算，形成计算结果值。 （√）

165. 与电压等级无关的系统，可以省略电压等级的名称。 （√）

166. 语音告警的权限是独立的，需要单独配置。 （×）

167. 源码管理服务 svn 的查看命令是 list。 （√）

168. 远方就地把手若未采集双位置信息，首选就地位置进行采集。 （×）

169. 在初始系统环境搭建过程中，应对源码进行重新编译，重新生成可执行文件和动态链接库，然后生成系统相关头文件。 （×）

170. 在告警直传中只传送"电网.总称/电压等级.分支.设备/属性"，不对"描述"进行传送。 （√）

171. 在检索器中查询到所需的记录或域后，只能采用拖曳方式实现所选数据的发送。 （×）

172. 在进行 down 表时，上线系统常用 dy_download。 （√）

173. 在进行厂站 101 规约数据接入时，只需要进行数据库配置，不需要对终端服务器进行配置。 （×）

174. 在进行厂站 104 规约数据接入时，主站为服务端。 （×）

175. 在描述保护信息时，为明确保护信息内容，可将保护对象作为总称。 （×）

176. 在描述变压器或机组本体、保护和有关信息时，如电压等级不明确，采用变压器或机组任何电压等级。 （×）

177. 在调度技术支持系统中描述通道信息时，可将各通道定义为设备。 （×）

178. 在同一电气图中，同类设备必须选用同一图元尺寸。 （√）

179. 在遥控过程中，调度中心发往厂站 RTU 的命令有 3 种：遥控选择、遥控返校、遥控执行。 （×）

180. 在直流电压等级的命名中，属性"DC"按电压等级省略。 （×）

181. 只要通过水能发电，不管采用河流大坝、蓄水储能、潮汐等方式，都以"名称+水厂"的方式命名。 （√）

182. 直传告警信息参考 E 语言格式，经过规范化处理生成标准的告警条文，按照"等级、时间、名称、动作、原因"五段式进行描述。 （×）

183. 智能电网调度控制系统遥控操作目前只支持无监护和单机监护，不具备双机监护功能。 （×）

184. 智能电网调度控制系统远程调阅功能只能由高调度级别机构向低调度级别机构进行画面调阅。 （×）

185. 智能电网调度控制系统在进行遥控遥调操作时，必须将遥控预置通过后才能进行遥控执行。 （√）

186. 终端服务器中可以配置校验类型、波特率等参数。 （√）

187. 主站按 104 规约进行数据接入时，主站侧是服务端，子站侧是客户端。 （×）

188. 自动化系统是由 EMS/SCADA 系统、计算机数据交换网、调度生产局域网等系统，经由数据传输通道构成的一个整体，EMS/SCADA 系统包括主站和厂站设备。 （√）

189. 综合智能告警常用告警来源为稳态监控、动态监控、二次设备在线监视。 （√）

190. 综合智能告警用于动态展示电网故障点的地理信息图，是全景潮流图。 （√）

第十三章　高级应用

一、单项选择题

1.（　　）不属于 PAS。　　　　　　　　　　　　　　　　　　　　　　　　　　　（D）

A. 网络建模　　　　　B. 状态估计　　　　　C. 故障分析　　　　　D. 测量与控制

2.（　　）的目的是优化电力系统的静态运行条件。　　　　　　　　　　　　　　　（D）

A. 动态安全分析　　　　　　　　　　　B. 静态安全分析

C. 无功功率电压优化　　　　　　　　　D. 最优潮流计算

3.（　　）分析是 EMS 高级应用软件的基础。　　　　　　　　　　　　　　　　　（C）

A. 状态估计　　　　　B. 潮流计算　　　　　C. 网络拓扑　　　　　D. 负荷预报

4.（　　）分析是 EMS 应用软件的基础。　　　　　　　　　　　　　　　　　　　（C）

A. 状态估计　　　　　B. 潮流计算　　　　　C. 网络拓扑　　　　　D. 负荷预报

5.（　　）根据该图中断路器、隔离开关的状态来分析,把系统分成几个不连通的部分（岛）,每个部分（岛）用不同的颜色来显示。　　　　　　　　　　　　　　　　　　　（D）

A. 告警状态　　　　　B. 状态估计　　　　　C. 模型拼接　　　　　D. 网络拓扑分析

6.（　　）功能对多种给定运行方式（状态）进行预想事故分析,对会引起线路过负荷、电压越限和发电机功率越限等对电网安全运行构成威胁的故障进行警示,从而对整个电网的安全水平进行评估,找出系统的薄弱环节。　　　　　　　　　　　　　　　　　　（A）

A. 安全分析　　　　　B. 调度员潮流　　　　　C. 事故分析　　　　　D. 短路计算

7.（　　）是电力系统分析中最基本和最重要的计算,是各种电磁暂态和机电暂态分析的基础和出发点。　　　　　　　　　　　　　　　　　　　　　　　　　　　　　（A）

A. 潮流计算　　　　　B. 状态估计　　　　　C. 短路电流计算　　　　　D. 安全分析

8.（　　）是对运行中的网络或某一研究态下的网络按 N-1 原则,研究一个运行元件因故障退出运行后,网络的安全情况及安全裕度。　　　　　　　　　　　　　　　（D）

A. 安全分析　　　　　B. 动态安全分析　　　　　C. 状态估计　　　　　D. 静态安全分析

9.（　　）是研究线路功率是否超稳定极限。　　　　　　　　　　　　　　　　　（B）

A. 暂态安全分析　　　　　　　　　　　B. 动态安全分析

C. 稳态安全分析　　　　　　　　　　　D. 静态安全分析

10.（　　）是一套仿真的实际电力系统的数学模型,模拟各种调度操作和故障后的系统工况,并将这些信息送到电力系统控制中心的模型内,为调度员提供一个逼真培训环境的计算机系统,以达到既不影响实际电力系统的运行而又培训调度员的目的。　　　　　（A）

A. 调度员培训模拟系统　　　　　　　　B. 事故分析系统

C. 调度员潮流系统　　　　　　　　　　D. 安全分析系统

11.（　　）是在给定（或假设）的运行方式下进行设定操作,改变运行方式,分析本系统的潮流分布和潮流计算特性。　　　　　　　　　　　　　　　　　　　　　　（B）

A. 连续潮流   B. 调度员潮流   C. 动态潮流   D. 最优潮流

12. （ ）是指为达到某一最优目标所做的潮流。 （C）

A. 调度员潮流   B. 动态潮流   C. 最优潮流   D. 连续潮流

13. （ ）系统应用主要面向调度中心各个专业处室，侧重于调度生产和管理。 （A）

A. OMS   B. SCADA   C. ERP   D. MIS

14. （ ）主要是研究元件有无过负荷及母线电压有无越限。 （A）

A. 静态安全分析   B. 动态安全分析   C. 暂态安全分析   D. 网络安全分析

15. "状态估计量测一览表"不属于状态估计量测的数据域名的是（ ）。 （D）

A. 厂站名称 ID   B. 设备名称 ID   C. 状态估计值   D. 潮流计算值

16. 《EMS 应用软件基本功能实用要求及验收细则》中规定调度员潮流计算结果误差（ ）。 （C）

A. 基本要求≤3.0%，争取≤2.5%   B. 基本要求≤2.5%，争取≤2.0%

C. 基本要求≤2.5%，争取≤1.5%   D. 基本要求≤1.5%，争取≤0.5%

17. 《EMS 应用软件基本功能实用要求及验收细则》中规定状态估计月可用率为（ ）。 （B）

A. 基本要求≥85%，争取≥90%   B. 基本要求≥90%，争取≥95%

C. 基本要求≥95%，争取≥99%   D. 基本要求≥95%，争取 100%

18. 《地区电网电力调度自动化系统实用化验收细则》中规定地区负荷总加完成率为（ ）。 （A）

A. 基本要求≥90%，争取≥95%   B. 基本要求≥95%，争取≥99%

C. 基本要求≥95%，争取 100%   D. 基本要求≥99%，争取 100%

19. 《智能电网调度控制系统实用化验收办法（试行）》规定，调度员潮流计算结果误差应满足（ ）。 （B）

A. ≤0.5%   B. ≤2.5%   C. ≤1%   D. ≤5%

20. AGC 根据 ACE 的大小将控制区域分为（ ）。 （B）

A. 死区、正常调节区和紧急调节区

B. 死区、正常调节区、次紧急调节区和紧急调节区

C. 正常调节区、次紧急调节区和紧急调节区

D. 死区、正常调节区、非紧急调节区和紧急调节区

21. AGC 控制目标是：维持系统频率为 50Hz，装机容量在 3000MW 及以上电力系统频率偏差不超过±0.1Hz，装机容量在 3000MW 及以下电力系统频率偏差不超过（ ）。 （C）

A. 0.1Hz   B. 0.15Hz   C. 0.2Hz   D. 0.5Hz

22. AVC 功能中需直接采集的发电机量测量为（ ）。 （A）

A. 发电机有功 P、无功 Q、机端电压 U，母线电压

B. 发电机有功 P、无功 Q、机端电压 U、定子电流

C. 发电机有功 P、无功 Q、周波

D. 发电机有功 P、无功 Q、转子电压

23. AVC 系统在优化控制模式下，（ ）优先级最高。 （B）

A. 功率因数校正   B. 电压校正   C. 网损优化

24. AVQC 的主要作用是（ ）。 （C）

A. 调节系统频率和系统电压　　　　　B. 调节有功功率和无功潮流

C. 调节系统电压和无功功率　　　　　D. 调节系统频率和系统潮流

25. DTS 工作站软件不可以安装在（　　）操作系统软件。　　　　　（D）

A. Windows　　　　B. UNIX　　　　C. Linux　　　　D. ios

26. DTS 中备用电源自投不动作，应采取的措施为（　　）。　　　　　（A）

A. 检查录入数据库中的主供电源和备用电源是否正确，并确认当前潮流状态下主供电源是否失电，备用电源是否带电，还要排查断路器录入是否正确

B. 检查录入数据库中的装置启动条件是否正确有效

C. 检查动作设备是否录入正确

D. 检查录入数据库中的保护阻抗定值是否偏小，导致测量阻抗超过录入的整定阻抗

27. DTS 中变压器复合电压闭锁过电流保护动作后，跳闸断路器不正确，应采取的措施为（　　）。　　　　　（D）

A. 检查动作设备是否录入正确

B. 重点检查全网变压器的中性点接地方式

C. 检查重合闸的检测条件（同期、无压、无流）是否设置正确

D. 检查录入的各个时限的跳闸断路器，往往各个时限的跳闸断路器没有维护或者维护不正确

28. DTS 中稳定控制装置动作，但不出口，应采取的措施为（　　）。　　　　　（C）

A. 检查录入数据库中的主供电源和备用电源是否正确，并确认当前潮流状态下主供电源是否失电，备用电源是否带电，还要排查断路器录入是否正确

B. 检查录入数据库中的装置启动条件是否正确有效

C. 检查动作设备是否录入正确

D. 检查录入数据库中的保护阻抗定值是否偏小，导致测量阻抗超过录入的整定阻抗

29. DTS 中重合闸不正确动作，应采取的措施为（　　）。　　　　　（C）

A. 检查动作设备是否录入正确

B. 重点检查全网变压器的中性点接地方式

C. 检查重合闸的检测条件（同期、无压、无流）是否设置正确

D. 检查录入的各个时限的跳闸断路器，往往各个时限的跳闸断路器没有维护或者维护不正确

30. EMS 通过厂站 RTU 或测控装置采集的数据反映了电网的稳态潮流情况，其实时性通常能达到（　　）。　　　　　（A）

A. 秒级　　　　B. 分钟级　　　　C. 毫秒级　　　　D. 小时级

31. EMS 状态估计的数据源为（　　）。　　　　　（C）

A. 实时数据、历史数据、故障数据　　　B. 测量数据、断路器数据、故障数据

C. 实时数据、历史数据、计划数据　　　D. 测量数据、历史数据、故障数据

32. PAS 电网模型中，电网设备参数录入至 PAS 电网模型中，电网设备的参数不需要维护的是（　　）。　　　　　（D）

A. 有名值　　　　B. 标幺值　　　　C. 铭牌值　　　　D. 误差值

33. PAS 服务器系统安装公共平台软件包括操作系统、（　　）两部分。　　　　　（A）

A. 支撑软件　　　　B. 数据库软件　　　　C. 应用软件　　　　D. 优化软件

34. PAS 服务器系统参数配置可以采用用文件的方式配置，配置文件不包括（ ）。

（D）

A. 应用进程的配置和权限　　　　　　B. 运行环境变量的定义

C. 同步定义　　　　　　　　　　　　D. 磁盘信息定义

35. PAS 工作站软件不可以安装在（ ）操作系统软件。　　　　　（D）

A. Windows　　　　B. UNIX　　　　C. Linux　　　　D. ios

36. PMU 同步采样时间误差 1ms，会带来（ ）的工频相角误差。　（C）

A. 1°　　　　　　　B. 10°　　　　　C. 18°　　　　　D. 15°

37. 安全区Ⅱ的典型系统包括（ ）。　　　　　　　　　　　　（C）

A. DTS、统计报表、管理信息系统、办公自动化系统（OA）

B. DMIS、统计报表系统、雷电监测系统、气象信息接入等

C. DTS、保护信息管理系统、电能量计量系统、电力市场运营系统等

D. 管理信息系统（MIS）、办公自动化系统（OA）、雷电监测系统、客户服务系统等

38. 安全约束调度采用基于灵敏度矩阵的（ ）规划模型，一般适合处理（ ）问题。

（A）

A. 线性、有功功率　　　　　　　　　B. 非线性、无功功率

C. 线性、无功功率　　　　　　　　　D. 非线性、有功功率

39. 按照无功电压综合控制策略，电压和功率因数都低于下限，应（ ）。　（B）

A. 投入电容器组

B. 先投入电容器组，根据电压变化情况再调有载分接头位置

C. 调节分接头

D. 先调节分接头升压，再根据无功功率情况投入电容器组

40. 常见的数据模型有多种，目前使用较多的数据模型为（ ）模型。　（D）

A. 网状　　　　　　B. 层次　　　　　C. 拓扑　　　　　D. 关系

41. 超短期负荷预报用于预防控制和紧急状态处理，需 10～60min 负荷值，使用对象是（ ）。

（A）

A. 调度员　　　　　　　　　　　　　B. 调度计划的工程师

C. 自动化人员　　　　　　　　　　　D. 监控员

42. 潮流计算的约束条件是通过求解方程得到全部节点（ ）后，进一步计算各类节点的功率以及网络中功率的分布。

（B）

A. 有功功率　　　　B. 电压　　　　　C. 无功功率　　　　D. 电流

43. 潮流计算是指在给定电力系统网络拓扑、元件参数和发电、负荷参量条件下，计算有功功率、无功功率和电压在电力网络中的分布。

（A）

A. 潮流计算　　　　B. 状态估计　　　C. 网络拓扑　　　D. 静态安全分析

44. 潮流模拟计算首先要获取状态估计断面数据，断面数据分（ ）两种。　（A）

A. 实时数据、历史数据　　　　　　　B. 历史数据、计划数据

C. 计划数据、实时数据　　　　　　　D. 计划数据、人工设置数据

45. 从满足到不满足时对应的电力系统的安全约束条件，系统运行状态情况是（ ）。

（A）

A. 警戒状态→紧急状态　　　　　　　B. 正常状态→警戒状态

C. 紧急状态→系统崩溃　　　　　　　　D. 系统崩溃→恢复状态

46. 地区电网 AVQC 软件应具备对（　　）控制次数限制功能，以防止频繁操作对设备造成损坏。　　　　　　　　　　　　　　　　　　　　　　　　　　　　　　　　　　　（A）

　A. 电容器　　　　　B. 断路器　　　　　C. 电抗器　　　　　D. 隔离开关

47. 地区电网公司电压无功控制系统的控制目标是（　　）。　　　　　　　　　　（D）

　A. 控制电容器投切

　B. 控制主变压器分接头升降

　C. 地区电网公司电压无功控制系统的控制

　D. 控制变电站主变压器供电侧母线电压在合格范围及减少网损

48. 电力调度自动化系统利用（　　）功能保证电网的频率质量。　　　　　　　（C）

　A. SCADA　　　　　B. EDC　　　　　C. AGC　　　　　D. DTS

49. 电力调度自动化系统中涉及的系统负荷预测，一般是指（　　）负荷预测。　（A）

　A. 短期和超短期　　B. 中期　　　　　C. 中期　　　　　D. 超短期

50. 电力系统实时动态监测系统以（　　）作为数据源。　　　　　　　　　　　（B）

　A. RTU 量测　　　　B. PMU 量测　　　C. FTU 量测

51. 电力系统应用软件（PAS）运行在研究态的基本构成是（　　）。　　　　　（B）

　A. 状态估计、安全约束、最优潮流、调度员潮流等

　B. 调度员潮流、无功优化、短路电流计算、静态安全分析等

　C. 状态估计、调度员潮流、最优潮流、安全约束等

　D. 调度员潮流、安全约束、无功优化、安全分析等

52. 电力系统状态估计的量测量主要来自（　　）。　　　　　　　　　　　　　（C）

　A. 调度人员　　　　B. 值班人员　　　C. SCADA 系统　　D. 主机

53. 电力系统状态估计就是利用（　　）的冗余性，应用估计计算法来检测与剔除坏数据，提高数据精度及保持数据的前后一致性，为网络分析提供可信的实时潮流数据。　　（B）

　A. 稳定量测系统　　B. 实时量测系统　C. 暂时量测系统　D. 瞬时量测系统

54. 动态安全分析是研究（　　）是否超稳定极限运行。　　　　　　　　　　　（A）

　A. 线路功率　　　　B. 线路电流　　　C. 母线电压　　　D. 系统频率

55. 短路电流最大的短路为（　　）。　　　　　　　　　　　　　　　　　　　（D）

　A. 单相短路　　　　B. 两相短路　　　C. 两相短路接地　D. 三相短路

56. 短路计算最常用的计算方法是（　　）。　　　　　　　　　　　　　　　　（A）

　A. 牛顿–拉夫逊法　B. 阻抗矩阵法　　C. 矩阵降阶法　　D. 快速分解法

57. 短期负荷预报主要用于火电分配、水火电协调、机组经济组合和交换功率计划，需要 1～7 天的负荷值，使用对象是编制（　　）。　　　　　　　　　　　　　　　　　　（B）

　A. 调度员　　　　　　　　　　　　　　B. 调度计划的工程师

　C. 自动化人员　　　　　　　　　　　　D. 监控员

58. 短期负荷预测是指（　　）的日负荷预测和（　　）的周负荷预测。　　　（C）

　A. 12h，84h　　　B. 48h，336h　　C. 24h，168h　　D. 72h，672h

59. 对于（　　）特性不完全了解的复杂估计问题，工程上可用一些近似计算方法来处理，常见的有基于局部线性化思想的广义卡尔曼滤波器、贝叶斯或极大后验估值器和可以根据滤波过程的历史知识自动修改参数的自适应滤波或预报技术等。　　　　　　　　　　　　（B）

A. 实测系统或对动态系统   B. 非线性系统或对动态系统

C. 线性系统或对动态系统   D. 统计系统或对动态系统

60. 下列变量中，（　　）是调度员潮流计算直接求出的电网运行状态量，而其他的为派生量或已知量。   （B）

A. 线路首末端功率差   B. 母线电压的相角

C. 平衡节点发电机发电有功功率   D. 系统的频率

61. 发电厂的 AGC 功能使用"四遥"中的（　　）。   （C）

A. 遥测   B. 遥信   C. 遥调   D. 遥控

62. 非单一控制区的调度机构一般采用（　　）方式进行 AGC 控制。   （C）

A. 定频率控制模式   B. 定联络线功率控制模式

C. 频率与联络线偏差控制模式   D. 定功率控制模式

63. 负荷的经济分配（EDC）应根据（　　）。   （A）

A. 超短期负荷预测   B. 短期负荷预测   C. 中期负荷预测   D. 长期负荷预测

64. 负荷的静态模型将负荷点的无功和有功用该点母线的（　　）的函数表示。   （B）

A. 电流和功率   B. 电压和频率   C. 电压和功率   D. 电流和频率

65. 负荷频率控制（LFC）的基本任务是调整系统的（　　）达到额定值或/和维持区域联络线（　　）为计划值。   （B）

A. 负荷，交换功率   B. 频率，交换功率   C. 负荷，电压   D. 频率，电压

66. 负荷调节包括无功功率与（　　）调节，有功功率与（　　）调节。   （A）

A. 电压，频率   B. 相角，电流

C. 有功功率，无功功率   D. 电流，相角

67. 负荷预测按照预测周期可分为 4 类，分别为（　　）。   （C）

A. 按小时负荷预测、日负荷预测、周负荷预测、月负荷预测

B. 日负荷预测、周负荷预测、月负荷预测、年负荷预测

C. 超短期负荷预测、短期负荷预测、中期负荷预测、长期负荷预测

D. 日负荷预测、周负荷预测、月负荷预测、季负荷预测

68. 负荷预测程序将根据预先的定义，定时从（　　）中在线获得系统负荷数据，并将数据保存以备查询、分析、考核。   （A）

A. SCADA   B. PAS   C. AVC   D. EMS

69. 负荷预测可分为（　　）两种负荷预测方法。   （A）

A. 系统和母线   B. 发电机和用户   C. 负载和出力   D. 电网和电厂

70. 根据国家电网公司颁发的《输电网安全性评价》要求，电力调度自动化应用软件单次潮流计算时间小于等于（　　）。   （A）

A. 30s   B. 40s   C. 50s   D. 60s

71. 根据国家电网公司颁发的《输电网安全性评价》要求，主机、前置机磁盘剩余容量不得小于（　　）。   （B）

A. 30%   B. 40%   C. 50%   D. 60%

72. 基本潮流模型是根据各（　　）注入功率计算各母线的电压和相角。   （B）

A. 出线   B. 母线   C. 变压器   D. 进线

73. 加权最小二乘法状态估计计算中，量测数据的权重主要应取决于（　　）。   （C）

A. 量测量的类型   B. 量测量在电力网络中的位置

C. 量测结果的准确度   D. 上次估计计算结果中本量测数据的残差

74. 加权最小二乘法状态估计计算中，量测数据的权重主要应取决于（   ）。   （B）

A. 量测量在电力网络中的位置   B. 量测结果的准确度

C. 上次估计计算结果中本量测数据的残差 D. 量测量的类型

75. 建模时，非调度管辖范围内的电网需要进行等值处理，以下的原则错误是（   ）。

（C）

A. 外网边界等值成机组

B. 内网或下级联络的边界等值成负荷

C. 能对本系统提供功率支持的外部线路等值成负荷

D. 只从本系统吸收功率的外部线路等值成负荷

76. 进行短路电流计算必须建立的电网参数数据库是（   ）。   （C）

A. 负序数据库

B. 零序数据库

C. 正序数据库和零序数据库，负序参数取和正序相同

D. 正序数据库

77. 进行调度员潮流计算模块数据源为（   ）。   （B）

A. SCADA 系统的实时数据   B. 经过状态估计处理过的熟数据

C. RTU 设备的原始数据   D. 网络拓扑处理过的数据

78. 考虑到我国电网的实际情况，也为了处理的方便，选择 PV 节点及平衡节点（亦即发电机与调相机节点）的电压幅值、有载调压变压器的变比 T、并联电容器组的无功容量和并联电抗器组的无功容量作为控制变量，所有这些变量都取其（   ）。   （A）

A. 增量   B. 变量   C. 降量   D. 恒量

79. 量测的覆盖率和状态估计的准确率依靠量测的（   ），信息阵的角元素随着量测增多而增大，其逆矩阵则相反。   （A）

A. 冗余度   B. 可观性   C. 正确性   D. 刷新频率

80. 某地区 2 月份电力高级应用软件每日状态估计计算次数为 180 次，全月共有 325 次状态估计计算发散，则该地区 2 月份的状态估计月可用率为（   ）。   （D）

A. 55.38%   B. 66.38%   C. 92.55%   D. 93.55%

81. 某汽轮发电机额定功率为 20 万 kW，1 个月内（30 天）该机组的额定发电量为（   ）。

（A）

A. $14400 \times 10^4 kW \cdot h$ B. $6000 \times 10^4 kW \cdot h$

C. $14400 \times 10^3 kW \cdot h$ D. $6000 \times 10^3 kW \cdot h$

82. 母线负荷预测是将系统负荷（预测值或实测值）按对应的时刻转换为各母线负荷预测值，用于补充（   ）量测的不足，为（   ）提供假想运行方式的负荷数据。   （D）

A. AGC、安全分析   B. 自动发电控制、安全分析

C. 实时网络状态分析、系统负荷预测   D. 实时网络状态分析、潮流计算

83. （   ）是电力系统分析中最基本和最重要的计算，是各种电磁暂态和机电暂态分析的基础和出发点。   （A）

A. 潮流计算   B. 状态估计   C. 短路电流计算   D. 安全分析

84. 适用于在线负荷预测的方法是（　　）。　　　　　　　　　　　　　　　　　　　（D）

A. 卡尔曼滤波分析法　　　　　　　　　B. 指数平滑预报法

C. 回归分析法　　　　　　　　　　　　D. 时间顺序法

85. 调度管理系统（OMS）根据目前大多数省级及以上调度机构专业设置和业务分工情况，将整个应用功能分为公共、调度运行、系统（运行方式）、调度计划等（　　）个子系统。

（C）

A. 6　　　　　　　　B. 8　　　　　　　　C. 10　　　　　　　　D. 5

86. 调度员潮流迭代计算时，收敛判据设置过大，在没有达到精度要求的情况下停止迭代，将导致调度员潮流模拟结果合格率降低；设置过小，将导致调度员潮流迭代时产生振荡，不能收敛，从而降低可用率。一般设为（　　）。　　　　　　　　　　　　　　　（A）

A. 有功 0.001，无功 0.001～0.002　　　　B. 有功 0.002，无功 0.001～0.002

C. 有功 0.001～0.002，无功 0.001　　　　D. 有功 0.001～0.002，无功 0.002

87. 调度员潮流模块的电网数据来源为（　　）。　　　　　　　　　　　　　　　（A）

A. 经过状态估计处理过的熟数据　　　　B. RTU 设备的原始数据

C. 网络拓扑处理过的数据　　　　　　　D. SCADA 系统的实时数据

88. 调度员潮流调试中，多台发电机之间的不平衡功率分配方式不包括（　　）。　（D）

A. 容量　　　　　　B. 系数　　　　　　C. 平均　　　　　　D. 平衡

89. 调度员潮流性能指标中调度员潮流计算结果误差小于等于（　　）。　　　　　（A）

A. 2%　　　　　　　B. 3%　　　　　　　C. 1%　　　　　　　D. 1.50%

90. 调度员潮流在给定（历史、当前或预想）的运行方式下，进行设定操作，改变（　　），分析本系统的潮流分布；设定操作可以是在一次接线图上模拟断路器的开合、线路及发电机的投退、变压器分接头的调整、无功装置的投切以及发电机出力和负荷的（　　）等。　（D）

A. 实时信息，调整　　　　　　　　　　B. 潮流分布，投退

C. 显示方式，调整　　　　　　　　　　D. 运行方式，调整

91. 调度员潮流中一般选取（　　）的等值电源点作为平衡机，内部的缺额主要由网供来提供。　　　　　　　　　　　　　　　　　　　　　　　　　　　　　　　　　　（A）

A. 外网　　　　　　B. 内网　　　　　　C. 私网　　　　　　D. 公网

92. 调度员培训仿真系统（DTS）应满足（　　）。　　　　　　　　　　　　　　（B）

A. 真实性、灵活性和快速性的要求　　　B. 真实性、灵活性和一致性的要求

C. 真实性、灵活性和兼容性的要求　　　D. 快速性、灵活性和一致性的要求

93. 调度员培训模拟系统（DTS）功能主要由（　　）基本模块组成。　　　　　（D）

A. 教员培训模块、教员控制模块、电力系统仿真模块

B. 教员操作模块、教员设置模块、控制中心仿真模块

C. 教员设置模块、教员控制模块、电力系统仿真模块

D. 教员控制模块、电力系统仿真模块、控制中心仿真模块

94. 调度员培训模拟系统（DTS）由教员控制模块、电力系统仿真模块、控制中心仿真模块3 个功能模块组成，其核心模块是（　　）。　　　　　　　　　　　　　　　　　　（B）

A. 教员控制模块　　　　　　　　　　　B. 电力系统仿真模块

C. 控制中心仿真模块　　　　　　　　　D. 继电保护和自动装置仿真模块

95. 调度员培训模拟系统主要用于调度员培训，它可以提供一个电网的模拟系统，调度员

通过它可以进行（　　　），从而提高调度员培训效果，积累电网操作及事故处理的经验。（B）

A. 直接现场操作及系统反事故演习　　　B. 模拟现场操作及系统反事故演习

C. 脱离现场操作及系统反事故演习　　　D. 实际现场操作及系统反事故演习

96. 无功功率电压优化的目标是电网在满足安全约束条件和电压质量条件下的（　　　）。

（D）

A. 频率稳定　　　　　　　　　　　　B. 负荷平衡

C. 无功功率消耗最小　　　　　　　　D. 网损最小

97. 无功优化调节可采用（　　　），该算法数值稳定，计算速度快，收敛可靠，便于处理各种约束条件。

（A）

A. 线性规划法　　　　　　　　　　　B. 牛顿–拉夫逊算法

C. 快速 P–Q 分解法　　　　　　　　D. 最少二乘法

98. 系统负荷预测的常用方法有回归分析法、时间分析法、相似日法和（　　　）。　　（B）

A. 矩阵算法　　　　　　　　　　　　B. 人工神经网络方法

C. 牛顿法　　　　　　　　　　　　　D. 快速分解法

99.（　　　）是用来解决潮流计算中外部网络问题的。　　　　　　　　　　　　（B）

A. Hachtel 扩展矩阵法　　　　　　　B. WARD 等值法

C. 正交变换法　　　　　　　　　　　D. P–Q 解耦法

100. 下列系统中，属于管理信息大区的系统是（　　　）。　　　　　　　　　　（C）

A. 调度自动化系统　　　　　　　　　B. 电能量计量系统

C. 雷电监测系统　　　　　　　　　　D. 继保及故障录波信息管理系统

101. 相量测量装置（PMU）应具有与不少于（　　　）个主站进行数据通信的能力，且不降低实时性指标。

（C）

A. 1　　　　　　　　B. 2　　　　　　　　C. 3　　　　　　　　D. 4

102. 以下（　　　）不是 DTS 教员系统的组成部分。　　　　　　　　　　　　（D）

A. 培训后处理　　　B. 培训前准备　　　C. 培训中操作控制　　D. 培训后调整

103. 以下（　　　）不是 DTS 对计算机网络的基本要求。　　　　　　　　　　（D）

A. 提供网络通信编程接口　　　　　　B. 高速局域网

C. TCP/IP 作为基本网络通信协议　　　D. 支持 UDP

104. 以下（　　　）不是调度员潮流涉及的运行参数。　　　　　　　　　　　　（D）

A. 收敛判据（有功、无功）　　　　　B. 最大迭代次数

C. 平衡机、PV 点的选择　　　　　　D. 遥测预处理门槛值

105. 以下不是 DTS 组成部分的是（　　　）。　　　　　　　　　　　　　　　（D）

A. 电力系统模型（PSM）　　　　　　B. 控制中心模型（CCM）

C. 教员系统（IP）　　　　　　　　　D. 公共信息模型（CIM）

106. 以下不是 EMS/DTS 中设备参数维护方面的内容的是（　　　）。　　　　　（D）

A. 线路和变压器等设备的阻抗　　　　B. 线路的零序参数

C. 外网的等值参数　　　　　　　　　D. 遥测预处理门槛值

107. 以下（　　　）是整个 EMS–API（IEC 61970 国际电工协会）框架的一部分，是一个抽象模型，它提供一种标准化方法，把电力系统资源描绘为对象类、属性以及它们之间的关系。

（A）

A. CIM   B. SVG   C. XML   D. CIS

108. 以下属于控制类的应用软件有（　　）。 （A）

A. AVC   B. 状态估计   C. 调度员潮流 D. 静态安全分析

109. 以下4个选项中，属于控制类的应用软件有（　　）。 （D）

A. 状态估计 B. 调度员潮流 C. 静态安全分析 D. AVC

110. 应用调度员潮流进行实时潮流分析时，调度员一般不能进行的操作是（　　）。 （B）

A. 设置发电机的发电无功功率   B. 设置各个母线的电压值

C. 设置全网的平衡节点   D. 设置负荷变压器的负荷功率

111. 应用调度员潮流进行实时潮流分析时，调度员一般不能进行的操作是（　　）。 （C）

A. 设置负荷变压器的负荷功率   B. 设置发电机的发电无功功率

C. 设置各个母线的电压值   D. 设置全网的平衡节点

112. 应用调度员潮流进行实时潮流分析时，调度员一般不能进行的操作是（　　）。 （B）

A. 设置发电机的发电无功功率   B. 设置各个母线的电压值

C. 设置全网的平衡节点   D. 设置负荷变压器的负荷功率

113. 用户可以用（　　）功能来检验接线图的正确性。 （C）

A. 绘图功能 B. 人工操作 C. 网络拓扑 D. 告警提示

114. 用调度员潮流程序能进行给定断面的潮流计算，包括（　　）。 （D）

A. 当前断面   B. 预想断面

C. 历史断面   D. 上述A、B、C 3项都是

115. 运用状态估计必须保证系统内部是（　　）的，系统的量测要有一定的（　　），在缺少量测的情况下作出的状态估计是不可用的。 （D）

A. 可测量，冗余度   B. 可观测，可测量

C. 可测量，可测量   D. 可观测，冗余度

116. 在 EMS 软件功能中，下列（　　）模块被列入地区电网实用考核的基本项目。 （D）

A. 外网等值 B. 无功优化 C. 静态安全分析 D. 网络拓扑

117. 在构建电力网络模型时，下面（　　）不属于单端元件。 （A）

A. 串联补偿装置 B. 并联电抗器 C. 并联电容器组 D. 发电机

118. 在计算遥测估计合格率时，对于 220kV 线路有功、无功的量测基准值是（　　）。 （B）

A. 300MV·A B. 305MV·A C. 400MV·A D. 200MV·A

119. 在计算遥测估计合格率时，对于发电机的量测基准值是取其（　　）。 （B）

A. 无功功率 B. 视在功率 C. 实际功率 D. 有功功率

120. 在计算遥测估计合格率时，对于发电机的量测基准值是取其（　　）。 （C）

A. 有功功率 B. 无功功率 C. 视在功率 D. 实际功率

121. 在实时运行方式下，系统潮流接线图中的潮流方向与遥测实际测量值的（　　）一致。 （C）

A. 负值方向   B. 任意方向   C. 正值方向

122. 在使用 DTS 进行培训过程中，学员不能做（   ）操作。   （B）

A. 设置系统故障   B. 执行 SCADA 控制功能

C. 与电厂及变电站人员通信   D. 监视系统运行状态

123. 在线负荷预测常用的方法是（   ）。   （D）

A. 卡尔曼滤波分析法   B. 指数平滑预报法

C. 回归分析法   D. 时间顺序法

124. 在应用 DTS 进行反事故演习时，下列操作不能在教员台模拟完成的是（   ）。   （D）

A. 设置电网故障   B. 监视事故处理后的电网运行工况

C. 拉开断路器   D. 向电厂、变电站下达操作命令

125. 在应用 DTS 进行反事故演习时，下列操作不能在教员台模拟完成的是（   ）。   （A）

A. 向电厂、变电站下达操作命令   B. 监视事故处理后的电网运行工况

C. 拉开断路器   D. 设置电网故障

126. 状态估计错误很多时，可先从（   ）查起。也可先全部排除（   ）的厂站，单独试验（   ）的厂站。   （A）

A. 末端厂站，低电压等级，最高电压等级

B. 低电压等级，最高电压等级，末端厂站

C. 最高电压等级，末端厂站，低电压等级

D. 末端厂站，低电压等级，最高电压等级

127. 状态估计的报表——线路损耗表必须体现的内容不包括（   ）。   （D）

A. 线路的线损率   B. 有功线损值   C. 无功线损值   D. 电流值

128. 状态估计的流程依次为（   ）。   （A）

A. 粗检测、可观测性分析、状态估计计算、不良数据检测和辨识

B. 粗检测、可观测性分析、不良数据检测和辨识、状态估计计算

C. 可观测性分析、粗检测、不良数据检测和辨识、状态估计计算

D. 可观测性分析、粗检测、状态估计计算、不良数据检测和辨识

129. 状态估计的流程依次为（   ）。   （D）

A. 粗检测、可观测性分析、不良数据检测和辨识、状态估计计算

B. 可观测性分析、粗检测、不良数据检测和辨识、状态估计计算

C. 可观测性分析、粗检测、状态估计计算、不良数据检测和辨识

D. 粗检测、可观测性分析、状态估计计算、不良数据检测和辨识

130. 状态估计的启动方式有（   ）。   （B）

A. 人工启动、周期启动、自动启动 3 种方式

B. 人工启动、周期启动、事件触发 3 种方式

C. 手动启动、事件启动、自动启动 3 种方式

D. 手动启动、自动启动、事件触发 3 种方式

131. 状态估计的数据源为（   ）。   （C）

A. 实时数据、历史数据、故障数据   B. 测量数据、断路器数据、故障数据

C. 实时数据、历史数据、计划数据　　　　D. 测量数据、历史数据、故障数据

132. 状态估计的数据源为（　　）。　　　　　　　　　　　　　　　　　　（B）

A. 测量数据、断路器数据、故障数据　　　B. 实时数据、历史数据、计划数据

C. 测量数据、历史数据、故障数据　　　　D. 实时数据、历史数据、故障数据

133. 状态估计的性能指标中，电压残差平均值小于等于（　　）。　　　　　（A）

A. 2kV　　　　　B. 3kV　　　　　C. 0.5kV　　　　　D. 1kV

134. 状态估计根据 SCADA 提供的（　　）和网络拓扑的分析结果及其他相关数据，实时地给出电网内各母线电压，各线路、变压器等支路的潮流，各母线的负荷和各发电机出力；对（　　）进行检测与辨识；实现母线负荷预报模型的维护、量测误差统计、网络状态监视等。

（B）

A. 隔离开关状态，显示结果　　　　　　　B. 实时信息，不良数据

C. 不良数据，隔离开关状态　　　　　　　D. 不良数据，实时信息

135. 状态估计结果的残差是指（　　）。　　　　　　　　　　　　　　　（B）

A. 估计值与实际值的差　　　　　　　　　B. 估计值与量测值的差

C. 量测值与实际值的差　　　　　　　　　D. 估计结果与上一次估计结果的差

136. 状态估计结果的残差是指（　　）。　　　　　　　　　　　　　　　（A）

A. 估计值与量测值的差　　　　　　　　　B. 量测值与实际值的差

C. 估计结果与上一次估计结果的差　　　　D. 估计值与实际值的差

137. 状态估计可观测的条件是（　　）。　　　　　　　　　　　　　　　（C）

A. 量测冗余度大于 1.5　　　　　　　　　B. 量测冗余度小于 1.5 且量测分布均匀

C. 量测冗余度大于 1.5 且量测分布均匀　　D. 量测冗余度小于 1.5

138. 状态估计可观测的条件是（　　）。　　　　　　　　　　　　　　　（D）

A. 量测冗余度小于 1.5　　　　　　　　　B. 量测冗余度大于 1.5

C. 量测冗余度小于 1.5 且量测分布均匀　　D. 量测冗余度大于 1.5 且量测分布均匀

139. 状态估计模块主画面上不包括（　　）。　　　　　　　　　　　　　（D）

A. 进程控制　　　B. 潮流结果显示　　　C. 量测控制　　　　D. 量测分析

140. 状态估计中参与建模的各设备的参数必须保证其完整和准确，其中不包括（　　）。

（D）

A. 线路的电阻、电抗以及高电压等级线路的电纳

B. 变压器的阻抗或铭牌参数

C. 容抗器的额定容量及额定电压/电流

D. 断路器的最大电流

141. 自动电压控制（AVQC）的主要作用是（　　）。　　　　　　　　　（C）

A. 调节系统频率和系统电压　　　　　　　B. 调节有功功率和无功潮流

C. 调节系统电压和无功功率　　　　　　　D. 调节系统频率和系统潮流

142. 自动发电控制的简称是（　　）。　　　　　　　　　　　　　　　　（C）

A. AVC　　　　　B. SVC　　　　　C. AGC　　　　　D. EDC

143. 最大迭代次数不能设置过小，一般情况下，状态估计 20 次之内就能收敛，对一些特殊情况，需要更多次迭代才能收敛，要求设得稍大些。　　　　　　　　　　（A）

A. 20 次　　　　　B. 40 次　　　　　C. 60 次　　　　　D. 50 次

144. 最适于在线负荷预测的方法是（　　）。　　　　　　　　　　　　　　（D）

A. 卡尔曼滤波分析法　　　　　　　　B. 指数平滑预报法

C. 回归分析法　　　　　　　　　　　D. 时间顺序法

145. 最优潮流的计算目的是优化电力系统的（　　）运行条件。　　　　　　（C）

A. 静态　　　　　B. 动态　　　　　C. 稳态　　　　　D. 稳定

146. 最优潮流的计算目的是优化电力系统的（　　）运行条件。　　　　　　（D）

A. 稳定　　　　　B. 静态　　　　　C. 动态　　　　　D. 稳态

147. 最优潮流通过调节控制变量使目标函数值达到最小，同时满足系统控制变量、状态变量及变量函数的运行限制，但下面的（　　）不是其目标函数。　　　　　　（C）

A. 发电成本与系统损耗　　　　　　　B. 总的系统损耗

C. 频率稳定　　　　　　　　　　　　D. 总的系统发电成本

二、多项选择题

1.（　　）不是提供对调度员进行正常操作、事故处理及系统恢复的训练。　　（ABC）

A. 静态安全分析　　　B. 调度员潮流　　　C. 负荷预测　　　D. 调度员培训模拟

2.（　　）是 AGC 控制目标。　　　　　　　　　　　　　　　　　　　　（ABC）

A. 调整全电网发电出力与负荷平衡

B. 调整电网频率偏差到零，保持电网频率为额定值

C. 在各控制区域内分配全网发电有功出力，使区域间联络线有功潮流与计划值相等

D. 在各控制区域内分配全网发电无功出力，使区域间联络线无功潮流与计划值相等

3.《地区电网电力调度自动化系统实用化验收细则》实用化考核的核实项目包括（　　）。

（ABCDEF）

A. 地区负荷总加完成率

B. 事故时遥信年动作正确率

C. 计算机月平均运行率

D. 电力调度自动化系统月平均运行率

E. 调度日报表月合格率

F. 85%以上的实时监视画面对命令的响应时间

4. AGC 备用容量监视功能用于计算和监视每个运行区域的各种备用容量，其执行周期为几分钟，它根据机组的输出、限值和响应速率来计算，可分为（　　）。　　　　（ABC）

A. 旋转备用　　　B. 非旋转备用　　　C. 调节备用

D. 负荷备用　　　E. 无功备用

5. AVC 控制对象是（　　）。　　　　　　　　　　　　　　　　　　　　（ACD）

A. 220kV 及以下变电站电抗器、主变压器分接头

B. 变电站变压器各侧电压、母线电压

C. 220kV 及以下变电站电容器

D. 地区电网的具备控制条件的发电机组

6. AVC 控制原则是保证、满足电网（　　），以降低网损。　　　　　　　（ABC）

A. 分层分区平衡　　　B. 电压合格　　　C. 安全稳定运行　　　D. 电压波形合格

7. AVC 软件应对（　　）进行识别，并进行报警和闭锁控制。　　（AC）

A. 控制错误　　　　B. 控制对象　　　　C. 控制异常　　　　D. 控制周期

8. AVC 软件应具备（　　）设备控制次数限制功能，防止控制次数频繁对设备造成损坏。

　　　　　　　　　　　　　　　　　　　　　　　　　　　　　　（AC）

A. 电容器　　　　　B. 接地开关　　　　C. 变压器　　　　　D. 隔离开关

9. AVC 有以下 3 种工作方式：（　　）。　　　　　　　　　（ABC）

A. 闭环　　　　　　B. 开环　　　　　　C. 退出　　　　　　D. 合环

10. DTS 的维护方法中图形和网络模型参数维护类型包括（　　）。　（ABCD）

A. 实时模型　　　　B. 未来模型　　　　C. 保存的 CASE　　D. 自定义安装

11. DTS 工作站软件的安装、设置一般包括（　　）等多个环节。　（ABCD）

A. 操作系统软件的安装和设置　　　　　B. 支撑软件的安装和设置

C. 应用软件的安装和设置　　　　　　　D. 系统参数设置

12. DTS 建立初始条件的方式有（　　）。　　　　　　　　　（ABCDE）

A. 从全新教案启动（清零启动）

B. 从实时数据启动

C. 从调度员潮流启动

D. 从 CASE 数据断面启动

E. 从历史教案启动

13. DTS 的基本要求有（　　）。　　　　　　　　　　　　　（ABC）

A. 灵活性　　　　　B. 一致性　　　　　C. 真实性　　　　　D. 逼真性

14. DTS 的基本组成部分有（　　）。　　　　　　　　　　　（ABC）

A. 教员系统（IP）　　　　　　　　　　B. 控制中心模型（CCM）

C. 电力系统模型（PSM）　　　　　　　D. 学员台

15. DTS 的组成部分有（　　）。　　　　　　　　　　　　　（ABC）

A. 教员系统（IP）　　　　　　　　　　B. 控制中心模型（CCM）

C. 电力系统模型（PSM）　　　　　　　D. 学员台

16. DTS 与厂站 OTS 互联的交互信息包括（　　）。　　　　　（ABCD）

A. 潮流数据　　　　　　　　　　　　　B. 初始断路器状态信息

C. 故障设置信息　　　　　　　　　　　D. 互联控制命令

17. EMS 的计算机体系结构是（　　）。　　　　　　　　　　（ACD）

A. 集中式　　　　　B. 标准式　　　　　C. 分布式　　　　　D. 开放式

18. EMS 发电控制类应用软件功能主要由自动发电控制（AGC）、（　　）组成。（ABC）

A. 发电成本分析　　B. 交换计划评估　　C. 机组计划

D. 火电计划　　　　E. 水电计划

19. EMS 分成（　　）、网络分析类和调度员培训模拟（DTS）4 部分。　（AB）

A. 发电控制类　　　B. 发电计划类　　　C. 供电控制类　　　D. 供电计划类

20. EMS 利用先进的图模库一体化技术建立的网络模型不只是专门为 PAS 服务，同样能够为 SCADA 提供服务，使 SCADA 增加（　　）功能。　　　　　（ABC）

A. 防误闭锁　　　　B. 自动旁路代　　　C. 拓扑着色　　　　D. 事故追忆

21. OMS 互联公用软硬件模块包括（　　）。　　　　　　　　（ABC）

A. 安全文件网关　　　　　　　　　　　B. OMS 互联模块

C. E 语言编辑浏览器　　　　　　　　　D. XML 语言编辑器

22. OMS 互联公用软硬件模块包括（　　）。　　　　　　　　（ABC）

A. E 语言编辑浏览器　　　　　　　　　B. OMS 互联模块

C. 安全文件网关　　　　　　　　　　　D. XML 语言编辑器

23. OMS 可满足调度中心（所）范围内的（　　）等专业日常生产管理工作的要求。

（ABCD）

A. 调度　　　　　　B. 方式　　　　　　C. 保护　　　　　　D. 自动化

24. OMS 主页"调度系统动态"目录中自动化部分除包括实时信息、运行管理外，还包括

（　　）。　　　　　　　　　　　　　　　　　　　　　　　　（AD）

A. 专业管理　　　　　B. 检修管理　　　　　C. 设备管理

D. 自动化动态　　　　E. 统计分析

25. PAS 电网模型中，电网设备的参数不需要维护的是（　　）。　　（ABCD）

A. 交流线段　　　　B. 变压器　　　　　C. 容抗器　　　　　D. 发电机

26. PAS 服务器系统参数配置主要包括（　　）。　　　　　　　　（ABC）

A. 系统节点　　　B. 信息应用分布　　　C. PAS 进程　　　D. 网络状态

27. PAS 工作站软件的安装、设置一般包括（　　）等多个环节。　（ABCD）

A. 操作系统软件的安装和设置　　　　　B. 支撑软件的安装和设置

C. 应用软件的安装和设置　　　　　　　D. 系统参数设置

28. 安全约束调度是在状态估计、调度员潮流、静态安全分析等软件检测出发电机、线路过负荷或电压越限时，为电网调度提出安全对策。在以系统控制量调整最小或生产费用最低或网损最小为目标的前提下，提出解除系统（　　）越限情况以使电网回到安全状态的对策。

（ABC）

A. 有功　　　　　　B. 无功　　　　　　C. 电压　　　　　　D. 频率

29. 按照电压无功综合控制策略，电压和功率因数都低于下限，应（　　）。　（BCD）

A. 调节分接头

B. 先投入电容器组，根据电压变化情况再调有载分接头位置

C. 投入电容器组

D. 先调节分接头升压，再根据无功功率情况投入电容器组

30. 潮流计算通过人机界面进行（　　）交互操作。　　　　　　　（ABCDE）

A. 误差统计　　　　B. 设备越限和重载查询　　　　C. 计算结果分析

D. 运行参数维护　　E. 调度操作模拟

31. 潮流计算中的计算节点类型包括（　　）。　　　　　　　　　（ABC）

A. 平衡节点　　　　B. PQ 节点　　　　　C. PV 节点　　　　D. 非平衡节点

32. 潮流计算中的有源节点有（　　）。　　　　　　　　　　　　（ABC）

A. 负荷节点　　　　B. 调相机　　　　　C. 发电机　　　　　D. 联络节点

33. 当地区电网 AVC 直接采用 SCADA 数据时，必须做好 SCADA 数据量测、校核工作，软件必须具备对 SCADA 数据进行（　　）的功能。　　　　　　　　（BCD）

A. 校正　　　　　　B. 识别　　　　　　C. 滤波　　　　　　D. 校验

34. 当地区电网 AVC 直接采用状态估计数据时，必须做好对状态估计结果监视工作；状态

估计结果异常时，AVC 软件需自动（　　）。　　　　　　　　　　　　（CD）

A. 复位　　　　　　B. 运行　　　　　　C. 退出　　　　　　D. 采用其他控制模式

35. 地区电力调度自动化系统应用软件达到实用水平的基本功能包括（　　）。（ABCD）

A. 网络拓扑　　　　B. 负荷预测　　　　C. 状态估计

D. 调度员潮流　　　E. 数据处理

36. 地区电网 AVC 控制对象是（　　）。　　　　　　　　　　　　　（ACD）

A. 220kV 及以下变电站电抗器、主变压器分接头

B. 变电站变压器各侧电压、母线电压

C. 220kV 及以下变电站电容器

D. 地区电网的具备控制条件的发电机组

37. 地区电网 AVC 软件应将省调的下发无功指令作为（　　）的约束条件。　（AB）

A. 控制　　　　　　B. 优化　　　　　　C. 降压　　　　　　D. 升压

38. 地区电网 AVC 优化功能是针对现有的电网条件和控制手段，尽量使电网以较好的状态运行，即（　　）。　　　　　　　　　　　　　　　　　　　　　　　　（BC）

A. 频率合格　　　　B. 网损最小　　　　C. 电压合格　　　　D. 波形合格

39. 地区电网无功电压监控系统的控制目标是（　　）。　　　　　　　（CD）

A. 控制断路器分合

B. 控制主变压器分头升降

C. 控制变电站主变压器供电侧母线电压在合格范围

D. 减少网损

40. 电力市场运营系统是基于电力系统及电力市场理论，应用（　　）技术，满足电力市场运营规则要求的技术支持系统。　　　　　　　　　　　　　　　　　　（ABC）

A. 计算机　　　　　B. 网络通信　　　　C. 信息处理

D. 信息通信　　　　E. 网络交换

41. 电力市场运营系统中的合同管理子系统是指依据市场规则，对市场中的各类合同的（　　）等进行跟踪管理的子系统。　　　　　　　　　　　　　　　　　　　（AB）

A. 执行　　　　　　B. 变更　　　　　　C. 签订

D. 交易　　　　　　E. 考核

42. 电力市场运营系统中的结算管理子系统是指依据市场规则对市场参与者进行（　　）的子系统。　　　　　　　　　　　　　　　　　　　　　　　　　　　　　　（AB）

A. 考核管理　　　　B. 结算　　　　　　C. 结果统计

D. 交易管理　　　　E. 合同管理

43. 电力市场运营系统中的市场分析子系统是指对市场运营情况进行（　　）的子系统。　　　　　　　　　　　　　　　　　　　　　　　　　　　　　　　　　（ABC）

A. 分析　　　　　　B. 评估　　　　　　C. 预测

D. 统计　　　　　　E. 考核

44. 电力市场运营系统中的信息发布子系统是指依据市场规则发布相关（　　）的子系统。　　　　　　　　　　　　　　　　　　　　　　　　　　　　　　　　　（AB）

A. 电力市场信息　　　　　　　　　　B. 电力系统运行数据

C. 电力市场交易结果　　　　　　　　D. 电力系统网络结构

E. 电力市场申报信息

45. 电力调度自动化系统维护人员为了更快速高效地通过状态估计的结果检查发现量测系统的异常情况，常查看（　　），调度员潮流程序的使用人员也可采用此方法方便地检查所取当前断面能否反映目前系统运行方式。　　　　　　　　　　　　　　　　　　　　　　（AB）

A. 开关量数据异常表　　　　　　　　　　B. 可疑数据和坏数据信息表

C. 状态估计结果月统计表　　　　　　　　D. 上述 A、B、C 3 项都是

46. 电力系统电压控制目的是（　　）。　　　　　　　　　　　　　　　　（ABC）

A. 向用户提供合格的电能质量　　　　　　B. 保证电力系统安全稳定运行

C. 降低电网传输损耗，提高系统运行的经济性

47. 电力系统动态稳定计算条件是（　　）。　　　　　　　　　　　　　（ABC）

A. 发电机用相应的数字模型代表

B. 考虑调压器和调速器的等值方程式以及自动装置的动作特性

C. 考虑负荷的电压和频率动态特性

48. 电力系统分析计算中支路元件参数包括（　　）。　　　　　　　　（ABCD）

A. 线路电阻　　　　　B. 电抗　　　　　C. 对地导纳　　　　　D. 变压器变比

49. 电力系统静态负荷模型主要有多项式模型和幂函数模型两种，其中多项式模型可以看作（　　）的线性组合。　　　　　　　　　　　　　　　　　　　　　　（ABD）

A. 恒功率（电压平方项）　　　　　　　　B. 恒电流（电压一次方项）

C. 恒频率（电压二次方项）　　　　　　　D. 恒阻抗（常数项）

50. 电力系统外部网络的静态等值方法主要有（　　）。　　　　　　　　（AD）

A. WARD 等值　　　B. WORD 等值　　　C. 阻抗等值　　　D. REI 等值

51. 电力系统稳定计算分析的任务是（　　）。　　　　　　　　　　　　（ABC）

A. 确定电力系统的静态稳定、暂态稳定和动态稳定的水平，提出电力系统元件的稳定运行限额

B. 分析和研究提高稳定的措施

C. 研究非同步运行后的再同步问题

D. 使电网的中性点直接接地运行

52. 电网通用网络模型中的支路包括（　　）。　　　　　　　　　　　　（BC）

A. 隔离开关　　　　B. 变压器　　　　　C. 线路　　　　　D. 并联电容器

53. 电网无功补偿的原则是（　　）。　　　　　　　　　　　　　　　（ABCD）

A. 基本上按分层分区和就地平衡原则考虑

B. 应能随负荷或电压进行调整

C. 保证系统各枢纽电的电压在正常和事故后均能满足规定的要求

D. 避免经长距离线路或多级变压器传送无功功率

54. 电压无功自动控制设计应考虑的闭锁条件包括（　　）。　　　　　　（ABD）

A. 断路器位置状态　　　　　　　　　　　B. 有关被控设备的保护动作信号

C. 设备的电压等级　　　　　　　　　　　D. 设备的运行告警状态

55. 短路电流计算可以用于（　　）。　　　　　　　　　　　　　　　（BD）

A. 检验电网中运行元件是否超过限值　　　B. 校核断路器遮断容量

C. 检验线路潮流是否超过限值　　　　　　D. 调整继电保护定值

56. 对外部网络进行等值可分为（　　）。　　　　　　　　　　　　　　　（ABC）

A. 静态等值　　　　　B. 暂态等值　　　　　C. 动态等值　　　　　D. 稳态等值

57. 发电控制类应用软件功能主要由（　　）机组计划组成。　　　　　　　（ACD）

A. 自动发电控制（AGC）　　　　　　B. 发电成本分析

C. 机组组合　　　　　　　　　　　　D. 交换计划评估

58. 负荷预报操作功能的数据浏览（　　）。　　　　　　　　　　　　（ABCDE）

A. 曲线显示　　　　B. 288 点表格显示　　C. 96 点表格显示

D. 60min 预报结果　　E. 月度考核结果

59. 负荷预测功能包括（　　）等功能。　　　　　　　　　　　　　（ABCDE）

A. 负荷预测　　　　B. 负荷数据查询　　　C. 负荷数据修改

D. 影响负荷因素设置　　　　　　　　E. 负荷数据考核统计

60. 负荷预测算法，目前实用的算法主要有（　　）。　　　　　　　（ABCDE）

A. 线性外推法　　　B. 线性回归法　　　　C. 时间序列法

D. 卡尔曼滤波法　　E. 人工神经网络法

61. 负荷预测准确率的影响因素有（　　）。　　　　　　　　　　　　（ABCD）

A. 历史数据的完整性　　　　　　　　B. 气象数据

C. 电网总用电负荷的大小　　　　　　D. 负荷预报算法

62. 负荷预测准确率一般情况下要受到下列因素的影响（　　）。　　　　（ABCD）

A. 历史数据的完整性　　　　　　　　B. 气象数据

C. 电网总用电负荷的大小　　　　　　D. 负荷预报算法

63. 经济调度软件包括（　　）。　　　　　　　　　　　　　　　　（ABCDE）

A. 负荷预计　　　　　　　　　　　　B. 机组优化组合

C. 机组耗量特性及微增耗量特性拟合整编　D. 等微增调度

E. 线损修正

64. 静态安全分析的主要功能包括（　　）。　　　　　　　　　　　　　（ABC）

A. 按需要设定预想故障

B. 快速区分各种故障对电力系统安全运行的危害程度

C. 准确分析严重故障后的系统状态

D. 防误闭锁

65. 静态安全分析在线模式启动方式包括（　　）。　　　　　　　　　　（ABCE）

A. 定时启动　　　　B. 人工启动　　　　　C. 周期启动

D. 故障启动　　　　E. 事件启动

66. 目前 EMS 主站系统用于遥调设点的功能有（　　）。　　　　　　　　（AB）

A. AGC　　　　　　B. AVC　　　　　　　C. LF

67. 启动 DTS 的初始条件有（　　）。　　　　　　　　　　　　　　（ABCDE）

A. 从调度员潮流启动　　　　　　　　B. 从实时数据启动

C. 从全新教案启动（清零启动）　　　D. 从历史教案启动

E. 从 CASE 数据断面启动

68. 实时网络状态分析从 SCADA 取实时量测数据，从（　　）等取伪量测数据。

（ABC）

A. 电压调节计划　　　　　　　　　　B. 系统负荷预测和母线负荷预测

C. 发电计划　　　　　　　　　　　　D. 实际负荷

69. 输入潮流计算的原始数据主要有（　　　）。　　　　　　　　　　（ABC）

A. 负荷参数　　　　B. 发电机参数　　　　C. 支路元件参数　　　　D. 灵敏度参数

70. 调度管理系统（OMS）的人员管理模块是面向全公司的人员管理业务，主要是指那些不仅仅在调度中心内部流转，而且还涉及电力公司内部（　　　）等部门进行流转审批的业务流程。　　　　　　　　　　　　　　　　　　　　　　　　　　　　　　（ABCD）

A. 通信部门　　　　B. 科技部门　　　　C. 基建部门　　　　D. 检修部门

71. 调度管理系统月报模块主要用于对全网运行情况进行统计、分析，按专业可分为（　　　）。　　　　　　　　　　　　　　　　　　　　　　　　　　　　　（ABCD）

A. 调度月报　　　　B. 监控月报　　　　C. 运方月报　　　　D. 自动化月报

72. 调度计划类功能将（　　　）与（　　　）有机结合，实现电网运行经济与安全性的协调统一。　　　　　　　　　　　　　　　　　　　　　　　　　　　　　　　（AD）

A. 经济调度　　　　　　　　　　　　B. SCADA 数据

C. 电网模型　　　　　　　　　　　　D. 静态和动态安全校核

73. 调度计划类功能全面综合考虑电力系统的（　　　）和（　　　）。　　　（CD）

A. 实时业务　　　　B. 非实时业务　　　　C. 经济特性

D. 电网安全　　　　E. 在线监测　　　　F. 数据应用

74. 调度计划类应用的核心功能与周边功能包括（　　　）等。　　　　　（BCD）

A. 数据采集　　　　B. 调度计划　　　　C. 调度员培训模拟

D. 继电保护及故障信息管理　　　　E. 故障录波

75. 调度生产管理系统中的电网设备主要包括（　　　）。　　　　　　（ABCD）

A. 电网一次设备　　　B. 保护装置　　　C. 调度自动化设备　　D. 安稳装置

76. 调度员潮流调试中不平衡功率分配方式有（　　　）。　　　　　　（ABCD）

A. 平衡机吸收　　　B. 多机容量分配　　　C. 多机系数分配　　　D. 多机平均分配

77. 调度员培训模拟系统是（　　　）。　　　　　　　　　　　　　　（ABC）

A. 一套计算机系统

B. 它按被仿真的实际电力系统的数学模型，模拟各种调度操作和故障后的系统工况

C. 它为调度员提供一个逼真的培训环境

D. 它可能会影响实际电力系统的运行，但是可以培训调度员

78. 完整的电网模型包括各（　　　）。　　　　　　　　　　　　　　　（BC）

A. 电厂模型定义　　　B. 厂站模型定义　　　C. 线路模型定义　　　D. 负荷模型定义

79. 网络安全的关键技术有（　　　）。　　　　　　　　　　　　　　（ACD）

A. 访问控制技术　　　B. 主机安全技术　　　C. 身份认证技术　　　D. 隔离技术

80. 网络安全的要素包括（　　　）。　　　　　　　　　　　　　　（ABCDE）

A. 可用性　　　　B. 机密性　　　　C. 完整性

D. 可控性　　　　E. 可审查性　　　　F. 可持续性

81. 网络分析类应用软件主要由（　　　）、短路电流计算、电压稳定性分析和外部网络等值功能组成。　　　　　　　　　　　　　　　　　　　　　　　　　　　　（ABCDE）

A. 网络拓扑、状态估计　　　　　　　B. 调度员潮流

C. 静态安全分析　　　D. 安全约束调度、最优潮流　　　　　　E. 无功功率优化

82. 网络拓扑功能主要是将网络的物理模型转换为数学模型，用于（　　）。（ABCDEF）

A. 状态估计　　　　　B. 调度员潮流　　　　C. 安全分析

D. 负荷预测　　　　　E. 调度员培训模拟功能

F. 无功电压优化等网络分析功能

83. 网络拓扑是一个公用模块，可以被（　　）软件调用。　　　　　（ABCDE）

A. 安全分析　　　　　B. 调度员潮流　　　　C. 状态估计

D. 调度员培训模拟系统　　　　　　E. 最优潮流

84. 无功电压监控系统有以下 3 种工作方式：（　　）。　　　　　　（ABC）

A. 闭环　　　　　　　B. 开环　　　　　　　C. 退出　　　　　　D. 合环

85. 无功优化采用的约束条件有（　　）。　　　　　　　　　　　　（BCDE）

A. 频率的上下限　　　　　　　　　B. 变压器分接头上下限

C. 可投切的电容器/电抗器容量　　　D. 线路和变压器的安全电流

E. 线电压的上下限

86. 无功优化运行方式参数包括（　　）及运行周期。　　　　　　　（ABCDE）

A. 子代个数　　　　B. 父代个数　　　　C. 潮流收敛指标

D. 优化收敛指标　　　E. 无功电压平衡系数

87. 以下关于潮流计算的描述，正确的是（　　）。　　　　　　　　（ABCD）

A. 潮流计算所建立的数学模型是一组代数方程

B. 潮流计算不考虑状态量随时间的变化

C. 潮流计算用来计算稳态过程

D. 潮流计算所用计算方法是迭代法

88. 以下关于潮流计算的描述，正确的是（　　）。　　　　　　　　（ABCD）

A. 潮流计算用来计算稳态过程

B. 潮流计算不考虑状态量随时间的变化

C. 潮流计算所建立的数学模型是一组代数方程

D. 潮流计算所用计算方法是各种迭代算法

89. 以下关于稳定计算的描述，正确的是（　　）。　　　　　　　　（CD）

A. 稳定计算用来计算稳态过程

B. 稳定计算所用计算方法是各种迭代算法

C. 稳定计算所建立的数学模型是一组微分方程

D. 稳定计算所用计算方法是各种求解微分方程组的数值积分法

90. 影响负荷预报合格率或精度的因素主要有（　　）。　　　　　　（ABCDE）

A. 输入数据的预处理　　　　　　　B. 考虑自发小水火电因素

C. 特殊事件的定义　　　　　　　　D. 节假日预报　　　　E. 气象因子

91. 应用最广泛的求解潮流问题的方法有（　　）。　　　　　　　　（ABC）

A. 高斯–赛德尔迭代法　　　　　　B. 牛顿–拉夫逊法

C. P–Q 分解法　　　　　　　　　　D. 欧拉法

92. 用调度员潮流程序能进行给定断面的潮流计算，包括（　　）。　（ABC）

A. 预想断面　　　B. 当前断面　　　C. 历史断面　　　D. 局部断面

93. 在电网异常情况下，地区电网 AVC 应具备的功能为（　　）。　　　　（AB）

A. 发警报　　　　B. 自动退出　　　　C. 强制调压　　　　D. 增加无功

94. 在高级应用中，对外部网络进行等值可分为（　　）。　　　　（ABC）

A. 动态等值　　　　B. 暂态等值　　　　C. 静态等值　　　　D. 稳态等值

95. 在线运行时电压与无功功率控制的目的是（　　）。　　　　（ABD）

A. 保证用户的电压水平，以保证用电设备的高效率运行

B. 合理利用无功能源使网损最小

C. 优化机组出力使一次能耗最小

D. 保持系统中枢点电压，以满足电压稳定性的要求

96. 主站与相量测量装置（PMU）的实时通信管道有（　　）。　　　　（AB）

A. 数据流管道　　　　B. 管理管道　　　　C. 离线管道

97. 状态估计的几种常用算法包括（　　）。　　　　（ABD）

A. 快速分解法　　　　B. 最小二乘法　　　　C. 高斯法　　　　D. 正交变换法

98. 状态估计的启动方式应包括人工启动、周期启动、事件触发，事件触发的事件通常指（　　）。　　　　（ABC）

A. 模拟量数据跳变　　　　　　　　B. 隔离开关状态变化

C. 断路器状态变化　　　　　　　　D. 模拟量数据不变

99. 状态估计的性能指标包括（　　）。　　　　（ABCD）

A. 状态估计月可用率　　　　　　　　B. 调度管辖范围遥测估计合格率

C. 电压残差平均值　　　　　　　　D. 单次状态估计计算时间

100. 状态估计的运行记录主要内容包括（　　）等信息。　　　　（ABCD）

A. 时间　　　　B. 启动方式　　　　C. 电网运行方式　　　　D. 收敛情况

101. 状态估计的主要算法有（　　）。　　　　（ABC）

A. 快速分解法　　　　B. 最小二乘法　　　　C. 正交变换法　　　　D. 高斯法

102. 状态估计坏数据与大误差点信息排查的主要内容有（　　）。　　　　（ABCDE）

A. 可疑数据表中计算值为零的项　　　　B. 可疑数据表中的无功和电压项

C. 电容/电抗器容量值不正确　　　　D. 高压长线路电纳值不对

E. 相关的设备的各项参数

103. 状态估计软件计算结果提供（　　）两种显示方式。　　　　（AB）

A. 图形　　　　B. 列表　　　　C. 打印　　　　D. 闪烁

104. 状态估计是解决 SCADA 系统实时数据存在的（　　）不足。　　　　（ABC）

A. 数据不齐全　　　　B. 数据不准确　　　　C. 数据有错误　　　　D. 数据有变化

105. 状态估计中对 PQ 节点的描述，正确的是（　　）。　　　　（CD）

A. 一般选有调压能力的发电节点

B. 是注入有功、无功功率可以无限调整的节点

C. 是注入有功、无功功率给定不变的节点

D. 一般选负荷节点及没有调整能力的发电节点

106. 状态估计中对 PV 节点的描述，正确的是（　　）。　　　　（AB）

A. 一般选有调压能力的发电节点

B. 是注入有功功率和节点电压幅值给定不变的节点

C. 是电压幅值、相位给定的节点

D. 一般选负荷节点及没有调整能力的发电节点

107. 自动发电控制的主要目标有（　　　）。　　　　　　　　　　　　　　　（ABC）

A. 维持系统频率在允许误差范围内

B. 维持互联电网净交换功率及交换电能量在规定值

C. 计算系统的备用容量，当系统备用容量小于规定值时，发出报警

D. 计算系统网损，维持电厂母线电压在规定范围内

108. 最优潮流的关键技术是（　　　）。　　　　　　　　　　　　　　　　（ABD）

A. 解决非线性收敛问　　　　　　　　　　B. 处理函数不等式约束

C. 考虑系统的等式约束　　　　　　　　　D. 考虑离散变量问题

109. 最优潮流的特点有（　　　）。　　　　　　　　　　　　　　　　　　（ABC）

A. 最优潮流可以合理分布　　　　　　　　B. 最优潮流要全面考虑发电和网络安全

C. 最优潮流考虑经济性　　　　　　　　　D. 最优潮流计算量小

110. 最优潮流可以进行（　　　）优化。　　　　　　　　　　　　　　　　（ACD）

A. 有功　　　　　　B. 频率　　　　　　C. 无功　　　　　　　　D. 电压

111. 最优潮流与其他潮流的差别在于（　　　）。　　　　　　　　　　　　（ABC）

A. 最优潮流考虑经济性　　　　　　　　　B. 最优潮流要全面考虑发电和网络安全

C. 最优潮流可以合理分布　　　　　　　　D. 最优潮流计算量小

112. 最优潮流与其他潮流的差别在于（　　　）。　　　　　　　　　　　　（ABC）

A. 最优潮流可以合理分布　　　　　　　　B. 最优潮流要全面考虑发电和网络安全

C. 最优潮流考虑经济性　　　　　　　　　D. 最优潮流计算量小

三、判断题

1. A1/A2 标准的优点是控制目标简单明确，但要求控制区的机组频繁调整，同时不利于电网频率控制和事故支援。　　　　　　　　　　　　　　　　　　　　　　　　（√）

2. AGC 功能的遥调命令主要用于调度中心调节发电厂发电机组输出功率。　　（√）

3. AGC 可调容量应占系统总容量的 3%～5%，或系统最大负荷的 6%～8%。　（×）

4. AGC 控制时，根据区域控制偏差（ACE）给机组下发的指令与机组控制的上限、下限和机组的升降速率有关。　　　　　　　　　　　　　　　　　　　　　　　　（√）

5. AGC 调整厂或机组调整速度应与负荷变化相适应，火电机组宜为每分钟增减负荷在额定容量的 5%以上。　　　　　　　　　　　　　　　　　　　　　　　　　　　（×）

6. AGC 调整厂或机组应具备可调容量大的条件，水电机组可调容量为额定容量的 80%以上。

（√）

7. AGC 调整速度与负荷变化相适应。对火电机组宜为每分钟增减负荷在额定容量的 10%以上。　　　　　　　　　　　　　　　　　　　　　　　　　　　　　　　　　（×）

8. ATM 的全称及含义为 Asynchronous Transfer Mode。　　　　　　　　　　（√）

9. AVC 软件的数据可直接采用 SCADA 数据，不可采用状态估计计算结果。　（×）

10. AVC 无功的调节范围只受发电机的定子电流限制。　　　　　　　　　　　（×）

11. AVC 在优化控制模式下，电压校正优先级最高。　　　　　　　　　　　　（√）

12. CPS1/CPS2 标准的优点是不需要控制区的机组频繁调整，并有利于电网的频率控制和事故支援，缺点是考核指标比较复杂。 （✓）

13. CPS1/CPS2 标准是基于确定性数据模型来考核，通过 ACE 在 10min 的平均值限制范围控制联络线的交换功率偏差和频率偏差，并要求 ACE 至少每 10min 过零一次。 （×）

14. DTS 不能较逼真地模拟电网正常和紧急情况下的静态和动态过程。 （×）

15. DTS 和电力调度自动化系统通过硬件防火墙进行隔离。 （✓）

16. DTS 可作为 EMS 的一个子系统，与 EMS 运行在同一支撑平台上，成为一体化系统，同时 DTS 本身又具有独立子系统的特点。 （✓）

17. DTS 是实时系统的完全镜像系统。 （✓）

18. DTS 位于安全区Ⅱ，与区Ⅰ通过防火墙隔离。 （✓）

19. DTS 中故障大部分是由保护和稳定控制装置参数设置不合理而引起的。 （✓）

20. DTS 作为 EMS 的有机组成部分，与 SCADA 系统相连，以方便地使用电网实时数据和历史数据，不能作为独立系统存在。 （×）

21. EMS 的全称及含义为 Energy Manager System 和能量管理系统。 （✓）

22. EMS 禁止开通 E-mail、Web 以及其他与业务无关的通用网络服务。 （✓）

23. EMS 人机界面是用户与系统传递、交换信息的接口和媒介，是 EMS 的重要组成部分。 （✓）

24. EMS 中网络分析软件有实时模式及研究模式两种运行模式。 （✓）

25. EMS 主站在对断路器进行控制时，利用的是远动系统的遥调功能。 （×）

26. EMS 应具有接收多种远动规约的能力，与厂站端的通信方式宜采用循环式。 （×）

27. EMS 与 DTS 均在同一个安全防护控制大区中。 （✓）

28. EMS 中的调度员潮流（DPF）、静态安全分析（SA）等功能，一般有两种工作模式：实时模式和研究模式。 （✓）

29. EMS 主站系统采集后的数据转换一定要在后台主机里完成。 （×）

30. MIS 应用主要面向调度中心各个专业处室，侧重于调度生产和管理。OMS 应用面向公司所有人员，侧重于信息发布和管理功能。 （×）

31. OMS 互联网络平台采用国家电力调度数据专网中的非实时子网。 （×）

32. OMS 通过调度数据网实现互联。 （×）

33. 安全分析以实时状态估计提供的电网状态为基态，周期性地模拟各个故障下电网的安全情况，这种运行模式称为安全分析实时运行模式。 （✓）

34. 潮流计算基本模型是根据各母线注入功率计算各母线电压和相角。 （✓）

35. 潮流计算软件中，在一个网络中至少有一个平衡点来保证网络的功率平衡。 （✓）

36. 潮流计算用来计算状态量随时间变化的暂态过程，所建立的数学模型是一组微分方程，所用计算方法是各求解微分方程组的数值积分法。 （×）

37. 潮流计算中，PV 节点一般选有调压能力的发电节点。 （✓）

38. 潮流计算中的电压数值约束条件是由电压质量标准决定的。 （✓）

39. 从功能上划分，安全分析分为两大模块：一是故障排序，二是安全评估。 （✓）

40. 粗检测与辨识靠逻辑判断程序不仅能快速查出明显的不合理数据，对数值较小或难以逻辑判断的不良数据，也可以做到准确辨识。 （×）

41. 单次状态估计计算时间是指从一次状态估计启动开始至结果显示到画面上为止的

时间。 （√）

42. 当系统有几个状态估计模块共同运行时，无论主辅，均进行数据计算并且将计算结果自动反送到 SCADA 系统。 （×）

43. 电力市场交易管理系统（TMS）是准实时系统，可以间断运行。 （√）

44. 电力市场交易类型包括电能交易、输电权交易、辅助服务交易等。 （√）

45. 电力市场结算包括电能合约交易结算、电能现货交易结算、电能期货交易结算、辅助服务结算以及补偿金、违约金结算。 （√）

46. 电力市场运营系统独立于 EMS 和调度管理系统（OMS），不需要 EMS 和调度管理系统（OMS）的支撑。 （×）

47. 电力市场主体应当按照有关规定提供用以维护电压稳定、频率稳定和电网故障恢复等方面的辅助服务。 （√）

48. 电力系统仿真模块主要包括电力系统稳态仿真子模块、继电保护装置仿真子模块、自动装置仿真子模块等。 （√）

49. 电力系统负荷预测分为超短期、短期、中期和长期负荷预测。 （√）

50. 电力系统网络计算模型的两个基本元素是节点和支路。 （√）

51. 电力系统网络拓扑分析的任务：实时处理断路器信息的变化，自动划分发电厂、变电站的计算用节点数，形成新的网络结线，分配量测，给有关的应用程序提供新结线方式下的信息与数据。 （√）

52. 电力系统应用软件（PAS）运行在研究态的有调度员潮流、无功优化、短路电流计算和静态安全分析等。 （√）

53. 电力系统状态估计就是利用实时量测系统的冗余性，应用估计计算法来检测与剔除坏数据，提高数据精度及保持数据的前后一致性，为网络分析提供可信的实时潮流数据。 （√）

54. 电能合约交易，是由发电企业通过市场竞价产生的次日或者未来 24h 的电能交易，以及为保证电力供需的即时平衡而组织的实时电能交易。 （×）

55. 电能交易以合约交易为主，现货交易为辅，适时进行期货交易。 （√）

56. 电网无功补偿应按分层分区和就地平衡原则考虑。 （√）

57. 电压无功优化的主要目的是控制电压、降低网损。 （√）

58. 断线故障不属于短路电流计算的内容。 （×）

59. 发电计划类应用软件与发电控制类及网络分析类应用软件有灵活的数据交换关系。 （√）

60. 负荷预测需要依赖状态估计结果。 （×）

61. 根据经验确定的合理性、一致性原则，应用逻辑判断的方法处理掉一些明显的不良数据的程序功能，称为不良数据粗检测与辨识。 （√）

62. 经济调度只对有功进行优化，不考虑母线电压的约束，安全约束一般也不考虑。 （×）

63. 配电网的潮流计算一般采用快速解耦法，以提高计算速度。 （×）

64. 调度管理系统（OMS）电网调度设备管理主要包括整个电网、变电站、发电厂的各种一次设备。 （×）

65. 调度管理系统（OMS）功能包含信息发布和查询、数据的交换与处理、生产（管理）流程的控制、各专业的专业管理等。 （√）

66. 调度管理系统（OMS）整个系统构建在一个或多个统一的系统支撑平台上，在此平台上构建各种调度生产管理应用。　　　　　　　　　　　　　　　　　　　　　（×）

67. 调度员潮流计算是以导纳矩阵为计算基础的计算。　　　　　　　　　　　　（√）

68. 调度员培训仿真系统（DTS）应满足真实性、灵活性和快速性的要求。　（√）

69. 调度员培训模拟系统提供对调度员进行正常操作、事故处理及系统恢复的训练。

　　　　　　　　　　　　　　　　　　　　　　　　　　　　　　　　　　　　（√）

70. 同期检测装置仅用于并列操作。　　　　　　　　　　　　　　　　　　　　（×）

71. 网络拓扑分析是一个公用的功能模块，主要功能是依据实时断路器状态将网络物理模型化为用于计算的数学模型。　　　　　　　　　　　　　　　　　　　　　　　　（√）

72. 网络拓扑分析有实时和研究两种方式。网络拓扑分析可以定时或随时启动。　（√）

73. 为了提高 AGC 控制有效性，可利用超短期负荷预报的结果，提前给机组下发 AGC 控制命令，实现 AGC 的超前调节。　　　　　　　　　　　　　　　　　　　　　　　（√）

74. 稳定计算用来计算稳态过程，不考虑状态量随时间的变化，所建立的数学模型是一组代数方程，所用计算方法是各种迭代算法。　　　　　　　　　　　　　　　　　　　（×）

75. 遥测估计合格率指标中遥测估计合格点中有功容许误差应小于等于 3%。　（×）

76. 已投运的 EMS 不需要进行安全评估，新建设的 EMS 必须经过安全评估合格后方可投运。　　　　　　　　　　　　　　　　　　　　　　　　　　　　　　　　　　　　（×）

77. 在 AVC 系统中，挂在同一条母线上的电容器不允许同时操作。　　　　　　（√）

78. 在潮流计算软件中，在一个网络中至少有一个平衡点来保证网络的功率平衡。　（√）

79. 在大区互联电网中，互联电网的频率及联络线交换功率应由参与互联的电网共同控制，其 AGC 控制模式应选择联络线频率偏差控制模式。　　　　　　　　　　　　　　　（√）

80. 在实际电力系统的潮流计算中，网络中的大部分节点都可看作 PQ 节点。　（√）

81. 在实际电力系统的潮流计算中，网络中的大部分节点都可看作 PV 节点。　（×）

82. 在系统无功不足的情况下，可以采用调整变压器分接头的办法来提高电压。　（×）

83. 在状态估计中量测数一般少于状态量数。　　　　　　　　　　　　　　　　（×）

84. 状态估计的启动方式有人工启动、周期启动、事件触发 3 种方式。　　　　（√）

85. 状态估计可分为假定数学模型、状态估计计算、检测、识别 4 个步骤。　　（√）

86. 自动发电控制（AGC）的控制过程是 EMS 主站下发控制指令，远动系统将控制目标数据进行 D/A 变换后输出至发电机组的控制系统，从而实现对发电机有功功率的控制。　（√）

87. 自动发电控制（AGC）具有 3 个基本功能：备用容量监视、负荷频率控制、经济调度。

　　　　　　　　　　　　　　　　　　　　　　　　　　　　　　　　　　　　（√）

88. 自动发电控制（AGC）是按电网调度中心的控制目标将指令发送给有关发电厂或机组，通过电厂或机组的自动控制调节装置，实现对发电机有功功率的自动控制。　　　（√）

89. 最优潮流除了对有功及耗量进行优化外，还对无功及网损进行了优化，但不考虑母线电压的约束及线路潮流的安全约束。　　　　　　　　　　　　　　　　　　　　　（×）

第四部分

通道及其他技能知识

第十四章 通道及数据网

一、单项选择题

1. 路由器工作在 OSI7 层参考模型的（　　）。 (B)

A. 数据链路层　　　　B. 网络层　　　　　C. 应用层　　　　D. 物理层

2. 电力调度数据网应当基于（　　）机制组网。 (C)

A. ATM　　　　　　B. 光纤　　　　　　C. SDH/PDH　　　D. PDH

3. 在 TCP/IP 参考模型中，传输层的主要作用是在主机对等实体之间建立用于会话的（　　）。 (C)

A. 点–点连接　　　　B. 操作连接　　　　C. 端–端连接　　　D. 控制连接

4. 将一个 C 类网进行子网划分 192.168.254.0/26，这样会得到（　　），每个子网有（　　）。 (A)

A. 4 个子网，62 个可用地址　　　　　　B. 2 个子网，62 个可用 IP 地址

C. 254 个子网，254 个可用 IP 地址　　　D. 1 个子网，254 个可用 IP 地址

5. IP 地址 169.196.30.54 的默认子网掩码有（　　）位。 (B)

A. 24　　　　　　　B. 16　　　　　　　C. 8　　　　　　D. 32

6. IP 地址 190.233.27.13/16 所在的网段地址是（　　）。 (B)

A. 190.0.0.0　　　　B. 190.233.0.0　　　C. 190.233.27.0　　D. 190.233.27.1

7. IP 地址 192.168.1.200，子网掩码是 255.255.255.224，其网络地址、主机地址和广播地址分别为（　　）。 (A)

A. 192.168.1.192、8、192.168.1.223　　　B. 192.168.1.224、24、192.168.1.240

C. 192.168.1.128、72、192.168.1.192　　　D. 192.168.1.200、1、192.168.1.224

8. IP 地址 219.25.23.56 的默认子网掩码有（　　）位。 (C)

A. 8　　　　　　　　B. 16　　　　　　　C. 24　　　　　　D. 32

9. IP 地址 3.255.255.255 是（　　）。 (D)

A. 一个主机地址　　　　　　　　　　　B. 一个网段地址

C. 一个有限广播地址　　　　　　　　　D. 一个直接广播地址

10. IP 地址中，主机号全为 1 的是（　　）。 (D)

A. 回送地址　　　　　　　　　　　　　B. 某网络地址

C. 有限广播地址　　　　　　　　　　　D. 向某网络的广播地址

11. SDH 信号最重要的模块信号是 STM–1，其速率为（　　）。 (C)

A. 622.080Mbit/s　　B. 122.080Mbit/s　　C. 155.520Mbit/s　　D. 2.5Gbit/s

12. SNMP 使用的公开端口为（　　）。 (D)

A. TCP 端口 20 和 21　　　　　　　　　B. UDP 端口 20 和 21

C. TCP 端口 161 和 162　　　　　　　　D. UDP 端口 161 和 162

13. 当路由器接收的 IP 报文的 MTU 大于该路由器的最大 MTU 时,采取的策略是( )。 （B）

A. 丢掉该分组

B. 将该分组分片

C. 向源路由器发出请求,减少其分组大小

D. 直接转发该分组

14. 当路由器接收的 IP 报文的目的地址不在路由表中同一网段时,采取的策略是( )。 （C）

A. 丢掉该分组　　　　B. 将该分组分片　　　C. 转发该分组　　　D. 以上答案均不对

15. 电力企业数据网不承担的业务有( )。 （D）

A. 电力综合信息　　　　　　　　　　B. 电力调度生产管理业务

C. 网管业务　　　　　　　　　　　　D. 对外业务

16. 以下关于 VPN 的说法中,( )是正确的。 （C）

A. VPN 是虚拟专用网的简称,它只能由 ISP 维护和实施

B. VPN 只能在第二层数据链路层上实现加密

C. IPSEC 也是 VPN 的一种

D. VPN 使用通道技术加密,但没有身份验证功能

17. 网络安全的特征有( )。 （B）

A. 程序性、完整性、隐蔽性、可控性　　　B. 保密性、完整性、可用性、可控性

C. 程序性、潜伏性、可用性、隐蔽性　　　D. 保密性、潜伏性、安全性、可靠性

18. 电力调度数据网应当基于( )在专用通道上使用独立的网络设备组网。 （C）

A. ATM　　　　　B. 光纤　　　　　C. SDH/PDH　　　　　D. PDH

19. LAN 是( )的英文缩写。 （C）

A. 城域网　　　　　B. 网络操作系统　　　C. 局域网　　　　D. 广域网

20. OSI 把数据通信的各种功能分为 7 个层级,在功能上,可以被划分为 2 组,其中网路群组包括( )。 （C）

A. 传送层、会话层、表示层和应用层　　　B. 会话层、表示层和应用层

C. 物理层、数据链路层和网络层　　　　　D. 会话层、数据链路层和网络层

21. ( )是有效的 MAC 地址。 （D）

A. 192.201.63.252　　　　　　　　　B. 19-22-01-63-23

C. 0000.1234.ADFH　　　　　　　　　D. 00-00-11-11-11-AA

22. ( )负责全国电力安全生产信息的统计、分析、发布。 （B）

A. 国家电网公司　　　　　　　　　　B. 国家电力监管委员会

C. 国家安全生产监督管理局

23. MPL SVPN 网络中,有 3 种设备:( )。 （A）

A. CE 设备、PE 设备和 P 路由器

B. 用户直接与服务提供商相连的边缘设备、路由器、交换机

C. 路由器、交换机、防火墙

D. PE 路由器、CE 路由器、P 路由器

24. OSI 参考模型的物理层中没有定义( )。 （A）

A. 硬件地址　　　　B. 位传输　　　　C. 电平　　　　D. 物理接口

25. OSI 模型的（　　）建立、维护和管理应用程序之间的会话。　　　　（A）

A. 会话层　　　　B. 表示层　　　　C. 传输层　　　　D. 应用层

26. OSI 模型的（　　）完成差错报告、网络拓扑结构和流量控制的功能。　　　　（B）

A. 物理层　　　　B. 数据链路层　　　　C. 传输层　　　　D. 网络层

27. OSPF 默认的成本度量值是基于下列（　　）项。　　　　（B）

A. 延时　　　　B. 带宽　　　　C. 效率　　　　D. 网络流量

28. PCM 的中文含义是（　　），PDH 的中文含义是（　　），SDH 的中文含义是（　　）。　　　　（A）

A. 脉冲编码调制，准同步数字系列，同步数字体系

B. 准同步数字系列，同步数字体系，脉冲编码调制

C. 同步数字体系，脉冲编码调制，准同步数字系列

D. 同步数字体系，准同步数字系列，脉冲编码调制

29. PC 机通过网卡连接到路由器（100MB）的以太网口，两个接口之间应该使用的电缆是（　　）。　　　　（A）

A. 交叉网线　　　　B. 直连网线　　　　C. 配置电缆　　　　D. 备份电缆

30. ping 某台主机成功，路由器应出现（　　）提示。　　　　（D）

A. Timeout　　　　　　　　B. Unreachable

C. Non-existent address　　　　D. Relay from ....

31. 保留给自环测试的 IP 地址是（　　）。　　　　（D）

A. 164.0.0.1　　　B. 130.0.0.1　　　C. 200.0.0.1　　　D. 127.0.0.1

32. 不属于 WAN 的网络类型是（　　）。　　　　（B）

A. 综合业务数字网：ISDN　　　　B. 以太网

C. X.25 共用分组交换网　　　　D. 异步传输模式：ATM

33. 分组交换比电路交换（　　）。　　　　（C）

A. 实时性好，线路利用率高　　　　B. 实时性好，但线路利用率低

C. 实时性差，而线路利用率高　　　　D. 实时性和线路利用率均差

34. TCP/IP 协议族包括（　　）。　　　　（A）

A. IP、TCP、UDP 和 ICMP　　　　B. OSPF

C. IP、BGP　　　　D. ARP、RARP、MPLS

35. 检查网络连通性的应用程序是（　　）。　　　　（A）

A. ping　　　　B. arp　　　　C. bind　　　　D. dns

36. MAH 是（　　）的英文缩写。　　　　（A）

A. 城域网　　　　B. 网络操作系统　　　　C. 局域网　　　　D. 广域网

37. 网络中使用的设备 HUB 是指（　　）。　　　　（C）

A. 网卡　　　　B. 中继器　　　　C. 集线器　　　　D. 电缆线

38. ISDN 的含义是（　　）。　　　　（C）

A. 计算机网　　　　　　　　B. 广播电视网

C. 综合业务数字网　　　　D. 同轴电缆网

39. 电子邮件通常采用的协议是 SMTP 和（　　）。　　　　（C）

A. TCP/IP　　　　　　B. HTTP　　　　　C. POP3　　　　　　D. FTP

40. 下列叙述中，（　　）是不正确的。　　　　　　　　　　　　　　　　（A）

A. "黑客"是指黑色的病毒

B. 计算机病毒是程序

C. 数据加密是保证数据安全的方法之一

D. 防火墙是一种被动式防卫软件技术

41. ISP 是指（　　）。　　　　　　　　　　　　　　　　　　　　　　（A）

A. Internet 服务提供商　　　　　　　　B. 一种协议

C. 一种网络　　　　　　　　　　　　　D. 一种网络应用软件

42.（　　）网络设备可以解决过量的广播流量问题。　　　　　　　　　　（B）

A. 网桥　　　　　　B. 路由器　　　　　C. 集线器　　　　　C. 过滤器

43. 下列（　　）是合法的 IP 地址。　　　　　　　　　　　　　　　　　（C）

A. 182.37.255.6　　B. 54.77.182.282　　C. 184.34.20.78　　D. 233.68.0.1000

44. 实现网络互连的关键设备为（　　）。　　　　　　　　　　　　　　　（A）

A. 路由器　　　　　　B. 信关　　　　　C. 端结点　　　　　D. 网桥

45. 调度实时数据网中是使用自己专用的通信协议进行通信的，该通信协议在 TCP/IP 协议族中属于（　　）协议。　　　　　　　　　　　　　　　　　　　　　　（D）

A. 物理层　　　　　　B. 会话层　　　　　C. 链路层　　　　　D. 应用层

46. 下面（　　）设备不属于计算机/网络安全产品。　　　　　　　　　　（D）

A. 防火墙　　　　　　B. IDS　　　　　C. 杀毒软件　　　　　D. 路由器

47. 202.258.6.3 这个 IP 地址是不是正确（　　）。　　　　　　　　　　（B）

A. 是　　　　　　　　B. 否

48. 以下关于 MAC 的说法中，错误的是（　　）。　　　　　　　　　　　（A）

A. MAC 地址在每次启动后都会改变

B. MAC 地址一共有 48 比特，它们从出厂时就被固化在网卡中

C. MAC 地址也称物理地址，或通常所说的计算机的硬件地址

49. TCP/IP 体系结构中的 TCP 和 IP 所提供的服务分别为（　　）。　　（D）

A. 链路层服务和网络层服务　　　　　　B. 网络层服务和运输层服务

C. 运输层服务和应用层服务　　　　　　D. 运输层服务和网络层服务

50. 局域网交换机的某端口工作于半双工方式时带宽为 100Mbit/s，那么它工作于全双工方式时的带宽为（　　）。　　　　　　　　　　　　　　　　　　　　　　（C）

A. 50Mbit/s　　　　B. 100Mbit/s　　　C. 200Mbit/s　　　D. 400Mbit/s

51. 计算机网络是一门综合技术，其主要技术是（　　）。　　　　　　　（B）

A. 计算机技术与多媒体技术　　　　　　B. 计算机技术与通信技术

C. 电子技术与通信技术　　　　　　　　D. 数字技术与模拟技术

52. 计算机网络可供共享的资源中，最为重要的资源是（　　）。　　　　（B）

A. CPU 处理能力　　　　　　　　　　　B. 各种数据、文件

C. 昂贵的专用硬件设备　　　　　　　　D. 大型工程软件

53. 用来测试远程主机是否可达的 ping 命令是利用（　　）来完成测试功能的。（D）

A. IGMP　　　　　　B. ARP　　　　　C. UDP　　　　　　D. ICMP

54. ICP 指的是（　　　）。　　　　　　　　　　　　　　　　　　　　　（D）

A. 因特网的专线接入方式 　　　　　　　　B. 因特网服务提供商

C. 拨号上网方式 　　　　　　　　　　　　D. 因特网内容供应商

55. 计算机网络的目标是实现（　　　）。　　　　　　　　　　　　　　　（D）

A. 数据处理 　　　　　　　　　　　　　　B. 信息传输与数据处理

C. 文献查询 　　　　　　　　　　　　　　D. 资源共享与信息传输

56. 接入电力调度数据网络的设备和应用系统，其接入技术方案和安全防护措施须经（　　　）核准。　　　　　　　　　　　　　　　　　　　　　　　　　　　（C）

A. 当地网络安全部门 　　　　　　　　　　B. 上级调度机构

C. 直接负责的电力调度机构 　　　　　　　D. 当地公安部门

57. 给定一个子网掩码为 255.255.255.248 的 C 类网络，每个子网上有（　　　）个主机地址。　　　　　　　　　　　　　　　　　　　　　　　　　　　　　　（B）

A. 4 　　　　　　　B. 6 　　　　　　　C. 8 　　　　　　　D. 14

58. 以下关于二层交换机的描述，不正确的是（　　　）。　　　　　　　　（A）

A. 解决了广播泛滥问题 　　　　　　　　　B. 解决了冲突严重问题

C. 基于源地址学习 　　　　　　　　　　　D. 基于目的地址转发

59. 网络层、数据链路层和物理层传输的数据单位分别是（　　　）。　　　（C）

A. 报文、帧、比特 　　　　　　　　　　　B. 包、报文、比特

C. 包、帧、比特 　　　　　　　　　　　　D. 数据块、分组、比特

60. 数据在传输过程中所出现差错的类型主要有突发差错和（　　　）。　　（C）

A. 计算差错 　　　B. 奇偶校验差错 　　　C. 随机差错 　　　D. CRC 校验差错

61. 一台交换机具有 48 个 10/100Mbit/s 端口和 2 个 1000Mbit/s 端口，如果所有端口都工作在全双工状态，那么交换机总带宽应为（　　　）。　　　　　　　　　　（C）

A. 4.4Gbit/s 　　　B. 6.4Gbit/s 　　　C. 13.6Gbit/s 　　　D. 8.8Gbit/s

62. 将物理信道的总带宽分割成若干个与传输单个信号带宽相同的子信道，每个子信道传输一路信号，称这种复用技术为（　　　）。　　　　　　　　　　　　（C）

A. 空分多路复用技术 　　　　　　　　　　B. 同步时分多路复用技术

C. 频分多路复用技术 　　　　　　　　　　D. 异步时分多路复用技术

63. VLAN 间通信通过（　　　）实现。　　　　　　　　　　　　　　　　（B）

A. 用二层交换技术 　　　　　　　　　　　B. 路由器

C. HUB 　　　　　　　　　　　　　　　　D. 中继器

64. 速率为 10Gbit/s 的 Ethernet 发送 1bit 数据需要的时间（　　　）。　　（C）

A. 1×10^{-6}s 　　　B. 1×10^{-9}s 　　　C. 1×10^{-10}s 　　　D. 1×10^{-12}s

65. 在因特网中，IP 数据包的传输需要经由源主机和中途路由器到达目的主机，通常（　　　）。　　　　　　　　　　　　　　　　　　　　　　　　　　　　（D）

A. 源主机和中途路由器都知道 IP 数据报到达目的主机需要经过的完整路径

B. 源主机知道 IP 数据报到达目的主机需要经过的完整路径，而中途路由器不知道

C. 源主机不知道 IP 数据报到达目的主机需要经过的完整路径，而中途路由器知道

D. 源主机和中途路由器都不知道 IP 数据报到达目的主机需要经过的完整路径

66. 如下访问控制列表 ccess－list100denyicmp10.1.10.100.0.255.255anyhost－unreachable 的含

义是（　　）。（C）

    A. 规则序列号是 100，禁止到 10.1.10.10 主机的所有主机不可达报文

    B. 规则序列号是 100，禁止到 10.1.0.0/16 网段的所有主机不可达报文

    C. 规则序列号是 100，禁止从 10.1.0.0/16 网段来的所有主机不可达报文

    D. 规则序列号是 100，禁止从 10.1.10.10 主机来的所有主机不可达报文

67. TCP 和 UDP 的一些端口保留给一些特定的应用使用，为 HTTP 保留的端口号为（　　）。

（B）

    A. UDP 的 80 端口　　B. TCP 的 80 端口　　C. UDP 的 25 端口　　D. TCP 的 25 端口

68. 防火墙不具备以下（　　）功能。（A）

    A. 加密数据包的解密　　　　　　　　B. 访问控制

    C. 分组过滤/转发　　　　　　　　　　D. 代理功能

69. 判断路由好坏的原则不包括（　　）。（C）

    A. 快速收敛性　　　　　　　　　　　　B. 灵活性、弹性

    C. 拓扑结构的先进性　　　　　　　　D. 最好路径

70. 假设一个 IP 地址为 192.168.5.121，而子网掩码为 255.255.255.248，那该主机的网络号为（　　）。（D）

    A. 192.168.5.12　　B. 192.169.5.121　　C. 192.169.5.120　　D. 192.168.5.120

71. 标准访问控制列表以（　　）作为判别条件。（B）

    A. 数据包的大小　　B. 数据包的源地址　　C. 数据包的端口号　　D. 数据包的目的地址

72. IP 地址是（　　）位的。（A）

    A. 32　　　　　　　B. 48　　　　　　　C. 52　　　　　　　D. 128

73. MAC 地址用（　　）位二进制数表示。（C）

    A. 24　　　　　　　B. 36　　　　　　　C. 48　　　　　　　D. 64

74. 对于运行 OSPF 协议的路由器来说，RouterID 是路由器的唯一标识，所以协议规定必须保证 RouterID 在（　　）唯一。（C）

    A. 网段内　　　　　B. 区域内　　　　　C. 自治系统内　　　D. 整个因特网

75. 关于 OSPF 中 RouterID 的论述，（　　）是正确的。（D）

    A. 可有可无的　　　　　　　　　　　　B. 必须手工配置

    C. 是所有接口中 IP 地址最大的　　　D. 可以由路由器自动选择

76. 10.1.0.1/17 的广播地址是（　　）。（C）

    A. 10.1.128.255　　B. 10.1.63.255　　C. 10.1.127.255　　D. 10.1.126.255

77. RARP 的作用是（　　）。（D）

    A. 将自己的 IP 地址转换为 MAC 地址

    B. 将对方的 IP 地址转换为 MAC 地址

    C. 将对方的 MAC 地址转换为 IP 地址

    D. 知道自己的 MAC 地址，通过 RARP 得到自己的 IP 地址

78. 各种联网设备的功能不同，路由器的主要功能是（　　）。（A）

    A. 根据路由表进行分组转发　　　　　B. 负责网络访问层的安全

    C. 分配 VLAN 成员　　　　　　　　　　D. 扩大局域网覆盖范围

79. 假设模拟信号的频率范围为 3～9MHz，采样频率必须大于（　　）时，才能使得到的

样本信号不失真。 （C）

A. 6MHz   B. 12MHz   C. 18MHz   D. 20MHz

80. 当一个主机要获取通信目标的 MAC 地址时，（   ）。 （B）

A. 单播 ARP 请求到默认网关   B. 广播发送 ARP 请求

C. 与对方主机建立 TCP 连接   D. 转发 IP 数据报到邻居结点

81. 配置路由器默认路由的命令是（   ）。 （D）

A. ip route 220.117.15.0   255.255.255.0   0.0.0.0

B. ip route 220.117.15.0   255.255.255.0   220.117.15.1

C. ip route 0.0.0.0   255.255.255.0   220.117.15.1

D. ip route 0.0.0.0   0.0.0.0   220.117.15.1

82. 属于网络 202.115.200.0/21 的地址是（   ）。 （B）

A. 202.115.198.0   B. 202.115.206.0   C. 202.115.217.0   D. 202.115.224.0

83. 下列一组数据中的最大数是（   ）。 （C）

A. −8   B. C7（16）   C. 11001100（2）   D. 200（10）

84. 如果两台交换机直接用双绞线相连，其中一端采用了白橙/橙/白绿/蓝/白蓝/绿/白棕/棕的线序，另一端选择（   ）线序是正确的。 （B）

A. 白绿/绿/白橙/橙/白蓝/蓝/白棕/棕   B. 白绿/绿/白橙/蓝/白蓝/橙/白棕/棕

C. 白橙/橙/白绿/绿/白蓝/蓝/白棕/棕   D. 白橙/橙/白绿/蓝/白蓝/绿/白棕/棕

85. 某 IP 地址为 160.55.115.24/20，它的子网划分出来的网络 ID 地址为（   ）。 （A）

A. 160.55.112.0   B. 160.55.115.0   C. 160.55.112.2   D. 以上答案都不对

86. IP 地址是一个 32 位的二进制数，它通常采用点分（   ）。 （B）

A. 八进制数表示   B. 十进制数表示   C. 十六进制数表示

87. 以太网媒体访问控制技术 CSMA/CD 的机制是（   ）。 （A）

A. 争用带宽   B. 预约带宽   C. 循环使用带宽   D. 按优先级分配带宽

88. 在 IP 地址方案中，159.226.181.1 是一个（   ）。 （B）

A. A 类地址   B. B 类地址   C. C 类地址   D. D 类地址

89. 在无盘工作站向服务器申请 IP 地址时，使用的是（   ）。 （B）

A. RP   B. RARP   C. ICMP   D. IGMP ANSWER

90. 提供可靠数据传输、流控的是 OSI 的（   ）。 （C）

A. 表示层   B. 网络层   C. 传输层

D. 会话层   E. 链路层

91. 子网掩码产生在（   ）。 （B）

A. 表示层   B. 网络层   C. 传输层   D. 会话层

92. 当一台主机从一个网络移到另一个网络时，以下说法正确的是（   ）。 （B）

A. 必须改变它的 IP 地址和 MAC 地址

B. 必须改变它的 IP 地址，但不需改动 MAC 地址

C. 必须改变它的 MAC 地址，但不需改动 IP 地址

D. MAC 地址、IP 地址都不需改动

93. ISO 提出 OSI 的关键是（   ）。 （A）

A. 系统互联   B. 提高网络速度   C. 为计算机制定标   D. 经济利益

94. OSI 参考模型按顺序有（　　）。　　　　　　　　　　　　　　　　　（C）

A. 应用层、传输层、网络层、物理层

B. 应用层、表示层、会话层、网络层、传输层、数据链路层、物理层

C. 应用层、表示层、会话层、传输层、网络层、数据链路层、物理层

D. 应用层、会话层、传输层、物理层

95. 网络中（　　）指网络设备用于交换信息的系列规则和约定术语。　　　（C）

A. RFC　　　　　　B. IETF　　　　　　C. Protocols　　　　D. Standards

96. TCP 和 UDP 的相似之处是（　　）。　　　　　　　　　　　　　　　（A）

A. 传输层协议　　　　　　　　　　　　B. 面向连接的协议

C. 面向非连接的协议　　　　　　　　　D. 以上均不对

97. BGP 是在（　　）之间传播路由的协议。　　　　　　　　　　　　　　（D）

A. 主机　　　　　　B. 子网　　　　　　C. 区域（area）　　D. 自治系统（AS）

98. B 类地址的默认掩码是（　　）。　　　　　　　　　　　　　　　　　（C）

A. 255.0.0.0　　　　B. 255.255.255.0　　C. 255.255.0.0　　　D. 255.255.0.0

99. 某公司申请到一个 C 类 IP 地址，但要连接 6 个子公司，最大的一个子公司有 26 台计算机，每个子公司在一个网段中，则子网掩码应设为（　　）。　　　　　　　　　（D）

A. 255.255.255.0　　B. 255.255.255.128　C. 255.255.255.192　D. 255.255.255.224

100. IP 对应于 OSI7 层模型中的第（　　）层。　　　　　　　　　　　　　（B）

A. 5　　　　　　　　B. 3　　　　　　　　C. 2　　　　　　　　D. 1

101. 路由器网络层的基本功能是（　　）。　　　　　　　　　　　　　　　（B）

A. 配置 IP 地址　　　　　　　　　　　　B. 寻找路由和转发报文

C. 将 MAC 地址解释成 IP 地址

102. 一个网络的地址为 172.16.7.128/26，则该网络的广播地址是（　　）。　（C）

A. 172.16.7.255　　B. 172.16.7.129　　C. 172.16.7.191　　D. 172.16.7.252

103. 某公司网络的地址是 133.10.128.0/17，被划分成 16 个子网，下面的选项中不属于这 16 个子网的地址是（　　）。　　　　　　　　　　　　　　　　　　　　　　　（B）

A. 133.10.136.0/21　B. 133.10.162.0/21　C. 133.10.208.0/21　D. 133.10.224.0/21

104. 以下地址中不属于网络 100.10.96.0/20 的主机地址是（　　）。　　　　（D）

A. 100.10.111.17　　B. 100.10.104.16　　C. 100.10.101.15　　D. 100.10.112.18

105. MPLS 根据标记对分组进行交换，其标记中包含（　　）。　　　　　　（B）

A. MAC 地址　　　　B. IP 地址　　　　　C. VLAN 编号　　　D. 分组长度

106. 若 FTP 服务器开启了匿名访问功能，匿名登录时需要输入的用户名是（　　　）。

（D）

A. root　　　　　　B. user　　　　　　C. guest　　　　　　D. anonymous

107. 采用 CRC 进行差错校验，生成多项式为 G（X）=X^4+X+1，信息码字为 10111，则计算出的 CRC 校验码是（　　）。　　　　　　　　　　　　　　　　　　　　　　（D）

A. 0　　　　　　　　B. 100　　　　　　　C. 10　　　　　　　　D. 1100

108. 网络 200.105.140.0/20 中可分配的主机地址数是（　　）。　　　　　（C）

A. 1022　　　　　　B. 2026　　　　　　C. 4094　　　　　　D. 8192

109. 路由器通过光纤连接广域网的是（　　）。　　　　　　　　　　　　　（A）

A. SFP 端口　　　　　　B. 同步串行口　　　　　C. Console 端口　　　　D. AUX 端口

110. Linux 系统中，下列关于文件管理命令 cp 与 mv 说法正确的是（　　）。　　（B）

A. 没有区别　　　　　　　　　　　　B. mv 操作不增加文件个数

C. cp 操作不增加文件个数　　　　　　D. mv 操作不删除原有文件

111. Windows 系统中，路由跟踪命令是（　　）。　　（A）

A. tracert　　　　　　B. traceroute　　　　　C. routetrace　　　　　D. trace

112.（　　）属于物理层的设备。　　（C）

A. 网桥　　　　　　　B. 网关　　　　　　　C. 中继器　　　　　　D. 以太网交换机

113. DNS 的作用是（　　）。　　（C）

A. 为客户机分配 IP 地址　　　　　　　B. 访问 HTTP 的应用程序

C. 将计算机名翻译为 IP 地址　　　　　D. 将 MAC 地址翻译为 IP 地址

114. IP 地址中主机号的作用是（　　）。　　（B）

A. 指定了网络上主机的标识　　　　　　B. 指定了被寻址的子网中的某个节点

C. 指定了主机所属的网　　　　　　　　D. 指定了设备能够通信的网络

115. IP 的特征是（　　）。　　（B）

A. 可靠，无连接　　　B. 不可靠，无连接　　C. 可靠，面向连接

116. SDH 通常在宽带网的（　　）部分使用。　　（A）

A. 传输网　　　　　　B. 交换网　　　　　　C. 接入网　　　　　　D. 存储网

117. 当今世界上最流行的 TCP/IP 在 OSI 参考模型中，没有定义的层次为（　　）。

（D）

A. 链路层和网络　　　B. 网络层和传输层　　C. 传输层和会话层　　D. 会话层和表示层

118. 电网调度自动化主站端路由器的作用是（　　）。　　（B）

A. 连接主站各设备　　　　　　　　　　B. 连接其他自动化系统和分站自动化设备

C. 连接各分站自动化设备　　　　　　　D. 连接 MIS

119. 对于运行 BGP4 的路由器，下面说法错误的是（　　）。　　（D）

A. 多条路径时，只选最优的给自己使用

B. 从 EBGP 获得的路由会向它所有 BGP 相邻体通告

C. 只把自己使用的路由通告给 BGP 相邻体

D. 从 IBGP 获得的路由会向它的所有 BGP 相邻体通告

120. 故障诊断和隔离比较容易的一种网络拓扑是（　　）。　　（A）

A. 星型　　　　　　　B. 环型　　　　　　　C. 总型　　　　　　　D. 树型

121. 关于网络体系结构，以下（　　）描述是错误的。　　（B）

A. 物理层完成比特流的传输

B. 数据链路层用于保证端到端数据的正确传输

C. 网络层为分组通过通信子网选择适合的传输路径

D. 应用层处于参考模型的最高层

122. 计算机网络的物理层数据传输方式中，数据采样方式应属于（　　）。　　（D）

A. 规约特性　　　　　B. 机械特性　　　　　C. 电气特性　　　　　D. 电信号特性

123. 计算机网络最突出的优点是（　　）。　　（B）

A. 存储容量大　　　　B. 资源共享　　　　　C. 运算速度快　　　　D. 运算精度高

124. 将单位内部的局域网接入 Internet（因特网），所需要使用的接口设备是（　　）。

（C）

A. 防火墙　　　　　B. 集线器　　　　　C. 路由器　　　　　D. 中继转发器

125. 交换机可以用（　　）方法来创建更小的广播域。（C）

A. 生成树协议　　　B. 虚拟中继协议　　C. 虚拟局域网（VLAN）　　D. 路由

126. 交换机启动时，所有端口的指示灯都变（　　）。（B）

A. 红　　　　　　　B. 绿　　　　　　　C. 黄　　　　　　　D. 灭

127. 交换机启动时自检，发现有任何自检失败的情况时，系统指示灯呈现（　　）。

（C）

A. 红色　　　　　　B. 绿色　　　　　　C. 黄色　　　　　　D. 灭

128. 交换机正常运行时，如果某个端口链路没有接通，对应的指示灯呈现（　　）。

（D）

A. 红　　　　　　　B. 绿　　　　　　　C. 黄　　　　　　　D. 灭

129. 进行网络互联，当总线网的网段已超过最大距离时，可用（　　）来延伸。（B）

A. 路由器　　　　　B. 中继器　　　　　C. 网桥　　　　　　D. 网关

130. 具有隔离广播信息能力的网络互联设备是（　　）。（C）

A. 网桥　　　　　　B. 中继器　　　　　C. 路由器　　　　　D. 交换机

131. 路由器的一些单元，包括路由交换单元、路由交换扩展单元、路由交换热插拔控制单元、通用接口单元、（　　）、高可靠控制单元、告警单元。（D）

A. 输入/输出单元　　B. A/D 转换单元　　C. 规约转换单元　　D. 通用接口扩展单元

132. 路由器上电后，如果系统终端显示乱码，则可能的原因是（　　）。（A）

A. 配置终端参数设置错误　　　　　　B. 配置电缆连接错误或者配置终端设置错误

C. 电源系统不正常

133. 路由器网络层的基本功能是（　　）。（B）

A. 配置 IP 地址　　　　　　　　　　　B. 寻找路由和转发报文

C. 将 MAC 地址解析成 IP 地址　　　　D. 将 IP 地址解析成 MAC 地址

134. 某公司采购了 A、B 两个厂商的交换机进行网络工程实施。需要在两个厂商的交换机之间使用链路聚合技术。经查阅相关文档，得知 A 厂商交换机不支持 LACP。在这种情况下，下列（　　）配置方法是合理的。（D）

A. 一方配置静态聚合，一方配置动态聚合

B. 一方配置静态聚合，一方配置动态聚合

C. 双方都配置动态聚合

D. 双方都配置静态聚合

135. （　　）可以解决过量的广播流量问题。（B）

A. 网桥　　　　　　B. 路由器　　　　　C. 集线器　　　　　D. L2 交换机

136. 能保证数据端到端可靠传输能力的是相应 OSI 的（　　）。（B）

A. 网络层　　　　　B. 传输层　　　　　C. 会话层　　　　　D. 表示层

137. 若网络形状是由站点和连接站点的链路组成的一个闭合环，则称这种拓扑结构为（　　）。（B）

A. 总线拓扑　　　　B. 环型拓扑　　　　C. 树型拓扑　　　　D. 星型拓扑

138. 数据通信双方可以互为发送和接收，采用切换方式分时交替进行，这种通信方式称为（　　）工作方式。　　　　　　　　　　　　　　　　　　　　　　　　　　　　（B）

　　A. 单工　　　　　　B. 半双工　　　　　　C. 全双工　　　　　D. 其他

139. 调度自动化主站系统的局域网通常采用（　　）形式。　　　　　　　　　（B）

　　A. 令牌网　　　　　B. 以太网　　　　　　C. ATM 网　　　　　D. 因特网

140. 网卡实现的主要功能是（　　）。　　　　　　　　　　　　　　　　　　（C）

　　A. 物理层与网络层的功能　　　　　　　　B. 网络层与应用层的功能

　　C. 物理层与数据链层的功能　　　　　　　D. 网络层与表示层的功能

141. 网络故障发生后首先应当考虑的原因是（　　）。　　　　　　　　　　　（B）

　　A. 硬件故障　　B. 网络联接性故障　　C. 软件故障　　　D. 系统故障

142. 网络互联设备通常分成以下 4 种，在不同的网络间存储并转发分组，（　　）进行网络层上的协议转换。　　　　　　　　　　　　　　　　　　　　　　　　　　　（C）

　　A. 重发器　　　　　B. 桥接器　　　　　　C. 网关　　　　　　D. 协议转换器

143. 网络上的计算机通过（　　）与 HUB 相连，构成星型拓扑结构。　　　（C）

　　A. 光纤　　　　　　B. 电话线　　　　　　C. 双绞线　　　　　D. 电缆

144. 为网络提供共享资源并对这些资源进行管理的计算机称为（　　）。　　（B）

　　A. 网卡　　　　　　B. 服务器　　　　　　C. 工作站　　　　　D. 网桥

145. 下列对局域网解释错误的是（　　）。　　　　　　　　　　　　　　　　（D）

　　A. 高数据传输速率　　　　　　　　　　　B. 短距离传输

　　C. 一般采用基带传输　　　　　　　　　　D. 有中心节点，多为分布控

146. 下列（　　）网络安全产品不能有效地进行网络访问控制。　　　　　　（B）

　　A. 防火墙　　　　　B. 入侵检测系统　　　C. 路由器

147. 下列所述的网络设备具有连接不同子网功能的是（　　）。　　　　　　（D）

　　A. 网桥　　　　　　B. 二层交换机　　　　C. 集线器　　　　　D. 路由器

148. 下列选项中，（　　）不属于通信子网协议。　　　　　　　　　　　　　（D）

　　A. 物理层　　　　　B. 链路层　　　　　　C. 网络层　　　　　D. 传输层

149. 在串行通信中，如果数据可以同时从 A 站发送到 B 站，B 站发送到 A 站，这种通信方式为（　　）。　　　　　　　　　　　　　　　　　　　　　　　　　　　　　（C）

　　A. 单工　　　　　　B. 半双工　　　　　　C. 全双工

150. 在以太网上传输信息发生冲突的原因是（　　）。　　　　　　　　　　　（D）

　　A. 一个节点发送了数据后，另一个节点紧跟着发送数据

　　B. 令牌被另一台机器中途截取

　　C. DAS 发生故障

　　D. 两个节点同时侦听到线路空闲就同时发送数据

151. 在运行 Windows 的计算机中配置网关，类似于在路由器中配置（　　）。（B）

　　A. 直接路由　　　　B. 默认路由　　　　　C. 动态路由　　　　D. 间接路由

152. 直接路由、静态路由、RIP、OSPF 按照默认路由优先级从高到低的排序正确的是（　　）。　　　　　　　　　　　　　　　　　　　　　　　　　　　　　　　　　（B）

　　A. 直接路由、静态路由、RIP、OSPF　　　B. 直接路由、OSPF、静态路由、RIP

　　C. 直接路由、OSPF、RIP、静态路由　　　D. 直接路由、RIP、静态路由、OSPF

153. IPv6 的地址长度为（　　）。　　　　　　　　　　　　　　　　　　　（C）

A. 32 位　　　　　　B. 64 位　　　　　　C. 128 位　　　　　D. 256 位

154. 10Mbit/s 以太网双绞线方式中实际用到的线有（　　）。　　　　　　　（D）

A. 8 芯　　　　　　B. 6 芯　　　　　　C. 10 芯　　　　　D. 4 芯

155. TCP 和 IP 分别工作在 OSI/ISO 7 层参考模型的（　　）层。　　　　　（C）

A. 物理层　　　　　B. 数据链路层　　　C. 网络层　　　　D. 传输层

156. 对于一个没有经过子网划分的传统 C 类网络来说，允许安装（　　）台主机。

（C）

A. 1024　　　　　　B. 65025　　　　　C. 254　　　　　　D. 16

157. 关于 TCP/IP 参考模型传输层的功能，以下描述（　　）是错误的。　　　（C）

A. 传输层可以为应用进程提供可靠的数据传输服务

B. 传输层可以为应用进程提供透明的数据传输服务

C. 传输层可以为应用进程提供数据格式转换服务

D. 传输层可以屏蔽低层数据通信的细节

158. 光端机中不包含（　　）。　　　　　　　　　　　　　　　　　　　　（A）

A. OPGW 光缆　　　　　　　　　　B. 信号处理及辅助电路组成

C. 光接收　　　　　　　　　　　　D. 光发送

159. 交换机是一种基于（　　）识别，能完成封装转发数据包功能的网络设备。　（A）

A. MAC 地址识别　　B. 地址表　　　　C. 数据转发　　　　D. NIC

160. 快速以太网是由（　　）标准定义的。　　　　　　　　　　　　　　　（B）

A. IEEE 802.1Q　　B. IEEE 802.3u　　C. IEEE 802.4　　D. IEEE 802.3i

161. 路由器远程通信接口采用（　　）接口。　　　　　　　　　　　　　　（D）

A. RJ–11　　　　　B. RJ–45　　　　C. RS–232　　　　D. V–35

162. 某公司申请到一个 C 类 IP 地址，需要分配给 8 个子公司，子网掩码应设为（　　）。

（D）

A. 255.255.255.0　　B. 255.255.255.128　C. 255.255.255.240　D. 255.255.255.224

163. 千兆以太网的传输介质以光纤为主，单模光纤的传输距离一般不能超过（　　）m。

（D）

A. 500　　　　　　B. 1000　　　　　C. 1500　　　　　D. 2000

164. 如果借用一个 C 类 IP 地址的 3 位主机号部分划分子网，那么子网掩码应该是（　　）。

（B）

A. 255.255.255.192　B. 255.255.255.224　C. 255.255.255.240　D. 255.255.255.248

165. 网段地址 154.27.0.0 的网络，若不做子网划分，能支持（　　）台主机。　（C）

A. 254　　　　　　B. 1024　　　　　C. 65533　　　　　D. 16777206

166. 网络中使用光缆的优点是（　　）。　　　　　　　　　　　　　　　　（D）

A. 便宜

B. 容易安装

C. 是一个工业标准，在任何电气商店都能买到

D. 传输速率比同轴电缆或双绞线的传输速率高

167. 下面对单模光纤与多模光纤的区别，描述不准确的是（　　）。　　　　　（C）

A. 单模光纤比多模光纤传输频带宽　　　　B. 单模光纤比多模光纤传输距离长

C. 多模光纤比单模光纤传输容量大

168. 一台 IP 地址 10.110.9.113/21 主机在启动时发出的广播 IP 是（　　　）。　（B）

A. 10.110.9.255　　　B. 10.110.15.255　　　C. 10.110.255.255　　　D. 10.255.255.255

169. 因特网采用的核心技术是（　　　）。　（C）

A. ATM　　　　　　　B. TCP　　　　　　　C. X.25　　　　　　　D. CSMA/CD

170. 在局域网中常采用 100BaseTX5 类双绞线作为传输介质，其传输距离一般不能超过（　　　）m。　（C）

A. 15　　　　　　　　B. 50　　　　　　　　C. 100　　　　　　　D. 500

171. X.25 网络是一种（　　　）。　（D）

A. 企业内部网　　　　B. 帧中继网　　　　　C. 局域网　　　　　　D. 公用分组交换网

172. IPv4 地址由一组（　　　）的二进制数字组成。　（C）

A. 8 位　　　　　　　B. 16 位　　　　　　C. 32 位　　　　　　D. 64 位

173. 在常用的传输介质中，（　　　）的带宽最宽，信号传输衰减最小，抗干扰能力最强。　（C）

A. 双绞线　　　　　　B. 同轴电缆　　　　　C. 光纤　　　　　　　D. 微波

174. 在下面的 IP 地址中，（　　　）属于 C 类地址。　（C）

A. 141.0.0.0　　　　　　　　　　　　　　B. 3.3.3.3

C. 197.234.111.123　　　　　　　　　　　D. 23.34.45.56

175. 在 IEEE 802.3 物理层标准中，10BASE–T 标准采用的传输介质为（　　　）。　（A）

A. 双绞线　　　　　　　　　　　　　　　B. 基带粗同轴电缆

C. 基带细同轴电缆　　　　　　　　　　　D. 光纤

176. ARP 协议的主要功能是（　　　）。　（A）

A. 将 IP 地址解析为物理地址　　　　　　B. 将物理地址解析为 IP 地址

C. 将主机域名解析为 IP 地址　　　　　　D. 将 IP 地址解析为主机域名

177. 在计算机网络中，将语音与计算机产生的数字、文字、图形与图像同时传输，必须先将语音信号数字化，利用（　　　）可以将语音信号数字化。　（D）

A. 差分 Manchester 编码　　　　　　　　B. FSK 方法

C. Manchester 编码　　　　　　　　　　　D. PCM 技术

178. 在 Client/Server 结构中，客户机使用一条 SQL 命令，将服务请求发送到（　　　），由它将每一条 SQL 命令的执行结果回送给客户机。　（B）

A. 文件服务器　　　B. 数据库服务器　　　C. 应用服务器　　　D. 对象服务器

179. 局域网的协议结构一般不包括（　　　）。　（A）

A. 网络层　　　　　　B. 物理层　　　　　　C. 数据链路层　　　D. 介质访问控制层

180. 在很大程度上决定局域网传输数据的类型、网络的响应时间、吞吐量和利用率，以及网络应用等各种网络特性的技术中，最为重要的是（　　　）。　（C）

A. 传输介质　　　　　　　　　　　　　　B. 拓扑结构

C. 介质访问控制方法　　　　　　　　　　D. 逻辑访问控制方法

181. 使用匿名 FTP 服务，用户登录时常常使用（　　　）作为用户名。　（A）

A. anonymous　　　　　　　　　　　　　B. 主机的 IP 地址

C. 自己的 E-mail 地址　　　　　　　　D. 节点的 IP 地址

182. 国际标准化组织 ISO 提出的不基于特定机型、操作系统或公司的网络体系结构 OSI 模型中，将通信协议分为（　　）。　　　　　　　　　　　　　　　　　　　　（B）

A. 4 层　　　　　　　B. 7 层　　　　　　C. 6 层　　　　　　D. 9 层

183. 在电缆中屏蔽的好处是（　　）。　　　　　　　　　　　　　　　　　　　（B）

A. 减少信号衰减　　　　　　　　　　　B. 减少电磁干扰辐射

C. 减少物理损坏　　　　　　　　　　　D. 减少电缆的阻抗

184. 通信子网为网络源节点与目的节点之间提供了多条传输路径的可能性，路由选择是（　　）。　　　　　　　　　　　　　　　　　　　　　　　　　　　　　　　　　（C）

A. 建立并选择一条物理链路

B. 建立并选择一条逻辑链路

C. 网络节点收到一个分组后，确定转发分组的路径

D. 选择通信媒体

185. 在下列有关虚拟局域网的概念中，说法不正确的是（　　）。　　　　　　　（C）

A. 虚拟网络是建立在局域网交换机上的，以软件方式实现逻辑分组

B. 可以使用交换机的端口划分虚拟局域网，且虚拟局域网可以跨越多个交换机

C. 在使用 MAC 地址划分的虚拟局域网中，连接到集线器上的所有节点只能被划分到一个虚拟网中

D. 在虚拟网中的逻辑工作组各节点可以分布在同一物理网段上，也可以分布在不同的物理网段上

186. 下列关于卫星通信的说法，错误的是（　　）。　　　　　　　　　　　　（C）

A. 卫星通信距离大，覆盖的范围广

B. 使用卫星通信易于实现广播通信和多址通信

C. 卫星通信的好处在于不受气候的影响，误码率很低

D. 通信费用高，延时较大是卫星通信的不足之处

187. 在网络中，将语音与计算机产生的数字、文字、图形与图像同时传输，将语音信号数字化的技术是（　　）。　　　　　　　　　　　　　　　　　　　　　　　　（B）

A. QAM 调制　　　　B. PCM 编码　　　　C. Manchester 编码　　D. FSK 调制

188. 在 OSI 参考模型中能实现路由选择、拥塞控制与互联功能的层是（　　）。　（C）

A. 传输层　　　　　B. 应用层　　　　　C. 网络层　　　　　D. 数据链路层

189. 在理想状态的信道中，数据从发送端到接收端是无差错的，但实际应用中，数据的传输会产生差错，下面（　　）不是由于物理介质影响差错的因素。　　　　　　（C）

A. 信号在物理线路上随机产生的信号幅度、频率、相位的畸形和衰减

B. 电气信号在线路上产生反射造成的回波效应

C. 数据的压缩率太高，造成在传输中出现的错误无法克服

D. 相邻线路之间的串线干扰，以及闪电、电磁的干扰等

190. 在给主机配置 IP 地址时，（　　）能使用。　　　　　　　　　　　　　（A）

A. 29.9.255.18　　　B. 127.21.19.109　　C. 192.5.91.255　　　D. 220.103.256.56

191. Telnet 为了解决不同计算机系统的差异性，引入了（　　）的概念。　　　（B）

A. 用户实终端　　　　　　　　　　　B. 网络虚拟终端 NVT

C. 超文本 　　　　　　　　　　D. 统一资源定位器 URL

192. 对于缩写词 FR、X.25、PSTN 和 DDN，分别表示的是（　　）。 （D）

A. 分组交换网、公用电话交换网、数字数据网、帧中继

B. 分组交换网、公用电话交换网、数字数据网、帧中继

C. 帧中继、分组交换网、数字数据网、公用电话交换网

D. 帧中继、分组交换网、公用电话交换网、数字数据网

193. 下面有关网桥的说法，错误的是（　　）。 （B）

A. 网桥工作在数据链路层，对网络进行分段，并将两个物理网络连接成一个逻辑网络

B. 网桥可以通过对不要传递的数据进行过滤，并有效的阻止广播数据

C. 对于不同类型的网络，可以通过特殊的转换网桥进行连接

D. 网桥要处理其接收到的数据，增加了时延

194. 在 TCP/IP 协议集中，应用层的各种服务是建立在传输层所提供服务的基础上实现的，（　　）需要使用传输层的 TCP 建立连接。 （B）

A. DNS、DHCP、FTP 　　　　　　B. Telnet、SMTP、HTTP

C. BOOTP、FTP、Telnet 　　　　　D. SMTP、FTP、UDP

195. 在企业内部网与外部网之间，用来检查网络请求分组是否合法，保护网络资源不被非法使用的技术是（　　）。 （B）

A. 防病毒技术 　　B. 防火墙技术 　　C. 差错控制技术 　　D. 流量控制技术

196. 在 Intranet 服务器中，（　　）作为 WWW 服务的本地缓冲区，将 Intranet 用户从 Internet 中访问过的主页或文件的副本存放其中，用户下一次访问时可以直接从中取出，提高用户访问速度，节省费用。 （D）

A. Web 服务器 　　B. 数据库服务器 　　C. 电子邮件服务器 　　D. 代理服务器

197. 为了保证服务器中硬盘的可靠性，可以采用磁盘阵列技术，使用磁盘镜像技术的是（　　）。 （B）

A. RAID0 　　　　B. RAID1 　　　　C. RAID3 　　　　D. RAID5

198. 通信子网为网络源节点与目的节点之间提供了多条传输路径的可能性，路由选择是（　　）。 （C）

A. 建立并选择一条物理链路

B. 建立并选择一条逻辑链路

C. 网络节点收到一个分组后，确定转发分组的路径

D. 选择通信媒体

199. 若要对数据进行字符转换和数字转换，以及数据压缩，应在 OSI（　　）上实现。 （D）

A. 网络层 　　　　B. 传输层 　　　　C. 会话层 　　　　D. 表示层

200. 组建计算机网络的目的是实现联网计算机系统的（　　）。 （C）

A. 硬件共享 　　　B. 软件共享 　　　C. 资源共享 　　　D. 数据共享

201. 一座大楼内的一个计算机网络系统，属于（　　）。 （B）

A. WAN 　　　　　B. LAN 　　　　　C. MAN 　　　　　D. ADSL

202. 信道容量是指信道传输信息的（　　）能力，通常用信息速率来表示。 （B）

A. 最小 　　　　　B. 最大 　　　　　C. 一般 　　　　　D. 未知

203. 对局域网来说，网络控制的核心是（　　）。　　　　　　　　　　　　　（D）

A. 工作站　　　　　B. 网卡　　　　　C. 网络服务器　　　D. 网络互联设备

204. 现行 IPv4 地址采用的标记法是（　　）。　　　　　　　　　　　　　　（B）

A. 十六进制　　　　B. 十进制　　　　C. 八进制　　　　D. 自然数

205. 在局域网中，运行网络操作系统的设备是（　　）。　　　　　　　　　　（B）

A. 网络工作站　　　B. 网络服务器　　C. 网卡　　　　　D. 路由器

206. 路由器设备工作在（　　）层。　　　　　　　　　　　　　　　　　　　（B）

A. 物理层　　　　　B. 网络层　　　　C. 会话层　　　　D. 应用层

207. 在下列传输介质中，采用 RJ–45 头作为连接器件的是（　　）。　　　　　（A）

A. 双绞线　　　　　B. 粗同轴电缆　　C. 细同轴电缆　　D. 光纤

208. 当个人计算机以拨号方式接入因特网时，必须使用的设备是（　　）。　　（B）

A. 网卡　　　　　　B. 调制解调器　　C. 电话机　　　　D. 浏览器软件

209. 超文本传输协议是（　　）。　　　　　　　　　　　　　　　　　　　　（A）

A. HTTP　　　　　B. TCP/IP　　　　C. IPX　　　　　D. HTML

210. 目前流行的 E-mail 的中文含义是（　　）。　　　　　　　　　　　　　（D）

A. 电子商务　　　　B. 电子现金　　　C. 电子政务　　　D. 电子邮件

211. FTP 的意思是（　　）。　　　　　　　　　　　　　　　　　　　　　　（A）

A. 文件传输协议　　B. 邮件接收协议　C. 网络同步协议　D. 文件阅读协议

212. 网络协议的三要素是（　　）。　　　　　　　　　　　　　　　　　　　（A）

A. 语法、语义、时序　　　　　　　　B. 语法、语义、语素

C. 语法、语义、词法　　　　　　　　D. 语法、语义、格式

213. C/S 的全称是（　　）。　　　　　　　　　　　　　　　　　　　　　　（C）

A. 主机–终端机　　B. 专用服务器　　C. 客户机/服务器　D. 浏览器/服务器

214. 下面（　　）不是 TCP/IP 需要使用的基本参数。　　　　　　　　　　　（D）

A. IP 地址　　　　　B. 子网掩码　　　C. 默认网关　　　D. TCP 地址

215. 搜索引擎有很多类型，如中文搜索引擎、繁体搜索引擎、英文搜索引擎、FTP 搜索引擎和医学搜索引擎等。我们常用的 Baidu 搜索引擎属于（　　）。　　　　　　（A）

A. 中文搜索引擎　　B. 繁体搜索引擎　C. 英文搜索引擎　D. FTP 搜索引擎

216. （　　）就是网络上通信的语言，通信的双方只有能理解互相的语言，才能正常通信。　　　　　　　　　　　　　　　　　　　　　　　　　　　　　　　　　　　　（B）

A. 传输协议　　　　B. 网络协议　　　C. IP　　　　　　D. HTTP

217. 已知一个 IP 地址是 127.0.0.1，则其所在的网络属于（　　）。　　　　　（D）

A. A 类网　　　　　B. B 类网　　　　C. C 类网　　　　D. 都不是

218. 局域网的软件通常包括 3 种，下面（　　）不属于。　　　　　　　　　　（D）

A. 网络操作系统　　B. 网络管理软件　C. 网络应用软件　D. 办公应用软件

219. 在服务器设计的时候应考虑的方面（　　）是指服务器中的 RAM 随机访问存储器。　　　　　　　　　　　　　　　　　　　　　　　　　　　　　　　　　　　　（C）

A. 多处理机技术　　　　　　　　　　B. 总线能力

C. 内存　　　　　　　　　　　　　　D. 磁盘接口和容错技术

220. 对 CSMA/CD 方法的工作原理的概括，下面（　　）是错误的。　　　　　（A）

A. 先发后听　　　　B. 边听边发　　　　C. 冲突停止　　　　D. 随机延迟后重发

221. 中继器和集线器工作于 OSI 模型的（　　）。　　　　　　　　　　　（B）

A. 网络层　　　　　B. 物理层　　　　　C. 应用层　　　　　D. 会话层

222. 传输层传输的数据是（　　）的形式。　　　　　　　　　　　　　　（A）

A. 报文　　　　　　B. 分组　　　　　　C. 帧　　　　　　　D. 比特

223. 某数据通信装置采用奇校验，接收到的二进制信息码为 11100101，校验码为 1，接收的信息（　　）。　　　　　　　　　　　　　　　　　　　　　　　　　　　（C）

A. 无错码　　　　　B. 可纠错　　　　　C. 有错码　　　　　D. 不确定

224. 下列选项中（　　）不属于通信子网协议。　　　　　　　　　　　　（D）

A. 物理层　　　　　B. 链路层　　　　　C. 网络层　　　　　D. 传输层

225. RS-232C 标准允许的最大传输速率为（　　）。　　　　　　　　　　（D）

A. 300kbit/s　　　　B. 512kbit/s　　　　C. 9600bit/s　　　　D. 19.2kbit/s

226.《电力调度自动化系统运行管理规程》（DL/T 516—2006）规定，远动专线通道发送电平应符合通信设备的规定，在信噪比不小于 17dB 的条件下，其专线通道入口接收工作电平应为（　　）。　　　　　　　　　　　　　　　　　　　　　　　　　　　　　（A）

A. -15～-5dBm　　B. -20～-5dBm　　C. -40～-10dBm　　D. -20～0dBm

227. 衡量数字通信电路质量的最重要的指标是（　　）。　　　　　　　　（D）

A. 差错率　　　　　B. 波特率　　　　　C. 信噪比　　　　　D. 误码率

228. 电力系统中主要采用的光缆为（　　）。　　　　　　　　　　　　　（D）

A. OPGW 光缆和单模光缆　　　　　　　　B. ADSS 光缆和单模光缆

C. OPGW 光缆和多模光缆　　　　　　　　D. ADSS 光缆和 OPGW 光缆

229. 如果远动装置 RTU 的信息发送速率为 600bit/s，表示 1s 发送 600 个（　　）。（A）

A. 二进制数　　　　B. 十六进制数　　　C. 字节　　　　　　D. 十进制数

230. 远动通道不采用（　　）方式传输数据。　　　　　　　　　　　　　（C）

A. 同步　　　　　　B. 异步　　　　　　C. 中断

231. 为确保数据传输中的正确性，需要对传输信息进行校验纠错，但（　　）不是纠错编码。（B）

A. BCH 码　　　　　B. BCD 码　　　　　C. 奇偶校验码　　　D. CRC 码

232. TASE.2 通信规约所使用的端口号为（　　）。　　　　　　　　　　　（A）

A. 102　　　　　　　B. 103　　　　　　　C. 10　　　　　　　D. 104

233. 电网调度自动化系统主干网采用的双绞线是第（　　）类双绞线。　　（C）

A. 4　　　　　　　　B. 5　　　　　　　　C. 超 5 类　　　　　D. 3

234."伪（假）在线"指的是（　　）。　　　　　　　　　　　　　　　　（C）

A. 通信中断，数据不变　　　　　　　　　B. 通信中断，数据变化

C. 通信未断，数据不变　　　　　　　　　D. 通信未断，数据变化

235. 奇偶校验是对（　　）的奇偶性进行校验。　　　　　　　　　　　　（C）

A. 数据块　　　　　B. 字符　　　　　　C. 数字位　　　　　D. 信息字

236. 要使主站系统能正确接受到厂站端设备的信息，主站与厂站端的（　　）必须一致。

　　　　　　　　　　　　　　　　　　　　　　　　　　　　　　　　　　　　（C）

A. 系统软件　　　　B. 设备型号　　　　C. 通信规约　　　　D. 同一厂家

237. 有一数字信号，测得在 25ms 中传输了 15 个码元，该信号的传输速率为（　　）bit/s。

（B）

A. 500　　　　　　B. 600　　　　　　C. 300　　　　　　D. 400

238. RS–232 的工作电平为（　　）。　　　　　　　　　　　　　　　　（B）

A. 逻辑"1"为+5～+15V，逻辑"0"为–15～–5V

B. 逻辑"1"为–15～–5V，逻辑"0"为+5～+15V

C. 逻辑"1"为–15～0V，逻辑"0"为 0～+15V

D. 逻辑"1"为 0～+15V，逻辑"0"为–15～0V

239. RS–485 通信距离最远为（　　）m。　　　　　　　　　　　　　　（C）

A. 100　　　　　　B. 15　　　　　　C. 1200　　　　　　D. 800

240. 下列传输介质中不受电磁干扰的是（　　）。　　　　　　　　　　（A）

A. 光纤　　　　　　B. 同轴电缆　　　　C. 音频电缆　　　　D. 双绞线

241. 目前通信设备需用的直流基础电源趋于简化为（　　）。　　　　　（C）

A. –24V　　　　　　B. –12V　　　　　　C. –48V　　　　　　D. –9V

242. 在数据传送过程中，为发现误码甚至纠正误码，通常在原数据上附加"校验码"。其中功能较强的是（　　）。　　　　　　　　　　　　　　　　　　　　（B）

A. 交叉校验码　　　B. 循环冗余码　　　C. 横向校验码　　　D. 奇偶校验码

243. PPP 运行在 OSI 的（　　）。　　　　　　　　　　　　　　　　　（B）

A. 网络层　　　　　B. 数据链路层　　　C. 应用层　　　　　D. 传输层

244. 在异步串行通信中，若采用 8 位数据位，有校验位的格式，则当波特率为 1200bit/s 时，每秒钟可能传送的字节最多为（　　）。　　　　　　　　　　　　（A）

A. 109 个　　　　　B. 150 个　　　　　C. 133 个　　　　　D. 120 个

245. 噪声对信号的影响取决于（　　）。　　　　　　　　　　　　　　（B）

A. 噪声绝对值的大小　　　　　　　　　B. 信号对噪声的比值

246. 当传输距离接近或超过 1km 时，应对光纤延时进行补偿，使对时精度不超过（　　）。

（B）

A. 1μs　　　　　　B. 5μs　　　　　　C. 1ns　　　　　　D. 5ns

247. 在传输速率≤1200bit/s 的情况下，循环式远动专线通道比特差错率的极限值应（　　）。　　　　　　　　　　　　　　　　　　　　　　　　　　　　（A）

A. $1×10^{-4}$　　　B. $1×10^{-5}$　　　C. $5×10^{-4}$　　　D. $5×10^{-5}$

248. 双绞线可用于传输网络时间报文，其传输距离不长于（　　）。　　（C）

A. 15m　　　　　　B. 25m　　　　　　C. 100m　　　　　　D. 1000m

249. RS–232C 接口标准规定使用 DB–9 连接器且传输速率不高于 20kbit/s 时的通信线长度为（　　）m。　　　　　　　　　　　　　　　　　　　　　　　（C）

A. 50　　　　　　　B. 30　　　　　　　C. 15　　　　　　　D. 10

250. RS–232 采用负逻辑，即（　　）。　　　　　　　　　　　　　　　（B）

A. 逻辑"1"为+5～+15V，逻辑"0"为–15～–5V

B. 逻辑"1"为–15～–5V，逻辑"0"为+5～+15V

C. 逻辑"1"为–15～0V，逻辑"0"为 0～+15V

D. 逻辑"1"为 0～+15V，逻辑"0"为–15～0V

251. RS–485 接口的输出方式为（　　）。　　　　　　　　　　　　　　　（C）

A. 一态　　　　　　B. 二态　　　　　　C. 三态　　　　　　D. 四态

252. 电力调度自动化系统由（　　）构成。　　　　　　　　　　　　　　（A）

A. 子站设备、数据传输通道、主站系统

B. 信息采集系统、信息传输系统、信息接收系统

C. 远动系统、综自系统、通信系统

D. 综自系统、远动系统、主站系统

253. 电力系统中电力调度至被调的下站通信电路的组织原则是（　　）的通信电路。

（C）

A. 具备 3 条不同物理路由　　　　　　　B. 具备 1 条物理路由

C. 具备 2 条不同物理路由　　　　　　　D. 具备 4 条不同物理路由

254. 将信号调制在频率上进行收发的通信方式称为微波中继通信，微波频段的频率范围在 300MHz～300GHz。　　　　　　　　　　　　　　　　　　　　　　　　（C）

A. 载波　　　　　　B. 电磁波　　　　　C. 微波　　　　　　D. 光波

255. 在自由空间中，微波是传播的（　　）。　　　　　　　　　　　　　（C）

A. 曲线　　　　　　B. 折线　　　　　　C. 直线

256. 远动终端设备中将模拟信号转换成相应的数字量的过程称为（　　）。　（C）

A. D/A 转换　　　　B. 协议转换　　　　C. A/D 转换　　　　D. 标度转换

257. 国家对电信终端设备、无线电通信设备和涉及网间互联的设备实行（　　）。（A）

A. 进网许可制度　　B. 统一指标　　　　C. 标准接口制度　　D. 合作制度

258. 衡量模拟通信电路质量的最重要的指标是（　　）。　　　　　　　　（C）

A. 断线率　　　　　B. 误码率　　　　　C. 信噪比　　　　　D. 衰耗率

259. 在 PCM 中，每个话路的速率是（　　）。　　　　　　　　　　　　（A）

A. 64kbit/s　　　　B. 256kbit/s　　　　C. 32kbit/s　　　　D. 512kbit/s

260. 光通信系统的系统误码率一般应小于（　　）。　　　　　　　　　　（D）

A. 1×10^{-7}　　　B. 1×10^{-8}　　　C. 1×10^{-6}　　　D. 1×10^{-9}

261. 一般不超过（　　）km 的距离，进行计算机网络连接，称为局域网。　（C）

A. 50　　　　　　　B. 100　　　　　　C. 10　　　　　　　D. 1000

262. 和模拟通信相比，下列（　　）不是数字通信的优点。　　　　　　　（D）

A. 抗干扰能力强

B. 便于使用现代计算机技术对数字信号进行处理

C. 便于保密

D. 占用较宽的频带

263. 在异步通信中，每个字符包含 1 位起始位，7 位数据位，1 位奇偶位和 2 位终止位，每秒传送 100 个字符，则有效数据速率为（　　）。　　　　　　　　　　　　　（C）

A. 100bit/s　　　　B. 500bit/s　　　　C. 700bit/s　　　　D. 1000bit/s

264. 下列（　　）属于远动系统的通信方式。　　　　　　　　　　　　　（D）

A. 电力载波　　　　B. 光纤　　　　　　C. 无线　　　　　　D. 以上均是

265. 串行通信的基本形式为（　　）。　　　　　　　　　　　　　　　　（A）

A. 同步与异步　　　B. 232 和 422　　　C. 分时制

266. RS-485 标准采用（   ）方式数据收发器来驱动总线。 （C）

A. 非平衡式发送，差分式接收   B. 平衡式发送，非差分式接收

C. 平衡式发送，差分式接收   D. 以上均不是

267. 在以太网中，是根据（   ）地址来区分不同的设备的。 （D）

A. IP 地址   B. IPX 地址   C. LLC 地址   D. MAC 地址

二、多项选择题

1. 下面对路由器的描述正确的是（交换机指二层交换机）（   ）。 （ADE）

A. 相对于交换机和网桥来说，路由器具有更加复杂的功能

B. 相对于交换机和网桥来说，路由器具有更低的延迟

C. 相对于交换机和网桥来说，路由器可以提供更大的带宽和数据转发功能

D. 路由器可以实现不同子网之间的通信，交换机和网桥不能

E. 路由器可以实现虚拟局域网之间的通信，交换机和网桥不能

2. 通过以下（   ）途径可以配置 Cisco 路由器。 （ABCDE）

A. 通过 console 进行设置，这也是用户对路由器的主要设置方式

B. 通过 AUX 端口连接 Modem 进行远程配置

C. 通过 Telnet 方式进行配置

D. 通过网管工作站进行配置

E. 通过 TFTP 或 FTP 服务器下载路由器配置文件

3. 路由器在执行数据包转发时，下列（   ）没有发生变化（假定没有使用地址转换技术）。

（ABCD）

A. 源端口号   B. 目的端口号   C. 源网络地址   D. 目的网络地址

E. 源 MAC 地址   F. 目的 MAC 地址

4. 在下面的网络中，可以使用（   ）路由协议，使得路由器可以访问网络中所有网段。

（ABCD）

A. RIPv1   B. RIPv2   C. OSPF   D. Static

5. 属于物理层的设备是（   ）。 （BD）

A. 路由器   B. 中继器   C. 交换机   D. 集线器

6. 使用 TCP/IP 协议的应作协议有（   ）。 （AD）

A. HTTP   B. ARP   C. ICMP   D. SMTP

7. 以下属于传输层协议的是（   ）。 （ADE）

A. TCP   B. X.25   C. OSPF

D. UDP   E. SPX

8. 路由器的 IP 地址配置的原则包括（   ）。 （ABC）

A. 路由器的物理网络端口需要有一个 IP 地址

B. 相邻路由器的相邻端口 IP 地址在同一网段

C. 同一路由器不同端口要配置不同网段的地址

D. 一个物理端口只可以配置一个地址

9. 距离矢量路由协议包括（   ）。 （ABCD）

A. EIGRP   B. IGRP   C. RIP

D. BGP   E. OSPF

10. 调度数据网络设备主要包括（　　　）。　　　　　　　　　　　　　（ACD）

A. 交换设备   B. 传输设备   C. 路由设备   D. 数据通道接口设备

11. 自动化数据网络的安全防护策略的范围是（　　　）。　　　　　　　　　（ABCD）

A. 信息系统的安全分层   B. 数据网络的信息流模型

C. 数据网络的技术体制及安全防护体系   D. 调度专用数据网络的安全防护措施

12. 开放式互联（OSI）模型的第一层故障包括（　　　）。　　　　　　　（ABCDEF）

A. 电缆断线   B. 电缆未连接

C. 电缆连接到错误的端口   D. 设备断电

E. 电缆的连接时断时续   F. 电缆的终结错误

13. 网络安全的要素包括（　　　）。　　　　　　　　　　　　　　　　（ABCDE）

A. 可用性   B. 机密性   C. 完整性   D. 可控性

E. 可审查性   F. 可持续性

14. 下列（　　　）是在局域网中引入第 3 层设备的好处。　　　　　　　　（ABC）

A. 过滤数据链路层广播和组播，并允许接入广域网

B. 允许将局域网分段成为多个独立的逻辑网络

C. 提供网络的逻辑结构

15. IGP 包括（　　　）协议。　　　　　　　　　　　　　　　　　　　（ACDE）

A. IS-IS   B. BGP   C. RIP

D. IGRP   E. OSPF

16. 国际上负责分配 IP 地址的专业组织划分了几个网段作为私有网段，可以供人们在私有网络上自由分配使用，以下属于私有地址的网段是（　　　）。　　　　　　　（ABC）

A. 172.16.0.0/12   B. 192.168.0.0/16   C. 10.0.0.0/8   D. 224.0.0.0/8

17. 动态路由协议相比静态路由协议（　　　）。　　　　　　　　　　　　　（BD）

A. 简单   B. 路由器能自动发现网络变化

C. 带宽占用少   D. 路由器能自动计算新的路由

18. 网络安全的关键技术有（　　　）。　　　　　　　　　　　　　　　　（ACD）

A. 访问控制技术   B. 主机安全技术   C. 身份认证技术   D. 隔离技术

19. 路由器通过（　　　）等几种不同的方式获得其到达目的端的路径。　　　（ABC）

A. 默认路由   B. 动态路由选择   C. 静态路由   D. 使用专用命令

20. 下列关于 OSPF 协议的说法，正确的是（　　　）。　　　　　　　　　（ACD）

A. OSPF 支持到同一目的地址的多条等值路由

B. OSPF 是一个基于链路状态算法的边界网关路由协议

C. OSPF 支持基于接口的报文验证

D. OSPF 发现的路由可以根据不同的类型而有不同的优先级

21. 国家电网调度数据网络节点设备主要包括网络管理设备（仅网管中心配置）、（　　　）、数据通道接口设备等。　　　　　　　　　　　　　　　　　　　　　　　（AC）

A. 交换设备（局域网接入二、三层交换机等）

B. 防火墙

C. 路由设备（路由器）

D. 纵向加密认证装置

22. 为了安全的目的，路由器有两个级别的存取命令：（　　）。　　　　　　　　　（BC）

A. 管理模式　　　　　　B. 特许模式　　　　　　C. 用户模式　　　　D. 登录模式

23. 路由器隔离网段的作用是（　　）。　　　　　　　　　　　　　　　　　　　（AB）

A. 提供更多的逻辑网段　　　　　　　　B. 减小广播域　　　　C. 减少带宽

24. 路由器作为网络互联设备，必须具备以下（　　）特点。　　　　　　　　　　（ABC）

A. 协议至少要实现到网络层　　　　　　B. 至少支持两个网络接口

C. 具有存储、转发和寻址功能

25. 下面有关 NAT 的叙述，正确的是（　　）。　　　　　　　　　　　　　　　（ACD）

A. NAT 用来实现私有地址与公用网络地址之间的转换

B. 当内部网络的主机访问外部网络的时候，一定不需要 NAT

C. NAT 是英文"地址转换"的缩写，又称地址翻译

D. 地址转换的提出为解决 IP 地址紧张的问题提供了一个有效途径

26. 下列静态路由配置正确的是（　　）。　　　　　　　　　　　　　　　　　　（ACD）

A. iproute129.1.0.016serial0　　　　　　　B. iproute10.0.0.216129.1.0.0

C. iproute129.1.0.01610.0.02　　　　　　　D. iproute129.1.0.0.255.255.0.010.0.0.2

27. 网络协议的三要素包括（　　）。　　　　　　　　　　　　　　　　　　　　（ABC）

A. 语义　　　　　　　　B. 时序　　　　　　　　C. 语法　　　　　　D. 文件

28. 以下属于传输层协议的是（　　）。　　　　　　　　　　　　　　　　　　　（CDE）

A. OSPF　　　　　　　　B. X.25　　　　　　　　C. TCP

D. UDP　　　　　　　　E. SPX

29. 关于 HUB，以下说法正确的是（　　）。　　　　　　　　　　　　　　　　　（CD）

A. 一般 HUB 都具有路由功能

B. HUB 通常也称集线器，一般可以作为地址翻译设备

C. HUB 可以用来构建局域网

D. 一台共享式以太网 HUB 下的所有计算机属于同一个冲突域

30. TCP 和 IP 协议分别工作在 OSI/ISO 7 层参考模型的（　　）层。　　　　　　（CD）

A. 物理层　　　　　　　B. 数据链路层　　　　　C. 网络层　　　　　D. 传输层

31. UDP 报文中包括的字段有（　　）。　　　　　　　　　　　　　　　　　　　（BC）

A. 源地址/目的地址　　　　　　　　　　B. 长度和校验和

C. 源端口/目的端口　　　　　　　　　　D. 报文序列号

32. IP 地址中网络号的作用有（　　）。　　　　　　　　　　　　　　　　　　　（BC）

A. 指定了网络上主机的标识　　　　　　B. 指定了设备能够进行通信的网络

C. 指定了主机所属的网络　　　　　　　D. 指定了被寻址的网中的某个节点

33. 网络通信按功能分为 7 个层次，它们由下至上是物理层、网络层、传输层和（　　）。

（ABCD）

A. 数据链路层　　　　　B. 会话层　　　　　　　C. 表示层　　　　　D. 应用层

34. UDP 和 TCP 的共同之处有（　　）。　　　　　　　　　　　　　　　　　　　（CD）

A. 流量控制　　　　　　B. 重传机制　　　　　　C. 校验　　　　　　D. 提供目的、源端口号

35. 数据网网络按（　　）两种方式分配 IP 地址。 （CD）

A. 自动分配　　　　B. 任意分配　　　　C. 地址预分配　　　　D. 按需分配

36. 防火墙基本功能有（　　）。 （AE）

A. 过滤进、出网络的数据　　　　　　　　B. 管理进、出网络的访问行为

C. 封堵某些禁止的业务　　　　　　　　　D. 提供事件记录流的信息源

E. 对网络攻击检测和告警

37. 以下（　　）路由项由网管手动配置。 （AB）

A. 静态路由　　　　B. 直接路由　　　　C. 默认路由　　　　D. 动态路由

38. 根据来源的不同，路由表中的路由通常可分为（　　）。 （BCD）

A. 接口路由　　　　B. 直连路由　　　　C. 静态路由　　　　D. 动态路由

39. 网络风暴可能的成因有（　　）。 （ABCD）

A. 广播接点太多　　　　　　　　　　　　B. 网卡损坏

C. 链路环路（LOOP）　　　　　　　　　D. 环网

40. SNTP 具有的工作模式有（　　）。 （AD）

A. 服务器/客户端模式　　　　　　　　　B. 发布/订阅模式

C. 组播模式　　　　　　　　　　　　　　D. 广播模式

41. UDP 和 TCP 报文头部的共同字段有（　　）。 （CD）

A. 流量控制　　　　B. 重传机制　　　　C. 校验和　　　　D. 提供目的、源端口号

42. 下述（　　）是交换机的作用。 （ABC）

A. 能够根据以太网帧中目标地址智能的转发数据

B. 分割冲突域

C. 实现全双工通信

43. 以下（　　）种设备属于网络设备。 （ABD）

A. 集线器　　　　B. 交换机　　　　C. 测线器　　　　D. 路由器

44. 电力调度数据网逻辑子网划分为（　　）。 （AB）

A. 实时子网　　　　B. 非实时子网　　　　C. 电力数据通信网　　　D. 公网 GPRS

45. 计算机网络从逻辑功能上分为（　　）。 （AC）

A. 通信子网　　　　B. 局域网　　　　C. 资源子网　　　　D. 对等网络

46. 路由表中的路由可能有以下（　　）来源。 （ABC）

A. 接口上报的直接路由

B. 手工配置的静态路由

C. 动态路由协议发现的路由

D. 以太网接口通过 ARP 获得的该网段中的主机路由

47. 下列有关路由表的说法中，错误的是（　　）。 （CD）

A. 路由器只将自己认为的最佳路由添加到路由表中

B. 如果在查找路由表时，某个报文的目的地址未能找到匹配的路由项，则该报文将被丢弃

C. 如果在查找路由表时，某个报文的目的地址找到了匹配的路由项，则该报文将被转发，并且一定能够发送到最终的目的地址

D. 在路由表的表项中，出接口只能是物理接口，而不可能是 loopback、virtual-template 等逻辑接口和虚拟接口

48. 下面（　　）是 OSPF 协议的特点。　　　　　　　　　　　　　　　　（ABC）

A. 支持区域划分　　　B. 支持验证　　　　C. 无路由自环　　　D. 路由自动汇总

49. 某全双工网卡标有"100BASE-TX"，关于该网卡的说法正确的有（　　）。　　（AD）

A. 该网卡可以用来接双绞线　　　　　　B. 该网卡可以用来接光缆

C. 该网卡最大传输速度为 100Mbit/s　　　D. 该网卡最大传输速度为 200Mbit/s

E. 该网卡最大传输速度为 1000Mbit/s

50. 在一般情况下，下列关于局域网与广域网说法，正确的有（　　）。　　　（CD）

A. 局域网比广域网地理覆盖范围大　　　B. 广域网比局域网速度要快得多

C. 广域网比局域网计算机数目多　　　　D. 局域网比广域网误码率要低

E. 局域网不能运行 TCP/IP

51. 解决 IP 地址资源紧缺问题的办法有（　　）。　　　　　　　　　　（CDE）

A. 使用网页服务器　　　　　　　　　　B. 使用代理服务器

C. 多台计算机同时共用一个 IP 地址上网　D. 使用地址转换

E. 升级到 IPv6

52. 在未进行子网划分的情况下，下列各项中属于网络地址的有（　　）。（ABCDE）

A. 10.0.0.0　　　B. 100.10.0.0　　　C. 150.10.10.0

D. 200.200.0.0　　E. 200.200.200.0

53. 网络按通信方式分类，可分为（　　）。　　　　　　　　　　　　　（AB）

A. 点对点传输网络　B. 广播式传输网络　C. 数据传输网络　D. 对等式网络

54. OSPF 协议中的 Hello 报文的作用是（　　）。　　　　　　　　　　（ADF）

A. 发现并维持邻居关系

B. 描述本地 LSDB 的情况

C. 向对端请求本端没有的 LSA，或对端主动更新的 LSA

D. 选举 DR、BDR

E. 向对方更新 LSA

F. 周期性地进行发送，监控链路状态

55. 多层交换将（　　）功能结合了起来。　　　　　　　　　　　　　　（ABC）

A. 第三层路由选择　　　　　　　　　　B. 第二层交换

C. 第四层端口信息缓存

56. 关于 MAC 地址表示正确的是（　　）。　　　　　　　　　　　　　（AC）

A. 00e0.fe01.2345　　　　　　　　　　B. 00e.0fe.-012.345

C. 00-e0-fe-01-23-45　　　　　　　　　D. 00e0.fe112345

57. 关于 VPN，以下说法正确的有（　　）。　　　　　　　　　　　　（ABD）

A. VPN 的本质是利用公网的资源构建企业的内部私网

B. VPN 技术的关键在于隧道的建立

C. GRE 是三层隧道封装技术，把用户的 TCP/UDP 数据包直接加上公网的 IP 报头发送到公网中去

D. L2TP 是二层隧道技术，可以用来构建 VPDN

58. 广域网常见接口包括（   ）。 （ABCDE）

A. RS–232   B. V.24   C. V.35

D. BRI   E. CE1

59. 国际标准化组织（ISO）提出的 OSI 网络参考模型包括（   ）。 （ABC）

A. 物理层   B. 数据链路层   C. 网络层   D. 设备层

60. 交换机的帧转发方法有（   ）。 （ABC）

A. 直通转发   B. 存储转发   C. 碎片转发   D. 整体转发

61. 局域网常见接口包括（   ）。 （ABCDE）

A. 10Base–T   B. 100Base–T   C. 100Base–TX/FX

D. 1000Base–T   E. 1000Base–SX/LX

62. 可以用来对以太网进行分段的设备有（   ）。 （ABC）

A. 交换机   B. 路由器   C. 网桥   D. 集线器

63. 路由器的 IP 地址配置的基本原则包括（   ）。 （ABC）

A. 路由器的物理网络端口需要有一个 IP 地址

B. 相邻路由器的相邻端口 IP 地址在同一网段

C. 同一路由器不同端口要配置不同网段的地址

D. 一个物理端口只可以配置一个地址

64. 路由器隔离网段的作用（   ）。 （AB）

A. 减小广播域   B. 提供更多的逻辑网段

C. 减少带宽

65. 路由器通过（   ）等几种不同的方式获得其到达目的端的路径。 （ABC）

A. 默认路由   B. 动态路由选择   C. 静态路由   D. 使用专用命令

66. 路由器通过网络传送业务所用地址的两个组成部分有（   ）。 （BC）

A. MAC 地址   B. 主机地址   C. 网络地址   D. 子网掩码

67. 如下（   ）路由协议只关心到达目的网段的距离和方向。 （CD）

A. IGP   B. OSPF   C. RIPv1   D. RIPv2

68. 属于 OSI 参考模型第 7 层的有（   ）。 （AC）

A. FTP   B. SPX   C. Telnet   D. PPP

E. TCP   F. IGMP

69. 数字网络的主要特点是向用户提供端对端的数字型数据传输信道，它与通过 Modem 实现的数据传输相比，有明显的优越性，具体表现为（   ）。 （BC）

A. 传输速率稳定   B. 传输质量好   C. 通信电路利用率高

70. 网络设备告警单元指示灯有（   ）状态，代表的含义是（   ）。 （ABC）

A. 系统告警功能打开并且正常运行，RUN 灯亮（绿色）

B. 系统告警功能打开并且发现错误，RUN 灯亮（红色）

C. 系统告警功能关闭，RUN 灯灭

D. 系统配置为一般告警且有错误时，RUN 灯亮（红色）

71. 下列关于 OSPF 协议的说法，正确的是（   ）。 （ACD）

A. OSPF 支持到同一目的地址的多条等值路由

B. OSPF 是一个基于链路状态算法的边界网关路由协议

C. OSPF 支持基于接口的报文验证

D. OSPF 发现的路由可以根据不同的类型而有不同的优先级

72. 下列（　　）是在局域网中引入第 3 层设备的好处。　　　　　　　（ABC）

A. 过滤数据链路层广播和组播，并允许接入广域网

B. 允许将局域网分段成为多个独立的逻辑网络

C. 提供网络的逻辑结构

73. 下列有关光纤的说法中，（　　）是错误的。　　　　　　　　　　（BC）

A. 多模光纤可传输不同波长、不同入射角度的光

B. 多模光纤的纤芯较细

C. 采用多模光纤时，信号的最大传输距离比单模光纤长

D. 多模光纤的成本比单模光纤低

74. 下面的路由大部分情况下应在进入网络时给予过滤的是（　　）。　（ABCD）

A. 0.0.0.0/0 和 0.0.0.8

B. 127.0.0.0/8

C. 10.0.0.0/8，172.16.0.0/12 和 192.168.0.0/16

D. 224.0.0.0/8

75. 以下关于星型网络拓扑结构的描述，正确的是（　　）。　　　　　（AB）

A. 星型拓扑易于维护

B. 在星型拓扑中，某条线路的故障不影响其他线路下的计算机通信

C. 星型拓扑具有很高的健壮性，不存在单点故障的问题

D. 由于星型拓扑结构的网络是共享总线带宽，当网络负载过重时会导致性能下降

76. 异步数据传输控制方式分为（　　）。　　　　　　　　　　　　　（ABC）

A. 单工　　　　　　　　B. 半双工　　　　　　　C. 全双工

77. 网络拥塞会导致（　　）。　　　　　　　　　　　　　　　　　　（ABCD）

A. 高冲突率

B. 网络不可预知和高错误率

C. 低可靠性和低流量

D. 降低响应时间，更长时间的文件传输和网络延迟

78. OSI/RM 将整个网络的功能分成 7 个层次，（　　）。　　　　　　（AC）

A. 层与层之间的联系通过接口进行

B. 层与层之间的联系通过协议进行

C. 除物理层以外，各对等层之间通过协议进行通信

D. 除物理层以外，各对等层之间均存在直接的通信关系

79. 虚拟局域网在功能和操作上与传统局域网基本相同，（　　）。　　（BC）

A. 但操作方法与传统局域网不同　　　　B. 但组网方法与传统局域网不同

C. 主要区别在"虚拟"　　　　　　　　　D. 主要区别在传输方法

80. 下面属于 TCP/IP 协议集中网际层协议的是（　　）。　　　　　　（BC）

A. IGMP、UDP、IP　　　　　　　　　　B. IP、ARP、ICMP

C. ICMP、ARP、IGMP　　　　　　　　　D. FTP、IGMP、SMTP

81. 数据在传输过程中所出现差错的类型主要有（　　）。　　　　　　（BC）

A. 计算差错　　　　　B. 突发差错　　　　　C. 随机差错　　　　　D. CRC 校验差错

82. 下面有关虚电路和数据报的特性，说法正确的是（　　）。　　　　　　　　（BC）

A. 数据报在网络中沿同一条路径传输，并且按发出顺序到达

B. 虚电路和数据报分别为面向连接和面向无连接的服务

C. 虚电路在建立连接之后，分组中只需要携带连接标识

D. 虚电路中的分组到达顺序可能与发出顺序不同

83. 不同的网络设备和网络互联设备实现的功能不同，主要取决于该设备工作在 OSI 的第几层，下列（　　）设备工作在数据链路层。　　　　　　　　　　　　　　　　（BD）

A. 网桥和路由器　　　　　　　　　　B. 网桥和传统交换器

C. 网关和路由器　　　　　　　　　　D. 网卡和网桥

84. 下列说法正确的是（　　）。　　　　　　　　　　　　　　　　　　　　　（BC）

A. 交换式以太网的基本拓扑结构可以是星型的，也可以是总线型的

B. 集线器相当于多端口转发器，对信号放大并整形再转发，扩充了信号传输距离

C. 广播式网络的重要特点之一就是采用分组存储转发与路由选择技术

D. 划分子网的目的在于将以太网的冲突域规模减小，减少拥塞，抑制广播风暴

85. IP 是（　　）。　　　　　　　　　　　　　　　　　　　　　　　　　　（AD）

A. 网际层协议　　　　　　　　　　　B. 传输层协议

C. 和 TCP/IP 一样，都是面向连接的协议　　D. 面向无连接的协议，可能会使数据丢失

86. 用一个共享式集线器把几台计算机连接成网，这个网是（　　）。　　　　　（AC）

A. 物理结构是星型连接，而逻辑结构是总线型连接

B. 物理结构是星型连接，而逻辑结构也是星型连接

C. 实质上还是总线型结构的连接

D. 实质上变成网状型结构的连接

87. 关于防火墙，下列说法中正确的是（　　）。　　　　　　　　　　　　　　（BD）

A. 防火墙主要是为了防止外来网络病毒的入侵

B. 防火墙是将未经授权的用户阻挡在内部网之外

C. 防火墙主要是在机房出现火情时报警的

D. 防火墙很难防止数据驱动式攻击

88. 关于子网掩码的说法，以下正确的是（　　）。　　　　　　　　　　　　　（AB）

A. 定义了子网中网络号的位数

B. 子网掩码可以把一个网络进一步划分成几个规模相同的子网

C. 子网掩码用于设定网络管理员的密码

D. 子网掩码用于隐藏 IP 地址

89. 电网调度自动化系统一般采用（　　）通信规约。　　　　　　　　　　　　（AB）

A. 问答式　　　　　　B. 循环式　　　　　　C. 101　　　　　　　D. 104

90. 在全双工的以太网交换机中，（　　）是正确的。　　　　　　　　　　　　（ABC）

A. 使用了节点间的两个线对和一个交换连接

B. 冲突被实质上消除了

C. 节点之间的连接被认为是点到点的

91. 专线通道质量的好坏，对于远动功能的实现，有很大的影响。判断专线通道质量的好

坏，通常采用的手段有（　　　）。 （ABCD）

A. 测量信道的信噪比

B. 环路测量信道信号衰减幅度

C. 观察远动信号的波形，看波形失真情况

D. 测量通道的误码率

92. PPP 可以配置在（　　　）物理接口上。 （CD）

A. Ethernet　　　　　　　　　　　　B. TokenRing

C. Synchronous Serial　　　　　　　　D. Asynchronous Serial

93. 电力通信常用的特种光缆有（　　　）。 （AB）

A. OPGW（光纤复合架空地线）　　　B. ADSS（非金属自承式光缆）

C. 单模光纤　　　　　　　　　　　　D. 多模光纤

94. 电力通信的传输介质一般有（　　　）。 （ABC）

A. 电力线　　　　　　　　　　　　　B. 空气

C. 光导纤维（光纤）　　　　　　　　D. 电磁场

95. 远动通道有（　　　）。 （BC）

A. 微波（模拟、数字两种）、超声波　B. 电力载波、电缆

C. 光纤

96. 在通信系统中，常见的多路复用体制有（　　　）。 （ABC）

A. 频分复用（FDM）　　　　　　　　B. 时分复用（TDM）

C. 波分复用（WDM）　　　　　　　　D. 数字交叉连接（DXC）

97. 按信息的传递方向与时间关系，信道可分为（　　　）。 （ABC）

A. 单工信道　　　B. 半双工信道　　　C. 全双工信道　　　D. 有线信道

98. 电力系统通信主要的通信方式有（　　　）。 （ABCD）

A. 电力线载波通信　　B. 光纤通信　　　C. 卫星通信　　　D. 微波通信

99. 计算机网络完成的基本功能是（　　　）。 （AB）

A. 数据处理　　　B. 数据传输　　　C. 报文发送　　　D. 报文存储

100. 网络硬件系统包括（　　　）。 （ABC）

A. 计算机系统　　　B. 终端　　　　C. 通信设备　　　D. 网络通信协议

101. 数据通信系统的主要技术指标包括（　　　）。 （ABC）

A. 比特率和波特率　　　　　　　　　B. 误码率和吞吐量

C. 信道的传播延迟　　　　　　　　　D. 传输介质

102. 数据通信系统模型中一般包括（　　　）。 （ABCD）

A. DTE　　　　　B. DCE　　　　C. DTE/DCE 接口　　D. 传输介质

103. 根据数据信息在传输线上的传送方向，数据通信方式有（　　　）。 （ABC）

A. 单工通信　　　B. 半双工通信　　　C. 全双工通信　　　D. 无线通信

104. 数据传输方式依其数据在传输线上原样不变的传输还是调制变样后再传输，可分为（　　　）。 （ABC）

A. 基带传输　　　B. 频带传输　　　C. 宽带传输　　　D. 并行传输

105. 在计算机网络中，通常采用的交换技术有（　　　）。 （ABCD）

A. 电路交换技术　　B. 报文交换技术　　C. 分组交换技术　　D. 信元交换技术

106. 有线传输媒体有（　　　）。　　　　　　　　　　　　　　　　　　　　（ABC）

A. 双绞线　　　　　　B. 同轴电缆　　　　　C. 光纤　　　　　　D. 激光

三、判断题

1. 96. 路由器、网关是计算机网络之间的互连设备。　　　　　　　　　　　（√）

2. 97. 路由器能够支持多个独立的路由选择协议。　　　　　　　　　　　　（√）

3. 116. 网络层是 OSI 分层结构体系中最重要也是最基础的一层。　　　　　（×）

4. 路由器能够支持多个独立的路由选择协议。　　　　　　　　　　　　　　（√）

5. VLAN 是一些共享资源用户的集合，这些用户不一定连接在同一台网络设备上，它是用户与相关资源的逻辑组合。　　　　　　　　　　　　　　　　　　　　　　　　　（√）

6. 新接入电力调度数据网络的节点、设备和应用系统，须经负责本级电力调度数据网络的调度机构核准，并送上一级电力调度机构备案。　　　　　　　　　　　　　　　　（√）

7. 路由器是一种多端口的网络设备，它能够连接多个不同网络或网段，并能将不同网络或网段之间的数据信息进行传输，从而构成一个更大的网络。　　　　　　　　　　　　（√）

8. TCP/IP 与 OSI 参考模型对网络的结构分层是完全相同的。　　　　　　（√）

9. IEEE 802.1X 定义了基于端口的网络接入控制协议（Port-based Network Access Control），其中端口可以是物理端口，也可以是逻辑端口。　　　　　　　　　　　　　　　（√）

10. 按照协议规定标准，常见的动态路由协议如 RIP、OSPF 和 BGP 都可以支持等值路由，以实现多条到同一目的地的路径之间的负载分担。　　　　　　　　　　　　　　（×）

11. 路由器是用于计算机网络层互联的设备。　　　　　　　　　　　　　　（√）

12. IP 和 TCP 两种协议协同工作，要传输的文件就可以准确无误地被传送和接收。

　　　　　　　　　　　　　　　　　　　　　　　　　　　　　　　　　　　（√）

13. SPTnet 使用私有 IP 地址，但是与 Internet 以及其他外部网络也有网络连接。（×）

14. 根据带宽使用方式，以太网分为共享式以太网和交换式以太网两类。　　（√）

15. 静态路由要手工配置，相对于动态路由来说管理开销较大，因此适用于小型网络。

　　　　　　　　　　　　　　　　　　　　　　　　　　　　　　　　　　　（√）

16. TCP（Transport Control Protocal）传输控制协议具有重排 IP 数据包顺序和超时确认的功能。　　　　　　　　　　　　　　　　　　　　　　　　　　　　　　　　（√）

17. 单模光纤的纤芯直径很小，通常在 4～10μm，同波长的光只能传输一种模式，可以避免模式色散。　　　　　　　　　　　　　　　　　　　　　　　　　　　　　　（√）

18. LAN 代表局域网，WAN 代表广域网，SCADA 代表数据采集与监视控制，AGC 代表自动发电控制，EMS 代表能量管理系统，GPS 代表全球定位系统。　　　　　　　　（√）

19. OSI 模型中确保端到端数据可靠传输的是传输层的功能。　　　　　　　（√）

20. TCP/IP 与 OSI 参考模型对网络的结构分层是完全相同的。　　　　　　（×）

21. LAN 的特点是距离短、延迟小、数据速率高、传输可靠。　　　　　　　（×）

22. WAN 定义在大范围区域内提供数据通信服务，主要用于互连局域网。　（√）

23. Telnet、FTP、Rlogin 使用 TCP，HTTP、NTP 是使用 UDP。　　　　　（×）

24. 联网的计算机必须使用相同的操作系统。　　　　　　　　　　　　　　（×）

25. 路由器、网关是计算机网络之间的互联设备。　　　　　　　　　　　　（√）

26. 一台计算机必须安装了调制解调器才能连入 Internet。 （×）

27. 域名和 IP 都可以由用户任意命名。 （×）

28. Internet 上的几个主机可以共用同一个网络地址。 （×）

29. UDP 是主机与主机之间的无联接的数据报协议。 （√）

30. HTTP（超文本传输协议）默认的端口号是 21。 （×）

31. 网络层是 OSI 分层结构体系中最重要也是最基础的一层。 （×）

32. 传输层是建立在会话层之上的。 （×）

33. 表示层关心的只是发出信息的语法和语义。 （√）

34. VLAN 是一些共享资源用户的集合，这些用户不一定连接在同一台网络设备上，它是用户与相关资源的逻辑组合。 （√）

35. Intranet 是指将 Internet 技术应用于企业或政府部门的内部专用网。 （√）

36. 防火墙就是在两个网络之间执行控制策略的系统（包括硬件和软件）。 （√）

37. 传输介质是通信网络中发送方与接收方之间的物理通路，也是通信中实际传送信息的载体。 （√）

38. 局域网络（又称局域网）是在有限的地域内由计算机构成的网络数据通信系统。 （√）

39. B/S 模式就是 Browser/Server（浏览器/服务器）模式，C/S 模式就是 Client/Server（客户/服务器）模式。 （√）

40. 子网掩码是一个 32 位地址，用于屏蔽 IP 地址的一部分，以区别网络标识和主机标识。 （√）

41. FTP 文件传输协议，使用 21 号端口；Telnet 远程登录协议，使用 23 号端口；SMTP 简单邮件传送协议，使用 25 号端口。 （√）

42. 调度数据网的管理遵循"统一调度、分级管理、属地运维、协同配合"的原则。 （√）

43. POS（Packet Over SONET/SDH，SONET/SDH 上的分组）将长度固定的数据包直接映射进 SONET 同步载荷中，使用 SONET 物理层传输标准，提供了一种高速、可靠、点到点的数据连接。 （×）

44. ARP 作用是将 IP 地址映射到第 2 层地址。 （√）

45. 一个 TCP 连接由一个 4 元组唯一确定本地 IP 地址、本地端口号、远端 IP 地址和远端端口号。 （√）

46. 因为在生成路由表过程中，OSPF 协议需要进行复杂的 SPF 算法来计算网络拓扑结构，所以相对于距离矢量路由选择协议来说，它需要更大的开销、更多的延迟、更高的 CPU 占用率。

47. 路由的花费表示到达这条路由所指的目的地址的代价，线路延迟、带宽、线路占有率、线路可信度、跳数、最大传输单元等因素都会影响到路由的花费值的计算。不同的路由协议之间的路由花费值可以进行比较，以确定选择哪一种路由协议。 （√）

48. 带宽的单位是 b/s。 （×）

49. 如果线路的带宽相同，其传输率一定相同。 （×）

50. 路由器是工作在网络层的设备。 （√）

51. 设备的 MAC 地址是根据网络设计来手工设定的。 （×）

52. VLAN 是一些共享资源用户的集合，这些用户不一定连接在同一台网络设备上，它是用户与相关资源的逻辑组合。 （√）

53. 传输控制协议 TCP 属于传输层协议，而用户数据报协议 UDP 属于网络层协议。 （×）

54. 以太网采用 CSMA/CD 方式共享信道，每个节点都可以同时收发信息。 （×）

55. 联网的计算机必须使用相同的网络操作系统。 （×）

56. 使用"网上邻居"可以访问到 Internet 上的任何一台计算机。 （×）

57. IP 地址 167.12.34.56 属于 A 类网络。 （×）

58. 域名和 IP 都可以由用户任意命名。 （×）

59. 浏览器指的是 Windows 2000 中的 IE。 （×）

60. 集线器和网关都属于高层互连设备。 （√）

61. 在 Internet 上的几个主机可以共用同一个网络地址。 （×）

62. 对局域网来说，网络服务器是网络控制的核心。 （√）

63. 网络层是高层与低层协议之间的界面层。 （√）

64. 网络 Web 化的实现方式有两种代理方式与嵌入方式。 （√）

65. 交换式局域网的基本拓扑结构可以是星型，也可以是总线型。 （×）

66. FTP 命令的一般格式#ftp 主机名/IP。 （×）

67. VDSL 比 ADSL 传输速率快，传输距离也比 ADSL 长。 （×）

68. 所有 Internet 地址都采用如下标准格式：用户名@域名。 （√）

69. 加装防火墙的目的即能加强安全性，也能保证网络的安全。 （×）

70. 1000Mbit/s 千兆位以太网可以在光纤上运行，但不能在双绞线上运行。 （×）

71. OSPF 协议生成的路由分为 4 类，按优先级从高到低顺序来说分别是区域内路由、区域间路由、第一类外部路由、第二类外部路由。 （√）

72. OSPF 协议中规定在运行 OSPF 的网络中必须有区域 0。 （×）

73. IP 地址 167.12.34.56 属于 A 类网络（　　　）。 （×）

74. 路由器具有广播包抑制和子网隔离功能。 （√）

75. 在 IPv4 中，102.258.6.3 这个 IP 地址是存在的。 （×）

76. 10.161.55.144 这个 IP 地址是存在的。 （√）

77. BGP 是承载在 TCP 之上的，主要由 TCP 来保证协议工作的可靠性，BGP 自身在这方面所做的工作不是很多。 （√）

78. 不同调度中心 EMS 之间和同一调度中心 EMS 与其他计算机应用系统之间的通信宜采用网络方式。 （√）

79. DNS 的作用是 Internet 上主机名称的管理系统，完成主机名和电子邮件地址映射为 IP 地址。 （√）

80. 路由器的主要作用是利用互联网协议将网络分成几个逻辑子网，能将通信数据包从一种格式转换成另一种格式，可以连接不同类型的网络。 （√）

81. 在 DHCP 中使用的工作模式是浏览器/服务器的工作模式。 （×）

82. 局域网的主要功能有资源共享，通信交往。 （√）

83. 网络接入技术通常是指一个 PC 机或局域网与 Internet 互相连接的技术，或者是两个远程局域网的互相连接技术。 （√）

84. 通信自动化系统（OA），它包括以电话交换机为核心的电话、传真通信网络以及语音、视频、图像、数据通信设备等各种通信设施。 （×）

85. 所谓异构网是指具有不同的特性和性质的网络，即它们具有不同的通信协议，呈现给介入网络设备的界面也不同。 （√）

86. 计算机网络系统的软件包括网络系统平台软件、网络功能和信息服务平台软件、网络应用软件。 （√）

87. OSI 是国际标准化组织提出并广泛应用于互联网的网络模型。 （×）

88. URL 的标准语法形式为〈协议〉//〈信息资源地址〉［网络端口/〈文件路径〉］。 （√）

89. Internet 是由多个不同结构的网络，通过统一的协议和网络设备，即通过 TCP/IP 和路由器等互相连接而成的、世界范围的大型计算机互联网络。 （√）

90. 令牌环网上由接收信息的节点将数据接收下来后将令牌改为"空闲"。 （×）

91. 光纤的最主要的特点是既不导电也不导磁。 （√）

92. 光纤的种类很多，按照传输模式可分为单模光纤和多模光纤。 （√）

93. 光纤通信容量大的主要原因是频带宽。 （√）

94. 异步传输方式在串行通信中一般需要 5 根信号线，不需要时钟信号线。 （×）

95. RS–485 接口为半双工通信方式，用于多点间互相通信（≤32 点），只需 1 对平衡差分信号线，其他电气特性与 RS–232 相同。 （×）

96. 按照信息传送的时间和方向，数据通信系统有单工、半双工和全双工 3 种方式。 （√）

97. 单模光纤适用于大容量、短距离的光纤通信。 （×）

98. 数字通信系统的最基本的质量指标是误码率。 （√）

99. 异步传输方式在串行通信中一般需要 5 根信号线，不需要提供同步时钟信号。 （×）

100. 同步传输方式：使用计时方法实现位同步，数据以块的方式传送，传输效率相对较高，常用于高速数据传输中。 （√）

101. RS–232、RS–422 和 RS–485 等串行通信接口分别为全双工通信方式、半双工通信方式、全双工通信方式。 （×）

102. 数字通信中需要加入同步码，收端先找到同步码，然后就可以顺序找到其他各时隙的信号。 （√）

103. 循环式通信规约适用于点对点的通道结构，信息传输可以是异步方式，也可以是同步方式。 （√）

104. 半双工工作方式是通信双方可以同时发送和接收数据。 （×）

105. 与并行通信相比，串行通信传送速度比并行通信要慢。 （√）

106. 数字通信系统的可靠性用误码率指标来描述，有效性用传输速率来描述。 （√）

107. 光信号在光纤中是直线传播的。 （×）

108. 新建、改建、扩建的发电机组并网应当具备的基本条件之一：发电厂至调度机构具备两个以上可用的独立路由的通信通道。 （√）

109. 子站和主站通信时同异步方式可以不统一。 （×）

110. SDH 的全称为 Synchronous Digital Hierarchy。 （√）

111. 5 类双绞线的线序做法有两种，即直连线和交叉线，其中直连线用于同种设备之间的互联。 （×）

112. 为提高数据传输可靠性，通过计算机通信传输的数据应带有数据有效/无效等质量标志。 （√）

113. RTU 与调度端的通信必须采用同步通信模式。 （×）

114. 为了提高传输的可靠性，对传输信息要进行抗干扰编码。 （√）

115. 数据通信和数字通信是没有区别的。 （×）

116. 在同步通信系统中，接收端时钟常取自接收端的时钟信号发生器。 （×）

117. 在数据传输中基带传输方式比频带传输方式更加可靠。 （√）

118. 子站和主站通信同异步方式可以不统一。 （×）

119. 信道误码率是各个中继段的误码率的总和。 （√）

120. 电平可分为相对电平和绝对电平。 （√）

121. 远动系统中接收端设备的输出电平选择过低，会使误码率降低。 （×）

122. 常用的串行通信接口标准有：RS-232C、RS-422、RS-485。 （√）

123. RS-232C 接口的传输通信方式为非平衡传输通信方式。 （√）

124. 美国电子工业协会推行使用的 RS-232C 标准的驱动器标准是 0～12V。 （×）

125. 自环测试 RS-232C 通道可将接受端（RxD）和发送端（TxD）短接。 （√）

126. 在 RS-232C 接口电气特性中，逻辑"1"对应的直流电压范围是＋3～＋15V。 （×）

127. RS-422 采用四线方式，可支持全双工通信，因此可以通过远端环回的方式来检查通道是否正常。 （√）

128. 当 RS-485 总线采用 2 根传输线时，则不能工作于全双工方式。 （√）

129. RS-485 通信比 RS-232C 传输距离更远。 （√）

130. 不同调度中心 EMS 之间和同一调度中心 EMS 与其他计算机应用系统之间的通信宜采用网络方式。 （√）

131. 载波通信的传输介质是架空地线，微波通信的传输介质是空气，光纤通信的传输介质是光导纤维（光纤）。 （×）

132. 通信规约是启动和维持通信所必需的严格约定，即必须有一套关于信息传输顺序、信息格式和信息内容等的约定。 （√）

133. ADSS 光缆中含有金属。 （×）

134. OPGW 光缆是缠绕在电力线上的。 （×）

135. 球是一个椭球体，地面是一个椭球面，并且由于微波是直线传播，经某点发出的微波射线经过一段距离后，离开地面，并且在传播过程中能量要受到损耗，所以需要通过中继接力通信。 （√）

136. 电力通信常用的特种光缆有 OPGW（光纤复合架空地线）和 ADSS（非金属自承式光缆）两种。 （√）

137. 微波在自由空间只能像光波一样沿直线传播，但绕射能力很强。 （√）

138. PDH 的中文名称是准同步数字系列，SDH 的中文名称是同步数字体系。 （√）

139. 路由器的主要作用是路由器利用互联网协议将网络分成几个逻辑子网，能将通信数据包从一种格式转换成另一种格式，可以连接不同类型的网络。 （√）

140. 含有 OPGW 的高压输电线停电检修，按要求挂接地线，会影响线路上的光纤通信。

（×）

141. 在 IEC–60870–5–102 中，固定帧长报文用于主站向子站传输的询问帧，或子站向主站传输的确认帧。 （√）

142. 101 规约适用于变电站内间隔层设备和变电站层设备间的数据通信传输。 （×）

143. 光纤通信是指利用相干性和方向性极好的激光束作为载波来携带信息，并利用光纤来进行传输的通信方式。 （√）

144. 自动化系统若采用异步 CDT 规约进行通信，必须同时使用启停位和同步字符两种同步方法。 （√）

145. 数字通信比模拟通信具有更强的抗干扰能力。 （√）

146. 光纤通信容量大的主要原因是距离长。 （×）

147. 光通信系统主要由电端机、光端机、光缆等组成。 （√）

148. 光纤通信中，传输数据的介质是光导纤维，介质中传输的信号是激光。 （√）

149. 光缆的传输介质是光纤，因此光缆中没有铜线。 （×）

150. 通信系统中数据交换的方式可分为线路交换和存储交换。 （√）

151. 当电力通信网瘫痪时，可使用电信长途电话与调度对象取得联系。 （√）

152. 含有 OPGW 的高压输电线停电检修，并按要求挂接地线，这不会影响线路上的光纤通信。 （√）

153. 多模光纤广泛使用于大容量、长距离传输。 （×）

154. 电力载波通信把电话与远动信号分为两个通道传输。 （×）

155. 在自由空间中，微波是直线传播的。 （√）

156. 天线的基本功能是辐射和接收无线电波。发射时，把高频电流转换为电磁波；接收时，把电磁波转换为高频电流。 （√）

157. 误码率是指二进制码元在传输系统中被传错的概率。 （√）

158. 将"0"或"1"变成不同的两种频率信号，是由调制器完成的。 （√）

159. 信噪比即通信电路中信号功率与噪声功率的比值。 （√）

160. 信号的速率是 1 秒钟内所传数字信号的码元个数，单位是 bit/s。 （×）

161. 对于不同种类的电缆，频率相同，其信号衰减量也相同。 （√）

162. 微波收发信设备的基本功能就是频率变换和波形变换。 （√）

163. 将信号调制在微波频率上进行收、发的通信方式称为微波中继通信。 （√）

164. 电路上任意两点的功率比值再取对数称为电平，单位是分贝（dB）。 （√）

165. 循环传送方式可适应各种信道结构，问答传送方式只适应放射型的信道结构。

（×）

166. 串行通信分为异步通信、同步通信、同步数据链路通信和高级数据链路通信，他们的主要区别表现在不同的通信格式上。 （√）

167. RS–485 串行通信接口可以进行自环测试。 （×）

168. 远动信息大传送方式为两类，循环传送方式和问答传送方式。 （√）

169. 二线信道也可以是全双工信道。 （×）

170. 问答式规约既可采用全双工通道，也可采用半双工通道。 （√）

171. 问答式远动规约即主站发出一个主动的询问或操作命令，远动终端设备回答一个被动的信息或响应，由此一问一答构成一个完整的传输过程。 （√）

172. 问答传送方式是以厂、站（所）端的远动装置为主，周期性采集数据，并且周期性地循环的方式向调度端发送数据。 （×）

173. 通信规约按传输的基本单位划分，可分为"面向字符的通信规约"和"面向比特的传输控制规约"两大类。 （√）

第十五章　二　次　安　防

一、单项选择题

安全区Ⅱ的典型系统包括（　　）。　　　　　　　　　　　　　　　　　　（C）
A. DTS 系统、统计报表系统、管理信息系统（MIS）、办公自动化系统（OA）
B. DMIS 系统、统计报表系统、雷电监测系统、气象信息接入等
C. DTS 系统、保护信息管理系统、电能量计量系统、电力市场运营系统等
D. 管理信息系统（MIS）、办公自动化系统（OA）、雷电监测系统、客户服务系统等

二、判断题

1. Email、Web、Telnet、Rlogin 等服务可以穿越控制区（安全区Ⅰ）与非控制区（安全区Ⅱ）之间的隔离设备。　　　　　　　　　　　　　　　　　　　　　　　　　　（×）

2. 防火墙就是在两个网络之间执行控制策略的系统（包括硬件和软件）。　　　（√）

3. 防火墙产品可以部署在本地的安全区Ⅱ与安全区Ⅲ之间、安全区Ⅲ与安全区Ⅳ之间。
　　　　　　　　　　　　　　　　　　　　　　　　　　　　　　　　　　　　（×）

4. 安全区Ⅰ、Ⅱ与安全区Ⅲ之间必须采用经有关部门认定核准的专用安全隔离装置。
　　　　　　　　　　　　　　　　　　　　　　　　　　　　　　　　　　　　（√）

5. 安全防护工程是永无休止的动态过程。　　　　　　　　　　　　　　　　　（√）

6. 电力调度数据网是电力二次安全防护体系的重要网络基础。　　　　　　　　（√）

7. 禁止安全区Ⅰ/Ⅱ内部的 E-mail 服务，禁止安全区Ⅰ的 Web 服务。　　　（√）

8. 各电力二次系统原则上必须划分为 4 安全区。　　　　　　　　　　　　　　（×）

9. 安全区Ⅱ允许开通 E-mail、Web 服务。　　　　　　　　　　　　　　　　（×）

10. 电力控制系统和网络系统的安全事故与电网事故应等同对待。　　　　　　（√）

11. 能量管理系统主站系统硬件主要包括设备类型：前置系统、服务器、工作站、网络和安全设备、输入输出设备以及时钟系统、外存储器、专用不间断电源。　　　　　　　（√）

12. 从功能上安全分析分为两大模块：一块为故障排序，一块为安全评估。　　（√）

13. 电力系统安全防护的基本原则是：电力系统中，安全等级较高的系统不受安全等级较低系统的影响。　　　　　　　　　　　　　　　　　　　　　　　　　　　　　（√）

14. 电流互感器在运行中如果二次侧开路，就会在二次绕组两端产生很大的电流，不但可能损坏二次绕组的绝缘，而且严重危及人身和设备的安全。　　　　　　　　　　　（×）

15. 违反安全策略的行为有：入侵（非法用户的违规行为）、滥用（用户的违规行为）。
　　　　　　　　　　　　　　　　　　　　　　　　　　　　　　　　　　　　（√）

16. 在生产控制大区中的 PC 等应该拆除可能传播病毒等恶意代码的软盘驱动器、光盘驱动器，禁用 USB 接口、串行口等，可以通过安全管理平台实施严格管理。　　　　　　（√）

17. 电力二次系统中不允许把本属于高安全区的业务系统迁移到低安全区。允许把属于低安全区的业务系统的终端设备放置于高安全区，由属于高安全区的人员使用。　　　　（ √ ）

18. 网络边界防护主要措施包括边界的封闭性和边界的可信性。　　　　（ √ ）

19. 对于安全区Ⅲ，禁止使用安全区Ⅰ与Ⅱ的 IDS。　　　　（ √ ）

20. 安全隔离装置（正向）用于安全区Ⅲ到安全区Ⅰ/Ⅱ的单向数据传递。　　　　（ × ）

21. EMS 禁止开通 E-mail、Web 以及其他与业务无关的通用网络服务。　　　　（ √ ）

22. 蠕虫是具有欺骗性的文件（宣称是良性的，但事实上是恶意的），是一种基于远程控制的黑客工具，具有隐蔽性和非授权性的特点。　　　　（ × ）

23. PKI（Public Key Infrastructure）公钥基础设施，PKI 就是利用公共密钥理论和技术建立的提供安全服务的基础设施。　　　　（ √ ）

24. 安全性评价结果可作为制定反事故措施计划和安全劳动保护措施计划的参考，不是制定反事故措施计划和安全劳动保护措施计划的重要依据。　　　　（ × ）

25. UDP 是主机与主机之间的无联接的数据报文协议。　　　　（ √ ）

26. E-mail、Web、Telnet、Rlogin 等服务可以穿越控制区（安全区Ⅰ）与非控制区（安全区Ⅱ）之间的隔离设备。　　　　（ × ）

27. EMS 与 DTS 均在同一个安全防护控制大区中。　　　　（ √ ）

28. EMS 与 WAMS 同在安全区Ⅰ中。　　　　（ √ ）

29. 各业务系统位于生产控制大区的工作站、服务器均严格禁止以各种方式开通与互联网的连接。　　　　（ √ ）

30. 在生产控制大区中的 PC 等应该拆除可能传播病毒等恶意代码的软盘驱动、光盘驱动、USB 接口、串行口等，或通过安全管理平台实施严格管理。　　　　（ √ ）

31. 投运的 EMS 不需要进行安全评估，新建设的 EMS 必须经过安全评估，合格后方可投运。　　　　（ × ）

32. 防火墙只能对 IP 地址进行限制和过滤。　　　　（ × ）

33. 数字证书是电子的凭证，它用来验证在线的个人、组织或计算机的合法身份。　　　　（ √ ）

34. 国家电力监管委员会第 5 号令中规定电力调度机构负责统一指挥调度范围内的电力二次系统安全应急处理。　　　　（ √ ）

35. 计算机黑客是对电子信息系统的正常秩序构成了威胁和破坏的人群的称谓。　　　　（ √ ）

36. 虚拟专用网（VPN）就是在国际互联网网络上建立属于自己的私有数据网络。　（ × ）

37. 电力二次系统安全评估方式以自评估与检查评估相结合的方式开展，并纳入电力系统安全评价体系。　　　　（ √ ）

38. 漏洞扫描是入侵检测系统的一项功能。　　　　（ × ）

39. 防火墙不能防范绕过防火墙的攻击。　　　　（ √ ）

40. 防火墙不能阻止被病毒感染的程序或文件的传递。　　　　（ √ ）

41. 防火墙不能防范来自内部人员恶意的攻击。　　　　（ √ ）

42. 认证过程就是利用技术手段把重要的数据变为乱码传送，到达目的地后再用相同或不同的手段还原。　　　　（ × ）

43. 计算机病毒、蠕虫和木马都是病毒，它们的特点都一样。　　　　（ × ）

44. DoS（Deny of Services）拒绝服务攻击是让系统服务器超载或者让系统死机，阻止授权用户对系统以及系统数据进行访问。　　　　（ × ）

45. 网络安全是指网络系统的硬件、软件及其系统中的数据受到保护，不因偶然的或者恶意的原因而遭到破坏、更改、泄露，系统可以连续可靠正常地运行，网络服务不被中断。

（×）

46. 生产控制大区由于在隔离装置内网，而且病毒库、木马库的更新不能在线进行，所以不必部署恶意代码防护系统。

（×）

47. 与生产控制大区连接的广域网是电力数据通信网（SGTnet）。 （×）

48. 防火墙是横向防护的关键设备。 （×）

49. 管理信息大区的数据由反向安全隔离装置进行签名验证、内容过滤、有效性检查等处理后发向生产控制大区。 （√）

50. E-Mail、Web、Telnet、Rlogin、FTP 等通用网络服务和以 B/S 或 C/S 方式的数据库访问可以穿越专用横向单向安全隔离装置。 （×）

51. 控制区（安全区Ⅰ）与非控制区（安全区Ⅱ）之间应采用电力专用横向单向安全隔离装置。 （×）

52. 电力专用横向单向安全隔离装置必须通过公安部安全产品销售许可，以及电力系统电磁兼容检测，只要具备上述条件就可使用。 （×）

53. 电力调度数据网是电力二次安全防护体系的纵向防线。 （×）

54. 电力调度数字证书系统属于安全区Ⅰ，证书的生成、发放、管理，以及密钥的生成、管理必须接入电力调度数据网运行。 （×）

55. 为了保证生产控制大区功能的先进，硬件防火墙必须按照功能先进与否来选型。

（×）

56. 生产控制大区统一部署的网络入侵检测系统，应当与防火墙联动，达到实时阻断功能。

（×）

57. 能量管理系统 SCADA/EMS 网络边界处的通信网关为了降低运维成本，采用 Windows 系统比较理想。 （×）

58. 电力二次系统安全评估时，为了保证评估的质量，可以对二次系统进行全面深度的漏洞扫描。 （×）

59. 国家发改委 14 令规定接入电力调度数据网络的设备和应用系统，其接入技术方案和安全防护措施须经直接负责的电力调度机构核准。 （√）

60. 国调自〔2006〕67 号文规定凡涉及二次系统安全防护秘密的各种载体，未经批准不得复制和摘抄。 （√）

61. 电力调度数据网是电力二次安全防护体系的重要网络基础。 （√）

62. 电力二次系统安全防护总体安全防护水平取决于系统中最薄弱点的安全水平。 （√）

63. 传统硬件防火墙一般至少应具备 3 个端口，分别接内网、外网和 DMZ 区。 （√）

64. 漏洞扫描可以分为基于网络的扫描和基于主机的扫描这两种类型。 （√）

65. 根据技术原理，入侵检测系统 IDS 可分为以下两类：基于主机的入侵检测系统和基于网络的入侵检测系统。 （×）

66. 国家电力监管委员会令第 5 号中电力调度数据网络是指各级电力调度专用广域数据网络、电力生产专用拨号网络等。 （√）

67. 电力二次系统安全防护原则是"安全分区、网络专用、横向隔离、纵向认证"，保障电力监控系统和电力调度数据网络的安全。 （√）

68. 拨号访问的防护可以采用链路层保护方式或者网络层保护方式。 （√）

69. 电力二次系统涉及的数据通信网络包括电力调度数据网（SGDnet）、电力数据通信网（SGTnet）。 （√）

70. 电力调度数据网划分为逻辑隔离的实时子网和非实时子网，分别连接控制区和非控制区。 （√）

71. 电力二次系统根据应用系统实际情况，在满足总体安全要求的前提下，可以简化安全区的设置，但是应当避免通过广域网形成不同安全区的横向连接。 （×）

72. 安全防护原则：安全分区、网络专用、纵向隔离、横向认证。 （×）

73. DTS 和调度自动化系统通过硬件防火墙进行隔离。 （√）

74. EMS 可以开通 E-mail、Web 以及其他与业务无关的通用网络服务。 （×）

75. EMS 与 DTS 均在同一个安全防护控制大区中。 （√）

76. 安全防护工程是一劳永逸的稳态过程。 （×）

77. 安全分区是电力二次系统安全防护体系的结构基础。 （√）

78. 安全隔离装置（正向）用于安全区Ⅰ/Ⅱ到安全区Ⅲ的单向数据传递。 （√）

79. 安全隔离装置（正向）用于安全区Ⅰ到安全区Ⅲ的单向数据传递。 （×）

80. 安全区Ⅰ、Ⅱ不得与安全区Ⅳ直接联系。 （√）

81. 安全区Ⅱ的业务系统或功能模块的典型特征为所实现的功能为电力生产的必要环节，但不具备控制功能，使用电力调度数据网络，在线运行，与控制区（安全区Ⅰ）中的系统或功能模块联系紧密。 （√）

82. 按照电力二次系统安全防护规定，OMS 调度管理系统属于安全区Ⅱ。 （×）

83. 病毒防护是调度系统与网络必须的安全措施。 （√）

84. 当采用专用通道和专用协议进行非网络方式的数据传输时，可暂不采取安全防护措施。 （√）

85. 电力监控系统和电力调度数据网允许和互联网连接，并严格限制电子邮件的使用。 （×）

86. 电力调度数据网在专用通道上可以使用公开的网络设备组网。 （×）

87. 电力专用安全隔离装置作为安全区Ⅰ/Ⅱ与安全区Ⅲ的必备边界，要求具有最高的安全防护强度，是安全区Ⅰ/Ⅱ横向防护的要点。 （√）

88. 电能量计量系统（TMR）与 SCADA 系统之间应当采用具有访问控制功能的网络设备、防火墙或相当功能的设施实现逻辑隔离。 （√）

89. 电能量计量系统（TMR）与调度管理系统互联，中间应采取横向单向安全隔离装置。 （√）

90. 电能量计量系统（TMR）与调度管理系统之间需采用防火墙进行隔离。 （×）

91. 对安全Ⅲ区拨号访问服务必须采取认证、加密、访问控制等安全防护措施。 （×）

92. 防火墙产品可以部署在安全区Ⅰ与安全区Ⅱ之间。 （√）

93. 防火墙可以防范绕过防火墙的攻击。 （×）

94. 防火墙是位于一个或多个安全的内部网络和非安全的外部网络或 Internet 之间的进行网络访问控制的网络设备。 （√）

95. 非控制生产区中的业务系统或功能模块的典型特征为：所实现的功能为电力生产的必要环节，但不具备控制功能，不使用调度数据网络。 （×）

96. 各电力监控系统必须具备可靠性高的自身安全防护设施，可以选择性的与安全等级低的系统直接相连。　　　　　　　　　　　　　　　　　　　　（×）

97. 各业务系统位于生产控制大区的工作站、服务器均严格禁止以各种方式开通与互联网的连接。　　　　　　　　　　　　　　　　　　　　　　　　　　　（√）

98. 根据电力二次系统安全防护规定，电力调度数据专网应在专用通道上利用专用网络设备组网，采用专线、同步数字序列、准同步数字序列等方式，实现逻辑层面上与公用信息网络的安全隔离。　　　　　　　　　　　　　　　　　　　　　　　　　　（×）

99. 根据技术原理，IDS 可分为以下两类：基于网络的入侵检测系统（NIDS）和基于主机的入侵检测系统（HIDS）。　　　　　　　　　　　　　　　　　　　（√）

100. 关键应用的用户、系统管理人员以及必要的应用维护与开发人员，在访问系统、进行操作时需要持有证书。　　　　　　　　　　　　　　　　　　　　　　（√）

101. 管理信息大区的数据由反向安全隔离装置进行签名验证、有效性检查等处理后发向生产控制大区。　　　　　　　　　　　　　　　　　　　　　　　　　　（√）

102. 两个具有相同网络通信协议的网络之间的接口设备具有网络逻辑隔离等功能。
　　　　　　　　　　　　　　　　　　　　　　　　　　　　　　　　　　（√）

103. 漏洞扫描工具不会对系统服务造成不良影响。　　　　　　　　　　　（×）

104. 入侵检测是防火墙的合理补充，帮助系统对付网络攻击，扩展系统管理员的安全管理能力，提高信息安全基础结构的完整性。　　　　　　　　　　　　　　　　（√）

105. 生产控制大区的拨号访问服务，服务器和用户端均应使用经国家指定部门认证的安全加固的操作系统，并采用加密、认证和访问控制等安全防护措施。　　　　　　（√）

106. 生产控制大区应统一部署恶意代码防护系统，采取防范恶意代码措施。病毒库、木马库以及入侵检测规则库的更新应在线进行。　　　　　　　　　　　　　　　（×）

107. 生产控制大区由于在安全隔离装置内网，而且病毒库、木马库的更新不能在线进行，因此不必部署恶意代码防护系统。　　　　　　　　　　　　　　　　　　（×）

108. 生产控制大区中的业务系统或其功能模块是安全防护的重点与核心。　（×）

109. 生产控制大区重要业务的远程通信必须采用加密认证机制，对已有系统可以不用改造。　　　　　　　　　　　　　　　　　　　　　　　　　　　　　　　（×）

110. 时间同步系统输出的各种时间信号，不论何种信号接口类型，各路输出时间信号在电气上均应相互隔离。　　　　　　　　　　　　　　　　　　　　　　　　（√）

111. 数字通道安装光电隔离器与安装通道防雷器的作用一样。　　　　　（×）

112. 提高遥信信息的可靠性，在硬件方面采用的隔离措施有继电器和光电耦合器隔离。
　　　　　　　　　　　　　　　　　　　　　　　　　　　　　　　　　　（√）

113. 网络边界防护主要措施包括边界的可靠性和边界的可信性。　　　　（×）

114. 物理隔离是指内部网不直接通过有线或无线等任何技术手段连接公共网，从而使内部网与公共网在物理上处于隔离状态的一种物理安全。　　　　　　　　　　　（√）

115. 一次设备是指直接参加发、输、配电系统中使用的电气设备，如变压器、电力电缆、输电线、断路器、隔离开关、电压互感器、电流互感器等。　　　　　　　　　（√）

116. 与外部边界网络不存在联系的业务系统称为孤立业务系统，安全区划分无特殊要求，但需遵守所在安全区的安全防护要求。　　　　　　　　　　　　　　　　　（√）

117. 主机安全防护主要的方式包括安全配置、安全补丁、安全主机加固。　（√）

118. 专用安全隔离装置（反向型）用于从生产控制大区到管理信息大区传递数据，是它们之间唯一一个数据传递途径。 （×）

119. 专用安全隔离装置分为正向型和反向型，从安全区Ⅰ、Ⅱ往安全区Ⅲ必须采用正向安全隔离装置单向传输信息，由安全区Ⅲ往安全区Ⅱ甚至安全区Ⅰ的单向数据传输必须经反向安全隔离装置。 （√）

120. 综合自动化系统中，测控装置中的遥控驱动回路出口严禁使用 DC110V/DC220V 继电器接点输出，必须使用光电隔离。 （×）

121. 纵向加密认证装置可以有效保证电力调度数据网络和信息安全，防止由此导致的一次系统事故或大面积停电事故。 （√）

122. 在部署隔离装置时要把服务器放在内网。 （×）

123. 安全Ⅰ、Ⅱ区的应用系统必须开发专门的接口程序才能实现通过反向隔物理隔离装置向安全Ⅲ区的 Web 发布服务器传送实时/历史数据以及文件。 （×）

124. 生产控制大区统一部署一套入侵检测系统，重在捕获异常行为、分析潜在威胁及事后安全审计，不宜使用实时阻断功能，禁止使用与防火墙进行联动。 （√）

第十六章 规 约

一、单项选择题

1. 能量计量主站系统一般采用以下（　　　）通信规约与电能量远方终端进行数据通信。 （B）

A.《远动设备及系统 第 5-101 部分：传输规约基本远动任务配套标准》（DL/T 634.5101—2002）

B.《远动设备及系统 第 5 部分 传输规约 第 102 篇 电力系统电能累计量传输配套标准》（DL/T 719—2000）

C.《远动设备及系统 第 5 部分：传输规约 第 103 篇：继电保护设备信息接口配套标准》（DL/T 667—1999）

D.《远动设备及系统 第 5-104 部分：传输规约 采用标准传输规约集的 IEC 60870-5-101 网络访问》（DL/T 634.5104—2009）

2.《远动设备及系统 第 5-101 部分：传输规约基本远动任务配套标准》（DL/T 634.5101—2002）规约的遥信地址的取值范围是（　　　）。 （C）

A. 01H～7FH　　　　B. 01H～80H　　　　C. 0001H～1000H　　D. 0001H～8000H

3.《远动设备及系统 第 5-101 部分：传输规约基本远动任务配套标准》（DL/T 634.5101—2002）规约中，主站和子站可同时启动链路传输服务，所以必须有一对全双工的通道。该传输方式为（　　　）。 （C）

A. 非平衡方式　　　B. 多点混合方式　　C. 平衡方式　　　　D. 点对点方式

4.《远动设备及系统 第 5-101 部分：传输规约基本远动任务配套标准》（DL/T 634.5101—2002）规约报文（链路层）中，每个字符的数据位有（　　　）位。 （C）

A. 6　　　　　　　　B. 7　　　　　　　　C. 8　　　　　　　　D. 9

5.《远动设备及系统 第 5-104 部分：传输规约采用标准传输规约集的 IEC 60870-5-101 网络访问》（DL/T 634.5104—2009）规约中，物理层一般适用于（　　　）。 （C）

A. RS-232 数字传输方式　　　　　　　B. 音频传输方式
C. 网络传输方式　　　　　　　　　　　D. RS-485 总线传输方式

6.《远动设备及系统 第 5-101 部分：传输规约基本远动任务配套标准》（DL/T 634.5101—2002）规约中，只有主站启动各种链路传输服务，子站只有当主站请求时才传输，该传输方式为（　　　）。 （A）

A. 非平衡方式　　　B. 多点混合方式　　C. 平衡方式　　　　D. 点对点方式

7.《远动设备及系统 第 5-104 部分：传输规约采用标准传输规约集的 IEC 60870-5-101 网络访问》（DL/T 634.5104—2009）要求使用的端口号定义为（　　　），已由 IANA（互联网编号分配管理机构）确认。 （C）

A. 8080   B. 5000   C. 2404   D. 2024

8.《远动设备及系统　第 5−101 部分：传输规约基本远动任务配套标准》（DL/T 634.5101—2002）规约中，主站向子站传输时召唤用户二级数据的功能码为（　　）。　　　　　　　　（B）

A. 0AH   B. 0BH   C. 0CH   D. 0DH

9. 在下列十六进制报文中，属于《远动设备及系统　第 5−104 部分：传输规约采用标准传输规约集的 IEC 60870−5−101 网络访问》（DL/T 634.5104—2009）的建立连接报文的是（　　）。

（B）

A. 68040b000000   B. 680407000000   C. 6804430000   D. 680401000a00

10.《远动设备及系统　第 5−104 部分：传输规约采用标准传输规约集的 IEC 60870−5−101 网络访问》（DL/T 634.5104—2009）规约的控制域的第一个八位位组的第 1 位比特=1，第 2 位比特=0 定义了（　　）格式。　　　　　　　　　　　　　　（B）

A. I   B. S   C. U   D. P

11.《远动设备及系统　第 5−104 部分：传输规约采用标准传输规约集的 IEC 60870−5−101 网络访问》（DL/T 634.5104—2009）规约的控制域第一个八位位组的第 1 位比特=0 定义了（　　）格式。　　　　　　　　　　　　　　　　　　（A）

A. I   B. S   C. U   D. P

12.《远动设备及系统　第 5−104 部分：传输规约采用标准传输规约集的 IEC 60870−5−101 网络访问》（DL/T 634.5104—2009）规约的启动字符为（　　）。　　　　　（C）

A. 10H   B. 16H   C. 68H   D. 64H

13. 在《远动设备及系统　第 5−101 部分：传输规约基本远动任务配套标准》（DL/T 634.5101—2002）规约十六进制报文中，"68171768280114831401210000000ffff0000000ffff0000001f00001116"传送的远动信息是（　　）。　　　　　　　　　　　　　　（B）

A. 单点遥信　　　　　　　　　　　　B. 带变位检出的成组单点信息

C. 测量值，规一化值　　　　　　　　D. 32 比特串

14. 根据 DL/T 634.5101，遥控信息对象地址段为（　　）。　　　　　　　（C）

A. 1H～1000H   B. 4001H～5000H   C. 6001H～6200H   D. 6201H～6400H

15. 在《远动设备及系统　第 5−101 部分：传输规约基本远动任务配套标准》（DL/T 634.5101—2002）规约中，监视方向应用服务数据单元（ASDUs）的十进制类型标识描述总召唤命令的是（　　）。　　　　　　　　　　　　　　（A）

A. 100   B. 101   C. 102   D. 110

16. 在《远动设备及系统　第 5−101 部分：传输规约基本远动任务配套标准》（DL/T 634.5101—2002）规约中，应用服务数据单元（ASDUs）的十六进制传送原因（COT）表示"激活确认"的是（　　）。　　　　　　　　　　　　　　　　　　（C）

A. 5   B. 6   C. 7   D. 9

17. 在《远动设备及系统　第 5−101 部分：传输规约基本远动任务配套标准》（DL/T 634.5101—2002）规约中，应用服务数据单元（ASDUs）的十六进制传送原因（COT）表示"激活"的是（　　）。　　　　　　　　　　　　　　　　　　　　（B）

A. 5   B. 6   C. 7   D. 9

18. 在《远动设备及系统　第 5−101 部分：传输规约基本远动任务配套标准》（DL/T 634.5101—2002）规约中，应用服务数据单元（ASDUs）的可变帧结构限定词（VSQ）的最高

位 SQ 置 0 表示（　　　）。 (A)

A. 信息对象地址寻址单个信息元素或信息元素的组合

B. 同类的信息元素序列（即同一种格式测量值）由信息对象地址来寻址

C. 随机寻址

D. 末尾寻址

19. 《远动设备及系统　第 5-101 部分：传输规约基本远动任务配套标准》（DL/T 634.5101—2002）规约的功能码在控制字的（　　　）。 (B)

A. 前 4 位　　　　　B. 后 4 位　　　　　C. 第 4 至 7 位　　　　D. 第 3 至 6 位

20. 十六进制《远动设备及系统　第 5-101 部分：传输规约基本远动任务配套标准》（DL/T 634.5101—2002）规约报文 "1009010a16" 中的 ACD 位被置（　　　）。 (A)

A. 0　　　　　　　B. 1　　　　　　　C. 2　　　　　　D. 3

21. 十六进制《远动设备及系统　第 5-101 部分：传输规约基本远动任务配套标准》（DL/T 634.5101—2002）规约报文 "680909682801650107010000059c16" 中的效验和为（　　　）。 (D)

A. 68　　　　　　　B. 16　　　　　　C. 1　　　　　　D. 9c

22. 《远动设备及系统　第 5-101 部分：传输规约基本远动任务配套标准》（DL/T 634.5101—2002）规约中，每帧报文的控制字的最高位定义为（　　　），等于 0 时表示报文是由主站向子站传输。 (A)

A. 传输方向位 DIR　　　　　　　　B. 启动报文位 PRM

C. 帧计数位 FCB　　　　　　　　　D. 功能码

23. 《远动设备及系统　第 5-101 部分：传输规约基本远动任务配套标准》（DL/T 634.5101—2002）规约中，每帧报文的结束字符为十六进制（　　　）。 (B)

A. 10　　　　　　　B. 16　　　　　　C. 40　　　　　　D. 68

24. 《远动设备及系统　第 5-101 部分：传输规约基本远动任务配套标准》（DL/T 634.5101—2002）规约中，报文（链路层）中每个字符采用的效验方式为（　　　）。 (A)

A. 偶校验　　　　　B. 奇校验　　　　　C. CRC 校验　　　　D. 异或校验

25. 《远动设备及系统　第 5-101 部分：传输规约基本远动任务配套标准》（DL/T 634.5101—2002）规约中，可变帧长报文的起始字符（首字节）为十六进制（　　　）。 (C)

A. 10　　　　　　　B. 20　　　　　　C. 68　　　　　　D. 86

26. 《远动设备及系统　第 5-101 部分：传输规约基本远动任务配套标准》（DL/T 634.5101—2002）规约中，固定帧长报文的起始字符（首字节）为十六进制（　　　）。 (A)

A. 10　　　　　　　B. 20　　　　　　C. 68　　　　　　D. 86

27. 《远动设备及系统　第 5-104 部分：传输规约采用标准传输规约集的 IEC 60870-5-101 网络访问》（DL/T 634.5104—2009）规约的 U 格式应用规约数据单元常常包含（　　　）。 (C)

A. 应用服务数据单元，即包含 ASDU

B. 应用规约控制信息，用于确认 I 格式的数据帧

C. 仅有应用规约控制信息，用于启动数据传输、停止数据传输、测试链路

D. 链路地址

28. 在下列十六进制报文中，属于《远动设备及系统　第 5-104 部分：传输规约采用标准

传输规约集的 IEC 60870–5–101 网络访问》（DL/T 634.5104—2009）的 I 格式报文的是（　　）。
（B）

A. 68151568080101050301210001230000250001270012b0000d116

B. 680e000002006401070002000000014

C. 6.80443E+11　680443000000

D. 6.80407E+11　680407000000

29. 在下列十六进制报文中，属于《远动设备及系统　第 5–104 部分：传输规约采用标准传输规约集的 IEC 60870–5–101 网络访问》（DL/T 634.5104—2009）的连接建立确认报文的是（　　）。
（A）

A. 68040b000000　　B. 680407000000　　C. 680443000000　　D. 680401000a00

30.《远动设备及系统　第 5–101 部分：传输规约基本远动任务配套标准》（DL/T 634.5101—2002）规约报文中倒数第二个字节为（　　）。
（D）

A. 用户数据 Data　　B. 链路地址 AddrL　　C. 帧长度 L　　　　D. 效验和 CS

31.《远动设备及系统　第 5–101 部分：传输规约基本远动任务配套标准》（DL/T 634.5101—2002）规约传输规定两帧之间的线路空闲间隔最少为（　　）位。
（C）

A. 13　　　　　　B. 23　　　　　　C. 33　　　　　　D. 43

32.《远动设备及系统　第 5–101 部分：传输规约基本远动任务配套标准》（DL/T 634.5101—2002）规约中，十六进制单字节帧报文为（　　）。
（D）

A. 10　　　　　　B. 16　　　　　　C. 68　　　　　　D. E5

33. 十六进制《远动设备及系统　第 5–101 部分：传输规约基本远动任务配套标准》（DL/T 634.5101—2002）规约报文"680909685301640106010000014d416"中的帧长为（　　）。（A）

A. 9　　　　　　B. 53　　　　　　C. 64　　　　　　D. 6

34. 十六进制《远动设备及系统　第 5–101 部分：传输规约基本远动任务配套标准》（DL/T 634.5101—2002）规约报文"680909680801460104010000005516"中的链路地址为（　　）。
（C）

A. 68　　　　　　B. 16　　　　　　C. 1　　　　　　D. 9

35. 在《远动设备及系统　第 5–101 部分：传输规约基本远动任务配套标准》（DL/T 634.5101—2002）规约中，一般来讲链路地址为厂站地址，其十六进制的默认值为（　　）。
（A）

A. 1　　　　　　B. 2　　　　　　C. 3　　　　　　D. FF

36. 在《远动设备及系统　第 5–101 部分：传输规约基本远动任务配套标准》（DL/T 634.5101—2002）规约中，厂站至主站表示"以数据响应请求帧"的十六进制功能码为（　　）。（A）

A. 8　　　　　　B. 9　　　　　　C. 0a　　　　　　D. 0b

37. 在《远动设备及系统　第 5–101 部分：传输规约基本远动任务配套标准》（DL/T 634.5101—2002）规约中，应用服务数据单元（ASDUs）的可变帧结构限定词（VSQ）的最高位 SQ 置 1 表示（　　）。
（B）

A. 信息对象地址寻址单个信息元素或信息元素的组合

B. 同类的信息元素序列（即同一种格式测量值）由信息对象地址来寻址

C. 随机寻址

D. 末尾寻址

38. 在《远动设备及系统 第 5-101 部分：传输规约基本远动任务配套标准》（DL/T 634.5101—2002）规约中，应用服务数据单元（ASDUs）的十进制类型标识描述"初始化结束"的是（ ）。 （B）

A. 60 B. 70 C. 80 D. 90

39. 根据《远动设备及系统 第 5-101 部分：传输规约基本远动任务配套标准》（DL/T 634.5101—2002）规约中，遥信信息对象地址段为（ ）。 （A）

A. 1H～1000H B. 4001H～5000H C. 6001H～6200H D. 6201H～6400H

40. 在《远动设备及系统 第 5-101 部分：传输规约基本远动任务配套标准》（DL/T 634.5101—2002）规约中，十六进制报文中"680b0b688801090103012140c00c804516"传送的远动信息是（ ）。 （C）

A. 单点遥信 B. 带变位检出的成组单点信息

C. 测量值，规一化值 D. 32 比特串

41. 在《远动设备及系统 第 5-101 部分：传输规约基本远动任务配套标准》（DL/T 634.5101—2002）规约中，十六进制报文中"680b0b688801090103012140c00c804516"传送的转发表第（ ）个遥测值。 （C）

A. 21 B. 35 C. 33 D. 62

42.《远动设备及系统 第 5-104 部分：传输规约采用标准传输规约集的 IEC 60870-5-101 网络访问》（DL/T 634.5104—2009）规约的控制域为（ ）字节。 （C）

A. 1 B. 2 C. 4 D. 6

43. 在《远动设备及系统 第 5-101 部分：传输规约基本远动任务配套标准》（DL/T 634.5101—2002）规约中，十六进制报文中"680b0b688801090103012140c00c803B16"所传送遥测值的主站满值为 1200（工程量最大值），则主站显示值是（ ）。 （B）

A. 33.67 B. 79.68 C. 98.32 D. 119.53

44. 在《远动设备及系统 第 5-101 部分：传输规约基本远动任务配套标准》（DL/T 634.5101—2002）的十六进制报文中"680b0b688801090103013640c00c805A16"传送的转发表第（ ）个遥测值。 （D）

A. 21 B. 35 C. 33 D. 54

45. 在《远动设备及系统 第 5-104 部分：传输规约采用标准传输规约集的 IEC 60870-5-101 网络访问》（DL/T 634.5104—2009）的十六进制报文中"6816d65f800009020300010008400 0800200"所传送遥测值为第（ ）路。 （D）

A. 5 B. 6 C. 7 D. 8

46. 在《远动设备及系统 第 5-104 部分：传输规约采用标准传输规约集的 IEC 60870-5-101 网络访问》（DL/T 634.5104—2009）的十六进制报文中"681d020002001588 1400 02000140004006400 6800c800c0000000000000000"所传送第 3 路遥测值的主站满值为 600（工程量最大值），则主站显示值是（ ）。 （D）

A. -29.3 B. -30.58 C. 29.3 D. 58.59

47. 在《远动设备及系统 第 5-104 部分：传输规约采用标准传输规约集的 IEC 60870-5-101 网络访问》（DL/T 634.5104—2009）的十六进制报文中"682b100004001e01030002 0001000001ca8b16110a0806"所传送的信息为（ ）。 （B）

A. 报警 B. SOE C. 归一化遥测 D. 带时标的遥测值

48. 在《远动设备及系统　第 5-104 部分：传输规约采用标准传输规约集的 IEC 60870-5-101 网络访问》（DL/T 634.5104—2009）的十六进制报文中"6816d65f80000902030001000840 00800200"所传送遥测值的主站满值为 1200（工程量最大值），则主站显示值是（　　）。

（C）

A. 11.72　　　　　B. 51.76　　　　　C. 23.44　　　　　D. 31.33

49. 在《远动设备及系统　第 5-104 部分：传输规约采用标准传输规约集的 IEC 60870-5-101 网络访问》（DL/T 634.5104—2009）的十六进制报文中"6816d65f8000090203000100 084000800200"所传送遥测值的主站满值为 600（工程量最大值），则主站显示值是（　　）。

（A）

A. 11.72　　　　　B. 51.76　　　　　C. 28.32　　　　　D. 31.33

50. 在《远动设备及系统　第 5-104 部分：传输规约采用标准传输规约集的 IEC 60870-5-101 网络访问》（DL/T 634.5104—2009）的十六进制报文中"681d020002001588140002000 1400040064006800c800c0000000000000000"所传送第 3 路遥测值的主站满值为 1200（工程量最大值），则主站显示值是（　　）。

（D）

A. −29.3　　　　　B. −30.58　　　　　C. 29.3　　　　　D. 117.2

51. 在《远动设备及系统　第 5-104 部分：传输规约采用标准传输规约集的 IEC 60870-5-101 网络访问》（DL/T 634.5104—2009）的十六进制报文中"682b100004001e01030002000 1000001ca8b16110a0806"所传送的时间信息为（　　）。

（A）

A. 2006 年 8 月 10 日 11 时 16 分 35 秒 786 毫秒

B. 2006 年 8 月 11 日 11 时 16 分 35 秒 786 毫秒

C. 2006 年 8 月 10 日 11 时 16 分 14 秒 586 毫秒

D. 2006 年 8 月 11 日 11 时 16 分 14 秒 586 毫秒

52. 在《远动设备及系统　第 5-101 部分：传输规约基本远动任务配套标准》（DL/T 634.5101—2002）规约中，十六进制报文中"680b0b68880109010301214 0c00c804516"所传送遥测值的主站满值为 600（工程量最大值），则主站显示值是（　　）。

（B）

A. 33.67　　　　　B. 59.76　　　　　C. 98.32　　　　　D. 121.33

53. 在下列十六进制报文中，属于《远动设备及系统　第 5-104 部分：传输规约采用标准传输规约集的 IEC 60870-5-101 网络访问》（DL/T 634.5104—2009）U（TESTFRcon）的是（　　）。

（A）

A. 6.80483E+11　680483000000　　　　B. 680e00000200640107000200000000014

C. 6.80443E+11　680443000000　　　　D. 680401000a00

54. 在下列十六进制报文中，属于《远动设备及系统　第 5-104 部分：传输规约采用标准传输规约集的 IEC 60870-5-101 网络访问》（DL/T 634.5104—2009）U（TESTFRact）的报文是（　　）。

（C）

A. 68040b000000　　B. 680407000000　　C. 680443000000　　D. 680401000a00

55.《远动设备及系统　第 5-101 部分：传输规约基本远动任务配套标准》（DL/T 634.5101—2002）规约中帧报文的格式为（　　）。

（C）

A. 固定帧长和可变帧长　　　　　　　B. 可变帧长

C. 固定帧长、可变帧长和单控制字节符

56.《远动设备及系统　第 5-101 部分：传输规约基本远动任务配套标准》（DL/T 634.5101—

2002）规约只允许采用的帧格式为（　　）。　　　　　　　　　　　　　　　　　　（C）

　　A. FT1.1　　　　　　　B. FT2.1　　　　　　　C. FT1.2

57.《远动设备及系统　第 5-101 部分：传输规约基本远动任务配套标准》（DL/T 634.5101—2002）规约中，主站向子站传输时召唤用户二级数据的功能码为（　　）。　　　　　（D）

　　A. 0AH　　　　　　　B. B3H　　　　　　　C. 61H　　　　　　　D. 0BH

58.《远动设备及系统　第 5-101 部分：传输规约基本远动任务配套标准》（DL/T 634.5101—2002）规约中，主站向子站传输时召唤用户一级数据的功能码为（　　）。　　　　　（A）

　　A. 0AH　　　　　　　B. F4H　　　　　　　C. 61H　　　　　　　D. 0BH

59. 用《远动设备及系统　第 5-101 部分：传输规约基本远动任务配套标准》（DL/T 634.5101—2002）规约传送远动信息，最多可传送（　　）个遥测量、最多可传送（　　）个遥信量、最多可传送（　　）个电度量。　　　　　　　　　　　　　　　　　　　　（D）

　　A. 2048，4096，512　　　　　　　　　　B. 2048，4096，256

　　C. 1024，2048，512　　　　　　　　　　D. 4096，4096，512

60. 在 DL/T 634.5101—2002 规约中，总召唤是指控制站在初始化完成后，控制站必须获得现场设备的所有（　　）信息。　　　　　　　　　　　　　　　　　　　　　　　　（A）

　　A. 状态量、模拟量　　　　　　　　　　B. 遥测量、物理量

　　C. 状态量、物理量　　　　　　　　　　D. 状态量、数字量

61. DL/T 634.5101—2002 中规定控制站不断地召唤用户（　　）。　　　　　　　　（C）

　　A. 三级数据　　　　　B. 一级数据　　　　　C. 二级数据

62.《远动设备及系统　第 5-104 部分：传输规约采用标准传输规约集的 IEC 60870-5-101 网络访问》（DL/T 634.5104—2009）为《DL/T 634.5101—2002》规约在（　　）网络协议上的应用。　　　　　　　　　　　　　　　　　　　　　　　　　　　　　　　　　（C）

　　A. HTTP　　　　　　　B. FTP　　　　　　　C. TCP/IP　　　　　　D. SMTP

63. DL/T 634.5101—2002 中，主站向子站传输时召唤用户一级数据的功能码为（　　）。

　　　　　　　　　　　　　　　　　　　　　　　　　　　　　　　　　　　　　（A）

　　A. 0AH　　　　　　　B. 0BH　　　　　　　C. 0CH　　　　　　　D. 0DH

64. DL/T 634.5101—2002 中，有一级用户数据时厂站端将 ACD 位置（　　）。　　　（B）

　　A. 0　　　　　　　　B. 1　　　　　　　　C. 2　　　　　　　　D. 3

65. 用 DL/T 634.5101—2002 传送远动信息，最多可传送（　　）个遥测量。　　　　（B）

　　A. 2047　　　　　　　B. 4096　　　　　　　C. 512　　　　　　　D. 1024

66. DL/T 634.5101—2002 可变帧长报文中校验和 CS 的计算方法是（　　）。　　　（A）

　　A. 控制域、地址域、用户数据中所有字节的算术和（不考虑溢出）

　　B. 控制域、地址域、用户数据中所有字节的算术和（补加溢出部分）

　　C. 该帧报文中所有字节的 CRC 校验和

　　D. 该帧报文中除起始字符（首字节）外所有字节的 CRC 校验和

67. DL/T 634.5101—2002 可变帧长报文的帧长度 L 为包括控制域、地址域、用户数据的字节总数，L 最大为（　　）。　　　　　　　　　　　　　　　　　　　　　　　　（A）

　　A. 250　　　　　　　　B. 252　　　　　　　C. 254　　　　　　　D. 255

68. DL/T 634.5101—2002 在传输中规定，主站向同一个子站启动新一轮传输时，将 FCB 位取相反值，主站为每一个子站保留一个帧计数位的复制，若超时没有从子站接收到所期望的报文，

或接收出现差错，则主站不改变帧计数位的状态，重复传送原报文，重复次数为（　　）次。

（C）

A. 1　　　　　　　　B. 2　　　　　　　　C. 3　　　　　　　　D. 4

69. 十六进制 DL/T 634.5101—2002 报文"107a017b16"中的 FCB 位被置（　　）。（B）

A. 0　　　　　　　　B. 1　　　　　　　　C. 2　　　　　　　　D. 3

70. 十六进制 DL/T 634.5101—2002 报文"1020012116"中的 ACD 位被置（　　）。（B）

A. 0　　　　　　　　B. 1　　　　　　　　C. 2　　　　　　　　D. 3

71. 在 DL/T 634.5101—2002 中，厂站至主站表示"无所召唤的数据"的十六进制功能码为（　　）。

（B）

A. 8　　　　　　　　B. 9　　　　　　　　C. 0A　　　　　　　D. 0B

72. 在 DL/T 634.5101—2002 中主站下发的十六进制报文为"1069026b16"，子站上送报文正确的是（　　）。

（A）

A. 100b020d16　　　B. 100b010c16　　　C. 105a015b16　　　D. 107b017c16

73. 在 DL/T 634.5101—2002 中，应用服务数据单元（ASDUs）的传送原因（COT）表示"突发（自发）"的是（　　）。

（C）

A. 1　　　　　　　　B. 2　　　　　　　　C. 3　　　　　　　　D. 5

74. 在《远动设备及系统　第 5-101 部分：传输规约基本远动任务配套标准》（DL/T 634.5101—2002）规约中，控制方向应用服务数据单元（ASDUs）的十进制类型标识描述单点遥控的是（　　）。

（C）

A. 43　　　　　　　　B. 44　　　　　　　C. 45　　　　　　　D. 46

75.《远动设备及系统　第 5-101 部分：传输规约基本远动任务配套标准》（DL/T 634.5101—2002）规约是（　　）的规约。

（B）

A. 循环式　　　　　　B. 问答式　　　　　　C. 网络式　　　　　　D. 专线式

76.《远动设备及系统　第 5-101 部分：传输规约基本远动任务配套标准》（DL/T 634.5101—2002）中规定，（　　）是设定规一化值的类型标识值。

（B）

A. 47　　　　　　　　B. 48　　　　　　　C. 49　　　　　　　D. 50

77.《远动设备及系统　第 5-101 部分：传输规约基本远动任务配套标准》（DL/T 634.5101—2002）中规定，平衡传输规则中在启动方向所有标准化功能码（0～4 和 9）的请求必须收到肯定或者否定响应。在没有完成服务的情况下，从动站以功能码（　　）回答链路服务没有完成。

（D）

A. 17　　　　　　　　B. 8　　　　　　　　C. 9　　　　　　　　D. 15

78.《远动设备及系统　第 5-104 部分：传输规约采用标准传输规约集的 IEC 60870-5-101 网络访问》（DL/T 634.5104—2009）规约适用于（　　）传输。

（A）

A. 网络传输方式　　　　　　　　　　B. RS-232 数字传输方式

C. 音频传输方式　　　　　　　　　　D. RS-485 总线传输方式

79.《远动设备及系统　第 5-104 部分：传输规约采用标准传输规约集的 IEC 60870-5-101 网络访问》（DL/T 634.5104—2009）在 TCP/IP 的连接中，被控站属于（　　）。

（A）

A. 服务器（监听者）　　　　　　　　B. 客户端（连接者）

C. 对等体　　　　　　　　　　　　　D. 点对点

80. 在《远动设备及系统　第 5-104 部分：传输规约采用标准传输规约集的 IEC 60870-

5-101 网络访问》（DL/T 634.5104—2009）在 TCP/IP 的连接中，控制站属于（   ）。 （B）

A. 服务器（监听者）　　　　　　　B. 客户端（连接者）

C. 对等体　　　　　　　　　　　　D. 点对点

81.《远动设备及系统 第 5-104 部分：传输规约采用标准传输规约集的 IEC 60870-5-101 网络访问》（DL/T 634.5104—2009）规约的 S 格式应用规约数据单元常常包含（   ）。 （B）

A. 应用服务数据单元，即包含 ASDU

B. 应用规约控制信息，用于确认 I 格式的数据帧

C. 仅有应用规约控制信息，用于启动数据传输、停止数据传输、测试链路

D. 链路地址

82.《远动设备及系统 第 5-104 部分：传输规约采用标准传输规约集的 IEC 60870-5-101 网络访问》（DL/T 634.5104—2009）规约的 I 格式应用规约数据单元常常包含（   ）。 （A）

A. 应用服务数据单元，即包含 ASDU

B. 应用规约控制信息，用于确认 I 格式的数据帧

C. 仅有应用规约控制信息，用于启动数据传输、停止数据传输、测试链路

D. 链路地址

83.《远动设备及系统 第 5-104 部分：传输规约采用标准传输规约集的 IEC 60870-5-101 网络访问》（DL/T 634.5104—2009）规约的控制域的第一个八位位组的第 1 位比特=1，第 2 位比特=1 定义了（   ）格式。 （C）

A. I　　　　　　　B. S　　　　　　　C. U　　　　　　　D. P

84. 在《远动设备及系统 第 5-101 部分：传输规约基本远动任务配套标准》（DL/T 634.5101—2002）规约十六进制报文 "681717682801148314012100000fffff000000fffff0000001f00001116" 中可知转发表中第 51 点遥信信号的状态是（   ）。 （A）

A. 合　　　　　　B. 分　　　　　　C. 不确定　　　　　　D. 故障

85. 在《远动设备及系统 第 5-101 部分：传输规约基本远动任务配套标准》（DL/T 634.5101—2002）规约十六进制报文中，"681717682801148314012100000fffff000000fffff0000001f00001116" 传送的信息对象个数是（   ）。 （C）

A. 83H　　　　　　B. 21H　　　　　　C. 03H　　　　　　D. 14H

86. 在《远动设备及系统 第 5-101 部分：传输规约基本远动任务配套标准》（DL/T 634.5101—2002）规约十六进制报文中，"681717682801148314012100000fffff000000fffff0000001f00001116" 传送的信息对象地址是（   ）。 （C）

A. 0121H　　　　　　B. 1401H　　　　　　C. 0021H　　　　　　D. 0114H

87. 在《远动设备及系统 第 5-101 部分：传输规约基本远动任务配套标准》（DL/T 634.5101—2002）规约十六进制报文中，"681717682801148314012100000fffff000000fffff0000001f00001116" 传送的远动信息是（   ）。 （B）

A. 单点遥信　　　　　　　　　　B. 带变位检出的成组单点信息

C. 测量值，规一化值　　　　　　D. 32 比特串

88. 在《远动设备及系统 第 5-101 部分：传输规约基本远动任务配套标准》（DL/T 634.5101—2002）规约中，应用服务数据单元（ASDUs）的十进制传送原因（COT）表示"响应第 2 组召唤"的是（   ）。 （C）

A. 20　　　　　　B. 21　　　　　　C. 22　　　　　　D. 23

89. 在《远动设备及系统 第 5-101 部分：传输规约基本远动任务配套标准》（DL/T 634.5101—2002）规约中，应用服务数据单元（ASDUs）的十进制传送原因（COT）表示"响应站召唤"的是（ ）。 （A）

    A. 20   B. 21   C. 22   D. 23

90. 在《远动设备及系统 第 5-101 部分：传输规约基本远动任务配套标准》（DL/T 634.5101—2002）规约中，应用服务数据单元（ASDUs）的十六进制类型标识描述"激活终止"的是（ ）。 （D）

    A. 7   B. 8   C. 9   D. 0a

91.《远动设备及系统 第 5-101 部分：传输规约基本远动任务配套标准》（DL/T 634.5101—2002）规约在规定非平衡式通信方式中，控制站不断地召唤用户（ ）。 （C）

    A. 三级数据   B. 一级数据   C. 二级数据

92.《远动设备及系统 第 5-101 部分：传输规约基本远动任务配套标准》（DL/T 634.5101—2002）规约中，若认为帧收到干扰或超时未收到确认帧时，则主站帧计数位 FCB 状态（ ）。 （D）

    A. 置 1   B. 置 0   C. 取反   D. 不变

93. 在《远动设备及系统 第 5-101 部分：传输规约基本远动任务配套标准》（DL/T 634.5101—2002）规约中，属于一级用户数据的是（ ）。 （C）

    A. 变压器挡位   B. 油温   C. 变位遥信   D. SOE

94. 在《远动设备及系统 第 5-101 部分：传输规约基本远动任务配套标准》（DL/T 634.5101—2002）规约中，属于请求一级用户数据的十六进制报文为（ ）。 （C）

    A. 1069016a16   B. 100b010c16   C. 105a015b16   D. 107b017c16

95. 在《远动设备及系统 第 5-101 部分：传输规约基本远动任务配套标准》（DL/T 634.5101—2002）规约中，主站至厂站表示传送数据的十六进制功能码为（ ）。 （A）

    A. 3   B. 5   C. 0A   D. 0B

96. 如下的《远动设备及系统 第 5-101 部分：传输规约基本远动任务配套标准》（DL/T 634.5101—2002）规约十六进制报文中，属于复位链路的是（ ）。 （C）

    A. 1069016a16   B. 100b010c16   C. 1040014116   D. 1020012116

97. 如下的《远动设备及系统 第 5-101 部分：传输规约基本远动任务配套标准》（DL/T 634.5101—2002）规约十六进制报文中，属于询问链路状态的是（ ）。 （A）

    A. 1069016a16   B. 100b010c16   C. 1040014116   D. 1020012116

98. 在《远动设备及系统 第 5-101 部分：传输规约基本远动任务配套标准》（DL/T 634.5101—2002）规约中，每帧报文的控制字的第 2 位（从高位开始）为（ ），等于 1 时表示主站为启动站。 （B）

    A. 传输方向位 DIR   B. 启动报文位 PRM
    C. 帧计数位 FCB   D. 功能码

99.《远动设备及系统 第 5-101 部分：传输规约基本远动任务配套标准》（DL/T 634.5101—2002）规约报文（链路层）中每个字符的启动位有（ ）位。 （B）

    A. 0   B. 1   C. 2   D. 3

100. 在《远动设备及系统 第 5-101 部分：传输规约基本远动任务配套标准》（DL/T 634.5101—2002）规约中，可变帧长报文的第 2 个字节为（ ）。 （C）

A. 控制字　　　　　　B. 链路地址　　　　　C. 帧长度　　　　　D. 用户数据

101. 在《远动设备及系统　第 5-101 部分：传输规约基本远动任务配套标准》（DL/T 634.5101—2002）规约中，固定帧长报文的第 2 个字节为（　　）。　　　　　　　　（A）

A. 控制字　　　　　　B. 链路地址　　　　　C. 帧长度　　　　　D. 用户数据

102. 在《远动设备及系统　第 5-101 部分：传输规约基本远动任务配套标准》（DL/T 634.5101—2002）规约中，若确认帧受到干扰或超时未收到确认帧时，则主站帧计数位状态（　　）。　　　　　　　　（C）

A. 置 0　　　　　　　B. 置 1　　　　　　　C. 不变　　　　　　D. 取反

103.《远动设备及系统　第 5-101 部分：传输规约基本远动任务配套标准》（DL/T 634.5101—2002）规约中，用来表示有一级用户数据的是（　　）位。　　　　　　　（C）

A. FCB　　　　　　　B. FCV　　　　　　　C. ACD　　　　　　D. DFC

104.《远动设备及系统　第 5-104 部分：传输规约采用标准传输规约集的 IEC 60870-5-101 网络访问》（DL/T 634.5104—2009）规约的报文格式不包括下列的（　　）。　　（C）

A. S 格式　　　　　　B. U 格式　　　　　　C. M 格式　　　　　D. I 格式

105.《远动设备及系统　第 5-104 部分：传输规约采用标准传输规约集的 IEC 60870-5-101 网络访问》（DL/T 634.5104—2009）规约的应用层一般适用于（　　）传输方式。　（C）

A. 非平衡　　　　　　B. 收发互不相关，独立传输　　　　　C. 平衡

106.《远动设备及系统　第 5-101 部分：传输规约基本远动任务配套标准》（DL/T 634.5101—2002）规约中采用 3 种帧格式，即固定帧长、可变帧长和（　　）。　　（B）

A. 单字节　　　　　　B. 单个字符　　　　　C. 双字节　　　　　D. 双字符

107. 子站反复收到主站询问同一规约报文，监视上行报文正确，可能的原因为（　　）。
　　　　　　　　（C）

A. 子站报文错误　　　　　　　　　　B. 下行通信通道不通

C. 上行通信通道不通　　　　　　　　D. 主站询问报文错误

108.《远动设备及系统　第 5-101 部分：传输规约基本远动任务配套标准》（DL/T 634.5101—2002）规约中，主站向子站传输时召唤用户一级数据的功能码为（　　）。　（A）

A. 0AH　　　　　　　B. 0BH　　　　　　　C. 0CH　　　　　　D. 0DH

109.《远动设备及系统　第 5-101 部分：传输规约基本远动任务配套标准》（DL/T 634.5101—2002）规约中，有一级用户数据时厂站端将 ACD 位置（　　）。　　　　（B）

A. 0　　　　　　　　B. 1　　　　　　　　C. 2　　　　　　　　D. 3

110. 用 DL/T 634.5101—2002 规约传送远动信息，最多可传送（　　）个遥测量。　（B）

A. 2047　　　　　　　B. 4096　　　　　　　C. 512　　　　　　　D. 1024

111. 在《远动设备及系统　第 5-101 部分：传输规约基本远动任务配套标准》（DL/T 634.5101—2002）规约中，固定帧长报文长度为（　　）字节。　　　　　　　（C）

A. 3　　　　　　　　B. 4　　　　　　　　C. 5　　　　　　　　D. 6

112.《远动设备及系统　第 5-101 部分：传输规约基本远动任务配套标准》（DL/T 634.5101—2002）规约固定帧长报文中校验和 CS 的计算方法是（　　）。　　　　（A）

A. 控制字和链路地址的二进制和，不计溢出部分

B. 控制字和链路地址的二进制和，补加溢出部分

C. 5 个字节的 CRC 校验和

D. 除起始字符（首字节）外 4 个字节的 CRC 校验和

113.《远动设备及系统 第 5–101 部分：传输规约基本远动任务配套标准》（DL/T 634.5101—2002）规约可变帧长报文中校验和 CS 的计算方法是（　　）。　　　　（A）

A. 控制域、地址域、用户数据中所有字节的算术和（不考虑溢出）

B. 控制域、地址域、用户数据中所有字节的算术和（补加溢出部分）

C. 该帧报文中所有字节的 CRC 校验和

D. 该帧报文中除起始字符（首字节）外所有字节的 CRC 校验和

114. 十六进制《远动设备及系统 第 5–101 部分：传输规约基本远动任务配套标准》（DL/T 634.5101—2002）规约报文"107a017b16"中的 FCB 位被置（　　）。　　　　（B）

A. 0　　　　　　　B. 1　　　　　　　C. 2　　　　　　　D. 3

115. 十六进制《远动设备及系统 第 5–101 部分：传输规约基本远动任务配套标准》（DL/T 634.5101—2002）规约报文"1020012116"中的 ACD 位被置（　　）。　　　　（B）

A. 0　　　　　　　B. 1　　　　　　　C. 2　　　　　　　D. 3

116. 在《远动设备及系统 第 5–101 部分：传输规约基本远动任务配套标准》（DL/T 634.5101—2002）规约中，厂站至主站表示"无所召唤的数据"的十六进制功能码为（　　）。

（B）

A. 8　　　　　　　B. 9　　　　　　　C. 0a　　　　　　　D. 0b

117. 在《远动设备及系统 第 5–101 部分：传输规约基本远动任务配套标准》（DL/T 634.5101—2002）规约中，主站下发的十六进制报文为"1069026b16"，子站上送报文正确的是（　　）。　　　　（A）

A. 100b020d16　　　B. 100b010c16　　　C. 105a015b16　　　D. 107b017c16

118.《远动设备及系统 第 5–101 部分：传输规约基本远动任务配套标准》（DL/T 634.5101—2002）规约可变帧长报文的帧长度 L 为包括控制域、地址域、用户数据的字节总数，L 最大为（　　）。　　　　（A）

A. 250　　　　　　B. 252　　　　　　C. 254　　　　　　D. 255

119.《远动设备及系统 第 5–101 部分：传输规约基本远动任务配套标准》（DL/T 634.5101—2002）规约在传输中规定，主站向同一个子站启动新一轮传输时，将 FCB 位取相反值，主站为每一个子站保留一个帧计数位的复制，若超时没有从子站接收到所期望的报文，或接收出现差错，则主站不改变帧计数位的状态，重复传送原报文，重复次数为（　　）次。

（C）

A. 1　　　　　　　B. 2　　　　　　　C. 3　　　　　　　D. 4

120. 在《远动设备及系统 第 5–101 部分：传输规约基本远动任务配套标准》（DL/T 634.5101—2002）规约中，应用服务数据单元（ASDUs）的十六进制传送原因（COT）表示"突发（自发）"的是（　　）。　　　　（C）

A. 1　　　　　　　B. 2　　　　　　　C. 3　　　　　　　D. 5

121. DL/T 634.5101—2002 规约监视方向应用服务数据单元（ASDUs）的十进制类型标识描述规一化值遥测的是（　　）。　　　　（B）

A. 1　　　　　　　B. 9　　　　　　　C. 13　　　　　　　D. 21

122. 在《远动设备及系统 第 5–101 部分：传输规约基本远动任务配套标准》（DL/T 634.5101—2002）规约中，控制方向应用服务数据单元（ASDUs）的十进制类型标识描述双点

遥控的是（　　　）。　　　　　　　　　　　　　　　　　　　　　　　　　　　　（D）

A. 43　　　　　　　B. 44　　　　　　　C. 45　　　　　　　D. 46

123.《远动设备及系统　第 5–101 部分：传输规约基本远动任务配套标准》（DL/T 634.5101—2002）规约中，遥测信息对象地址段为（　　　）。　　　　　　　　　　（B）

A. 1H～1000H　　　B. 4001H～5000H　　C. 6001H～6200H　　D. 6201H～6400H

124.《远动设备及系统　第 5–104 部分：传输规约采用标准传输规约集的 IEC 60870–5–101 网络访问》（DL/T 634.5104—2009）规约为 IEC 60870–5–101 规约在（　　　）上的应用。　（C）

A. HTTP　　　　　　B. FTP　　　　　　C. TCP/IP　　　　　D. SMTP

125.《远动设备及系统　第 5–104 部分：传输规约采用标准传输规约集的 IEC 60870–5–101 网络访问》（DL/T 634.5104—2009）规约传输方式为（　　　）。　　　　　　（C）

A. RS–232 数字传输方式　　　　　　　　B. 音频传输方式

C. 网络传输方式　　　　　　　　　　　　D. RS–485 总线传输方式

126. 在《远动设备及系统　第 5–104 部分：传输规约采用标准传输规约集的 IEC 60870–5–101 网络访问》（DL/T 634.5104—2009）的十六进制报文中，"681d0200020015881400 020001400040064006800c800c0000000000000000"所传送第二路遥测值的主站满值为600（工程量最大值），则主站显示值是（　　　）。　　　　　　　　　　　　　　　　　　（C）

A. –29.3　　　　　　B. –30.58　　　　　C. 29.3　　　　　　D. 584.36

127. 在《远动设备及系统　第 5–104 部分：传输规约采用标准传输规约集的 IEC 60870–5–101 网络访问》（DL/T 634.5104—2009）的十六进制报文中，"6816d65f80000902030 001000840008002000a4000bcfc00"所传送遥测值的主站满值为1200（工程量最大值），则主站显示值是（　　　）。　　　　　　　　　　　　　　　　　　　　　　　　　　　　　（B）

A. –33.67　　　　　B. –30.58　　　　　C. 33.67　　　　　D. 584.36

128. 在《远动设备及系统　第 5–104 部分：传输规约采用标准传输规约集的 IEC 60870–5–101 网络访问》（DL/T 634.5104—2009）的十六进制报文中，"6816d65f800009020300 01000840008002000a4000bcfc00"所传送遥测值的主站满值为600（工程量最大值），则主站显示值是（　　　）。　　　　　　　　　　　　　　　　　　　　　　　　　　　　　　　　（B）

A. –33.67　　　　　B. –15.29　　　　　C. 33.67　　　　　D. 584.36

129. 在《远动设备及系统　第 5–101 部分：传输规约基本远动任务配套标准》（DL/T 634.5101—2002）规约十六进制报文中，"680b0b688801090103011740c00c804516"传送的转发表第（　　　）个遥测值。　　　　　　　　　　　　　　　　　　　　　　　　　　　（B）

A. 21　　　　　　　B. 23　　　　　　　C. 24　　　　　　　D. 25

130. 采用循环式远动规约进行点对点的远动数据传输，所采用的检错码是下列（　　　）。

　　　　　　　　　　　　　　　　　　　　　　　　　　　　　　　　　　　　　　（C）

A. 奇偶校验　　　　B. 累加校验　　　　C. 循环冗余校验码　　D. 对比校验

131.《远动设备及系统　第 5–101 部分：传输规约基本远动任务配套标准》（DL/T 634.5101—2002）专线通信规约采用（　　　）方式传输。　　　　　　　　　　　（C）

A. 串行同步　　　　B. 并行同步　　　　C. 串行异步　　　　D. 并行异步

132. DL/T 719—2000 和 DL/T 634.5101—2002 电力系统电能累计量、远动传输配套标准报文是按（　　　）发送。　　　　　　　　　　　　　　　　　　　　　　　　　（A）

A. 低位低字节　　　B. 高位低字节　　　C. 低位高字节　　　D. 高位高字节

133.《远动设备及系统 第5部分 传输规约 第102篇 电力系统电能累计量传输配套标准》(DL/T 719—2000)中，控制站未收到响应报文，重发原报文，最大重发次数是（ ）。

（C）

A. 1次 B. 2次 C. 3次 D. 4次

134.《远动设备及系统 第5部分 传输规约 第102篇 电力系统电能累计量传输配套标准》(DL/T 719—2000)中，控制站未收到响应报文（ ）时间，重发原报文。 （C）

A. 10ms B. 30ms C. 50ms D. 70ms

135.《远动设备及系统 第5-101部分：传输规约基本远动任务配套标准》(DL/T 634.5101—2002)规约中，若认为帧收到干扰或超时未收到确认帧时，则主站帧计数位 FCB 状态（ ）。 （D）

A. 置1 B. 置0 C. 取反 D. 不变

136. 在《远动设备及系统 第5-104部分：传输规约采用标准传输规约集的 IEC 60870-5-101 网络访问》(DL/T 634.5104—2009)的十六进制报文中，"682b100004001e010300020001000001ca8b16110a0806"所传送的遥信信息的状态为（ ）。 （A）

A. 动作 B. 复归 C. 不确定 D. 故障

137. 在《远动设备及系统 第5-104部分：传输规约采用标准传输规约集的 IEC 60870-5-101 网络访问》(DL/T 634.5104—2009)的十六进制报文中，"68160e000400010303000200010000003000000102000001"所传送第一路遥信的状态为（ ）。 （B）

A. 动作 B. 复归 C. 不确定 D. 故障

138. 在《远动设备及系统 第5-104部分：传输规约采用标准传输规约集的 IEC 60870-5-101 网络访问》(DL/T 634.5104—2009)的十六进制报文中，"68160e0004000103030002000100000103000001020 00001"所传送第三路遥信的状态为（ ）。 （A）

A. 动作 B. 复归 C. 不确定 D. 故障

139. 在《远动设备及系统 第5-104部分：传输规约采用标准传输规约集的 IEC 60870-5-101 网络访问》(DL/T 634.5104—2009)的十六进制报文中，"6816d65f8000090203000 1000a4000bcfc00"所传送遥测值为第（ ）路。 （C）

A. 8 B. 9 C. 10 D. 11

140. 在《远动设备及系统 第5-101部分：传输规约基本远动任务配套标准》(DL/T 634.5101—2002)规约十六进制报文中，"680b0b688801090103014740c00c806B16"传送的转发表第（ ）个遥测值。 （D）

A. 21 B. 35 C. 33 D. 71

141. 在《远动设备及系统 第5-101部分：传输规约基本远动任务配套标准》(DL/T 634.5101—2002)规约十六进制报文中，"680b0b688801090103012140c00c804516"所传送遥测值的主站满值为1500（工程量最大值），则主站显示值是（ ）。 （C）

A. 33.67 B. 79.68 C. 149.42 D. 121.33

142. 在下列十六进制报文中属于《远动设备及系统 第5-104部分：传输规约采用标准传输规约集的 IEC 60870-5-101 网络访问》(DL/T 634.5104—2009)规约的确认已收到对方7包报文的是（ ）。 （A）

A. 681e00110c0015040300020001070040060207004006030700800c040700800c

B. 680e0000020064010700020000000014

C. 6.80443E+11

D. 6.80E+08

143. 在下列十六进制报文中属于《远动设备及系统 第 5–104 部分：传输规约采用标准传输规约集的 IEC 60870–5–101 网络访问》（DL/T 634.5104—2009）规约的 U 格式报文的是（　　）。　　　　　　　　　　　　　　　　　　　　　　　　　　　　（C）

A. 6815156808010105030121000123000025000127000012b0000d116

B. 680e00000200640107000200000000014

C. 6.80443E+11

D. 680401000a00

144. 在下列十六进制报文中属于《远动设备及系统 第 5–104 部分：传输规约采用标准传输规约集的 IEC 60870–5–101 网络访问》（DL/T 634.5104—2009）规约的 S 格式报文的是（　　）。　　　　　　　　　　　　　　　　　　　　　　　　　　　　（D）

A. 6815156808010105030121000123000025000127000012b0000d116

B. 680e00000200640107000200000000014

C. 6.80443E+11　　680443000000

D. 680400000a00

145.《远动设备及系统 第 5–104 部分：传输规约采用标准传输规约集的 IEC 60870–5–101 网络访问》（DL/T 634.5104—2009）规约的应用服务数据单元的最大帧长为（　　）字节。　　　　　　　　　　　　　　　　　　　　　　　　　　　　（A）

A. 249　　　　B. 512　　　　C. 1024　　　　D. 4096

146. 在《远动设备及系统 第 5–101 部分：传输规约基本远动任务配套标准》（DL/T 634.5101—2002）规约十六进制报文中，"680b0b688801090103012140c00c804516"所传送遥测值的主站满值为 800（工程量最大值），则主站显示值是（　　）。　　（B）

A. 33.67　　　B. 79.68　　　C. 98.32　　　D. 121.33

147. 根据 DL/T 634.5101—2002，遥测信息对象地址段为（　　）。　　（B）

A. 1H～1000H　　B. 4001H～5000H　　C. 6001H～6200H　　D. 6201H～6400H

148. 在《远动设备及系统 第 5–101 部分：传输规约基本远动任务配套标准》（DL/T 634.5101—2002）规约中，控制方向应用服务数据单元（ASDUs）的十进制类型标识描述双点遥控的是（　　）。　　　　　　　　　　　　　　　　　　　　　　　（D）

A. 43　　　　B. 44　　　　C. 45　　　　D. 46

149. 在《远动设备及系统 第 5–101 部分：传输规约基本远动任务配套标准》（DL/T 634.5101—2002）规约中，固定帧长报文的第 2 个字节为（　　）。　　（A）

A. 控制字　　　B. 链路地址　　　C. 帧长度　　　D. 用户数据

150.《远动设备及系统 第 5–104 部分：传输规约采用标准传输规约集的 IEC 60870–5–101 网络访问》（DL/T 634.5104—2009）报文 680401003C00 的接收序列号是（　　）。　（C）

A. 30　　　　B. 60　　　　C. 3C　　　　D. 48

151.《远动设备及系统 第 5–101 部分：传输规约基本远动任务配套标准》（DL/T 634.5101—2002）规约常数 k、w 默认取值为（　　）。　　（D）

A. 11，8　　　B. 12，10　　　C. 10，8　　　D. 12，8

152.《远动设备及系统 第 5–104 部分：传输规约采用标准传输规约集的 IEC 60870–5–101

网络访问》（DL/T 634.5104—2009）规约常数 t_1、t_2、t_3 大小关系为（　　）。　　　　（B）

A. $t_1<t_2<t_3$　　　　B. $t_2<t_1<t_3$　　　　C. $t_3<t_2<t_1$　　　　D. $t_2<t_3<t_1$

153.《远动设备及系统　第 5-101 部分：传输规约基本远动任务配套标准》（DL/T 634.5101—2002）规约采用的校验方式为（　　）。　　　　（D）

A. 奇校验　　　　B. 偶校验　　　　C. 循环冗余校验　　　　D. 不使用帧校验

154.《远动设备及系统　第 5-101 部分：传输规约基本远动任务配套标准》（DL/T 634.5101—2002）规约链路服务类别 S3 的功能为（　　）。　　　　（B）

A. 发送/确认　　　　B. 请求/响应　　　　C. 发送/无回答　　　　D. 总召唤

155.《远动设备及系统　第 5-101 部分：传输规约基本远动任务配套标准》（DL/T 634.5101—2002）规约在突发传输的启动模式下，链路服务类型为（　　）。　　　　（B）

A. S1　　　　B. S2　　　　C. S3　　　　D. S0

156.《远动设备及系统　第 5 部分　传输规约　第 102 篇　电力系统电能累计量传输配套标准》（DL/T 719—2000）、DL/T 634.5101—2002 电力系统电能累计量、远动传输配套标准报文按（　　）发送。　　　　（A）

A. 低位低字节　　　　B. 高位低字节　　　　C. 低位高字节　　　　D. 高位高字节

157. 在《远动设备及系统　第 5 部分　传输规约　第 102 篇　电力系统电能累计量传输配套标准》（DL/T 719—2000）中，控制站未收到响应报文，重发原报文，最大重发次数是（　　）。　　　　（A）

A. 3 次　　　　B. 1 次　　　　C. 2 次　　　　D. 4 次

158. 在《远动设备及系统　第 5 部分　传输规约　第 102 篇　电力系统电能累计量传输配套标准》（DL/T 719—2000）中，控制站未收到响应报文（　　）时间，重发原报文。　（A）

A. 50ms　　　　B. 10ms　　　　C. 30ms　　　　D. 70ms

159. EB90EB90EB907161010101BC 是下列（　　）规约及（　　）控制字。　　　　（D）

A.《远动设备及系统　第 5-101 部分：传输规约基本远动任务配套标准》（DL/T 634.5101—2002），遥测

B. IEC 870-5-103，遥信

C. DNP3.0，遥信

D.《循环式远动规约》（DL 451—1991），遥测

160. 电力系统远动中调制解调器常采用（　　）方式传送信号。　　　　（C）

A. 调相　　　　B. 调幅　　　　C. 调频　　　　D. 调压

161. 周期性采集数据，不停地向调度端发送，这种方式称为（　　）。　　　　（A）

A. CDT　　　　B. polling　　　　C. DNS　　　　D. DNP

162.《循环式远动规约》（DL 451—1991）遥控选择下行的功能码取值是（　　）。（A）

A. EOH　　　　B. FFH　　　　C. FOH　　　　D. E2H

163.《循环式远动规约》DL 451—1991 遥控返校上行的功能码取值是（　　）。（A）

A. E1H　　　　B. FFH　　　　C. FOH　　　　D. E2H

164.《循环式远动规约》（DL 451—1991）遥控撤销下行的功能码是（　　）。（D）

A. E1H　　　　B. FFH　　　　C. FOH　　　　D. E3H

165. 电力系统电能量计量传输标准是（　　）。　　　　（B）

A. IEC 60870-5-101　　　　B. IEC 60870-5-102

C. IEC 60870–5–103　　　　　　　　D. IEC 60870–5–104

166. （　　）传输是一种数据传输方式，代表每比特的每个信号出现时间与固定时基合拍。（B）

A. 异步　　　　　B. 同步　　　　　C. 网络　　　　　D. 专线答案

167.《循环式远动规约》（DL 451—1991）规约适用于点对点的远动通道结构及以问答字节（　　）方式传送远动信息的远动设备与系统。（A）

A. 同步　　　　　B. 异步　　　　　C. 中断

168. 在《循环式远动规约》（DL 451—1991）规约中，不管是同步字、控制字还是信息字，一定是（　　）字节。（B）

A. 3　　　　　B. 6　　　　　C. 2　　　　　D. 8

169. 在《循环式远动规约》（DL 451—1991）规约中，一副帧结构由同步字、控制字和信息字组成，其中可以没有（　　）。（B）

A. B. 控制字　　　C. 信息字　　　D. 同步字　　　E. 控制字和信息字

170.《循环式远动规约》（DL 451—1991）规约上行信息遥测帧分为 A 帧、B 帧、C 帧，其中 B 帧传送时间为（　　）。（B）

A. 不大于 4s　　　B. 不大于 6s　　　C. 不大于 3s　　　D. 不大于 20s

171. 在《循环式远动规约》（DL 451—1991）规约中，一个信息字包含（　　）个遥测量。（A）

A. 2　　　　　B. 3　　　　　C. 1　　　　　D. 4

172. 在《循环式远动规约》（DL 451—1991）T 规约中，一个信息字包含（　　）个遥信量。（D）

A. 8　　　　　B. 16　　　　　C. 1　　　　　D. 32

173. 在《循环式远动规约》（DL 451—1991）规约中，传送一个事件顺序记录占用（　　）个信息字（在《循环式远动规约》（DL 451—1991）规约中 1 个信息字含 6 个字节）。（A）

A. 2　　　　　B. 3　　　　　C. 1　　　　　D. 4

174. 在《循环式远动规约》（DL 451—1991）规约中，重要遥测的帧类别是（　　）。（C）

A. C2H　　　　　B. B3H　　　　　C. 61H　　　　　D. F4H

175. 在《循环式远动规约》（DL 451—1991）规约中，遥信状态的帧类别是（　　）。（D）

A. C2H　　　　　B. B3H　　　　　C. 61H　　　　　D. F4H

176. 在《循环式远动规约》（DL 451—1991）规约中，电度量的帧类别是（　　）。（A）

A. 85H　　　　　B. 26H　　　　　C. 61H　　　　　D. F4H

177. 在《循环式远动规约》（DL 451—1991）规约中，事件顺序记录的帧类别是（　　）。（B）

A. 85H　　　　　B. 26H　　　　　C. 61H　　　　　D. F4H

178. 为保证远动信息的可靠传输，通信规约都采用了相应的纠错技术，CRC 校验是（　　）。（B）

A. 奇偶校验　　　B. 循环冗余校验　　　C. 纵横奇偶校验

179. 具有偶监督作用，do=4 的循环码，充分利用纠错、检错能力时可（　　）。（B）

A. 纠正 2 位错   B. 纠正 1 位、检出 3 位错

C. 纠正 1 位、检出 2 位错   D. 检出全部奇数位错

180. 在《循环式远动规约》（DL 451—1991）规约中，传送事件顺序记录的功能码是（　　）。（C）

A. 86H，89H   B. 81H，82H   C. 80H，81H   D. 82H，84H

181. 在《循环式远动规约》（DL 451—1991）规约中，设置时钟的功能码是（　　）。（C）

A. ECH，EDH   B. EAH，EBH   C. EEH，EFH   D. EBH，ECH

182. 在《循环式远动规约》（DL 451—1991）规约中，遥信量的功能码是（　　）。（C）

A. F0H～FFH   B. F8H～FEH   C. F0H～FFH   D. 00H～7FH

183. 在《循环式远动规约》（DL 451—1991）规约中，遥控操作执行码和撤销码为（　　）。（B）

A. 55H，CCH   B. AAH，55H   C. 44H，AAH

184. 在《循环式远动规约》（DL 451—1991）规约中，遥控选择合闸码和分闸码为（　　）。（B）

A. 33H，CCH   B. CCH，33H   C. CCH，FFH

185.《循环式远动规约》（DL 451—1991）规约上行信息帧中，插入帧为（　　）。（C）

A. C 帧   B. D1 或 D2 帧   C. E 帧   D. B 帧

186.《循环式远动规约》（DL 451—1991）规约中，有远动信息产生的任何信息字都由（　　）位二进制数构成。（A）

A. 48   B. 56   C. 3

187. 在《循环式远动规约》（DL 451—1991）规约十六进制报文中，"EB90EB90EB9071610613018D003507970F64"传送的远动信息第 0 路值是（　　）。（C）

A. 1843   B. 1844   C. 1845   D. 1846

188. 在《循环式远动规约》（DL 451—1991）规约十六进制报文中，"EB90EB90EB9071610613018D003507970F64"传送的远动信息第 1 路值是（　　）。（D）

A. −102   B. −103   C. −104   D. −105

189. 在《循环式远动规约》（DL 451—1991）规约十六进制报文中，"EB90EB90EB907161030102E6E0330C330C4FE0330C330C4FE0330C330C4F"传送的远动信息第（　　）路。（C）

A. 11   B. 12   C. 13   D. 14

190. 在《循环式远动规约》（DL 451—1991）规约十六进制报文中，"EB90EB90EB907161030102E6E0330C330C4FE0330C330C4FE0330C330C4F"传送的远动信息是（　　）状态。（B）

A. 合   B. 分

191. 在《循环式远动规约》（DL 451—1991）规约十六进制报文中，"EB90EB90EB9071C203010431E2AA0CAA0C27E2AA0CAA0C27E2AA0CAA0C27"传送的远动信息是（　　）状态。（C）

A. 遥控选择   B. 遥控返校   C. 遥控执行   D. 遥控撤销

192. 采用循环式远动规约进行点对点的远动数据传输，所采用的检错码是（　　）。（C）

A. 奇偶校验　　　　　B. 累加校验　　　　　C. 循环冗余校验码　D. 对比校验

193.《循环式远动规约》（DL 451—1991）上行信息遥测帧分为 A 帧、B 帧、C 帧，其中 A 帧传送时间为（　　）。　　　　　　　　　　　　　　　　　　　　　　　　（A）

A. 不大于 3s　　　　B. 不大于 4s　　　　C. 不大于 6s　　　　D. 不大于 20s

194.《循环式远动规约》（DL 451—1991）上行信息遥测帧分为 A 帧、B 帧、C 帧，其中 C 帧传送时间为（　　）。　　　　　　　　　　　　　　　　　　　　　　　　（D）

A. 不大于 3s　　　　B. 不大于 4s　　　　C. 不大于 6s　　　　D. 不大于 20s

195.《循环式远动规约》（DL 451—1991）上行信息遥测帧分为 A 帧、B 帧、C 帧，其中 B 帧传送时间为（　　）。　　　　　　　　　　　　　　　　　　　　　　　　（C）

A. 不大于 3s　　　　B. 不大于 4s　　　　C. 不大于 6s　　　　D. 不大于 20s

196.《循环式远动规约》（DL451—1991）规约中，同步字采用 EB90，是因为它具有（　　）。　　　　　　　　　　　　　　　　　　　　　　　　　　　　　　　（A）

A. 较好的自相关性　　　　　　　　B. 较高的抗干扰能力

C. 较低的误码率

197. 在《循环式远动规约》（DL451—1991）规约十六进制报文中，"EB90EB90EB9071610613018D003507970F64…0F5A0E510FB7"帧类别是（　　）。（A）

A. 重要遥测　　　　B. 次要遥测　　　　C. 一般遥测　　　　D. 遥信

198. 在《循环式远动规约》（DL451—1991）规约十六进制报文中，"EB90EB90EB9071610613018D003507970F64…0F5A0E510FB7"RTU 地址是（　　）。　　（B）

A. 6　　　　　　　B. 13　　　　　　C. 1　　　　　　D. 35

199. 在《循环式远动规约》（DL 451—1991）规约十六进制报文中，"EB90EB90EB9071610613018D003507970F64…0F5A0E510FB7"共传送（　　）个遥测。　　（D）

A. 6　　　　　　　B. 8　　　　　　C. 10　　　　　D. 12

200. 在《循环式远动规约》（DL451—1991）规约十六进制报文中，"EB90EB90EB9071610613018D003507970F64…0F5A0E510FB7"第 0 路遥测是（　　）。　（D）

A. 1842　　　　　B. 1843　　　　C. 1844　　　　D. 1845

201. 在《循环式远动规约》（DL451—1991）规约十六进制报文中，"EB90EB90EB9071610613018D003507970F64…0F5A0E510FB7"第 1 路遥测是（　　）。　（C）

A. 1845　　　　　B. 105　　　　　C. −105　　　　D. −101

202. 在《循环式远动规约》（DL451—1991）规约十六进制报文中，"EB90EB90EB9071F4050201B5F1D0240000B1F20200020034F330000000F9F40000000079"是（　　）帧。（D）

A. 重要遥测　　　　B. 次要遥测　　　　C. 一般遥测　　　　D. 遥信

203. 在《循环式远动规约》（DL451—1991）规约十六进制报文中，"EB90EB90EB9071F4050201B5F1D0240000B1F20200020034F330000000F9F40000000079"RTU 地址是（　　）。　　　　　　　　　　　　　　　　　　　　　　　　　　　　　　（B）

A. 5　　　　　　　B. 2　　　　　　C. 1

204. 在《循环式远动规约》（DL451—1991）规约十六进制报文中，"EB90EB90EB9071F4050201B5F1D0240000B1F20200020034F330000000F9F40000000079"传动（　　）遥信。　　　　　　　　　　　　　　　　　　　　　　　　　　　　　　（B）

A. 128　　　　　B. 160　　　　C. 192　　　　D. 144

205. 在《循环式远动规约》（DL 451—1991）规约十六进制报文中，"EB90EB90EB9071F40 50201B5F1D0240000B1F20200020034F330000000F9F40000000079"第 5 个遥信状态为（   ）。

（A）

A. 合　　　　　　B. 分

206. 在《循环式远动规约》（DL 451—1991）规约十六进制报文中，"EB90EB90EB9071C203 010431E2AA0CAA0C27E2AA0CAA0C27E2AA0CAA0C27"是（   ）帧。　　（C）

A. 遥控选择　　　B. 遥控执行　　　C. 遥控撤销　　　D. 遥控返回

207. 在《循环式远动规约》（DL 451—1991）规约十六进制报文中，"EB90EB90EB90716103 0102E6E0330C330C4FE0330C330C4FE0330C330C4F"是（   ）帧。　　（A）

A. 遥控选择　　　B. 遥控执行　　　C. 遥控撤销　　　D. 遥控返回

208. 104 规约配置中的远端 IP 指的是（   ）。　　　　　　　　　　（C）

A. 监控机 IP　　　B. 远动插件 IP　　　C. 主站前置 IP　　　D. 网关 IP

209.《循环式远动规约》（DL 451—1991）规约每帧向通道发码的规则是（   ）。（A）

A. 低字节先送，高字节后送；字节内低位先送，高位后送

B. 高字节先送，低字节后送；字节内低位先送，高位后送

C. 高字节先送，低字节后送；字节内高位先送，低位后送

D. 低字节先送，高字节后送；字节内高位先送，低位后送

210. 下列（   ）不是循环式远动通信规约。　　　　　　　　　　　（C）

A.《循环式远动规约》（DL 451—1991）　　B. DISA

C. IEC 104　　　　　　　　　　　D. XT9702

211.《循环式远动规约》（DL 451—1991）要求远动通道的传输误码率一般不大于（   ）。

（A）

A. 105　　　　　B. 104　　　　　C. 103　　　　　D. 102

212. 在《远动设备及系统　第 5-104 部分：传输规约采用标准传输规约集的 IEC 60870-5-101 网络访问》（DL/T 634.5104—2009）的十六进制报文中，"680E000000002E01 0601010002600081"所传送的远动信息是（   ）。　　　　　　　　（C）

A. 遥测　　　　　B. 遥信　　　　　C. 遥控　　　　　D. 对时

213. 在《远动设备及系统　第 5-104 部分：传输规约采用标准传输规约集的 IEC 60870-5-101 网络访问》（DL/T 634.5104—2009）的十六进制报文中，"680E000000002E0106010 10002600081"所传送的站址是（   ）。　　　　　　　　　　　　（A）

A. 1　　　　　　B. 2　　　　　　C. 3　　　　　　D. 4

214. 在《远动设备及系统　第 5-104 部分：传输规约采用标准传输规约集的 IEC 60870-5-101 网络访问》（DL/T 634.5104—2009）的十六进制报文中，"680E000000002E01 0601010002600081"所传送的信息体地址是（   ）。　　　　　　　　（C）

A. 10601　　　　B. 101　　　　　C. 6001

215. 在《远动设备及系统　第 5-104 部分：传输规约采用标准传输规约集的 IEC 60870-5-101 网络访问》（DL/T 634.5104—2009）的十六进制报文中，"680E000000002E0106 01010002600081"所传送远动报文是（   ）。　　　　　　　　　　（A）

A. 遥控选择　　　B. 遥控执行　　　C. 遥控撤销　　　D. 遥控返回

216.《远动设备及系统　第 5-101 部分：传输规约基本远动任务配套标准》（DL/T

634.5101—2002）规约是异步通信规约，采用的海明距离为（　　）。　　　　　（C）

A. 2　　　　　　　　B. 3　　　　　　　　C. 4　　　　　　　　D. 5

217. 当主站发送总召唤报文"6809096853/73ADDR64（100）0106ADDR000014（20）CS16"时，若厂站不忙，厂站会回送总召唤确认帧，该确认帧报文是（　　）。　　　（C）

A. 6809096880ADDR64（100）0108ADDR000014（20）CS16

B. 6809096880ADDR64（100）010AADDR000014（20）CS16

C. 6809096880ADDR64（100）0107ADDR000014（20）CS16

二、多项选择题

1. 在下列十六进制报文中，属于《远动设备及系统　第5-104部分：传输规约采用标准传输规约集的IEC 60870-5-101网络访问》（DL/T 634.5104—2009)的链路初始化报文的是（　　）。

（AB）

A. 6.80407E+11　　B. 68040b000000　　C. 680443000000　　D. 680401000a00

2. 如下的《远动设备及系统　第5-101部分：传输规约基本远动任务配套标准》（DL/T 634.5101—2002）规约十六进制报文中，由主站到厂站的是（　　）。　　　　　（AD）

A. 1069016a16　　B. 1020012116　　C. 100b010c16　　D. 1040014116

3.《远动设备及系统　第5-101部分：传输规约基本远动任务配套标准》（DL/T 634.5101—2002）的非平衡传输方式适用于（　　）。　　　　　（CD）

A. 点对点　　　B. 多点对点　　　C. 多点共线　　　D. 多点星型

4.《远动设备及系统　第5-101部分：传输规约基本远动任务配套标准》（DL/T 634.5101—2002）中代表分组的传送原因为（　　）。　　　　　（AB）

A. 十进制19　　B. 十进制29　　C. 十进制49　　D. 十进制59

5.《远动设备及系统　第5-101部分：传输规约基本远动任务配套标准》（DL/T 634.5101—2002）的帧报文格式可以是（　　）。　　　　　（ABC）

A. 单字符　　　B. 可变帧长　　　C. 固定帧长　　　D. 信息字

6.《远动设备及系统　第5-101部分：传输规约基本远动任务配套标准》（DL/T 634.5101—2002）适用的网络拓扑结构为（　　）。　　　　　（ABD）

A. 点对点　　　B. 多点对点　　　C. 令牌环型　　　D. 多点星型

7.《远动设备及系统　第5-101部分：传输规约基本远动任务配套标准》（DL/T 634.5101—2002）中代表遥信的功能码为（　　）。　　　　　（AB）

A. 01H　　　　　B. 02H　　　　　C. 03H

8. 在下列十六进制报文中，属于《远动设备及系统　第5-104部分：传输规约采用标准传输规约集的IEC 60870-5-101网络访问》（DL/T 634.5104—2009）报文的是（　　）。（BCD）

A. 6815156808010105030121000123000025000127000 12b0000d116

B. 680e000002006401070002 0000000014

C. 680443000000

D. 680100000a00

9. 在《远动设备及系统　第5-101部分：传输规约基本远动任务配套标准》（DL/T 634.5101—2002）规约中，属于二级用户数据的是（　　）。　　　　　（ABD）

A. 变压器挡位　　　　B. 油温　　　　　　C. 变位遥信　　　　D. SOE

10. 如下的《远动设备及系统　第 5-101 部分：传输规约基本远动任务配套标准》（DL/T 634.5101—2002）规约十六进制报文中，存在错误将被丢弃的是（　　）。　　　　　　（AC）

A. 107b027c16

B. 1009010a16

C. 68080868280165010701000059c16

D. 681717682801148314012100000ffff000000ffff0000001f00001116

11.《远动设备及系统　第 5-101 部分：传输规约基本远动任务配套标准》（DL/T 634.5101—2002）规约固定帧长报文通常用于（　　）。　　　　　　　　　　（BC）

A. 遥控执行　　　　B. 链路服务　　　　C. 请求用户数据　　　D. 传送用户数据

12.《远动设备及系统　第 5-104 部分：传输规约采用标准传输规约集的 IEC 60870-5-101 网络访问》（DL/T 634.5104—2009）中代表遥信的功能码为（　　）。　　　　（AB）

A. 01H　　　　　　B. 02H　　　　　　C. 03H

13. 凡是新建、扩建的变电站、发电厂远动信息入网必须采用（　　）规约和（　　）规约两种方式同时传送，各调度自动化系统之间远动数据的传输，全部采用（　　）规约。　　　　　　　　　　　　　　　　　　　　　　　　　　　　（ABC）

A. 2M 专线 101　　　B. 数据网 104　　　C. TASE Ⅱ　　　　D. CDT 规约

14.《远动设备及系统　第 5-104 部分：传输规约采用标准传输规约集的 IEC 60870-5-101 网络访问》（DL/T 634.5104—2009）规约的 U 格式的控制信息由（　　）组成，在同一时刻只有一个被激活。　　　　　　　　　　　　　　　　　　　　　　　　（ABC）

A. TESTFR　　　　B. STOPDT　　　　C. STARTDT　　　　D. ACD

15. DL/T 634.5101—2002 规约监视方向应用服务数据单元（ASDUs）的十进制类型标识描述遥测的是（　　）。　　　　　　　　　　　　　　　　　　　　　　（BCD）

A. 1　　　　　　　B. 9　　　　　　　C. 13　　　　　　　D. 21

16. 如下的《远动设备及系统　第 5-101 部分：传输规约基本远动任务配套标准》（DL/T 634.5101—2002）规约十六进制报文中，由厂站到主站的是（　　）。　　　（BC）

A. 1069016a16　　　B. 1020012116　　　C. 100b010c16　　　D. 1040014116

17.《远动设备及系统　第 5-101 部分：传输规约基本远动任务配套标准》（DL/T 634.5101—2002）规约的平衡传输方式适用于（　　）。　　　　　　　　　（AB）

A. 点对点　　　　　B. 多点对点　　　　C. 多点共线　　　　D. 多点星型

18.《远动设备及系统　第 5-101 部分：传输规约基本远动任务配套标准》（DL/T 634.5101—2002）规约中，代表遥信的类型标识为（　　）。　　　　　　　（AB）

A. 01H　　　　　　B. 02H　　　　　　C. 03H

19.《远动设备及系统　第 5-104 部分：传输规约采用标准传输规约集的 IEC 60870-5-101 网络访问》（DL/T 634.5104—2009）规约的控制域定义抗报文丢失和重复传送的（　　）。

（BCD）

A. 帧长　　　　　　　　　　　　　B. 控制信息

C. 报文传输的启动和停止　　　　　D. 传输连接的监视

20. 在《远动设备及系统　第 5-101 部分：传输规约基本远动任务配套标准》（DL/T 634.5101—2002）规约中，控制方向应用服务数据单元（ASDUs）的十进制类型标识描述遥控

的是（　　）。 （CD）

    A. 43   B. 44   C. 45   D. 46

21.《远动设备及系统　第 5-101 部分：传输规约基本远动任务配套标准》（DL/T 634.5101—2002）规约报文接收时需要进行校验，主要内容包括（　　）。 （ABCD）

    A. 校验两个启动字符应一致   B. 校验两个帧长度 L 值应一致

    C. 所接收字符数等于 $L+6$ D. 帧校验和结束字符无差错

22.《远动设备及系统　第 5-101 部分：传输规约基本远动任务配套标准》（DL/T 634.5101—2002）规约可变帧长报文的帧长度 L 中包括（　　）。 （ACD）

    A. 控制域   B. 校验和   C. 用户数据   D. 地址域

23.《远动设备及系统　第 5-101 部分：传输规约基本远动任务配套标准》（DL/T 634.5101—2002）规约可采用的传输方式为（　　）。 （AC）

    A. 非平衡方式   B. 多点混合方式   C. 平衡方式   D. 点对点方式

24.《远动设备及系统　第 5-101 部分：传输规约基本远动任务配套标准》（DL/T 634.5101—2002）规约中，代表分组的传送原因的是（　　）。 （AB）

    A. 十进制 19   B. 十进制 29   C. 十进制 49   D. 十进制 59

25. SCADA 系统经常采用的远动规约有（　　）。 （CD）

    A. 102 规约   B. 103 规约

    C. DL/T 634.5101—2002   D. CDT 规约

26.《远动设备及系统　第 5-101 部分：传输规约基本远动任务配套标准》（DL/T 634.5101—2002）规约的帧报文格式可以是（　　）。 （ABC）

    A. 单字符   B. 可变帧长   C. 固定帧长   D. 信息字

27. 以下对《远动设备及系统　第 5-101 部分：传输规约基本远动任务配套标准》（DL/T 634.5101—2002）的描述，正确的是（　　）。 （ABC）

    A. 线路空闲时状态为 1

    B. 两帧之间的线路空闲间隔最少为 33 位

    C. 帧长度 L 最大为 255

    D. 帧校验和为控制域、用户数据中所有字节的算术和

28.《循环式远动规约》（DL 451—1991）规约区分（　　），采用不同形式传送信息，以满足电网调度安全监控系统对远动信息的实时性和可靠性的要求。 （ABC）

    A. 循环量   B. 随机量   C. 插入量

29.《循环式远动规约》（DL 451—1991）规约帧系统及信息字传送规则为（　　）。

 （ABC）

    A. 固定循环传送   B. 帧插入传送信息字

    C. 随机插入传送

30.《循环式远动规约》（DL 451—1991）规约（　　）连续插送三遍传送。 （ABC）

    A. 变位遥信   B. 遥控命令的返校信息

    C. 升降命令的返校信息   D. 对时的子站时钟返回信息

31.《循环式远动规约》（DL 451—1991）循环式远动规约区分（　　），采用不同形式传送信息，以满足电网调度安全监控系统对远动信息的实时性和可靠性的要求。 （ABC）

    A. 循环量   B. 随机量   C. 插入量   D. 变化量

32. 在《循环式远动规约》（DL 451—1991）规约中，遥控选择的帧类别是（　　）。

（C）

A. C2H　　　　　　B. B3H　　　　　　C. 61H　　　　　　D. F4H

33. 在《循环式远动规约》（DL 451—1991）规约中，遥控执行的帧类别是（　　）。

（A）

A. C2H　　　　　　B. B3H　　　　　　C. 61H　　　　　　D. F4H

34. 在《循环式远动规约》（DL 451—1991）规约中，遥控撤销的帧类别是（　　）。

（B）

A. C2H　　　　　　B. B3H　　　　　　C. 61H　　　　　　D. F4H

35. 在《循环式远动规约》（DL 451—1991）规约中，设置时钟的帧类别是（　　）。

（D）

A. C2H　　　　　　B. B3H　　　　　　C. 61H　　　　　　D. 7AH

36. 在《循环式远动规约》（DL 451—1991）规约十六进制报文中，"EB90EB90EB90717A020 12189EE00000B3196EF1205066A16"传送的远动信息是（　　）。（D）

A. 遥测　　　　　　B. 遥信　　　　　　C. 遥控　　　　　　D. 对时

37. 在《循环式远动规约》（DL 451—1991）规约十六进制报文中，"EB90EB90EB90717A02 012189EE00000B3196EF1205066A16"传送的帧类别是（　　）。（D）

A. C2H　　　　　　B. B3H　　　　　　C. 61H　　　　　　D. 7AH

38. 在《循环式远动规约》（DL 451—1991）规约十六进制报文中，"EB90EB90EB90717A020 12189EE00000B3196EF1205066A16"传送的远动信息时间是（　　）年。（B）

A. 2005　　　　　　B. 2006　　　　　　C. 2007　　　　　　D. 2008

39. 在《循环式远动规约》（DL 451—1991）规约十六进制报文中，"EB90EB90EB9071F40502 01B5F028000002EAF1D0240000B1F20200020034F330000000F9F40000000079"传送的帧类别是（　　）。（D）

A. C2H　　　　　　B. B3H　　　　　　C. 61H　　　　　　D. F4H

40. 在《循环式远动规约》（DL 451—1991）规约十六进制报文中，"EB90EB90EB907 1F4050201B5F028000002EAF1D0240000B1F20200020034F330000000F9F40000000079"传送的远动信息是（　　）。（B）

A. 遥测　　　　　　B. 遥信　　　　　　C. 遥控　　　　　　D. 对时

41. 在《循环式远动规约》（DL 451—1991）规约十六进制报文中，"EB90EB90EB9071F4 050201B5F028000002EAF1D0240000B1F20200020034F330000000F9F40000000079"传送的远动信息传送（　　）遥信。（C）

A. 128　　　　　　B. 144　　　　　　C. 160　　　　　　D. 178

42. 在《循环式远动规约》（DL 451—1991）规约十六进制报文中，"EB90EB90EB9071F40 50201B5F028000002EAF1D0240000B1F20200020034F330000000F9F40000000079"传送的远动信息传送第7路遥信状态（　　）。（B）

A. 合　　　　　　　B. 分

43. 在《循环式远动规约》（DL 451—1991）规约十六进制报文中，"EB90EB90EB90716119 0201F5F2A0000000CDF2A0000000CDF2A0000000CD030000000059"传送的远动信息是（　　）。（B）

　　A. 全遥信　　　　　　B. 变位遥信　　　　　C. SOE　　　　　　　D. 遥测

44. 在《循环式远动规约》（DL 451—1991）规约十六进制报文中，"EB90EB90EB9071260202014280C90306333E810E1B5C0070"传送的远动信息是（　　）。　　　　　　　　　　　　　　　　　　（C）

　　A. 全遥信　　　　　　B. 变位遥信　　　　　C. SOE　　　　　　　D. 遥测

45. 在《循环式远动规约》（DL 451—1991）规约十六进制报文中，"EB90EB90EB9071260202014280C90306333E810E1B5C0070"传送的是从 0 开始的第（　　）路遥信。　　（D）

　　A. 89　　　　　　　　B. 90　　　　　　　　C. 91　　　　　　　　D. 92

46. 在《循环式远动规约》（DL 451—1991）规约十六进制报文中，"EB90EB90EB9071260202014280C90306333E810E1B5C0070"传送的是遥信（　　）状态。　　（B）

　　A. 合　　　　　　　　B. 分

47. 在《循环式远动规约》（DL 451—1991）规约十六进制报文中，"EB90EB90EB9071610613018D003507970F64"传送的远动信息是（　　）。　　　　　　　　　　　　　　　　　　（D）

　　A. 全遥信　　　　　　B. 变位遥信　　　　　C. SOE　　　　　　　D. 遥测

48. 在《循环式远动规约》（DL 451—1991）规约十六进制报文中，"EB90EB90EB9071610301020102E6E0330C330C4FE0330C330C4FE0330C330C4F"传送的远动信息是（　　）。　　（C）

　　A. 遥测　　　　　　　B. 遥信　　　　　　　C. 遥控　　　　　　　D. 对时

49. 以下对 101 规约的描述，正确的是（　　）。　　　　　　　　　　　　　　（ABC）

　　A. 线路空闲时状态为 1

　　B. 两帧之间的线路空闲间隔最少为 33 位

　　C. 帧长度 L 最大为 255

　　D. 帧校验和为控制域、用户数据中所有字节的算术和

50. 物理层实现的主要功能在于提出了物理层的（　　）。　　　　　　　　　　（BCD）

　　A. 比特流传输中的差错控制方法　　　　　　B. 机械特性

　　C. 电气特性　　　　　　　　　　　　　　　D. 功能特性

三、判断题

1.《远动设备及系统　第 5-101 部分：传输规约基本远动任务配套标准》（DL/T 634.5101—2002）规约中，遥测信息对象地址段为 1H～1000H。　　　　　　　　　　　　　　　　（×）

2. 在《远动设备及系统　第 5-101 部分：传输规约基本远动任务配套标准》（DL/T 634.5101—2002）规约中，应用服务数据单元（ASDUs）的十六进制传送原因（COT）表示"激活"的是 07。　　　　　　　　　　　　　　　　　　　　　　　　　　　　　　　（×）

3.《远动设备及系统　第 5-101 部分：传输规约基本远动任务配套标准》（DL/T 634.5101—2002）规约中，每帧报文的结束字符为十六进制 16。　　　　　　　　　　　　　　（√）

4.《远动设备及系统　第 5-101 部分：传输规约基本远动任务配套标准》（DL/T 634.5101—2002）规约中，报文（链路层）中每个字符有 7 个数据位。　　　　　　　　　　（×）

5.《远动设备及系统　第 5-101 部分：传输规约基本远动任务配套标准》（DL/T 634.5101—2002）规约中，固定帧长报文的起始字符（首字节）为十六进制 16。　　　　　（×）

6.《远动设备及系统　第 5-101 部分：传输规约基本远动任务配套标准》（DL/T 634.5101—2002）规约中，主站向子站传输时召唤用户二级数据的功能码为 0ah。　　　　（×）

7. 在《远动设备及系统 第 5–104 部分：传输规约采用标准传输规约集的 IEC 60870–5–101 网络访问》（DL/T 634.5104—2009）规约中，在 TCP/IP 的连接中控制站属于服务器（监听者）。 （×）

8. 十六进制报文"680443000000"属于《远动设备及系统 第 5–104 部分：传输规约采用标准传输规约集的 IEC 60870–5–101 网络访问》（DL/T 634.5104—2009）规约的 S 格式报文。 （×）

9.《远动设备及系统 第 5–104 部分：传输规约采用标准传输规约集的 IEC 60870–5–101 网络访问》（DL/T 634.5104—2009）规约的控制域的第一个八位位组的第 1 位比特=1，第 2 位比特=0 定义了 I 格式。 （×）

10.《远动设备及系统 第 5–104 部分：传输规约采用标准传输规约集的 IEC 60870–5–101 网络访问》（DL/T 634.5104—2009）规约的启动字符为 16H。 （×）

11.《远动设备及系统 第 5–104 部分：传输规约采用标准传输规约集的 IEC 60870–5–101 网络访问》（DL/T 634.5104—2009）要求使用的端口号定义为 2404，已由 IANA（互联网编号分配管理机构）确认。 （√）

12. 在《远动设备及系统 第 5–101 部分：传输规约基本远动任务配套标准》（DL/T 634.5101—2002）规约中，十六进制报文中"680b0b688801090103012140c00c804516"所传送遥测值的主站满值为 800（工程量最大值），则主站显示值为 79.68MW。 （√）

13. 在《远动设备及系统 第 5–101 部分：传输规约基本远动任务配套标准》（DL/T 634.5101—2002）规约中，十六进制报文中"680b0b688801090103012140c00c804516"传送的转发表第 34 个遥测值。 （×）

14. 根据 DL/T 634.5101，遥控信息对象地址段为 6001H～6200H。 （√）

15. 在《远动设备及系统 第 5–101 部分：传输规约基本远动任务配套标准》（DL/T 634.5101—2002）规约中，控制方向应用服务数据单元（ASDUs）的十进制类型标识描述双点遥控的是 2e。 （×）

16. 在《远动设备及系统 第 5–101 部分：传输规约基本远动任务配套标准》（DL/T 634.5101—2002）规约中，应用服务数据单元（ASDUs）的十进制传送原因（COT）表示"响应第 2 组召唤"的是 22。 （√）

17. 在《远动设备及系统 第 5–101 部分：传输规约基本远动任务配套标准》（DL/T 634.5101—2002）规约中，链路地址的默认值为 1。 （√）

18.《远动设备及系统 第 5–101 部分：传输规约基本远动任务配套标准》（DL/T 634.5101—2002）规约中，十六进制报文"1069016b16"正确。 （×）

19.《远动设备及系统 第 5–101 部分：传输规约基本远动任务配套标准》（DL/T 634.5101—2002）规约中，报文（链路层）中每个字符采用的校验方式为奇校验。 （×）

20.《远动设备及系统 第 5–101 部分：传输规约基本远动任务配套标准》（DL/T 634.5101—2002）规约中，固定帧长报文的第 2 个字节为帧长度。 （×）

21.《远动设备及系统 第 5–101 部分：传输规约基本远动任务配套标准》（DL/T 634.5101—2002）规约中，有一级用户数据时厂站端将 ACD 位置 1。 （√）

22. 十六进制报文"680443000000"是《远动设备及系统 第 5–104 部分：传输规约采用标准传输规约集的 IEC 60870–5–101 网络访问》（DL/T 634.5104—2009）的 U（TESTFRact）的报文。 （√）

23.《远动设备及系统 第 5-104 部分：传输规约采用标准传输规约集的 IEC 60870-5-101 网络访问》（DL/T 634.5104—2009）十六进制报文"680401000e00"表示接受了对方 6 包报文。

（×）

24.《远动设备及系统 第 5-104 部分：传输规约采用标准传输规约集的 IEC 60870-5-101 网络访问》（DL/T 634.5104—2009）规约的Ⅰ格式应用规约数据单元常常包含应用服务数据单元。

（√）

25.《远动设备及系统 第 5-104 部分：传输规约采用标准传输规约集的 IEC 60870-5-101 网络访问》（DL/T 634.5104—2009）规约的应用服务数据单元的最大帧长为 249 字节。 （√）

26.《远动设备及系统 第 5-101 部分：传输规约基本远动任务配套标准》（DL/T 634.5101—2002）是国内等同采用国际电工委员会 TC-57 技术委员会制定的 IEC 60870-5-101 基本远动任务的配套标准。

（√）

27.《远动设备及系统 第 5-101 部分：传输规约基本远动任务配套标准》（DL/T 634.5101—2002）通信规约的检错码校验规定为奇校验。

（×）

28.《远动设备及系统 第 5-101 部分：传输规约基本远动任务配套标准》（DL/T 634.5101—2002）帧报文格式的格式可以是固定帧长、可变帧长和单字符。

（√）

29.《远动设备及系统 第 5-104 部分：传输规约采用标准传输规约集的 IEC 60870-5-101 网络访问》（DL/T 634.5104—2009）规定了《远动设备及系统 第 5-101 部分：传输规约基本远动任务配套标准》（DL/T 634.5101—2002）的应用层与 TCP/IP 提供的传输功能的结合。

（√）

30.《远动设备及系统 第 5-104 部分：传输规约采用标准传输规约集的 IEC 60870-5-101 网络访问》（DL/T 634.5104—2009）是采用标准传输协议子集的《远动设备及系统 第 5-101 部分：传输规约基本远动任务配套标准》（DL/T 634.5101—2002）网络访问标准。 （√）

31. EMS 主站系统通过《远动设备及系统 第 5-104 部分：传输规约采用标准传输规约集的 IEC 60870-5-101 网络访问》（DL/T 634.5104—2009）规约直接采集某一厂站信息，如果在 SCADA 工作站上看到该厂站某一线路量测与该厂站内值班人员反映的数据不一致，则可以肯定该厂站远动装置没有将数据传送到 EMS 的采集服务器上。 （×）

32. 在《远动设备及系统 第 5-101 部分：传输规约基本远动任务配套标准》（DL/T 634.5101—2002）规约十六进制报文中，"680b0b688801090103012140c00c804516"传送的远动信息是单点遥信。 （×）

33. DL/T 634.5101—2002 中遥信信息对象地址段为 4001H～5000H。 （×）

34. DL/T 634.5101—2002 规约监视方向应用服务数据单元（ASDUs）的十进制类型标识描述规一化值遥测的是 15。 （×）

35. 在《远动设备及系统 第 5-101 部分：传输规约基本远动任务配套标准》（DL/T 634.5101—2002）规约中，应用服务数据单元（ASDUs）的十进制传送原因（COT）表示"响应站召唤"的是 14。 （×）

36. 在《远动设备及系统 第 5-101 部分：传输规约基本远动任务配套标准》（DL/T 634.5101—2002）规约中，每帧报文的控制字的最高位定义为启动报文位 PRM。 （×）

37.《远动设备及系统 第 5-101 部分：传输规约基本远动任务配套标准》（DL/T 634.5101—2002）规约报文中倒数第 2 个字节为校验和 CS。 （√）

38. 在《远动设备及系统 第 5-101 部分：传输规约基本远动任务配套标准》（DL/T

634.5101—2002）规约中，可变帧长报文的起始字符（首字节）为十六进制 16。　　　　（√）

39. 用 DL/T 634.5101—2002 规约传送远动信息，最多可传送 512 个遥测量。　　　（×）

40. 在《远动设备及系统　第 5-101 部分：传输规约基本远动任务配套标准》（DL/T 634.5101—2002）规约中，用来表示有一级用户数据的是 FCB 位。　　　　　　　　（×）

41. 在《远动设备及系统　第 5-101 部分：传输规约基本远动任务配套标准》（DL/T 634.5101—2002）规约中，若确认帧受到干扰或超时未收到确认帧时，主站帧计数位状态取反。

　　　　　　　　　　　　　　　　　　　　　　　　　　　　　　　　　　　　（×）

42. TASE.2 通信规约与《远动设备及系统　第 5-104 部分：传输规约采用标准传输规约集的 IEC 60870-5-101 网络访问》（DL/T 634.5104—2009）协议相似，也是通过点号来标识数据的。　　　　　　　　　　　　　　　　　　　　　　　　　　　　　　　　　（×）

43. 在《远动设备及系统　第 5-101 部分：传输规约基本远动任务配套标准》（DL/T 634.5101—2002）规约中，监视方向应用服务数据单元（ASDUs）的十进制类型标识描述总召唤命令的是 100。　　　　　　　　　　　　　　　　　　　　　　　　　　　　　　（√）

44. 在《远动设备及系统　第 5-101 部分：传输规约基本远动任务配套标准》（DL/T 634.5101—2002）规约十六进制报文中，"681717682801148314012100000ffff000000ffff0000001 f00001116"传送的远动信息是双点遥信。　　　　　　　　　　　　　　　　　　　（×）

45. 在《远动设备及系统　第 5-101 部分：传输规约基本远动任务配套标准》（DL/T 634.5101—2002）规约中，应用服务数据单元（ASDUs）的十进制类型标识描述初始化结束的是 70。　　　　　　　　　　　　　　　　　　　　　　　　　　　　　　　　　　（√）

46. DL/T 634.5101—2002 的可变帧结构限定词（VSQ）的最高位 SQ 置 0 表示信息对象地址寻址单个信息元素或信息元素的组合。　　　　　　　　　　　　　　　　　　　（√）

47. 《远动设备及系统　第 5-101 部分：传输规约基本远动任务配套标准》（DL/T 634.5101—2002）规约中，十六进制单字节帧报文为 E5。　　　　　　　　　　　　　（√）

48. 《远动设备及系统　第 5-101 部分：传输规约基本远动任务配套标准》（DL/T 634.5101—2002）规约可变帧长报文的帧长度 L 为包括控制域、地址域、用户数据的字节总数，L 最大为 255。　　　　　　　　　　　　　　　　　　　　　　　　　　　　　　　（×）

49. 《远动设备及系统　第 5-101 部分：传输规约基本远动任务配套标准》（DL/T 634.5101—2002）规约报文（链路层）中每个字符有 1 个启动位。　　　　　　　　（√）

50. 《远动设备及系统　第 5-101 部分：传输规约基本远动任务配套标准》（DL/T 634.5101—2002）规约固定帧长报文长度为 6 字节。　　　　　　　　　　　　　（×）

51. 《远动设备及系统　第 5-101 部分：传输规约基本远动任务配套标准》（DL/T 634.5101—2002）规约中，只有主站启动各种链路传输服务，子站只有当主站请求时才传输，该传输方式为非平衡方式。　　　　　　　　　　　　　　　　　　　　　　　　　（√）

52. 《远动设备及系统　第 5-104 部分：传输规约采用标准传输规约集的 IEC 60870-5-101 网络访问》（DL/T 634.5104—2009）在 TCP/IP 的连接中被控站属于客户端（连接者）。　（×）

53. 《远动设备及系统　第 5-104 部分：传输规约采用标准传输规约集的 IEC 60870-5-101 网络访问》（DL/T 634.5104—2009）规约的 U 格式应用规约数据单元仅由应用规约控制信息，用于启动数据传输、停止数据传输、测试链路。　　　　　　　　　　　　　　　　　（√）

54. 《远动设备及系统　第 5-104 部分：传输规约采用标准传输规约集的 IEC 60870-5-101 网络访问》（DL/T 634.5104—2009）规约的控制域第一个八位位组的第 1 位比特=0 定义了

U 格式。 （×）

55.《远动设备及系统 第 5-104 部分：传输规约采用标准传输规约集的 IEC 60870-5-101 网络访问》（DL/T 634.5104—2009）规约为 IEC 60870-5-101 规约在 TCP/IP 上的应用。 （√）

56. DL/T 719—2000 标准中定义了电能量远方终端的一些事件信息，用单点信息表示。其中公共的单点信息有终端重新启动、参数改变、人工输入、电源故障、警告报文、差错信号、时间偏移等。 （√）

57. DL/T 719—2000 标准中定义了电能量远方终端的一些事件信息，用单点信息表示。其中特定的单点信息包括终端内部某个部件的事件信息，如 CPU 部件、存储部件、通信部件、打印机部件的事件信息等。 （√）

58.《远动设备及系统 第 5-101 部分：传输规约基本远动任务配套标准》（DL/T 634.5101—2002）是国内等同采用的国际电工委员会 TC-57 技术委员会制定的基本远动任务的配套标准。 （√）

59.《远动设备及系统 第 5 部分 传输规约 第 102 篇 电力系统电能累计量传输配套标准》（DL/T 719—2000）是电力系统中传输电能脉冲计数量的配套标准。 （√）

60.《远动设备及系统 第 5-104 部分：传输规约采用标准传输规约集的 IEC 60870-5-101 网络访问》（DL/T 634.5104—2009）是国内等同采用的国际电工委员会 TC-57 技术委员会制定的采用标准传输协议子集的《远动设备及系统 第 5-101 部分：传输规约基本远动任务配套标准》（DL/T 634.5101—2002）网络访问标准。 （√）

61. 问答式规约适用于网络拓扑为点对点、多点对多点、多点共线、多点环型或多点星型的远动通信系统。 （√）

62. 为了保证可靠地传输远动数据，《远动设备及系统 第 5-104 部分：传输规约采用标准传输规约集的 IEC 60870-5-101 网络访问》（DL/T 634.5104—2009）规定传输层使用的协议是 TCP，因此其对应的端口号是 2404。 （√）

63. 基本标准是制定和理解配套标准的依据，但配套标准不一定都要引用基本标准。 （×）

64. 在分层系统中，任何中间结点在面向外站方向，它是启动站，在面向控制站方向，它是从动站。 （√）

65. IEC 60870-5-104 规定了《远动设备及系统 第 5-101 部分：传输规约基本远动任务配套标准》（DL/T 634.5101—2002）的应用层与 TCP/IP 提供的传输功能的结合。 （√）

66. 全双工通信是通信双方都有发送和接收设备，由于接收和发送同时进行，因此必须采用四线制供数据传输，也称为四线全双工。 （×）

67. 同步通信相对于异步通信的编码效率较低，线路利用率低，数据传输速率低，但同步通信方式较适用于低速的终端设备。 （×）

68.《远动设备及系统 第 5-101 部分：传输规约基本远动任务配套标准》（DL/T 634.5101—2002）通信规约的检错码校验规定为偶校验。 （√）

69. 在 DL/T 719 规约中，固定帧长报文用于主站向子站传输的询问帧，或子站向主站传输的确认帧。 （√）

70.《远动设备及系统 第 5-101 部分：传输规约基本远动任务配套标准》（DL/T 634.5101—2002）规约适用于变电站内间隔层设备和变电站层设备间的数据通信传输。 （×）

71.《远动设备及系统 第 5-101 部分：传输规约基本远动任务配套标准》（DL/T 634.5101—

2002）规约中，DFC=1 表示被控站可接收后续报文。 （×）

72. 在《循环式远动规约》（DL 451—1991）规约中明确规定上行信息，遥控返送校核信息优先变位遥信信息。 （×）

73. 在《循环式远动规约》（DL 451—1991)T 规约中，上行信息遥信状态帧的帧类别为 F4H，电度帧的帧类别为 85H。 （√）

74.《循环式远动规约》（DL 451—1991）规约适用于点对点的远动通道结构及以循环字节同步方式传送远动信息的远动设备与系统。 （√）

75.《远动设备及系统 第 5-101 部分：传输规约基本远动任务配套标准》（DL/T 634.5101—2002）规约传输方式采用非平衡式传输时是问答式规约，只有主站端可以作为启动站。 （√）

76.《远动设备及系统 第 5-101 部分：传输规约基本远动任务配套标准》（DL/T 634.5101—2002）线路空闲时传输的二进制数码是"0"。 （×）

77.《远动设备及系统 第 5-104 部分：传输规约采用标准传输规约集的 IEC 60870-5-101 网络访问》（DL/T 634.5104—2009）规约中，双点遥控合闸预置的命令限定词为 81。 （×）

78.《远动设备及系统 第 5-104 部分：传输规约采用标准传输规约集的 IEC 60870-5-101 网络访问》（DL/T 634.5104—2009）规约采用帧校验字节方式。 （×）

79. 在《远动设备及系统 第 5-104 部分：传输规约采用标准传输规约集的 IEC 60870-5-101 网络访问》（DL/T 634.5104—2009）规约中，若信息对象地址超过范围，可以重新编址，地址允许不连续，但通信双方必须保持一致。 （×）

80.《远动设备及系统 第 5 部分 传输规约 第 102 篇 电力系统电能累计量传输配套标准》（DL/T 719—2000）、《远动设备及系统 第 5-101 部分：传输规约基本远动任务配套标准》（DL/T 634.5101—2002）传输规约分别是电力系统电能累计量传输配套标准、基本远动任务配套标准。 （√）

81. 通信规约是启动和维持通信所必需的严格约定，即必须有一套关于信息传输顺序、信息格式和信息内容等的约定。 （√）

82. 问答式规约既可采用全双工通道，也可采用半双工通道。 （√）

83. 问答式远动规约即主站发出一个主动的询问或操作命令，远动终端设备回答一个被动的信息或响应，由此一问一答构成一个完整的传输过程。 （√）

84. 多功能电能表遵循我国电力行业通信规约 DL/T 645—2000。 （√）

85.《远动设备及系统 第 5 部分：传输规约 第 103 篇：继电保护设备信息接口配套标准》（DL/T 667—1999）是国内等同采用国际电工委员会 TC-57 技术委员会制定的 IEC 60870-5-103 继电保护设备信息接口配套标准。 （√）

86. DL/T 719—2000 是电力系统中传输电能脉冲计数量的配套标准。 （√）

87. DL/T 719—2000 是国内等同采用国际电工委员会 TC-57 技术委员会制定的 IEC 60870-5-102 电力系统中传输电能脉冲计数量配套标准。 （√）

88. 在 EMS 通信网络化过程中，通常在主站与电厂、变电站之间选用 TASE.2 通信规约，在控制中心与控制中心之间选用 IEC61870-5-104 通信规约。 （√）

89. TASE.2 通信规约与《远动设备及系统 第 5-104 部分：传输规约采用标准传输规约集的 IEC 60870-5-101 网络访问》（DL/T 634.5104—2009）规约相似，都是通过点号来标识数据的。 （×）

90. 双点信息由两比特表示的监视信息，两比特的不同组合表示运行设备的确定和不确定

状态，"01"、"11"、"10"均代表确定状态。　　　　　　　　　　　　　　　　（×）

91.《循环式远动规约》（DL 451—1991）规约适用于点对点的远动通道结构及以问答字节同步方式传送远动信息的远动设备与系统。　　　　　　　　　　　　　　　（×）

92.《循环式远动规约》（DL 451—1991）规约向通道发码规则：低字节先送，高字节后送；字节内低位先送，高位后送。　　　　　　　　　　　　　　　　　　　　　（√）

93.《循环式远动规约》（DL 451—1991）规约上行信息和下行信息中若同时 S=0，D=0，则表示源站址和目的站址无意义。　　　　　　　　　　　　　　　　　　　　（√）

94.《循环式远动规约》（DL 451—1991）规约变位遥信、遥控和升降命令的返校信息、对时的子站时钟返回信息连续插送 3 遍传送。　　　　　　　　　　　　　　　　（×）

95.《循环式远动规约》（DL 451—1991）规约变位遥信、遥控返校信息连续插送三遍，升降命令的返校信息和对时的子站时钟返回信息插送一遍。　　　　　　　　　（×）

96.《循环式远动规约》（DL 451—1991）规约变位遥信、遥控和升降命令的返校信息连续插送三遍，允许跨帧。　　　　　　　　　　　　　　　　　　　　　　（×）

97.《循环式远动规约》（DL 451—1991）规约变位遥信、遥控和升降命令的返校信息连续插送三遍，必须在同一帧内，不许跨帧。　　　　　　　　　　　　　　　　（√）

98.《循环式远动规约》（DL 451—1991）规约若本帧变位遥信、遥控和升降命令的返校信息不够连续插送三遍，全部改到下帧进行。　　　　　　　　　　　　　　（×）

99. 调度自动化系统中使用的调制解调器的调制方式一般包括调幅、调频和调相。（√）

100. 主站系统采用通信规约与子站系统通信的目的是保证数据传输的可靠性及保证数据传递有序。　　　　　　　　　　　　　　　　　　　　　　　　　　　　（√）

101. 信息传输系统可分为模拟和数字两大类。　　　　　　　　　　　　　（√）

102. 各级调度对直接调度的厂站通过远动直接收集信息；对非直接调度的厂站，如需要信息，通过其他调度转发。　　　　　　　　　　　　　　　　　　　　　　　（√）

103. 计算机数据通信通道传输速率一般选取 1200bit/s、2400bit/s、4800bit/s、9600bit/s 和 64kbit/s。　　　　　　　　　　　　　　　　　　　　　　　　　　　　　（√）

104. 信息传输子系统为信息采集和执行子系统和调度控制中心提供了信息交换的桥梁，其核心是数据通道，它经调制解调器与 RTU 及主站前置机相连。　　　　　　（√）

105. 在广义上，"通路"可理解为频分或时分的间隔。而术语"通道"则表示在单方向传输时，为单向通路；在双方向传输时，为往返双向通路。　　　　　　　　　　（√）

106. 为了保证可靠地传输远动数据，IEC 60870–5–104 规定传输层使用的协议是 TCP，因此其对应的端口号是 TCP 端口。　　　　　　　　　　　　　　　　　　　（√）

107. 外部网络等值是对调度范围或计算范围以外的网络进行简化，以便考虑这部分网络对本区域电网的影响。　　　　　　　　　　　　　　　　　　　　　　　　（√）

108. DL/T 634.5101—2002 规约是问答式的规约。　　　　　　　　　　　（√）

109. EB90EB90EB907161010101BC 是《循环式远动规约》（DL 451—1991）规约及遥测控制字。　　　　　　　　　　　　　　　　　　　　　　　　　　　　　　　（√）

110.《循环式远动规约》（DL 451—1991）循环式远动规约事件顺序记录安排在 E 帧，以帧插入方式传送。　　　　　　　　　　　　　　　　　　　　　　　　　（√）

111.《循环式远动规约》（DL 451—1991）规约中的同步字 D709 在通道中传输，以字节形式发送，低字节先发，先发低位，后发高位。　　　　　　　　　　　　　　　（√）

112.《循环式远动规约》(DL 451—1991)循环式远动规约规定采用的同步码为4组EB90H。

（×）

113. 在《远动设备及系统　第5部分　传输规约　第102篇　电力系统电能累计量传输配套标准》(DL/T 719—2000)标准中，每种数据类型用1个类型标识符表示，类型标识符为2～13。

（√）

114. 远动专线通信通道技术要求传送速率为1200bit/s，误码率在信噪比为17dB时不大于10^{-5}。

（√）

115. 在《循环式远动规约》(DL 451—1991)规约中，控制字与信息字都存在校验码。

（√）

116. 在《循环式远动规约》(DL 451—1991)规约中，生成多项式为$G(x) = x^8 + x^2 + x + 1$。

（√）

117.《循环式远动规约》(DL 451—1991)遥控返校上行的功能码取值是E1H。　（√）

118. 循环式通信规约适用于点对点的通道结构，信息传输可以是异步方式，也可以是同步方式。

（√）

119. 循环式通信规约适用于点对点的通道结构，信息传输只能是异步方式。　（×）

120. 在《循环式远动规约》(DL 451—1991)规约十六进制报文中，"EB90EB90EB9071F4 050201B5F1D0240000B1F20200020034F330000000F9F40000000079"第8个遥信是合位。

（√）

121. 在《循环式远动规约》(DL 451—1991)规约十六进制报文中，"EB90EB90EB9071F4 050201B5F1D0240000B1F20200020034F330000000F9F40000000079"第15个遥信是合位。

（×）

122. 在《循环式远动规约》(DL 451—1991)规约十六进制报文中，"EB90EB90EB9071F4 050201B5F1D0240000B1F20200020034F330000000F9F40000000079"第2个遥信是分位。

（×）

123. 在《循环式远动规约》(DL 451—1991)规约十六进制报文中，"EB90EB90EB9071610 30102E6E0330C330C4FE0330C330C4FE0330C330C4F"是遥控执行帧。　（×）

124. 在《循环式远动规约》(DL 451—1991)规约十六进制报文中，"EB90EB90EB90716 1030102E6E0330C330C4FE0330C330C4FE0330C330C4F"是遥控选择分命令。　（√）

125. 在《循环式远动规约》(DL 451—1991)规约十六进制报文中，"EB90EB90EB9071610 30102E6E0330C330C4FE0330C330C4FE0330C330C4F"是对12路遥控分选择。　（√）

126. 在《循环式远动规约》(DL 451—1991)规约十六进制报文中，"EB90EB90EB9071C2 03010431E2AA0CAA0C27E2AA0CAA0C27E2AA0CAA0C27"是次要遥测帧。　（×）

127.《远动设备及系统　第5-104部分：传输规约采用标准传输规约集的IEC 60870-5-101 网络访问》(DL/T 634.5104—2009)规约长度最大为253字节。　（√）

128. 在《远动设备及系统　第5-104部分：传输规约采用标准传输规约集的IEC 60870-5-101 网络访问》(DL/T 634.5104—2009)的十六进制报文中，"680E000000002E010 601010002600081"所传送的是遥控状态是合位。

（√）

129.《循环式远动规约》(DL 451—1991)规定，对时的时钟信息字优先插入传送，并附传等待时间，连传三遍。

（×）

130. IEC 870-5-101是同步的通信规约。　（×）

131. 《循环式远动规约》（DL 451—1991）规约适用于点对点和一对多点的远动通道结构。 （×）

132. 《循环式远动规约》（DL 451—1991）规约上行信息的优先级是：对时的子站时钟返回信息排第一，YX 变位排第二。 （×）

133. 《循环式远动规约》（DL 451—1991）规约的子站加电复位后，帧系列应从 D1 帧（遥信状态信息帧）开始传送。 （√）

134. 《远动设备及系统 第 5-101 部分：传输规约基本远动任务配套标准》（DL/T 634.5101—2002）通信规约的检错码校验规定为偶校验。 （√）

135. 《远动设备及系统 第 5-101 部分：传输规约基本远动任务配套标准》（DL/T 634.5101—2002）通信规约十六进制报文中，"68171768280114831401210000000ffff000000ffff0000001f00001116"传送的信息对象个数是 3 个。 （×）

136. 监视方向应用服务数据单元（ASDUs）的十进制类型标识描述单点遥信的是 1。 （×）

第十七章 时 钟 同 步

一、单项选择题

1. GPS 天线的长度（　　）。　　　　　　　　　　　　　　　　　　　　　　（D）

A. 可以根据需要加长　　　　　　　　　　B. 可以根据需要缩短

C. 可以根据需要加装接头　　　　　　　　D. 不能剪断、延长、缩短

2. GPS 同步时钟装置正常工作时，功耗应小于（　　）。　　　　　　　　　　（C）

A. 1W　　　　　　B. 5W　　　　　　C. 15W　　　　　　D. 150W

3. GPS 对时系统的精度最高是（　　）。　　　　　　　　　　　　　　　　　（C）

A. 小于 10s　　　　B. 小于 1ms　　　　C. 小于 1s　　　　D. 小于 10ms

4. GPS 是（　　）提供的。　　　　　　　　　　　　　　　　　　　　　　　（C）

A. 英国　　　　　　B. 俄罗斯　　　　　C. 美国　　　　　　D. 中国

5. 9 针 RS–232C 收、发、地的管脚是（　　）。　　　　　　　　　　　　　　（B）

A. 2、3、4　　　　B. 2、3、5　　　　C. 1、2、3　　　　D. 3、4、5

6. A、B 两台计算机在通信中，A 机 RS–232C 插头的 TxD 端引出线对应 B 机 232 插头的

（　　）。　　　　　　　　　　　　　　　　　　　　　　　　　　　　　　　（D）

A. GND　　　　　　B. TxD　　　　　　C. RTS　　　　　　D. RxD

7. FDDI 的正确全称是（　　）。　　　　　　　　　　　　　　　　　　　　　（B）

A. 多兆位数据交换服务　　　　　　　　　B. 光纤分布式数据接口

C. 分布式队列双总线　　　　　　　　　　D. 数字微波传输系统

8. 电网调度自动化设备通过（　　）接口与 GPS 设备连接，与卫星系统对时。（D）

A. RS–422　　　　B. RS–485　　　　C. RS–432　　　　D. RS–232

9. pps 的含义是（　　）。　　　　　　　　　　　　　　　　　　　　　　　　（A）

A. 秒脉冲　　　　　B. 分脉冲　　　　　C. 都不是　　　　　D. 时脉冲

10. GPS 正常工作时应能同时接收到（　　）卫星信号。　　　　　　　　　　（D）

A. 1 个　　　　　　B. 2 个　　　　　　C. 5 个以上　　　　D. 3 个以上

11. 利用 GPS 送出的信号进行对时，（　　）信号对时精度最差。　　　　　　（D）

A. 1ppm　　　　　B. 1pps　　　　　　C. IRIG–B　　　　　D. 串行口

12. GPS 的 PPS 接口是（　　）。　　　　　　　　　　　　　　　　　　　　（B）

A. 系统间连接口　　B. 脉冲口　　　　　C. 串行口　　　　　D. 调试接口

13. GPS 导航卫星轨道面倾斜角为（　　）。　　　　　　　　　　　　　　　　（C）

A. 50°　　　　　　B. 52°　　　　　　C. 55°　　　　　　D. 57°

14. 1ppm 脉冲信号（空接点）时间准确度（　　）。　　　　　　　　　　　　（C）

A. 小于 10μs　　　B. 小于 1ms　　　　C. 小于 3μs　　　　D. 小于 10ms

15. TTL 电平信号，如 1pps、1ppm、1pph 和 IRIG–B（DC）码等，在选用合适的控制电缆

传输信号时，其实际传输距离应不大于（   ）。 （D）

A. 10m B. 30m C. 50m D. 80m

16. 调度自动化系统时间与标准时间的误差不大于（   ）。 （B）

A. 5ms B. 10ms C. 15ms D. 20ms

17. 电力专用横向隔离单向安全隔离装置内置双 CPU 双操作系统的主要原因是（   ）。 （B）

A. 提高网络速度 B. 实现网络隔离

C. 互为备用 D. 隔离装置为 SMP 结构，所以有多个 CPU

18. 关于正向和反向安全隔离装置的区别，以下说法不正确的是（   ）。 （A）

A. 正向和反向安全隔离装置都适用于传输实时数据

B. 正向安全隔离装置不允许返回任何数据

C. 反向安全隔离装置有一定的加密处理

D. 正向安全隔离装置均传输速率较高

19. 在装置冷启动时，GPS 接收模块可同时跟踪（   ）颗卫星。 （C）

A. 1 B. 2 C. 3 D. 4

20. 在装置热启动时，GPS 接收模块可同时跟踪（   ）颗卫星。 （A）

A. 1 B. 2 C. 3 D. 4

21. 标准时间同步钟本体内部应具备时间保持单元，时间保持单元的时钟准确度应优于（   ）。 （B）

A. $7×10^{-7}$ B. $7×10^{-8}$ C. $7×10^{-9}$ D. $7×10^{-10}$

22. 利用 GPS 送出的信号进行对时，下列（   ）信号对时精度最差。 （C）

A. 1ppm B. 1pps C. 串行口 D. IRIG–B

23. GPS 对时系统的精度最高是小于（   ）。 （C）

A. 10μs B. 1ms C. 1μs D. 10ms

24. 标准时间同步钟本体和时标信号扩展装置的静态安装点（光隔离）输出允许外接工作电压为（   ）。 （C）

A. 25V B. 110V C. 250V D. 500V

25. IRIG–B（AC）信号，在选用合适的控制电缆传输信号时，其实际传输距离不大于（   ）。 （D）

A. 10m B. 50m C. 100m D. 1000m

26. 空接点脉冲信号，如 1pps、1ppm、1pph，在选用合适的控制电缆传输信号时，其实际传输距离不大于（   ）。 （C）

A. 10m B. 100m C. 500m D. 1000m

27. GPS 是（   ）的简称。 （A）

A. 全球定位系统 B. 手机卡 C. 全球信息系统 D. 地理管理系统

28. 时脉冲的缩写为（   ）。 （C）

A. pps B. ppm C. pph D. ppt

29. 当地功能中天文时钟的作用为（   ）。 （A）

A. 对当地功能校时和采集频率

B. 通过当地功能对 RTU 校时

C. 通过当地功能对电量采集装置进行校时

D. 向调度传送当地的频率值

30. 时间同步系统输出各种时间信号，不管信号接口的类型，各路输出在电气上均应相互（   ）。   （B）

A. 相接   B. 隔离   C. 并联   D. 串联

31. IRIG–B（AC）时码是用 IRIG–B（DC）码对（   ）正弦波进行幅度调制形成的时码信号。   （C）

A. 1kHz   B. 2kHz   C. 3kHz   D. 4kHz

32. 标准同步钟本体可提供多种时间同步信号输出，下列（   ）信号标准同步钟本体不提供。   （D）

A. 1pps   B. RS–232   C. IRIG–B   D. DCF77

33. 电力系统时间同步的（   ）是保障电力系统运行控制和故障分析的重要基础条件。   （C）

A. 及时性   B. 可靠性   C. 准确性   D. 同步性

34. 电力系统时间同步系统中天基授时应为以（   ）为主的单向授时方式。   （B）

A. GPS   B. 北斗   C. 伽利略   D. 全球卫星导航系统

35. 电力系统时间同步系统中天基授时应为以（   ）为辅的单向授时方式。   （A）

A. GPS   B. 北斗   C. 伽利略   D. 全球卫星导航系统

36. 电力系统时间同步系统中地基授时应为以（   ）为主的对时方式。   （A）

A. 本地时钟授时   B. 异地时钟授时

C. 人工对时   D. 通信系统同步网资源

37. 电力系统时间同步系统中地基授时应为以（   ）为辅的对时方式。   （D）

A. 本地时钟授时   B. 异地时钟授时

C. 人工对时   D. 通信系统同步网资源

38. 调控机构应配置（   ）的时间同步装置。   （A）

A. 统一   B. 独立

C. 最新   D. 通过有关部门安全认证

39. 电力系统时间同步系统的主时钟采用（   ）配置。   （B）

A. 双机   B. 双机冗余   C. 单机   D. 三机

40. 电力系统时间同步系统应以（   ）为主。   （A）

A. 天基授时   B. 地基授时   C. 网络对时   D. 人工对时

41. 电力系统时间同步系统应以（   ）为辅。   （B）

A. 天基授时   B. 地基授时   C. 网络对时   D. 人工对时

42. 变电站应设置（   ），实现对站内各系统和设备的授时。   （B）

A. 全站分布式时钟装置   B. 全站统一时钟装置

C. 主站对时方式   D. 人工对时方式

43. 变电站端站控层设备宜采用（   ）方式对时。   （A）

A. NTP   B. TCP   C. RSH   D. IRIG–B

44. 已投运厂站的时间同步装置功能和性能不满足运行要求的，应（   ）。   （B）

A. 不予投运   B. 列入技改计划，限期整改

C. 不必理会　　　　　　　　　　D. 以上都不对

45. 时间同步装置应具备高精度授时能力，授时性能满足（　　）内优于 1μs/h。　　（C）

A. 1h　　　　　　B. 6h　　　　　　C. 12h　　　　　　D. 24h

46. 时间同步装置应满足厂站电磁防护和环境要求，确保在电磁干扰及现场物理环境下保持时间信号输出的（　　）。　　（A）

A. 正确性和稳定性　　　　　　　B. 正确性和及时性

C. 稳定性和及时性　　　　　　　D. 稳定性和有效性

47. 时间同步装置应具备（　　）的输出功能，满足站内监控系统对时间同步装置运行工况的监测和管理。　　（A）

A. 自身运行状态和异常告警信息　　B. 高精度对时报文和对时纠错

C. 自身运行状态和高精度对时报文　　D. 异常告警信息和对时纠错

48. 中国电力系统时间同步装置可采用交流或直流供电，直流供电的允许电压偏差为（　　）。　　（A）

A. −20%～+15%　　B. −15%～+15%　　C. −20%～+10%　　D. −10%～+10%

49. 同步相量测量装置对时间同步准确度要求（　　）。　　（A）

A. 优于 1μs　　B. 优于 5μs　　C. 优于 10μs　　D. 优于 20μs

50. 微机保护装置和安全自动装置对时间同步准确度要求（　　）。　　（C）

A. 优于 1ms　　B. 优于 5ms　　C. 优于 10ms　　D. 优于 15ms

51. 电能量计量装置对时间同步准确度要求（　　）。　　（B）

A. 优于 0.5s　　B. 优于 1s　　C. 优于 2s　　D. 优于 3s

52. 时间同步系统中的主时钟能同时接收至少（　　）外部时间基准信号。　　（B）

A. 1 种　　　　　B. 2 种　　　　　C. 3 种　　　　　D. 4 种

53. 时间同步系统中的从时钟能同时接收主时钟通过有线传输方式发送至少（　　）时间同步信号。　　（B）

A. 1 路　　　　　B. 2 路　　　　　C. 3 路　　　　　D. 4 路

54. 时钟在失去外部时间基准信号时具备守时功能，其守时保持状态下的时间准确度应优于（　　）。　　（C）

A. 0.52μs/min　　B. 0.72μs/min　　C. 0.92μs/min　　D. 1.2μs/min

55. 下列脉冲信号的输出方式中不包括（　　）。　　（D）

A. 有源脉冲信号　　　　　　　　B. 静态空接点无源接点

C. 光纤脉冲　　　　　　　　　　D. 无线脉冲

56. 脉冲对时使用的是脉冲的准时沿，其脉冲信号的宽度范围是（　　）。　　（C）

A. 1～100ms　　B. 10～100ms　　C. 10～200ms　　D. 1～200ms

57. 下列不属于时钟内部基准的是（　　）。　　（D）

A. 机械摆　　　　　　　　　　　B. 石英晶体振荡器

C. 原子频标　　　　　　　　　　D. 显示屏幕

58. 在时钟的内部基准装置中，稳定性最强的是（　　）。　　（D）

A. 机械摆　　　B. 温补晶振　　　C. 恒温晶振　　　D. 原子频标

59. 脉冲授时信号不包括（　　）。　　（D）

A. 秒脉冲　　　B. 分脉冲　　　　C. 时脉冲　　　　D. 毫秒脉冲

60. 最小时钟系统中主时钟的台数为（　　）。　　　　　　　　　　　　　（A）

A. 1 台　　　　　B. 2 台　　　　　C. 3 台　　　　　D. 以上都不对

61. 直流 B 码信号的秒准时沿的时间准确度为（　　）。　　　　　　　　（A）

A. 优于 1μs　　　B. 优于 10μs　　　C. 优于 1ns　　　D. 优于 10ns

62. 交流 B 码信号的秒准时沿的时间准确度为（　　）。　　　　　　　　（D）

A. 优于 1μs　　　B. 优于 10μs　　　C. 优于 1ns　　　D. 优于 20μs

二、多项选择题

1. 自动化装置的主时钟应具备（　　）功能的标准时钟。　　　　　　　（ABC）

A. 自带高稳定时间基准　　　　　　B. 能够接收外部时间基准信号

C. 能发送时间同步信号和时间信息　　D. 自动加密

2. 自动化系统对时装置常用的输出授时形式有（　　）。　　　　　　　（ABCD）

A. B 码　　　　　B. 串行报文　　　C. 脉冲信号　　　D. 网络 NTP

3. 自动化系统对时装置常用的卫星时钟源为（　　）。　　　　　　　　（AB）

A. GPS　　　　　B. 北斗　　　　　C. 格林威治　　　D. 原子钟

4. 利用 GPS 送出的信号进行对时，常用的对时方式有（　　）。　　　　（ABD）

A. 网络　　　　　B. 串行口　　　　C. 并行口　　　　D. 脉冲

5. 标准时间同步钟本体在接收卫星发送的定时信号时，其时间同步信号技术要求正确的是

（　　）。　　　　　　　　　　　　　　　　　　　　　　　　　　　（ABC）

A. 1pps 脉冲信号（TTL 电平）上升沿的时间准确度≤1μs

B. 1ppm 脉冲信号（TTL 电平）上升沿的时间准确度≤1μs

C. 1ppm 脉冲信号（空接点）上升沿的时间准确度≤3μs

D. 1ppm 脉冲信号（空接点）上升沿的时间准确度≤5μs

6. 标准时间同步钟本体应有（　　）等几种告警信号输出。　　　　　　（ABCD）

A. 电源中断　　　　　　　　　　　B. 卫星信号消失

C. IRIG–B（DC）时码消失　　　　　D. 设备自检出错

7. 电力系统时间同步系统的核心功能是为（　　）提供时间同步服务。　（ABCD）

A. 暂态数据采集　　B. 动态数据采集　　C. 稳态数据采集　　D. 电网故障分析

8. 时钟装置可以输出（　　）等时间同步信号。　　　　　　　　　　　（ABCD）

A. 脉冲信号　　　B. IRIG–B 码　　　C. 串行口时间报文　D. 网络时间报文

9. 时钟装置面板上的显示信息应包括（　　）。　　　　　　　　　　　（ABCDE）

A. 时间同步信号输出指示灯　　　　B. 外部时间基准信号状态指示

C. 当前使用的时间基准信号　　　　D. 当前时间

E. 故障信息

10. 常用的串行数据授时信号包括（　　）。　　　　　　　　　　　　　（AB）

A. 串行报文授时信号　　　　　　　B. B 码授时信号

C. 网络授时信号　　　　　　　　　D. 卫星授时信号

11. 授时信号的传输方式包括（　　）。　　　　　　　　　　　　　　　（ABCD）

A. 无源接点　　　B. TTL 电平　　　C. RS–232　　　　D. RS–485

三、判断题

1. GPS 可以分成 3 部分：GPS 卫星系统、地面控制系统和用户设备。　　　（√）

2. GPS 对时系统的精度最高是小于 1ms。　　　（×）

3. GPS 是美国提供的。　　　（√）

4. GPS 装置串行口 RS–232 物理接口为 9 针 D 型小型公插座，其中第二针为数据发送 TxD。

　　　（×）

5. GPS 时间日期报文的信息传输速率最大为 9600bit/s。　　　（×）

6. GPS 时钟装置没有设备自检出错的告警信号输出。　　　（×）

7. GPS 天线电缆长度是根据天线增益严格设计的，不得剪断、延长、缩短或加装接头。

　　　（√）

8. GPS 天线接入 GPS 设备时应采取防雷击措施。　　　（√）

9. GPS 的含义及全称为全球定位系统（Globe Positioning System）。　　　（√）

10. 时间同步装置耐热性能试验的持续时间应为 24h。　　　（×）

11. EMS 主站系统一般应配备标准时钟设备保证系统时间的准确性和采集电网频率。

　　　（√）

12. GPS 时钟同步装置，秒脉冲每秒闪一次，表示一秒钟时间同步一次。　　　（√）

13. 变电站计算机监控系统可以采用 GPS 时钟对时，不可以采用主站对时。　　　（√）

14. 计量点齐全、时钟统一是电量统计准确的前提条件。　　　（√）

15. 计量点齐全、时钟统一是线损统计准确的前提条件。　　　（√）

16. 在串行通信中根据发送和接收设备的时钟是同步还是异步分为同步和异步两种传输方式。　　　（√）

17. 时间同步系统输出各种时间信号，不管信号接口的类型，各路输出在电气上均应相互隔离。　　　（√）

18. GPS 装置平均无故障间隔时间（MTBF），在正常使用条件下应不小于 25000h。正常使用条件下仅需检查运行状态，无需专门维护。　　　（√）

19. GPS 装置的天线安装位置应视野开阔，可见绝大部分天空，尽可能安装在屋顶。

　　　（√）

20. GPS 装置的天线安装在屋顶时，只要视野足够，高出屋面距离不要超过正常安装必须的高度，以尽可能减少雷击危险。　　　（√）

21. GPS 装置前面板上有"1pps"脉冲指示灯，装置正常运行时"1pps"脉冲指示灯灭。

　　　（×）

22. 时间报文发送时间为每秒输出、每分输出或根据请求输出 1 次（帧），或以用户指定的方式输出。　　　（√）

23. 分脉冲是一种时间同步信号，每分钟一个脉冲，通常用英文缩写 1ppm 表示。　（√）

24. 标准时间同步钟本体和时标信号扩展装置的各种输入、输出接口发生短暂（持续时间≤5min）短路或接地时，不应给设备带来永久性损伤。　　　（√）

25. 标准时间同步钟本体和时标信号扩展装置之间的时间基准传输方式为 IRIG–B（RS–422），此种信号精度高、传输距离远、抗干扰能力强。　　　（√）

26. GPS 天线电缆长度是根据天线增益严格设计，不得修剪、延长和缩短，但可以加装接头。 （×）

27. 标准时间同步钟本体的时间保持单元的时钟准确度应优于 7×10。 （√）

28. 标准时间同步钟本体应具备时间保持单元，时标扩展装置内部可不具备时间保持单元。 （×）

29. 标准时间同步钟本体应能接收 GPS（全球定位系统）卫星发送的定时，也应能接收 IRIG–B（D）时码（RS–422），作为主时钟的外部时间基准。 （√）

30. IRIG–B（D）时码，每秒 1 帧，包含 100 个码元。每个码元 10ms。其秒准时沿为两个连续 8ms，宽度基准标志脉冲的第二个脉冲的前沿为上升沿。 （√）

31. IRIG–B（A）时码是 IRIG–B（D）码对 1kHz 正弦波进行幅度调制形成的时码信号，典型的调制比为 3:1。 （√）

32. 1pps 是 1 pulse per second 秒脉冲的缩写表示。 （√）

33. 1ppm 是 1 pulse per second 分脉冲的缩写表示。 （√）

34. 时间同步准确度是指装置或系统接收主时钟发送的时钟同步信号，使其内部实时时钟的时间同步后，内部实时时钟达到的时间准确度。 （√）

35. TTL 电平的脉冲信号比空接点脉冲信号的上升沿时间准确度低。 （×）

36. 时标扩展装置的面板上仅有两种工作状态指示：电源正常指示和所接收的外部时间基准信号是否正常。 （×）

37. GPS 装置失步时停发字符 T。 （×）

38. GPS 出厂验收应包括脉冲空接点耐压试验。 （√）

39. GPS 卫星授时装置应满足接入设备的时间同步需要，支持多种时间同步输出方式，包括秒脉冲 1pps、分钟脉冲 1ppm、IRIG–B 码时间报文等。 （√）

40. 发电厂涉网设备可以不配置统一的时间同步装置。 （×）

41. 常用的授时信号主要有两种，即脉冲类和串行数据类。 （√）

42. 串行数据授时信号内只有时间数据，不包含日期数据。 （×）

43. 利用串行报文授时信号进行对时的系统没有延时问题。 （×）

第十八章　电　　源

一、单项选择题

1. 变电所计算机监控系统的电源应安全可靠，站控层设备宜采用交流不间断电源（UPS）供电，不间断电源的后备时间应不小于（　　）。　　　　　　　　　　　　　　　（B）

A. 0.5h　　　　　　　B. 1h　　　　　　　C. 2h　　　　　　　D. 1/3h

2. 当远动装置的交流工作电源不超过额定电压 220V 的（　　）时，均认为正常。　　（C）

A. ±3%　　　　　　B. ±5%　　　　　　C. ±10%　　　　　D. ±15%

3. 根据《信息技术设备用不间断电源通用技术条件》（GB/T 14715—1993）规定，不间断电源：额定输出功率（W）=额定输出容量×（　　）。　　　　　　　　　　　　（C）

A. 0.5　　　　　　　B. 0.7　　　　　　C. 0.8　　　　　　D. 0.9

4. 独立的 UPS 由整流器、逆变器、旁路开关和（　　）组成。　　　　　　　　　　（A）

A. 蓄电池　　　　B. 控制模块　　　　C. 输出部分　　　D. 通信模块

5. 按照自动化专业专项检查的要求，用于逆变电源直流输入回路的开关必须采用直流空气开关，直流空气开关容量应（　　）上一级直流空气开关容量。　　　　　　　　　（B）

A. 大于　　　　　　B. 小于　　　　　　C. 等于

6. UPS 的工作方式有 4 种，当 UPS 检修时，要采用（　　）工作方式。　　　　　（C）

A. 正常运行方式　　B. 电池工作方式　　C. 旁路维护方式　　D. 旁路运行方式

7. 现在的 UPS 所配的电池一般为（　　）。　　　　　　　　　　　　　　　　　（C）

A. 开放型液体铅酸电池　　　　　　　　B. 铬镍电池

C. 免维护阀控铅酸电池

8. UPS 蓄电池室环境条件要求为（　　）。　　　　　　　　　　　　　　　　　（A）

A. 环境温度：20～25℃相对湿度：40%～65%

B. 环境温度：18～27℃相对湿度：35%～80%

C. 环境温度：22～24℃相对湿度：40%～60%

D. 环境温度：21～24℃相对湿度：45%～65%

9. 在线式 UPS 在交流输入失电的情况下由（　　）提供能源。　　　　　　　　　（D）

A. 发电车　　　　B. 储能电容器　　　C. 旁路交流输入　　D. 蓄电池组

10. 目前通信设备需用的直流基础电源趋于简化为（　　）。　　　　　　　　　　（C）

A. −24V　　　　　B. −12V　　　　　C. −48V　　　　　D. −9V

11. 交流工作电源不超过额定电压 220V 的（　　）时，均认为正常。　　　　　　（D）

A. 5%　　　　　　B. 3%　　　　　　C. 15%　　　　　　D. 10%

12. UPS 的主要功能是（　　）。　　　　　　　　　　　　　　　　　　　　　（C）

A. 稳压　　　　　　　　　　　　　　　B. 稳流

C. 保证不间断供电　　　　　　　　　　D. 抗干扰

13. 根据《地区电网调度自动化设计技术规程》（DL/T 5002—2005）规定，交流失电后，主站 UPS 不停电电源维持供电时间不小于（　　）。　　　　　　　　　　　　（D）

    A. 1h　　　　　　　B. 20min　　　　　　C. 40min　　　　　　D. 2h

14. UPS 正常工作时的实际负载能力小于额定负载能力的（　　）%。　　　　（A）

    A. 70　　　　　　　B. 80　　　　　　　C. 95　　　　　　　D. 90

15. 根据《信息技术设备用不间断电源通用技术条件》（GB/T 14715—1993）规定，在线式不间断电源的切换时间（　　）。　　　　　　　　　　　　　　　　　　（D）

    A. 等于 0s　　　　　B. 小于 3ms　　　　　C. 小于 10ms　　　　D. 小于 5ms

16. 在线式 UPS 在下列条件下进行旁路切换，错误的是（　　）。　　　　　　（D）

    A. 150%负荷过载　　　　　　　　　　B. 超过额定电压波动范围

    C. 逆变器故障　　　　　　　　　　　　D. 输入交流电源断电

17. 新安装的阀控密封蓄电池组，（　　）全核对性放电试验。以后每隔（　　）进行一次核对性放电试验。运行了（　　）以后的蓄电池组，（　　）做一次核对性放电试验。　（B）

    A. 无须进行、2 年、5 年、每半年　　　B. 应进行、3 年、6 年、每年

    C. 应进行、2 年、4 年、每半年　　　　D. 应进行、1 年、4 年、每年

18. 蓄电池当 UPS 运行时发现有较大的充电电流，可能的原因为（　　）。　　（C）

    A. 输入交流电压增高　　　　　　　　B. 充电器故障

    C. 蓄电池此前放过电　　　　　　　　D. 蓄电池故障

19. 根据《地区电网调度自动化设计技术规程》（DL/T 5002—2005）规定，对无人值守站配备的不间断电源，要求交流失电后，不间断电源维持供电时间大于等于（　　）。（A）

    A. 1h　　　　　　　B. 20min　　　　　　C. 40min　　　　　　D. 2h

20. 按照《国家电网公司十八项电网重大反事故措施》（试行）的通知的要求：新安装的阀控密封蓄电池组，（　　）全核对性放电试验。以后每隔（　　）进行一次核对性放电试验。运行了（　　）以后的蓄电池组，（　　）做一次核对性放电试验。　　　　　（B）

    A. 无须进行、2 年、5 年、每半年　　　B. 应进行、3 年、6 年、每年

    C. 应进行、1 年、4 年、每年　　　　　D. 应进行、2 年、4 年、每半年

21. 当 UPS 运行时，发现蓄电池有较大的充电电流，可能的原因为（　　）。　（D）

    A. 输入交流电压增高　　　　　　　　B. 充电器故障

    C. 蓄电池故障　　　　　　　　　　　　D. 蓄电池此前放过电

22. 当两台 UPS 并机系统处于冗余运行方式时，发现一台机器负担了全部负载，以下正确的说法是（　　）。　　　　　　　　　　　　　　　　　　　　　　　（D）

    A. 另一台机器逆变器故障　　　　　　B. 另一台机器逆变器停

    C. 另一台机器故障　　　　　　　　　　D. 另一台机器甩掉了负载

23. 运行中的远动终端电源要稳定可靠，应采用不间断电源，在交流失电时宜不少于（　　）。　　　　　　　　　　　　　　　　　　　　　　　　　　　　　　（A）

    A. 20min　　　　　　B. 60min　　　　　　C. 10min　　　　　D. 50min

24. UPS 正常工作时的实际负载能力为额定负载能力的（　　）%。　　　　（A）

    A. 70　　　　　　　B. 80　　　　　　　C. 95　　　　　　　D. 90

25. 大、中型在线式不间断电源 120%过载能力为（　　）。　　　　　　　　（D）

    A. 5min　　　　　　B. 8min　　　　　　C. 15min　　　　　D. 10min

26. 在线式 UPS 蓄电池正常工作时处于（　　）。　　　　　　　　　　　　　　（A）

A. 浮充状态　　　　　B. 均充状态　　　　　C. 放电状态

27. UPS 在运行中应（　　）。　　　　　　　　　　　　　　　　　　　　　　（B）

A. 定时充电　　　　　B. 定期充放电　　　　C. 不需维护

28. 蓄电池以 20A 电流连续放电 10h，则蓄电池的容量为（　　）。　　　　　　（D）

A. 4000A·h　　　B. 100A·h　　　C. 都不是　　　D. 200A·h

29. UPS 并机条件：各台 UPS 的容量和软硬件版本相同，旁路输入必须相同，主路、旁路及输出（　　），连接好并机逻辑线和均流线。　　　　　　　　　　　　　　（D）

A. 相序相同　　　　　B. 电压相同　　　　　C. 尺寸相同　　　　D. 功率相同

30. 为了维护 UPS，并保证负载不间断供电，操作上必须注意以下事项：（　　）工作期间严禁闭合手动旁路开关，手动旁路开关断开后才能启动。　　　　　　　　　　（B）

A. 整流器　　　　　　B. 逆变器　　　　　　C. 静态开关

31. UPS 含义是（　　）。　　　　　　　　　　　　　　　　　　　　　　　　（D）

A. 快递　　　　　　　B. 交流电源　　　　　C. 直流电源　　　　D. 交流不间断电源

32. 蓄电池的种类分经济型的 HS 型电池和适合低温工作的 AHH 型电池、适合长时间放电CS 型电池、（　　）。　　　　　　　　　　　　　　　　　　　　　　　　　　（B）

A. 适合高温工作的电池　　　　　　　　B. 小型密封式电池

33. 当 UPS 逆变器正在供电时，面板逆变指示灯呈（　　）。　　　　　　　　　（B）

A. 红色　　　　　　　B. 绿色　　　　　　　C. 绿色　　　　　　D. 灭

34. 一台 1000V·A 的 UPS 正常的负载能力是（　　）。　　　　　　　　　　　（C）

A. 1100V·A　　　B. 1000V·A　　　C. 700V·A　　　D. 500V·A

35.（　　）是蓄电池容量的单位。　　　　　　　　　　　　　　　　　　　　　（D）

A. kW　　　　　　　B. VH　　　　　　　C. V·A　　　　　　D. A·H

36. 3000V·A 的 UPS 正常负载能力是（　　）。　　　　　　　　　　　　　　（B）

A. 800V·A　　　B. 2100V·A　　　C. 2400V·A　　　D. 2700V·A

37. UPS 的核心组成部件是（　　）。　　　　　　　　　　　　　　　　　　　（A）

A. 能量变换部件　　　B. 电子开关　　　　　C. 交流开关　　　　D. 旁路开关

38. UPS 的实际负载能力约等于标称值的（　　）。　　　　　　　　　　　　　（C）

A. 50%　　　　　　　B. 60%　　　　　　　C. 70%　　　　　　D. 80%

39. UPS 蜂鸣器鸣叫和 LED 红灯亮表示（　　）。　　　　　　　　　　　　　（A）

A. 报警　　　　　　　B. 提示　　　　　　　C. 正常　　　　　　D. 无意义

40. UPS 输入失电后输出交流（　　）。　　　　　　　　　　　　　　　　　　（B）

A. 有瞬间失电现象　　　　　　　　　　B. 没有瞬间失电现象

C. 不确定

41. UPS 进线电缆和输出电缆要求有 A、B、C 三相电源线、中性线和（　　）。　（A）

A. 接地线　　　　　　B. 相线　　　　　　　C. 连接线　　　　　D. 屏蔽线

42. UPS 逆变部件输出的波形是（　　）。　　　　　　　　　　　　　　　　　（B）

A. 方波　　　　　　　B. 正弦波　　　　　　C. 三角波　　　　　D. 锯齿波

43. UPS 日常维护中应（　　）。　　　　　　　　　　　　　　　　　　　　　（B）

A. 定时充电　　　　　B. 定期充放电　　　　C. 不需维护

44. UPS 如果 10h 内电池未放过电，电池充电电流不大于（　　　）。　　　　　　（C）

A. 2A 　　　　　B. 4A 　　　　　C. 6A 　　　　　D. 8A

45. UPS 设备将直流电换成交流电的过程俗称（　　　）。　　　　　　　　　　（C）

A. 数/模转换 　　　B. 光电转换 　　　C. DC/AC 转换 　　D. 能量转换

46. UPS 在交流输入失电的情况下，由（　　　）提供能源。　　　　　　　　（C）

A. 发电车 　　　　B. 储能电容器 　　　C. 蓄电池 　　　　D. 旁路

47. UPS 在使用前，应先对其充电（　　　）左右。　　　　　　　　　　　　（B）

A. 15h 　　　　　B. 10h 　　　　　C. 5h 　　　　　D. 2h

48. UPS 自动旁路的电压及频率在承受极限内，同时逆变器的频率和相位与旁路保持同步，即（　　　）。　　　　　　　　　　　　　　　　　　　　　　　　　　　　（D）

A. 电压在 220V 左右，频率在 50×（1±10%）Hz

B. 电压在 230V 左右，频率在 50×（1±5%）Hz

C. 电压在 220V 左右，频率在 50×（1+±5%）Hz

D. 电压在 230V 左右，频率在 50×（1±10%）Hz

49. 按照网、省调安全性评价标准要求，UPS 电源应主/备冗余配置，其主机容量在带满主站系统全部设备后，应留有（　　　）以上的供电容量。　　　　　　　　　　（A）

A. 40% 　　　　　B. 50% 　　　　　C. 60% 　　　　　D. 70%

50. 按照网、省调安全性评价标准要求，UPS 电源在交流电消失后，不间断供电维持时间应不小于（　　　）。　　　　　　　　　　　　　　　　　　　　　　　　　（B）

A. 0.5h 　　　　　B. 1h 　　　　　C. 1.5h 　　　　　D. 2h

51. 变电站监控系统的电源应安全可靠，站控层设备宜采用 UPS 供电，其后备时间应不小于（　　　）。　　　　　　　　　　　　　　　　　　　　　　　　　　　（A）

A. 1h 　　　　　B. 2h 　　　　　C. 3h 　　　　　D. 4h

52. 采用互动热备份（ATS）方式并机运行的 UPS 系统的缺点是瞬时（　　　）能力低。　　　　　　　　　　　　　　　　　　　　　　　　　　　　　　　　　　　（D）

A. 环流 　　　　B. 过电流 　　　C. 过电压 　　　D. 过载

53. 采用互动热备份方式并机运行的 UPS 系统缺点有（　　　）。　　　　　　（B）

A. 负载功率不能由人工进行分配 　　　B. 负载功率必须由人工进行分配

C. 瞬间过载能力弱 　　　　　　　　　D. 系统中存在环流

54. 采用互动热备份方式并机运行的 UPS 系统优点有（　　　）。　　　　　　（A）

A. 瞬间过载能力强 　　　　　　　　　B. 长期过载能力强

C. 后备运行时间长 　　　　　　　　　D. 瞬间过载能力弱

55. 采用互动热备份方式并机运行的 UPS 系统中，两台及两台以上的 UPS 主机分别带有负载，且每台 UPS 带有的负载量（　　　）进行分配。　　　　　　　　　　（A）

A. 人工 　　　B. 自动 　　　C. 先人工后自动 　　D. 先自动后人工

56. 采用冗余并联（N+X）方式并机运行的 UPS 系统的缺点是由于将每台 UPS 输出端直接短接到一起，不可避免存在（　　　）。　　　　　　　　　　　　　　　　（A）

A. 环流 　　　　B. 过电流 　　　　C. 过电压 　　　　D. 过载

57. 从基本应用原理上讲，UPS 是一种含有储能装置，以（　　　）为主要元件，稳压稳频输出的电源保护设备。　　　　　　　　　　　　　　　　　　　　　　　　（B）

A. 整流器　　　　　　B. 逆变器　　　　　　C. 旁路开关　　　　　　D. 蓄电池

58. 大型在线式 UPS 噪声小于（　　）。　　　　　　　　　　　　　　　　　　　（C）

A. 50dB　　　　　　B. 60dB　　　　　　C. 80dB　　　　　　D. 100dB

59. 当 UPS 工作在正常模式下，面板旁路指示灯呈（　　）状态。　　　　　　　（D）

A. 红色　　　　　　B. 绿色　　　　　　C. 绿色闪　　　　　　D. 灭

60. 电力专用 UPS 主、从机之间的切换检查工作应（　　）检查一次。　　　　　（A）

A. 1 个月　　　　　　B. 3 个月　　　　　　C. 6 个月　　　　　　D. 12 个月

61. 独立 UPS 由整流器、（　　）、旁路开关和蓄电池组成。　　　　　　　　　（A）

A. 逆变器　　　　　　B. 控制模块　　　　　　C. 输出部分　　　　　　D. 通信模块

62. 浮充运行时高频开关充电模块电源输出电流应等于（　　）。　　　　　　　（C）

A. 正常负载电流　　　　　　　　　　　　B. 蓄电池浮充电流

C. 正常负载电流和蓄电池浮充电流之和　　D. 正常负载电流和蓄电池浮充电流之差

63. 根据《信息技术设备用不间断电源通用技术条件》（GB/T 14715—1993）规定，大型在线式不间断电源的电源效率（%）大于（　　）。　　　　　　　　　　　　　　（C）

A. 65　　　　　　B. 75　　　　　　C. 80　　　　　　D. 90

64. 根据《信息技术设备用不间断电源通用技术条件》（GB/T 14715—1993）规定，中型在线式不间断电源的额定输出容量为（　　）。　　　　　　　　　　　　　　　　（B）

A. 3～10kV·A　　　B. 10～100kV·A　　　C. 100kV·A 以上

65. 根据 DL/T 5002—2005《地区电网调度自动化设计技术规程》规定，对无人值守站配备的不间断电源，要求交流失电后，不停电电源维持供电时间不小于（　　）。　　（A）

A. 1h　　　　　　B. 20min　　　　　　C. 40min　　　　　　D. 2h

66. 根据 DL/T 5002—2005《地区电网调度自动化设计技术规程》规定，要求交流失电后，主站 UPS 不间断电源维持供电时间不小于（　　）。　　　　　　　　　　　　　（D）

A. 1h　　　　　　B. 20min　　　　　　C. 40min　　　　　　D. 2h

67. 根据 DL/T 5002—2005《地区电网调度自动化设计技术规程》规定，远动终端的不间断电源（UPS）在交流失电后维持供电时间应为（　　）。　　　　　　　　　　　（D）

A. >20min　　　　　　B. ≥30min　　　　　　C. >30min　　　　　　D. ≥1h

68. 根据国家电网公司颁发的《输电网安全性评价》要求，电网调度自动化主站系统供电的 UPS 装置在交流电消失后不间断供电维持时间不得小于（　　）min。　　　　（D）

A. 30　　　　　　B. 40　　　　　　C. 50　　　　　　D. 60

69. 后备式 UPS 在电池供电情况下输出的电压波形为方波或（　　）。　　　　　（A）

A. 正弦波　　　　　　B. 余弦波　　　　　　C. 波形不固定

70. 交流电源中断，当蓄电池组放出容量超过其额定容量的（　　）及以上时，恢复交流电源供电后，应立即手动启动或自动启动充电装置。　　　　　　　　　　　　　（B）

A. 30%　　　　　　B. 20%　　　　　　C. 10%　　　　　　D. 50%

71. 某系统需采购 40kV·A（千伏安）UPS 主机，考虑后备时间为 3h，那么需要选择 12V/100A·H 蓄电池数目（　　）。　　　　　　　　　　　　　　　　　　　　　　（D）

A. 50　　　　　　B. 60　　　　　　C. 70　　　　　　D. 80

72. 为保证自动化设备的正常工作，一般除提高外部供电电源的可靠性外，还使用（　　）。

（A）

A. 不间断电源（UPS）　　　　　　　　B. 温度调节设备

C. 环境监测系统　　　　　　　　　　　D. 人工投切设备

73. 为了维护 UPS，并保证负载不间断供电，操作上必须注意以下事项：逆变器工作期间严禁闭合（　　），手动旁路开关断开后才能启动。　　　　　　　　　　　　　　　（B）

A. 整流器　　　　　B. 手动旁路开关　　　　C. 静态开关

74. 蓄电池充电结束后，连续通风（　　）以上，室内方可进行明火作业。　　　　（C）

A. 1h　　　　　　B. 1.5h　　　　　　C. 2h　　　　　　D. 2.5h

75. 蓄电池容量的含义为（　　）。　　　　　　　　　　　　　　　　　　　　（C）

A. 充电功率×时间　　　　　　　　　　B. 放电功率×放电时间

C. 放电电流×放电时间　　　　　　　　D. 充电电流×电压

76. 蓄电池室内应保持清洁、干燥、通风良好，环境温度应保持在（　　）之间。　（B）

A. 5～15℃　　　　B. 20～30℃　　　　C. 30～35℃　　　　D. 15～20℃

77. 延时软启动功能是指 UPS 刚启动时（　　），减轻启动过程中对设备和电源的冲击。

（A）

A. 输出电压由小渐大　　　　　　　　　B. 输出额定电压

C. 输出额定电流　　　　　　　　　　　D. 延时输出

78. 一般情况下，UPS 的输入和输出（　　）在 UPS 内部相互连接。　　　　　　（D）

A. A相　　　　　　B. B相　　　　　　C. C相　　　　　　D. 中性线

79. 一块蓄电池的浮充电电压为（　　）。　　　　　　　　　　　　　　　　　（C）

A. 12.5V　　　　　B. 13V　　　　　　C. 13.5V　　　　　D. 14V

80. 一台 1000V·A 的 UPS 正常负载能力是（　　）。　　　　　　　　　　　　（C）

A. 1000V·A　　　　B. 500V·A　　　　C. 700V·A　　　　D. 800V·A

81. 依据国家标准要求，UPS 输入电压应满足（　　）。　　　　　　　　　　　（A）

A. 380/220V×（1±10%）V（三相四线制）

B. 380/220V×（1±15%）V（三相四线制）

C. 380/220V×（1±20%）V（三相四线制）

D. 380/220V×（1±5%）V（三相四线制）

82. 依据国家标准要求，大型在线式 UPS 输出电压满足（　　）。　　　　　　　（D）

A. 380×（1±0.5%）V 正弦交流电（三相四线制）

B. 380×（1±1%）V 正弦交流电（三相四线制）

C. 380×（1±1.5%）V 正弦交流电（三相四线制）

D. 380×（1±2%）V 正弦交流电（三相四线制）

83. 在 UPS 系统交流失电状态下，（　　）。　　　　　　　　　　　　　　　　（B）

A. 电池处于大充电状态　　　　　　　　B. 电池处于放电状态

C. 电池既不充电也不放电　　　　　　　D. 电池处于浮充状态

84. 在 UPS 系统正常运行时（　　）。　　　　　　　　　　　　　　　　　　　（D）

A. 电池处于大充电状态　　　　　　　　B. 电池处于放电状态

C. 电池既不充电也不放电　　　　　　　D. 电池处于浮充状态

85. 在采用互动热备份（ATS）方式并机运行的 UPS 系统中，下列描述正确的是（　　）。

（A）

A. 一台 UPS 主机带有全部负载，其余 UPS 主机空载

B. UPS 主机均分负载

C. 负载由人工设定

D. 根据负载重要性由系统自动分配

86. 在采用互动热备份方式并机运行的 UPS 系统中，不存在冗余并机方案中的（　　）问题。　　　　　　　　　　　　　　　　　　　　　　　　　　　　　（A）

　　A. 环流　　　　　　　B. 过电流　　　　　　C. 过电压　　　　　　D. 过载

87. 在采用互动热备份方式并机运行的 UPS 系统中，下列描述正确的是（　　）。　（D）

　　A. UPS 主机之间存在环流

　　B. 各 UPS 主机带载率必须一致

　　C. 各 UPS 主机所带负载由系统自动分配

　　D. 不存在备机蓄电池组长期处于浮充状态，从而影响蓄电池寿命的问题

88. 在采用主从热备份方式并机运行的 UPS 系统中设定为备机的 UPS 设备输出端连接（　　）。　　　　　　　　　　　　　　　　　　　　　　　　　　　　　　（D）

　　A. 负载　　　　　　　B. 逆变器　　　　　　C. 蓄电池组　　　　D. 主机旁路输入端

89. 在采用主从热备份方式并机运行的 UPS 系统中设定为主机的 UPS 设备带有（　　）负载。　　　　　　　　　　　　　　　　　　　　　　　　　　　　　　（D）

　　A. 50%　　　　　　　B. 70%　　　　　　　C. 90%　　　　　　　D. 100%

90. 在过载或逆变器故障的情况下，UPS 自动转至（　　）。　　　　　　　　（B）

　　A. 直流供电模式　　　B. 自动旁路模式　　　C. 检修旁路模式　　　D. 交流供电模式

91. 在线式 UPS 的缺点是（　　）。　　　　　　　　　　　　　　　　　　　（A）

　　A. 系统结构复杂，构建成本较高　　　　　　B. 系统结构简单，构建成本较高

　　C. 系统结构复杂，构建成本较低　　　　　　D. 系统结构简单，构建成本较低

92. 在线式 UPS 的优点是（　　）。　　　　　　　　　　　　　　　　　　　（A）

　　A. 能够较好的解决尖峰、浪涌、频率漂移等许多电能质量问题

　　B. 能较好的解决过载问题

　　C. 能有效的提高后备时间

　　D. 易于维修

93. 在选择 UPS 主机容量时，根据其负载设备的性质和运行的安全等级，主机容量的最低余量系数应为（　　）。　　　　　　　　　　　　　　　　　　　　　　　（B）

　　A. 1　　　　　　　　B. 1.2　　　　　　　　C. 1.5　　　　　　　　D. 1.8

94. 在选择 UPS 主机容量时要同时兼顾其（　　）和电力供应的有效性。　　　（C）

　　A. 实用性　　　　　　B. 可操作性　　　　　C. 经济性　　　　　　D. 有效性

95. 在 UPS 电源系统的运行过程中，要特别注意运行环境中的（　　）控制，从而避免由其产生的 UPS 主机控制系统紊乱等问题。　　　　　　　　　　　　　　　　　　（A）

　　A. 灰尘　　　　　　　B. 阳光　　　　　　　C. 水分　　　　　　　D. 电源

96. 在设备工作区域内做好灰尘的清洁以及环境温度、相对湿度的控制，能有效的提高 UPS 设备的（　　）。　　　　　　　　　　　　　　　　　　　　　　　　　　（A）

　　A. 使用效率和工作寿命　　　　　　　　　　B. 输出电压和输出电流

　　C. 使用效率和输出电流　　　　　　　　　　D. 工作寿命和输出电流

97. UPS 系统的大量维护、检修工作主要集中在（　　）。　　　　　　　（D）

A. 整流器部分　　　B. 逆变器部分　　　C. 空气开关部分　　　D. 蓄电池部分

98. 通常情况下蓄电池的最佳运行环境温度在（　　）之间。　　　　　　（B）

A. 10～20℃　　　B. 20～25℃　　　C. 25～30℃　　　D. 15～20℃

99. 蓄电池放电是（　　）。　　　　　　　　　　　　　　　　　　　（A）

A. 化学能变成电能　　B. 电能变成化学能　　C. 说不清

100. 蓄电池（　　）是电能变成化学能。　　　　　　　　　　　　　　（B）

A. 放电　　　　　B. 充电　　　　　C. 以上都是

二、多项选择题

1. UPS 主机定期维护的主要内容是（　　）。　　　　　　　　　　　（ABCD）

A. 检查设备的运行状况，对需要进行清扫的机器进行除尘清扫

B. 对设备内主要部件进行静态测试

C. 恢复设备运行，检测设备的输出主要性能指标

D. 检测机内易损单元（逆变器、整流器、静态开关）

E. 主机内部连线和设备的输入、输出联接端子检查

2. PMU 装置的所有引出端子不允许同装置的 CPU 及 A/D 工作电源系统有电的联系。针对不同回路，可以分别采用（　　）。　　　　　　　　　　　　　　　（ABD）

A. 光电耦合　　　　　　　　　　B. 继电器转接

C. RS–232C 与 RS–485 转换器　　　D. 带屏蔽层的变换器磁耦合等隔离措施

3. UPS 蓄电池放电测试可以采用以下（　　）方式进行。　　　　　　（ABD）

A. UPS 主机智能放电

B. 断开 UPS 交流电输入，利用现有设备负载放电

C. 不用断开 UPS 交流电输入，利用现有设备负载或使用专用负载放电

D. 断开 UPS 交流电输入，使用专用负载放电

4. 在线式 UPS 运行中，蓄电池大电流放电的可能原因为（　　）。　　（BCD）

A. UPS 负载变大　　　B. 整流器故障　　　C. 输入交流电回路故障

D. 输入交流电停　　　E. 逆变器故障

5. UPS 蓄电池定期维护的内容是（　　）。　　　　　　　　　　　　（ACD）

A. 对电池组中的电池做静态、动态测试　　B. 蓄电池内阻测试

C. 对电池组的联接进行检查　　　　　　　D. 蓄电池的充、放电测试

6. 当两台在线式 UPS 并机系统处于冗余运行方式时，发现一台机器空载，这台机器最可能的问题是（　　）。　　　　　　　　　　　　　　　　　　　　　　（BC）

A. 输入交流电停　　B. 逆变器停　　C. 逆变器故障　　D. 整流器故障

7. 一般可通过（　　）接口对 UPS 主机进行监控。　　　　　　　　　（AD）

A. 网络　　　　B. 光电隔离　　　C. 并行口　　　D. 可编程串行

8. UPS 按工作原理可分为（　　）。　　　　　　　　　　　　　　　　（ABD）

A. 后备式 UPS　　B. 在线式 UPS　　C. 离线式 UPS　　D. 在线互动式 UPS

9. UPS 的工作方式有（　　）。　　　　　　　　　　　　　　　　　　（ABCD）

A. 正常运行方式　　　B. 电池工作方式　　　C. 旁路维护方式　　　D. 旁路运行方式

10. UPS 的性能包括（　　）。　　　　　　　　　　　　　　　　　　（ABCD）

A. 额定输出功率　　　　　　　　　　　　B. 交流电源电压输入范围

C. UPS 输出范围　　　　　　　　　　　　D. UPS 自身功耗

11. UPS 设备整流技术大体上可分为 3 种，即（　　）。　　　　　　　（BCD）

A. 3 脉冲整流　　　B. 6 脉冲整流　　　C. 12 脉冲整流　　　D. IGBT 整流

12. UPS 电源之间的切换条件是（　　）。　　　　　　　　　　　　　（ACD）

A. 同频　　　　　　B. 同压　　　　　　C. 同相　　　　　　D. 同幅

13. UPS 电源主机具有（　　）等供电方式，其主机容量也从 1kV·A 到 120kV·A 乃至更大容量不等。　　　　　　　　　　　　　　　　　　　　　　　（ABC）

A. 单进单出　　　　B. 三进单出　　　　C. 三进三出　　　　D. 单进三出

14. UPS 类型有（　　）。　　　　　　　　　　　　　　　　　　　　　（AB）

A. 在线式　　　　　B. 后备式　　　　　C. 并联式　　　　　D. 串联式

15. UPS 主机类型分别为（　　）形式。　　　　　　　　　　　　　　（ABCD）

A. 在线式 UPS 供电系统　　　　　　　　B. 在线互动式 UPS

C. 后备式正弦输出 UPS　　　　　　　　D. 后备式方波输出电源

16. 变电站内的电力专用 UPS 负载规定的范围包括（　　）。　　　　　（ABDE）

A. 五防机、消防　　　　　　　　　　　　B. 录音电话、故障录波仪

C. 电测仪表辅助电源、事故照明　　　　　D. 站内自动化设备

E. 电话小总机

17. 采用冗余并联（N+X）方式并机运行的 UPS 系统的优点是（　　）。　（ABC）

A. 瞬间过载能力强　　B. 自动均分功率　　C. 没有瓶颈故障点　　D. 没有环流

18. 采用主从热备份方式并机运行的 UPS 系统缺点有（　　）。　　　　（ABC）

A. 瞬时过载能力低　　　　　　　　　　　B. 主备机老化程度不一致

C. 备机电池寿命低　　　　　　　　　　　D. 系统搭建成本高

19. 采用主从热备份方式并机运行的 UPS 系统优点有（　　）。　　　　（ABC）

A. 灵活性高，不受 UPS 品牌限制

B. 安装简单，无需额外调试

C. 不增加额外辅助电路，不增加购置成本

D. 不需要蓄电池组设备

20. 当具有两台及以上 UPS 主机时，按照主机并机方式可以分为（　　）等方式。

　　　　　　　　　　　　　　　　　　　　　　　　　　　　　　　　（ABCD）

A. 主从热备份方式　　　　　　　　　　　B. 互动热备份方式

C. 互动热备份（ATS）方式　　　　　　　D. 冗余并联（N+X）方式

21. 电力专用 UPS 比独立 UPS 具有（　　）的优点。　　　　　　　　（ACD）

A. 可靠性高　　　　B. 抗负载冲击高　　C. 抗干扰性好　　　D. 频率稳定

22. 电力专用 UPS 检修旁路开关具有自动同步功能，可在任意状态下合上，确保不会形成（　　）等各种异常现象。　　　　　　　　　　　　　　　　　　（ABC）

A. 环流　　　　　　B. 过电流　　　　　C. 过电压　　　　　D. 过载

23. 电力专用 UPS 交流电源输出（　　）。　　　　　　　　　　　　　（ACD）

A. 具有稳压作用   B. 输出功率比市电大

C. 输出波形与市电无关   D. 抗外界干扰

24. 电力专用 UPS 蓄电池比独立 UPS 蓄电池（   ）。   （ABC）

A. 放电时间长   B. 可靠性高   C. 放电内阻小   D. 电压高

25. 独立 UPS 由（   ）组成。   （ABCD）

A. 整流器   B. 逆变器   C. 旁路开关   D. 蓄电池

26. 后备式 UPS 的缺点是（   ）。   （AB）

A. 输出电压稳压精度差   B. 转换时间长

C. 输出电流波动大   D. 后备时间短

27. 后备式 UPS 的优点是（   ）。   （ABCD）

A. 结构简单   B. 成本低   C. 运行效率高   D. 价格便宜

28. 满足主从热备份结构方式的 UPS 应具有的技术条件有（   ）。   （ABC）

A. 在线式 UPS 电源，用以保障逆变器与旁路的同步

B. UPS 具有整流器和旁路双重输入端

C. 每台 UPS 均能够承受 100%的负载跳变

D. 良好的蓄电池组

29. 每台 UPS 装置包括（   ）。   （ABCD）

A. 整流器   B. 逆变器   C. 静态开关   D. 旁路维修开关

30. 日常维护工作是保证 UPS 和负载正常运转的必要措施，良好的维护可以达到（   ）效果。   （ABC）

A. 消除 UPS 可能存在的隐患   B. 保障 UPS 性能稳定

C. 保证 UPS 无故障运行   D. 缩短 UPS 的使用寿命

31. 下列为 UPS 装置内温度高报警的原因是（   ）。   （ABC）

A. UPS 主机柜内风扇不运行   B. UPS 装置过载

C. UPS 室环境温度高   D. UPS 装置电容老化

32. 蓄电池放电方式有（   ）。   （AD）

A. 全容量放电   B. 过放电   C. 欠放电   D. 核容放电

33. 在线互动式 UPS 一般情况下具有（   ）等工作模式。   （AC）

A. 正常工作模式   B. 旁路工作模式

C. 蓄电池组供电工作模式   D. 其他工作模式

34. 在线式 UPS 一般情况下具有（   ）等工作模式。   （ABC）

A. 正常工作模式   B. 旁路工作模式

C. 蓄电池组供电工作模式   D. 其他工作模式

35. 整个电力专用 UPS 系统由（   ）等部分组成。   （ABC）

A. 主机   B. 从机   C. 馈线开关   D. 电源报警系统

36. 在蓄电池的维护过程中，描述正确的是（   ）。   （AB）

A. 创造蓄电池的合理运行环境

B. 有效的充放电

C. 交流电源正常时关闭蓄电池组连接空气开关

D. 蓄电池组充电完成后断开充电回路空气开关

三、判断题

1. 当发生 UPS 输出消失进行恢复送电工作时，应先将所有负载拉开，待 UPS 启动成功后按照先后次序依次合上电源开关，目的是防止同时开机时的冲击负载造成开机失败。　（✓）

2. UPS 是先将交流电变成直流电，然后进行脉宽调制、滤波，再将直流电重新变成交流电源向负载供电。　　　　　　　　　　　　　　　　　　　　　　　　　　　　　（✓）

3. UPS 将直流电变换成交流电。　　　　　　　　　　　　　　　　　　　　　（✕）

4. UPS 故障，则自动切换至旁路供电。如果 UPS 无法正常输出，则需关闭所有设备，将系统供电电源倒接至市电供电，重新开启设备，恢复系统运行。　　　　　　　　（✓）

5. 如果 UPS 是旁路供电，不需要人工启动逆变器，直到 UPS 恢复正常运行状态。（✕）

6. 某一蓄电池组 10h 率容量是 300A·h，放电电流 15A，放电时间大于 20h。　（✕）

7. 某一蓄电池组 10h 率容量是 300A·h，放电电流 60A，放电时间小于 5h。　（✓）

8. 在线式 UPS 在交流电正常时，逆变器不工作。　　　　　　　　　　　　　（✕）

9. 当电池组中某个/些电池出现损坏时，维护人员应当对每只电池进行检查测试，排除损坏的电池。更换新的电池时，应该禁止新旧电池混合使用。　　　　　　　　　　　　（✓）

10. 如果 UPS 电池放空导致 UPS 输出中断，则迅速关闭所有设备，待供电恢复后，再重新开启设备。　　　　　　　　　　　　　　　　　　　　　　　　　　　　（✓）

11. 蓄电池环境温度的提高，会导致电池内部化学活性增强，从而产生大量的热能，又会反过来促使周围环境温度升高，这种恶性循环，会加速缩短电池的寿命。　　　　　（✓）

12. UPS 内有高电压，为避免伤及人身安全，如有问题，切勿自行处理，请找专业人员修理。　　　　　　　　　　　　　　　　　　　　　　　　　　　　　　　　（✓）

13. UPS 是英文 Uninterrupted Power Supply 的缩写。　　　　　　　　　　　（✓）

14. UPS 均以电阻性负载为依据（即功率因素大于等于 0.8），不要在输出端接上很大的感性负载或大的容性负载。　　　　　　　　　　　　　　　　　　　　　　　（✓）

15. UPS 整流器/充电器具备对蓄电池的浮充、均充、放电管理的功能。　　　　（✓）

16. 主/备冗余配置的 UPS 系统中，当发生主、备机切换或其中一台机器退出运行时，可造成负载瞬间断电。　　　　　　　　　　　　　　　　　　　　　　　　　　　（✕）

17. 调度自动化系统主站供电电源不一定要配备专用的不间断电源装置（UPS）。（✕）

18. 市电正常时，在线式 UPS 逆变部件带负载工作，后备式 UPS 逆变部件不带负载工作。　　　　　　　　　　　　　　　　　　　　　　　　　　　　　　　　（✓）

19. 在线式 UPS 由整流、逆变、旁路断路器、蓄电池组成。　　　　　　　　　（✓）

20. 后备式 UPS 电源在市电正常供电时，市电通过交流旁路通道直接向负载供电。（✓）

21. 2V 的蓄电池以 20A 的电流连续放电 10h 至 1.8V 时，则蓄电池的容量为 200A·h。　　　　　　　　　　　　　　　　　　　　　　　　　　　　　　　　（✓）

22. UPS 包括 3 部分：主机、蓄电池和逆变器。　　　　　　　　　　　　　　（✕）

23. 当 UPS 的交流输入电压变化为 220×（1+10%）V，频率变化 50×（1+5%）Hz，或直流输入电压变化为 110×（1+10%）V，UPS 的输出电压变化应小于 220×（1+2%）V，50×（1+0.4%）Hz。　　　　　　　　　　　　　　　　　　　　　　　　　　（✓）

24. 我国蓄电池容量的定义是以某一恒定电流放电 10h，此时单体蓄电池电压降低至 1.8V

的安时数作为蓄电池 10h 率容量，符号为 C10。 （×）

25. UPS 的核心部件是将直流电变换成交流电，这个过程通俗称为 AC/DC 变换。 （×）

26. UPS 主机类型有在线式 UPS 供电系统、在线互动式 UPS、后备式正弦输出 UPS、后备式方波输出 4 种。 （√）

27. UPS 是将直流电变换成交流电。 （×）

28. 电力专用 UPS 的切换在任何情况下都是 0ms。 （×）

29. 电力专用 UPS 切换至旁路供电断电时间应小于 5ms。 （√）

30. 电力专用 UPS 正常工作时交流失电压后输出切换时间为 0ms。 （√）

31. 后备式是指在市电正常供电时，由市电直接向负载供电，当市电供电中断时或电压异常时，输出交流切换到逆变输出的交流继续供电，有 4～10ms 的失电时间。 （√）

32. 在线式是指逆变输出带负载，蓄电池处于浮充状态，一旦市电中断时，逆变器工作电源改由蓄电池供电，保证逆变器连续不间断向负载提供交流输出，从输出看没有切换过程和失电时间。 （√）

33. 当主路市电异常，UPS 电池储能耗尽，系统会自动关闭逆变器，由旁路供电。市电恢复则需要用户重新开机，才能恢复到正常工作模式下。 （√）

34. 1+1 并联冗余结构 UPS 正常运行时，两台 UPS 均分负载，当一台机器出现故障时，则另一台机器承担全部负载。 （√）

35. 1+1 并联冗余结构 UPS 正常运行时，全部负载应不小于一台 UPS 的容量。 （×）

36. 2+1 并联冗余结构 UPS 系统，正常运行时，全部负载应不小于两台 UPS 的容量。 （×）

37. 2+1 并联冗余结构 UPS 系统，正常运行时，三台 UPS 均分负载，当一台机出现故障时，另两台机承担全部负载。 （√）

38. UPS 的交流供电电源须采用两路来自不同电源点的电源供电。 （√）

39. UPS 不一定要有检修维护旁路。 （×）

40. UPS 可用一路开关供多台自动化运行设备电源供电。 （×）

41. UPS 按备用方式可分为串联备用冗余系统和并联备用冗余系统两类。 （√）

42. UPS 并机条件：各台 UPS 的容量和软、硬件版本相同，旁路输入必须相同，主路、旁路及输出相序相同，连接好并机逻辑线和均流线。 （√）

43. UPS 的实际负载能力约等于标称值的 70%（如 1kV·A 的实际负载能力为 700W）。 （√）

44. UPS 的实际负载能力约等于标称值的 90%（如 1kV·A 的实际负载能力为 900W）。 （×）

45. UPS 的作用是稳定电压和保证电源质量。 （×）

46. UPS 在交流电正常时，逆变器不工作。 （×）

47. UPS 机内有稳压器，一般无需在输入或输出端再接稳压设备。 （√）

48. UPS 就是将直流电变换成交流电。 （×）

49. UPS 均以电阻性负载为依据（即功率因数≥0.8），也可以在输出端接上很大的感性负载或容性负载。 （×）

50. UPS 均以电阻性负载为依据（即功率因数≥0.8），不要在输出端接上很大的感性负载或大的容性负载。 （√）

51. UPS 内附免维护蓄电池，不需要周期性放电试验。 （×）

52. UPS 内附免维护蓄电池，寿命一般可以大于 6 年。 （×）

53. UPS 逆变器具备对蓄电池的浮充、均充、放电管理的功能。 （×）

54. UPS 是稳压电源。 （×）

55. UPS 所用的电池禁止使用不同品牌、不同容量、不同新旧的电池。 （√）

56. UPS 蓄电池室环境条件要求为环境温度 20～25℃，相对湿度 40%～65%。 （√）

57. UPS 在运用中应当做到定期充放电。 （√）

58. UPS 整流器/充电器不具备对蓄电池的放电管理的功能。 （×）

59. UPS 整流器/充电器具有监测输入电压、直流母线电压、直流电流、电池充电电流、输出母线电压和负载电流的功能。 （×）

60. UPS 主、从机之间的切换在运行中无需检查。 （×）

61. 并机工作模式中一台 UPS 出现故障，该台 UPS 自动退出运行，剩余 UPS 均分负载；如果系统过载，则整个 UPS 系统停止运行。 （×）

62. 不间断电源（UPS）的蓄电池不需要定期充放电。 （×）

63. 不停电电源（UPS）的蓄电池应定期充放电。 （√）

64. 不要将内阻大的电池与质量好的电池串联或并联使用，遇到电池组中有损坏的电池要及时取出，以免影响整组电池。 （√）

65. 当发生 UPS 输出消失进行恢复送电工作时，所有负载开关应在合位。 （×）

66. 当两个 UPS 的主输入电源均有故障时，蓄电池组供电给 UPS 的逆变器，两台 UPS 平分负载，直至电池端电压降至下限保护动作，同时切换至旁路。 （√）

67. 当两台并联 UPS 中的一台出现故障，逆变器不能正常工作时，负载无过载，该 UPS 会自动脱离并机系统，由另一台 UPS 给负载正常供电。 （√）

68. 当要进行电力专用 UPS 检修时，合上手动维修旁路开关后就可以退出整个模块进行检修维护。 （×）

69. 电池不要长时间浮充而不放电，以免引起电池"盐化"。 （√）

70. 电池的充电电流中应杜绝交流成分，否则将引起电池外壳的膨胀。 （√）

71. 电力专用 UPS 采用双隔离技术，即输入、输出都采用交流隔离变压器，保证不受外界电气干扰。 （√）

72. 电力专用 UPS 具有短路保护功能，所以任何一路负载发生短路均会引起 UPS 停机。 （×）

73. 电力专用 UPS 切换至旁路供电断电时间应小于 5ms。 （√）

74. 电力专用 UPS 所带的全部负载均应不大于额定容量的 60%～80%。 （√）

75. 电力专用 UPS 维修工作模式：在 UPS 逆变部件故障需退出 UPS 模块进行检修或维护时，可以通过合上手动维护旁路开关，将负载转向维修旁路交流直接供电，从而可以停电退出 UPS 模块对其进行检修或维护而又不中断对负载的连续供电，此时装置进入维修工作模式。 （√）

76. 独立 UPS 交流工作模式：在交流输入正常时，输出的交流由输入交流电源直接提供，逆变器处于跟踪待机状态，以消耗极小的功率使逆变器处于随时可切入工作状态。 （×）

77. 独立 UPS 直流供电模式：当交流输入异常时，系统自动切换到逆变器输出的交流，蓄电池直流电源通过逆变器输出交流电向负载供电。 （√）

78. 独立 UPS 旁路工作模式：在设备发生故障时自动切换静态电子开关，将负载通过电子旁路切换到旁路交流。 （√）

79. 独立 UPS 由整流器、逆变器、旁路开关、蓄电池组成。 （√）

80. 对于采用并联冗余工作方式的在线式 UPS，通过并联控制器控制各 UPS 输出保持相同的频率和电压，同时实现负载均衡。 （√）

81. 对于带有电池的 UPS 电源，如果逆变回路故障，输出将切换到旁路上，此时负载不会失去保护，由交流输入电源直接供电。 （×）

82. 多机并联运行的 UPS 系统，正常工作时，各个单元应均分负载，任一单元发生故障时，其余单元应承担全部负载。 （√）

83. 负载无过载，当两台 UPS 中的一台出现故障，逆变器不能正常工作时，该 UPS 会自动脱离并机系统，由另一台 UPS 给负载正常供电。 （√）

84. 根据《信息技术设备用不间断电源通用技术条件》（GB/T 14715—1993）规定，不间断电源：额定输出功率（W）=额定输出容量×0.9。 （×）

85. 根据《信息技术设备用不间断电源通用技术条件》（GB/T 14715—1993）规定，不间断电源过载能力试验，是将输出功率增加到产品额定输出功率 130%，能正常运行的最短时间符合规定。 （×）

86. 根据《信息技术设备用不间断电源通用技术条件》（GB/T 14715—1993）规定，不间断电源平均无故障时间（MTBF）应不低于 3000h。 （√）

87. 根据《信息技术设备用不间断电源通用技术条件》（GB/T 14715—1993）规定，不间断电源输出波形为正弦波。 （√）

88. 根据《信息技术设备用不间断电源通用技术条件》（GB/T 14715—1993）规定，不间断电源应具有过载保护功能、电池过放电保护功能和浪涌吸收保护功能，并应有声光报警装置。 （√）

89. 根据《信息技术设备用不间断电源通用技术条件》（GB/T 14715—1993）规定，不间断电源在规定条件下的贮存期，若无其他规定时，一般应为 6 个月。超过 6 个月时，应重新进行交收检验。 （√）

90. 根据《信息技术设备用不间断电源通用技术条件》（GB/T 14715—1993）规定，不间断电源在规定条件下的贮存期，在长期贮存时应每隔 6 个月对蓄电池进行一次充电。 （×）

91. 根据《信息技术设备用不间断电源通用技术条件》（GB/T 14715—1993）规定，大型在线式不间断电源的额定输出容量为 100kV·A 以上。 （√）

92. 根据《信息技术设备用不间断电源通用技术条件》（GB/T 14715—1993）规定，大型在线式不间断电源的噪声（dB）小于 70。 （×）

93. 根据《信息技术设备用不间断电源通用技术条件》（GB/T 14715—1993）规定，小型在线式不间断电源的额定输出容量为 3～10kV·A。 （√）

94. 根据《信息技术设备用不间断电源通用技术条件》（GB/T 14715—1993）规定，小型在线式不间断电源的噪声（dB）小于 70。 （×）

95. 根据《信息技术设备用不间断电源通用技术条件》（GB/T 14715—1993）规定，中、大型在线式不间断电源的 120%过载能力（min）为 20。 （×）

96. 根据《信息技术设备用不间断电源通用技术条件》（GB/T 14715—1993）规定，中、大型在线式不间断电源的波形失真不大于 5。 （√）

97. 根据《信息技术设备用不间断电源通用技术条件》(GB/T 14715—1993)规定，中、大型在线式不间断电源：电池再充电时间（h）小于 24。 （√）

98. 根据《信息技术设备用不间断电源通用技术条件》(GB/T 14715—1993)规定，中、大型在线式不间断电源的动态电压瞬变范围（V）为±10%。 （√）

99. 根据《信息技术设备用不间断电源通用技术条件》(GB/T 14715—1993)规定，中、大型在线式不间断电源的负载功率因数为 0.8。 （√）

100. 根据《信息技术设备用不间断电源通用技术条件》(GB/T 14715—1993)规定，中、大型在线式不间断电源的旁路开关切换时间（ms）小于 5。 （√）

101. 根据《信息技术设备用不间断电源通用技术条件》(GB/T 14715—1993)规定，中、大型在线式不间断电源的切换时间（ms）为 5。 （×）

102. 根据《信息技术设备用不间断电源通用技术条件》(GB/T 14715—1993)规定，中、大型在线式不间断电源的输出电压（V）为 380×（1±2%）。 （√）

103. 根据《信息技术设备用不间断电源通用技术条件》(GB/T 14715—1993)规定，中、大型在线式不间断电源的输出频率（Hz）为 50Hz±0.2Hz。 （×）

104. 根据《信息技术设备用不间断电源通用技术条件》(GB/T 14715—1993)规定，中、大型在线式不间断电源的输入电压（V）为 380×（1±20%）。 （×）

105. 根据《信息技术设备用不间断电源通用技术条件》(GB/T 14715—1993)规定，中、大型在线式不间断电源的输入频率（Hz）=50Hz±2.5Hz。 （√）

106. 根据《信息技术设备用不间断电源通用技术条件》(GB/T 14715—1993)规定，中型在线式不间断电源的额定输出容量为 3~10kV·A。 （×）

107. 根据《信息技术设备用不间断电源通用技术条件》(GB/T 14715—1993)规定，中型在线式不间断电源的噪声（dB）小于 70。 （√）

108. 后备式 UPS 在交流电停电时，才由蓄电池供电，经逆变器变换为交流电源向负载供电。 （√）

109. 后备式 UPS 在市电正常供电时，市电通过整流通道向负载供电。 （×）

110. 后备式 UPS 对电网的畸变和干扰基本没有抑制作用。 （√）

111. 后备式 UPS 具有两种工作模式，分别为正常工作模式和蓄电池组供电工作模式。 （√）

112. 后备式 UPS 由整流器、逆变器、旁路断路器、蓄电池组成。 （×）

113. 后备式 UPS 正常工作时，交流输出的电压和频率随着电网的电压、频率的变化而变化。 （×）

114. 两台并联 UPS 输入及旁路均正常，UPS 无故障，负载无过载，则两台 UPS 均由逆变器输出，平均分担负载，两台 UPS 互为备用。 （√）

115. 两台并联 UPS 输入及旁路均正常，UPS 无故障，负载无过载，则一台 UPS 负担所有负载，另一台 UPS 备用。 （×）

116. 每台 UPS 装置包括整流器、逆变器、静态开关、旁路维修开关，将三相交流主电源变成直流电源。 （√）

117. 密封阀控蓄电池外形发生膨胀说明蓄电池过充，蓄电池性能受到影响。 （√）

118. 某一蓄电池组 10h 率容量是 300A·h，现在放电电流是 60A，可以放电 5h。 （×）

119. 如果 UPS 电池放空导致 UPS 输出中断，则迅速关闭所有设备，待供电恢复后，再重

新开启设备。 （√）

120. 如果发现 UPS 的电池组中某一节电池损坏，可以单独将其进行更换为新的电池。 （×）

121. 市电恢复后 UPS 设备均可以自启动，不论是否配置后备电池。 （×）

122. 市电正常时，后备式 UPS 逆变部件带负载工作，在线式 UPS 逆变部件不带负载工作。 （×）

123. 市电正常时，在线式和后备式 UPS 逆变部件均带负载工作。 （×）

124. 手动旁路开关是为了维护 UPS，并保证负载不间断供电而设的，操作上必须注意以下事项：逆变器工作期间严禁合手动旁路开关，手动旁路开关断开后才能启动逆变器。 （√）

125. 输入交流电恢复正常时，UPS 自启动，按照预先设定好的工作模式选择供电方式。 （√）

126. 调度自动化系统主站供电电源必须配备专用的不间断电源装置（UPS）。 （√）

127. 调度自动化系统主站供电电源要配备专用的不间断电源装置（UPS）。 （√）

128. 通常蓄电池容量用安时数表达。 （√）

129. 为了使 UPS 更好的工作，要定期对它充放电。 （√）

130. 为了提高厂站内自动化装置防止受雷电和浪涌打击的能力，通道必须接入防雷保护器，供电电源必须接 UPS。 （×）

131. 蓄电池充电是电能变成化学能，蓄电池放电是化学能变成电能。 （√）

132. 蓄电池的容量与环境温度相关，温度高容量小。 （×）

133. 蓄电池的寿命与环境温度相关，温度高寿命将大大缩短。 （√）

134. 蓄电池的运行维护电池不能过放电、过充电（过电压充电和过电流充电）。 （√）

135. 蓄电池的种类中，小型密封式电池因其电池体积小，密封性好，维护相对方便等优异性能而广泛应用于中小型 UPS 系统中。 （√）

136. 蓄电池的自放电在运行中靠均充电流来补充。 （×）

137. 蓄电池放电低于终止电压时，就放不出电。 （×）

138. 蓄电池放电低于终止电压时，再继续放电，可能会造成蓄电池永久性损坏。 （√）

139. 蓄电池以 20A 的电流连续放电 10h 至 18V 时，则蓄电池的容量为 200A·h。 （√）

140. 蓄电池以 20A 的电流连续放电 10h，则蓄电池的容量为 200A·h。 （√）

141. 蓄电池组是 UPS 用来作为储存电能的装置，它由若干个电池并联而成，其容量大小决定了其维持放电（供电）的时间。 （×）

142. 一般负载功率是 UPS 额定功率的 60%～70%时，UPS 的效率最高。 （√）

143. 一般负载功率是 UPS 额定功率时，UPS 的效率最高。 （×）

144. 影响蓄电池寿命的重要因素是环境温度，一般电池生产厂家要求的最佳环境温度是在 20～25℃之间。 （√）

145. 在 UPS 交流进线极性正确连接的情况下，可以不用接地。 （×）

146. 在线式 UPS 输出的是与市电网完全隔离的纯净的正弦波电源，大大改善了供电的品质，保护了负载安全有效的工作。 （√）

147. 在线式 UPS 在市电正常供电时，市电通过交流旁路通道直接向负载供电。 （×）

148. 在线式 UPS 是指逆变输出带负载，蓄电池处于浮充状态，一旦市电中断，逆变器工作电源改由蓄电池供电，保证逆变器连续不间断向负载提供交流输出，从输出看没有切换过程

和失电时间。　　　　　　　　　　　　　　　　　　　　　　　　　　（ √ ）

149. 在线式 UPS 蓄电池正常工作时处于放电状态。　　　　　　　　（ × ）

150. 在线式 UPS 在交流输入失电的情况下由蓄电池组提供能源。　　（ √ ）

151. 在线式 UPS 正常工作时，交流输出的频率、电压保持恒定，与电网的电压、频率变化无关。　　　　　　　　　　　　　　　　　　　　　　　　　　（ √ ）

152. 在线式 UPS 正常工作时，交流输出的频率、电压与交流输入保持一致。　（ × ）

153. 在线式逆变部件带负载工作，后备式逆变部件不带负载工作。　　（ √ ）

154. 主/备冗余配置的 UPS 系统中，当发生主备机切换或其中一台机器退出运行时，可造成负载瞬间断电。　　　　　　　　　　　　　　　　　　　　　　（ × ）

155. 主/备冗余配置的 UPS 系统中，当发生主、备机切换或其中一台机器退出运行时，不会造成负载瞬间断电。　　　　　　　　　　　　　　　　　　　　　　（ √ ）

156. 某一蓄电池组 10h 率容量是 300A·h，现在放电电流是 60A，放电可以 5h。（ × ）

157. 密封阀控蓄电池在正常运行时会有氢气和酸释出。　　　　　　　（ × ）

158. 蓄电池放电低于终止电压时，再继续进行放电，可能会造成蓄电池永久性的损坏。
　　　　　　　　　　　　　　　　　　　　　　　　　　　　　　　（ √ ）

159. 蓄电池的寿命与环境温度相关，温度高寿命将大大缩短。　　　　（ √ ）

160. 蓄电池充电是电能变成化学能，蓄电池放电是化学能变成电能。　（ √ ）

161. 某一蓄电池组 10h 率容量是 300A·h，放电电流 60A，放电时间小于 5h。（ √ ）

162. 密封阀控蓄电池外形发生鼓胀说明蓄电池过充，蓄电池性能受到影响。（ √ ）

163. 满容量的蓄电池以 20A 的额定电流连续放电 10h 至终止电压时，则蓄电池的容量为 200A·h。　　　　　　　　　　　　　　　　　　　　　　　　　　（ √ ）

164. 不要将内阻差异较大的蓄电池串联或并联使用，遇到电池组中有损坏的电池要及时更换，以免影响整组电池。　　　　　　　　　　　　　　　　　　　　　（ √ ）

165. 2V 的蓄电池以 20A 的电流连续放电 10h 至 1.8V 时，则蓄电池的容量为 200A·h。
　　　　　　　　　　　　　　　　　　　　　　　　　　　　　　　（ √ ）

第十九章 配网自动化

一、多项选择题

1. 配电终端装置需经过（　　）等系列检验测试，以达到质量保障，用于工程实际。

（ABCD）

A. 型式检验　　　　　B. 入围测试　　　　　C. 出厂验收　　　　　D. 传动试验

2. 配电终端工程设计要求包括（　　）。　　　　　　　　　　　　　　　　（ABC）

A. 模块化扩展　　　B. 标准化接口　　　C. 典型化设计　　　D. 智能化接入

3. 三遥馈线终端 FTU 的核心处理平台包括（　　）。　　　　　　　　　（ABC）

A. 线路实时数据采集、处理及记录模块　　B. 开关状态监控处理模块

C. 人机界面处理模块　　　　　　　　　　D. 无线通信模块

4. 三遥终端 FTU 需具备（　　），以完成数据采集、开关控制等功能。　（ABCDE）

A. 交流电源电气接口　　　　　　　　　B. 电流采集电气接口

C. 通信电气接口　　　　　　　　　　　D. 开关控制电气接口

E. 就地指示接口

5. 与三遥终端相比，二遥动作型终端不必设计（　　）接口。　　　　　　（CD）

A. 交流电源电气　　　　　　　　　　　B. 电流采集电气

C. 通信电气　　　　　　　　　　　　　D. 开关控制电气

E. 就地指示

6. 为更好地实现交互性和可操作行，三遥馈线终端 FTU 的人机界面处理模块由（　　）等几大模块组成。　　　　　　　　　　　　　　　　　　　　　　　　　　（ABCD）

A. 101 规约处理模块　　　　　　　　　B. 104 规约处理模块

C. 安全加密模块　　　　　　　　　　　D. 通信、终端状态模块

E. 故障检出模块

7. 三遥馈线终端 FTU 的开关状态监控处理模块由（　　）等几大模块组成。　（BCD）

A. 系统自诊断、自恢复模块　　　　　　B. 故障检出模块

C. 故障隔离/切除模块　　　　　　　　　D. 遥控控制模块

8. 在设计上需考虑（　　）两点要求，以实现三遥馈线终端 FTU 的开关状态监控处理模块的全部功能。　　　　　　　　　　　　　　　　　　　　　　　　　　　　　　（BC）

A. 通信电源匹配设计　　　　　　　　　B. 操作电源匹配设计

C. 控制回路自检与防误动设计　　　　　D. 双交电源切换设计

9. 为保证安全稳定运行，配电终端电源可采用多种供电方式提供，包括（　　）。

（ABCDE）

A. 电压互感器（TV）　　　　　　　　　B. 电流互感器（TA）

C. 外部交流电源供电　　　　　　　　　D. 电容分压式供电

E. 其他新型能源供电

10. 配电终端整体缺陷处理完毕后，需要进行的工作是（　　）。 （AB）

A. 按信息表本地调试　　　　　　　　B. 按信息表系统联调

C. 与配电自动化主站进行数据核实调试　D. 负载能力验证

11. 配电终端日常巡视的主要内容包括（　　）。 （ABCDE）

A. 检查终端工作是否正常　　　　　　B. 检查设备运行灯是否正常

C. 终端各插件运行是否正常　　　　　D. 核对配网终端转发表与主站是否一致

E. 通信是否正常，终端内各标志是否清晰等

12. 配电自动化应与配电网建设改造保持（　　）的原则。 （ABCD）

A. 同步规划　　　B. 同步设计　　　C. 同步建设　　　D. 同步投运

13. 配电主站硬件配置的原则有（　　）。 （ABCD）

A. 安全性　　　B. 标准性　　　C. 开放性　　　D. 可靠性

14. 主站系统应用结构从逻辑上分（　　）层。 （ABCD）

A. 应用层　　　B. 平台层　　　C. 操作系统层　　　D. 硬件层

15. 配电终端进行传动试验的主要内容包括（　　）。 （ABCDEF）

A. 信息核对　　　B. DI 传动　　　C. AI 传动　　　D. DO 传动

E. 保护传动　　　F. 信息验证

16. 配电自动化系统终端运维的对象主要有（　　）。 （ABCDEF）

A. FTU　　　　　　　　　　　　B. DTU

C. TTU　　　　　　　　　　　　D. 自动化通信设备

E. 自动化设备间连接线　　　　　F. 自动化设备备用电源的蓄电池

17. 配电 SCADA 的操作与控制功能包括（　　）。 （ABCD）

A. 人工置数　　　　　　　　　　B. 标识牌操作

C. 闭锁和解锁操作　　　　　　　D. 远方控制与调节

18. 基于物联网的配电设备识别，采用 FRID 识别技术，自动识别配电终端周围的配电设备，实现配电（　　）和设备资产在线管理。 （ABCD）

A. 设备资产在线管理　　　　　　B. 设备即时查询

C. 设备信息采集　　　　　　　　D. 配电智能巡检

19. 配电通信网技术包括（　　）。 （ABCD）

A. 光纤专网　　　B. 无线专网　　　C. 载波　　　D. 无线公网

20. 配网模型的来源有（　　）。 （ABCD）

A. 图模库一体化建模　　　　　　B. 国网 GIS 平台

C. 调度自动化系统　　　　　　　D. 营销系统

21. 配电自动化缺陷管理中对缺陷的分类包括（　　）。 （ABC）

A. 一般缺陷　　　B. 危急缺陷　　　C. 严重缺陷　　　D. 重大缺陷

22. EPON 系统设备由 3 部分组成，分别是（　　）。 （ABC）

A. 线路侧设备（OLT）　　　　　　B. 中间分光设备（POS）

C. 用户侧设备（ONU）　　　　　　D. 调制解调器 Modem

23. 配电通信系统分为（　　）。 （AB）

A. 骨干层　　　B. 接入层　　　C. 汇聚层　　　D. 传输层

24. 配电终端是安装于中压配电网现场的各种远方监测、控制单元的总称，主要包括（　　）。　　　　　　　　　　　　　　　　　　　　　　　（ABC）

　A. 配电开关监控终端

　B. 配电变压器监测终端

　C. 开关站和公用及用户配电所的监控终端

　D. 免维护故障监测终端

25. 配电终端通信中断的原因包括（　　）。　　　　　　　　　　　（ABC）

　A. 通信网线被拔出　　　　　　　　B. ONU 由于过热导致死机

　C. DTU 低压电源空开跳开　　　　D. 遥控压板及电机空开未投上

26. 配电网终端出现遥信坏数据的原因包括（　　）。　　　　　　　（ABC）

　A. 环网柜上的二次线未接　　　　B. 环网柜上的分闸和合闸接线短路

　C. DTU 屏后端子排接线松动　　　D. 电源转换模块故障，无法输出 53V 浮充电压

27. 接入层通信网络通信方式应因地制宜，主要通信方式包括（　　）。　（ABCD）

　A. 光纤专网　　　　B. 配电线载波　　　C. 无线专网　　　D. 无线公网

28. 配电设备新建与改造前，应考虑配电终端所需的（　　）。　　　　（ABCD）

　A. 安装位置　　　　B. 电源　　　　　　C. 端子　　　　　D. 接口

29. 配电网断路器遥控失败的原因包括（　　）。　　　　　　　　　（ABCD）

　A. 遥控报文加密后终端无法辨识，拆除加密装置后遥控正常

　B. 电操机构电机链条断裂停电更换电操机构

　C. 电机功率不足，无法带动操作机构

　D. DTU 未接收到预置报文或返校不成功，导致预置超时。

30. 配电终端冲击电压施加部位包括（　　）。　　　　　　　　　　（ABCD）

　A. 电源回路对地　　　　　　　　　B. 输出回路对地

　C. 状态输入回路对地　　　　　　　D. 工频交流电量输入回路对地

31. 配电终端通道频繁投退的原因包括（　　）。　　　　　　　　　（ABCD）

　A. DTU 网口松动

　B. DTU 的 CPU 板故障

　C. ONU 工作不稳定

　D. 两台 DTU 的 MAC 地址重复，彼此争抢通道资源

32. 配电终端的通信规约支持（　　）等规约。　　　　　　　　　　　（AD）

　A. DL/T 634.5–101　　　　　　　　B. DL/T 634.5–102

　C. DL/T 634.5–103　　　　　　　　D. DL/T 634.5–104

33. 输电网及高压配电网通信方式包括（　　）。　　　　　　　　　（ABCDE）

　A. 光缆　　　　　　B. 光通信系统　　　C. 微波通信系统

　D. 卫星通信系统　　E. 载波通信系统

34. 配电网通信系统主要的性能指标是（　　）。　　　　　　　　　　（AC）

　A. 有效性　　　　B. 覆盖率　　　　　C. 可靠性　　　　D. 实时性

35. 工业以太网在电力网络中应用广泛，其优点为（　　）。　　　　（ABCDEF）

　A. 开放的通信架构　　　　　　　　B. 较高的数据传输速率

　C. 支持多种网络拓扑　　　　　　　D. 支持多种以太网能力

E. 资源共享能力强　　　　　　　　　F. 采用工业级应用，技术较成熟

36. 在 A+类、A 类供电区域，选择实时可靠性高、扩展性好的（　　）光通信技术，进行组网。　　　　　　　　　　　　　　　　　　　　　　　　　　　　　　　　　　　（AB）

A. xPON　　　　　　　　　　　　　　B. 工业以太网交换机

C. 无线专网　　　　　　　　　　　　D. 无线公网

37. 光缆布放是随着配电网电缆走向实施的，通信网络的结构应与电力配电网缆线结构相符合，结合现有几种常见的配电网络拓扑结构，设计的 EPON 系统的网络结构包括（　　）。

（BCD）

A. 星型组网结构　　B. 链型组网结构　　C. 手拉手环网结构　　D. 双 T 组网结构

38. 采用中压电力线通信技术组建配电通信网的优点有（　　）。　　　　　　（ABC）

A. 建设成本低　　　　　　　　　　　B. 路由合理

C. 专网方式运行安全性高　　　　　　D. 传输数据量大

39. 通信网是一种由通信端点、节（结）点和传输链路相互有机地连接起来，以实现在两个或更多的规定通信端点之间提供连接或非连接传输的通信体系，其基本结构可以分为（　　）。　　　　　　　　　　　　　　　　　　　　　　　　　　　　　　（ABCDE）

A. 网型　　　　　　　　B. 星型　　　　　　　　C. 复合型

D. 环型　　　　　　　　E. 总线型

40. 通信网络按功能与用途可以划分为（　　）。　　　　　　　　　　　　（ABC）

A. 物理网　　　　　　　B. 业务网　　　　　　　C. 支撑网　　　　　　　D. 数据网

41. 配电通信网的安全防护应严格符合《电力二次系统安全防护规定》（电监会第 5 号令）、电监安全〔2006〕34 号及国家电网调〔2011〕168 号要求，符合（　　）的基本原则。

（ABCD）

A. 安全分区　　　　　　B. 网络专用　　　　　　C. 横向隔离　　　　　　D. 纵向加密

42. 配电主站应根据（　　）、接入容量等条件合理配置主站功能。　　　　（BCD）

A. 负载类型　　　　　　B. 城市定位　　　　　　C. 供电可靠性需求　　　D. 配电网规模

43. 人工置数的数据类型包括（　　），并对人工设置的数进行有效性检查。　（ACD）

A. 状态量　　　　　　　B. 开关量　　　　　　　C. 模拟量　　　　　　　D. 计算量

44. 馈线自动化包括（　　）几类。　　　　　　　　　　　　　　　　　　（ABCD）

A. 全自动式　　　　　　B. 半自动式　　　　　　C. 重合器式　　　　　　D. 智能分布式

45. 下列（　　）是数据库管理系统的基本功能。　　　　　　　　　　　　（ABCD）

A. 数据库存取　　　　　　　　　　　B. 数据库建立与维护

C. 数据库定义　　　　　　　　　　　D. 数据库与网络中其他应用系统通信

46. 配网系统拓扑分析类应用主要有（　　）。　　　　　　　　　　　　　（ABCD）

A. 网络拓扑分析　　B. 拓扑着色　　　　C. 负载转供　　　　　D. 停电分析

47. 县级调度实现的功能有（　　）。　　　　　　　　　　　　　　　　　（AD）

A. 合理安排运行方式　　　　　　　　B. 无功/电压调整

C. 负责区内遥控、遥调操作　　　　　D. 指挥系统的运行和倒闸操作

第二十章 电 量

一、单项选择题

1.（ ）对电能表数据的准确性影响最大。 （B）

A. 电能表质量　　　B. 电能表精度　　　C. 电能表配置　　　D. 电量采集装置精度

2.《电能量计量系统设计技术规程》中要求厂、站端电能量计量设备的电源应保证不间断供电，交流电源消失后不停电电源维持时间应不小于（ ）。 （B）

A. 15min　　　　　B. 30min　　　　　C. 1h　　　　　D. 2h

3.《电能量计量系统设计技术规程》中要求电能量计量主站端计算机系统，CPU 平均负载率小于等于（ ）（主服务器），网络负载率小于等于（ ）。 （A）

A. 30%，25%　　B. 30%，20%　　C. 30%，30%　　D. 40%，25%

4.《电能量计量系统设计技术规程》中要求电能量计量主站端计算机系统，时钟同步保持时钟误差小于等于（ ）。 （B）

A. ±1ms　　　　　B. ±10ms　　　　　C. ±20ms　　　　　D. ±30ms

5.《电能量计量系统设计技术规程》中要求电能量远方终端应采集应不小于 80 个电能量数据点，积分周期为（ ）时能连续存储 7～10 天的数据。 （A）

A. 1min　　　　　B. 5min　　　　　C. 15min　　　　　D. 30s

6. Web 服务器故障主要影响电能量计量系统的（ ）。 （B）

A. 数据采集失败　　　　　　　　B. 电量信息发布失败

C. 打开报表失败　　　　　　　　D. 工作站查询历史表底值失败

7. Web 系统应用同后台服务模型同步，可以用 EPM3000 系统中的（ ）功能进行设置。 （B）

A. GPRS 服务管理　　B. 系统服务配置　　C. 菜单资源管理　　D. 字典数据同步

8. 采用屏蔽电缆连接时，电能表处理器和电能表之间的连线最长不能超过（ ）m。 （C）

A. 1000　　　　　B. 800　　　　　C. 1200　　　　　D. 1500

9. 查询变电站平衡率，可以用 EPM3000 系统中的（ ）功能进行查询。 （A）

A. 平衡分析　　　B. 平衡分析定义　　C. 总加公式定义　　D. 总加数据录入 50

10. 查询计量点电量和电力积分对比，可以用 EPM3000 系统中的（ ）功能进行查询。 （D）

A. 电量数据查询　　　　　　　　B. 计量点电量查询

C. 计量点电量综合查询　　　　　　D. 计量点电量对比查询

11. 查询数据使用容量大小，可以用 EPM3000 系统中的（ ）功能进行查询。 （C）

A. GPRS 服务管理　　　　　　　　B. 字典维护

C. 数据库设备容量监视　　　　　　D. 字典数据同步

12. 从多功能电能表中读出的数据以（　　）表示。 （C）

A. 8 位二进制数　　　B. 8 位八进制数　　　C. 8 位十进制数　　　D. 8 位十六进制数

13. 当电能表故障时，一般采取（　　）方法进行电量的追补。 （B）

A. 用负载乘时间进行计算　　　　　　　　　B. 用母线进出电量平衡来计算

C. 通过线损软件进行计算　　　　　　　　　D. 利用状态估计软件进行计算

14. 当电能量采集装置与电能表通信中断后，装置内的电量数据（　　）。 （C）

A. 丢失　　　　　　　　　　　　　　　　　B. 此后的数据为零

C. 保持中断前最后采集到的数据　　　　　　D. 不确定

15. 当计量关口主电能表故障时，一般采取（　　）方法进行电量的追补。 （B）

A. 用计量关口的负载在故障时段的积分电量数据进行计算

B. 用计量关口副电能表在故障时段的数据来替代进行计算

C. 通过线损软件进行计算

D. 利用母线进出电量平衡进行计算

16. 电量数据进行补采，可以用 EPM3000 系统中的（　　）功能进行补采。 （A）

A. 数据采集任务　　　B. 数据计算任务　　　C. 数据交换任务　　　D. 数据上传任务

17. 电能表一般采用（　　）与电能量远方终端通信。 （A）

A. RS–485 总线　　　B. RS–232　　　　　C. 无线　　　　　　　D. 网络

18. 电能量采集装置可与远方电能量计量系统主站实现自动对时，对时精度小于（　　）。

（B）

A. 0.2～0.5s/天　　　B. 0.5～1s/天　　　C. 1～1.5s/天　　　D. 1.5～2s/天

19. 电能量采集装置与多功能表的连接方式是（　　）。 （A）

A. 总线连接　　　　　B. 星型连接　　　　C. 环型连接　　　　D. 上述几种复合连接

20. 电能量采集装置与多功能表的通信方式是（　　）。 （B）

A. 全双工　　　　　　B. 半双工　　　　　C. 循环发送　　　　D. 主动上发

21. 电能量的补偿方式分 3 种，其中（　　）是指对换表时间内的电能量给出一个人工估算值。 （A）

A. 按值补偿　　　　　B. 遥测补偿　　　　C. 电能表补偿

22. 电能量的补偿方式分 3 种，其中（　　）是指对换表时间内的电能量用副表的值来代替。 （C）

A. 按值补偿　　　　　B. 遥测补偿　　　　C. 电能表补偿

23. 电能量的补偿方式分 3 种，其中（　　）是指用该设备遥测值在换表时间内的积分值来替代换表时间内的电能量值。 （B）

A. 按值补偿　　　　　B. 遥测补偿　　　　C. 电能表补偿

24. 电能量计量设备盘柜的接地电阻规定不应大于（　　）。 （C）

A. 2Ω　　　　　　　　B. 1Ω　　　　　　　C. 0.5Ω　　　　　　D. 0.3Ω

25. 电能量计量系统（TMR）从电能表采集的原始电量数据是该计量点的（　　）。（B）

A. 一次电量数据　　　B. 二次电量数据　　　C. 功率数据　　　　D. 电流数据

26. 电能量计量系统（TMR）与 SCADA 系统互联，中间应采取（　　）安全措施。

（A）

A. 防火墙　　　　　　　　　　　　　　　　B. 横向安全隔离装置

C. 路由器 D. 直通

27. 电能量计量系统（TMR）与调度管理系统互联，中间应采取（ ）安全措施。 （B）

A. 防火墙 B. 横向安全隔离装置

C. 路由器 D. 直通

28. 电能量计量系统的前置采集进程故障主要影响系统（ ）。 （A）

A. 采集不到数据或数据不准确 B. 通过 Web 页面访问电量系统失败

C. 打开报表失败 D. 工作站查询历史表底值失败

29. 电能量计量系统具有定时召唤和随机召唤两种方式，定时召唤的周期可由用户设定，最小时间间隔可设置为（ ）。 （B）

A. 30s B. 1min C. 5min D. 15min

30. 电能量计量系统浏览发布系统属于安全区（ ）。 （C）

A. Ⅰ B. Ⅱ C. Ⅲ D. Ⅳ

31. 电能量计量系统数据库录入软件，选择（ ）节点后，可修改绕组基本信息、TA 和 TV 变比信息，查看历史变比信息等。 （C）

A. 厂站树 B. 变压器树 C. 绕组树 D. 设备树

32. 电能量计量系统与上下级电能量计量系统互连，中间应采取（ ）安全措施，获取上下级系统公司直调厂站关口的电能量数据。 （C）

A. 防火墙 B. 横向安全隔离装置

C. 纵向加密认证 D. 直通

33. 电能量计量系统在电力二次系统安全防护体系中属于安全区（ ），浏览发布系统属于安全区（ ）。 （C）

A. Ⅱ，Ⅳ B. Ⅰ，Ⅲ C. Ⅱ，Ⅲ D. Ⅰ，Ⅳ

34. 电能量计量系统在电力二次系统安全防护体系中属于安全区（ ）。 （B）

A. Ⅰ B. Ⅱ C. Ⅲ D. Ⅳ

35. 电能量计量系统中，（ ）不是电能量补偿方式。 （C）

A. 遥测补偿 B. 按值补偿 C. 按量补偿 D. 电能表补偿

36. 电能量计量系统中，（ ）主要用于采集电量数据并进行预处理。 （C）

A. 数据库服务器 B. 应用服务器 C. 数据采集服务器 D. 接口服务器

37. 电能量计量系统中，（ ）主要用于电量信息发布。 （C）

A. 数据库服务器 B. 应用服务器 C. Web 服务器 D. 接口服务器

38. 电能量计量系统中，（ ）主要用于运行系统主数据库管理系统，提供信息存储、统计和数据查询功能。 （A）

A. 数据库服务器 B. 应用服务器 C. 数据采集服务器 D. 接口服务器

39. 电能量计量系统中，（ ）主要用于运行应用软件，完成数据处理、统计、计算、考核等功能。 （B）

A. 数据库服务器 B. 应用服务器 C. 数据采集服务器 D. 接口服务器

40. 电能量计量系统主站数据采集模块中的数据收集模块除（ ）有关的电能量数据外，还对系统的状态进行监控，包括通道状态监视、电能表状态监视，并发出告警信息，告警信息记录到数据库，以便查询。 （C）

A. 传输　　　　　B. 访问　　　　　C. 采集　　　　　D. 监视

41. 电能量计量主站系统一般采用以下（　　）通信规约与电能量远方终端进行数据通信。　（B）

A. DL/T 634.5101—2002　　　　　B. IEC 102 规约

C. DL/T 667—1999　　　　　D. DL/T 634.5104—2002

42. 电能量数据采集需要确保电能量数据的（　　）和（　　）。　（B）

A. 完整性，及时性　　　　　B. 完整性，准确性

C. 准确性，及时性　　　　　D. 完整性，精确性

43. 若电能量数据采集专线通道双方距离超过（　　）仍然需要采用此种方式，则必须在通道的两侧加上驱动器。　（B）

A. 20m　　　　　B. 30m　　　　　C. 40m　　　　　D. 50m

44. 电能量系统对采集数据检测到非法数据时，可以（　　）。　（A）

A. 告警　　　　　B. 自动删除　　　　　C. 不采集　　　　　D. 不做处理

45. 电能量信息的发布主要是在Ⅲ区进行，将Ⅱ区采集到的电量数据通过（　　）送入Ⅲ区 Web 服务器，并进行电量数据的发布。　（B）

A. 应用服务器　　　B. 网关服务器　　　C. 数据库服务器　　　D. 采集服务器

46. 电能量远方终端从电能表中采集到的电能量数据是（　　）。　（B）

A. 脉冲总累计值　　　　　B. 电能表二次值

C. 5 分钟电量累计值　　　　　D. 5 分钟脉冲累计值

47. 电能量远方终端的电能量数据一般分 4 组进行储存，正确选择为（　　）。　（B）

A. 遥测、遥信、遥控、电能量　　　　　B. 总电能量、费率电能量、瞬时量、需量

C. 电流、电压、功率、功率因数　　　　　D. 以上全不对

48. 电能量远方终端对每只电能表进行数据采集是采用（　　）方式。　（C）

A. 电能表有变化数据时向电能量远方终端发送数据

B. 主站端进行数据召唤时，读取电能表中的数据

C. 电能量远方终端负责逐个查询、读取电能表中的数据

D. 电能表定时向电能量远方终端发送数据

49. 电能量远方终端每个 RS-485 端口原则上可以接（　　）只数字电能表。　（D）

A. 36　　　　　B. 128　　　　　C. 64　　　　　D. 32

50. 电能质量的两个主要指标是（　　）。　（A）

A. 电压偏移和频率偏移　　　　　B. 电流偏移和电压偏移

C. 电流偏移和频率偏移　　　　　D. 电压偏离和功率损耗

51. 定义和修改总加公式内容，可以用 EPM3000 系统中的（　　）功能进行定义。（C）

A. 总加电量查询　　　　　B. 总加电量综合查询

C. 总加公式定义　　　　　D. 总加数据录入

52. 峰平谷电能量统计功能检查，主要是检查（　　）。　（A）

A. 时段设置是否正常　　　　　B. 统计时间问题

C. 统计准确率问题　　　　　D. 数据库中的计算时标的走动是否准确

53. 给各个角色或用户配置功能菜单，可以用 EPM3000 系统中的（　　）功能进行配置。

（C）

A. GPRS 服务管理　　B. 字典维护　　　　　C. 菜单资源管理　　　D. 字典数据同步

54. 计量点电量数据重新计算，可以用 EPM3000 系统中的（　　）功能进行计算。（B）

A. 数据采集任务　　B. 数据计算任务　　　C. 数据交换任务　　　D. 数据上传任务

55. 两个数据采集服务负载均衡调整，可以用 EPM3000 系统中的（　　）功能进行调整。

（B）

A. GPRS 服务管理　　B. 负载均衡　　　　　C. 菜单资源管理　　　D. 字典数据同步

56. 没有进行采集的变电站或电厂可以进行电量数据录入并调用查询，可以用 EPM3000 系统中的（　　）功能进行录入。　　　　　　　　　　　　　　　　　　　　　　（D）

A. 总加电量查询　　　　　　　　　　B. 总加电量综合查询

C. 总加公式定义　　　　　　　　　　D. 总加数据录入

57. 模型数据进行 Ⅱ、Ⅲ 区同步，可以用 EPM3000 系统中的（　　）功能进行同步。

（D）

A. 数据采集任务　　B. 数据计算任务　　　C. 数据交换任务　　　D. 字典数据同步

58. 某 220kV 线路电流互感器（TA）、电压互感器（TV）变比分别为 600A/5A 和 220kV/100V，电能表上月和本月正向有功电量抄表数分别为 10kW·h 和 20kW·h，该线路本月共输出（　　）电量。　　　　　　　　　　　　　　　　　　　　　　　　　　　　　　（B）

A. 200 万 kW·h　　B. 264 万 kW·h　　C. 457 万 kW·h　　D. 152 万 kW·h

59. 某条线路因工作停电，恢复运行后，显示的功率值和电流值均为线路实际负载的一半，其原因可能是（　　）。　　　　　　　　　　　　　　　　　　　　　　　　　　　（C）

A. 电压互感器（TV）电压失相

B. 电压互感器更换，线路的二次电压互感器（TV）电压比增大一倍

C. 电流互感器更换，线路的二次电流互感器（TA）电流比增大一倍

D. 电流互感器更换，线路的二次电流互感器（TA）电流比减小一倍

60. 某一次间隔对应的正向电能表的电压互感器电压比为 110kV/100V，电流互感器电流比为 600/5，则该设备的电量倍率参数为（　　）。　　　　　　　　　　　　　　　　（C）

A. 114 300　　　　　B. 66 000　　　　　　C. 132 000　　　　　　D. 55 000

61. 目前电力系统电能计量宜采用的传输规约为（　　）。　　　　　　　　　　　（A）

A. IEC 60870-5-102 规约　　　　　　B. IEC 60870-5-104 规约

C. IEC 60870-5-103 规约　　　　　　D. IEC 60870-5-101 规约

62. 三相四线有功电能表，若有两相电流接反，发现时电表示数为-600kW·h，如三相负载平衡，则实际耗电量为（　　）。　　　　　　　　　　　　　　　　　　　　　　（C）

A. 600kW·h　　　　B. 1200kW·h　　　　C. 1800kW·h　　　　D. 2400kW·h

63. 三相四线制接线时，电压互感器断掉一相，电能表计量数据比正常数据少（　　）。

（C）

A. 0　　　　　　　　B. 42 006　　　　　　C. 1/3　　　　　　　　D. 1 月 4 日

64. 省地关口电能表计精度要求（　　）。　　　　　　　　　　　　　　　　　（B）

A. 0.1 级　　　　　B. 0.2 级　　　　　　C. 0.5 级　　　　　　D. 1.0 级

65. 省公司数据内容定义，可以用 EPM3000 系统中的（　　）功能进行定义。（B）

A. 生产早会电量上报　　　　　　　　B. 上报信息定义

C. OMS 服务器信息管理　　　　　　D. 上传数据定义

66. 数据库服务器故障主要影响电能量计量系统的（　　）。　　　　　　　　（D）

　　A. 数据采集失败　　　　　　　　　　　B. 电量信息发布失败

　　C. 统计、计算、考核等功能失效　　　　D. 存储、数据查询功能失效

67. 物理隔离装置故障主要影响电能量计量系统的（　　）。　　　　　　　　（B）

　　A. 数据采集失败　　　　　　　　　　　B. 通过 Web 页面访问电量系统失败

　　C. 打开报表失败　　　　　　　　　　　D. 工作站查询历史表底值失败

68. 系统中一些常量的设置，可以用 EPM3000 系统中的（　　）功能进行设置。　（B）

　　A. GPRS 服务管理　　B. 字典维护　　　C. 菜单资源管理　　　D. 字典数据同步

69. 想要查询累计电量和统计电量，可以用 EPM3000 系统中的（　　）功能进行查询。

　　　　　　　　　　　　　　　　　　　　　　　　　　　　　　　　　　　（C）

　　A. 电量数据查询　　　　　　　　　　　B. 计量点电量查询

　　C. 计量点电量综合查询　　　　　　　　D. 计量点电量对比查询

70. 新一代电能量计量系统采用的基于 J2EE 的三层体系结构中处于核心地位的是（　　）。

　　　　　　　　　　　　　　　　　　　　　　　　　　　　　　　　　　　（B）

　　A. 客户层　　　　　　　B. 服务层　　　　　C. 数据层　　　　　　D. 链路层

71. 一般采取（　　）方法进行故障关口表电量的追补。　　　　　　　　　　（A）

　　A. 用计量关口副电能表在故障时段的数据来替代进行计算

　　B. 通过线损软件进行计算

　　C. 利用母线进出电量平衡进行计算

　　D. 用计量关口的负载在故障时段的积分电量数据进行计算

72. 应用服务器故障主要影响电能量计量系统的（　　）。　　　　　　　　　（C）

　　A. 数据采集失败　　　　　　　　　　　B. 电量信息发布失败

　　C. 统计、计算、考核等功能失效　　　　D. 存储、数据查询功能失效

73. 在图表同列视图下查看某一路电量的曲线时，下列正确的操作是（　　）。　（A）

　　A. 点击相应的项目名称　　　　　　　　B. 点击图形显示区

　　C. 点击窗口空白区　　　　　　　　　　D. 点击显示方式按钮

74. 主、副电能表应安装在（　　）。　　　　　　　　　　　　　　　　　　（A）

　　A. 相同计量点　　　B. 不同计量点　　　C. 相同测量点　　　D. 不同测量点

75. 作为厂网之间电量结算用的关口电能表，其精度通常为（　　）。　　　　（B）

　　A. 0.2　　　　　　　　B. 0.2S　　　　　　C. 0.1　　　　　　　D. 0.05

二、多项选择题

1. （　　）情况下电能量设备允许退出运行。　　　　　　　　　　　　　　（ABD）

　　A. 设备定期检修　　　　　　　　　　　B. 设备异常需检查修理

　　C. 因其他设备检修使电能量设备停运的　D. 其他特殊情况

2. 《电能量计量系统设计技术规程》中电能量计量装置主要由（　　）及它们之间的连接

装置组成。　　　　　　　　　　　　　　　　　　　　　　　　　　　　　　（ABC）

　　A. 电能量表计　　　　B. 电流互感器　　　C. 电压互感器　　　D. 电能量远方终端

3. EPM3000 系统的 Web 界面包括的功能模块有（　　）。　　　　　　　　（ABCD）

A. CIM 模型　　　　　B. 采集模型　　　　C. 系统管理　　　　D. 数据查询

4. EPM3000 系统可以采集（　　）。　　　　　　　　　　　　　　　　　（ABC）

A. 电量　　　　　　　B. 需量　　　　　　C. 瞬时量　　　　　D. 恒量常数

5. EPM3000 系统目前主要应用于（　　）。　　　　　　　　　　　　　（ABCD）

A. 电厂　　　　　　　B. 地市局　　　　　C. 总有功功率　　　D. 功率因数

6. EPM3000 系统与其他系统进行数据接口的方式有（　　）。　　　　　（ABC）

A. E 语言文本数据交互　　　　　　　　B. 数据库直接访问

C. 数据传参　　　　　　　　　　　　　D. 普通文件访问

7. EPM3000 系统中包括的网络安全设备有（　　）。　　　　　　　　　（ABC）

A. 防火墙　　　　　　B. 正向隔离　　　　C. 反向隔离　　　　D. 纵向加密

8. EPM3000 系统中报表管理包括的功能模块有（　　）。　　　　　　　（AB）

A. 自定义报表　　　　B. 报表模板下载　　C. 总加报表　　　　D. 计量点报表

9. EPM3000 系统中采集装置的厂家有（　　）。　　　　　　　　　　　（ABCD）

A. 易讯　　　　　　　B. 计算所　　　　　C. 华瑞杰　　　　　D. 东方电子

10. EPM3000 系统中档案管理包括的功能模块有（　　）。　　　　　　　（ABCD）

A. CIM 模型　　　　　B. 采集模型　　　　C. 费率方案管理　　D. 系统服务配置

11. EPM3000 系统中电量数据采集中包括（　　）。　　　　　　　　　　（ABCD）

A. 正向有功　　　　　B. 正向无功　　　　C. 反向有功　　　　D. 反向无功

12. EPM3000 系统中告警信息包括的功能模块有（　　）。　　　　　　　（BC）

A. 采集告警　　　　　B. 系统工况图　　　C. 采集装置工况　　D. 系统告警

13. EPM3000 系统中隔离设备厂家有（　　）。　　　　　　　　　　　　（AC）

A. 科东　　　　　　　B. 华瑞杰　　　　　C. 南瑞　　　　　　D. 太平洋

14. EPM3000 系统中平台任务包括的功能模块有（　　）。　　　　　　　（ABCD）

A. 数据采集任务　　　B. 数据计算任务　　C. 总加计算任务　　D. 计量点计算任务

15. EPM3000 系统中上报省公司包括的功能模块有（　　）。　　　　　　（ABC）

A. OMS 服务器信息管理　　　　　　　　B. 生产早会电量上报

C. 上报信息定义　　　　　　　　　　　D. 上报告警

16. EPM3000 系统中时钟同步方式包括（　　）。　　　　　　　　　　　（AB）

A. 串口方式　　　　　B. 网络方式　　　　C. 无线方式　　　　D. I/O 方式

17. EPM3000 系统中数据查询包括的功能模块有（　　）。　　　　　　　（ABCD）

A. 电量数据查询　　　　　　　　　　　B. 计量点电量查询

C. 总加电量查询　　　　　　　　　　　D. 计量点电量对比查询

18. EPM3000 系统中数据分析包括的功能模块有（　　）。　　　　　　　（ABCD）

A. 总加公式定义　　　B. 中加公式录入　　C. 平衡分析　　　　D. 平衡分析（详）

19. EPM3000 系统中数据核对的功能有（　　）。　　　　　　　　　　　（AB）

A. 平衡分析　　　　　B. 积分对比　　　　C. 数据核对　　　　D. 变比核对

20. EPM3000 系统中数据统计分析的方式有（　　）。　　　　　　　　　（ABC）

A. 数据曲线　　　　　B. 数据报表　　　　C. 平衡分析　　　　D. 负载预测

21. EPM3000 系统中瞬时量数据采集中包括（　　）。　　　　　　　　　（ABCD）

A. A 相电压　　　　　B. B 相电流　　　　C. 总有功功率　　　D. 功率因数

22. EPM3000 系统中台账信息包括的功能模块有（　　）。　　　　　　　　　　（ABCD）

A. 终端台账　　　　　B. 采集量台账　　　C. 表计台账　　　　D. 计量点台账

23. EPM3000 系统中系统管理包括的功能模块有（　　）。　　　　　　　　　　（ABCD）

A. 组织机构管理　　　B. 角色管理　　　　C. 人员管理　　　　D. 菜单资源管理

24. EPM3000 系统中业务管理包括的功能模块有（　　）。　　　　　　　　　　（ABCD）

A. 变比更换　　　　　B. 设备投停　　　　C. 旁路代供　　　　D. 数据修补

25. EPM3000 系统中远程服务包括的功能模块有（　　）。　　　　　　　　　　（AB）

A. 终端采集进度设置　　　　　　　　　B. 负载均衡

C. 终端监视　　　　　　　　　　　　　D. 通道监视

26. EPM3000 系统中主站侧同采集终端的通信支持 IEC–102 标准协议，其中支持（　　）。

（ABCD）

A. 计算所协议　　　B. 华瑞杰协议　　　C. 煜邦协议　　　　D. 易讯协议

27. EPM3000 系统中主站侧同采集终端的通信支持（　　）。　　　　　　　　　　（AB）

A. IEC–102 规约　　B. IEC–104 规约　　C. IEC–103 规约　　D. IEC–105 规约

28. EPM3000 系统中主站侧同采集终端的通信支持（　　）。　　　　　　　　　　（ABC）

A. 拨号方式　　　　　　　　　　　　　B. GPRS 无线通信方式

C. 以太网通信方式　　　　　　　　　　D. 串口通信方式

29. EPM3000 系统主要应用的开发语言有（　　）。　　　　　　　　　　　　　　（AB）

A. Java　　　　　　　B. C　　　　　　　C. Python　　　　　D. Ruby

30. EPM3000 系统主要应用于（　　）。　　　　　　　　　　　　　　　　　　　（ABC）

A. AIX 系统　　　　　B. Linux 系统　　　C. Windows 系统　　D. IOS 系统

31. 报表工作站调用电量报表失败，可能的原因有（　　）。　　　　　　　　　　（ABCD）

A. 网络问题　　　　　　　　　　　　　B. 磁盘的剩余存储空间不满足要求

C. 工作站报表进程缺失　　　　　　　　D. 报表服务器故障

32. 从电能表中可以读取的数据有（　　）。　　　　　　　　　　　　　　　　　（BCD）

A. 当前总有功电量　　　　　　　　　　B. 当前反向高峰无功电量

C. 上月正向最大总有功需量　　　　　　D. 当前电能表运行状态

33. 从多功能电能表中可以读出当前的（　　）数值。　　　　　　　　　　　　　（ABCD）

A. 有功功率　　　　　B. 无功功率　　　　C. 电压　　　　　　D. 电流

34. 当电能量采集装置电源失电再恢复供电后对（　　）数据可能有影响。　　　　（ABC）

A. 电能表窗口值　　　B. 5min 电量数据　　C. 旁路替代　　　　D. 都不影响

35. 当前，我省电量计费系统采集的数据的积分周期分别为（　　）。　　　　　　（CD）

A. 1min　　　　　　　B. 30min　　　　　C. 15min　　　　　D. 5min

36. 电能表按其工作原理可分为（　　）电能表。　　　　　　　　　　　　　　　（AC）

A. 电气机械式　　　　B. 感应式　　　　　C. 电子式　　　　　D. 机电一体化

37. 电能表按照结构原理可分为（　　）电能表。　　　　　　　　　　　　　　　（ABD）

A. 感应式　　　　　　B. 全电子式　　　　C. 全智能式　　　　D. 机电一体化

38. 电能表中的数据一般有（　　）。　　　　　　　　　　　　　　　　　　　　（ABC）

A. 负载曲线　　　　　B. 表底值　　　　　C. 重要事件信息　　D. 一次电量值

39. 电能计量装置用的互感器有（　　）。　　　　　　　　　　　　　　　　　　（ABDE）

A. 三相电压互感器　　　　　　　　　B. 电流互感器

C. 多抽头式电流、电压互感器　　　　D. 综合式电压、电流互感器

E. 高压表用电流/电压组合式传感器

40. 电能量采集的方式可以是（　　　）。　　　　　　　　　　　　（ABCD）

A. 周期采集　　　　　　　　　　　　B. 人工随时召唤采集

C. 自动数据补抄　　　　　　　　　　D. 重抄

41. 电能量采集系统网络采集主要参数包括（　　　）。　　　　　　（ABCD）

A. 通道类型　　　　B. 所属规约　　　　C. IP 地址　　　　D. 端口号

42. 电能量采集终端通常采用（　　　）等表计规约与电能表进行数据交换。　（AB）

A. DL/T 645　　　　B. IEC 61107　　　　C. IEC 870–5–102　　　D. DL/T 719—2000

43. 电能量计费系统的性能指标包含（　　　）。　　　　　　　　（ABCDE）

A. 系统的开放性　　　B. 系统容量　　　　C. 系统定额可靠性

D. 系统的可用性　　　E. 系统的容错性

44. 电能量计费系统横向网络边界的安全防护措施是（　　　）。　　　（BDE）

A. 对外通信网关必须通过具备逻辑隔离功能的接入交换机接入

B. 对内网关必须通过具备逻辑隔离功能的区内交换机接入（若交换机不具备逻辑隔离功能时，建议部署硬件防火墙），实现同区内不同系统间的逻辑隔离

C. 部署 IP 认证加密装置

D. 与安全区Ⅰ之间必须部署硬件防火墙（经有关部门认定核准），作为安全区Ⅰ、Ⅱ之间的逻辑隔离

E. 与安全区Ⅲ之间必须部署专用安全隔离装置（正向型和反向型两种），作为安全区Ⅱ、Ⅲ之间的物理隔离

45. 电能量计量采集终端多采用双存储介质热备用方式保存数据，存储介质多数采用稳定性和存储速度良好的工业级（　　　）。　　　　　　　　　　（ABCD）

A. DOC　　　　　　B. DOM　　　　　　C. CF 卡　　　　　　D. SD 卡

46. 电能量计量采集终端与电能表可采用（　　　）方式连接。　　　（ABCD）

A. RS–232　　　　　B. RS–422/485　　　C. CS 电流环　　　　D. 脉冲接点

47. 电能量计量系统（TMR）一般由（　　　）部分组成。　　　　　（ABCD）

A. 拨号、网络、专线通道　　　　　　B. 电能量远方终端

C. 电能计量装置　　　　　　　　　　D. 主站系统

48. 电能量计量系统（TMR）中数据库备份一般可采用（　　　）。　　　（AC）

A. 数据库完全备份　　B. 数据库实时备份　　C. 数据库增量备份　　D. 数据库变化备份

49. 电能量计量系统的服务层在整个体系机构中处于核心地位，可分（　　　）层。（BD）

A. 公共逻辑层　　　　B. 业务逻辑层　　　　C. 业务服务层　　　　D. 公共服务层

50. 电能量计量系统的基本功能包括（　　　）。　　　　　　　　（ABCDE）

A. 数据采集、处理、存储　　　　　　B. 历史数据查询

C. 报表生成　　　　　　　　　　　　D. 基本维护

E. 系统安全

51. 电能量计量系统的接地包括（　　　）。　　　　　　　　　　（ABCD）

A. 直流地　　　　　　B. 安全保护地　　　C. 交流工作地　　　　D. 防雷保护地

52. 电能量计量系统的前台手工数据处理流程主要包括（　　）和手工设置时间流程。
（ABCDE）

A. 增量数据处理流程　　　　　　　　　　B. 时间处理流程

C. 底码数据处理流程　　　　　　　　　　D. 事件数据处理流程

E. 遥测数据处理流程

53. 电能量计量系统的前台自动数据处理主要包括（　　）和自动设置时间处理。
（ABCDE）

A. 自动采集增量数据处理　　　　　　　　B. 自动采集时间处理

C. 自动采集底码数据处理　　　　　　　　D. 自动采集事件数据处理

E. 自动采集遥测数据处理

54. 电能量计量系统的数据处理流程主要包括（　　）流程。　　（ABCDE）

A. 前台自动数据处理　　　　　　　　　　B. 前台手工数据处理

C. 后台手工数据处理　　　　　　　　　　D. 后台自动数据处理

E. 常见系统互联的数据处理

55. 电能量计量系统的系统生成包括（　　）。　　　　　　　（ABCD）

A. 电网参数录入　　　B. 采集参数录入　　　C. 电能表类型录入　　　D. 时段录入

56. 电能量计量系统电能量修补的原则是（　　）。　　　　　　　（AC）

A. 不能修改原始值　　　B. 可以修改原始值　　　C. 只能修改工程值　　　D. 不能更改工程值

57. 电能量计量系统电网参数包括（　　）。　　　　　　　　　（BD）

A. 数据模型　　　B. 厂站模型　　　C. 断路器模型　　　D. 线路模型

58. 电能量计量系统对采集数据的有效性进行校验，包括（　　）。　（ABCDE）

A. 限值校验　　　　　　　　　　　　　　B. 平滑性校验

C. 主校表校验　　　　　　　　　　　　　D. EMS 功率积分值校验

E. 线路对端电表校验

59. 电能量计量系统故障分为（　　）。　　　　　　　　　　　（ABCD）

A. 应用程序故障　　　　　　　　　　　　B. 数据库故障和安全区传输故障

C. 硬件故障、操作系统故障　　　　　　　D. 网络通信故障

60. 电能量计量系统后台手工处理包括更换电能表数据处理、重处理数据处理、（　　）。
（ABCDE）

A. 副表替代数据处理　　　　　　　　　　B. 线路对端电能表替代数据处理

C. 增量数据修改处理　　　　　　　　　　D. 旁路代数据替代处理

E. 更换 TA/TV 数据处理

61. 电能量计量系统后台自动处理包括计算量自动处理、（　　）。　（ABCDE）

A. 统计量自动处理　　　　　　　　　　　B. 自动旁路代数据处理

C. 计算量临时计算自动处理　　　　　　　D. 统计量临时计算自动处理

E. 数据校验自动处理

62. 电能量计量系统可修改的数据分为（　　）。　　　　　　　（AC）

A. 权限参数修改　　　　　　　　　　　　B. 采集参数修改

C. 系统维护参数修改　　　　　　　　　　D. 电网参数修改

63. 电能量计量系统权限参数包括（　　）。　　　　　　　　（ABCDE）

A. 数据权限　　　　　B. 计算数据权限　　　C. 报表数据权限

D. 用户功能权限　　　E. 用户角色权限

64. 电能量计量系统数据包括（　　）等类型。　　　　　　　　　　　（ABCD）

A. 正、反向有功无功表底值　　　　　B. 负载曲线

C. 冻结值　　　　　　　　　　　　　D. 表计状态信息

65. 电能量计量系统数据采集部分的功能有（　　）。　　　　　　　　（ABD）

A. 数据追补　　　　B. 时间设置　　　C. 电量追补　　　D. 事件追补

66. 电能量计量系统数据采集故障的排查内容有（　　）。　　　　　　（ABC）

A. 排查通道故障　　　　　　　　　　B. 排查前置后台的故障

C. 排查采集进程故障　　　　　　　　D. 排查系统进程故障

67. 电能量计量系统数据采集故障原因有（　　）。　　　　　　　　　（ABCD）

A. 前置系统后台故障发生的原因　　　B. 操作引起的故障原因

C. 数据故障产生的原因　　　　　　　D. 通信故障产生的原因

68. 电能量计量系统数据库备份可以分为（　　）。　　　　　　　　　（AC）

A. 热备份　　　　　　　　　　　　　B. 数据库关闭时备份

C. 冷备份　　　　　　　　　　　　　D. 数据库打开时备份

69. 电能量计量系统数据库表一般分为（　　）。　　　　　　　　　　（ACD）

A. 系统维护表　　　　　　　　　　　B. 数据库表

C. 历史数据统计表　　　　　　　　　D. 电网模型结构表

70. 电能量计量系统数据库中，电网结构表主要包括（　　）。　　　　（ABCDE）

A. 厂站表　　　　B. 交流线路表　　　C. 电能量表

D. 断路器表　　　E. 四象限无功表

71. 电能量计量系统数据库中主体的采集参数包括（　　）。　　　　　（CD）

A. 采集参数　　　　　　　　　　　　B. 采集相关配置参数

C. 厂站端服务器参数　　　　　　　　D. 厂站计量单元参数

72. 电能量计量系统数据应用合理性检查主要指（　　）、主变压器及配线功率因数超下限、旁路表走字，同时可能旁路代的线路等。　　　　　　　　　　　　（ABCDE）

A. 电量越上限　　　B. 功率因数越下限　　C. 母线不平衡率

D. 主变压器变损率　　E. 线路线损

73. 电能量计量系统网络通信故障包括（　　）。　　　　　　　　　　（ABCD）

A. 网卡故障　　　B. 交换机故障　　　C. 采集通道故障　　D. 网线故障

74. 电能量计量系统维护参数包括（　　）。　　　　　　　　　　　　（ABD）

A. 更换电能表　　　B. TA/TV 更换　　　C. 采集系数更换　　D. 数据补偿

75. 电能量计量系统限值判断主要指（　　）等。　　　　　　　　　　（ABC）

A. 数据采集合理性检查　　　　　B. 缺数检查　　　　C. 奇异数检查

76. 电能量计量系统应用软件的功能包括（　　）。　　　　　　　　　（ABCD）

A. 数据采集　　　B. 系统生成　　　C. 日常维护　　　D. 权限管理

77. 电能量计量系统是由（　　）组成的系统。　　　　　　　　　　　（ABCD）

A. 电能量计量表计　　　　　　　　B. 电能量远方终端（或传送装置）

C. 信息通道　　　D. 主站端计算机　　　E. 前置机

78. 电能量计量系统中，存储的数据类型包括（　　）。　　　　　　　　　　　（ABCD）

A. 负载曲线　　　　　B. 记账数据　　　　　C. 随机事件　　　　　D. 统计数据

79. 电能量计量系统中，报表功能包括（　　）。　　　　　　　　　　　　　　（ABC）

A. 调度生产日报

B. 关口电能量日、月统计报表

C. 输电线路、变电站损耗日、月统计报表

D. 调度生产月报

80. 电能量计量系统中，电量数据处理包括（　　）。　　　　　　　　　　　（ABCD）

A. 按峰、平、谷统计电能量　　　　　B. 分时段统计电能量

C. 按日、月、年统计电能量　　　　　D. 旁路代处理以及其他的分析计算

81. 电能量计量系统中，电能量补偿分（　　）方式。　　　　　　　　　　　（ABD）

A. 遥测补偿　　　　　B. 按值补偿　　　　　C. 按量补偿　　　　　D. 电能表补偿

82. 电能量计量系统中，多个变电站电量数据采集失败可能的原因有（　　）。　（ABD）

A. 数据采集服务器故障　　　　　　　B. 数据网通道故障

C. 电量采集终端故障　　　　　　　　D. 数据采集进程丢失

83. 电能量计量系统主站查询不到厂站某一线路的表底值，而其他线路可正常查询，可能的原因有（　　）。　　　　　　　　　　　　　　　　　　　　　　　　　（BC）

A. 该厂站电量采集终端故障　　　　　B. 该线路电能表故障

C. 采集终端与电能表的通信线故障　　D. 厂站数据传输通道故障

84. 电能量计量系统主站端计算机系统硬件配置包括（　　）、系统维护工作站、网关服务器、网络（主站网络采用交换拓扑）、辅助设备（系统同时配置激光打印机、全球定位系统 GPS时钟、可读写光盘驱动器）等。　　　　　　　　　　　　　　　　　　　　　（ABC）

A. 前置部分（由前置机、终端服务器、调制解调器（Modem 柜）和数据通信机构成）

B. 数据库服务器

C. Web 服务器

D. 报表工具

E. 数据处理服务

85. 电能量计量系统主站发现某厂站电量不平衡，而该厂站 SCADA 系统功率平衡，可能原因是（　　）。　　　　　　　　　　　　　　　　　　　　　　　　　　（ABCD）

A. 平衡计算公式计算错误　　　　　　B. 线路 TA、TV 参数录入错误

C. 二次回路异常　　　　　　　　　　D. 电能表故障

86. 电能量计量系统主站数据追补失败，可能的原因是（　　）。　　　　　　（ABCD）

A. 通道故障　　　　　　　　　　　　B. 电能量远方终端故障

C. 采集时间超过了采集终端的存储时限　D. 追补类型不符合终端存储类型

87. 电能量计量系统主站系统应能够通过系统和信息安全保护措施（如防火墙、移动代理、入侵检测等）及数据终端服务器与（　　）系统连接。　　　　　　　　　　　（ABCD）

A. OMS 网/电力广域数据网　　　　　B. 上级和下级电能量计量系统

C. SCADA/EMS　　　　　　　　　　D. 电力市场技术支持系统

E. DTS

88. 电能量计量系统主站显示某一变电站电量采集失败，可能原因是（　　）。　（AB）

A. 通道故障 　　　　　　　　　　　　B. 电能量远方终端故障

C. 电能表故障 　　　　　　　　　　　D. 主站电量服务器故障

89. 电能量计量系统主站支持多数据源替代功能，包括（　　）。　　　　　（ABCD）

A. 主备表的替代 　　B. 线路对端替代 　　C. EMS 功率积分替代 　D. 互联数据替代

90. 电能量计量终端具有同时与多个主站通信的功能，通信协议可采用（　　）。　（BC）

A. 104 规约 　　　　　B. 102 规约 　　　　C. DL/T 719 　　　　　　D. 101 规约

91. 电能量数据采集故障现象有（　　）。　　　　　　　　　　　　　　　（ABCD）

A. 通道超时或无法建立链接的通信故障

B. 采集数据间隔，数据错误、间隔错误的数据故障

C. 数据采集正常，但无法处理、正确入库的后台故障

D. 由于操作原因引起的数据无法采集的故障

92. 电能量数据采集通道主要分为（　　）类型。　　　　　　　　　　　　（ABCE）

A. 专线通道 　　　　B. 网络通道 　　　　C. 拨号通道

D. 载波通道 　　　　E. GPRS 无线数据传输

93. 电能量数据采集需要确保电能量数据的（　　）。　　　　　　　　　　　（AC）

A. 完整性 　　　　　B. 实时性 　　　　　C. 准确性 　　　　　D. 可靠性

94. 电能量数据的完整性和准确性是实现（　　）的保证。　　　　　　　　　（ACD）

A. 电费结算 　　　　B. 电量计算 　　　　C. 辅助费用结算 　　D. 网损计算

95. 电能量系统工作站安装的软件包括（　　）。　　　　　　　　　　　　（ABCDE）

A. 操作系统 　　　　　　　　　　　　　B. 数据库客户端软件

C. 系统检测客户端软件 　　　　　　　　D. 电能量计量应用软件

E. 报表客户端软件

96. 电能量远方终端（ERTU）能够采集的电能量信息有（　　）。　　　　　（ABC）

A. 正向有功电能量 　　　　　　　　　　B. 反向有功电能量

C. 正向无功电能量 　　　　　　　　　　D. 电压

97. 电能量远方终端采集不到电能表内的数据量，可能由（　　）造成。　　（ABCD）

A. 表地址输入不对 　　B. 信号线接错 　　C. 信号线断

D. 电能表故障 　　　　E. 电能表输入回路故障

98. 电能量远方终端的电能量数据一般分 4 组进行储存，即（　　）。　　　（ABCD）

A. 总电能量 　　　　B. 费率电能量 　　　C. 瞬时量（实时遥测）　D. 需量

　99. 电能量远方终端与电能表要正常通信，必须提供的电能表参数是（　　）和有关通信

参数。　　　　　　　　　　　　　　　　　　　　　　　　　　　　　　　　（BC）

　　A. 表型号 　　　　　B. 表地址 　　　　　C. 密码 　　　　　　　D. 表厂家

　100. 电能量远方终端与电能量计量系统（TMR）的通信方式常用的有（　　）以及 GPRS/

CDMA 无线等方式。　　　　　　　　　　　　　　　　　　　　　　　　　　（ABCD）

　　A. 电话拨号 　　　　B. 网络 　　　　　　C. 模拟专线 　　　　D. 数字专线

　101. 电能量主站管理系统是指能够实现对远方数据进行（　　）的系统。　　（ABCD）

A. 自动采集 　　　　B. 分时存储 　　　　C. 统计 　　　　　　D. 分析

　102. 更换电能表前，运行人员需记录（　　）。　　　　　　　　　　　　　（ABCD）

A. 电能表时间 　　　　　　　　　　　　B. 电能表更换前读数

C. 被换上的电能表读数　　　　　　　　D. 更换电能表时的负载

103. 计费系统中采用的支持网络方式的通信规约是（　　）。　　　　　　（BC）

A. SCTM　　　　　　B. DL/T 719—2000　　C. IEC 870–5–102　　D. DNP 3.0

104. 计量系统应具有计量属性，数据精确、完整、可靠、及时、保密，以保证电能量信息的（　　）。　　　　　　　　　　　　　　　　　　　　　　　　　　　　　　　　　（AB）

A. 唯一性　　　　　B. 可信度　　　　　C. 准确性

D. 一致性　　　　　E. 可靠性

105. 交流感应式电能表按接线分类为（　　）。　　　　　　　　　　　　（ABC）

A. 单相两线交流感应式电能表　　　　　B. 三相三线有功、无功交流感应式电能表

C. 三相四线有功、无功交流感应式电能表

106. 通过 Web 页面访问电量系统故障可能的原因是（　　）。　　　　　　（ABCD）

A. 网络故障　　　　　　　　　　　　　B. 物理隔离装置故障

C. Web 服务器故障　　　　　　　　　　D. 非法访问权限

107. 通过电量系统工作站无法完成电能量信息存储及历史数据查询，可能的原因有（　　）。　　　　　　　　　　　　　　　　　　　　　　　　　　　　　　　　　　　（ABC）

A. 磁盘阵列故障　　B. 数据库服务器　　C. 网络设备故障　　D. 采集服务器故障

108. 线路进行旁路替代前，运行人员需记录（　　）。　　　　　　　　　（ABC）

A. 旁路替代时间　　　　　　　　　　　B. 旁路电能表替代前读数

C. 被替代线路电能表替代前读数　　　　D. 旁路电能表结束替代时读数

109. 新建的变电站电能量系统投运前必须具备（　　）。　　　　　　　　（ABCD）

A. 现场电能量设备安装施工已结束

B. 电能量采集装置单台（套）已调试好

C. 主站和站端之间通道通畅，误码在允许范围内

D. 所有应具备的资料齐全有效

110. 新一代电能量计量系统采用基于 J2EE 的（　　）三层体系结构。　　（ACD）

A. 客户层　　　　　　B. 设备层　　　　　C. 服务层　　　　　　D. 数据层

111. 影响电能量数据准确性的因素很多，主要集中在（　　）。　　　　　（ABC）

A. 电能表　　　　　　　　　　　　　　B. 二次回路

C. 电能量数据计算方式　　　　　　　　D. 一次回路

112. 在电能量计量主站系统中厂站平衡查询页面显示该厂站输入电量、输出电量不平衡，而从 SCADA 侧获得该变电站积分电量平衡，可能的原因是（　　）。　　　　　（ABC）

A. 电量主站电压互感器、电流互感器参数录入错误

B. 现场二次回路接线错误　　　　C. 电量计算公式错误

D. 电量采集终端故障　　　　　　E. 采集通道故障

113. 在线更换关口电能表时，电量补偿通常采用（　　）方式。　　　　　（ABC）

A. 按其相应时段的遥测量积分数据补偿

B. 按其相应时段的主表或副表值补偿

C. 按其对侧相应时段的主表或副表值并考虑一定的损耗补偿

114. 在线更换关口电表时，需要考虑对换表这段时间内损失的电量进行补偿，电量补偿通常采用（　　）方式。　　　　　　　　　　　　　　　　　　　　　　　　　　　　（ABC）

A. 按其相应时段的主表或副表值补偿

B. 按其相应时段的遥测量积分数据补偿

C. 按其对侧相应时段的主表或副表值并考虑一定的损耗补偿

115. 自动进程是电能量计量系统中预先定义的周期性的处理定义,包括(   )。

（ABCD）

A. 统计数据生成

B. 报表生成

C. 系统日常数据事务处理

D. 定期的数据采集

三、判断题

1.《电能量计量系统设计技术规程》中要求电能量计量主站端计算机系统,主要设备应冗于配置,并能自动切换。　　　　　　　　　　　　　　　　　　（√）

2.《电能量计量系统设计技术规程》中要求电能量计量主站端数据库应采用国际通用商业数据库。原始数据（带时标）、各类统计数据、报表等应能在主设备上存储2年以上。

（√）

3.《电能量计量系统设计技术规程》中要求电能量远方终端应具有内部时钟,能接受主站端的对时命令,亦可与现场GPS对时。　　　　　　　　　　　　　　（√）

4.《电能量计量系统设计技术规程》中要求电能量远方终端应配置不少于两个通信接口,与主站端的通信方式应适用于电话拨号网和专用通道。传输规约符合DL/T 719标准。

（√）

5. DL/T 719—2000是国际电工委员会TC-57技术委员会制定的电力系统中传输电能脉冲计数量配套标准。　　　　　　　　　　　　　　　　　　　（√）

6. EMS的积分电量可用于实际计量。　　　　　　　　　　　　　（×）

7. RS-485一般采用总线型结构,不支持树型或星型网络。　　　　　（√）

8. 不同类型的电能表通信口电气特性不同,应将电气特性相近的电表分组,分别接在电能量远方终端不同的RS-485通信口上。　　　　　　　　　　　　　（√）

9. 从电能表中读出的数据需乘上TV和TA变比才能换算成一次电能量数据。　（√）

10. 电量采集终端与电能表之间的时差在5min以上时不能对时。　　（√）

11. 电能表0.2和0.2S在测量上精度一样高。　　　　　　　　　　（×）

12. 电能表的瞬时量可由电能量采集终端冻结,因此,电能量采集终端可不与电能表对时。　　　　　　　　　　　　　　　　　　　　　　　　　（×）

13. 电能表内电量负载曲线是单位时间内的积分电量。　　　　　　（√）

14. 电能表应具备与采集终端对时功能。　　　　　　　　　　　　（√）

15. 电能计量专用电压、电流互感器或者专用二次绕组及其二次回路可以接入与电能量计量无关的设备。　　　　　　　　　　　　　　　　　　　（×）

16. 电能计量装置包括各种类型的电能表、计量用电压、电流互感器及其二次回路、电能计量屏（柜、箱）等。　　　　　　　　　　　　　　　　　（√）

17. 电能计量装置专用电压互感器二次回路不得装设隔离开关辅助接点,不得接入任何形式的电压补偿装置。　　　　　　　　　　　　　　　　　（√）

18. 电能量采集的方式可以是周期采集、人工随时召唤采集、自动数据补抄、重抄。当主

站与远方站通道不通时，还可以现场补抄。 （√）

19. 电能量采集终端保存的电量数据是带时标的。 （√）

20. 电能量采集终端不能从电能表中读取分时电量数据。 （×）

21. 电能量采集终端是计量器具。 （×）

22. 电能量采集终端数据传输要求是实时的。 （×）

23. 电能量采集终端应具备与电能表对时功能。 （√）

24. 电能量采集终端与电能表的 RS-485 接口在负载阻抗 54Ω 时，驱动输出电压要求最大 5V，最小 1.5V。 （√）

25. 电能量采集终端与电能表的通信采用问答式进行数据通信。 （√）

26. 电能量采集终端与电能表的通信采用主从通信方式。 （√）

27. 电能量采集终端与电能表的通信链路的建立与解除由电能表控制。 （×）

28. 电能量采集终端与电能表的通信帧由起始符、从站地址、控制码、数据长度、数据域、帧信息纵向校验码及帧结束等部分组成。 （√）

29. 电能量采集装置与电能表要正常通信，必须提供的电能表参数是表地址、波特率、密码。 （√）

30. 电能量采集装置与电能表之间的通信线缆应单端接地，并且应在信号源侧接地。 （√）

31. 电能量的分时数据可以由电能量采集系统中计算得到。 （×）

32. 电能量的分时数据可以由电能量采集终端计算得到。 （×）

33. 电能量计量系统（TMR）的电能量数据是带时标存储和传输的。 （√）

34. 电能量计量系统（TMR）可具有旁路代路自动登录功能，根据旁路代路起止时间加入相应时段内的旁路电量值。 （√）

35. 电能量计量系统（TMR）可以对采集的电能量数据的有效性进行校验，主要包括限值校验、平滑性校验、主副表数据校验、EMS 功率积分值校验和线路对端电能表数据校验。 （√）

36. 电能量计量系统（TMR）可以支持对电能量远方终端的采集和对单个电能表的采集。 （√）

37. 电能量计量系统（TMR）数据采集应具有周期召唤和随机召唤方式。 （√）

38. 电能量计量系统（TMR）数据库应至少包括原始数据库和应用数据库，其中应用数据库保存的是经过人工审核、修正和确认后的用于结算的正确数据。 （√）

39. 电能量计量系统（TMR）所采集到的原始数据如果发生错误，有权限的数据管理员需按照规定的数据管理流程对该原始数据进行修改。 （×）

40. 电能量计量系统（TMR）应具备电量追补功能，对每个电量数值可进行电能量数据的追补。 （√）

41. 电能量计量系统（TMR）应具有电流互感器（TA）更换的功能，根据更换时间分别计算更换前后的电量值。 （√）

42. 电能量计量系统（TMR）与 SCADA 系统之间应当采用具有访问控制功能的网络设备、防火墙或相当功能的设施实现逻辑隔离。 （√）

43. 电能量计量系统（TMR）与厂站终端通信可采用数据网络、电话拨号、专线通道等通信方式。 （√）

44. 电能量计量系统（TMR）与调度管理系统互联，中间应采取横向单向安全隔离装置。
（ √ ）

45. 电能量计量系统（TMR）与调度管理系统之间需采用防火墙进行隔离。 （ × ）

46. 电能量计量系统（TMR）中更换了电流互感器/电压互感器后，系统无须保存历史电流互感器/电压互感器的参数。 （ × ）

47. 电能量计量系统（TMR）中数据库备份的介质可采用大容量磁盘、磁带或光盘。 （ √ ）

48. 电能量计量系统（TMR）中数据库备份一般可采用数据库完全备份和数据库增量备份两种方式。 （ √ ）

49. 电能量计量系统（TMR）主要包括安装在发电厂、变电站的电能计量装置、电能量远方终端、电能量计量主站系统及相应的拨号、专线和网络通道等。 （ √ ）

50. 电能量计量系统从电能表中采集的数据是一次电量数据。 （ × ）

51. 电能量计量系统的电量数据可按 2 字节、3 字节和 4 字节传输，可以传输底码和增量电量数据。 （ √ ）

52. 电能量计量系统的电能量数据和时标不可分割进行存储和传输。 （ √ ）

53. 电能量计量系统的接地包括直流地、交流工作地、安全保护地、防雷保护地。 （ √ ）

54. 电能量计量系统的数据采集只进行定时采集，增量数据不需要实时采集。 （ √ ）

55. 电能量计量系统的数据处理流程主要包括前台手工/自动数据处理流程、后台手工/自动数据处理流程等。其中前台指的是主站系统的前置子系统，后台是指主站系统的实时子系统。 （ √ ）

56. 电能量计量系统的通信规约约定了主站、电能量采集处理终端、电能计量表计之间的接口、硬件、数据结构、数据传送协议。 （ √ ）

57. 电能量计量系统的统计数据是系统把存储的数据按照内部计算规则进行二次处理的数据。 （ √ ）

58. 电能量计量系统的自动进程是系统中预先定义的周期性的处理定义，包括定期的数据采集、统计数据生成、报表生成、系统日常事务处理。 （ √ ）

59. 电能量计量系统电能量修补的原则是不能修改工程值，只能更改原始值。 （ × ）

60. 电能量计量系统对时：主站系统连接 GPS 时钟，主站系统对电能量远方终端对时，电能量远方终端对电能表校时。 （ √ ）

61. 电能量计量系统对数据的实时性要求相对不高，但对同时性要求较高。 （ √ ）

62. 电能量计量系统浏览发布系统属于安全区Ⅳ。 （ × ）

63. 电能量计量系统设备盘柜的对地电阻规定不应大于 1Ω。 （ × ）

64. 电能量计量系统是从厂站直接采集周期电能量数据，统计计算必须建立在周期数据完整的基础上，数据的错误与缺失需要人工校核。 （ √ ）

65. 电能量计量系统是非实时系统，因此主站端不需要不间断电源供电。 （ × ）

66. 电能量计量系统是准实时系统，一般按照 5min、15min 等间隔进行数据采集，可以间断运行。 （ √ ）

67. 电能量计量系统数据传输要求是实时的。 （ × ）

68. 电能量计量系统数据的修改采用授权人和操作人分离的数据修改机制，修改的程序存入数据库中，同时置数据修改标志。 （ √ ）

69. 电能量计量系统数据库的备份分为冷备份和热备份，其中冷备份必须在数据库关闭的情况下进行。 （√）

70. 电能量计量系统数据库应采用大型商用关系数据库。 （√）

71. 电能量计量系统应具备权限管理功能，对不同用户可设置不同的管理权限，所有数据修改均应有记录。 （√）

72. 电能量计量系统与 SCADA 系统之间需采用防火墙进行隔离。 （√）

73. 电能量计量系统与电能量远方终端的通信方式常用的有电话拨号、网络、模拟专线、数字专线、GPRS/CDMA 无线等方式。 （√）

74. 电能量计量系统在网络安全中属于安全区Ⅱ，浏览发布系统属于安全区Ⅲ。 （√）

75. 电能量计量系统长期运行，在值班设备无硬件故障和非人工干预的情况下，主备设备不应该发生切换。 （√）

76. 电能量计量系统中，积分周期指的是负载曲线中用电负载数据存储的时间间隔。 （√）

77. 电能量计量系统中，主站和站端设备间问答通信时主要有主站主叫和站端主叫两种方式。 （√）

78. 电能量计量系统主站采用双以太网、数据服务器采用冗余配置可提高系统的可用性。 （√）

79. 电能量计量系统主站常用的操作系统有 Windows、UNIX、Linux。 （√）

80. 电能量计量系统主站的数据处理服务器实现各种应用功能处理。 （×）

81. 电能量计量系统主站端计算机应配置 UPS 供电电源，但不能用 SCADA/EMS 的电源供电。 （×）

82. 电能量计量系统主站端计算量的统计采用两种方式，一种是通过分时计算量来统计，一种是通过分量的统计量来统计。 （√）

83. 电能量数据采集模块将采集到的数据存放到历史数据库中。 （×）

84. 电能量数据的同步采用数据库触发同步方式。 （√）

85. 电能量远方终端故障连续停止运行时间超过 12h 为异常。 （×）

86. 电能量远方终端和专用通道一旦投入运行（含试运行），未经允许不得擅自停用。 （√）

87. 电能量远方终端具有电能量（电能累计量）采集、数据处理、分时存储、长时间保存、远方传输等功能。 （×）

88. 电能量远方终端具有对时功能，能与主站或与全球定位系统 GPS 对时，日计时误差应小于 1s/天。 （√）

89. 电能量远方终端实现电能量信息、瞬时量信息的采集、存储、上传，电能量采集系统主要实现母线平衡计算、报表统计、线损统计分析、网页发布、数据转发、计量业务维护等。 （√）

90. 电能量远方终端应采用问答方式对每只电能表进行校时，以统一全网电能表的时钟。 （×）

91. 电能量远方终端应能按指定的时间起点、指定的内容向主站传送信息。 （√）

92. 电能量远方终端应能完成对厂站电能数据的采集，采集周期应可选。 （√）

93. 电能量远方终端与厂站端计费小主站等系统/设备的通信接口宜采用串口直连的方式。 （√）

94. 电能量主站系统应具备与采集终端对时功能。 （√）

95. 对于安装了主副电能表的电量计量装置，主副电能表应有明确的标志，运行中主副电能表可以相互调换，对主副电能表的现场检验和周期检定要求相同。 （×）

96. 多功能电能表是指由测量单元和数据处理单元等组成，除计量有功（无功）电能量外，还具有分时、测量需量等两种以上功能，并能显示、储存和输出数据的电能表。 （√）

97. 对于多功能电能表，我国电力行业通信规约是《多功能电能表通信规约》（DL/T 645—1997）。 （√）

98. 峰平谷电能量统计功能检查，主要是检查统计时间问题。 （×）

99. 更换电能表或更改电能表地址后，电能量远方终端必须修改该路地址，同时通知主站同步修改，否则主站将接收不到该电能表的数据。 （×）

100. 关口电能量计量点指发电企业、电网经营企业及用电企业之间进行电能结算的计量点（简称关口计量点）。 （√）

101. 计量点齐全、时钟统一是电量进行统计准确的前提条件。 （√）

102. 每只多功能电能表都有一个地址。 （√）

103. 所有电能表保存的电量数据都是带时标的。 （×）

104. 通常电能量计量系统（TMR）中的电量数据分为原始数据和副本数据，它们都可被修改。 （×）

105. 为了电能量计量系统的实用性，电能量原始数据和处理参数可以修改。 （×）

106. 有辅助工作电源的电能表，在设备停役时，电能表内数据仍保持不变，与电能量远方终端通信保持正常。 （√）

107. 与电能量远方终端连接的一条 485 总线上所有电能表的表地址均相同。 （×）

108. 在系统运行期间，由于网络、装置硬件故障等原因导致电量数据没有采集，系统中数据缺失，这时候可以用修补电量代替系统自动采集的电量。 （√）